합격Easy

2025

콘크리트
기사·산업기사 실기

- ✅ 다년간 실무 및 강의 경험이 풍부한 최상급 저자
- ✅ 이론 및 실기 요점 정리
- ✅ 기출문제 및 유형문제 구성
- ✅ 작업형 과제별 사진 및 자세한 설명

고행만 저

질의응답 카페 운영
cafe.daum.net/khm116
(토목, 건설재료, 콘크리트)

도서출판 건기원

건설공사의 콘크리트 구조물에 관련한 전문 기술자의 필요성이 대두되어 콘크리트 기사·산업기사 자격 직종이 신설하게 되었습니다.

신설 자격 직종은 구조물의 안전진단분야, 콘크리트 시공 및 유지 관리, 레미콘 업종 등에 종사하는 실무자들이 갖추어야 할 자격 직종입니다.

본 수험서는 한국 콘크리트 학회에서 출간된 개정판 「콘크리트 표준시방서」, 「콘크리트 표준시방서 해설」, 「콘크리트 건설 제요령」 등을 참조하여 요약했으며 문제는 건설재료시험기사·산업기사의 콘크리트 관련 기출문제를 분석하여 수정·보완하고 핵심포인트 문제를 중복되지 않게 선정하여 수록하였습니다.

수험생 여러분!

콘크리트 기사·산업기사 1차 합격을 진심으로 축하드립니다. 아울러 2차 시험에도 필히 합격하시길 기원합니다.

여러분의 정진하는 모습이 아름답습니다.

짧은 기간에 2차 시험에 대비할 수 있도록 실기책을 발간하게 되었습니다.

본 책의 편성을 살펴보면 실기 필답형은 콘크리트에 관련된 전반사항과 시험분야를 단답형으로 서술하거나 계산하도록 하였고 실기 작업형은 각 시험 항목별로 그림과 주의할 사항을 과정별로 자세한 설명을 하였으므로 시험에 대비하시는데 어려움은 없을 것입니다.

2차 시험은 실기 필답형(60점)과 실기 작업형(40점)으로 배점이 되며 실기 필답형 시험을 본 후 실기 작업형 시험은 며칠 후에 보게 됩니다. 여기서 염두 해 두어야 할 사항은 실기 필답형 시험의 성적을 가능한 높은 점수를 취득하여야 실기 작업형 시험에서 다소 서툴러 낮은 점수를 취득하더라도 합격이 가능할 것으로 판단됩니다.

아무튼 수험자 여러분께 도움이 되도록 나름대로 심혈을 기울였습니다.

여러분의 무한한 정진과 최선을 다하는 모습에서 보람을 느끼며 여러분의 최종 합격을 진심으로 기원합니다.

끝으로 교정에 참여한 제자 여러분의 노고에 감사합니다. 아울러 건기원 사장님과 임직원 여러분께 감사드리며 출판사의 무한한 발전을 기원합니다.

저자 올림

콘크리트기사·산업기사 출제기준(실기)

시험 과목	출제 문제수	주요 항목	세부 항목
콘크리트 관련 전반적 사항		1. 콘크리트 관련 전반	(1) 콘크리트의 재료 시험 (2) 배합 및 제조 (3) 각종 콘크리트 시공 (4) 콘크리트의 품질관리 (5) 콘크리트 유지 관리 (6) 콘크리트 구조 설계
		2. 콘크리트 시험 관련 전반적인 내용	(1) 굳지 않은 콘크리트 시험 (2) 굳은 콘크리트 시험 (3) 내구성 관련 시험

콘크리트 기사·산업기사 실기시험 방법

종목명	실기시험 방법	시험시간		배점		작업 내용
		작업형	필답형	작업	필답	
콘크리트 기사	복합형	4시간 정도	2시간	40	60	효율적인 콘크리트의 제조, 시공, 시험 검사, 품질관리와 콘크리트 구조, 비파괴 검사 및 진단, 유지 관리 등의 업무수행
콘크리트 산업기사	복합형	4시간 정도	1시간 30분	40	60	

차례

PART I 콘크리트 관련 분야

CHAPTER 1 콘크리트 재료·제조·품질관리·성질

1-1 콘크리트용 재료 ··· 14
    1-1-1 시멘트 ··· 14
    1-1-2 혼화재료 ··· 20
    1-1-3 골재 ··· 22
    ✦ 실기 필답형 문제 ··· 25

1-2 콘크리트의 제조 ··· 29
    1-2-1 레디믹스트 콘크리트의 제조 ··· 29
    ✦ 실기 필답형 문제 ··· 35

1-3 콘크리트의 품질관리 ··· 38
    1-3-1 품질관리 검사 및 통계적 기법 ··· 38
    1-3-2 콘크리트 공사에서의 품질관리 및 검사 ··· 45
    ✦ 실기 필답형 문제 ··· 47

1-4 콘크리트의 성질 ··· 54
    1-4-1 굳지 않은 콘크리트의 성질 ··· 54
    1-4-2 굳은 콘크리트의 성질 ··· 61
    1-4-3 굳은 콘크리트의 변형 ··· 66
    ✦ 실기 필답형 문제 ··· 71

CHAPTER 2 콘크리트의 시공

2-1 일반 콘크리트 ··· 77
    2-1-1 콘크리트의 혼합 ··· 77
    2-1-2 콘크리트의 운반 ··· 79

	2-1-3 콘크리트 타설 및 다지기 양생 이음	82
	2-1-4 거푸집 및 동바리	91
	✦ 실기 필답형 문제	98

2-2 특수 콘크리트 ··· 107

	2-2-1 경량골재 콘크리트	107
	2-2-2 매스 콘크리트	109
	2-2-3 한중 콘크리트	111
	2-2-4 서중 콘크리트	114
	2-2-5 수밀 콘크리트	114
	2-2-6 유동화 콘크리트	115
	2-2-7 고강도 콘크리트	116
	2-2-8 수중 콘크리트	117
	2-2-9 프리플레이스트 콘크리트	121
	2-2-10 해양 콘크리트	124
	2-2-11 숏크리트	126
	2-2-12 포장 콘크리트	128
	2-2-13 댐 콘크리트	130
	✦ 실기 필답형 문제	132

CHAPTER 3 철근 콘크리트

3-1 철근 콘크리트 구조와 기초 ··· 144
✦ 실기 필답형 문제 ··· 151

3-2 철근 콘크리트 보의 휨 해석과 설계 ··· 155
✦ 실기 필답형 문제 ··· 161

3-3 전단 설계 ··· 165
✦ 실기 필답형 문제 ··· 168

3-4 철근 콘크리트 구조물의 사용성 검토 ·············· 173
　　✦ 실기 필답형 문제 ································· 174
3-5 휨과 압축을 받는 부재(기둥)의 해석과 설계 ········· 175
　　✦ 실기 필답형 문제 ································· 176

CHAPTER 4 콘크리트의 구조 및 유지 관리

4-1 콘크리트 제품 ··· 178
　　4-1-1 콘크리트 관련 제품 ······················· 178
4-2 열화 조사 및 진단 ···································· 181
　　4-2-1 유지 관리 ·································· 181
　　4-2-2 유지 관리 계획의 수립 ··················· 181
　　4-2-3 안전점검 및 정밀 안전진단 ············· 183
　　4-2-4 외관 조사 및 강도 평가 ·················· 188
　　4-2-5 콘크리트의 결함 조사 ···················· 190
　　4-2-6 열화 원인 ·································· 193
　　4-2-7 열화 조사 및 성능 평가 ·················· 199
　　4-2-8 철근 조사 및 부식 조사 ·················· 204
　　4-2-9 내하력 평가 ································ 208
4-3 보수·보강공법 ·· 211
　　4-3-1 유지 관리 대책 ····························· 211
　　4-3-2 보수·보강 종류 및 방법 ·················· 217
　　4-3-3 보수·보강 검사 ···························· 236
　　✦ 실기 필답형 문제 ································· 239

차례

PART II 콘크리트 시험 관련 분야

CHAPTER 1 시멘트 시험

1-1 시멘트 밀도 시험 ················· 260

CHAPTER 2 골재 시험

2-1 골재의 체가름 시험 ················· 264
2-2 굵은 골재 밀도 및 흡수율 시험 ········ 273
2-3 잔골재의 밀도 및 흡수율 시험 ········ 279
2-4 잔골재의 표면수 시험 ················· 283
2-5 골재의 용적질량 및 실적률 시험 ······ 288
2-6 골재 중의 함유되는 점토 덩어리 양의 시험 ······ 292
2-7 골재에 포함된 잔입자(0.08mm 체 통과하는) 시험 ·· 296
2-8 콘크리트용 모래에 포함되어 있는 유기 불순물 시험 · 300
2-9 골재의 안정성 시험 ················· 303
2-10 로스앤젤레스 시험기에 의한 굵은 골재의 마모시험 308

CHAPTER 3 콘크리트 시험

3-1 굳지 않은 콘크리트의 슬럼프 시험 ········ 312
3-2 압력법에 의한 굳지 않은 콘크리트의 공기량 시험 ···· 315
3-3 굳지 않은 콘크리트의 블리딩 시험 ········ 320
3-4 콘크리트의 압축강도 시험 ············· 323
3-5 콘크리트의 인장강도 시험 ············· 328
3-6 콘크리트의 휨 강도 시험 ············· 331
3-7 슈미트 해머에 의한 콘크리트 강도의 비파괴 시험 ···· 335
3-8 콘크리트 배합 설계 ················· 339

✦ 실기 필답형 문제 ················· 356

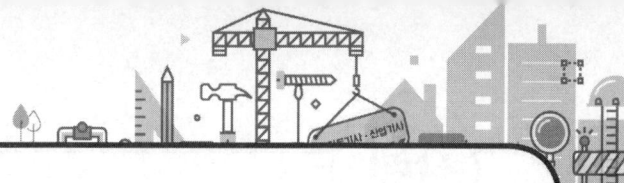

PART III 실기 작업형 예상문제

CHAPTER 1 실기 작업형 예상문제

1 시멘트 밀도 시험 ·· 389
2 잔골재 밀도 시험 ·· 394
3 콘크리트 슬럼프 시험 ··· 402
4 잔골재 체가름 시험 ·· 407
5 콘크리트 압축강도 추정을 위한 반발경도 시험(슈미트 해머 시험) ·· 411
6 굳지 않은 콘크리트의 압력법에 의한 공기함유량 시험 (워싱턴형) ·· 415
7 잔골재 표면수 시험(질량법) ······························· 421

CHAPTER 2 실기 작업형 시험 예

1 시멘트 밀도 시험(예) ··· 427
2 잔골재 밀도 시험 ·· 428
3 콘크리트 슬럼프 시험 ··· 429
4 잔골재의 체가름 시험 ··· 430
5 콘크리트 압축강도 추정을 위한 반발경도 시험(슈미트 해머) ··· 431
6 굳지 않은 콘크리트의 압력법에 의한 공기함유량 시험 (워싱턴형) ·· 435
7 잔골재 표면수 시험(질량법) ······························· 436
8 콘크리트 배합설계 ·· 437

PART IV 기출복원문제

콘크리트 기사

2013년 4월 21일 시행	446
2013년 10월 6일 시행	453
2014년 4월 20일 시행	459
2014년 7월 6일 시행	465
2014년 10월 5일 시행	471
2015년 4월 19일 시행	477
2015년 7월 12일 시행	483
2015년 10월 4일 시행	489
2016년 4월 17일 시행	495
2016년 6월 26일 시행	501
2016년 10월 9일 시행	508
2017년 4월 16일 시행	514
2017년 6월 25일 시행	520
2017년 10월 14일 시행	526
2018년 4월 15일 시행	532
2018년 6월 30일 시행	538
2018년 10월 7일 시행	544
2019년 4월 14일 시행	549
2019년 6월 29일 시행	555
2019년 10월 13일 시행	560
2020년 5월 24일 시행	566
2020년 7월 25일 시행	573
2020년 10월 17일 시행	580
2020년 11월 29일 시행	586
2021년 4월 25일 시행	591
2021년 10월 16일 시행	597
2022년 5월 7일 시행	602
2022년 7월 24일 시행	608
2022년 11월 19일 시행	613
2023년 4월 23일 시행	620
2023년 7월 22일 시행	627
2023년 11월 5일 시행	634

콘크리트 산업기사

2013년 4월 21일 시행······················ 641
2013년 10월 6일 시행······················ 647
2014년 4월 20일 시행······················ 652
2014년 10월 5일 시행······················ 657
2015년 4월 19일 시행······················ 663
2015년 7월 12일 시행······················ 669
2015년 10월 4일 시행······················ 674
2016년 4월 17일 시행······················ 679
2016년 6월 26일 시행······················ 685
2016년 10월 9일 시행······················ 690
2017년 4월 16일 시행······················ 696
2017년 6월 25일 시행······················ 702
2017년 10월 14일 시행······················ 708
2018년 6월 30일 시행······················ 713
2018년 10월 7일 시행······················ 718
2019년 6월 29일 시행······················ 723
2019년 10월 13일 시행······················ 728
2020년 7월 25일 시행······················ 734
2020년 10월 17일 시행······················ 739
2021년 7월 10일 시행······················ 745
2021년 10월 16일 시행······················ 751
2022년 7월 24일 시행······················ 757
2022년 11월 19일 시행······················ 763
2023년 7월 22일 시행······················ 770
2023년 11월 5일 시행······················ 776

콘크리트
기사·산업기사 실기

콘크리트 관련 분야

- **CHAPTER 1** 콘크리트 재료·제조·품질관리·성질
- **CHAPTER 2** 콘크리트의 시공
- **CHAPTER 3** 철근 콘크리트
- **CHAPTER 4** 콘크리트의 구조 및 유지 관리

CHAPTER 1 콘크리트 재료·제조·품질관리·성질

1-1 콘크리트용 재료

1-1-1 시멘트

1. 시멘트 제조

석회석과 점토를 혼합하여 1,400~1,500℃ 정도 소성하여 클링커를 만든 후 응결 지연제인 석고를 2~3% 정도 넣고 클링커를 분쇄하여 만든다.

2. 시멘트의 화학적 성분

(1) 주성분

① 석회(CaO): 63%

② 실리카(SiO_2): 23%

③ 알루미나(Al_2O_3): 6%

(2) 부성분

① 산화철(Fe_2O_3)

② 무수황산(SO_3)

③ 산화마그네슘(MgO)

3. 시멘트 화합물의 특성

(1) 규산 삼석회(C_3S)

강도가 빨리 나타나고 중용열 포틀랜드 시멘트에서는 이 양을 50% 이하로 제한하고 있다.

(2) 규산 이석회(C_2S)

　수화 작용은 늦고 장기 강도가 크다.

(3) 알루민산 3석회(C_3A)

　수화 작용이 가장 빠르며 수화열이 매우 높아 중용열 시멘트에서는 8% 이하로 제한하고 있다.

(4) 알루민산철 4석회(C_4AF)

　수화 작용이 늦고 수화열도 적어 도로용, 댐용 시멘트에 사용된다.

4. 시멘트의 일반적 성질

(1) 시멘트의 수화

　① 시멘트와 물이 혼합하면 화학반응을 일으켜 응결, 경화 과정을 거쳐 강도를 내게 된다. 이런 반응을 수화 작용이라 한다.
　② 수화 작용은 시멘트의 분말도, 수량, 온도, 혼화재료의 사용 유무 등 여러 가지 요인에 따라 영향을 받는다.

(2) 응결 및 경화

　① 응결
　　• 시멘트와 물이 혼합된 시멘트 풀이 시간이 지남에 따라 유동성과 점성을 잃고 굳어지는 현상
　　• 응결은 초결 1시간 이후, 종결은 10시간 이내로 규정되어 있다.
　　• 시멘트의 응결시험은 비카침 및 길모어침에 의해 시멘트의 응결시간을 측정한다.

　② 응결시간에 영향을 끼치는 요인
　　• 수량이 많으면 응결이 늦어진다.
　　• 석고량을 많이 넣을수록 응결은 늦어진다.
　　• 물-시멘트비가 많을수록 응결은 늦어진다.
　　• 풍화된 시멘트를 사용할 경우 응결은 늦어진다.
　　• 온도가 높을수록 응결이 빨라진다.
　　• 습도가 낮으면 응결이 빨라진다.
　　• 분말도가 높으면 응결이 빨라진다.
　　• 알루민산 3석회(C_3A)가 많을수록 응결은 빨라진다.

③ 경화
- 응결이 끝난 후 수화 작용이 계속되면 굳어져서 강도를 내는 상태

(3) 수화열

① 시멘트가 수화 작용을 할 때 발생하는 열을 말한다.
② 시멘트가 응결, 경화하는 과정에서 열이 발생한다.
③ 수화열은 콘크리트의 내부온도를 상승시키므로 한중콘크리트 공사에는 유효하지만 댐과 같이 단면이 큰 매스 콘크리트 온도가 크게 상승하여 초기 경화 후 냉각하게 되면 내외 온도차에 의한 온도 응력이 발생하여 균열이 발생하는 원인이 된다.
④ 수화열은 물-시멘트비가 클수록 낮고 양생 온도가 높을수록 조기 재령에서 높아진다.

(4) 시멘트의 풍화

① 시멘트가 저장 중에 공기와 접하면 공기 중의 수분을 흡수하여 수화 작용을 일으켜 굳어지는 현상
② 풍화된 시멘트의 성질
- 밀도가 작아진다.
- 응결이 늦어진다.
- 강도가 늦게 나타난다.
- 강열 감량이 증가된다.

> **참고**
> - **강열 감량**
>   시멘트의 풍화 정도를 나타내는 척도로 3% 이하로 규정되어 있다.

(5) 시멘트의 밀도

① 보통 포틀랜드 시멘트의 밀도는 $3.14 \sim 3.16 g/cm^3$ 정도이며 콘크리트 배합 및 단위 용적 질량 계산 등에 사용된다.
② 시멘트의 밀도로 클링커의 소성상태, 풍화, 혼합 재료의 섞인 양, 시멘트의 품질, 시멘트의 종류 등을 알 수 있다.
③ 시멘트 밀도에 영향을 끼치는 요인
- 석고 함유량이 많으면 밀도가 작아진다.
- 저장 기간이 길거나 풍화된 경우 밀도가 작아진다.
- 클링커의 소성이 불충분할 경우 밀도가 작아진다.

- 혼합 시멘트는 혼합재료의 양이 많아지면 밀도가 작아진다.
- 일반적으로 실리카(SiO_2), 산화철(Fe_2O_3) 등이 많으면 밀도가 크고, 석회(CaO), 알루미나(Al_2O_3)가 많으면 밀도가 작다.

(6) 시멘트의 분말도

① 시멘트 입자의 가는 정도를 나타내는 것으로 비표면적으로 나타낸다. 즉, 시멘트 1g이 가지는 전체 입자의 총 표면적(cm^2/g)이다.
② 보통 포틀랜드 시멘트의 분말도는 2,800cm^2/g 이상이다.
③ 시멘트의 입자가 가늘수록 분말도가 높다.
④ 분말도 높은 시멘트의 성질
- 수화작용이 빠르고 초기 강도가 크게 된다.
- 블리딩이 적고 워커빌리티가 좋아진다.
- 풍화하기 쉽다.
- 수화열이 많으므로 건조 수축이 커져서 균열이 발생하기 쉽다.

⑤ 시멘트의 분말도 시험은 표준체에 의한 방법[No.325(44μ), No.170(88μ)]과 블레인 방법이 있다.

(7) 시멘트의 안정성

① 시멘트가 경화 중에 체적이 팽창하여 균열이 생기거나 휨 등이 생기는 정도를 말한다.
② 보통 포틀랜드 시멘트의 팽창도는 0.8% 이하이다.
③ 시멘트가 불안정한 원인은 시멘트 입자 안에 산화칼슘(CaO), 산화마그네슘(MgO), 삼산화황(SO_3) 등이 많이 포함되어 있기 때문이다.
④ 시멘트의 오토클레이브 팽창도 시험으로 시멘트의 안정성을 알 수 있다.

5. 시멘트의 종류 및 특성

(1) 보통 포틀랜드 시멘트

① 일반적인 시멘트를 보통 포틀랜드 시멘트라 한다.
② 원료가 석회석과 점토로 재료구입이 쉽고 제조 공정이 간단하여 그 성질이 우수하다.

(2) 중용열 포틀랜드 시멘트

① 수화열을 적게 하기 위해 알루민산 3석회(C_3A)의 양을 적게 하고 장기 강도를 내기 위해 규산 이석회(C_2S)량을 많게 한 시멘트

② 수화열이 적다.
③ 조기 강도는 작으나 장기 강도는 크다.
④ 댐, 매스 콘크리트, 방사선 차폐용 등에 적합하다.
⑤ 건조 수축은 포틀랜드 시멘트 중에서 가장 적다.

(3) 조강 포틀랜드 시멘트
① 보통 포틀랜드 시멘트의 28일 강도를 재령 7일 정도에서 나타난다.
② 수화 속도가 빠르고 수화열이 커 한중공사, 긴급공사 등에 사용된다.
③ 수화열이 크므로 매스 콘크리트에서는 균열 발생의 원인이 되므로 주의해야 한다.

(4) 고로 시멘트
① 수화열이 비교적 적다.
② 내화학 약품성이 좋아 해수, 공장폐수, 하수 등에 접하는 콘크리트에 적당하다.
③ 댐공사에 사용된다.
④ 단기 강도가 적고 장기 강도가 크다.

(5) 실리카 시멘트(포졸란)
① 콘크리트 워커빌리티를 증가시킨다.
② 장기 강도가 커진다.
③ 수밀성 및 해수에 대한 화학적 저항성이 크다.

(6) 플라이 애시 시멘트
① 콘크리트 워커빌리티를 증대시키며 단위 수량을 감소시킬 수 있다.
② 수화열이 적고 건조 수축도 적다.
③ 장기 강도가 커진다.
④ 해수에 대한 내화학성이 크다.

(7) 알루미나 시멘트
① 1일 강도가 보통 포틀랜드 시멘트의 28일 강도와 같다.
② 발열량이 커 한중공사, 긴급공사에 적합하다.
③ 해수 및 기타 화학작용을 받는 곳에 저항성이 크다.
④ 내화용 콘크리트에 적합하다.
⑤ 보통 포틀랜드 시멘트와 혼합하여 사용하면 순결성이 나타나므로 주의하여야 한다.

(8) 초속경 시멘트(jet cement)
① 2~3시간에 큰 강도를 얻을 수 있다.
② 응결시간이 짧고 경화 시 발열이 크다.
③ 알루미나 시멘트와 같은 전이현상이 없다.
④ 보통 시멘트와 혼합해서 사용하면 안 된다.
⑤ 강도 발현이 매우 빨라 물을 가한 후 2~3시간에 압축강도가 약 10~20MPa 달한다.
⑥ 재령 1일에 40MPa의 강도를 발현한다.

(9) 팽창 시멘트
① 보통 포틀랜드 시멘트를 사용한 콘크리트는 경화 건조에 의해 수축, 균열이 발생하는데 이 수축성을 개선할 목적으로 사용한다.
② 초기에 팽창하여 그 후의 건조 수축을 제거하고 균열을 방지하는 수축보상용과 크게 팽창을 일으켜 프리스트레스 콘크리트로 이용하는 화학적 프리스트레스 도입용이 있다.
③ 팽창성 콘크리트의 수축률은 보통 콘크리트에 비해 20~30% 작다.
④ 팽창성 콘크리트는 양생이 중요하며 믹싱시간이 길면 팽창률이 감소하므로 주의해야 한다.

6. 시멘트의 저장
① 방습된 사일로 또는 창고에 입하된 순서대로 저장한다.
② 포대 시멘트는 지상 30cm 이상되는 마루에 쌓아 놓는다.
③ 포대 시멘트는 13포 이상 쌓아 놓지 않는다. 단, 장기간 저장 시에는 7포 이상 쌓지 않는다.
④ 저장 중에 약간이라도 굳은 시멘트는 사용해서는 안 된다.
⑤ 장기간 저장한 시멘트는 사용하기 전에 시험을 하여 품질을 확인해야 한다.
⑥ 시멘트의 온도가 너무 높을 때는 온도를 낮추어서 사용해야 한다.
⑦ 시멘트 저장고의 면적

$$A = 0.4 \frac{N}{n} [m^2]$$

여기서, N: 총 쌓을 포대 수
n: 높이로 쌓을 포대 수

1-1-2 혼화재료

1. 혼화재

사용량이 비교적 많아 그 자체의 부피가 콘크리트의 배합 계산에 관계가 되며 시멘트 사용량의 5% 이상 사용한다.

(1) 포졸란
① 블리딩이 감소하고 워커빌리티가 좋아진다.
② 수밀성 및 화학 저항성이 크다.
③ 발열량이 적어지므로 강도의 증진이 늦고 장기 강도가 크다.
④ 댐 등 단면이 큰 콘크리트에 사용된다.

(2) 플라이 애시
① 콘크리트의 워커빌리티를 좋게 하고 사용 수량을 감소시켜 준다.
② 장기 강도가 크다.
③ 수화열이 적어 단면이 큰 콘크리트 구조물에 적합하다.
④ 콘크리트의 수밀성을 크게 개선한다.

(3) 고로 슬래그
① 내해수성, 내화학성이 향상된다.
② 수화열에 의한 온도상승의 대폭적인 억제가 가능하게 되어 매스 콘크리트에 적합하다.
③ 알칼리 골재 반응의 억제에 대한 효과가 크다.

(4) 팽창재
① 교량의 지승을 설치할 때나 기계를 앉힐 때 기초 부위 등의 그라우트에 사용한다.
② 콘크리트 부재의 건조 수축을 줄여 균열의 발생을 방지할 목적으로 사용한다.
③ 혼합량이 지나치게 많으면 팽창 균열을 일으키게 되므로 주의해야 한다.
④ 포틀랜드 시멘트에 혼합하여 팽창 시멘트로 사용한다.
⑤ 물탱크, 지붕 슬래브, 지하벽 등의 방수 이음부를 없앤 콘크리트 포장, 흄관 등에 이용한다.

(5) 실리카 흄
① 밀도가 $2.1 \sim 2.2 g/cm^3$ 정도이며 시멘트 질량의 5~15% 정도 치환하면 콘크리트가 치밀한 구조가 된다.

② 재료 분리 저항성, 수밀성, 내화학 약품성이 향상되며 알칼리 골재 반응의 억제 효과 및 강도 증진이 된다.
③ 단위 수량의 증가, 건조 수축의 증대 등의 결점이 있다.

2. 혼화제

사용량이 비교적 적어 그 자체의 부피가 콘크리트의 배합 계산에서 무시되며 시멘트 사용량의 1% 이하로 사용한다.

(1) 공기 연행제
① 콘크리트 내부에 독립된 미세한 기포를 발생시켜 이 연행 공기가 시멘트, 골재 입자 주위에서 볼 베어링 작용을 함으로 콘크리트의 워커빌리티를 개선한다.
② 블리딩을 감소시킨다.
③ 동결 융해에 대한 내구성을 크게 증가시킨다.
④ 공기량이 1% 증가함에 따라 슬럼프가 2.5cm 증가하고 압축강도는 4~6% 감소한다.
⑤ 단위 수량이 적게 된다.
⑥ 철근과 부착 강도가 저하되는 단점이 있다.
⑦ 알칼리 골재 반응이 적다.

(2) 감수제, 공기 연행 감수제, 분산제
① 시멘트 입자를 분산시키므로 콘크리트의 워커빌리티를 좋게 하고 소요의 워커빌리티를 얻기 위해 단위 수량을 10~16% 정도 감소시킨다.
② 동결 융해에 대한 저항성이 증대된다.
③ 단위 시멘트량을 감소시킨다.
④ 수밀성이 향상되고 투수성이 감소된다.
⑤ 내약품성이 커지고 건조 수축을 감소시킨다.

(3) 유동화제
① 낮은 물-결합재비 콘크리트에 사용하여 반죽 질기를 증가시켜 워커빌리티를 증진시킨다.
② 고강도 콘크리트를 얻을 수 있다.

(4) 경화 촉진제
① 시멘트의 수화 작용을 촉진하는 혼화 제로 시멘트 중량의 1~2% 정도 사용한다.
② 조기 강도를 증가시켜 주나 2% 이상 사용하면 큰 효과가 없으며 오히려 순결, 강

도 저하를 준다.

③ 조기 강도의 증대 및 동결 온도의 저하에 따른 한중 콘크리트에 사용한다.

④ 경화 촉진제로 염화칼슘, 규산나트륨 등이 있다.

(5) 지연제

① 시멘트의 수화 반응을 늦추어 응결시간을 길게 할 목적으로 사용한다.

② 서중 콘크리트 시공 시 워커빌리티의 저하를 방지한다.

③ 레디믹스트 콘크리트의 운반 거리가 멀어 운반시간이 장시간 소요되는 경우 유효하다.

④ 수조, 사일로 및 대형 구조물 등 연속 타설을 필요로 하는 콘크리트 구조에서 작업 이음 발생 등의 방지에 유효하다.

(6) 급결제

① 시멘트의 응결시간을 빨리하기 위해 사용한다.

② 모르터, 콘크리트의 뿜어 붙이기공법, 그라우트에 의한 지수공법 등에 사용된다.

③ 탄산소다, 염화 제2철, 염화 알루미늄, 알루민산 소다, 규산 소다 등이 주성분이다.

(7) 발포제

① 알루미늄 또는 아연 등의 분말을 혼합하여 모르타르 및 콘크리트 속에 미세한 기포를 발생하게 한다.

② 모르타르나 시멘트 풀을 팽창시켜 굵은 골재의 간극이나 PC 강재의 주위를 채워지게 하기 위해 프리플레이스트 콘크리트용 그라우트나 PC용 그라우트에 사용된다.

③ 건축 분야에서는 부재의 경량화, 단열성을 증대하기 위해 사용한다.

1-1-3 골재

1. 골재의 특성별 분류

(1) 골재의 입경에 따른 분류

① 굵은 골재: 5mm 체에 거의 남는 골재

② 잔골재: 10mm 체를 전부 통과하고 5mm 체를 거의 통과하며 0.08mm 체에 다 남는 골재

(2) 골재의 산출 방법에 따른 분류
    ① 천연골재: 하천모래, 하천자갈, 바다모래, 바다자갈 등
    ② 인공골재: 부순돌(쇄석), 부순모래, 고로 슬래그, 인공 경량 및 중량골재 등

(3) 골재의 중량에 의한 분류
    ① 경량골재: 콘크리트의 중량을 줄이기 위해 사용하는 골재로 밀도가 $2.50g/cm^3$ 이하
    ② 보통골재: 밀도가 $2.50～2.65g/cm^3$ 정도인 골재
    ③ 중량골재: 댐, 방사선 차폐 콘크리트 등에 사용되는 골재로 밀도가 $2.70g/cm^3$ 이상인 골재

2. 골재의 성질

(1) 골재의 필요조건
    ① 깨끗하고 유해물이 함유하지 않을 것
    ② 물리, 화학적으로 안정하고 강도 및 내구성이 클 것
    ③ 입도 분포가 양호할 것
    ④ 모양은 구 또는 입방체에 가까울 것
    ⑤ 마모에 대한 저항성이 클 것

(2) 골재의 입도 및 입형
    ① 골재의 모양은 모난 것 보다는 둥근 것이 콘크리트의 유동성, 즉 워커빌리티를 증대 시켜주므로 구 또는 입방체가 좋다.
    ② 골재의 입자가 크고 작은 것이 골고루 섞여 있는 즉 입도가 양호한 것이 좋다.
    ③ 부순돌 (쇄석)은 강자갈에 비해 워커빌리티는 나쁘고 잔골재율과 단위 수량이 증대되며 골재의 표면이 거칠어 강도는 더 크다.
    ④ 굵은 골재의 최대치수가 65mm 이상인 경우에는 대·소알을 구분하여 따로 저장한다.
    ⑤ 잔골재는 10mm 체를 전부 통과하고 5mm 체를 질량비로 85% 이상 통과하며 최대입자로부터 미립자까지 대소의 알이 적당히 혼합되어 있는 것이 좋다.
    ⑥ 굵은 알이 적당히 혼합되어 있는 잔골재를 쓰면 소요 품질의 콘크리트를 비교적 적은 단위 수량 및 단위 시멘트량으로 경제적인 콘크리트를 만들 수 있다.
    ⑦ 조립률이 2.0～3.3의 잔골재를 쓰는 것이 좋다. 조립률이 이 범위를 벗어난 잔골재를 쓰는 경우에는 2종 이상의 잔골재를 혼합하여 입도를 조정해서 쓰는 것이 좋다.

⑧ 빈배합 콘크리트의 경우나 굵은 골재의 최대치수가 작은 굵은 골재를 쓰는 경우에는 비교적 세립이 많은 잔골재를 사용하면 워커빌리티가 좋은 콘크리트를 얻을 수 있다.

⑨ 잔골재에 부순 잔골재나 고로 슬래그 잔골재를 혼합하여 사용할 경우 0.15mm 체 통과분의 대부분이 부순 잔골재나 슬래그 잔골재인 경우에는 15%로 증가시켜도 좋다.

(3) 알칼리 골재 반응

① 포틀랜드 시멘트 속의 알칼리 성분이 골재 속의 실리카질 광물과 화학 반응을 일으키는 것이다.

② 알칼리 골재 반응을 일으키는 시멘트를 사용한 콘크리트는 타설 후 1년 이내에 불규칙한 팽창성 균열이 생긴다.

③ 콘크리트 속의 골재는 겔(gel) 상태의 물질을 형성한다.

④ 이백석, 규산질 또는 고로질 석회암, 응회암의 골재에서 이와 같은 반응을 일으킨다.

⑤ 알칼리 골재 반응을 억제하기 위해 알칼리량을 0.6% 이하로 하는 것이 좋다.

(4) 굵은 골재 최대치수

① 골재의 체가름 시험을 하였을 때 통과 질량 백분율이 90% 이상 통과한 체 중에서 최소 치수의 눈금을 말한다.

② 굵은 골재 최대치수는 허용하는 범위 내에서 큰 것을 사용할수록 간극률이 적어서 단위 수량과 단위 시멘트량이 적어지고 잔골재율이 적어져서 경제적인 콘크리트가 된다.

③ 굵은 골재 최대치수가 클수록 워커빌리티가 나빠지고 재료 분리가 발생한다.

④ 구조물의 종류별 굵은 골재 최대치수

구조물의 종류		굵은 골재 최대치수
무근 콘크리트		40mm 이하, 부재 최소 치수의 1/4 이하
철근 콘크리트	일반적인 경우	20mm 또는 25mm 이하
	단면이 큰 경우	40mm 이하
댐 콘크리트		150mm 이하
포장 콘크리트		40mm 이하

철근 콘크리트의 일반적인 경우: 부재 최소 치수의 1/5 이하, 피복 두께 및 철근의 최소 수평, 수직 순간격의 3/4 이하

실기 필답형 문제 | 1-1 콘크리트용 재료

01 풍화한 시멘트의 성질을 4가지 쓰시오.

(1) 강열감량이 증가된다.　　(2) 밀도가 떨어진다.
(3) 응결이 지연된다.　　(4) 강도의 발현이 저하된다.

02 시멘트의 밀도는 시멘트의 품질이 나빠질 경우 작아지는데 일반적으로 어떤 이유로 작아지는지 4가지 쓰시오.

(1) 클링커의 소성이 불충분할 때　　(2) 혼합물이 섞여 있을 때
(3) 시멘트가 풍화되었을 때　　(4) 저장기간이 길었을 때

03 시멘트의 응결에 관계되는 요인을 5가지만 쓰시오.

(1) 분말도가 높을수록 응결이 빠르다.　　(2) 수량이 많으면 응결이 늦다.
(3) 온도가 높으면 응결은 빠르다.　　(4) 풍화가 심하면 응결은 늦다.
(5) 석고량이 많으면 응결이 늦다.

04 분말도가 큰 시멘트의 성질을 5가지 쓰시오.

(1) 물과 혼합 시 접촉 표면적이 커서 수화 작용이 빠르다.
(2) 초기 강도가 크게 되며 강도 증진율이 높다.
(3) 블리딩이 적고 워커블한 콘크리트가 얻어진다.
(4) 색이 밝게 되며 밀도도 가벼워진다.
(5) 풍화하기 쉽고 건조 수축이 커져서 균열이 발생하기 쉽다.

05 콘크리트에 공기 연행제가 미치는 영향과 효과를 4가지 쓰시오.

> **풀이**
> (1) 콘크리트의 워커빌리티를 개선한다.
> (2) 블리딩을 감소시킨다.
> (3) 콘크리트의 동결 융해에 대한 내구성을 크게 증가시킨다.
> (4) 공기량이 1% 증가함에 따라 슬럼프가 약 25mm 증가하며 압축강도는 4~6% 감소한다.

06 공기 연행제를 사용한 콘크리트는 공기 연행제의 종류, 사용량 및 시공 방법에 따라 공기량에 영향을 미치므로 시공 시 주의 할 사항을 5가지 쓰시오.

> **풀이**
> (1) 공기 연행제 계량 오차는 3% 이하로 한다.
> (2) 공기량이 지나치게 많아지면 콘크리트 작업성은 좋아지나 강도가 저하되므로 사용량에 주의한다.
> (3) 운반 및 진동 다짐에 의해 공기량이 감소하므로 비비기 할 때 소요 공기량 보다 1/4~1/6 정도 많게 한다.
> (4) 비빔시간 및 온도는 공기량에 영향을 미치므로 주의한다.
> (5) 연행 공기량의 변동을 적게 하기 위해 잔골재 입도를 일정하게 하며 조립률의 변동은 ±0.1 이하로 한다.

07 시멘트 밀도에 영향을 주는 조건을 5가지만 쓰시오.

> **풀이**
> (1) 시멘트가 풍화하면 밀도가 작다.
> (2) 석고량이 많으면 밀도가 작다.
> (3) 혼화재의 양이 많으면 밀도가 작다.
> (4) 소성 속도가 높으면 밀도가 크다.
> (5) 충분히 소성되어 있는 것은 밀도가 크다.

08 일반적으로 골재로서 필요한 성질을 5가지 쓰시오.

(1) 깨끗하고 유해물의 유해량을 포함하지 않을 것
(2) 물리, 화학적으로 안정하고 내구성이 클 것
(3) 입도가 적당할 것
(4) 소요의 중량을 가질 것
(5) 모양이 입방체 또는 구형에 가깝고 시멘트 풀과 부착력이 큰 표면 조직을 가질 것
(6) 마모에 대한 저항이 클 것

09 적당한 입도를 가진 골재를 사용한 콘크리트는 어떤 장점이 있는지 4가지 쓰시오.

(1) 콘크리트의 워커빌리티가 증대된다.
(2) 소요의 품질이 콘크리트를 만들기 위해 단위 수량 및 단위 시멘트량이 적어진다.
(3) 재료 분리 현상을 감소시킨다.
(4) 건조 수축이 적어지며 내구성도 증대된다.

10 알칼리 골재 반응은 알칼리와 반응하는 광물의 종류에 따라 분류하는데 3가지를 쓰시오.

(1) 알칼리 – 실리카 반응   (2) 알칼리 – 탄산염 반응   (3) 알칼리 – 실리케이트 반응

11 경량골재의 특징에 대해 3가지 쓰시오.

(1) 절대건조 상태의 밀도를 사용한다.
(2) 밀도는 입경에 따라 다르며 입경이 클수록 작다.
(3) 순간 흡수량이 비교적 커 프리웨팅(pre wetting)하여 사용한다.
(4) 내구성이 보통 골재와 비교해서 약해서 기온이 매우 낮은 한냉지에서 경량 골재를 사용하는 경우에는 공기 연행 콘크리트로 한다.

12 부순돌을 사용한 콘크리트는 동일한 워커빌리티의 보통 콘크리트보다 다른 사항을 3가지 쓰시오.

(1) 단위 수량이 일반적으로 약 10% 정도 더 요구된다.
(2) 시멘트 풀과의 부착이 좋기 때문에 강자갈을 사용한 콘크리트와 거의 동등한 강도 이상을 낸다.
(3) 수밀성, 내구성 등은 강도와 달리 약간 저하한다.

13 골재의 저장과 취급 시 주의할 사항을 4가지 쓰시오.

(1) 잔골재, 굵은 골재 및 종류와 입도가 다른 골재는 각각 구분하여 따로 저장한다.
(2) 굵은 골재 최대치수가 65mm 이상인 경우에는 적당한 체로 2종 이상으로 체가름하여 따로 저장한다.
(3) 골재의 저장설비에는 적당한 배수시설을 하며 표면수가 균일한 골재가 되게 한다.
(4) 겨울철에 빙설의 혼입 또는 동결을 방지하기 위한 시설을 갖춘다.
(5) 여름철에 일광의 직사를 피할 수 있는 시설을 갖춘다.

14 구조물의 종류별 굵은 골재의 최대치수를 다음 물음에 답하시오.
 (1) 무근 콘크리트의 경우:
 (2) 철근 콘크리트의 경우
   ① 일반적인 경우:
   ② 단면이 큰 경우:

(1) 40mm 이하, 부재 최소 치수의 1/4 이하
(2) ① 20mm 또는 25mm 이하
   ② 40mm 이하

1-2 콘크리트의 제조

1-2-1 레디믹스트 콘크리트의 제조

1. 개념

정비된 콘크리트 제조 설비를 갖춘 공장으로부터 수시로 구입할 수 있는 굳지 않는 콘크리트를 말한다.

2. 일반사항

(1) 공기 연행 콘크리트의 공기량은 굵은 골재의 최대치수 기타에 따라 콘크리트 체적의 4.5~7.5%로 한다.

(2) 레디믹스트 콘크리트의 배출지점에서 공기량은 굵은 골재 최대치수 20, 25, 40mm에 대하여 4.5%를 표준으로 한다.

3. 공장의 선정

(1) KS 표시허가 공장으로부터 레디믹스트 콘크리트를 구입한다.

(2) KS 표시허가 공장이 공사현장 근처에 없으면 규정 및 심사기준을 참고하여 사용 재료, 제설비, 품질관리 상태 등을 고려하여 공장을 선정한다.

(3) 비비기로부터 타설을 종료할 때까지의 시간을 외기 온도가 25℃ 초과할 때 1.5시간 이내, 25℃ 이하일 때 2시간 이내를 표준으로 하고 있으며 공장을 선정할 때에는 타설에 걸리는 시간도 고려하여 1.5시간에서 타설을 종료할 수 있는 거리에 있는 공장을 선정한다.

(4) 운반시간은 되도록 짧은 것이 좋으며 운반로의 교통 혼잡 상황이나 기후 등에 따라 변동하므로 이를 고려하여 선정한다.

(5) 콘크리트의 제조 능력, 운반 능력 등을 고려하여 선정한다.

4. 품질의 지정

(1) 레디믹스트 콘크리트의 종류는 보통 콘크리트, 경량골재 콘크리트, 포장 콘크리트, 고강도 콘크리트로 하고 구입자는 굵은 골재의 최대치수, 슬럼프 및 호칭 강도를 지정한다.

(2) 콘크리트 압축강도 규정

① 1회의 시험결과 호칭 강도의 85% 이상
② 연속 3회 시험결과 호칭 강도 값 이상
여기서, 1회의 압축강도 시험결과는 임의의 1개 운반차로부터 채취한 시료로 3개의 공시체를 제작하여 시험한 평균값으로 한다.
③ 1회 및 3회(9개) 시험값을 모두 만족하여야 한다.

(3) 공기량은 보통 콘크리트의 경우 4.5%이며 경량골재 콘크리트의 경우 5.5%, 포장 콘크리트 4.5%, 고강도 콘크리트 3.5%로 하여 그 허용 오차는 ±1.5%로 한다.

(4) 슬럼프 및 슬럼프 플로

슬럼프(mm)	슬럼프 허용차(mm)
25	±10
50 및 65	±15
80 이상	±25

슬럼프 플로(mm)	슬럼프 플로의 허용차(mm)
500	±75
600	±100
700	±100

(5) 구입자가 생산자와 협의하여 지정할 사항

① 시공할 구조물의 종류, 시공 방법 등을 고려하여 시멘트의 종류를 지정한다.
② 자갈, 모래, 부순돌, 부순모래, 고로 슬래그 굵은 골재, 고로 슬래그 잔골재, 경량골재 등의 구별을 지정한다.
③ 굵은 골재의 최대치수를 지정한다.
④ 콘크리트 및 강재에 해로운 영향을 주지 않는 혼화재료를 사용한다.
⑤ 염화물 함유량의 한도는 배출지점에서 염화물 이온량은 $0.3kg/m^3$ 이하로 하며 구입자 승인을 얻은 경우에는 $0.6kg/m^3$ 이하로 할 수 있다.
⑥ 경량골재 콘크리트의 경우 굳지 않는 콘크리트의 단위 용적 질량을 지정한다.
⑦ 한중 콘크리트, 서중 콘크리트 및 매스 콘크리트 등의 경우에 콘크리트의 최고 온도 또는 최저 온도를 지정한다.
• 한중 콘크리트의 경우는 반입 시 최저 온도는 5℃ 이상이 되도록 유지한다.

• 서중 콘크리트의 경우는 반입 시 최고 온도가 35℃ 이하가 되도록 유지한다.
⑧ 물-결합재비의 상한치, 단위 수량의 상한치, 단위 시멘트량의 하한치 또는 상한치 등을 지정한다.
⑨ 유동화 콘크리트의 경우는 유동화하기 전 베이스 콘크리트에서 슬럼프의 증대량을 지정한다.
⑩ 그 외 필요한 사항은 생산자와 협의하여 지정한다.

(6) 레디믹스트 콘크리트의 받아들이기
① 타설에 앞서 납품일시, 콘크리트의 종류, 수량, 배출장소, 트럭 애지데이터의 반입, 속도 등을 생산자와 충분히 협의해 둔다.
② 타설 중단이 없도록 상호 연락을 취한다.
③ 콘크리트 배출장소는 운반차가 안전하고 원활하게 출입할 수 있는 장소일 것
④ 콘크리트 배출 작업은 재료 분리가 일어나지 않도록 해야 한다.
⑤ 콘크리트의 비빔 시작부터 부어넣기 종료까지의 시간의 한도는 외기 기온이 25℃ 미만의 경우에는 120분, 25℃ 이상의 경우에는 90분을 한도로 한다.

5. 재료

(1) 재료의 저장설비
① 골재는 콘크리트 최대 출하량의 1일분 이상에 상당하는 골재를 저장할 수 있을 것
② 하절기에 시멘트의 온도가 가능한 80℃ 이상이 넘지 않을 것

(2) 배치 플랜트
① 계량기는 연속적으로 계량할 수 있는 장치가 구비되어야 한다.
② 믹서는 고정식 믹서로 한다.
③ 믹서의 성능은 콘크리트 중 모르타르와 단위 용적 질량의 차가 0.8%, 콘크리트 중 단위 굵은 골재량의 차가 5% 이상의 오차가 생겨서는 안 된다.

(3) 재료의 계량 오차

재료의 종류	1회 계량 오차
시멘트, 물	시멘트(-1%, +2%), 물(-2%, +1%)
혼화재	±2% 이내
골재, 혼화제	±3% 이내

6. 시공

(1) 콘크리트의 운반차는 트럭믹서 또는 트럭애지데이터의 사용을 원칙으로 하고 슬럼프가 25mm 이하의 낮은 콘크리트를 운반할 때는 덤프 트럭을 사용할 수 있다.

(2) 콘크리트 운반 및 부어 넣었을 때에는 콘크리트에 가수(加水) 해서는 안 된다.

(3) 콘크리트의 압송에 앞서 부배합의 모르타르를 압송하여 콘크리트의 품질 변화를 방지한다.

(4) 콘크리트 펌프를 사용할 경우 굵은 골재의 최대치수에 대한 압송관의 최소 호칭 치수

굵은 골재의 최대치수(mm)	압송관의 호칭(mm)
20	100 이상
25	100 이상
40	125 이상

7. 품질관리

(1) 시멘트의 품질관리

공사 시작 전, 공사 중 1회/월 이상 및 장기간 저장한 경우

(2) 혼합수의 품질관리

① 상수도수: 공사 시작 전
② 상수도수 이외 물: 공사 시작 전, 공사 중 1회/년 이상 및 수질이 변한 경우

(3) 잔골재의 품질관리

종류	항목	시기 및 횟수
천연모래	절대건조 밀도	공사 시작 전, 공사 중 1회/월 이상 및 산지가 바뀐 경우
	흡수율	
	입도	
	점토 덩어리	
	0.08mm 체 통과량	
	염화물 이온량	
	유기 불순물	
	물리 화학적 안정성 (알칼리 실리카 반응성)	공사 시작 전, 공사 중 1회/6개월 이상 및 산지가 바뀐 경우
	골재에 포함된 경량편	공사 시작 전, 공사 중 1회/년 이상 및 산지가 바뀐 경우
	내동해성(안정성)	
부순모래	KS F 2527의 품질 항목	공사 시작 전, 공사 중 1회/월 이상 및 산지가 바뀐 경우
고로 슬래그 잔골재	KS F 2544의 품질 항목	공사 시작 전, 공사 중 1회/월 이상 및 산지가 바뀐 경우

(4) 굵은 골재의 품질관리

종류	항목	시기 및 횟수
강자갈	절대건조 밀도	공사 시작 전, 공사 중 1회/월 이상 및 산지가 바뀐 경우
	흡수율	
	입도	
	점토 덩어리	
	0.08mm 체 통과량	
	물리 화학적 안정성 (알칼리 실리카 반응성)	
	석탄, 갈탄 등으로 밀도 2.0g/cm^{3}의 액체에 뜨는 것	공사 시작 전, 공사 중 1회/6개월 이상 및 산지가 바뀐 경우
	내동해성(안정성)	공사 시작 전, 공사 중 1회/년 이상 및 산지가 바뀐 경우
부순골재	KS F 2527의 품질 항목	공사 시작 전, 공사 중 1회/월 이상 및 산지가 바뀐 경우
고로 슬래그 굵은 골재	KS F 2544의 품질 항목	공사 시작 전, 공사 중 1회/월 이상 및 산지가 바뀐 경우

(5) 혼화재의 품질관리

종류	시기 및 횟수
플라이 애시	공사 시작 전, 공사 중 1회/월 이상 및 장기간 저장한 경우
콘크리트용 팽창재	
고로 슬래그 미분말	
실리카 품	
그 밖의 혼화재	

(6) 혼화제의 품질관리

종류	시기 및 횟수
공기 연행제, 감수제, 공기 연행 감수제, 고성능 공기 연행 감수제	공사 시작 전, 공사 중 1회/월 이상 및 장기간 저장한 경우
유동화제	
수중 불분리성 혼화제	
철근 콘크리트용 방청제	
그 밖의 혼화재	

(7) 제조 설비의 검사

종류		항목	시험 및 검사 방법	시기 및 횟수
재료의 저장 설비		필요한 항목	외관 관찰, 설비의 구조도 확인, 온도 및 습도 측정	공사 시작 전, 공사 중
계량 설비	계량기	계량 정밀도	분도, 전기식 검사기	공사 시작 전 및 공사 중 1회/6개월 이상
	계량 제어 장치	계량 정밀도	지시치와 설정치의 오차 측정	
믹서	가경식	성능	KS F 2455 및 KS F 8008의 방법	공사 시작 전 및 공사 중 1회/6개월 이상
	중력식	성능	KS F 2455 및 KS F 8009의 방법	

(8) 제조 공정에 있어서의 검사

종류	항목	시험 및 검사 방법	시기 및 횟수
배합	시방 배합	시방 배합을 하고 있는 것을 나타내는 자료에 의한 확인	공사 중 적절히 실시함
	잔골재 조립률	KS F 2502의 방법	1회/일 이상
	잔골재 표면수율	KS F 2550 및 KS F 2509의 방법	2회/일 이상
	굵은 골재 조립률	KS F 2502의 방법	1회/일 이상
	굵은 골재 표면수율	KS F 2550의 방법	
계량	계량 설비의 계량 정밀도	임의의 연속된 10배치에 대하여 각 계량기별, 재료별로 실시	공사 시작 전 및 공사 중 1회/6개월 이상
비비기	재료의 투입순서	외관 관찰	공사 중 적절히 실시함.
	비비기 시간	설정치의 확인	
	비비기량	설정치의 확인	

실기 필답형 문제 | 1-2 콘크리트의 제조

01 레디믹스트 콘크리트 제조 시 다음 재료의 종류별 1회 계량 오차를 쓰시오.
(1) 시멘트, 물:
(2) 혼화재:
(3) 골재, 혼화제:

> **풀이** (1) 시멘트 : −1%, +2%, 물 : −2%, +1% (2) ±2% 이내 (3) ±3% 이내

02 레디믹스트 콘크리트 공기량에 대한 물음에 답하시오.
(1) 보통 콘크리트의 경우:
(2) 경량골재 콘크리트의 경우:
(3) 포장 콘크리트의 경우:
(4) 고강도 콘크리트의 경우:
(5) 허용 오차:

> **풀이** (1) 4.5% (2) 5.5% (3) 4.5% (4) 3.5% (5) ±1.5%

03 레디믹스트 콘크리트에서 슬럼프의 규격별 허용 오차를 쓰시오.

슬럼프(mm)	슬럼프 허용차(mm)
25	(1)
50 및 65	(2)
80 이상	(3)

> **풀이** (1) ±10 (2) ±15 (3) ±25

CHAPTER 1. 콘크리트 재료·제조·품질관리·성질 **35**

04 레디믹스트 콘크리트는 비비기와 운반 방법의 조합에 의하여 3가지로 나눈다. 이 3가지를 쓰시오.

> **풀이**
> (1) 센트럴 믹스트 콘크리트(central mixed concrete)
> (2) 쉬링크 믹스트 콘크리트(shrink mixed concrete)
> (3) 트랜싯 믹스트 콘크리트(transit mixed concrete)

05 현장에서 레미콘 인수 시 인수자가 해야 할 시험을 4가지만 쓰시오.

> **풀이**
> (1) 공기량 시험   (2) 슬럼프 시험
> (3) 염화물 함유량 시험   (4) 압축강도 시험(공시체 제작)

06 레디믹스트 콘크리트의 비빔 시작부터 부어넣기 종료까지의 시간 한도를 쓰시오.
(1) 외기 기온이 25℃ 미만인 경우:
(2) 외기 기온이 25℃ 이상인 경우:

> **풀이**
> (1) 120분(2시간)   (2) 90분(1.5시간)

07 레디믹스트 콘크리트의 염화물 함유량은 염소이온(Cl⁻)량으로 얼마 이하로 규정하는지 다음 물음에 답하시오.
(1) 배출지점에서 염화물 이온량:
(2) 구입자의 승인을 얻은 경우:

> **풀이**
> (1) 0.3kg/m^3 이하   (2) 0.6kg/m^3 이하

08 레디믹스트 콘크리트 압축강도 검사규정에 대한 다음 물음에 답하시오.

(1) 1회 검사 빈도는?
(2) 1회 시험결과의 압축강도는? ($f_{cn} \leq 35$MPa인 경우)
(3) 3회 시험결과의 평균값은?

> **풀이**
> (1) 1일 1회 이상, 구조물별 120m³마다
> (2) ($f_{cn} - 3.5$)MPa 이상
> (3) f_{cn} 이상

09 레디믹스트 콘크리트에서 슬럼프 플로의 규격별 허용 오차를 쓰시오.

슬럼프 플로(mm)	슬럼프 플로의 허용차(mm)
500	(1)
600	(2)
700	(3)

> **풀이**
> (1) ±75
> (2) ±100
> (3) ±100

1-3 콘크리트의 품질관리

1-3-1 품질관리 검사 및 통계적 기법

1. 품질관리의 목적
① 설계 시방서에 표시된 규격을 만족시키면서 구조물을 가장 경제적으로 만들기 위해 통계적 기법을 응용하는 것이다.
② 품질 유지, 품질 향상, 품질 보증 등을 위해 실시한다.

2. 품질관리 4단계 사이클
① 계획(plan)
② 실시(do)
③ 검토(check)
④ 조치(action)

3. 품질관리의 효과
① 품질 향상, 불량품 감소
② 품질의 신뢰성 향상
③ 원가 절감
④ 불필요한 작업과 부수 작업의 감소
⑤ 품질의 균일화
⑥ 새로운 문제점과 개선 방법의 발견
⑦ 신속한 처치와 작업의 효율성 증대

4. 품질관리의 순서
① 품질 특성 결정
② 품질 표준 결정
③ 작업 표준 결정
④ 작업 실시
⑤ 관리 한계 설정
⑥ 히스토그램 작성
⑦ 관리도 작성
⑧ 관리 한계 재설정

5. 통계적 기법에 의한 데이터 정리

(1) 평균값($\bar{x}$)

데이터의 평균 산술값, $\bar{x} = \dfrac{\sum x_i}{n}$

(2) 중앙값($\tilde{x}$)

데이터 크기 중 중앙값

(3) 범위(R)

데이터 중 최댓값과 최솟값의 차

즉, $x_{\max} - x_{\min}$

(4) 편차의 제곱합(S)

각 데이터(x_i)와 평균치($\bar{x}$)의 차를 제곱한 값의 합

즉, $S = \sum (x_i - \bar{x})^2$

(5) 분산(σ^2)

편차의 제곱합(S)을 데이터 수로 나눈 값

즉, $\sigma^2 = \dfrac{S}{n}$

(6) 표준 편차(σ)

분산(σ^2)의 제곱근

즉, $\sigma = \sqrt{\dfrac{S}{n}}$

(7) 변동 계수(V)

표준 편차(σ)를 평균치($\bar{x}$)로 나눈 값

즉, $V = \dfrac{\sigma}{\bar{x}} \times 100$

○ 변동 계수 값과 품질 상태

변동 계수	품질관리 상태
10% 이하	우수
10~15%	양호
15~20%	보통
20% 이상	불량

6. 품질관리 7가지 수법

(1) 파레토도

결과와 원인을 분석하고 주요 문제점을 발견하기 위한 그래프

(2) 특성 요인도

어떤 특성(결과)과 그 원인의 관계를 정리하기 위한 그래프

(3) 히스토그램

데이터를 일정한 폭으로 구분하고, 막대그래프로 표현하여 중심, 편차, 모양의 문제점을 발견하기 위한 그래프

(4) 그래프

데이터를 형식과 관계에서 문제점을 발견하기 위한 도구

(5) 층별

데이터를 grouping하며 문제를 발견해 내기 위한 도구

(6) 산포도

한 쌍의 데이터가 대응하는 상태에서 문제를 발견해 내기 위한 도구

(7) 체크시트

계산치의 자료를 모아 그것에서 문제를 발견해 내기 위한 도구

(8) 관리도

데이터의 편차에서 관리 상황과 문제점을 발견해 내기 위한 도구

7. 히스토그램(histogram)

공사 또는 품질 상태가 만족한 상태에 있는지 여부를 판단하는데 이용한다.

(1) 히스토그램 작성법

① 데이터를 수집한다.
② 데이터 중 최댓값과 최솟값을 결정
③ 범위를 정한다. ($R = x_{max} - x_{min}$)
④ 계급의 폭을 결정한다.
⑤ 데이터를 계급별로 분류하여 도수 분포도를 작성한다.
⑥ 히스토그램을 작성한다.

(2) 히스토그램 규격 값에 대한 여유

① 상한 규격값과 하한 규격값이 있을 때

$$\frac{SU-SL}{\sigma} \geqq 6$$

② 한쪽 규격값만 있을 때

$$\frac{|SU(또는\ SL) - \overline{x}|}{\sigma} \geqq 3$$

여기서, SU : 상한 규격값
SL : 하한 규격값
$\overline{x}$: 평균값
σ : 표준 편차

(3) 히스토그램의 모형 및 판독

① 규격치와 분산이 양호하고 여유도 있어 만족하다.

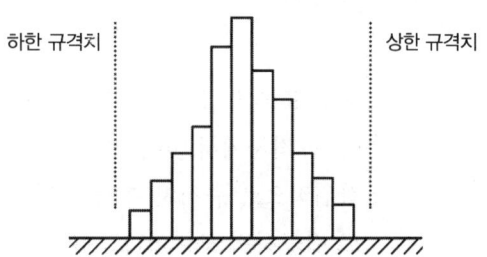

② 규격치에 가까운 자료가 있어 사소한 변동이 생기면 규격에 벗어나는 제품이 생산될 가능성이 있다.

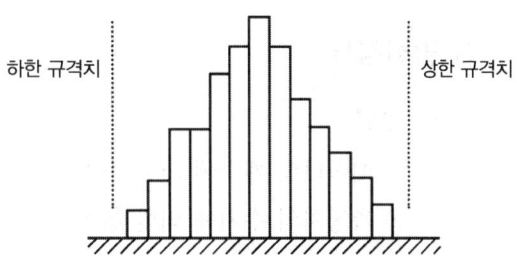

③ 피크(peak)가 두 곳에 있어 공정에 이상이 있다. 이때는 다른 모집단의 표본이 섞여 생길 수 있으므로 데이터 전체를 재조정해 볼 필요가 있다.

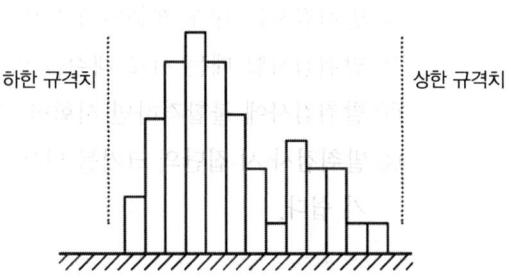

④ 하한 규격치를 벗어나므로 평균치를 큰 쪽으로 이동시키는 대책을 세운다.

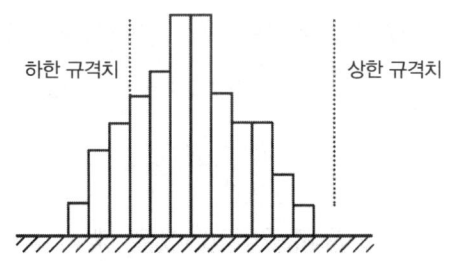

⑤ 상, 하한 규격치가 모두 벗어나므로 어떤 대책을 절대적으로 필요하다. 현재의 기술수준 또는 작업 표준에 문제점이 없는지 검토해 보고 근본적인 대책을 수립해야 한다.

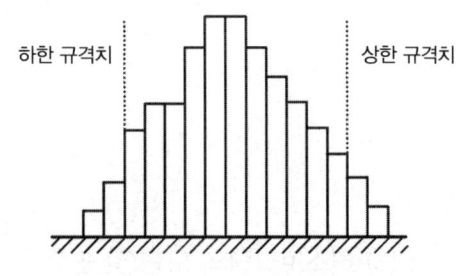

⑥ 제조 표본에 잘 나타나는 모형이다. 규격치에서 벗어나는 자료를 작위적으로 규격치 부근의 값으로 접근시킨 모형이다.

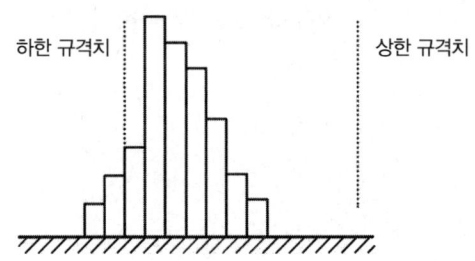

8. 발취검사

(1) 종류
① 데이터의 개수에 의한 판정
② 측정치의 수치에 의한 판정

(2) 발취검사의 특징
① 발취검사는 개개 제품의 양부의 선별이다.
② 발취검사할 때는 시료 채취를 항상 규칙적으로 한다.
③ 발취검사에 불합격하면 시험한 그 집단의 시료만 불합격한 것으로 본다.
④ 발취검사 시 집단의 크기를 너무 크게 취하면 품질이 나쁜 것이 합격으로 판정되기 쉽다.

9. 관리도

(1) 관리도의 종류

① $\bar{x}-R$ 관리도

시료의 길이, 질량, 강도 등과 같은 연속적으로 분포하는 계량값일 때 사용된다.

② $\tilde{x}$ 관리도(Median 관리도)

평균치를 계산하는 시간과 노력을 줄이기 위해 사용된다.

③ x 관리도(1점 관리도)

군으로 나누지 않고 한 개 한 개의 측정치를 사용하여 공정을 관리할 때 사용한다.

④ P 관리도(불량률 관리도)

1개씩 취급하는 물품으로 1개마다 불량품이 어느 정도 비율로 나오는지를 판단한다.

⑤ P_n 관리도(불량개수 관리도)

1개마다 양, 불량으로 구별할 경우 사용한다.

⑥ C 관리도(결점수 관리도)

취급하는 물품의 크기가 일정한 경우 사용한다.

⑦ U 관리도(결점 발생률 관리도)

1개의 물품 중에 흠이 몇 개인지를 알아내는 관리도로 단위당의 결점수 관리도라 한다.

(2) $\bar{x}-R$ 관리도의 작성법

① 평균치($\bar{x}$)

$$\bar{x} = \frac{\sum x}{n}$$

여기서, n: 조별 측정치 수
$\sum x$: 조별 측정치 합계

② 범위(R)

$$R = x_{\max} - x_{\min}$$

여기서, $x_{\max}, x_{\min}$: 한 조에서의 측정치 중 최대치와 최소치

③ 총 평균값($\bar{\bar{x}}$)

$$\bar{\bar{x}} = \frac{\sum \bar{x}}{n}$$

여기서, n: 조별 수
$\sum \bar{x}$: 조별 평균치 합계

④ 범위의 평균($\overline{R}$)

$$\overline{R} = \frac{\sum R}{n}$$

여기서, $\sum R$: 조별 범위 합계
n: 조별 수

⑤ $\overline{x}$ 관리도의 관리 한계선

- 중심선 $CL = \overline{\overline{x}}$
- 상한 관리 한계 $UCL = \overline{\overline{x}} + A_2 \cdot \overline{R}$
- 하한 관리 한계 $LCL = \overline{\overline{x}} - A_2 \cdot \overline{R}$

⑥ R 관리도의 관리 한계선

- 중심선 $CL = \overline{R}$
- 상한 관리 한계 $UCL = D_4 \cdot \overline{R}$
- 하한 관리 한계 $LCL = D_3 \cdot \overline{R}$

- $\overline{x} - R$ 관리도의 계수표

n	$\overline{x}$ 관리도 $UCL = \overline{\overline{x}} + A_2\overline{R}$ $LCL = \overline{\overline{x}} - A_2\overline{R}$	R 관리도 $UCL = D_4\overline{R}$ $LCL = D_3\overline{R}$	
	A_2	D_3	D_4
2	1.88	—	3.27
3	1.02	—	2.57
4	0.73	—	2.28
5	0.58	—	2.11
6	0.48	—	2.00
7	0.42	0.08	1.92
8	0.37	0.14	1.86
9	0.34	0.18	1.82
10	0.31	0.22	1.78

(3) 관리도의 판독

① 공정의 관리 상태인 경우(안정한 관리 상태)

- 관리한계선 밖에 분포하는 점이 없다.
- 점의 배열 상태에 어떤 특이한 경향이 없다.
- 중심선의 상·하에 대체로 같은 수의 점이 분포한다.
- 중심선 부근일수록 많은 수의 점이 분포한다.
- 중심선에서 멀어질수록 점의 분포수가 감소하는 상태를 나타낸다.

② 공정의 관리 상태가 아닌 경우(불안정한 관리 상태)
- 점이 중심선의 어느 한 측에 연속으로 배열되는 경우
- 점의 배열이 상승 또는 하강하는 경향을 나타내는 경우
- 점의 배열에 주기적인 경향이 나타나는 경우
- 모든 점이 중심선 부근에 집중하는 경향을 나타내는 경우
- 점의 관리한계선 가까이에 배열되는 경우
- 관리한계선에 근접하는 점이 거의 없는 경우
- 중심선의 어느 한 편에 많은 수의 점이 배열되는 경우

1-3-2 콘크리트 공사에서의 품질관리 및 검사

1. 콘크리트의 품질관리 시험

(1) 슬럼프시험, 공기량시험, 강도시험, 염화물 함유량시험, 단위용적 질량시험, 콘크리트 온도 측정 등을 한다.

(2) 트럭 애지테이터에서 시료를 채취하는 경우에는 트럭 애지테이터를 30초간 고속으로 휘저은 후 최초로 배출되는 콘크리트 약 $0.5m^3$를 제외한 후 콘크리트의 전 횡단면에서 3회 이상 나누어 채취한 다음 전체를 다시 비비기하여 시료로 사용한다.

(3) 검사는 강도, 슬럼프, 공기량 및 염화물 함유량에 대하여 시험한다.

(4) 콘크리트 강도 시험용 시료는 1일 1회 이상, $120m^3$마다 1회 이상, 슬래브나 벽체의 표면적 $500m^2$마다 1회 이상 채취한다.

(5) 임의의 1개 운반차로부터 채취한 시료로 3개의 공시체를 제작하여 시험한 평균값으로 한다.
　① 여러 개의 공시체 가운데 임의의 3개 공시체의 압축강도 평균값(3번의 연속강도 시험의 경과 평균값)이 호칭 강도, 품질기준 강도 이상 되어야 한다.
　② 동시에 각각의 공시체의 압축강도 값이 $f_{cn} \leq 35MPa$인 경우에는 호칭 강도, 품질기준 강도 $-3.5MPa$ 이상이 되어야 한다. 그리고 $f_{cn} > 35MPa$인 경우에는 호칭 강도, 품질기준 강도의 90% 이상이 되어야 한다.

2. 콘크리트의 관리

(1) 초기 재령의 압축강도에 의해 콘크리트를 관리한다.

(2) 시험값에 의해 관리도 및 히스토그램을 사용하여 품질관리를 한다.

(3) 물-시멘트비 1회 시험값은 동일 배치에서 취한 2개 시료의 물-시멘트비의 평균값을 취하여 관리한다.

(4) 현장 양생 공시체 제작 및 강도
① 현장 양생된 공시체 강도가 동일 조건의 시험실에서 양생된 공시체 강도의 85%보다 작을 때는 콘크리트의 양생과 보호 절차를 개선해야 한다.
② 현장 양생된 것의 강도가 호칭 강도, 품질기준 강도보다 3.5MPa을 초과하면 85%의 한계 조항은 무시할 수 있다.
③ 현장 양생되는 공시체는 시험실에서 양생되는 공시체와 똑같은 시간에 동일한 시료를 사용하여 만든다.

(5) 시험 결과 콘크리트의 강도가 작게 나오는 경우
① 시험실에서 양생된 공시체 개개의 압축시험 결과가 호칭 강도, 품질기준 강도 보다 3.5MPa 이상 낮거나 $0.1f_{ck}$ 이상 낮거나 또는 현장에서 양생된 공시체의 시험 결과에서 결점이 나타나면 구조물의 하중지지 내력이 부족하지 않도록 조치해야 한다.
② 콘크리트 강도가 현저히 부족하다고 판단될 때, 그리고 계산에 의해 하중저항 능력이 크게 감소되었다고 판단 될 때에는 문제된 부분에서 코어를 채취하여 코어의 압축강도의 시험을 실시해야 한다. 이때 강도 시험 값이 호칭 강도, 품질기준 강도 3.5MPa 이상 부족하거나 또는 $0.1f_{ck}$ 이상 부족한지 여부를 알기 위해 3개의 코어를 채취한다.
③ 구조물에서 콘크리트 상태가 건조된 경우 코어는 시험 전 7일 동안 온도 15~30℃, 상대습도 60% 이하로 건조시킨 후 기건 상태에서 시험한다.
④ 구조물의 콘크리트가 습윤된 상태에 있다면 코어는 적어도 40시간 동안 물속에 담가 두어야 하며 습윤 상태로 시험한다.
⑤ 모든 코어 공시체의 3개의 압축강도 평균값이 호칭 강도, 품질기준 강도의 85%에 달하고 각각의 강도가 호칭 강도, 품질기준 강도의 75%보다 작지 않으면 구조적으로 적합하다고 판정할 수 있다.
⑥ 시험의 정확성을 위해 불규칙한 코어 강도를 나타내는 위치에 대해 재시험을 실시해야 한다.

실기 필답형 문제 | 1-3 콘크리트의 품질관리

01 $\bar{x} - R$ 관리도에 타점이 상한선(UCL)과 하한선(LCL)의 한계 내에 있어도 관리에 이상이 있는 경우를 3가지만 쓰시오.

> **풀이**
> (1) 점이 연속하여 중심선 한쪽에 나타나는 경우(타점이 연속하여 7점 이상이 중심선 한쪽에 나타나는 경우)
> (2) 주기적인 파형인 경우
> (3) 점이 관리한계선에 접근하여 자주 나타난 경우

02 다음은 품질관리의 사항이다. 그 순서를 기호로 쓰시오.

```
(1) 품질 표준을 정한다.
(2) 데이터(data)를 취한다.
(3) 작업표준을 정한다.
(4) 품질 특성을 정한다.
(5) 관리도에 의한 공정의 안정 여부를 검토한다.
(6) 관리 한계를 계산한다.
```

> **풀이**
> (4) → (1) → (3) → (2) → (6) → (5)

03 종합적 품질관리(TQC)의 7도구를 쓰시오.

> **풀이**
> (1) 히스토그램 (2) 파레토도 (3) 특성요인도
> (4) 체크 시트 (5) 각종 그래프 (6) 산점도
> (7) 층별

CHAPTER 1. 콘크리트 재료·제조·품질관리·성질

04 통계적 품질관리를 실제로 적용할 때 4단계로 나누어 순서대로 되풀이 진행하는데 품질관리의 4사이클을 쓰시오.

풀이 계획 → 실시 → 검토 → 처리(조치)

05 히스토그램(Histogram)의 작성에 관한 사항이다. 그 순서를 기호로 쓰시오.

(1) 구간 폭을 정한다.
(2) 히스토그램을 작성한다.
(3) 데이터를 수집한다.
(4) 히스토그램 및 규격값과 대조하여 안정 상태인지 검토한다.
(5) 데이터에서 최솟값과 최댓값을 구하여 전 범위를 구한다.
(6) 도수 분포도를 만든다.

풀이 (3) → (5) → (1) → (6) → (2) → (4)

06 일반적인 관리도로서 사용하는 통계량에 따라 관리도를 분류한다. 다음 물음에 답하시오.
(1) 계량값의 관리도 종류를 3가지만 쓰시오.
(2) 계수값의 관리도 종류를 4가지만 쓰시오.

풀이
(1) ① $\bar{x}-R$ 관리도   ② x 관리도   ③ $\tilde{x}-R$ 관리도
(2) ① P 관리도   ② P_n 관리도   ③ C 관리도   ④ U 관리도

07 어떤 공사에 있어서 하한 규격치 $SL=12\text{MPa}$로 정해져 있다. 측정 결과 표준 편차의 추정치 $\delta=1.5\text{MPa}$이었다. 평균치 $\bar{x}=18\text{MPa}$이었다. 이때 규격치에 대한 여유치를 구하시오.

풀이 편측 규격이므로 $\dfrac{|SU(SL)-\bar{x}|}{\delta} \geq 3$을 적용하면 $\dfrac{|12-18|}{1.5}=4$

∴ $(4-3) \times 1.5 = 1.5\text{MPa}$

08 어떤 공사에 있어서 하한 규격치 $SL=15$MPa, 상한 규격치 $SU=23.4$MPa로 정해져 있다. 측정결과 표준편차의 추정치 $\delta=1.2$MPa, 평균치 $\bar{x}=19.2$MPa이었다. 이때 규격치에 대한 여유값을 계산하시오.

> **풀이**
>
> 양측 규격이므로 $\dfrac{SU-SL}{\delta} \geq 6$을 적용하면 $\dfrac{23.4-15}{1.2}=7$
>
> $\therefore (7-6) \times 1.2 = 1.2$MPa

09 어떤 데이터의 히스토그램에서 하한 규격치가 25.6MPa라 할 때 평균치 27.6MPa, 표준편차를 0.5MPa라면 공정 능력 지수는 얼마인지 구하시오. 단, 이 규격은 편측 규격이라 한다.

> **풀이**
>
> $C_p = \dfrac{SU-\bar{x}}{3\delta}$ 또는 $C_p = \dfrac{\bar{x}-SL}{3\delta}$
>
> $\therefore C_p = \dfrac{\bar{x}-SL}{3\delta} = \dfrac{27.6-25.6}{3 \times 0.5} = 1.33$

10 어느 현장의 콘크리트 압축강도의 하한 규격치는 18MPa이고, 상한 규격치는 24MPa로 정해져 있다. 측정결과 평균치($\bar{x}$)는 19.5MPa이고 표준편차의 추정치(δ)는 0.8MPa이라 할 때 다음 물음에 답하시오.

(1) 공정능력지수를 구하시오.
(2) 규격치에 대한 여유치를 구하시오.

> **풀이**
>
> (1) $C_p = \dfrac{SU-SL}{6\delta} = \dfrac{24-18}{6 \times 0.8} = 1.25$
>
> (2) 양측 규격이므로 $\dfrac{SU-SL}{\delta} = \dfrac{24-18}{0.8} = 7.5 > 6$
>
> $\therefore$ 여유치 $= (7.5-6) \times 0.8 = 1.2$MPa

11 콘크리트 압축강도 측정치가 각각 22.5MPa, 21.7MPa, 23.2MPa이다. 다음 물음에 답하시오.

(1) 중앙값($\tilde{x}$)을 구하시오.(단, 소수 둘째 자리에서 반올림하시오.)
(2) 평균값($\bar{x}$)을 구하시오.(단, 소수 둘째 자리에서 반올림하시오.)
(3) 편차제곱합(S)을 구하시오.(단, 소수 셋째 자리에서 반올림하시오.)
(4) 분산(σ^2)을 구하시오.(단, 소수 셋째 자리에서 반올림하시오.)
(5) 불편 분산(V)을 구하시오.(단, 소수 셋째 자리에서 반올림하시오.)
(6) 표준편차(σ)를 구하시오.(단, 소수 셋째 자리에서 반올림하시오.)
(7) 범위(R)를 구하시오.
(8) 변동계수(CV)를 구하시오.
(9) 품질관리 상태를 판정하시오.(단, 소수 셋째 자리에서 반올림하시오.)

풀이

(1) 중앙값 $\tilde{x} = 22.5\text{MPa}$

(2) 평균값 $\bar{x} = \dfrac{22.5 + 21.7 + 23.2}{3} = 22.5\text{MPa}$

(3) 편차제곱합 $S = (22.5-22.5)^2 + (21.7-22.5)^2 + (23.2-22.5)^2 = 1.13\text{MPa}$

(4) 분산 $\sigma^2 = \dfrac{S}{n} = \dfrac{1.13}{3} = 0.38\text{MPa}$

(5) 불편분산 $V = \dfrac{S}{n-1} = \dfrac{1.13}{3-1} = 0.57\text{MPa}$

(6) 표준편차 $\sigma = \sqrt{\dfrac{S}{n}} = \sqrt{0.38} = 0.62\text{MPa}$

(7) 범위 $R = x_{\max} - x_{\min} = 23.2 - 21.7 = 1.5\text{MPa}$

(8) 변동계수 $CV = \dfrac{\text{표준편차}}{\text{평균값}} \times 100 = \dfrac{0.62}{22.5} \times 100 = 2.76\%$

(9) 우수

▼ 품질관리 상태 기준

변동계수	품질관리 상태
10% 이하	우수
10~15%	양호
15~20%	보통
20% 이상	불량

12 콘크리트 구조물 공사에 있어 공시체 압축강도 측정치가 시험 일자 별로 3개씩 시험한 결과 다음과 같다. 물음에 답하시오.(단, $A_2 = 1.02$, $D_3 = 0$, $D_4 = 2.57$)

시험일자	측정치		
	x_1	x_2	x_3
3월 2일	23.7	22.6	24.2
3월 5일	21.5	24.7	25.7
3월 7일	23.0	22.6	24.2
3월 9일	25.7	23.0	24.5
3월 11일	22.6	24.2	23.7

(1) 다음 표를 완성하시오.(단, 소수 둘째 자리에서 반올림하시오.)

시험 일자	측정치			계 (Σx)	평균치 ($\bar{x}$)	범위 (R)
	x_1	x_2	x_3			
3월 2일	23.7	22.6	24.2	70.5	23.5	1.6
3월 5일	21.5	24.7	25.7	71.9	24.0	4.2
3월 7일	23.0	22.6	24.2	69.8	23.3	1.6
3월 9일	25.7	23.0	24.5	73.2	24.4	2.7
3월 11일	22.6	24.2	23.7	70.5	23.5	1.6

(2) $\bar{x}$ 관리 한계선을 구하시오.(단, 소수 둘째 자리에서 반올림하시오.)

  ① $CL = 23.73$

  ② $UCL = 26.12$

  ③ $LCL = 21.34$

(3) R 관리 한계선을 구하시오.(단, 소수 둘째 자리에서 반올림하시오.)

  ① $CL = 2.34$

  ② $UCL = 6.01$

  ③ $LCL = 0$

(4) $\bar{x} - R$ 관리도 그림을 작성하시오.

  ① $\bar{x}$ 관리도

  ② R 관리도

풀이

(1)

시험 일자	측정치			계	평균치	범위
	x_1	x_2	x_3			
3월 2일	23.7	22.6	24.2	70.5	23.5	1.6
3월 5일	21.5	24.7	25.7	71.9	24.0	4.2
3월 7일	23.0	22.6	24.2	69.8	23.3	1.6
3월 9일	25.7	23.0	24.5	73.2	24.4	2.7
3월 11일	22.6	24.2	23.7	70.5	23.5	1.6

① 계($\sum x$)
- 3월 2일: $23.7 + 22.6 + 24.2 = 70.5$
- 3월 5일: $21.5 + 24.7 + 25.7 = 71.9$
- 3월 7일: $23.0 + 22.6 + 24.2 = 69.8$
- 3월 9일: $25.7 + 23.0 + 24.5 = 73.2$
- 2월 11일: $22.6 + 24.2 + 23.7 = 70.5$

② 평균값($\overline{x}$)
- 3월 2일: $\dfrac{70.5}{3} = 23.5$
- 3월 5일: $\dfrac{71.9}{3} = 24.0$
- 3월 7일: $\dfrac{69.8}{3} = 23.3$
- 3월 9일: $\dfrac{73.2}{3} = 24.4$
- 3월 11일: $\dfrac{70.5}{3} = 23.5$

③ 범위(R)
- 3월 2일: $24.2 - 22.6 = 1.6$
- 3월 5일: $25.7 - 21.5 = 4.2$
- 3월 7일: $24.2 - 22.6 = 1.6$
- 3월 9일: $25.7 - 23.0 = 2.7$
- 3월 11일: $24.2 - 22.6 = 1.6$

(2) ① $CL = \overline{\overline{x}} = \dfrac{\sum \overline{x}}{n} = \dfrac{23.5 + 24.0 + 23.3 + 24.4 + 23.5}{5} = 23.7$

② $UCL = \overline{\overline{x}} + A_2 \cdot \overline{R} = 23.7 + 1.02 \times 2.3 = 26.0$

여기서, $\overline{R} = \dfrac{1.6 + 4.2 + 1.6 + 2.7 + 1.6}{5} = 2.3$

③ $LCL = \overline{\overline{x}} - A_2 \cdot \overline{R} = 23.7 - 1.02 \times 2.3 = 21.4$

(3) ① $CL = \overline{R} = 2.3$

② $UCL = D_4 \cdot \overline{R} = 2.57 \times 2.3 = 5.9$

③ $LCL = D_3 \cdot \overline{R} = 0 \times 2.3 = 0$

(4) ① $\bar{x}$ 관리도

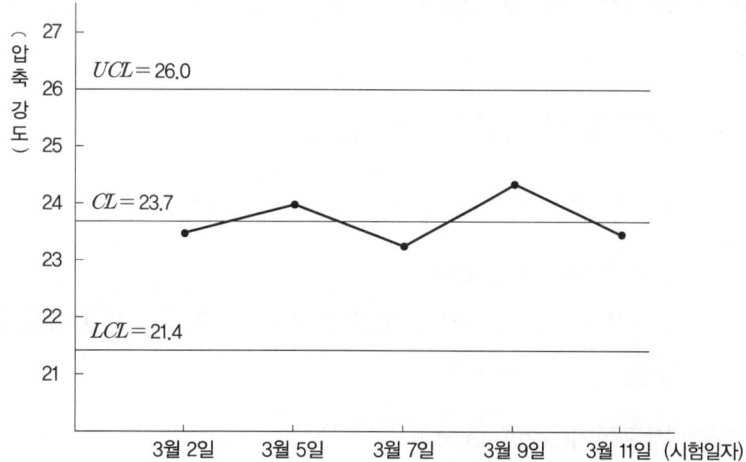

② R 관리도

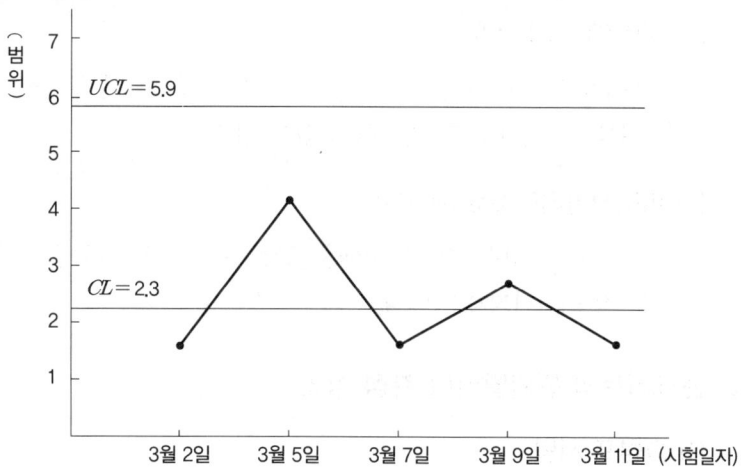

13 품질관리도에서 관리상태가 안정한 경우를 3가지만 쓰시오.

> **풀이**
> (1) 점이 관리한계선 안쪽에 있고 점의 배열이 규칙성이 없을 것
> (2) 점의 나열된 방향이 이상 없을 것
> (3) 점이 관리 한계선을 벗어나지 않을 것
> (4) 중심선의 상, 하에 대체로 같은 수의 점이 분포하는 경우
> (5) 중심선 근처일수록 많은 수의 점이 분포하는 경우
> (6) 중심선에서 멀어질수록 점의 분포수가 감소하는 경우

1-4 콘크리트의 성질

1-4-1 굳지 않은 콘크리트의 성질

1. 굳지 않은 콘크리트의 성질을 나타내는 용어

(1) 워커빌리티(workability)

반죽질기 여하에 따른 작업의 난이도 및 재료 분리에 저항하는 정도를 나타내는 성질

(2) 반죽질기(consistency)

주로 물의 양이 많고 적음에 따라 반죽이 되고 진 정도를 나타내는 성질

(3) 성형성(plasticity)

거푸집을 쉽게 다져 넣을 수 있고 거푸집을 제거하면 천천히 형상이 변하기는 하지만 허물어지거나 재료 분리하지 않는 성질

(4) 피니셔빌리티(finshability)

굵은 골재의 최대치수, 잔골재율, 잔골재의 입도, 반죽질기 등에 따른 마무리하기 쉬운 정도를 나타내는 성질

2. 콘크리트의 워커빌리티 측정 방법

(1) 슬럼프 시험

콘크리트의 반죽 질기를 간단히 측정할 수 있어 많이 이용하고 있다.

(2) 흐름 시험(flow test)

① 콘크리트의 유동성을 측정하는 방법으로 콘크리트에 상하운동을 주어 콘크리트가 흘러 퍼지는 데에 따라 변형 저항을 측정한다.

② 흐름값 = $\dfrac{\text{시험 후의 지름} - \text{콘의 밑지름}(254\text{mm})}{\text{콘의 밑지름}(254\text{mm})} \times 100$

③ 대형 흐름판 위에 콘을 놓고 콘크리트를 각 층당 25회 다짐으로 2층 다짐을 하고 몰드를 제거한 후 흐름판을 10초 동안 15회 상하운동시킨다.

(3) Vee-Bee 시험(진동대식 시험)

포장 콘크리트와 같은 된반죽 콘크리트의 반죽 질기를 측정하는데 적합하다.

(4) 다짐계수 시험

(5) 리몰딩 시험

(6) 구관입 시험

① 켈리볼 관입 시험이라 한다.
② 약 14kg(13.6kg) 구를 콘크리트 표면에 놓아 가라앉는 관입 깊이(값)를 측정한다.
③ 슬럼프 값은 관입값의 1.5~2배이다.

(7) 이리바렌 시험

3. 워커빌리티 영향을 미치는 요인

(1) 단위 수량

① 단위 수량이 클수록 반죽질기가 크게 되나 단위 수량이 너무 많으면 재료 분리를 일으키며 콘크리트 시공이 어렵다.
② 단위 수량이 너무 적으면 콘크리트는 된반죽이 되며 유동성이 적게 되어 시공이 어렵다.
③ 단위 수량이 1.2% 증감함에 따라 슬럼프는 1cm 증감한다.

(2) 시멘트

① 단위 시멘트량, 시멘트 종류의 분말도, 풍화 정도 등에 따라 워커빌리티가 달라진다.
② 단위 시멘트량이 큰 콘크리트일수록 성형성이 좋다.
③ 혼합 시멘트는 일반적으로 보통 포틀랜드 시멘트보다 워커빌리티를 좋게 한다.
④ 비표면적이 $2,800cm^2/g$ 이하의 시멘트를 사용하면 워커빌리티가 나빠지고 블리딩도 커진다.
⑤ 시멘트량이 많을수록(부배합) 콘크리트가 워커블하게 되며 시멘트량이 적으면 (빈배합) 재료 분리의 경향이 생긴다.

(3) 골재의 입도 및 입형

① 잔골재의 입도는 콘크리트의 워커빌리티에 큰 영향을 준다.
② 0.3mm 이하의 미립은 콘크리트의 점성을 주고 성형성을 좋게 한다.
③ 미립분에 너무 많으면 컨스턴시가 작아지므로 골재는 대소가 적당한 비율로 혼합되어 있어야 한다.

④ 입도 분포는 연속 입도가 좋으며 공기 연행 콘크리트의 경우에 공기 연행제의 공기 연행은 잔골재의 입경 크기에 따라 달라진다.
⑤ 자연모래가 모나거나 편평한 것이 많은 부순 모래에 비해 워커블한 콘크리트를 얻을 수 있다.
⑥ 잔골재율이 커지면 동일 워커빌리티를 얻기 위해 단위 수량이 커지므로 시멘트량이 일정한 경우 강도가 저하된다.
⑦ 굵은 골재 최대치수는 콘크리트 단면 치수, 배근상태에 의해 적당한 크기가 결정되어진다.
⑧ 둥글한 강자갈의 경우가 워커빌리티가 가장 좋고 편평하고 세장한 입형의 골재는 분리하기 쉽고 모진 것이나 굴곡이 큰 골재는 유동성이 나빠져 워커빌리티가 불량하게 된다.
⑨ 부순 자갈이나 부순 모래를 사용할 경우 워커빌리티가 나빠지므로 잔골재율과 단위 수량을 크게 하여 워커빌리티를 개량할 필요가 있다.

(4) 공기량 및 혼화 재료

① 공기 연행제나 감수제에 의해 콘크리트 중에 연행된 미세한 공기포는 볼 베어링 작용에 의해 콘크리트의 워커빌리티를 개선한다.
② 공기량 1% 증가에 대해 슬럼프가 25mm 정도 커지며 잔골재율을 0.5~1.0% 작게 할 수 있고 슬럼프를 일정하게 하며 단위 수량을 약 3% 저감할 수 있다. 그 결과 골재분리가 억제되고 블리딩도 감소하게 된다.
③ 공기량의 워커빌리티 개선 효과는 빈배합의 경우에 현저하다.
④ 감수제는 공기량에 의한 효과 이외에도 반죽 질기를 증대시키는 효과가 커 양질의 것은 일반적으로 8~15% 정도의 단위 수량을 감소시킬 수 있다.
⑤ 양질의 포졸란을 사용하면 워커빌리티가 개선된다.
⑥ 플라이 애시는 구상의 미분이기 때문에 볼 베어링 작용에 의해 콘크리트의 워커빌리티를 개선한다.
⑦ 공기량은 일반적으로 골재 최대치수에 따라 콘크리트 용적의 4.5~7.5%로 하는 것을 표준으로 한다.
⑧ 굵은 골재 최대치수가 작은 콘크리트일수록 공기량이 많이 필요하다.
⑨ 공기 연행제를 일정량 사용한 경우 연행되는 공기량에 대한 영향
 • 물·결합재비가 클수록 공기량이 커진다.
 • 슬럼프가 작을수록 공기량이 커진다.
 • 시멘트의 분말도가 커질수록 공기량이 작아진다.

- 단위 잔골재량이 많을수록 공기량이 커진다.
- 콘크리트 온도가 낮을수록 공기량이 커진다.

⑩ 공기 연행 콘크리트의 공기량이 비빔 후 취급에 따른 영향
- 진동 다짐에 따른 공기량의 감소는 콘크리트의 슬럼프가 클수록, 부재 단면이 작을수록, 콘크리트양이 작을수록 빠르다.
- 버켓이나 콘크리트 펌프에 의한 운반 중의 공기량의 감소는 그다지 많지 않다.
- 취급 중에 손실되는 공기량은 대부분이 기포경이 큰 것이며 기포경이 작은 것은 큰 것보다 감소하지 않는다.

(5) 비빔시간

① 비비기가 충분하면 시멘트 풀이 골재의 표면에 고르게 부착되고 반죽이 워커블 해지며 재료의 분리가 줄어들고, 강도가 높아지므로 가급적 비빔시간을 늘리는 것이 좋다.
② 비빔시간이 과도하게 길면 시멘트의 수화를 촉진하여 워커빌리티가 나빠진다.
③ 너무 오래 비비면 재료 분리가 생기고 공기 연행 콘크리트의 경우 공기량이 감소된다.

(6) 온도

온도가 높을수록 슬럼프는 감소하고 수송에 의한 슬럼프의 감소도 현저하다.

(7) 배합

콘크리트를 구성하는 재료의 사용량이나 물-결합재비, 잔골재율, 잔골재 및 굵은 골재비 등 재료의 구성 비율은 콘크리트의 워커빌리티에 큰 영향을 미친다.

4. 재료의 분리

(1) 콘크리트 작업 중에 생기는 재료 분리의 원인

① 굵은 골재의 최대치수가 지나치게 큰 경우
② 입자가 거친 잔골재를 사용할 경우
③ 단위 골재량이 너무 많은 경우
④ 단위 수량이 너무 많은 경우
⑤ 콘크리트 배합이 적절하지 않은 경우
⑥ 콘크리트 운반 시 애지테이터의 회전이 정지되거나 속도가 맞지 않을 경우
⑦ 컨시스턴시가 적합하지 않아 과도한 진동다짐을 한 경우에는 굵은 골재의 침하, 블리딩이 생기기 쉽고 슈트를 사용한 경우 굵은 골재의 분리가 심해진다.

(2) 콘크리트 작업 중에 생긴 재료 분리 현상을 줄이기 위한 대책

① 콘크리트의 성형성을 증가시킨다.
② 잔골재율을 크게 한다.
③ 진동 다짐을 하면 콘크리트는 충전상태가 밀실하게 되어 경화 후 성질이 향상되며 진동다짐은 된반죽 콘크리트가 효과적이다.
④ 잔골재 중의 0.15~0.3mm 정도의 세립분을 많게 한다.
⑤ 부배합 콘크리트, 슬럼프가 50~100mm 정도인 콘크리트 및 공기 연행 콘크리트를 사용한다.
⑥ 단위 수량이 작고 물·결합재비가 낮은 콘크리트가 분리에 대한 저항성이 크다.
⑦ 공기 연행제 등의 혼화제를 사용하여 단위 수량을 적게 하고 시멘트량이 너무 적지 않도록 하여 분리가 쉽지 않게 한다.
⑧ 골재는 세·조립이 알맞게 혼합되어 입도 분포가 양호한 것을 사용한다.
⑨ 거푸집은 시멘트 페이스트의 누출을 방지하고 충분한 다짐작업에 견디도록 수밀성이 높고 견고한 것을 사용한다.
⑩ 분리를 일으킨 콘크리트는 균일하게 다시 비벼서 타설한다.
⑪ 콘크리트 타설시 부어 넣을 최종 위치에 정치하도록 타설한 것이 이상적이다.
⑫ 높은 곳에서의 자유낙하, 거푸집 내에서 장거리 흘러내림, 특히 콘크리트에 횡방향 속도가 붙은 채로 거푸집 속으로 부어 넣어서는 안 된다.
⑬ 펌프나 슈트를 사용해서 칠 때에는 먼저 용기에 받아 정지시킨 후 쳐야 한다.
⑭ 운반, 타설 방법에 주위를 기울려도 거푸집 내에 낙하, 유동할 때에 어느 정도의 분리를 피할 수 없다.
⑮ 굵은 골재의 분리는 그 정도가 경미하면 내부 진동기로 충분히 다짐으로써 균질한 콘크리트로 할 수 있다.
⑯ 진동시간이 과대하게 하면 콘크리트는 재료 분리를 일으키고 공기 연행 콘크리트는 공기량이 감소한다. 특히 단위 수량이 많은 콘크리트의 경우는 현저하다. 따라서 한 개소에서 오래 진동기를 쓰면 효과가 없다.

(3) 콘크리트 타설 후의 재료 분리

① 블리딩의 발생으로 상부의 콘크리트가 다공질이 되며 강도, 수밀성 및 내구성이 감소되고 골재입자나 수평철근의 밑부분에 수막을 만들고 시멘트 풀과의 부착을 저해하며 수밀성을 감소시킨다.
  • 블리딩이란 콘크리트 타설 후 시멘트, 골재입자 등이 침하함으로써 물이 분리하여 상승하는 현상을 말한다.

- 시멘트의 분말도가 클수록 블리딩은 작아진다.
- 시멘트의 응결시간이 짧을수록 블리딩은 감소한다.
- 입자의 형상이 거친 쇄석을 사용한 콘크리트는 보통 골재를 사용한 콘크리트에 비해 블리딩이 크다.
- 공기 연행제, 감수제 등 혼화제를 사용한 콘크리트는 단위 수량이 감소되므로 블리딩을 줄일 수 있다.
- 배합조건에서 단위 수량이 크거나 단위잔골재량이 적어지면 블리딩이 증가한다.
- 과도한 진동다짐을 하면 물이 분리되기 쉬워 블리딩이 증가하고 타설 속도가 빠르면 블리딩이 증가한다.
- 물이 새지 않는 합판이나 철판제의 거푸집을 사용하면 블리딩이 커진다.
- 블리딩을 적게 하기 위해서는 단위 수량을 적게 하고 골재입도가 적당해야 한다.

② 레이탄스를 콘크리트의 작업 이음시 제거하지 않고 타설하면 이 이음부는 약점의 원인이 된다.
- 레이탄스란 블리딩에 의해 콘크리트 표면에 떠올라와 침전한 미세한 물질을 말한다.
- 레이탄스는 시멘트나 모래속의 미립자의 혼합물로서 굳어져도 강도가 거의 없다.

5. 초기균열

- 콘크리트 타설 후 24시간 이내의 경화되기 이전에 균열이 발생하는 것을 말한다.
- 봄철 건조한 경우에 많이 발생하며 균열 길이가 짧으며 무방향성이다.
- 보통 유해하지는 않으나 외관상 문제나 경화 후 각종의 결합을 유발시키는 원인이 된다.

(1) 침하수축균열

① 콘크리트 타설 후 콘크리트 표면 가까이 있는 철근, 매설물 또는 입자가 큰 골재 등이 콘크리트의 침하를 국부적으로 방해를 하기 때문에 철근의 상부 배근 방향으로 침하균열이 발생한다.

② 침하나 블리딩이 큰 콘크리트일수록 초기균열이 발생하기 쉽고 균열의 크기는 커진다.

③ 응결시간이 빠른 시멘트, 장시간 비빈 콘크리트, 하절기에 시공된 콘크리트, 타설 높이가 큰 콘크리트, 거푸집이 불완전하여 모르타르가 누출된 콘크리트, 거푸

집의 조임이나 동바리가 불완전한 경우 등에 많이 발생한다.

④ 콘크리트 침하에 영향을 주는 조건
- 물·결합재비가 클수록 혹은 컨시스트가 커질수록 침하량은 많아진다.
- 골재의 최대치수가 클수록 적어진다.
- 공기 연행제 및 공기 연행 감수제는 블리딩량 및 침하량을 감소시키는 효과가 크다.
- 콘크리트를 타설할 부분의 수평 단면적이 클수록 빨리 그리고 많이 침하한다.
- 타설 높이가 높을수록 침하의 절대량은 크기만 침하량의 비율은 적어진다.
- 타설 높이가 일정한 높이 이상이 되면 타설 높이가 변화해도 침하량에는 큰 변화가 없다.

⑤ 침하 수축 균열의 방지대책
- 단위 수량을 될 수 있는 한 적게 한다.
- 슬럼프가 작은 콘크리트를 배합하여 가능한 한 블리딩을 억제하도록 한다.
- 타설 종료 후에는 충분한 다짐을 한다.
- 너무 조기에 응결되지 않는 시멘트와 혼화제를 사용한다.
- 침하수축 균열이 발생하면 하계에는 타설 후 60~90분 이내, 기타 계절에는 90~180분 이내에 균열 부위의 콘크리트 표면을 각재 등으로 두드리거나 흙손으로 표면 마무리를 하여 균열을 없앤다.

(2) 초기 건조균열(플라스틱 수축균열)

① 콘크리트 표면의 물의 증발속도가 블리딩 속도보다 빠른 경우와 같이 급속한 수분 증발이 일어나는 경우에 콘크리트 마무리면에 가늘고 얇은 균열이 생긴다.
② 균열은 표면 전체에 촘촘한 망상의 형태로 발생하며 균열 폭은 0.02~0.5mm 정도이다.
③ 콘크리트 표면에만 균열이 생기고 내부까지는 진행되지 않는다.
④ 콘크리트 표면의 수분 증발량이 블리딩 양보다 많은 경우, 거푸집의 누수가 심하고 블리딩이 적어 초기에 콘크리트 표면에 수분이 급격히 손실될 경우에도 발생할 수 있다.
⑤ 건조 한 봄철에 많이 발생하며 바람이 불고 일사 등에 의해 기온이 높고 건조가 심한 환경조건에서 균열이 발생하기 쉽다.
⑥ 건조 균열을 억제하려면 타설 구획의 주위를 시트로 감싸고 타설 종료 후 콘크리트 표면을 피복한다. 그리고 여름철에 경우 일광의 직사나 바람에 노출되지 않도록 필요에 따라 적절한 살수를 하는 등 양생을 철저히 한다.

(3) 거푸집의 변형에 의한 균열

① 콘크리트 타설 후 굳어가는 시점에 거푸집의 조임상태 불량, 동바리의 불안정, 콘크리트의 측압 등에 의해 거푸집의 변형이 생겨 균열이 발생한다.
② 콘크리트 소성변형에 의한 균열보다 외력에 의한 변형으로 생긴 균열이 크다.

(4) 진동 및 재하에 따른 균열

① 타설 완료할 시기에 콘크리트 주변에서 말뚝을 항타 하거나 기계류의 진동이 원인으로 균열이 생긴다.
② 콘크리트 초기 재령에 상부에 가설 재료를 쌓으면 지보공의 변형, 침하 등에 따라 균열이 생긴다.

(5) 수화발열에 의한 온도 균열

① 콘크리트의 응결, 경화과정에서 시멘트의 수화열이 축적되어 콘크리트 내부 온도가 상승하여 발생되는 균열이다.
② 댐과 같이 단면이 큰 매스 콘크리트 등의 구조물에 타설한 콘크리트에서는 큰 문제가 된다.
③ 콘크리트의 온도가 상승된 후 이것이 식을 때 생기는 콘크리트의 수축이 어떤 힘에 구속되면 콘크리트에 균열이 생긴다.
④ 매스 콘크리트에서의 온도 균열은 타설후 1~2주 사이에 발생하는 경우가 많다.
⑤ 온도상승에 따른 온도 균열의 방지대책
  • 수화열이 적은 중용열 포틀랜드 시멘트를 사용한다.
  • 플라이 애시 등의 혼화재를 사용한다.
  • 굵은 골재 최대치수를 가능한 한 크게 하여 단위 시멘트량을 절감시킨다.
  • 시공 측면에서는 재료 및 콘크리트의 냉각, 적당한 간격의 신축 줄눈, 콘크리트 타설 속도 등을 고려한다.

1-4-2 굳은 콘크리트의 성질

1. 압축강도

(1) 콘크리트의 강도는 보통 압축강도를 말한다.
(2) 표준 양생을 한 재령 28일의 압축강도를 기준으로 한다.
(3) 댐 콘크리트에서는 재령 91일 압축강도를 기준으로 한다.
(4) 포장용 콘크리트에서는 재령 28일의 휨강도를 기준으로 한다.

(5) 콘크리트 강도에 영향을 미치는 주된 요인

① 재료 품질의 영향
- 골재가 강경하고, 물-시멘트비, 양생 등이 일정할 경우 콘크리트 압축강도는 시멘트의 종류와 시멘트의 강도에 의해 좌우된다.
- 골재 강도의 변화는 콘크리트 강도에 거의 영향을 미치지 않는다. 그러나 천연 경량 골재나 약한 석편을 많이 포함한 경우에는 콘크리트 강도가 저하한다.
- 콘크리트의 강도가 고강도가 될수록 골재의 영향이 매우 커진다.
- 골재의 표면이 거칠수록 골재와 시멘트 풀과의 부착이 좋기 때문에 일반적으로 부순돌을 사용한 콘크리트의 강도는 강자갈을 사용한 콘크리트보다 크다.
- 물-시멘트비가 일정하더라도 굵은 골재의 최대치수가 클수록 콘크리트의 강도는 작아지며 이러한 경향은 부배합일수록 더욱 커진다.
- 물은 콘크리트의 다른 재료에 비해 영향을 적게 받는 재료이나 수질은 콘크리트 강도, 시공 시의 응결시간, 경화 후의 콘크리트 성질에 영향을 미친다.

② 배합의 영향
- 콘크리트 강도에 가장 큰 영향을 미치는 것은 물-시멘트비이다.

③ 공기량의 영향
- 물-시멘트비가 일정할 때 공기량이 1% 증가하면 압축강도는 4~6% 감소한다.

④ 시공 방법의 영향
- 혼합시간이 길수록 일반적으로 강도는 증대한다. 이런 경향은 빈배합일수록, 굵은 골재 최대치수가 작을수록, 된반죽일수록 효과가 크다.
- 콘크리트를 혼합한 후 방치한 것을 물을 가하지 않고 다시 비비면 일반적으로 강도는 증대한다. 그러나 워커빌리티가 나쁘고 오히려 강도가 저하되는 경우도 있다.
- 콘크리트가 굳기 시작한 후에 다시 비비는 작업을 되비비기라고 하고 비빈 후 상당한 시간이 지났거나 또는 재료가 분리한 경우에 다시 비비는 작업을 거듭 비비기라고 하는데 거듭 비비기를 하면 콘크리트는 슬럼프, 철근과의 부착강도 등이 커지며 초기의 침하 및 경화수축이 작아진다.
- 진동기를 사용하여 다질 경우 된반죽의 콘크리트는 강도가 크게 되지만 묽은 반죽은 그 효과가 작다.
- 응결 도중 적당한 시기(0.5~2시간)에 재진동을 하게 되면 강도가 오히려 증대하는 경우도 있다.
- 콘크리트 성형(成型)시에 가압을 하여 경화시키면 강도가 크게 된다. 특히 묽은 반죽 콘크리트의 경우에 효과가 크다.

⑤ 양생 방법 및 재령의 영향
- 콘크리트를 습윤 양생 후 공기 중 건조시키면 강도가 20~40% 증가한다. 이 강도는 일시적이며 그대로 건조 상태를 두면 증가하지 않는다.
- 건조 상태의 공시체를 다시 습윤 상태에 두면 강도가 다시 증가한다.
- 양생온도가 4~40℃의 범위에 있어서는 온도가 높을수록 재령 28일까지의 강도는 커진다. 그러나 지나치게 온도가 높으면 오히려 강도발현에 나쁜 영향을 미친다.
- 양생온도가 −0.5~−2℃ 이하로 되면 콘크리트속의 수분이 동결하므로 특히 초기 재령에서 심한 동해를 받는다.
- 콘크리트 강도는 재령에 따라 강도가 증가하고 증가 비율은 재령이 짧을수록 현저하다.

⑥ 시험 방법의 영향
- 원주형과 각주형 공시체는 직경 또는 한 변의 길이 D와 높이 H와의 비 H/D의 값이 작을수록 압축강도가 크게 된다.
- H/D가 동일하면 원주형 공시체가 각주형 공시체 보다 압축강도가 크다.
- 15cm 입방체 공시체의 강도는 $\phi 150 \times 300mm$의 원주형 공시체 강도의 1.16배 정도가 된다.
- 모양이 다르면 크기가 작은 공시체의 압축강도가 더 크다.
- 콘크리트 압축강도 시험은 공시체의 높이가 지름의 2배인 원주형 공시체를 사용하는 것을 표준으로 하며 표준 공시체를 사용하는 것을 표준으로 하며 표준 공시체는 $\phi 150 \times 300mm$를 채용하고 있다. 단, 굵은 골재의 최대치수가 25mm 이하의 경우 $\phi 100 \times 200mm$를 사용해도 좋다.
- 공시체의 캐핑 두께는 가능한 얇은 것이 좋으나 2~3mm 정도가 적당하며 6mm를 넘으면 강도의 저하가 커진다.
- 압축강도 시험 시 재하속도가 빠를수록 강도가 크게 나타난다.
- 압축강도 시험 시 재하속도는 매초 0.6±0.2MPa로 규정하고 있으며 인장이나 휨강도 시험 시 재하속도는 각기 다르게 규정되어 있다.

2. 인장강도

① 인장강도는 압축강도의 1/10~1/13 정도이다.
② 인장강도는 콘크리트를 건조시키면 습윤한 콘크리트보다 저하된다. 이런 경향은 흡수율이 큰 인공경량골재 콘크리트에 있어서 더욱 현저하다.
③ 인장강도 시험 방법은 할열시험이 일반적으로 사용된다.

3. 휨강도

① 휨강도는 압축강도의 1/5~1/8 정도이다.
② 휨강도는 인장강도의 1.6~2.0배 정도이다.
③ 파괴하중 부근의 응력상태는 소성 성질을 나타내므로 응력이 직선분포로 나타나지 않는다.
④ 휨강도는 도로, 공항 등의 콘크리트 포장의 설계기준강도, 콘크리트의 품질결정 및 관리 등에 사용된다.

4. 전단강도

① 전단강도는 압축강도의 1/4~1/6 정도이다.
② 전단강도는 인장강도의 2.3~1.5배 정도이다.
③ 일반적으로 높이 또는 폭이 클수록, 또 지간이 커질수록 전단강도는 작아진다.

5. 부착강도

① 철근과 시멘트 풀과의 순부착력, 철근과 콘크리트 사이의 마찰력 및 철근 표면의 요철에 의한 기계적 저항력 등에 의한다.
② 철근의 종류 및 지름, 콘크리트 속의 철근 위치 및 방향, 묻힌 길이, 콘크리트의 덮개 및 콘크리트의 품질 등에 따라 달라진다.
③ 콘크리트 압축강도가 증가하는데 따라 부착강도도 증가하며 이형철근의 부착강도가 원형철근의 약 2배 정도이다.
④ 수평철근의 부착강도는 연직철근의 1/2~1/4 정도이다.
⑤ 수평철근의 아래쪽의 콘크리트 두께가 클수록 부착강도는 작아진다.
⑥ 공기량이 증가하면 부착강도는 작아진다.

6. 지압강도

교각의 지지부나 프리스트레스트 콘크리트의 긴장재 정착부 등에서 부재의 일부분만이 국부적인 하중을 받는 경우의 콘크리트 압축강도를 지압강도라 한다.

7. 피로강도

① 콘크리트가 소정의 반복 하중에 견디는 응력의 한도를 피로강도라 한다.
② 일정한 하중을 지속적으로 받게 되면 피로 때문에 크리프 파괴가 발생한다.
③ 피로에 의한 파괴강도는 작용하는 응력의 상한치와 하한치 범위와 반복 횟수에 의해

변화한다.
④ 피로에 의한 강도 저하의 원인 중에서 중요한 것은 콘크리트 속의 미세한 균열 때문이다. 이 미세한 균열은 콘크리트의 응력이 $0.5f_c$ 정도일 때 발생하기 시작하여 반복 재하에 의해 파괴된다.
⑤ 콘크리트의 크리프 파괴는 정적파괴 하중보다 70~80% 정도의 작은 하중에서 파괴된다.
⑥ 콘크리트의 200만회 피로강도는 정적 파괴강도의 50~60% 정도이다.

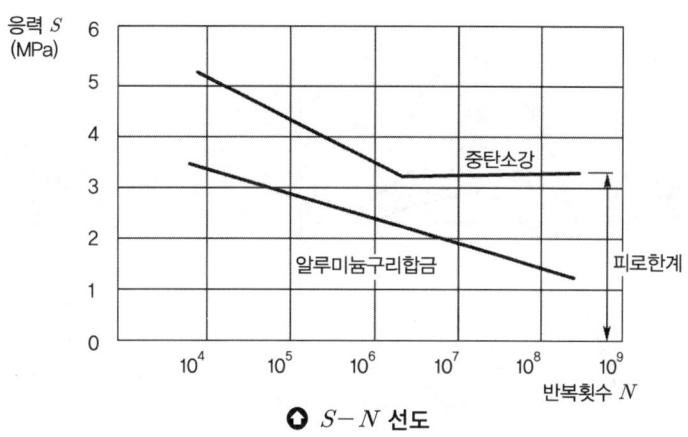

◆ $S-N$ 선도

8. 충격 강도

① 말뚝의 항타, 충격하중을 받는 기계기초, 프리캐스트 부재 취급하중의 충격에 대한 기준으로 콘크리트가 반복 타격에 견딜 수 있는 능력과 에너지를 흡수할 수 있는 것을 표시한 값이다.
② 정적 압축강도가 높을수록 균열 전에 1회 타격당 흡수되는 에너지는 적지만 콘크리트의 충격강도는 증가한다.
③ 동일한 압축강도의 콘크리트일지라도 부순골재처럼 골재 표면이 거칠수록 충격강도는 높다.
④ 콘크리트의 충격강도는 압축강도보다는 인장강도와 더 밀접한 관계가 있다.
⑤ 부순돌 보다는 강자갈로 만든 콘크리트의 충격강도가 낮다.
⑥ 굵은 골재 최대치수가 낮은 쪽이 충격강도를 개선 할 수 있고 탄성계수와 포아송비가 낮은 골재가 더 유리하다.
⑦ 너무 가는 잔골재를 사용하면 오히려 충격강도를 다소 저하시키게 된다.
⑧ 잔골재량이 증가하는 쪽이 충격강도에 유리하다.

⑨ 콘크리트의 저장조건은 충격강도에 큰 영향을 준다.
⑩ 수중에 저장된 콘크리트의 충격강도는 건조 상태의 것보다 낮으므로 콘크리트 말뚝을 항타 전에 습윤 상태로 두는 것이 매우 불리하다.

1-4-3 굳은 콘크리트의 변형

1. 응력 – 변형률 곡선

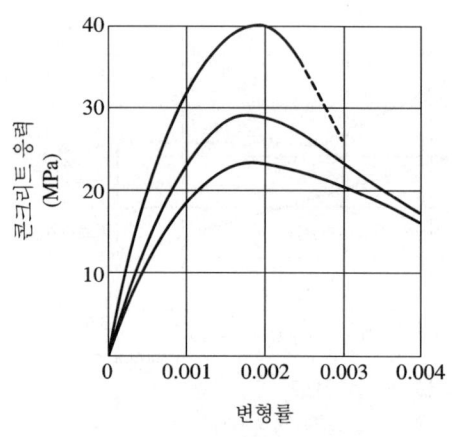

◐ 콘크리트의 응력-변형률 곡선

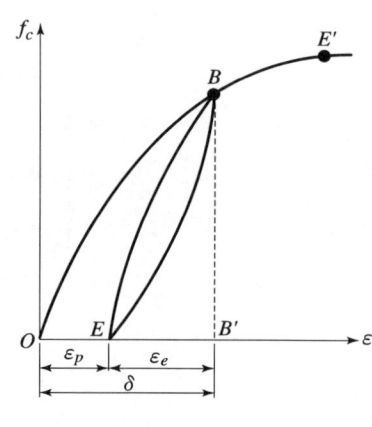

◐ 콘크리트의 응력-변형률과의 관계

① 초기에는 압축응력에 비례하여 변형이 거의 직선적으로 증가하지만 서서히 아래로 처지면서 곡선이 되고 응력이 최댓값에 도달한 뒤 서서히 감소하다가 파괴된다.
② 압축응력과 변형이 비례하는 성질을 탄성이라 하며 콘크리트는 압축강도의 약 $0.3f_{cu}$ 정도의 낮은 응력의 영역에서는 거의 탄성거동을 나타내지만 압축강도의 $0.5f_{cu}$ 이상의 응력에서는 명확한 탄성 거동을 나타내지 않는다.
③ 하중이 작은 초기에는 거의 직선에 가깝지만 하중이 증가와 더불어 점차 곡선이 되므로 콘크리트는 훅크의 법칙이 성립되지 않는 비선형 재료에 속한다. 그러나 철근 콘크리트 부재를 허용응력 설계법으로 설계할 경우에는 콘크리트를 탄성체로 가정한다.
④ 고강도 콘크리트 쪽의 곡선의 기울기가 강도가 낮은 콘크리트 쪽의 기울기보다 급하다.
⑤ 비교적 작은 하중을 가하더라도 원상이 회복되지 않는 변형률, 즉 영구 변형률(ε_p : 잔류변형률)이 잔류하게 된다. 이것을 소성 변형률이라 한다.

⑥ 전 변형률(δ)에서 잔류 변형률을 뺀 것을 탄성 변형률(ϵ_e)이라 하며 탄성 변형률은 하중을 제거하면 회복하는 변형률이다.

⑦ 보통 콘크리트에서 잔류 변형률에 대한 전 변형률의 비는 응력이 클수록 크고 파괴강도의 50% 정도의 응력에서 약 10% 정도이다.

⑧ 다른 조건이 동일하면 강도가 클수록 응력-변형률 곡선의 기울기는 크게 되며 고강도의 콘크리트일수록 더욱 직선에 가깝고 최대 응력점으로부터의 응력하강역의 기울기도 크다.

2. 탄성계수

(1) 정탄성계수

① 정적하중에 의하여 얻어진 즉 일반적인 압축강도 시험에 의해 구해진 응력-변형률 곡선에서 구한 탄성계수(영계수)를 정탄성계수라 한다.

② 콘크리트의 정탄성계수는 초기 탄성계수, 할선 탄성계수 및 접선 탄성계수로 구하나 일반적으로는 할선 탄성계수로 나타낸다.

③ 할선 탄성계수를 구할 때의 응력은 파괴강도의 1/3~1/4(보통 압축강도의 30~50%)로 한다.

④ 할선 탄성계수는 응력의 크기에 따라 달라지므로 응력의 크기를 지정하지 않으면 이 계수를 정할 수 없다.

⑤ 콘크리트의 탄성계수는 압축강도 및 밀도가 클수록 크다.

⑥ 압축강도가 동일할 경우 굵은 골재량이 많을수록 탄성계수가 크다.

⑦ 재령이 길수록, 공기량이 작을수록 탄성계수가 크다.

⑧ 콘크리트의 탄성계수는 여러 가지 요인에 의하여 변화하지만 특히 콘크리트의 강도와 밀도의 영향을 가장 크게 받는다.

⑨ 콘크리트의 단위질량 m_c의 값이 1,450~2,500kg/m³인 콘크리트의 경우

$$E_c = 0.077 m_c^{1.5} \sqrt[3]{f_{cm}} \text{(MPa)}$$

단, 보통 골재를 사용한 콘크리트(m_c = 2,300kg/m³)의 경우

$$E_c = 8,500 \sqrt[3]{f_{cm}} \text{(MPa)}$$

여기서, 재령 28일에서 콘크리트의 평균 압축강도는

$$f_{cm} = f_{ck} + \Delta f \text{(MPa)}$$

여기서, Δf는 f_{ck}가 40MPa 이하: 4MPa
f_{ck}가 60MPa 이상: 6MPa
그 사이는 직선보간

(2) 푸아송비

① 푸아송비 $\nu = \dfrac{\varepsilon_t}{\varepsilon_l} = \dfrac{\dfrac{\Delta d}{d}}{\dfrac{\Delta l}{l}}$

여기서, ε_l: 공시체의 축방향 변형률
ε_t: 축과 직각방향 변형률

② 푸아송 수(푸아송비의 역수) $m = \dfrac{1}{\nu}$

③ 푸아송비는 허용응력 부근에서는 1/5~1/7, 파괴응력 부근에서는 1/2~1/4 정도이다.

④ 경량골재 콘크리트의 푸아송비는 보통 콘크리트와 거의 같거나 약간 크다.

(3) 전단 탄성계수

① $G = \dfrac{\tau}{\gamma}$

여기서, G: 전단 탄성계수
τ: 전단응력(MPa)
γ: 전단변형률

② $G = \dfrac{E_c}{2} \cdot \dfrac{1}{(1+\nu)}$

$G = \dfrac{E_c}{2} \cdot \dfrac{m}{m+1}$

여기서, $m = 5 \sim 7$ 정도 이므로 $G = (0.42 \sim 0.44) E_c$

(4) 동탄성계수

① 동탄성계수는 동결 융해작용 등에 의한 콘크리트의 열화의 정도를 파악하는 척도로 사용된다.

② 콘크리트의 동탄성계수는 공명 진동수와 초음파와 같은 파장이 짧은 펄스(pulse)의 전달속도를 구하여 산출한다.

③ 콘크리트의 동탄성계수(E_d)는 정탄성계수(E_s)와 반드시 일치하지는 않는다.

④ 탄성계수의 관계 $E_d / E_s = 1.04 \sim 1.37$ 정도로 압축강도가 클수록, 장기재령일수록 이 비는 작아진다.

⑤ 동탄성계수도 정탄성계수와 마찬가지로 콘크리트의 강도에 의해서만 정해지는 것이 아니고 사용재료의 종류, 배합, 건습의 정도 등에도 관계가 있다.

⑥ 동탄성계수는 콘크리트가 부배합일수록, 건조되어 있을수록, 공기량이 많을수록 작다.

(5) 체적 변화

① 경화한 콘크리트는 수분의 변화, 온도의 변화에 따라 체적이 변화한다.

② 건조 수축
- 콘크리트는 습윤 상태에서 팽창하고 건조하면 수축한다.
- 콘크리트를 수중에서 양생하면 $100 \sim 200 \times 10^{-6}$ 정도의 팽창을 나타낸다.
- 물로 포화된 콘크리트 공시체를 완전히 건조시키면 $600 \sim 900 \times 10^{-6}$ 정도 수축한다.
- 건조 수축은 분말도가 높은 시멘트일수록, 흡수율이 많은 골재일수록, 온도가 높을수록, 습도가 낮을수록, 단면치수가 작을수록 크다.
- 라멘 및 철근량이 0.5% 이상인 아치의 설계 시 콘크리트의 건조 수축 변형률은 0.00015이다. 그리고 철근량이 0.1~0.5%인 아치는 0.0002이다.
- 단위 수량과 단위 시멘트량이 많으면 건조 수축은 크게 일어난다.
- 시멘트의 화학성분 중 알루민산 삼석회(C_3A)는 수축을 증대시키고 석고는 수축을 감소시킨다.
- 건조 수축의 진행속도는 초기에는 크고 시간이 경과함에 따라 감소한다.
- 수중 양생을 하면 수화작용이 촉진되어 건조 수축이 거의 없다.
- 철근을 많이 사용한 콘크리트는 건조 수축이 작아진다.

③ 온도변화에 따른 체적변화
- 물-결합재비나 시멘트 풀량 등의 영향은 비교적 적고 사용골재의 암질에 지배되는 경향이 크다.
- 콘크리트 온도가 올라가면 팽창하고 온도가 내려가면 수축한다.
- 콘크리트 열팽창 계수는 재료, 배합 등에 따라 다르며 1℃당 $7 \sim 13 \times 10^{-6}$ 정도이고 경량골재 콘크리트의 경우 보통 콘크리트의 70~80% 정도이다.
- 설계 계산 시 콘크리트의 열팽창 계수는 1℃당 10×10^{-6}의 값을 사용한다.
- 라멘, 아치 등의 부정정 구조물에서의 온도변화로 인한 신축 때문에 온도응력이 크게 일어난다.
- 콘크리트 구조물의 온도변화는 구조물을 만드는 지역 및 장소의 기온변화, 콘크리트의 시공 시기, 구조물의 단면 치수, 구조물의 피복 두께의 정도 등에 따라 다르다.

(6) 크리프(Creep)

① 콘크리트의 일정한 하중이 지속적으로 작용하면 응력의 변화가 없어도 콘크리트의 변형은 시간의 경과와 함께 증가하는 성질을 말한다.

② 크리프 계수 $\phi_t = \dfrac{\epsilon_c}{\epsilon_e}$
- $E_c = \dfrac{f_c}{\epsilon_e}$

- $\epsilon_e = \dfrac{f_c}{E_c}$
- $\epsilon_c = \phi_t \cdot \epsilon_e = \phi_t \cdot \dfrac{f_c}{E_c}$

여기서, ϵ_c: 크리프 변형률
ϕ_t: 크리프 계수
ϵ_e: 탄성변형률
f_c: 콘크리트에 작용하는 응력
E_c: 콘크리트 탄성계수

- 대기 중에 있는 실외의 경우 콘크리트의 크리프 계수는 2.0, 실내의 경우는 3.0, 경량골재 콘크리트는 1.5를 표준으로 한다.
- 인공경량골재 콘크리트의 크리프 변형률은 일반적으로 보통 콘크리트보다 크고 탄성 변형률도 크기 때문에 크리프 계수는 작다.

③ 크리프에 영향을 미치는 요인
- 재하기간 중의 대기의 습도가 낮을수록, 온도가 높을수록 크리프는 크다.
- 재하시 재령이 작을수록 크리프는 크다.
- 재하 응력이 클수록 크리프는 크다.
- 부재 치수가 작을수록 크리프는 크다.
- 단위 시멘트량이 많을수록 크리프는 크다.
- 규산삼석회(C_3S)가 많고, 알루민산 삼석회(C_3A)가 적은 시멘트는 크리프가 작다.
- 조직이 밀실하지 않은 골재를 사용하거나 입도가 부적당하며 공극이 많은 것으로 만든 콘크리트는 크리프는 크다.
- 물·결합재비가 클수록 크리프는 크다.
- 조강 시멘트는 보통 시멘트보다 크리프가 작고, 중용열 시멘트나 혼합 시멘트는 크리프는 크다.
- 콘크리트의 강도가 클수록 크리프는 작다.
- 콘크리트의 배합이 나쁠수록 크리프가 크다.
- 고온 증기 양생을 하면 크리프는 작다.
- 철근량을 효과적으로 배근하면 크리프가 작다.

④ 콘크리트 크리프 변형률은 공시체의 압축강도 f_{cn}의 1/2 이하의 응력에서는 가해진 응력에 비례한다.
⑤ 고강도콘크리트가 저강도 콘크리트보다 작은 크리프 변형률을 나타낸다.
⑥ 크리프 변형률은 탄성 변형률의 1.5~3배 정도이다.
⑦ 크리프나 응력이완은 지속시간 3개월에서 50% 이상 발생되며 약 1년에 대부분이 끝난다.

실기 필답형 문제 | 1-4 콘크리트의 성질

01 콘크리트의 워커빌리티(Workability)를 좋게 하기 위한 방법 5가지만 쓰시오.

(1) 단위 수량을 크게 한다.
(2) 단위 시멘트 사용량을 크게 한다.
(3) 공기 연행제를 사용하여 공기를 연행시킨다.
(4) 입도가 양호한 골재를 사용한다.
(5) 비비기시간을 충분히 한다.

02 콘크리트 시공에서 블리딩의 방지 방법에 대하여 4가지만 쓰시오.

(1) 분말도가 큰 시멘트를 사용한다.
(2) 공기 연행제를 사용한다.
(3) 작업이 가능한 범위에서 가능한 단위 수량을 적게 사용한다.
(4) 단위 시멘트량을 증가시킨다.
(5) 굵은 골재 최대치수를 크게 한다.
(6) 분산제를 사용한다.
(7) 부배합을 한다.
(8) 포졸란을 사용한다.

03 콘크리트의 표면이 환경의 영향을 받아 손식 작용이 발생하는 현상 4가지를 쓰시오.

(1) 콘크리트의 균열 발생
(2) 수밀성의 저하
(3) 철근의 부식
(4) 콘크리트의 강도 저하

04 다음의 용어를 간단히 설명하시오.

(1) 시방배합:

(2) 현장배합:

(3) 단위량:

(4) 블리딩:

(5) 반죽질기:

(6) 성형성:

(7) 피니셔빌리티:

(8) 배치믹서:

(1) 시방서 또는 감독관이 지시한 배합을 말한다. 이때 골재는 표면건조 포화 상태에 있고 잔골재는 5mm 체를 다 통과하고 굵은 골재는 5mm 체에 다 남는 것으로 한다.

(2) 시방배합에 맞도록 현장에서 재료의 상태와 계량 방법에 따라 정한 배합으로 표면수 및 입도를 보정한다.

(3) 콘크리트 $1m^3$를 만들 때 쓰이는 각 재료의 양

(4) 굳지 않는 콘크리트나 모르타르에 있어서 물이 상승하는 현상

(5) 주로 수량의 다소에 따르는 반죽이 되고 진 정도를 나타내는 굳지 않은 콘크리트의 성질

(6) 거푸집을 쉽게 다져 넣을 수 있고 거푸집을 제거하면 천천히 형상이 변하기는 하지만 허물어지거나 재료가 분리하거나 하는 일이 없는 굳지 않은 콘크리트의 성질

(7) 굵은 골재 최대치수, 잔골재율, 잔골재의 입도, 반죽질기 등에 따르는 마무리하기 쉬운 정도를 나타내는 굳지 않은 콘크리트의 성질

(8) 콘크리트 재료를 1회분씩 혼합하는 믹서

05 콘크리트 강도에 영향을 주는 요소들 5가지만 쓰시오.

(1) 재료 품질의 영향(시멘트, 골재, 혼합수)

(2) 배합의 영향

(3) 공기량의 영향

(4) 시공 방법의 영향(혼합 방법, 진동다짐, 양생)

(5) 시험 방법의 영향(공시체 모양과 크기, 재하속도)

06 콘크리트가 작업 중에 생기는 재료 분리의 원인을 5가지만 쓰시오.

(1) 굵은 골재 최대치수가 지나치게 큰 경우
(2) 입자가 거친 잔골재를 사용한 경우
(3) 단위 골재량이 너무 많은 경우
(4) 단위 수량이 너무 많은 경우
(5) 배합이 적절하지 않은 경우

07 콘크리트 타설 작업 후 블리딩(bleeding)으로 인한 영향을 3가지만 쓰시오.

(1) 강도, 수밀성 및 내구성이 감소된다.   (2) 시멘트 풀과의 부착이 저하된다.
(3) 재료 분리의 원인이 된다.

08 콘크리트의 재료 분리 현상을 줄이기 위한 대책 5가지만 쓰시오.

(1) 콘크리트의 성형성을 증가시킨다.
(2) 잔골재율을 크게 한다.
(3) 물-결합재비를 적게 한다.
(4) 잔골재 중의 0.15~0.3mm 정도의 세립분을 많게 한다.
(5) 공기 연행제, 플라이 애시 등의 혼화재료를 적절히 사용한다.
(6) 부배합의 콘크리트를 유지한다.

09 콘크리트의 워커빌리티 측정 방법을 4가지만 쓰시오.

(1) 슬럼프 시험   (2) 흐름 시험   (3) 비비 시험
(4) 구관입 시험   (5) 리몰딩 시험

10 다음의 용어를 설명하시오.

(1) 워커빌리티(Workability):

(2) 되비비기:

(3) 거듭 비비기:

(4) 레이탄스:

(1) 워커빌리티: 반죽질기에 따른 작업의 난이도
(2) 되비비기: 콘크리트 또는 모르터가 엉기기 시작하였을 경우에 다시 비비는 작업
(3) 거듭 비비기: 콘크리트 또는 모르터가 아직 엉기기 시작하지 않았으나 비빈 후에 상당한 시간이 경과하였거나 또는 재료가 분리한 경우에 다시 비비는 작업
(4) 레이탄스: 블리딩으로 인하여 표면에 떠올라서 가라앉은 물질

11 콘크리트를 타설한 후 응결이 종결될 때까지 발생하는 초기 균열의 원인을 3가지만 쓰시오.

(1) 침하 수축 균열
(2) 플라스틱(소성) 수축 균열
(3) 거푸집 변형에 의한 균열
(4) 진동 및 경미한 재하에 따른 균열

12 침하수축 균열의 방지대책을 4가지만 쓰시오.

(1) 단위 수량을 가능한 적게 한다.
(2) 슬럼프를 작게 하여 블리딩을 억제한다.
(3) 타설 종료 후 충분한 다짐을 한다.
(4) 너무 조기에 응결되지 않는 시멘트와 혼화제를 사용한다.

13 온도 상승에 따른 온도 균열의 방지대책을 3가지만 쓰시오.

(1) 수화열이 적은 중용열 포틀랜드 시멘트를 사용한다.
(2) 플라이 애시 등의 혼화재를 사용한다.
(3) 굵은 골재 최대치수를 가능한 크게 하여 단위 시멘트량을 줄인다.

14 굳지 않은 콘크리트에서 공기량에 미치는 영향의 요인을 4가지만 쓰시오.

(1) 슬럼프가 커지면 공기량이 증가한다.
(2) 시멘트의 분말도가 높으면 공기량은 감소한다.
(3) 단위 시멘트량이 증가하면 공기량이 감소한다.
(4) 공기 연행제의 혼합량이 증가하면 공기량이 증가한다.
(5) 콘크리트의 온도가 높으면 공기량이 감소한다.
(6) 비빈 후 시간의 경과에 의해 감소한다.

15 굳은 콘크리트의 건조 수축에 영향을 미치는 요인을 4가지만 쓰시오.

(1) 건조 수축은 분말도가 높은 시멘트일수록 크다.
(2) 건조 수축은 흡수율이 높은 골재일수록 크다.
(3) 건조 수축은 온도가 높을수록 크다.
(4) 건조 수축은 습도가 낮을수록 크다.
(5) 건조 수축은 단면치수가 작을수록 크다.
(6) 단위 수량과 단위 시멘트량이 많으면 건조 수축은 크게 일어난다.
(7) 철근을 많이 사용한 콘크리트는 건조 수축에 작아진다.

16 크리프에 영향을 미치는 요인을 4가지만 쓰시오.

> **풀이**
> (1) 부재치수가 작을수록 크리프는 크다.
> (2) 재하응력이 클수록 크리프는 크다.
> (3) 재하시 재령이 작을수록 크리프는 크다.
> (4) 배합시 시멘트량이 많을수록 크리프는 크다.

17 콘크리트 탄성계수에 대하여 영향을 미치는 요인을 4가지만 쓰시오.

> **풀이**
> (1) 압축강도 및 밀도가 클수록 크다.
> (2) 압축강도가 동일할 경우 굵은 골재량이 많을수록 탄성계수가 크다.
> (3) 재령이 길수록, 공기량이 작을수록 탄성계수가 크다.
> (4) 콘크리트 강도와 밀도의 영향을 가장 크게 받는다.

18 레디 믹스트 콘크리트 공장 선정 시 검토 사항을 5가지만 쓰시오

> **풀이**
> (1) 운반거리
> (2) 제조능력
> (3) 운반능력
> (4) 기술수준
> (5) KS 허가 공장 유무
> (6) 운반 소요시간

콘크리트의 시공

2-1 일반 콘크리트

2-1-1 콘크리트의 혼합

1. 개념

균등질의 콘크리트를 만들기 위하여 각 재료를 계량 믹서 등의 의해 충분히 반죽하는 작업을 혼합이라 한다.

2. 재료의 계량

(1) 재료는 현장배합에 의해 계량한다.

(2) 각 재료는 1배치씩 질량으로 계량한다. 단, 물과 혼화제 용액은 용적으로 계량해도 좋다.

(3) 1배치량은 콘크리트의 종류, 비비기 설비의 성능, 운반 방법, 공사의 종류, 콘크리트의 타설량 등을 고려하여 정한다.

(4) 골재의 유효흡수율은 보통 15~30분간의 흡수율로 본다.

(5) 혼화제를 녹이는 데 사용하는 물이나 혼화제를 묽게 하는데 사용하는 물은 단위수량의 일부로 본다.

(6) 재료의 계량 시 허용오차

여기서 고로 슬래그 미분말의 계량오차의 최대치는 1%로 한다.

재료의 종류	허용 오차(%)
물	−2%, +1%
시멘트	−1%, +2%
골재	±3% 이내
혼화재	±2 이내
혼화제	±3 이내

(7) 연속 믹서를 사용할 경우, 각 재료는 용적으로 계량해도 좋다

3. 비비기

(1) 재료의 믹서 투입 순서

① KS F 2455 믹서로 비빈 콘크리트 중의 모르타르와 굵은 골재량의 변화율 시험 방법에 의한 시험, 강도 시험, 블리딩 시험 등의 결과 또는 실적을 참고하여 정하는 것이 좋다.

② 일반적으로 물은 다른 재료보다 먼저 넣기 시작하여 넣는 속도를 일정하게 하고 다른 재료의 투입이 끝난 후 조금 지난 뒤에 물을 넣는다.

③ 강제 혼합식 믹서 중 바닥의 배출구를 완전히 폐쇄시킬 수 없는 것은 물을 다른 재료보다 조금 늦게 넣는 것이 좋다.

④ 콘크리트 믹서에 재료를 넣는 순서는 모든 재료를 한꺼번에 넣는 것이 좋다.

⑤ 혼화제는 미량이 첨가되므로 전체적으로 균등히 분산될 수 있게 미리 물과 섞어 둔 상태에서 사용하는 것이 좋다.

(2) 비비기 시간

① 비비기 시간은 시험에 의해 정하는 것을 원칙으로 한다.

② 비비기 시간에 대한 시험을 하지 않은 경우
  - 가경식 믹서: 1분 30초 이상
  - 강제식 믹서: 1분 이상

③ 믹서의 용량이 큰 경우, 슬럼프가 작은 콘크리트, 혼화재료나 경량골재를 사용한 콘크리트의 경우에는 비비기 시간을 길게 하는 것이 적당한 경우가 많다.

④ 비비기는 미리 정해 둔 비비기 시간의 3배 이상 계속해서는 안 된다.

⑤ 비비기 전에 믹서 내부에 모르타르를 부착시킨다.

⑥ 믹서 안의 콘크리트를 전부 꺼낸 후가 아니면 믹서 안에 다음 재료를 넣어서는 안 된다.

⑦ 믹서는 사용 전후에 청소를 잘 하여야 한다.
⑧ 연속믹서를 사용할 경우, 비비기 시작 후 최초에 배출되는 콘크리트는 사용해서는 안 된다.
⑨ 비비기 시간이 짧으면 충분히 비벼지지 않기 때문에 압축강도는 작은 값을 나타낸다.
⑩ 공기량은 적당한 비비기 시간에 최대의 값이 얻어진다. 다시 장시간 교반하면 일반적으로 감소한다.
⑪ 비벼 놓아 굳기 시작한 콘크리트는 되비비기하여 사용하지 않는 것이 원칙이다.
⑫ 기계비비기는 콘크리트 재료를 1회분씩 혼합하는 배치 믹서를 사용한다.
⑬ 믹서의 회전 외주속도는 매초 1m를 표준으로 한다.

2-1-2 콘크리트의 운반

1. 개요

콘크리트 배합 후 치기를 위해 소정의 위치까지 콘크리트를 이동하는 작업을 운반이라 한다.

2. 운반

(1) 구조물의 요구되는 기능, 강도, 내구성 및 시공상 주의할 점 등을 고려하여 운반, 타설 방법을 계획할 필요가 있으며 검토할 사항은 다음과 같다.

① 전 공종중의 콘크리트 작업의 공정
② 1일 쳐야 할 콘크리트량에 맞추어 운반, 타설 방법 등의 결정 및 인원배치
③ 운반로, 운반경로
④ 타설구획, 시공이음의 위치, 시공이음의 처치 방법
⑤ 콘크리트 타설 순서
⑥ 콘크리트 비비기에서 타설까지 소요시간
⑦ 기상조건

(2) 콘크리트는 신속하게 운반하여 즉시 타설하고 충분히 다진다.

① 비비기로부터 타설이 끝날 때까지의 시간
  • 외기온도가 25℃ 이상일 때: 1.5시간 이내
  • 외기온도가 25℃ 미만일 때: 2시간 이내

(3) 운반할 때에는 콘크리트의 재료 분리가 될 수 있는 대로 적게 일어나도록 한다.

(4) 운반 중에 현저한 재료 분리가 일어났음이 확인되었을 때에는 충분히 다시 비벼 균질한 상태로 콘크리트를 타설한다.

3. 운반 방법

(1) 운반차

① 운반거리가 먼 경우나 슬럼프가 큰 콘크리트의 경우에는 애지데이터 등의 설비를 갖춘 운반차로 사용한다.

② 운반거리가 100m 이하의 평탄한 운반로를 만들어 콘크리트의 재료 분리를 방지할 수 있는 경우에는 손수레 등을 사용할 수 있다.

③ 콘크리트 운반용 자동차는 배출작업이 쉬운 것이라야 하며 트럭에지테이터가 가장 많이 사용하고 있다.

④ 슬럼프가 50mm 이하의 된 반죽 콘크리트를 10km 이내 장소에 운반하는 경우나 1시간 이내에 운반 가능한 경우 재료 분리가 심하지 않으면 덤프트럭이나 또는 버킷을 자동차에 실어 운반해도 좋다.

(2) 버킷

① 믹서로부터 받아 즉시 콘크리트 칠 장소로 운반하기에 가장 좋은 방법이다.

② 버킷은 담기, 부리기할 때 재료 분리를 일으키지 않고 부리기 쉬워야 하며 닫았을 때 재료가 누출되지 않아야 한다.

③ 배출구가 한쪽으로 치우쳐 있으면 배출 시에 재료 분리가 일어나기 쉬워 중앙부의 아래쪽에 배출구가 있는 것이 좋다.

(3) 콘크리트 펌프

① 지름 100~150mm 수송관을 사용하여 펌프로 콘크리트를 압송하며 굵은 골재 최대치수 40mm, 슬럼프 범위는 100~180mm가 알맞다.

② 수송관의 배치는 될 수 있는 대로 굴곡을 적게 하고 수평, 상향으로 해서 압송 중에 콘크리트가 막히지 않게 한다.

③ 배관상 주의사항
- 경사배관은 피하는 것이 좋다.
- 내리막 배관은 수송이 곤란하므로 곡관부에서는 공기빼기 콕을 설치한다.
- flexible한 호스는 5m 정도인 것을 사용한다.
- 수송 중 진동, 철근, 거푸집에 영향이 없도록 설치한다.

④ 콘크리트를 연속적으로 압송할 수 있어 재료 분리의 우려가 없다.
⑤ 타설 능력은 15~30m³/hr인 것을 많이 사용한다.
⑥ 펌프 배출시배출시 콘크리트 펌프의 최대 이론 토출압력에 대한 최대 압송부하의 비율이 80% 이하로 펌퍼빌리티를 설정한다.
⑦ 펌프의 압송능력은 시간당 최대 토출량과 최대이론 토출압력으로 나타낸다.
⑧ 수송관 직경의 최소치는 보통 콘크리트의 경우 100mm, 경량골재 콘크리트의 경우 125mm로 하며 또 굵은 골재 최대치수의 3배 이상이 되어야 한다.
⑨ 시멘트량이 적게 되면 관내 저항이 증가하여 압송성이 저하한다. 보통콘크리트의 경우 290kg/m³, 경량골재 콘크리트의 경우 340kg/m³ 이상의 단위 시멘트량을 사용하는 것이 좋다.
⑩ 펌프를 사용하는 콘크리트의 잔골재율은 펌프를 사용하지 않는 경우에 비하여 2~5% 정도 크게 하는 것이 좋다. 슬럼프가 210mm인 콘크리트에서는 잔골재율을 45~48% 정도가 적당하다.
⑪ 인공 경량골재 콘크리트를 압송하는 경우 유동화 콘크리트를 하며 슬럼프가 80~120mm인 베이스콘크리트를 유동화 시켜서 슬럼프를 180mm 정도로 하면 펌프 운반이 가능하다.
⑫ 펌프의 실토출량은 이론 토출량에 용적효율을 곱한 값이며 슬럼프가 적을수록 효율은 저하한다.
⑬ 압송거리는 일반적으로 표준적인 배합의 콘크리트를 20~30m³/h 정도의 비교적 적은 토출량으로 압송할 때의 압송거리로 한다.
⑭ 압송능력은 배합, 기종 등에 따라 다르나 수평거리로 80~600m, 수직거리로 20~140m, 압송량은 20~90m³/h의 범위이다.

(4) 콘크리트 플레이서

① 콘크리트 펌프와 같이 터널 등의 좁은 곳에 콘크리트 운반하는데 적합하다.
② 수송관의 배치는 굴곡을 적게 하고 수평 또는 상향으로 설치하며 하향경사로 설치 운용해서는 안 된다.
③ 관의 선단이 항상 콘크리트 중에 매립되지 않으면 큰 세력으로 분사되어 그 충격에 의해 굵은 골재가 분리하는 점과 콘크리트 분사에 의하여 슬럼프의 감소가 대단히 커지므로 미리 시멘트 페이스트의 양을 크게 할 필요가 있으므로 단위 시멘트량을 20kg 정도 증가시킨다.

(5) 벨트 컨베이어

① 콘크리트를 연속으로 운반하는데 편리하다.

② 운반거리가 길면 반죽질기가 변하므로 덮개를 사용한다.
③ 재료 분리를 막기 위해 벨트 컨베이어 끝부분에 조절판이나 깔때기를 설치한다.
④ 된 반죽 콘크리트 운반에 적합하다.
⑤ 슬럼프가 25mm 이하 또는 180mm 이상인 콘크리트의 경우는 컨베이어의 운반 능력을 현저히 저하시킨다.
⑥ 가장 효과적인 능력을 발휘하기 위해서는 콘크리트의 슬럼프 50~80mm의 범위가 적당하다.
⑦ 100mm를 넘는 굵은 골재가 사용되는 경우 이러한 경우는 벨트 컨베이어의 허용 각도를 크게 낮추어야 한다.

(6) 슈트
① 연직 슈트
- 깔때기 등을 이어서 만들고 높은 곳에서부터 콘크리트를 칠 때 이용하며 원칙적으로 연직슈트를 사용해야 한다.
- 유연한 연직슈트를 사용하며 이음부는 콘크리트 치기 도중에 분리되거나 관이 막히지 않는 구조가 되도록 고려한다.

② 경사 슈트
- 재료 분리를 일으키기 쉬워 될 수 있는 대로 사용하지 않는 것이 좋다.
- 부득이 경사슈트를 사용할 경우 수평 2에 연직 1 정도의 경사가 적당하다.
- 경사슈트의 출구에서는 조절판 및 깔때기를 설치해서 재료 분리를 방지하는 것이 좋다. 이때 깔때기의 하단은 콘크리트 치는 표면과의 간격은 1.5m 이하로 한다.

2-1-3 콘크리트 타설 및 다지기 양생 이음

1. 타설준비

(1) 철근, 거푸집 및 그 밖의 것이 설계에서 정해진 대로 배치되어 있는가, 운반 및 타설설비 등이 시공 계획서와 일치하였는지 확인한다.

(2) 운반장치, 타설설비 및 거푸집 안을 청소하여 콘크리트 속에 잡물이 혼입되는 것을 방지한다.

(3) 콘크리트가 닿았을 때 흡수할 우려가 있는 곳은 미리 습하게 해야 하는데 이때 물이 고이지 않게 한다.

(4) 콘크리트를 직접 지면에 치는 경우에는 미리 콘크리트를 깔아두는 것이 좋다.

(5) 터파기 안의 물은 타설 전에 제거한다.

(6) 콘크리트 타설 작업이나 타설 중 콘크리트 압력 등에 의해 철근이나 거푸집이 이동될 염려가 없는지 확인한다.

(7) 콘크리트 타설 계획에 정해진 설비 및 인원 등이 배치되었는지 확인한다.

(8) 콘크리트 타설시 먼저 모르타르를 쳐서 모르타르를 널리 펴고 그 위에 콘크리트를 치면 곰보의 방지, 시공이음이 일체화되는 효과가 있다.

(9) 콘크리트가 충분히 경화할 때까지 터파기 안에 유입한 물이 콘크리트에 접촉하지 않도록 배수설비 등을 갖추어야 한다.

2. 콘크리트 타설

(1) 원칙적으로 시공계획서에 따른다.

(2) 철근 및 매설물의 배치나 거푸집이 변형 및 손상되지 않도록 한다.

(3) 타설한 콘크리트를 거푸집 안에서 횡방향으로 이동시켜서는 안 된다.
   ① 콘크리트는 취급할 때마다 재료 분리가 일어나기 쉬우므로 거듭 다루기를 피하도록 목적하는 위치에 콘크리트를 내려서 치는 것이 좋다.
   ② 내부 진동기를 이용하여 콘크리트를 이동시켜서는 안 된다.

(4) 한 구획내의 콘크리트는 타설이 완료될 때까지 연속해서 타설해야 한다.

(5) 콘크리트는 그 표면이 한 구획 내에서는 거의 수평이 되도록 타설하는 것을 원칙으로 한다.

(6) 콘크리트 타설의 1층 높이는 다짐능력을 고려하여 결정한다.

(7) 콘크리트를 2층 이상으로 나누어 타설할 경우, 상층의 콘크리트 타설은 원칙적으로 하층의 콘크리트가 굳기 시작하기 전에 타설하여야 하며 상층과 하층이 일체가 되도록 해야 한다.

(8) 콜드 조인트가 발생하지 않게 하나의 시공구획의 면적, 콘크리트의 공급능력, 이어치기 허용시간 간격 등을 정해야 한다.
   ① 허용 이어치기 시간 간격의 표준

외 기온	허용 이어치기 시간 간격
25℃ 초과	2.0시간
25℃ 이하	2.5시간

② 허용 이어치기 시간 간격은 콘크리트 비비기 시작에서부터 하층 콘크리트 타설 완료한 후, 정치시간을 포함하여 상층 콘크리트가 타설되기까지의 시간이다.

③ 콜드 조인트

연속하여 콘크리트를 타설할 때 먼저 친 콘크리트와 나중에 친 콘크리트 사이에 완전히 일체화가 되지 않은 시공불량에 의한 이음.

④ 콜드 조인트의 발생원인
- 콘크리트 타설 장비의 고장
- 배치 플랜트의 갑작스런 고장
- 예기치 않은 기상 악화
- 콘크리트 운반로의 교통소통의 장해

(9) 거푸집의 높이가 높을 경우 거푸집에 투입구를 설치하거나 연속 슈트 또는 펌프 수송관의 배출구를 치면 가까운 곳까지 내려서 콘크리트를 타설 해야 한다.

(10) 슈트, 펌프 수송관, 버킷, 호퍼 등의 배출구와 타설면까지의 높이는 1.5m 이하를 원칙으로 한다.

(11) 콘크리트 타설 중 블리딩에 의해 생긴 고인물을 제거한 후 그 위에 콘크리트를 쳐야 하며 고인물을 제거하기 위하여 콘크리트 표면에 홈을 만들어 흐르게 해서는 안 된다.

(12) 벽 또는 기둥과 같이 높이가 높은 콘크리트를 연속해서 타설할 경우

① 콘크리트의 쳐 올라가는 속도를 너무 빨리하면 재료 분리가 일어나기 쉽고, 블리딩에 의해 나쁜 영향을 일으키기 쉬우며 상부의 콘크리트 품질이 떨어지고 수평 철근의 부착강도가 현저하게 저하될 수 있다.

② 쳐 올라가는 속도는 단면의 크기, 콘크리트 배합, 다지기 방법 등에 따라 다르나 일반적으로 30분에 1~1.5m 정도로 하는 것이 적당하다.

(13) 콘크리트 타설 도중에 심한 재료 분리가 생길 경우에는 이런 콘크리트는 사용하지 않는다.

(14) 콘크리트 타설 후 콘크리트의 굵은 골재가 분리되어 모르타르가 부족한 부분이 생길 경우에는 분리된 굵은 골재를 긁어 올려서 모르타르가 많은 콘크리트 속에 묻어 넣어야 한다.

3. 다지기

(1) 내부진동기 사용을 원칙적으로 한다.

① 특히 된 반죽 콘크리트의 다지기에는 내부 진동기가 유효하다.

② 얇은 벽 등 내부 진동기의 사용이 곤란한 장소에서는 거푸집 진동기를 사용해도 좋다.
- 거푸집 진동기는 적절한 형식을 선택한다.
- 거푸집 진동기를 거푸집에 확실히 부착시킨다.
- 거푸집 진동기를 부착시키는 위치와 이동시키는 방법을 적절히 한다.

(2) 콘크리트 타설 직후 바로 충분히 다진다.
① 콘크리트가 철근 및 매설물 등의 주위와 거푸집의 구석구석까지 채워 밀실한 콘크리트가 되게 한다.
② 콘크리트가 노출되는 면은 표면이 매끈하도록 다진다.

(3) 거푸집 판에 접하는 콘크리트는 되도록 평탄한 표면이 얻어지도록 타설하고 다진다.

(4) 내부 진동기 사용 방법
① 내부 진동기를 하층 콘크리트 속으로 0.1m 정도 찔러 다진다.
② 연직으로 찔러 다지며 삽입 간격은 0.5m 이하로 한다.
③ 1개소 당 진동시간은 5~15초로 한다.
④ 콘크리트 속에서 진동기를 천천히 빼 구멍이 생기지 않게 한다.
⑤ 콘크리트의 재료 분리의 원인 때문에 내부 진동기는 콘크리트를 횡방향 이동에 사용해서는 안 된다.
⑥ 진동기의 형식, 크기 및 대수
- 한 번에 다질 수 있는 콘크리트의 전 용적을 충분히 진동 다지기를 하는데 적당해야 한다.
- 부재 단면의 두께와 면적, 한 번에 운반되어 오는 콘크리트 양, 한 시간 동안의 횟수, 굵은 골재의 최대치수, 배합 특히 잔골재율 콘크리트의 반죽 질기 등에 적절한 것을 선정한다.
- 1대의 내부 진동기로 다지는 콘크리트 용적은 소형의 경우 $4 \sim 8 m^3/hr$, 대형은 $30 m^3/hr$ 정도이다.
- 예비 진동기를 갖추어 놓고 적당한 시간에 교체하고 정비해서 사용한다.

(5) 콘크리트 타설 후 즉시 거푸집의 외측을 가볍게 두드려 콘크리트를 거푸집 구석까지 잘 채워 평평한 표면을 만든다.

(6) 거푸집 진동기는 거푸집의 적절한 위치에 단단히 설치한다.

(7) 재진동은 콘크리트를 한 차례 다진 후 적절한 시기에 다시 진동을 한다.

① 적절한 시기에 재 진동을 하면 공극이 줄고 콘크리트 강도 및 철근의 부착 강도가 증가되며 침하 균열의 방지에 효과가 있다.
② 재진동은 콘크리트가 유동할 수 있는 범위에서 될 수 있는 대로 늦은 시기가 좋지만 너무 늦으면 콘크리트 중에 균열이 남아 문제가 생길 수 있다.
③ 재진동은 초결이 일어나기 전에 실시한다.

(8) 침하균열에 대한 조치

① 슬래브 또는 보의 콘크리트가 벽 또는 기둥의 콘크리트와 연속되어 있는 경우에는 침하균열을 방지하기 위해 벽 또는 기둥의 콘크리트 침하가 거의 끝난 다음 슬래브, 보의 콘크리트를 타설한다. 내민 부분을 가진 구조물의 경우에도 동일한 방법으로 시공한다.
② 침하 균열이 발생할 경우에는 발생 직후에 즉시 다짐이나 재 진동을 실시한다.
③ 콘크리트는 단면이 변하는 위치에서 타설을 중지한 다음 콘크리트가 침하가 생긴 후 내민 부분 등의 상층 콘크리트를 친다.
④ 콘크리트의 침하가 끝나는 시간은 콘크리트의 배합, 사용재료, 온도 등에 영향을 받으므로 일정하지 않지만 보통 1~2시간 정도이다.

(9) 콘크리트 표면의 마감 처리

① 콘크리트 표면은 요구되는 정밀도와 물매에 따라 평활한 표면 마감을 한다.
② 흙손으로 마감할 때 표면에 있는 골재가 떠오르지 않도록 하고 흙손에 힘을 주어 약간 누르는 힘이 작용하도록 한다.
③ 블리딩, 들뜬 골재, 콘크리트의 부분침하 등의 결함은 콘크리트가 응결하기 전에 수정 처리를 완료한다.
④ 기둥벽 등의 수평 이음부의 표면은 소정의 물매로 거친면으로 마감한다.
⑤ 콘크리트 면에 마감재를 설치하는 경우에는 콘크리트의 내구성을 해치지 않도록 한다.

4. 양생

콘크리트를 타설한 후 소요기간까지 경화에 필요한 온도, 습도조건을 유지하며 유해한 작용의 영향을 받지 않도록 보호하는 작업을 양생이라 한다.

(1) 습윤 양생

① 콘크리트는 타설한 후 경화가 시작될 때까지 직사광선이나 바람에 의해 수분이 증발되지 않도록 보호한다.

② 콘크리트 표면을 해치지 않고 작업 될 수 있을 정도로 경화하면 콘크리트의 노출면은 양생용 매트, 모포 등을 적셔서 덮거나 또는 살수를 하여 습윤 상태로 보호한다.
③ 습윤 상태의 보호기간은 다음 표와 같다.

◯ 습윤 양생기간의 표준

일평균 기온	보통 포틀랜드 시멘트	고로 슬래그 시멘트 플라이 애시 시멘트 B종	조강 포틀랜드 시멘트
15℃ 이상	5일	7일	3일
10℃ 이상	7일	9일	4일
5℃ 이상	9일	12일	5일

④ 거푸집판이 건조될 우려가 있는 경우에는 살수하여야 한다.
⑤ 막 양생제는 콘크리트 표면의 물빛이 없어진 직후에 실시하며 부득이 살포가 지연되는 경우에는 막 양생재를 살포할 때까지 콘크리트 표면을 습윤 상태로 보호하여야 한다.

(2) 온도제어 양생

① 콘크리트는 경화가 충분히 진행될 때까지 경화에 필요한 온도조건을 유지하여 저온, 고온, 급격한 온도변화 등에 의한 유해한 영향을 받지 않도록 필요에 따라 온도제어 양생을 실시한다.
② 온도제어 방법, 양생기간 및 관리 방법에 대하여 콘크리트의 종류 구조물의 형상 및 치수, 시공 방법 및 환경조건을 종합적으로 고려하여 적절히 정한다.
③ 증기 양생, 급열 양생, 그 밖의 촉진 양생을 실시하는 경우에는 양생을 시작하는 시기, 온도상승속도, 냉각속도, 양생온도 및 양생기간 등을 정한다.

(3) 유해한 작용에 대한 보호

① 콘크리트는 양생기간 중에 예상되는 진동, 충격, 하중 등의 유해한 작용으로부터 보호해야 한다.
② 재령 5일이 될 때까지는 바닷물에 씻겨지지 않도록 보호해야 한다.

5. 이음

(1) 시공이음

① 될 수 있는 대로 전단력이 작은 위치에 시공이음을 한다.
② 부재의 압축력이 작용하는 방향과 직각이 되게 한다.
③ 부득이 전단이 큰 위치에 시공이음을 할 경우 시공이음에 장부 또는 홈을 두거나

적절한 강재를 배치하여 보강한다. 철근으로 보강하는 경우에 정착 길이는 직경의 20배 이상으로 하고 원형철근의 경우에는 갈고리(hook)를 붙여야 한다.
④ 이음부의 시공에 있어 설계에 정해져 있는 이음의 위치와 구조는 지켜야 한다.
⑤ 설계에 정해져 있지 않은 이음을 설치할 경우에는 구조물의 강도, 내구성, 수밀성 및 외관을 해치지 않도록 시공계획서에 정해진 위치, 방향 및 시공 방법을 준수한다.
⑥ 외부의 염분에 의해 피해를 받을 우려가 있는 해양 및 항만 콘크리트 구조물 등에는 시공이음부를 되도록 두지 않는 것이 좋다. 부득이 시공이음부를 설치 할 경우에는 만조위로부터 위로 0.6m와 간조위로부터 아래로 0.6m 사이인 감조부 부분을 피한다.
⑦ 수밀을 요하는 콘크리트는 소요의 수밀성이 얻어지도록 적절한 간격으로 시공이음부를 둔다.

(2) 수평 시공이음

① 거푸집에 접하는 선은 될 수 있는 대로 수평한 직선이 되게 한다.
② 콘크리트를 이어 칠 경우 구 콘크리트 표면의 레이턴스, 품질이 나쁜 콘크리트, 꽉 달라붙지 않은 골재 알 등을 제거하고 충분히 흡수시킨다.
③ 새 콘크리트를 타설할 때 구 콘크리트와 밀착되게 다짐을 한다.
④ 시공이음부가 될 콘크리트 면은 느슨해진 골재알 등이 없도록 마무리하고 경화가 시작되면 빨리 쇠솔이나 모래 분사 등으로 면을 거칠게 하며 습윤 상태로 양생한다.
⑤ 역방향 타설 콘크리트의 시공 시에는 콘크리트의 침하를 고려하여 시공이음이 일체가 되도록 콘크리트의 재료, 배합 및 시공 방법을 선정한다.

(3) 연직 시공이음

① 시공이음면의 거푸집을 견고하게 지지하고 이음부분의 콘크리트는 진동기를 써서 충분히 다진다.
② 구 콘크리트 시공이음면을 쇠솔이나 쪼아내기를 하여 거칠게 하고 충분히 수분을 흡수시킨 후 시멘트 풀, 모르타르, 습윤면용 에폭시 수지 등을 바르고 새 콘크리트를 타설한다.
③ 신·구 콘크리트가 충분히 밀착되게 다진다.
④ 새 콘크리트를 타설한 후 적당한 시기에 재진동 다지기를 하는 것이 좋다.
⑤ 시공이음면의 거푸집 철거는 콘크리트가 굳은 후 되도록 빠른 시기에 한다. 보통 콘크리트 타설 후 여름에는 4~6시간 정도, 겨울에는 10~15시간 정도로 한다.

(4) 바닥 틀과 일체로 된 기둥, 벽의 시공이음

① 바닥 틀과 경계부근에 시공이음을 둔다.
② 헌치는 바닥 틀과 연속으로 콘크리트를 타설한다.
③ 내민 부분을 가진 구조물의 경우에도 마찬가지로 시공한다.
④ 헌치부 콘크리트는 다짐이 불량 할 우려가 있으므로 다짐에 주의를 하여 수밀한 콘크리트가 되도록 한다.

(5) 바닥 틀의 시공이음

① 슬래브 또는 보의 경간 중앙부 부근에 시공이음을 둔다.
② 보가 그 경간 중에서 작은 보와 교차 할 경우에는 작은 보의 폭 약 2배 거리만큼 떨어진 곳에 보의 시공이음을 설치한다. 이 경우 시공이음에는 큰 전단력이 작용하므로 시공이음을 통하는 45° 경사진 인장철근을 사용하여 보강한다.

(6) 아치의 시공이음

① 아치 축에 직각방향이 되게 시공이음을 한다.
② 아치 축에 평행하게 연직 시공이음을 부득이 설치할 경우에는 시공이음부의 위치, 보강 방법 등을 검토 후 설치한다.

(7) 신축이음

신축이음은 온도변화, 건조 수축, 기초의 부등침하 등에 의해 생기는 균열을 방지하기 위해 설치한다.
① 양쪽의 구조물 혹은 부재가 구속되지 않는 구조라야 한다.
② 필요에 따라 줄눈재, 지수판 등을 배치한다.

> **참고** • 채움재가 갖추어야 할 조건
> ① 온도변화에 신축이 용이할 것
> ② 강성 및 내구성이 좋을 것
> ③ 구조가 간단하며 시공이 용이할 것
> ④ 방수 또는 배수가 가능할 것

> **참고** • 지수판의 종류
> 동판, 강판, 염화비닐판, 고무제

③ 신축이음의 단차를 피할 필요가 있는 경우에는 장부나 홈을 두던가 전단 연결재를 사용하는 것이 좋다.

④ 수밀을 요구하는 구조물의 신축이음에는 적당한 신축성을 가지는 지수판을 사용한다.

⑤ 신축이음의 간격
- 댐, 옹벽과 같은 큰 구조물: 10~15m
- 도로 포장: 6~10m
- 얇은 벽: 6~9m

(8) 균열 유발 줄눈(수축이음)

① 콘크리트의 수화열이나 외기 온도 등에 의해 온도변화, 건조 수축, 외력 등 변형이 생겨 균열이 발생하는데 이 균열을 제어 할 목적으로 설치한다.

② 미리 어느 정해진 장소에 균열을 집중시켜 소정의 간격으로 단면 결속부를 설치하여 균열을 강제적으로 유발하게 한다.

③ 예정 개소에 균열을 확실하게 일으키기 위해 유발줄눈의 단면 감소율은 20% 이상으로 할 필요가 있고, 균열유발 후에 원칙적으로 보수한다.

(9) 표면 마무리

콘크리트의 균일한 노출면을 얻기 위해 동일 공장 제품의 시멘트, 동일한 종류 및 입도를 갖는 골재, 동일한 배합의 콘크리트, 동일한 콘크리트의 타설 방법을 사용하며 정해진 구획의 콘크리트 타설을 연속해서 일괄 작업으로 한다. 시공이음이 미리 정해져 있지 않을 경우에는 직선상의 이음이 얻어지도록 시공한다.

① 거푸집 판에 접하지 않은 면의 마무리
- 콘크리트 다짐 후 윗면으로 스며 올라온 물이 없어진 후, 또는 물을 처리한 후 마무리를 해야 한다.
- 마무리 작업 후 굳기 시작할 때까지의 사이에 일어나는 균열은 다짐 또는 재 마무리에 의해 제거하며, 필요시 재진동을 해도 좋다.
- 매끄럽고 치밀한 표면이 필요할 때는 작업이 가능한 범위에서 될 수 있는 대로 늦은 시기에 쇠손으로 강하게 힘을 주어 콘크리트 윗면을 마무리 한다.

② 거푸집 판에 접하는 면의 마무리
- 노출면이 되는 콘크리트는 평활한 모르타르의 표면이 얻어지도록 치고 다져야 하며, 최종 마무리된 면은 설계 허용오차의 범위를 벗어나지 않아야 한다.
- 콘크리트 표면에 혹이나 줄이 생긴 경우에는 이를 매끈하게 따내야 하고, 곰보와 홈이 생긴 경우에는 그 부근의 불완전한 부분을 쪼아내고 물로 적신 후, 적당한 배합의 콘크리트 또는 모르타르로 땜질을 하여 매끈하게 마무리하여야 한다.

- 거푸집을 떼어낸 후 온도응력, 건조 수축 등에 의하여 표면에 발생한 균열은 필요에 따라 적절히 보수하여야 한다.

③ 마모를 받는 면의 마무리
- 마모를 받는 면의 경우에는 콘크리트의 마모에 대한 저항성을 높이기 위해 강경하고 마모저항이 큰 양질의 골재를 사용하고 물-시멘트비를 작게 하여야 한다.
- 마모에 대한 저항성을 크게 할 목적으로 철분이나 철립골재를 사용하거나 수지콘크리트, 폴리머콘크리트, 섬유보강콘크리트, 폴리머함침콘크리트 등의 특수콘크리트를 사용할 경우에는 각각의 특별한 주의사항에 따라 시공하여야 한다.

④ 콘크리트 마무리의 평탄성 표준 값

콘크리트 면의 마무리	평탄성
마무리 두께 7mm 이상 또는 바탕의 영향을 많이 받지 않는 마무리의 경우	1m당 10mm 이하
마무리 두께 7mm 이하 또는 양호한 평탄함이 필요한 경우	3m당 10mm 이하
제물치장 마무리 또는 마무리 두께 얇은 경우	3m당 7mm 이하

2-1-4 거푸집 및 동바리

1. 거푸집

(1) 거푸집의 구비조건
① 형상과 위치를 정확히 유지되어야 할 것
② 조립과 해체가 용이 할 것
③ 거푸집널 또는 패널의 이음은 가능한 한 부재축에 직각 또는 평행으로 하고 모르타르가 새어나오지 않는 구조가 될 것
④ 콘크리트의 모서리는 모따기가 될 수 있는 구조일 것
⑤ 거푸집의 청소, 검사 및 콘크리트 타설에 편리하게 적당한 위치에 일시적인 개구부를 만든다.
⑥ 여러 번 반복사용 할 수 있을 것

(2) 거푸집널의 재료
① 흠집 및 옹이가 많은 거푸집과 합판의 접착부분이 떨어져 구조적으로 약한 것은 사용하지 말 것

② 거푸집의 띠장은 부러지거나 균열이 있는 것은 사용하지 말 것
③ 제물치장 콘크리트용 거푸집널에 사용하는 합판은 내알칼리성이 우수한 재료로 표면 처리된 것일 것
④ 제재한 목재를 거푸집널로 사용할 경우에는 한 면을 기계 대패질하여 사용할 것
⑤ 형상이 찌그러지거나 비틀림 등 변형이 있는 것은 교정한 다음 사용 할 것
⑥ 금속제 거푸집의 표면에 녹이 많이 발생한 경우에는 쇠솔 또는 샌드페이퍼 등으로 제거하고 박리제를 엷게 칠하여 사용 할 것
⑦ 거푸집널을 재사용 할 경우에는 콘크리트에 접하는 면을 깨끗이 청소하고 볼트용 구멍 또는 파손 부위를 수선한 후 사용할 것
⑧ 목재 거푸집널은 콘크리트의 경화 불량을 방지하기 위해 직사광선에 노출되지 않도록 씌우개로 덮어씌울 것

(3) 거푸집의 시공
① 거푸집을 단단하게 조이는 조임재는 기성제품의 거푸집 긴결재, 볼트 또는 강봉을 사용하는 것을 원칙으로 한다.
② 거푸집을 제거한 후 콘크리트 표면에서 25mm 이내에 있는 조임재는 구멍을 뚫어 제거하고 표면에 생긴 구멍은 모르타르로 메운다.
③ 거푸집을 해체한 콘크리트의 면이 거칠게 마무리된 경우 구멍 및 기타 결함이 있는 부위는 땜질하고 6mm 이상의 돌기물은 제거한다.
④ 거푸집널의 내면에는 콘크리트가 거푸집에 부착되는 것을 방지하고 거푸집을 제거하기 쉽게 박리제를 칠한다.
⑤ 슬립 폼은 구조물이 완료될 때까지 연속해서 이동시킬 것
⑥ 슬립 폼은 충분한 강성을 가지는 구조로 부속장치는 소정의 성능과 안전성을 가질 것
⑦ 슬립 폼의 이동속도는 탈형 직후 콘크리트 압축강도가 그 부분에 걸리는 전 하중에 견딜 수 있게 콘크리트의 품질과 시공조건에 따라 결정한다.
⑧ 측벽, 계단 외벽 등 외부에 사용하는 갱 폼은 이동에 대한 저항성도 고려하여 설계해야 하며 아래로 처지거나 밖으로 이탈되지 않도록 조립하고 아래층의 거푸집 긴결재 구멍을 이용하여 2열 이상 고정시킨다.

(4) 거푸집의 종류 및 특징
① 목재 거푸집
- 가공하기는 쉬우나, 건습에 의한 신축이 크고 파손되기 쉬워 여러 번 반복하여 사용하기 힘들다.

- 합판 거푸집은 건습에 의한 신축변형이 작고 가공하기 용이하다.
② 강재 거푸집
- 강도가 크고 수밀성이 크다.
- 조립 및 해체가 쉽다.
- 여러 번 반복하여 사용할 수 있다.
- 콘크리트가 부착하기 쉽고 녹슬기 쉽다.
③ 슬립 폼(Slip form)
- 콘크리트의 면에 따라 거푸집이 서서히 연직 또는 수평으로 이동하면서 콘크리트를 타설한다.
- 연직방향으로 이동하는 것은 주로 교각, 사일로 등에 사용된다.
- 수평방향으로 이동하는 것은 수로 및 터널의 라이닝 등에 사용된다.
- 슬라이딩 폼(Sliding form)공법이라 한다.
④ Travelling form
- 구조물을 따라 거푸집을 이동시키면서 콘크리트를 계속 타설하며 수평으로 연속된 구조물에 이용한다.
- 터널의 복공, 교량 등에 쓰인다.

2. 동바리

(1) 동바리의 구비조건
① 하중을 완전하게 기초에 전달하도록 충분한 강도와 안전성을 가질 것
② 조립과 해체가 쉬운 구조일 것
③ 이음이나 접속부에서 하중을 확실하게 전달 할 수 있는 것일 것
④ 콘크리트 타설 중은 물론 타설 완료 후에도 과도한 침하나 부등침하가 일어나지 않도록 한다.

(2) 동바리의 재료
① 현저한 손상, 변형, 부식이 있는 것은 사용하지 말 것
② 강관 동바리는 굽어져 있는 것을 사용하지 않는다.
③ 강관을 조합한 동바리 구조는 최대 허용하중을 초과하지 않는 범위에서 사용해야 한다.

(3) 기타 재료
① 긴결재는 내력시험에 의해 허용 인장력이 보증된 것을 사용한다.

② 연결재의 선정요건
- 정확하고 충분한 강도가 있을 것
- 회수, 해체가 쉬울 것
- 조합 부품수가 적을 것

(4) 동바리의 시공

① 동바리를 조립하기에 앞서 기초가 소요 지지력을 갖도록 하고 동바리는 충분한 강도와 안전성을 갖도록 시공하여야 한다.
② 동바리는 필요에 따라 적당한 솟음을 두어야 한다.
③ 거푸집이 곡면일 경우에는 버팀대의 부착 등 당해 거푸집의 변형을 방지하기 위한 조치를 하여야 한다.
④ 동바리는 침하를 방지하고 각부가 움직이지 않도록 견고하게 설치하여야 한다.
⑤ 강재와 강재와의 접속부 및 교차부는 볼트, 클램프 등의 철물로 정확하게 연결하여야 한다.
⑥ 특수한 경우를 제외하고 강관 동바리는 2개 이상 연결하여 사용하지 않아야 하며, 높이가 3.5m 이상인 경우에는 높이 2m 이내마다 수평 연결재를 2개 방향으로 설치하고 수평연결재의 변위가 일어나지 않도록 이음 부분은 견고하게 연결하여야 한다.
⑦ 동바리 하부의 받침판 또는 받침목은 2단 이상 삽입하지 않도록 하고 작업원의 보행에 지장이 없도록 하며, 이탈하지 않도록 고정시켜야 한다.
⑧ 강관 동바리의 설치 높이가 4m를 초과하거나 슬래브 두께가 1m를 초과하는 경우에는 하중을 안전하게 지지할 수 있는 구조의 시스템 동바리로 사용한다.
⑨ 동바리를 해체한 후에도 유해한 하중이 재하될 경우에는 동바리를 적절하게 재설치하여야 하며 시공 중의 고층건물의 경우 최소 3개 층에 걸쳐 동바리를 설치하여야 한다.

(5) 이동 동바리

① 충분한 강도와 안전성 및 소정의 성능을 가질 것
② 이동 동바리의 이동은 정확하고 안전하게 해야 한다.
③ 필요에 따라 적당한 솟음을 둔다.
④ 조립 후 및 사용 중 콘크리트에 유해한 변형을 생기게 해서는 안 된다.
⑤ 이동 동바리에 설치되는 여러 장치는 조립 후 및 사용 중 검사하여 안전을 확인한다.

3. 거푸집 및 동바리의 구조계산

거푸집 및 동바리는 구조물의 종류, 규모, 중요도, 시공조건 및 환경조건 등을 고려하여 연직방향 하중, 수평방향 하중 및 콘크리트의 측압 등에 대해 설계하여야 하며 동바리의 설계는 강도뿐만 아니라 변형도 고려한다.

(1) 연직방향 하중

① 고정하중
- 철근 콘크리트와 거푸집의 질량을 고려하여 합한 하중이다.
- 콘크리트 단위 용적 질량은 철근질량을 포함하여 보통 콘크리트 $24kN/m^3$, 제1종 경량 콘크리트 $20kN/m^3$, 제2종 경량 콘크리트 $17kN/m^3$를 적용한다.
- 거푸집의 하중은 최소 $0.4kN/m^2$ 이상을 적용한다.
- 특수 거푸집의 경우에는 그 실제의 질량을 적용한다.

② 활하중
- 작업원, 경량의 장비하중, 기타 콘크리트 타설시 필요한 자재 및 공구등의 시공하중, 충격하중을 포함한다.
- 구조물의 수평투영면적(연직방향으로 투영시킨 수평면적)당 최소 $2.5kN/m^2$ 이상으로 설계한다.
- 전동식 카트 장비를 이용하여 콘크리트를 타설할 경우에는 $3.75kN/m^2$ 활하중을 고려한다.
- 콘크리트 분배기 등의 특수장비를 이용할 경우에는 실제 장비하중을 적용한다.

③ 고정하중과 활하중을 합한 연직하중
- 슬래브 두께에 관계없이 최소 $5.0kN/m^2$ 이상, 전동식 카트 사용 시에는 최소 $6.25kN/m^2$ 이상을 고려한다.

(2) 수평방향 하중

① 고정하중 및 공사 중 발생하는 활하중을 적용한다.
② 동바리에 작용하는 수평방향 하중으로는 고정하중의 2% 이상 또는 동바리 상단의 수평방향 단위길이 당 $1.5kN/m$ 이상 중에서 큰 쪽의 하중이 동바리 머리 부분에 수평방향으로 작용하는 것으로 가정한다.
③ 옹벽과 같은 거푸집의 경우에는 거푸집 측면에 대하여 $0.5kN/m^2$ 이상의 수평방향 하중이 작용하는 것으로 본다.
④ 풍압, 유수압, 지진 등의 영향을 크게 받을 때에는 별도로 이를 하중을 고려한다.

(3) 굳지 않은 콘크리트의 측압(거푸집 설계 시)

① 콘크리트의 측압은 사용재료, 배합, 타설 속도, 타설 높이, 다짐 방법 및 타설시 콘크리트 온도에 따라 다르며 사용하는 혼화제의 종류, 부재의 단면치수, 철근량 등에 의해서도 영향을 받는다.

② 일반 콘크리트의 측압

- $P = W \cdot H$

여기서, P: 콘크리트의 측압(kN/m^2)
W: 생콘크리트의 단위중량(kN/m^3)
H: 콘크리트의 타설 높이(m)

- 콘크리트 슬럼프가 175mm 이하, 1.2m 깊이 이하의 일반적인 내부 진동 다짐으로 타설되는 기둥 및 벽체의 콘크리트 측압

$$P = C_w C_c \left[7.2 + \frac{790R}{T+18} \right]$$

단, 타설 속도가 2.1m/h 이하, 타설 높이가 4.2m 초과하는 벽체 및 타설 속도가 2.1~4.5m/h인 모든 벽체의 경우

$$P = C_w C_c \left[7.2 + \frac{1160 + 240R}{T+18} \right]$$

여기서, P값은 최소 $30C_w$ 이상, 최대 $W \cdot H$이다.

C_w: 단위중량 계수
C_c: 화학첨가물 계수(1.0~1.4)
R: 콘크리트 타설 속도(m/h)
T: 타설되는 콘크리트의 온도

③ 재진동을 하거나 거푸집 진동기를 사용할 경우, 묽은 반죽의 콘크리트를 타설하는 경우 또는 응결이 지연되는 콘크리트를 사용할 경우에는 측압을 적절히 증가시킨다.

(4) 목재 거푸집 및 수평부재

목재 거푸집 및 수평부재는 등분포 하중이 작용하는 단순보로 검토한다.

4. 거푸집 및 동바리의 해체

(1) 콘크리트가 자중 및 시공 중에 가해지는 하중에 충분히 견딜만한 강도를 가질 때까지 해체해서는 안 된다.

(2) 고정보, 라멘, 아치 등에서는 콘크리트의 크리프 영향을 이용하면 구조물에 균열

을 적게 할 수 있으므로 콘크리트가 자중 및 시공하중을 지탱하기에 충분한 강도에 도달했을 때 되도록 빨리 거푸집 및 동바리를 제거하도록 한다.

(3) 거푸집 및 동바리의 해체 시기 및 순서는 시멘트의 성질, 콘크리트의 배합, 구조물의 종류와 중요도, 부재의 종류 및 크기, 부재가 받는 하중, 콘크리트 내부온도와 표면온도의 차이 등의 요인을 고려하여 결정한다.

(4) 콘크리트의 압축강도 시험결과 다음 값에 도달했을 때는 해체할 수 있다.

부재		콘크리트 압축강도
확대기초, 보 옆, 기둥, 벽 등의 측면		5MPa 이상
슬래브 및 보의 밑면, 아치 내면	단층 구조의 경우	설계기준 압축강도×2/3(다만, 14MPa 이상)
	다층 구조의 경우	설계기준 압축강도 이상(필러 동바리 구조를 이용할 경우는 구조 계산에 의해 기간을 단축할수있음. 단, 이 경우라도 최소강도 14MPa 이상으로 함)

(5) 기초, 보의 측면, 기둥, 벽의 거푸집널은 특히 내구성을 고려 할 경우에는 콘크리트의 압축강도가 10MPa 이상 도달한 경우 해체하는 것이 좋다.

(6) 거푸집널의 존치기간 중 평균 기온이 10℃ 이상인 경우 압축강도 시험을 하지 않고 기초, 보 옆, 기둥 및 벽의 측벽의 경우 다음 표에 주어진 재령이상을 경과하면 해체할 수 있다.

시멘트의 종류 평균 기온	조강 포틀랜드 시멘트	보통 포틀랜드 시멘트 고로 슬래그 시멘트 1종 포틀랜드 포졸란 시멘트 1종 플라이 애시 시멘트 1종	고로 슬래그 시멘트 2종 포틀랜드 포졸란 시멘트 2종 플라이 애시 시멘트 2종
20℃ 이상	2일	4일	5일
20℃ 미만 10℃ 이상	3일	6일	8일

(7) 보, 슬래브 및 아치 하부의 거푸집널은 원칙적으로 동바리를 해체한 후에 해체한다. 그러나 충분한 양의 동바리를 현 상태대로 유지하도록 설계 시공된 경우 콘크리트를 10℃ 이상 온도에서 4일 이상 양생한 후 책임 기술자의 승인을 받아 해체할 수 있다.

(8) 해체 순서는 하중을 받지 않는 부분부터 해체한다. 즉 연직부재는 수평부재의 거푸집보다 먼저 해체한다.

(9) 거푸집의 존치기간이 짧은 순서는 기둥, 푸팅 기초, 스팬이 짧은 보, 스팬이 긴 보, 콘크리트 포장 순이다.

실기 필답형 문제 | 2-1 일반 콘크리트

01 강제식 믹서는 어떤 콘크리트를 비비는데 적당한지 3가지만 쓰시오

> 풀이
> (1) 된반죽의 콘크리트
> (2) 부배합의 콘크리트
> (3) 경량골재 사용 시

02 콘크리트 비비기에서 주의할 사항을 4가지만 쓰시오.

> 풀이
> (1) 비비기는 미리 정해둔 비비기 시간의 3배 이상 계속해서는 안 된다.
> (2) 비비기 전에 믹서 내부에 모르타르를 부착시킨다.
> (3) 비벼 놓아 굳기 시작한 콘크리트는 되비비기하여 사용하지 않는 것이 원칙이다.
> (4) 믹서 안의 콘크리트를 전부 꺼낸 후가 아니면 믹서 안에 다음 재료를 넣어서는 안 된다.
> (5) 연속 믹서를 사용할 경우 비비기 시작한 최초에 배출되는 콘크리트는 사용해서는 안 된다.

03 콘크리트 타설시 내부진동기를 사용할 경우 유의사항에 대하여 4가지만 쓰시오.

> 풀이
> (1) 내부진동기를 하층 콘크리트 속으로 0.1m 정도 찔러 다진다.
> (2) 연직으로 찔러 다지며 삽입간격은 0.5m 이하로 한다.
> (3) 1개소 당 진동시간은 5~15초로 한다.
> (4) 콘크리트 속에서 진동기를 천천히 빼 구멍이 생기지 않게 한다.

04 콘크리트 타설시 가장 중요한 사항을 4가지만 쓰시오.

> 풀이
> (1) 재료 분리 방지
> (2) 슬럼프 저하 방지
> (3) 신속한 운반, 타설
> (4) 재료의 손실방지

05 구조물의 요구되는 기능, 강도, 내구성 및 시공상 주의 할 점 등을 고려하여 콘크리트 운반, 타설 방법을 계획하며 검토할 사항을 4가지만 쓰시오.

> 풀이
> (1) 전 공종 중의 콘크리트 작업 공정
> (2) 1일 쳐야 할 콘크리트량에 맞추어 운반, 타설 방법 등의 결정 및 인원배치
> (3) 운반로, 운반경로
> (4) 타설구획, 시공이음의 위치, 시공이음의 처치 방법
> (5) 콘크리트 타설 순서
> (6) 콘크리트 비비기에서 타설까지 소요시간
> (7) 기상조건

06 콘크리트의 양생 중 막 양생제로 사용되는 것을 4가지만 쓰시오.

> 풀이
> (1) 비닐유제   (2) 아스팔트   (3) 방수지   (4) 플라스틱 시트

07 콘크리트 다짐 방법을 4가지만 쓰시오

> 풀이
> (1) 봉다짐   (2) 진동다짐   (3) 거푸집을 두드리는 방법
> (4) 가압다짐   (5) 원심력 다짐

08 콘크리트의 시공이음을 설치하는 이유를 4가지만 쓰시오.

> **풀이**
> (1) 철근의 조립이 어렵기 때문
> (2) 공사 중 콘크리트의 검사를 쉽게 하기 위해
> (3) 야간작업을 피하기 위해
> (4) 거푸집의 조립이 어렵고 거푸집을 반복하여 사용하기 위해

09 신축이음을 설치할 경우 유의할 사항을 4가지만 쓰시오.

> **풀이**
> (1) 양쪽의 구조물 혹은 부재가 구속되지 않는 구조이어야 한다.
> (2) 필요에 따라 줄눈재, 지수판 등을 배치한다.
> (3) 신축이음의 단차를 피할 경우는 장부나 홈을 두든가 전단 연결재를 사용한다.
> (4) 수밀이 요구되는 구조물에는 적당한 신축성을 가지는 지수판을 사용한다.

10 신축이음에 사용되는 지수판의 종류를 4가지만 쓰시오.

> **풀이**
> (1) 동판   (2) 강판   (3) 염화비닐판   (4) 고무제

11 신축이음에 사용되는 충진재의 종류를 4가지 쓰시오.

> **풀이**
> (1) 아스팔트   (2) 아스팔트 모르타르
> (3) 콤파운드   (4) 합성고무

12 콘크리트 타설시 먼저 친 콘크리트와 나중에 친 콘크리트 사이에 완전히 일체화가 되지 않은 시공 불량에 의한 콜드 조인트(cold joint)가 발생하는 원인을 4가지만 쓰시오.

(1) 콘크리트 타설 장비의 고장
(2) 배치 플랜트의 갑작스런 고장
(3) 콘크리트 운반로의 교통 장해
(4) 갑작스런 일기변화

13 콘크리트 타설에 콘크리트 펌프를 많이 사용하는데 사용 도중에 파이프가 막히는 현상이 생기는데 그 이유를 4가지만 쓰시오.

(1) 골재의 치수가 크거나 입도 또는 입형이 나쁠 때
(2) 단위 잔골재량이 너무 작을 때
(3) 슬럼프 값이 너무 작을 때
(4) 파이프가 너무 길거나 일광에 노출된 경우
(5) 파이프 청소가 불량하거나 찌그러졌을 때
(6) 펌프의 조작이 잘못된 경우

14 콘크리트 타설 준비 시 고려할 사항을 4가지만 쓰시오.

(1) 콘크리트 타설 계획에 정해진 설비 및 인원 등이 배치되었는지 확인한다.
(2) 타설 중 콘크리트 압력 등에 의해 철근이나 거푸집이 이동될 염려가 없는지 확인한다.
(3) 운반장치, 타설설비 및 거푸집 안을 청소하여 콘크리트 속에 잡물이 혼입되는 것을 방지한다.
(4) 콘크리트가 닿았을 때 흡수할 우려가 있는 곳은 미리 습하게 하며 이때 물이 고이지 않게 한다.

15 콘크리트 타설시 고려할 사항을 4가지만 쓰시오.

> **풀이**
> (1) 철근 및 매설물의 배치나 거푸집이 변형 및 손상되지 않게 한다.
> (2) 타설한 콘크리트를 거푸집 안에서 횡방향으로 이동시켜서는 안 된다.
> (3) 한 구획내의 콘크리트 타설이 완료될 때까지 연속해서 타설해야 한다.
> (4) 콘크리트를 2층 이상으로 나누어 타설할 경우 상층과 하층이 일체가 되게 한다.

16 콘크리트 펌프의 배관상의 주의사항을 4가지만 쓰시오.

> **풀이**
> (1) 경사 배관은 피하는 것이 좋다.
> (2) 내리막 배관은 수송이 곤란하므로 곡관부에서는 공기빼기 콕을 설치한다.
> (3) 여름철에는 직사광선을 피하기 위하여 관에 가마니 등을 덮고 적당히 살수한다.
> (4) 유연한 호스는 5m 정도인 것을 사용한다.
> (5) 수송중의 진동, 철근, 거푸집에 영향이 없도록 설치한다.

17 콘크리트 타설시 이음은 구조물의 강도, 내구성 및 외관에 큰 영향을 미치는 경우가 있다. 콘크리트 구조물의 성질상 시공이음을 설치하여야 할 위치 및 원칙, 부득이 설치할 경우, 시공이음 계획 시 고려할 사항 등을 각각 1가지씩만 쓰시오.

(1) 위치 및 설치 시 원칙:
(2) 부득이 설치할 경우:
(3) 시공이음 계획 시 고려할 사항:

> **풀이**
> (1) ① 시공이음은 될 수 있는 대로 전단력이 작은 위치에 설치한다.
>   ② 시공이음을 부재의 압축력이 작용하는 방향과 직각되게 한다.
> (2) ① 시공이음에 장부(요철) 또는 홈을 만든다.
>   ② 적절한 강재를 배치하여 보강한다.
> (3) 온도, 건조 수축 등에 의하여 균열의 발생이 예측되므로 그 위치 및 구조를 정해 둔다.

18 온도변화, 건조 수축, 기초의 부등침하 등에서 생기는 균열을 방지하기 위하여 콘크리트 구조물에 설치하는 것을 무엇이라 하는가?

신축이음(expansion joint)

19 콘크리트 치기를 끝내면 건조 수축에 의한 균열이 생기지 않고 충분히 경화되도록 일정한 기간 적당한 온도와 습도를 유지시켜 보존시키는 작업을 양생이라 한다. 일반적으로 많이 쓰이는 양생 방법의 종류를 4가지만 쓰시오.

(1) 습윤 양생   (2) 막 양생   (3) 증기 양생   (4) 전기 양생

20 거푸집에 박리제를 사용하는 목적을 2가지만 쓰시오.

(1) 거푸집 해체를 쉽게 하기 위하여
(2) 거푸집 면에 콘크리트 부착을 방지하기 위하여

21 거푸집 판에 접하지 않은 면의 표면 마무리 시공 시 유의할 사항 3가지를 쓰시오.

(1) 콘크리트를 다진 후 블리딩 수를 제거하고 마무리 한다.
(2) 마무리 작업 후 굳기 시작 할 때까지의 사이에 생긴 균열은 다짐 또는 재 마무리에 의해 제거한다.
(3) 매끄럽고 치밀한 표면이 필요할 때는 작업이 가능한 범위에서 될 수 있는 대로 늦은 시기에 흙손으로 강하게 힘을 주어 콘크리트 윗면을 마무리 한다.

22 콘크리트 운반 시 고려할 사항을 3가지만 쓰시오.

(1) 재료 분리 방지   (2) 슬럼프 값 및 공기량 저하방지
(3) 운반시간의 단축

23 신축이음의 구비조건을 5가지만 쓰시오.

(1) 구조가 단순하고 시공이 쉬워야 한다.
(2) 평탄하고 주행이 좋은 구조가 되어야 한다.
(3) 강성이 높은 일체의 구조로 내구성이 있어야 한다.
(4) 부재의 온도 등에 의한 신축에 따라 이음재의 변형이 용이해야 한다.
(5) 방수 또는 배수가 될 수 있는 구조가 되어야 한다.

24 거푸집은 콘크리트가 소정의 강도에 달하면 가급적 빨리 떼어내는 것이 바람직하다. 다음 부재의 거푸집을 떼어 내어도 좋은 콘크리트의 압축강도는 어느 정도인가?

(1) 확대기초, 보 옆, 기둥, 벽 등의 측벽:
(2) 슬래브 및 보의 밑면, 아치 내면(단층구조의 경우):

(1) 5MPa 이상   (2) 설계기준 압축강도 $\times \frac{2}{3}$, 다만 14MPa 이상

25 동바리의 구비조건을 4가지만 쓰시오.

(1) 하중을 안전하게 기초에 전달하도록 충분한 강도와 안정성을 가질 것
(2) 조립과 해체가 쉬운 구조일 것
(3) 이음이나 접속부에서 하중을 확실하게 전달할 수 있을 것
(4) 콘크리트 타설 중은 물론 타설 완료 후에도 과도한 침하나 부등침하가 일어나지 않도록 한다.

26 높은 교각이나 사일로, 수조 등의 공사에 사용하는 특수 거푸집으로 시공 속도가 빠르고 이음이 없는 수밀성의 콘크리트 구조물을 만들 수 있는 대표적 특수 거푸집공법을 3가지만 쓰시오.

> **풀이**
> (1) 슬립 폼(Slip form)공법
> (2) 슬라이딩 폼(Sliding form)공법
> (3) 트래블링 폼(Travelling form)공법

27 동바리의 설계 시 고려할 사항을 4가지만 쓰시오.

> **풀이**
> (1) 하중을 안전하게 기초에 전달해야 한다.
> (2) 조립 해체 시 편리한 구조일 것
> (3) 기초가 과도한 침하나 부등침하가 생기지 않도록 할 것
> (4) 이음이나 접촉부에서 하중을 안전하게 전달할 수 있을 것
> (5) 콘크리트 자중에 따른 침하, 변형 등을 고려한다.

28 거푸집 및 동바리는 구조물의 종류, 규모, 중요도, 시공 조건 및 환경 요건 등을 고려하여 어떤 하중에 대해 설계하여야 하는지 4가지만 쓰시오.

> **풀이**
> (1) 연직방향 하중(고정하중, 활하중, 연직하중)
> (2) 수평방향 하중
> (3) 굳지 않은 콘크리트의 측압
> (4) 목재 거푸집 및 수평 부재

29 거푸집의 검사 사항을 4가지만 쓰시오.

> 풀이
> (1) 거푸집의 위치와 치수
> (2) 거푸집 청결 상태
> (3) 거푸집 연결부
> (4) 콘크리트 타설 중 거푸집의 변형 가능성
> (5) 해체를 위한 박리제 도포 여부
> (6) 거푸집 모서리의 모따기 설치 여부

30 콘크리트 공장제품의 양생온도 관리 시 주요 관리 사항 4가지를 쓰시오.

> 풀이
> (1) 온도 상승률
> (2) 온도 강하율
> (3) 최고 온도
> (4) 지속시간

31 거푸집 및 동바리의 품질검사 기준을 쓰시오.

> 풀이
>
> | 검사 항목 | 검사 방법 | 시기·횟수 |
> | --- | --- | --- |
> | 거푸집, 동바리 재료 및 체결재의 종류, 재질, 형상 치수 | 외관 검사 | 거푸집, 동바리 조립 전 |
> | 동바리 배치 | 외관 검사 및 스케일에 의한 측정 | 동바리 조립 후 |
> | 조임재의 위치 및 수량 | 외관 검사 및 스케일에 의한 측정 | 콘크리트 타설 전 |
> | 거푸집의 형상 치수 및 위치 | 스케일에 의한 측정 | 콘크리트 타설 전 및 타설 도중 |
> | 거푸집과 최외측 철근과의 거리 | 스케일에 의한 측정 | 콘크리트 타설 전 및 타설 도중 |

2-2 특수 콘크리트

2-2-1 경량골재 콘크리트

1. 경량골재

    (1) 천연 경량골재

    경석 화산자갈, 응회암, 용암 등이 있다.

    (2) 인공 경량골재

    팽창성 혈암, 팽창성 점토, 플라이 애시 등을 주원료로 한다.

    (3) 부립률

    ① 경량골재 중 물에 뜨는 입자의 질량 백분율
    ② 경량골재의 밀도는 입경에 따라 다르며 입경이 클수록 가볍다.
    ③ 경량 굵은 골재의 일부에는 밀도가 1.0 이하인 물에 뜨는 입자도 들어 있다.

    (4) 프리웨팅(pre-wetting)

    골재를 사용하기 전에 미리 흡수시켜 콘크리트 비비기 및 운반 중에 물을 흡수하는 것을 적게 하기 위해서 실시한다.

    (5) 경량골재의 사용 방법

    ① 잔골재와 굵은 골재를 모두 경량골재로 사용
    ② 잔골재의 일부 또는 전부를 보통골재로 사용
    ③ 굵은 골재의 일부 또는 전부를 보통골재로 사용

    (6) 입도

    ① 굵은 골재의 최대치수는 시방서에 의하며 정해져 있지 않은 경우에는 20mm로 한다.
    ② 입경에 따라 밀도가 다르고 입경이 적을수록 밀도가 커진다. 이 경향은 잔골재의 경우에 특히 현저하다.
    ③ 동일한 입도를 질량 백분율로 표시한 경우와 용적 백분율로 표시한 경우 조립률이 잔골재에서 0.1~0.2 정도의 차이가 있다.
    ④ 용적 백분율로 표시하는 것이 합리적이지만 각 입경마다 골재의 밀도를 측정하는 것은 용이하지 않아 질량 백분율로 표시한다.

⑤ 골재의 씻기 시험에 의해 손실되는 양은 10% 이하로 한다.

(7) 단위 용적 질량

① 단위 용적 질량은 허용치에서 10% 이상 차이가 나지 않아야 한다.
② 경량골재의 단위 용적 질량

치수	인공·천연 경량골재 최대 단위 용적 질량(kg/m³)
잔골재	1,120 이하
굵은 골재	880 이하
잔골재와 굵은 골재의 혼합물	1,040 이하

(8) 유해물 함유량의 한도

종류	최대치
강열감량	5%
얼룩	진한 얼룩이 생기지 않을 것
점토 덩어리	2%
굵은 골재의 부립률	10%

(9) 경량골재 취급

① 저장 시 항상 같은 습윤 상태를 유지하도록 하고 햇볕이 안 들고 물 빠짐이 좋은 장소를 택한다.
② 골재에 때때로 물을 뿌리고 표면에 포장 등을 하여 항상 같은 습윤 상태를 유지한다.
③ 균질한 콘크리트를 만들기 위해서는 골재의 입도 균등하게 해야 하고 잔골재와 굵은 골재는 섞이지 않도록 각각 따로따로 운반하여 저장한다.

2. 경량골재 콘크리트의 배합

(1) 일반사항

① 경량골재 콘크리트는 공기 연행 콘크리트로 하는 것을 원칙으로 한다.
② 소요의 강도, 단위 용적 질량, 내동해성 및 수밀성을 가지며 작업에 적합한 워커빌리티를 갖는 범위 내에서 단위 수량 적게 한다.

(2) 물-결합재비

① 소정의 값보다 2~3% 정도 작은 값을 목표로 한다.

② 콘크리트의 수밀성을 기준으로 정할 때는 50% 이하를 표준으로 한다.
③ 단위 시멘트량의 최솟값은 300kg/m³로 한다.
④ 물-결합재량의 최댓값은 60%로 한다.

(3) 강도

설계기준 압축강도는 15MPa 이상, 인장강도는 2MPa 이상

(4) 슬럼프

① 작업에 알맞은 범위 내에서 가능한 한 작아야 한다.
② 80~210mm를 표준으로 한다.

(5) 공기량

① 보통 골재를 사용한 콘크리트보다 1% 크게 5.5%로 해야 한다.
② 기상 조건이 나쁘고 또 물로 포화되는 경우가 많은 환경 조건하에서 내동해성은 보통 골재 콘크리트에 비해 떨어지는 경우가 많아 개선하기 위해 공기량을 증대시킨다.

2-2-2 매스 콘크리트

1. 개요

(1) 구조물의 부재치수는 일반적인 표준으로서 넓이가 넓은 평판 구조에서는 두께 0.8m 이상, 하단이 구속된 벽체에서는 두께 0.5m 이상으로 한다.

(2) 부재 혹은 구조물의 치수가 커서 시멘트의 수화열에 의한 온도 상승을 고려하여 설계 시공해야 한다.

2. 설계 및 시공 시 유의사항

(1) 온도 균열방지 및 제어

① 프리쿨링(pre-cooling)
콘크리트 타설 온도를 낮추는 방법으로 물, 골재 등의 재료를 미리 냉각시켜 온도 균열을 제어한다.

② 파이프 쿨링(pipe-cooling)
콘크리트 타설 후 미리 콘크리트 속에 묻은 파이프 내부에 냉수 또는 공기를 보내 콘크리트의 온도를 제어한다.

- 파이프의 지름은 25mm 정도의 엷은 관을 사용한다.
- 파이프 주변의 콘크리트 온도와 통수온도의 차이는 20℃ 이하이다.

(2) 균열 유발 줄눈

① 구조물의 길이 방향에 일정간격으로 단면 감소부분을 만들어 그 부분에 균열이 집중하도록 한다.
② 균열유발 줄눈의 단면 감소율은 35% 이상으로 한다.
③ 균열유발 줄눈의 간격은 4~5m 정도를 기준으로 한다.

(3) 온도 균열 발생 검토

① 온도 균열 지수에 의해 균열 발생의 가능성을 평가하는 것을 원칙으로 한다.
② 온도 균열 지수

$$I_{cr}(t) = \frac{f_{sp}(t)}{f_t(t)}$$

여기서, $f_t(t)$: 재령 t일에서의 수화열에 의하여 생긴 부재 내부의 온도응력 최댓값(MPa)
$f_{sp}(t)$: 재령 t일에서의 콘크리트의 인장강도로서, 재령 및 양생온도를 고려하여 구함(MPa)

③ 온도응력 해석에 의한 온도 균열 지수
- 연질 지반 위에 타설된 평판구조 등과 같이 내부 구속응력이 큰 경우

$$온도\ 균열\ 지수 = \frac{15}{\Delta T_i}$$

여기서, ΔT_i: 내부온도가 최고일 때의 내부와 표면과의 온도차(℃)

- 암반이나 매시브한 콘크리트 위에 타설된 평판구조 등과 같이 외부구속 응력이 큰 경우

$$온도\ 균열\ 지수 = \frac{10}{R \cdot \Delta T_o}$$

여기서, ΔT_o: 부재평균 최고온도와 외기 온도와의 균형시의 온도차(℃)
R: 외부 구속의 정도를 표시하는 계수

④ 구조물에서의 표준적인 온도 균열 지수
- 균열 발생을 방지하여야 할 경우: 1.5 이상
- 균열 발생을 제한할 경우: 1.2~1.5
- 유해한 균열 발생을 제한할 경우: 0.7~1.2

(4) 배합
① 단위 시멘트량을 적게하여 발열량을 감소시킨다.
② 콘크리트의 온도 상승량을 단위 시멘트량 $10kg/m^3$에 대하여 대략 1℃ 정도의 비율로 증감한다.
③ 저열 포틀랜트 시멘트, 중용열 포틀랜트 시멘트, 고로 슬래그 시멘트, 플라이 애시 시멘트 등을 사용하면 수화열을 저감할 수 있다.
④ 저발열형 시멘트는 장기 재령의 강도 증진이 보통 포틀랜트 시멘트에 비해 크므로 91일 정도의 장기재령을 설계기준 강도의 기준 재령으로 한다.
⑤ 각 재료의 온도가 비빈직후 콘크리트 온도에 미치는 영향은 대략 골재는 ±2℃, 물은 ±4℃, 시멘트는 ±8℃에 대해 ±1℃ 정도이다.

(5) 콘크리트 타설
① 콘크리트 표면이 거의 수평이 되도록 타설한다.
② 타설의 한층 높이는 0.4~0.5m를 표준으로 한다.
③ 콘크리트 친 후 침강 균열의 우려가 있을 경우에는 재 진동다짐이나 다짐 등을 실시한다.

2-2-3 한중 콘크리트

1. 개요

(1) 하루 평균 기온이 4℃ 이하에서는 콘크리트가 동결할 염려가 있으므로 한중 콘크리트로 시공한다.
(2) 콘크리트가 동결하지 않더라도 5℃ 정도 이하의 저온에 노출되면 응결 및 경화 반응이 상당히 지연되어 소정의 강도 발현이 이루어지지 않는다.

2. 재료

(1) 시멘트는 보통 포틀랜드 시멘트를 사용하는 것을 표준으로 한다.
(2) 보통 포틀랜드 시멘트에서는 소요의 양생온도나 초기 강도의 확보가 어려워 수화열에 의한 균열이 없는 경우 조강포틀랜드 시멘트를 사용하면 효과적이다.
(3) 긴급 공사용의 특수 시멘트는 초속경 시멘트, 알루미나 시멘트 등이 있다.
(4) 골재가 동결되어 있거나 골재에 빙설이 혼입되어 있는 골재는 사용하지 않는다.
(5) 시멘트는 어떠한 경우라도 직접 가열해서는 안 된다.

(6) 골재를 65℃ 이상 가열하면 다루기가 어려워지며 시멘트를 급결시킬 우려가 있다.

(7) 물과 골재 혼합물의 온도는 40℃ 이하로 하면 시멘트가 급결하지 않는다.

(8) 재료를 가열했을 때 비빈 직후 콘크리트의 대체적인 온도(T ℃)

$$T = \frac{C_s(T_a W_a + T_c W_c) + T_m W_m}{C_s(W_a + W_c) + W_m}$$

여기서,
- T : 콘크리트 온도(℃)
- W_a 및 T_a : 골재의 질량(kg) 및 온도(℃)
- W_c 및 T_c : 시멘트의 질량(kg) 및 온도(℃)
- W_m 및 T_m : 비빌 때 사용되는 물의 질량(kg) 및 온도(℃)
- C_s : 시멘트 및 골재의 물에 대한 비열의 비로서 0.2로 가정해도 좋다.

3. 배합

(1) 공기 연행 콘크리트를 사용하는 것을 원칙으로 한다.

(2) 단위 수량은 초기 동해를 적게 하기 위하여 소요의 워커빌리티를 유지할 수 있는 범위 내에서 되도록 작게 정한다.

(3) 물-결합재비는 60% 이하로 한다.

(4) 적산 온도 방식에 의한 배합강도 및 물-결합재비

① 적산온도가 210℃·D 이상일 경우 적용한다.

② 조강, 초조강 포틀랜드 시멘트 및 알루미나 시멘트를 사용하면 적산온도가 105℃·D 이상의 경우에도 적용할 수 있다.

③ 구조체 콘크리트의 강도관리 재령은 91일 이내에서, 또한 적산 온도는 420℃·D 이하가 되는 재령으로 한다.

④ 적산온도

$$M = \sum_{0}^{t}(\theta + A)\Delta t$$

여기서,
- M : 적산온도(℃·D (일), 또는 ℃·D)
- θ : Δt 시간 중의 콘크리트의 일평균 양생온도(℃)
- A : 정수로서 일반적으로 10℃가 사용된다.
- Δt : 시간(일)

⑤ 물-결합재비

$$x(\%) = \alpha \cdot x_{20}$$

여기서,
- x : 적산 온도가 M(℃·D)일 때 배합강도를 얻기 위한 물-결합재비
- α : 적산 온도 M에 대한 물-결합재비의 보정계수
- x_{20} : 콘크리트의 양생온도가 20±2℃일 때 재령 28일에 있어서 배합강도를 얻기 위한 물-결합재비

(5) 비비기

① 운반 및 타설시간 1시간에 대하여 콘크리트 온도와 주위의 기온과의 차이는 15% 정도로 본다.

$$T_2 = T_1 - 0.15(T_1 - T_0) \cdot t$$

여기서,
- T_0: 주위의 기온(℃)
- T_1: 비볐을 때의 콘크리트의 온도(℃)
- T_2: 타설이 끝났을 때의 콘크리트의 온도(℃)
- t: 비빈후부터 타설이 끝났을 때까지의 시간(hr)

② 가열한 재료를 믹서에 투입하는 순서는 먼저 가열한 물과 굵은 골재, 다음에 잔골재를 넣어서 믹서안의 재료온도가 40℃ 이하가 된 후에 시멘트를 넣는 것이 좋다.

4. 시공

(1) 타설할 때 콘크리트 온도는 5~20℃의 범위에서 한다.

(2) 기상 조건이 가혹한 경우나 부재 두께가 얇을 경우에 칠 때의 콘크리트 최저 온도는 10℃ 정도로 한다.

(3) 심한 기상 작용을 받는 콘크리트는 압축강도가 얻어질 때까지 콘크리트의 온도를 5℃ 이상으로 유지한다. 특히 2일간은 구조물의 어느 부분이라도 0℃ 이상이 되도록 유지한다.

(4) 초기 동해 방지를 위해 콘크리트의 최저 온도를 5℃로 하였지만 추위가 심한 경우 또는 부재두께가 얇은 경우에는 10℃ 정도로 한다.

(5) 강도를 얻기에 필요한 양생일수는 시험에 의해 정하는 것이 원칙이나 5℃ 및 10℃에 양생할 경우 표준은 다음과 같다.

구조물의 노출상태	시멘트의 종류	보통 포틀랜트 시멘트	조강 포틀랜트 보통 포틀랜드+촉진제	혼합 시멘트 B종
(1) 계속해서 또는 자주 물로 포화되는 부분	5℃	9일	5일	12일
	10℃	7일	4일	9일
(2) 보통의 노출상태에 있고 (1)에 속하지 않는 부분	5℃	4일	3일	5일
	10℃	3일	2일	4일

(6) 단면의 두께가 얇고 보통의 노출 상태에 있는 콘크리트는 초기 양생 종료 후 2일간 이상은 콘크리트 온도를 0℃ 이상으로 한다.

2-2-4 서중 콘크리트

1. 개요

하루 평균 기온이 25℃를 초과할 경우에 서중 콘크리트로 시공한다.

2. 배합

① 단위 수량은 일반적으로 185kg/m³ 이하로 한다.
② 기온 10℃의 상승에 대해 단위 수량은 2~5% 증가하므로 소요의 압축강도를 확보하기 위해서는 단위 수량에 비례하여 단위 시멘트량의 증가를 고려한다.
③ 소요의 강도 및 워커 빌리티를 얻을 수 있는 범위 내에서 단위 수량 및 단위 시멘트량을 적게 한다.

3. 시공

① 비빈 후 되도록 빨리 타설한다. 지연형 감수제를 사용한 경우라도 1.5시간 이내에 타설한다.
② 콘크리트 타설시 콘크리트의 온도는 35℃ 이하여야 한다.
③ 타설 후 적어도 24시간은 노출면이 건조하는 일이 없도록 습윤 상태로 유지한다. 또 양생은 적어도 5일 이상 실시한다.
④ 거푸집을 떼어 낸 후에도 양생기간 동안은 노출면을 습윤 상태로 유지한다.

2-2-5 수밀 콘크리트

1. 개념

① 각종 저장시설, 지하구조물, 수리구조물, 저수조, 수영장, 상하수도시설, 터널 등 압력수가 작용하는 구조물을 말한다.
② 균열, 콜드 조인트, 누수의 원인이 되는 결함이 생기지 않도록 해야 한다.

2. 배합

① 공기 연행제, 감수제, 공기 연행 감수제, 고성능 공기 연행 감수제, 포졸란 등을 사용한다.
② 팽창제를 사용하면 콘크리트의 수축균열을 방지하므로 누수의 원인이 작게 되므로 콘크리트 구조물의 수밀성을 증대시킨다.

③ 방수제 등을 사용할 경우 성능 효과를 확인 후 사용한다.
④ 블리딩이 적어지도록 일반적인 경우보다 잔골재율을 크게 하는 것이 좋다.
⑤ 단위 수량 및 물-결합재비는 되도록 적게 하고 단위 굵은 골재량을 되도록 크게 한다.
⑥ 슬럼프는 180mm를 넘지 않게 하며 콘크리트 타설이 용이 할 때에는 120mm 이하로 한다.
⑦ 공기 연행제, 공기 연행 감수제 또는 고성능 공기 연행 감수제를 사용하는 경우라도 공기량은 4% 이하가 되게 한다.
⑧ 물-결합재비는 50% 이하를 표준으로 한다.

2-2-6 유동화 콘크리트

1. 개념

믹서로 일반 비비기를 완료한 베이스 콘크리트에 유동화제를 첨가하여 유동성을 증대시켜 시공성을 향상시킨 콘크리트를 말한다.

2. 배합

① 슬럼프 증가량은 100mm 이하를 원칙으로 하며 50~80mm를 표준으로 한다.
② 유동화 콘크리트의 슬럼프(mm)

콘크리트의 종류	베이스 콘크리트	유동화 콘크리트
일반 콘크리트	150 이하	210 이하
경량골재 콘크리트	180 이하	210 이하

③ 공장(콘크리트 플랜트)에서 첨가하여 저속으로 휘저으면서 운반하고 공사현장에 도착 후에 고속으로 휘젓는 유동화 방식

3. 콘크리트의 유동화 시공

① 유동화 콘크리트의 재유동화는 원칙적으로 하지 않는다.
② 유동화를 위한 교반시간은 애지테이터 트럭 또는 교반장치로부터 배출되는 유동화 콘크리트의 약 1/4과 3/4 위치로부터 시료를 채취하여 슬럼프 시험을 한 경우 슬럼프 차가 30mm 이내가 될 때까지 한다.
③ 레미콘의 경우 교반시간은 총 30회 전후의 회전수로 한다. 즉 고속으로 3~4분, 중속으로 5~6분 정도 혼합해 준다.

④ 유동화제는 원액으로 사용하고 미리 정한 소정의 양을 한꺼번에 첨가하며 계량은 질량 또는 용적으로 하고 계량오차는 1회에 ±3% 이내로 한다.
⑤ 유동화제 첨가량은 보통 시멘트 질량의 0.5~1% 정도이므로 일반적으로 콘크리트를 비비는 용적 계산에서 무시해도 좋다.
⑥ 유동화제량은 단위 수량의 일부로 고려하지 않아도 좋다.
⑦ 베이스 콘크리트 및 유동화 콘크리트의 슬럼프 및 공기량 시험은 $50m^3$마다 1회씩 실시한다.

4. 베이스 콘크리트를 유동화시키는 방법

(1) 현장 첨가 현장 유동화 방식

① 유동화에 가장 효과적이다.
② 베이스 콘크리트의 운반에 이용한 트럭 애지테이터를 그대로 사용하여 소정시간 고속회전시킨다.

(2) 공장(콘크리트 플랜트)첨가 공장 유동화 방식

① 시공현장과 레미콘회사 간의 거리가 가까울 때 효과적이다.
② 콘크리트 플랜트에서 베이스 콘크리트를 비빈 후 소정량의 유동화제를 첨가하고 출하 시에 유동화시킨 후 운반한다.

(3) 공장첨가 현장 유동화 방식

2-2-7 고강도 콘크리트

1. 개요

① 설계기준 압축강도와 내구성이 큰 구조물 철근 콘크리트 공사에 적용한다.
② 고강도 콘크리트의 설계기준 압축강도는 보통 또는 중량골재 콘크리트에서 40MPa 이상이며 고강도 경량골재 콘크리트는 27MPa 이상으로 한다.

2. 재료

① 고성능 감수제(고유동화제)등을 시험 후 사용한다.
② 플라이 애시, 실리카 퓸, 고로 슬래그 미분말 등을 혼화재로 시험 후 사용한다.
③ 굵은 골재의 입도 분포는 굵고 가는 골재 알이 골고루 섞이어 공극률을 줄여 시멘트 페이스트가 최소가 되게 한다.

④ 굵은 골재 최대치수는 25mm 이하로 하며 철근 최소 수평 순간격의 3/4 이내의 것을 사용한다.
⑤ 유동화 콘크리트로 할 경우 슬럼프 플로값을 설계기준 압축강도 40MPa 이상 60MPa 이하는 500, 600 및 700mm로 구분하여 정한다.

3. 배합

① 물-결합재비는 소요의 강도와 내구성을 고려하여 정하여야 한다.
② 슬럼프는 작업이 가능한 범위 내에서 되도록 적게 한다.
③ 기상의 변화가 심하거나 동결 융해에 대한 대책이 필요한 경우를 제외하고는 공기 연행제를 사용하지 않는 것을 원칙으로 한다.

4. 시공

① 콘크리트 타설 낙하고는 1m 이하로 한다.
② 기둥 부재에 타설시 콘크리트 강도와 슬래브나 보에 타설하는 콘크리트 강도가 1.4배 이상 차이가 있는 경우에는 기둥에 사용한 콘크리트가 수평부재의 접합면에서 0.6m 정도 충분히 수평부재 쪽으로 안전한 내민 길이를 확보하면 타설한다.
③ 고강도 콘크리트는 낮은 물-결합재비로 수분이 적기 때문에 반드시 습윤 양생을 한다. 부득이한 경우 현장 봉함 양생을 할 수 있다.

2-2-8 수중 콘크리트

1. 개요

① 일반 수중 콘크리트, 수중 불분리성 콘크리트, 현장 타설 말뚝 및 지하 연속벽에 사용한다.
② 해양 및 수면 하의 비교적 넓은 곳이나 현장 타설 말뚝 또는 지하 연속벽과 같이 비교적 좁은 곳에 콘크리트를 타설하여 만드는 구조물이다.

2. 수중 콘크리트의 성능

(1) 수중 분리 저항성

① 수중 콘크리트의 물-결합재비 및 단위 시멘트량

콘크리트 종류 항목	일반 수중 콘크리트	현장 타설 말뚝 및 지하 연속벽에 사용하는 수중 콘크리트
물-결합재비	50% 이하	55% 이하
단위 시멘트량	370kg/m³ 이상	350kg/m³ 이상

② 수중 기중 강도비는 수중 분리 저항성의 요구가 비교적 높은 경우 0.8 이상, 일반적인 경우에는 0.7 이상으로 한다.
③ 현탁 물질량은 50mg/l 이하, pH는 12.0 이하이어야 한다.

(2) 유동성

① 슬럼프의 표준값(mm)

시공 방법	일반 수중 콘크리트	현장 타설 말뚝 및 지하 연속벽에 사용하는 수중 콘크리트
트레미	130~180	180~210
콘크리트 펌프	130~180	-
밑열림상자, 밑열림포대	100~150	-

② 현장 타설 말뚝 및 지하 연속벽에 사용하는 수중 콘크리트에서 설계기준강도가 50MPa를 초과하는 경우 슬럼프 플로는 500~700mm 범위로 한다.
③ 수중 불분리성 콘크리트의 슬럼프 플로

시공조건	슬럼프 플로의 범위(mm)
급경사면의 장석(1 : 1.5 ~ 1 : 2)의 고결, 사면의 엷은 슬래브(1 : 8 정도까지)의 시공 등에서 유동성을 작게 하고 싶은 경우	350~400
단순한 형상의 부분에 타설하는 경우	400~500
일반적인 경우, 표준적인 철근 콘크리트 구조물에 타설하는 경우	450~550
복잡한 형상의 부분에 타설하는 경우 특별히 양호한 유동성이 요구되는 경우	550~600

3. 배합

① 일반 수중 콘크리트는 수중 시공 시의 강도가 표준공시체 강도의 0.6~0.8 배가 되게 배합강도를 설정한다.
② 수중 낙하높이 0.5m 이하, 수중 유동거리 5m 이하에서 타설한 수중 불분리성 콘크리트 코어의 재령 28일 압축강도는 수중 제작 공시체의 압축강도를 기준으로 콘크리트 배합강도를 정한다.
③ 현장 타설 콘크리트 말뚝 및 지하 연속벽 콘크리트는 수중 시공 시 강도가 대기 중 시공 시 강도의 0.8배, 안정액 중 시공 시 강도가 대기 중 시공 시 강도의 0.7배로 하여 배합강도를 정한다.
④ 굵은 골재의 최대치수는 수중 불분리성 콘크리트의 경우 20 또는 25mm 이하를 표

준으로 하며 부재 최소치수의 1/5 및 철근의 최소순 간격의 1/2를 초과해서는 안 되며 수중 불분리성 콘크리트는 수중 분리성을 가지며 다지지 않아도 시공이 될 정도의 유동성을 유지하고 강도 및 내구성을 가져야 한다.

⑤ 현장 타설 말뚝 및 지하 연속벽에 사용하는 수중 콘크리트에서 설계기준강도 50MPa을 초과하는 경우에는 부배합의 콘크리트를 사용하기 위해 온도 균열의 발생을 억제 할 목적으로 저발열형 시멘트가 사용된다.

⑥ 내구성으로부터 정해진 수중 불분리성 콘크리트의 최대 물-결합재비(%)

환경 \ 콘크리트의 종류	무근 콘크리트	철근 콘크리트
담수중·해수중	55	50

⑦ 수중 불분리성 콘크리트는 공기량이 과다 하면 압축강도가 저하하며 콘크리트의 유동 중 공기포가 콘크리트로부터 떠오르게 되어 수질오탁 품질의 변동 등의 원인이 되기 때문에 공기량은 (4 ± 1.5)% 이하로 한다.

⑧ 현장 타설 콘크리트 말뚝 및 지하 연속벽의 콘크리트는 일반적으로 트레미를 사용하여 수중에서 타설하므로 슬럼프 값은 180~210mm를 표준으로 한다. 특히 철근 간격이 좁은 경우 등 슬럼프가 큰 콘크리트를 타설할 필요가 있을 때는 유동화제를 사용한 부배합 콘크리트로서 슬럼프를 240mm 이하로 한다.

⑨ 지하 연속벽에 사용하는 수중 콘크리트의 경우 지하 연속벽을 가설만으로 이용할 경우에는 단위 시멘트량은 300kg/m^3 이상으로 한다.

⑩ 수중 불분리성 콘크리트의 비비기는 플랜트에서 물을 투입하기 전 건식으로 20~30초 비빈 후 전재료를 투입하여 비빈다. 1회 비비기량은 믹서 공칭 용량의 80% 이하로 하며 강제식 믹서의 경우 비비기 시간은 90~180초로 한다

4. 시공

(1) 일반 수중 콘크리트

① 물막이를 설치하여 물을 정지시킨 정수중에 타설한다. 완전히 물막이 할 수 없는 경우에는 50mm/초 이하의 유속을 유지한다.

② 콘크리트는 수중에 낙하시키지 않는다.

③ 콘크리트를 연속해서 타설한다.

④ 타설 도중에 가능한 콘크리트가 흐트러지지 않도록 물을 휘젓거나 펌프의 선단 부분을 이동시켜서는 안 되며 콘크리트가 경화될 때까지 물의 유동을 방지해야 한다.

⑤ 한 구획의 콘크리트 타설을 완료한 후 레이턴스를 모두 제거하고 다시 타설하여야 한다.
⑥ 수중 콘크리트 시공 시 시멘트가 물에 씻겨서 흘러나오지 않도록 트레미나 콘크리트 펌프를 사용해서 타설한다. 그러나 부득이한 경우 및 소규모 공사의 경우 밑열림 상자나 밑열림 포대를 사용할 수 있다.

(2) 트레미에 의한 타설

① 트레미의 안지름은 수심이 3m 이내에서 250mm, 3~5m에서 300mm, 5m 이상에서 300~500mm 정도가 좋으며 굵은 골재 최대치수의 8배 정도가 필요하다.
② 트레미 1개로 타설할 수 있는 면적은 $30m^2$ 정도이다.
③ 트레미는 타설 동안 하반부가 항상 콘크리트로 채워져 트레미 속으로 물이 침입하지 않도록 하며 타설 동안 수평 이동해서는 안 된다.
④ 타설 동안 트레미 하단이 타설된 콘크리트 면보다 0.3~0.4m 아래로 유지하면서 가볍게 상하로 움직여야 한다.

(3) 콘크리트 펌프에 의한 타설

① 콘크리트 펌프의 배관은 수밀해야 한다.
② 펌프의 안지름은 0.10~0.15m 정도가 좋으며 수송관 1개로 타설할 수 있는 면적은 $5m^2$ 정도이다.
③ 타설 중에는 배관 속을 콘크리트로 채우면서 배관 선단부분을 이미 타설된 콘크리트 속으로 0.3~0.5m 묻어 타설한다.
④ 배관을 이동시 배관 속으로 물이 역류하거나 배관 속의 콘크리트가 수중 낙하하는 일이 없도록 선단부분에 역류 밸브를 붙인다.

(4) 수중 불분리성 콘크리트의 타설

① 타설은 유속이 50mm/sec 정도 이하의 정수 중에서 수중 낙하 높이가 0.5m 이하여야 한다.
② 펌프로 압송할 경우 압송 압력은 보통 콘크리트의 2~3배, 타설 속도는 1/2~1/3 정도로 한다.
③ 일반 수중 콘크리트 보다 트레미 1개 및 콘크리트 펌프 배관 1개당 콘크리트 타설 면적을 크게 하여도 좋다.
④ 수중 유동거리는 5m 이하로 한다.

(5) 현장 타설 말뚝 및 지하 연속벽에 사용하는 수중 콘크리트

① 철근망태의 비틀림을 방지하기 위해 철근을 외측으로 경사지게 하여 격자형으로 배치한다.
② 철근의 피복 두께를 100mm 이상으로 한다.
③ 외측 가설벽, 차수벽의 경우, 철근의 피복 두께를 80mm 이상으로 할 수 있다.
④ 간격재는 철근 망태를 넣을 때 이탈하든가 공벽을 깎아내지 않는 형상이어야 하며 깊이 방향으로 3~5m 간격, 같은 깊이 위치에 4~6개소 주철근에 설치한다.
⑤ 트레미의 안지름은 굵은 골재의 최대치수의 8배 정도가 적당하며 굵은 골재 최대치수 25mm의 경우 관지름이 200~250mm의 트레미를 사용한다.
⑥ 콘크리트 속의 트레미 삽입깊이는 2m 이상으로 한다. 타설 완료 직전에 콘크리트 면을 확인하기 쉬운 경우에는 삽입깊이를 2m 이하로 할 수 있다.
⑦ 지하 연속벽 타설시 트레미는 가로 방향 3m 이내의 간격에 배치하고 단부나 모서리에 배치한다.
⑧ 콘크리트 타설 속도는 먼저 타설하는 부분의 경우 4~9m/hr, 나중에 타설하는 부분의 경우 8~10m/hr로 실시한다.
⑨ 콘크리트 상면은 설계면보다 0.5m 이상 높이로 타설하고 경화한 후 제거한다. 단, 가설벽, 차수벽 등에 쓰이는 지하 연속벽의 경우 여분으로 더 타설하는 높이는 0.5m 이하라야 한다.

2-2-9 프리플레이스트 콘크리트

1. 개념

① 특정한 입도를 가진 굵은 골재를 거푸집에 채워놓고 그 공극 속에 특수한 모르타르를 적당한 압력으로 주입하여 만든 콘크리트이다.
② 대규모 프리플레이스트 콘크리트란 시공속도가 40~80m^3/hr 이상 또는 한 구획의 시공 면적이 50~250m^2 이상의 경우로 정의한다.
③ 고강도 프리플레이스트 콘크리트는 고성능 감수제에 의해 모르타르의 물-결합재비를 40% 이하로 낮춤에 따라 재령 91일에서 40~60MPa의 이상의 압축강도를 얻을 수 있다.

2. 주입 모르타르의 품질

① 유하시간은 16~20초를 표준으로 한다. 고강도 프리팩트 콘크리트는 유하시간 25~

50초를 표준으로 한다.

② 블리딩률은 시험 시작 후 3시간에서의 값이 3% 이하가 되게 한다. 고강도 프리플레이스트 콘크리트의 경우에는 1% 이하로 한다.

③ 팽창률은 시험 시작 후 3시간에서의 값이 5~10%인 것을 표준으로 한다. 고강도 프리플레이스트 콘크리트의 경우는 2~5%를 표준으로 한다.

3. 재료

① 혼화제에 포함되어 있는 발포제는 알루미늄 분말을 사용한다. 온도가 10~20℃의 경우 결합재에 대한 알루미늄 분말의 질량비로서 0.01~0.015% 정도 사용할 수 있다.

② 잔골재의 조립률은 1.4~2.2 범위가 좋다.

③ 굵은 골재의 최소치수는 15mm 이상, 굵은 골재의 최대치수는 부재단면 최소치수의 1/4 이하, 철근 콘크리트의 경우 철근 순간격의 2/3 이하로 한다.

④ 굵은 골재의 최대치수는 최소치수의 2~4배 정도가 좋다.

⑤ 대규모 프리플레이스트 콘크리트를 대상으로 할 경우 굵은 골재의 최소치수는 크게 하는 것이 효과적이며 40mm 정도 이상이 좋다.

⑥ 잔골재의 표준입도

체의 호칭치수(mm)	체를 통과한 것의 질량 백분율(%)
2.5	100
1.2	90~100
0.6	60~80
0.3	20~50
0.15	5~30

4. 배합

① 대규모 프리플레이스트 콘크리트에 사용하는 주입 모르타르는 시공 중에 재료 분리를 작게 하기 위해 부배합으로 해야 한다.

② 팽창률은 블리딩의 2배 정도 이상이 바람직하지만 팽창률이 지나치게 크면 모르타르 속의 공극을 크게 하여 해롭다.

③ 깊은 해수 중에 시공할 경우에는 알루미늄 분말의 혼입량을 증가시켜야 한다.

④ 프리플레이스트 콘크리트 배합의 표시법

굵은 골재			주입모르타르								
최소치수 (mm)	최대치수 (mm)	공극률 (%)	유하시간 범위 (s)	물-결합재 비(%) $W/(C+F)$	혼화재의 혼합률(%) $F/(C+F)$	모래결합재 비(%) $S/(C+F)$	단위량(kg/m³)				
							W	C	F	S	혼화제	알루미늄 분말

⑤ 모르타르 믹서는 5분 이내에 비빌 수 있는 것으로 용량은 1배치가 $0.2 \sim 1.5 m^3$ 정도이다.

⑥ 믹서는 일반적으로 애지테이터 날개의 회전수는 125~500rpm 정도이며 비비기 시간은 2~5분 정도일 것이다.

⑦ 기온이 높은 시기에 시공하는 경우나 주입시간이 걸릴 때 비비기를 끝낸 모르타르는 애지테이터에 옮기든가 믹서 내에서 저속으로 비비기를 한다.

⑧ 애지테이터의 용량은 보통 믹서용량의 3~5배 정도로 한다.

⑨ 고강도용 주입 모르타르는 약 1.5배의 고성능 모르타르 믹서를 사용한다.

5. 주입 및 압송작업

① 주입관은 안지름 25~65mm의 강관이 사용된다.
② 연직 주입관의 수평간격은 2m 정도로 한다.
③ 수평 주입관의 수평간격은 2m 정도, 연직간격은 1.5m 정도로 한다. 단, 수평주입관에는 역류를 방지하는 장치를 한다.
④ 대규모 프리플레이스트 콘크리트 주입관의 간격은 5m 전후가 좋다.
⑤ 대규모 프리플레이스트 콘크리트 시공 시 굵은 골재 채우기 전에 지름이 0.2m 정도인 겉관을 배치하고 이 속에 길이가 3m 정도인 주입관을 넣어 설치하는 2중관 방식이 좋다.
⑥ 보통 주입 모르타르에서는 피스톤식 펌프가 사용되나 고강도용 주입모르타르는 소성 점성이 크기 때문에 펌프의 압송 압력은 보통 주입 모르타르의 2~3배 되므로 피스톤식보다 스퀴즈식 펌프가 적합하다.
⑦ 모르타르 펌프의 압송 시 압력손실을 적게 해야 한다.
  • 수송관의 연장을 짧게 한다.
  • 수송관의 연장이 100m를 넘을 때는 중계용 애지테이터와 펌프를 사용한다.
  • 수송관의 급격한 곡률과 단면의 급변을 피한다.
  • 수송관의 이음은 수밀하며 깨끗하고 점검이 쉬운 구조일 것

• 모르타르의 평균 유속은 0.5~2m/sec 정도로 한다.
⑧ 모르타르 주입은 최하부로부터 시작하여 상부에 향하는 것으로 시행하며 모르타르 면의 상승속도는 0.3~2.0m/hr 정도로 한다.
⑨ 주입은 모르타르 면이 거의 수평으로 상승하도록 주입 장소를 이동하면서 실시한다. 이를 위해 펌프의 토출량을 일정하게 유지하면서 적당한 시간 간격으로 주입관을 순차로 바꿔가며 주입한다.
⑩ 연직주입관은 관을 뽑아 올리면서 주입하되 주입관의 선단은 0.5~2.0m 깊이의 모르타르 속에 묻혀 있는 상태로 유지한다.
⑪ 대규모 프리플레이스트 콘크리트의 모르타르 주입 시 모르타르 면의 상승속도가 0.3 m/hr 정도 이하가 되지 않게 한다.
⑫ 한중시공 시 주입 모르타르의 온도를 올리기 위해서는 물을 가열하는 것이 좋으나 온수의 온도는 40℃ 정도 이하로 한다.

2-2-10 해양 콘크리트

1. 개요

① 직접 해수의 작용을 받는 구조물에 사용되는 콘크리트뿐만 아니라 육상 혹은 해면 상에 건설되어 파랑이나 해수 조풍의 작용을 받는 구조물 사용되는 콘크리트
② 방파제, 계선안, 호안, 해상교량, 독, 해저터널, 해상 공항, 해상발전소, 해상도시 등의 해양 콘크리트 구조물이 있다.

2. 재료

① 시멘트와 폴리머를 사용한 폴리머 시멘트 콘크리트와 결합재를 폴리머만 사용한 수지 콘크리트 또는 시멘트 콘크리트의 공극 속에 합성수지를 함침시킨 폴리머 함침 콘크리트 등이 사용된다.
② PS 강재와 같은 고장력강에서 작용응력이 인장강도의 60%를 넘을 때에는 응력부식 및 강재의 부식피로에 대하여 검토해야 한다.

3. 배합

(1) 노출범주가 ES(해양환경, 제설염 등 염화물)로 염화물에 의한 철근 부식을 방지하기 위해 추가적인 방식이 요구되는 철근 콘크리트와 프리스트레스트 콘크리트
① ES1 등급: 보통 정도의 습도에서 대기 중의 염화물에 노출되지만 해수 또는 염화물을 함유한 물에 직접 접하지 않는 콘크리트

- 해안가 또는 해안 근처에 있는 구조물
- 도로 주변에 위치하여 공기 중의 제빙화학제에 노출되는 콘크리트
- 내구성 기준 압축강도: 30MPa
- 최대 물-결합재비: 0.45

② ES2 등급: 습윤하고 드물게 건조되며 염화물에 노출되는 콘크리트
- 수영장
- 염화물을 함유한 공업용수에 노출되는 콘크리트
- 내구성 기준 압축강도: 30MPa
- 최대 물-결합재비: 0.45

③ ES3 등급: 항상 해수에 침지되는 콘크리트
- 해상 교각의 해수 중에 침지되는 부분
- 내구성 기준 압축강도: 35MPa
- 최대 물-결합재비: 0.40

④ ES4 등급: 건습이 반복되면서 해수 또는 염화물에 노출되는 콘크리트
- 해상 환경의 물보라 지역(비말대) 및 간만대에 위치한 콘크리트
- 염화물을 함유한 물보라에 직접 노출되는 교량 부위
- 도로 포장
- 주차장
- 내구성 기준 압축강도: 35MPa
- 최대 물-결합재비: 0.40

(2) 내구성으로 정해지는 최소 단위 결합재량(kg/m³)

환경 구분 \ 굵은 골재 최대치수(mm)	20	25	40
물보라 지역, 간만대 및 해상 대기 중(노출등급 ES1, ES4)	340	330	300
해중(노출등급 ES3)	310	300	280

(3) 공기 연행 콘크리트 공기량의 표준값

굵은 골재의 최대치수(mm)	공기량(%)	
	심한 노출(노출등급 EF2, EF3, EF4)	일반 노출(노출등급 EF1)
10	7.5	6.0
15	7.0	5.5
20	6.0	5.0
25	6.0	4.5
40	5.5	4.5

① 동결 융해작용을 받을 염려가 없는 경우는 항상 해중에 있는 구조물로서 기온이 0°C 이하 되는 일이 거의 없는 경우를 말한다.
② 설계기준 압축강도가 35MPa 이상인 경우 콘크리트 공기량의 표준값에서 1% 감소한 값으로 할 수 있다.

4. 시공

① 해양 구조물에서는 시공이음부를 피해야 한다. 특히 만조위로부터 위로 0.6m, 간조위로부터 아래로 0.6m 사이의 감조부분에는 시공이음이 생기지 않게 한다.
② 콘크리트가 충분히 경화되기 전에 직접 해수에 닿지 않도록 보통 포틀랜드 시멘트를 사용할 경우 대개 5일간 보호한다.
③ 강재와 거푸집판과의 간격은 소정의 덮개를 확보되도록 한다.
④ 간격재의 개수는 기초, 기둥, 벽 및 난간 등에는 2개/m^2 이상, 보, 주 거더 및 슬래브 등에는 4개/m^2 이상을 표준으로 한다.

2-2-11 숏크리트

1. 개요

① 터널이나 큰 공동구조물의 라이닝, 비탈면, 법면 또는 벽면의 풍화나 박리, 박락의 방지, 터널, 댐 및 교량의 보수·보강 공사에 적용한다.
② NATM(숏크리트와 록볼트 및 강재 지보공에 의한 원지반을 보호하는 산악터널공법)에 의한 산악터널에서 사용되는 숏크리트를 대상한다.

2. 뿜어 붙이기 성능 및 강도

① 분진 농도의 표준 값

갱내 환기, 측정 방법, 측정위치	분진농도(mg/m^3)
갱내 환기를 정지한 환경, 뿜어 붙이기 작업 개시 5분 후로부터 원칙적으로 2회 측정, 뿜어 붙이기 작업 개소로부터 5m 지점	5 이하

② 숏크리트 초기강도의 표준 값

재령	숏크리트의 초기강도(MPa)
24시간	5.0~10.0
3시간	1.0~3.0

③ 리바운드율의 상한치는 20~30%로 한다.
④ 숏크리트 장기강도의 설계기준 압축강도는 재령 28일에서 21MPa 이상으로 한다.

3. 보강재

① 강섬유는 숏크리트에 적합한 길이 30mm 이하 지름 0.3~0.6mm, 아스팩트비(길이/지름)가 40~60 정도의 것을 사용하며 혼입률은 용적비로 0.5~1.0% 범위의 것을 사용한다.
② 철망을 사용할 경우에는 용접 철망으로 하고 철망눈 치수는 100~150mm인 것을 사용한다.

4. 배합

① 건식 방식의 숏크리트 배합을 정할 때 선정 항목
- 굵은 골재 최대치수
- 잔골재율
- 단위 시멘트량
- 물-결합재비
- 혼화재료의 종류 및 단위량

② 습식 방식에 있어서 급결제 첨가 전의 베이스 콘크리트는 굵은 골재의 최대치수, 슬럼프 및 배합강도에 기초하여 정한다. 베이스 콘크리트를 펌프로 압송할 경우 슬럼프는 120mm 이상을 표준으로 한다.

5. 제조

① 급결제는 혼화제 계량오차 최댓값을 적용하지 않는다.
② 굵은 골재 최대치수는 13mm 이하이며, 골재의 조립률은 3.4~4.1 범위 것이 바람직하다.
③ 건식 방식의 경우 잔골재의 표면수율은 3~6% 정도가 적당하다.

6. 시공

① 절취면이 비교적 평활하고 넓은 법면에 대해서는 수축에 의한 균열 발생이 많으므로 세로 방향으로 적당한 간격으로 신축줄눈을 설치한다.
② 보강재는 뿜어 붙일 면과 20~30mm 간격을 둔다.
③ 급결제를 첨가 후 바로 뿜어 붙이기 작업을 한다.
④ 노즐은 항상 뿜어 붙일 면에 직각을 유지한다.

2-2-12 포장 콘크리트

1. 콘크리트 슬래브

- 콘크리트 포장도로에서 직접 교통 하중을 지지하는 층이다.
- 교통하중에 의한 응력이나 온도응력에 충분히 저항할 수 있어야 한다.

(1) 재료 및 배합
① 시멘트는 보통 포틀랜트 시멘트, 고로 슬래그 시멘트, 플라이 애시 시멘트 등을 사용한다.
② 혼화제는 공기 연행제, 감수제, 공기 연행 감수제를 사용한다.
③ 골재는 모래, 자갈, 부순돌골재 등을 사용한다.
④ 콘크리트의 배합은 필요한 품질, 작업에 알맞은 워커빌리티 및 피니셔빌리티를 가지는 범위 내에서 단위 수량이 될 수 있는 대로 적게 정한다.
⑤ 포장 콘크리트의 배합

설계기준 (MPa)	단위 수량 (kg)	단위 시멘트량 (kg)	굵은 골재 최대치수(mm)	슬럼프 (mm)	공기량 (%)
4.5MPa	150kg 이하	280~350kg	40mm 이하	40mm 이하	4~6%

(2) 비비기
① 배치 플랜트(batcher plant)를 설치하거나, 레디믹스트 콘크리트를 이용하거나, 계량된 재료를 현장에서 비비는 경우가 있다.
② 된 비빔 콘크리트에 알맞은 설비를 갖춘다.
③ 비비기 시간은 강제식 믹서의 경우 1분, 가경식 믹서의 경우 1분 30초를 표준으로 한다.

(3) 운반
① 재료의 분리를 막기 위해 가능한 빨리 운반하고 비빔 후부터 치기가 끝날 때까지의 시간은 1시간 이내로 한다.
② 애지테이터 트럭을 사용하여 운반하는 것을 원칙으로 한다.
③ 덤프트럭을 사용할 경우에는 운반 중 콘크리트가 건조하지 않고 재료가 분리하지 않도록 한다.

(4) 콘크리트 부설(깔기)
① 콘크리트가 분리되지 않고 밀도가 고르게 되도록 부설하여야 한다.
② 전 층을 한 번에 부설하거나 철망을 경계로 아래층과 위층을 나누어 2층으로 부

설한다.
③ 콘크리트 스프레더를 많이 사용하여 부설한다.
④ 콘크리트 피니셔를 사용 할 경우에는 콘크리트를 슬래브 두께의 15% 정도 더돋기를 하여 부설한다.
⑤ 콘크리트 슬립 폼 페이버를 사용하면 거푸집을 설치하지 않고 콘크리트 슬래브를 연속적으로 부설하고 다질 수 있어 큰 공사에 효율적이다.

(5) 다지기
① 콘크리트를 부설하고 고른 후 피니셔나 슬립 폼 페이버로 고르게 다진다.
② 경우에 따라서는 내부 진동식 다짐 장비로 다진다.
③ 콘크리트 다지기는 아래층과 위층 콘크리트의 전 두께를 한 층으로 해서 다지는 것이 좋다.

(6) 표면 마무리
① 초벌 마무리
기계로 부설 할 경우에는 콘크리트 피니셔 또는 콘크리트 슬립 폼 페이버로 마무리 한다.
② 평탄 마무리
초벌 마무리를 한 후 표면 마무리 기계 또는 마무리판으로 가로 및 세로 방향의 울퉁불퉁한 곳을 평탄하게 한다.
③ 거친 마무리
평탄 마무리를 하면 노면이 너무 미끄러워지므로 콘크리트 슬래브의 표면에 물기가 없어지면 즉시 솔 등을 사용해서 표면에 가는 줄을 그어 미끄럼을 방지한다.

(7) 양생
① 표면 마무리를 끝내고 차량을 통과시킬 때까지 햇빛의 직사, 바람, 기온, 하중 및 충격 등에 대하여 보호하고 일정기간동안 습윤 상태를 유지한다.
② 보통 포틀랜트 시멘트를 사용할 경우 14일간 습윤 양생을 한다.
③ 초기 양생
• 초기의 건조 수축으로 인한 콘크리트 슬래브 균열을 방지하기 위하여 표면 마무리 후 즉시 표면을 잘 덮어 보호한다.
• 피막 양생을 할 경우에는 콘크리트 표면의 물기가 없고 건조하기 직전에 피막 양생제를 살포한다.
④ 후기 양생
• 콘크리트를 빨리 굳게 하기 위해 실시한다.

- 수분의 증발을 막고 수분을 공급해 주기 위해 덮개, 마대, 가마니 등을 콘크리트 슬래브 표면에 덮고 물을 뿌린다.
- 거푸집을 떼어 낸 후 옆면에도 실시한다.

2. 포장 콘크리트의 특징

① 내구성이 크며 방수성이다.
② 표면 마찰이 크다.
③ 초기의 공사비가 비싸다.
④ 재료를 구하기 쉽고 유지 보수비가 적게 든다.

2-2-13 댐 콘크리트

1. 콘크리트 재료 및 배합

① 시멘트는 수화열이 작은 보통 포틀랜드 시멘트, 중용열 포틀랜드 시멘트, 저열 포틀랜드 시멘트, 고로 슬래그 시멘트, 플라이 애시 시멘트 등을 사용한다.
② 콘크리트 배합은 소요의 강도, 내구성, 수밀성을 가지고 경화 시 온도 상승이 작아야 한다.
③ 작업에 알맞은 워커빌리티를 가지는 범위 내에서 될 수 있는 대로 단위 수량을 적게 정한다.
④ 댐 콘크리트 배합의 표준

굵은 골재의 최대치수 (mm)	슬럼프 (mm)	공기량 (%)	잔골재율 (%)	단위 수량 (kg/m³)	단위 시멘트의 양 (kg/m³)
150 이하	20~50	5	23~28	120 이하	140 이상

⑤ 단위 시멘트량을 되도록 적게 한다.

2. 비비기 및 운반

① 콘크리트 비비기에는 배치믹서를 사용한다.
② 믹서 비비기 시간 표준

믹서의 용량(m³)	비비는 시간(분)
3~2	2.5분 이상
2~1.5	2분 이상
1.5 이하	1.5분 이상

③ 비비기의 소정시간의 3배 이상이 되면 안 된다.
④ 콘크리트의 운반은 버킷으로 한다.
⑤ 버킷의 구조는 재료의 분리를 일으키지 않고 콘크리트의 부리기가 빠르고 쉬워야 한다.

3. 타설 및 다지기

① 콘크리트를 타설할 때에는 여러 블록으로 나누어 타설한다.
② 콘크리트 1회 타설 높이는 0.75~2.0m 정도가 표준이다.
③ 먼저 콘크리트를 타설한 후 5일이 지난 다음에 새로운 콘크리트를 타설한다.
④ 콘크리트를 타설한 후 진동 다지기를 한다.
⑤ 진동기는 내부진동기를 사용하며 진동시간은 5~15초 정도로 한다.

4. 콘크리트의 냉각 방법

① 시멘트의 수화열 때문에 온도가 상승하여 균열이 발생하는 것을 방지하기 위해 콘크리트를 냉각시킨다.
② 프리 쿨링(pre-cooling)
콘크리트를 비비기 전에 물, 골재 등을 얼음이나 찬바람 등으로 미리 냉각시켜 콘크리트의 온도를 낮추는 방법이다.
③ 파이프 쿨링(pipe-cooling)
콘크리트 타설 후에 콘크리트의 표면에 지름 25mm의 냉각관을 1~2m 간격으로 냉각수를 보내서 콘크리트의 온도를 낮추는 방법이다.

5. 양생

① 보통 포틀랜드 시멘트와 중용열 포틀랜드 시멘트를 사용할 경우에는 14일 이상 양생한다.
② 플라이 애시 시멘트 또는 고로 슬래그 시멘트를 사용할 경우에는 21일 이상 양생한다.
③ 콘크리트 양생이 끝난 후에도 될 수 있는 대로 오랫동안 그 표면을 습윤 상태로 하는 것이 좋다.

실기 필답형 문제 | 2-2 특수 콘크리트

01 경량골재 콘크리트 배합에 관한 다음 물음에 답하시오.
  (1) 설계 기준 압축강도는?
  (2) 물-결합재비의 최댓값은?
  (3) 공기량은?
  (4) 단위 시멘트량의 최솟값은?
  (5) 슬럼프 값의 표준은?
  (6) 단위 용적 질량의 최대 허용치는?

풀이
  (1) 15MPa 이상
  (2) 60%
  (3) 보통 골재를 사용한 콘크리트보다 1% 크게 5.5% 해야 한다.
  (4) 300kg
  (5) 80~210mm
  (6) ±10%

02 매스 콘크리트의 균열 유발 줄눈에 관한 다음 물음에 답하시오.
  (1) 균열 유발 줄눈을 설치하는 이유는?
  (2) 균열 유발 줄눈의 단면 감소율은?
  (3) 균열 유발 줄눈의 간격은?

풀이
  (1) 구조물의 길이 방향에 일정 간격으로 단면 감소 부분을 만들어 그 부분에 균열이 집중 하도록 한다.
  (2) 35% 이상
  (3) 4~5m 정도

03 매스 콘크리트에서 온도 균열에 관한 다음 물음에 답하시오.
　(1) 온도 균열 방지 및 제어 방법을 2가지 쓰시오.
　(2) 온도 균열 발생의 가능성은 무엇으로 평가하는 것을 원칙으로 하는가?

> **풀이**
> 　(1) ① 프리 쿨링(pre-cooling)　　② 파이프 쿨링(pipe-cooling)
> 　(2) 온도 균열 지수

04 한중 콘크리트 배합시 고려할 사항을 3가지만 쓰시오.

> **풀이**
> 　(1) 공기 연행 콘크리트를 사용하는 것을 원칙으로 한다.
> 　(2) 단위 수량은 소요의 워커빌리티를 유지할 수 있는 범위 내에서 가능한 작게 한다.
> 　(3) 물-결합재비는 60% 이하로 한다.

05 한중 콘크리트 시공 시 단위 수량을 적게 하는 가장 큰 이유는?

> **풀이**
> 　초기 동해 방지

06 다음은 한중 콘크리트의 재료에 관한 사항이다. 빈칸을 채우시오.
　(1) 시멘트는 (　　) 시멘트를 사용하는 것을 표준으로 한다.
　(2) 물과 골재 혼합물의 온도는 (　　) 이하로 하면 시멘트가 급결하지 않는다.
　(3) 골재를 (　　) 이상 가열하면 다루기가 어려워지며 시멘트를 급결시킬 우려가 있다.

> **풀이**
> 　(1) 보통 포틀랜드
> 　(2) 40℃
> 　(3) 65℃

07 다음은 한중 콘크리트에 관한 사항이다. 빈칸을 채우고, 물음에 답하시오.

(1) 하루 평균 기온이 ( ) 이하에서는 콘크리트가 동결 할 염려가 있으므로 한중 콘크리트로 시공한다.
(2) 타설할 때 콘크리트 온도는 ( )의 범위에서 한다.
(3) 기상 조건이 가혹한 경우나 부재 두께가 얇을 경우에 칠 때의 콘크리트 최저 온도는 ( ) 정도로 한다.
(4) 가열한 재료를 믹서에 투입하는 순서는?
(5) 운반 및 타설시간 1시간에 대하여 콘크리트 온도와 주위 기온과의 차이는 ( ) 정도로 본다.

> **풀이**
> (1) 4℃
> (2) 5~20℃
> (3) 10℃
> (4) 가열한 물-굵은 골재-잔골재-시멘트
> (5) 15%

08 서중 콘크리트 치기에 있어 지켜야 할 사항 4가지를 쓰시오.

> **풀이**
> (1) 콘크리트 타설할 때의 콘크리트 온도는 35℃ 이하여야 한다.
> (2) 콜드 조인트가 생기지 않도록 적절한 계획을 세워 타설한다.
> (3) 비빈 후 타설 시까지의 시간은 1.5시간 이내에 쳐야 한다.
> (4) 타설 전 지반과 거푸집 등을 살수하거나 습윤 상태로 유지한다.

09 서중 콘크리트에 관한 사항이다. 다음 빈칸을 채우시오.

(1) 하루 평균 기온이 ( )를 초과할 경우에 서중 콘크리트로 시공한다.
(2) 기온 10℃의 상승에 대해 단위 수량은 ( )증가한다.

> **풀이**
> (1) 25℃
> (2) 2~5%

10 수밀 콘크리트 배합 시 고려할 사항을 4가지만 쓰시오.

>
> (1) 공기 연행제, 감수제, 공기 연행 감수제, 포졸란 등을 사용한다.
> (2) 잔골재율을 크게 한다.
> (3) 물-결합재비는 50% 이하를 표준으로 한다.
> (4) 단위 수량 및 물-결합재비는 가능한 적게 하고 단위 굵은 골재량을 되도록 크게 한다.
> (5) 슬럼프는 180mm를 넘지 않게 하며 콘크리트 타설이 용이 할 때에는 120mm 이하로 한다.

11 수밀 콘크리트 시공 시 유의 할 사항을 3가지만 쓰시오.

> (1) 콜드 조인트가 생기지 않게 한다.
> (2) 시공이음 및 신축이음을 적당한 간격으로 설치한다.
> (3) 연직 시공이음에는 지수판을 사용한다.

12 유동화 콘크리트에서 베이스 콘크리트를 유동화시키는 방법 3가지를 쓰시오.

> (1) 현장 첨가 방법   (2) 공장 첨가 방법   (3) 공장 유동화 방법

13 유동화 콘크리트의 사용 목적을 3가지만 쓰시오.

> (1) 된 반죽 콘크리트의 시공성 향상
> (2) 묽은 반죽 콘크리트의 품질 개선
> (3) 고강도 콘크리트 시공 가능

14 유동화 콘크리트의 장점을 3가지만 쓰시오.

> 풀이
> (1) 수밀성 및 내구성이 증대된다.
> (2) 건조 수축이 감소된다.
> (3) 타설, 다짐 등의 시공성 향상
> (4) 워커빌리티 증대, 블리딩의 감소

15 유동화 콘크리트의 슬럼프에 관한 사항이다. 다음 빈칸을 채우시오.
(1) 슬럼프의 증가량은 (   ) 이하를 원칙으로 하며 50~80mm를 표준으로 한다.
(2) 보통 콘크리트의 경우 베이스 콘크리트는 (   ) 이하이다.
(3) 경량골재 콘크리트의 경우 베이스 콘크리트는 (   ) 이하이다.
(4) 보통 콘크리트 및 경량골재 콘크리트의 유동화 콘크리트는 (   ) 이하이다.

> 풀이
> (1) 100mm   (2) 150mm
> (3) 180mm   (4) 210mm

16 다음은 고강도 콘크리트에 관한 사항이다. 물음에 답하시오.
(1) 고강도 콘크리트의 설계기준 압축강도는 일반적으로 얼마 이상인가?
(2) 굵은 골재 최대치수는 가능한 몇 mm 이하인가?

> 풀이
> (1) 40MPa   (2) 25mm

17 수중 콘크리트가 기본적으로 갖추어야 할 성능을 2가지 쓰시오.

> 풀이
> (1) 수중 분리 저항성   (2) 유동성

18 수중 콘크리트 타설 방법의 종류를 쓰시오.

(1) 트레미를 사용하는 방법　　(2) 콘크리트 펌프를 사용하는 방법
(3) 밑열림 상자를 사용하는 방법　(4) 밑열림 포대를 사용하는 방법

19 일반 수중 콘크리트 타설 시 유의 할 사항을 3가지만 쓰시오

(1) 정수 중에 타설한다.
(2) 수중에 낙하시켜서는 안 된다.
(3) 경화될 때까지 물의 유동을 방지한다.
(4) 연속하여 타설한다.
(5) 레이탄스를 제거한 후 다음 구획의 콘크리트를 타설한다.

20 일반 수중 콘크리트의 시공 방법별 슬럼프의 표준값을 쓰시오.
　(1) 트레미에 의한 타설
　(2) 콘크리트 펌프에 의한 타설
　(3) 밑열림 상자, 밑열림 포대에 의한 타설

(1) 130~180mm　　(2) 130~180mm　　(3) 100~150mm

21 일반 수중 콘크리트의 물-결합재비 및 단위 시멘트량의 표준을 쓰시오.
　(1) 물-결합재비
　(2) 단위 시멘트량

(1) 50% 이하　　(2) 370 kg/m^3 이상

22 프리플레이스트 콘크리트에 관한 사항이다. 물음에 답하시오.
(1) 잔골재의 조립률 범위는?
(2) 굵은 골재 최소치수는?
(3) 굵은 골재 최대치수는 최소치수의 몇 배 정도가 좋은가?
(4) 주입 모르타르의 표준 유하시간은?

> **풀이**
> (1) 1.4~2.2 (2) 15mm 이상 (3) 2~4배 (4) 16~20초

23 프리플레이스트 콘크리트에서 모르타르를 펌프로 압송시 압력 손실을 적게 하기 위한 사항을 4가지 쓰시오.

> **풀이**
> (1) 수송관의 연장을 짧게 한다.
> (2) 수송관의 연장이 100m를 넘을 때는 중계용 애지테이터와 펌프를 사용한다.
> (3) 수송관의 급격한 곡률과 단면의 급변을 피한다.
> (4) 모르타르의 평균유속은 0.5~2m/sec 정도로 한다.

24 프리플레이스트 콘크리트에서 주입관의 배치 조건을 4가지 쓰시오.

> **풀이**
> (1) 주입관은 안지름 25~65mm의 강관이 사용된다.
> (2) 연직 주입관의 수평간격은 2m 정도로 한다.
> (3) 수평 주입관의 수평간격은 2m 정도, 연직 간격은 1.5m 정도로 한다.
> (4) 수평 주입관에는 역류를 방지하는 장치를 한다.

25 프리플레이스트 콘크리트에 쓰이는 혼화재료를 3가지 쓰시오.

> **풀이**
> (1) 플라이 애시 (2) 감수제 (3) 알루미늄 분말

26 해양 콘크리트 시공 시 유의할 사항을 3가지 쓰시오.

(1) 해양 구조물에서는 시공 이음부를 피해야 한다.
(2) 강재와 거푸집판과의 간격은 소정의 덮개를 확보되게 한다.
(3) 콘크리트가 충분히 경화되기 전에 직접 해수에 닿지 않도록 보통 포틀랜드 시멘트를 사용할 경우 대개 5일간 보호한다.

27 숏크리트의 리바운드량을 감소시키는 방법을 4가지만 쓰시오.

풀이
(1) 벽면과 직각으로 분사시킨다.
(2) 분사 압력을 일정하게 한다.
(3) 조골재를 13mm 이하로 한다.
(4) 단위 시멘트량을 증가한다.
(5) 분사 부착면을 거칠게 한다.
(6) 습식공법을 사용한다.

28 숏크리트 분사 방법은 건식 방법과 습식 방법이 있다. 그 중 건식 방법 단점을 3가지만 쓰시오

풀이
(1) 작업원의 숙련도에 따라 품질이 좌우한다.
(2) 작업 중 분진 발생이 많다.
(3) 뿜어 붙이기 중 리바운드량이 많다.

29 숏크리트의 배합 결정시에 고려할 사항을 4가지만 쓰시오.

(1) 소요의 강도가 얻어질 것   (2) 부착성이 좋을 것
(3) 반발률이 적을 것   (4) 호스의 막힘이 없을 것

30 숏크리트의 장점을 4가지만 쓰시오.

> **풀이**
> (1) 거푸집이 불필요하고 급속 시공이 가능하다.
> (2) 협소한 장소, 급경사면 등에서도 작업이 가능하다.
> (3) 광범위한 지질에 적용된다.
> (4) 급결제의 첨가에 의해 조기에 강도가 발현된다.

31 숏크리트가 갖추어야 할 요건을 4가지만 쓰시오.

> **풀이**
> (1) 소요의 강도를 가질 것   (2) 내구성이 있을 것
> (3) 수밀성이 양호할 것   (4) 강재 보호 성능이 있을 것

32 포장 콘크리트 시공 시 설치하는 줄눈의 종류를 3가지만 쓰시오.

> **풀이**
> (1) 세로 줄눈   (2) 가로 팽창 줄눈   (3) 가로 수축 줄눈   (4) 시공 줄눈

33 포장 콘크리트의 표면 마무리 종류를 시공 순으로 3가지 쓰시오.

> **풀이**
> (1) 초벌 마무리   (2) 평탄 마무리   (3) 거친면 마무리

34 댐 콘크리트 타설에 있어서 인공 냉각 방법의 종류를 2가지만 쓰시오.

> **풀이**
> (1) 파이프 쿨링(pipe cooling)   (2) 프리 쿨링(pre cooling)

35 다음은 고유동 콘크리트에 관한 사항이다. 물음에 답하시오.
   (1) 굳지 않은 콘크리트의 유동성은 슬럼프 플로 얼마 이상으로 하는가?
   (2) 재료 분리 저항성은 슬럼프 플로(   )mm 도달시간 (   )초 범위이어야 한다.
   (3) (   )은 슬럼프 플로시험으로 관리한다.

> **풀이**
> (1) 600mm   (2) 500, 3~20   (3) 유동성

36 고유동 콘크리트 일반적으로 어떤 경우에 사용하면 효과가 기대되는 되는지 4가지만 쓰시오.

> **풀이**
> (1) 보통 콘크리트로 충전이 곤란한 구조체인 경우
> (2) 균질하고 정밀도가 높은 구조체를 요구하는 경우
> (3) 타설 작업의 합리화로 시간 단축이 요구되는 경우
> (4) 다짐 작업에 따른 소음, 진동의 발생을 피해야 하는 경우

37 다음은 순환골재 콘크리트에 관한 사항이다. 물음에 답하시오.
   (1) 콘크리트 설계기준 압축강도는 얼마 이하로 하는가?
   (2) 공기량은 보통 골재를 사용한 콘크리트보다 몇 % 크게 하는가?
   (3) 순환골재란?

> **풀이**
> (1) 27MPa   (2) 1%   (3) 콘크리트를 크러셔로 분쇄하여 인공적으로 만든 골재

38 폴리머 시멘트 콘크리트의 배합에 관한 사항이다. 다음 (   ) 안을 채우시오.
   (1) 물-결합재비는 (   )으로 정한다.
   (2) 물-결합재비는 (   ) 범위에서 가능한 적게 한다.
   (3) 폴리머-시멘트비는 (   ) 범위로 한다.

> **풀이**
> (1) 플로우 값(또는 슬럼프 값)   (2) 30~60%   (3) 5~30%

39 포장 콘크리트의 배합기준 항목에 대하여 기준을 쓰시오.
 (1) 설계기준 휨강도:
 (2) 단위 수량:
 (3) 굵은 골재 최대치수:
 (4) 슬럼프:
 (5) 공기량:

(1) 4.5MPa 이상　　(2) 150kg/m³ 이하　　(3) 40mm 이하
(4) 40mm 이하　　(5) 4~6%

40 연속된 종방향의 철근을 사용하여 콘크리트 포장의 횡 줄눈(가로 줄눈)을 생략하여 주행성을 좋게 하는 포장공법은?

연속 철근 콘크리트 포장
보충 무근 콘크리트 포장
콘크리트 슬래브에 일정 간격의 이음매를 둬 이곳에서만 균열이 발생하게 조절하고 필요시 횡방향 이음매에는 다웰바, 종방향 이음매에는 타이바를 사용하여 하중 전달을 하게 한다.

41 포장 콘크리트 시공 시 습윤 양생기간의 표준을 제시된 시멘트에 대해 쓰시오.
 (1) 보통 포틀랜드 시멘트:
 (2) 조강 포틀랜드 시멘트:
 (3) 중용열 포틀랜드 시멘트:

(1) 14일간
(2) 7일간
(3) 21일간

42 숏크리트 시공에 관한 사항이다. 다음 빈 칸을 쓰시오.
(1) 건식 숏크리트는 배치 후 (   )분 이내에 뿜어 붙이기를 실시해야 한다.
(2) 숏크리트는 타설되는 장소의 대기온도가 (   )℃ 이상이 되면 건식 및 습식 콘크리트 모두 뿜어 붙이기를 할 수 없다.
(3) 숏크리트는 대기 온도가 (   )℃ 이상일 때 뿜어 붙이기를 실시한다.

(1) 45
(2) 32
(3) 10

43 댐 콘크리트에 관한 사항이다. 다음 물음에 답하시오.
(1) 진동 롤러를 사용하여 다짐 시공을 위한 슬럼프가 0인 댐 콘크리트는?
(2) 진동 롤러로 다짐 후 다짐면의 다짐도를 판정하는 시험은?
(3) 롤러 다짐용 콘크리트의 반죽질기를 나타내는 값으로서 진동대식 반죽질기 시험 방법에 의하여 얻어지는 시험값을 초(sec)로 나타내는 것은?

(1) 롤러다짐용 댐 콘크리트
(2) RI 시험
(3) VC값

44 서중 콘크리트의 문제점을 4가지만 쓰시오

(1) 콘크리트의 워커빌리티 감소
(2) 운반 중의 슬럼프 저하
(3) 연행공기량의 감소
(4) 콜드 조인트(cold joint)의 발생
(5) 표면 수분의 급격한 증발에 의한 균열의 발생
(6) 온도 균열의 발생
(7) 장기강도의 저하
(8) 콘크리트 표층부의 밀실성 저하

CHAPTER 3 철근 콘크리트

3-1 철근 콘크리트 구조와 기초

1. 철근 콘크리트의 정의

- 콘크리트는 압축에 강하지만 인장에는 약하여 인장을 받는 부분이 큰 변형이 생기기 전에 쉽게 균열이 발생하면서 순간적으로 붕괴되어 취성 파괴가 일어난다.
- 콘크리트의 취성파괴를 방지하면서 보의 강도를 증대시키기 위해 인장을 받는 구역에 철근을 배근하여 콘크리트와 철근이 일체되어 압축은 콘크리트가 받고 인장은 철근이 받는 구조

(1) 철근 콘크리트의 특성

① 철근과 콘크리트는 부착강도가 크다.
② 콘크리트 속에 묻힌 철근은 구조 수명 동안 부식하지 않는다.
③ 콘크리트와 철근의 팽창률은 거의 동일하다.

(2) 철근 콘크리트의 장·단점

① 내구성, 내화성이 크다.
② 형상이나 치수에 제한을 받지 않는다.
③ 보수, 보강, 해체가 어렵다.
④ 유지 관리비가 적게 든다.

2. 탄성계수

(1) 콘크리트의 할선 탄성계수(E_c)

① 콘크리트의 단위질량 $m_c = 1,450 \sim 2,500 \text{kg/m}^3$인 경우

$$E_c = 0.077 m_c^{1.5} \sqrt[3]{f_{cm}} \, (\text{MPa})$$

② 보통 중량 골재를 사용한 콘크리트의 단위질량 $m_c = 2{,}300 \text{kg/m}^3$인 경우

$$E_c = 8{,}500 \sqrt[3]{f_{cm}} \, (\text{MPa})$$

여기서, 재령 28일에서 콘크리트의 평균 압축강도
$f_{cm} = f_{ck} + \Delta f (\text{MPa})$이다.
Δf는 f_{ck}가 40MPa 이하이면 4MPa, f_{ck}가 60MPa 이상이면 6MPa이며 그 사이는 직선보간하여 구한다.

(2) 철근의 탄성계수

$$E_s = 200{,}000 \text{MPa}$$

(3) 긴장재의 탄성계수

$$E_{ps} = 200{,}000 \text{MPa}$$

(4) 형강의 탄성계수

$$E_{ss} = 205{,}000 \text{MPa}$$

3. 콘크리트의 크리프

(1) 정의

구조물에 하중을 재하하면 순간적으로 탄성 변형을 일으킨다. 이때 하중을 제거하지 않고 계속 재하하면 탄성 변형 외에 소성 변형이 발생하는데 이와 같이 시간의 증가에 따라 일정 하중 하에서 서서히 소성 변형이 발생하는 것

(2) 크리프에 영향을 주는 요인

① 재하응력이 클수록 크리프가 증가한다.
② 콘크리트 강도 및 재령이 클수록 크리프가 적게 발생한다.
③ 습도가 클수록 적게 발생한다.
④ 많은 철근량을 효과적으로 배근하면 크리프가 감소한다.
⑤ 콘크리트 체적이 클수록 크리프는 감소한다.
⑥ 시멘트량이 많으면 많을수록 크리프량이 증가한다.
⑦ 물-결합재비가 클수록 크리프는 증가한다.

⑧ 입도가 좋은 골재를 사용한 치밀한 콘크리트는 크리프가 작다.
⑨ 고온 증기 양생한 콘크리트는 크리프가 적게 발생한다.
⑩ 부재 치수가 작을수록 크리프가 크다.

(3) 크리프 계수(ϕ)

① $\phi = \dfrac{\epsilon_c}{\epsilon_e} = \dfrac{크리프\ 변형률}{탄성\ 변형률} = \dfrac{\epsilon_c}{\dfrac{f_c}{E_c}}$

여기서, $E = \dfrac{f}{\epsilon}$

② 옥내의 경우 3.0, 옥외의 경우 2.0이다.
③ 콘크리트의 크리프 변형률은 탄성 변형률의 1~3배이다.

4. 콘크리트의 건조 수축

(1) 정의

- 콘크리트 배합 시 수화작용에 필요한 W/C=25% 정도지만 콘크리트 타설시 다짐이 잘되게 하기 위해서는 W/C=35~40% 이상이 소요된다. 이때 수화작용 이외의 물로 인해 콘크리트의 체적이 수축하게 되는 현상
- 보통 콘크리트의 건조 수축량은 0.0002~0.0007 정도이다.
- 일반적으로 모르타르는 콘크리트의 2배 정도의 건조 수축을 나타낸다.

(2) 구조물 종류별 건조 수축 계수

① 라멘: 0.00015
② 아치 ┌ 철근량이 0.5% 이상: 0.00015
       └ 철근량이 0.1~0.5%: 0.0002

(3) 건조 수축의 특성 및 영향을 주는 요인

① 부정정 구조물에서는 건조 수축에 의한 변형을 억제하므로 내부 인장응력이 발생되어 균열이 생길 우려가 크다.
② 수중 구조물은 수축이 거의 없고 아주 습한 대기 중의 구조물은 건조 수축이 적다.
③ 철근이 많이 사용된 구조물은 콘크리트 수축이 작게 일어난다.
④ 시멘트와 수량이 많을수록 건조 수축이 크다.
⑤ 고강도 시멘트와 저열 시멘트는 보통 포틀랜드 시멘트보다 건조 수축이 크다.
⑥ 분말도가 높은 시멘트는 건조 수축이 크다.
⑦ 굵은 골재 최대치수가 클수록 건조 수축이 작다.

⑧ 골재량이 많을수록 건조 수축이 적다.
⑨ 경량골재 콘크리트의 건조 수축은 보통 콘크리트보다 크다.
⑩ 습도가 증가하면 건조 수축이 감소한다.
⑪ 고온이면 건조 수축이 증가한다.
⑫ 부재의 체적에 대한 표면적비가 증가함에 따라 건조 수축이 증가한다.

5. 철근

(1) 철근의 강도

항복응력 f_y를 말하며 SD30이란 항복강도가 300MPa 이상의 이형봉강을 뜻한다.

(2) 철근 배근에 따른 특성

① 정철근
  보에서 정(+)의 휨 모멘트에 의해 인장응력을 받도록 배치한 주철근

② 부철근
  보에서 부(−)의 휨 모멘트가 발생하면 단면 상부에 인장응력이 생기는데 이때 단면 상부에 배치한 주철근

③ 배력철근
  - 응력을 분포시킬 목적으로 정(+)철근 또는 부(−) 철근에 직각 또는 직각에 가까운 방향으로 배치한 보조철근
  - 주철근의 간격을 유지하기 위해 배근한다.
  - 콘크리트의 건조 수축이나 온도 변화에 의한 콘크리트의 신축을 억제하기 위해 배근한다.

④ 굽힘철근
  정철근 또는 부철근을 굽혀 올리거나 내린 철근이며 전단철근의 일종

⑤ 주철근
  설계하중에 의하여 그 단면적이 정해지는 철근

⑥ 띠철근
  축방향 철근을 소정의 간격마다 둘러싼 횡방향의 보조적 철근

⑦ 스터럽(stirrup)
  - 전단 보강을 위한 철근
  - 정철근 또는 부철근을 둘러싸고 이 주철근에 직각 또는 경사지게 배근하는 전단철근

- 사인장 응력에 의해 생기는 보의 파괴를 방지하기 위해 사용하는 철근

⑧ 사인장 철근(복부철근)
- 전단응력에 저항하기 위해 전단력이 크게 작용하는 곳에 배치하는 철근
- 복부철근을 사인장 응력에 대하여 배치하는 철근
- 절곡철근과 스터럽이 해당
- 응력에 대항하는 보강철근

6. 강도설계법

(1) 정의

① 안정성에 중점을 둔 설계법으로 콘크리트의 파쇄, 철근의 항복으로 구조물을 파괴상태로 만든 극한하중에서 구조물의 파괴형상을 예측하는데 기초를 둔다.
② 파괴상태에서 부재 단면이 발휘할 수 있는 설계 강도를 예측할 수 있지만 사용하중 작용시의 사용성 문제는 알 수 없으므로 처짐과 균열 등은 검토하여야 한다.

(2) 설계의 기본 가정

① 압축 측 연단의 최대 변형률은 0.0033으로 가정한다. ($f_{ck} \leq 40$MPa)
② 철근의 항복 변형률은 f_y/E_s로 본다.
③ 철근 및 콘크리트의 변형률은 중립축으로부터의 거리에 비례한다.
④ 항복강도 f_y 이하에서의 철근의 응력은 그 변형률의 E_s배로 한다. ($f_y \leq 600$MPa)
⑤ 휨응력 계산에서 콘크리트의 인장강도는 무시한다.
⑥ 콘크리트의 압축응력 크기는 $0.85f_{ck}$로 균등하고 이 응력은 압축 연단에서 $a = \beta_1 c$ 까지의 부분에 등분포한다. 여기서, 계수 β_1은 $f_{ck} \leq 40$MPa에서 0.8이며 40MPa 초과할 경우 10MPa씩 증가할 때마다 0.0001씩 감소시킨다.
⑦ 콘크리트의 압축응력은 등가 직사각형 분포를 나타낸다.

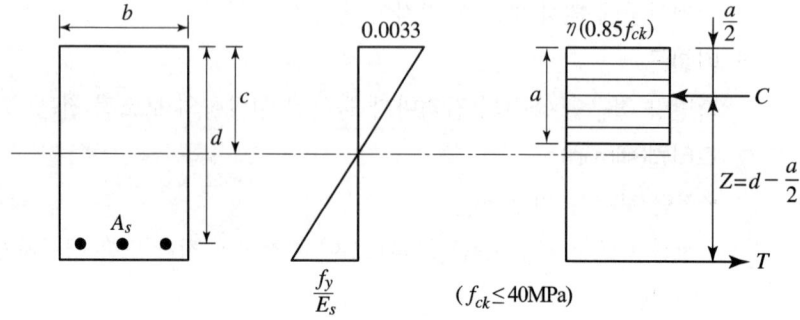

(3) 소요강도

① $U = 1.4(D+F)$

② $U = 1.2(D+F+T) + 1.6(L+\alpha_H H_v + H_h) + 0.5(L_r \text{ 또는 } S \text{ 또는 } R)$

③ $U = 1.2D + 1.6(L_r \text{ 또는 } S \text{ 또는 } R) + (1.0L \text{ 또는 } 0.65W)$

$U = 1.2D + 1.3W + 1.0L + 0.5(L_r \text{ 또는 } S \text{ 또는 } R)$

$U = 1.2D + 1.0E + 1.0L + 0.2S$

여기서, 차고, 공공집회장소 및 L이 5kN/m² 이상인 모든 장소 이외에는 활하중 L에 대한 하중계수를 0.5로 감소시킬 수 있다.

④ $U = 1.2(D+H_v) + 1.0E + 1.0L + 0.2S + (1.0H_h \text{ 또는 } 0.5H_h)$

⑤ $U = 1.2(D+F+T) + 1.6(L+\alpha_H H_v) + 0.8H_h + 0.5(L_r \text{ 또는 } S \text{ 또는 } R)$

$h \le 2m$에 대해 $\alpha_H = 1.0$, $h > 2m$에 대해 $\alpha_H = 1.05 - 0.025h \ge 0.875$이다.

⑥ $U = 0.9(D+H_v) + 1.3W + (1.6H_h \text{ 또는 } 0.8H_h)$

$U = 0.9(D+H_v) + 1.0E + (1.0H_h \text{ 또는 } 0.5H_h)$

⑦ 구조물에 충격의 영향이 있는 경우 활하중(L)을 충격효과(I)가 포함된 ($L+I$)로 대체하여 적용하여야 한다.

⑧ 부등침하, 크리프, 건조 수축, 팽창 콘크리트의 팽창량 및 온도변화는 사용 구조물의 실제적 상황을 고려하여 계산한다.

⑨ 포스트텐션 정착부 설계에 있어서 최대 프리스트레싱 강재의 긴장력에 대해 하중계수 1.2를 적용한다.

여기서,
D: 고정하중, L: 활하중, L_r: 지붕 활하중, W: 풍하중, E: 지진하중,
S: 적설하중, R: 강우하중, F: 유체의 중량 및 압력에 의한 하중
H_v: 연직방향 하중
H_h: 흙의 횡압력에 의한 수평방향 하중, 지하수의 횡압력에 의한 수평방향 하중, 기타 재료의 횡압력에 의한 수평방향 하중
α_H: H_v에 대한 보정계수
T: 온도, 크리프, 건조 수축 및 부등침하의 영향 등에 의해 생기는 단면적
I: 충격

(4) 강도 감소계수(ϕ)

① 인장지배 단면(휨부재) ·· 0.85
② 압축지배 단면
　㉠ 나선철근 규정에 따라 나선철근으로 보강된 철근 콘크리트 부재 ···· 0.70
　㉡ 그 외의 철근 콘크리트 부재 ··· 0.65

ⓒ 공칭강도에서 최외단 인장철근의 순인장변형률 ε_t 가 압축지배와 인장지배 단면 사이일 경우에는, ε_t 가 압축지배 변형률 한계에서 0.005로 증가함에 따라 ϕ 값을 압축지배 단면에 대한 값에서 0.85까지 증가시킨다.

③ 전단력과 비틀림 모멘트·· 0.75
④ 콘크리트의 지압력(포스트텐션 정착부나 스트럿-타이 모델은 제외)··· 0.65
⑤ 포스트텐션 정착구역··· 0.85
⑥ 스트럿-타이 모델
  ㉠ 스트럿, 절점부 및 지압부··· 0.75
  ㉡ 타이·· 0.85
⑦ 긴장재 묻힘길이가 정착길이보다 작은 프리텐션 부재의 휨단면
  ㉠ 부재의 단부에서 전달길이 단부까지·································· 0.75
  ㉡ 전달길이 단부에서 정착길이 단부 사이의 ϕ값은 0.75에서 0.85까지 선형적으로 증가시킨다. 다만, 긴장재가 부재 단부까지 부착되지 않은 경우에는, 부착력 저하 길이의 끝에서부터 긴장재가 매입된다고 가정하여야 한다.
⑧ 무근콘크리트의 휨 모멘트, 압축력, 전단력, 지압력······················· 0.55

(5) 설계강도(M_d)

$$M_d = \phi \cdot M_n \geq M_u$$

여기서, M_n: 부재의 공칭강도
ϕ: 강도 감소계수
M_u: 계수하중에 의한 소요강도

실기 필답형 문제 | 3-1 철근 콘크리트 구조와 기초

01 철근 콘크리트의 성립되는 조건을 3가지만 쓰시오.

① 철근과 콘크리트와의 부착력이 크다.
② 철근은 콘크리트 속에서 부식되지 않는다.
③ 철근과 콘크리트의 열팽창계수는 거의 같다.
④ 철근은 인장에 강하고 콘크리트는 압축에 강하다.

02 콘크리트의 단위질량이 2,300kg/m³이고 설계기준 압축강도가 28MPa일 때 콘크리트의 탄성계수를 구하시오.

$$E_c = 0.077\, m_c^{1.5}\, \sqrt[3]{f_{cm}}$$
$$= 0.077 \times 2300^{1.5} \times \sqrt[3]{32} = 26965\,\text{MPa}$$
여기서, $f_{cm} = f_{ck} + 4 = 28 + 4 = 32\text{MPa}$

03 다음 물음에 답하시오.
(1) 콘크리트의 크리프에 대해 정의하시오.
(2) 크리프에 영향을 주는 요인 3가지를 쓰시오.

(1) 일정한 응력이 장시간 계속하여 작용하고 있을 때 변형이 계속 진행되는 현상
(2) ① 응력이 클수록 크리프가 증가한다.
    ② 습도가 클수록 크리프가 작다.
    ③ 단면의 치수가 클수록 크리프가 작다.
    ④ 물-결합재비가 클수록 크리프는 증가한다.

04 다음 물음에 답하시오.

(1) 콘크리트의 건조 수축에 대해 정의하시오.
(2) 건조 수축에 영향을 주는 요인 3가지를 쓰시오.

풀이
(1) 콘크리트가 외기와 접하면 건조하기 시작하고 건조된 외부는 수축하게 된다.
(2) ① 굵은 골재량을 증가시켜서 배합하면 건조 수축이 작아진다.
　　② 단위 수량을 감소시킴으로써 건조 수축이 작아진다.
　　③ 습도가 증가하면 건조 수축이 감소한다.

05 배력철근을 배치하는 이유 3가지를 쓰시오.

풀이
(1) 응력을 골고루 분포시킨다.
(2) 주철근의 간격을 유지시킨다.
(3) 콘크리트의 건조 수축이나 온도변화에 의한 콘크리트의 신축을 억제시킨다.

06 다음의 철근에 대한 물음에 답하시오.

(1) 주철근에 직각 또는 경사지게 배치되는 전단철근은?
(2) 철근 콘크리트 보에서 사인장 철근(복부철근)을 배치하는 이유는?
(3) 인장 응력을 받도록 배치한 주철근은?
　　① 정모멘트를 받을 경우:
　　② 부모멘트를 받을 경우:

풀이
(1) 스터럽
(2) 전단응력에 저항하기 위하여
(3) ① 정철근
　　② 부철근

07 철근 콘크리트 부재 설계에서 하중 항으로 고려해야 할 사항 3가지를 쓰시오.

(1) 연직 활하중 및 고정하중   (2) 온도 변화
(3) 건조 수축과 크리프

08 철근은 일반적으로 이형철근을 사용하는데 그 이유를 3가지만 쓰시오.

(1) 부착강도가 크다.
(2) 이형철근은 콘크리트와의 부착강도가 크게 되어 정착길이, 이음길이를 줄여준다.
(3) 보통의 경우 갈고리를 필요로 하지 않는다.
(4) 원형철근에 비하여 균열을 미세하게 분산시킨다.
(5) 원형철근에 비해 철근 이음시 철근량이 절약된다.

09 강도 설계법의 기본 가정 4가지를 쓰시오.

(1) 철근과 콘크리트의 변형률은 중립축으로부터의 거리에 비례한다.
(2) 콘크리트의 압축연단의 최대 변형률은 0.0033으로 한다.($f_{ck} \leq 40\text{MPa}$)
(3) 콘크리트의 인장강도는 휨 계산에서 무시한다.
(4) 철근의 항복 변형률은 $\dfrac{f_y}{E_s}$로 본다.

10 철근 콘크리트 부재 설계에서 강도 감소계수(ϕ)를 사용하는 이유 3가지를 쓰시오.

(1) 재료의 공칭강도와 실제 강도와의 차이 때문
(2) 부재를 제작 또는 시공할 때 설계도와의 차이 때문
(3) 부재강도의 추정과 해석에 관련된 불확실성 때문
(4) 구조물에서 차지하는 부재의 중요도 등을 반영하기 위해서

11 강도 설계법에 관한 다음 용어를 간단히 설명하시오.
(1) 공칭강도
(2) 설계강도
(3) 하중계수

(1) 강도 설계법의 규정과 가정에 따라 계산된 부재 또는 단면의 강도
(2) 계수하중으로 설계된 부재의 공칭강도에 강도 감소계수(ϕ)를 곱한 강도
(3) 하중의 공칭치와 실제 하중과의 차이 등을 고려하기 위한 안전계수

12 구조물 설계 시 하중계수, 하중조합을 고려하여 설계하는 이유 3가지를 쓰시오

(1) 극한상태에 대한 극한외력으로서 구조물이나 구조부재에 적용할 수 있는 가장 불리한 조건을 고려하기 위함이다.
(2) 해당 구조물에 작용하는 최대 소요강도에 대하여 만족하도록 설계하기 위함이다.
(3) 구조부재는 사용하중에 대하여 충분히 기능을 확보할 수 있게 하기 위함이다.

13 다음의 부재별 강도감소계수(ϕ)를 쓰시오.
(1) 인장지배 단면:
(2) 나선철근으로 보강된 압축지배 단면:
(3) 전단력과 비틀림 모멘트:
(4) 무근 콘크리트의 휨 모멘트, 압축력, 전단력, 지압력:

(1) 0.85   (2) 0.70   (3) 0.75   (4) 0.55

3-2 철근 콘크리트 보의 휨 해석과 설계

1. 단철근 직사각형 보

(1) 균형단면

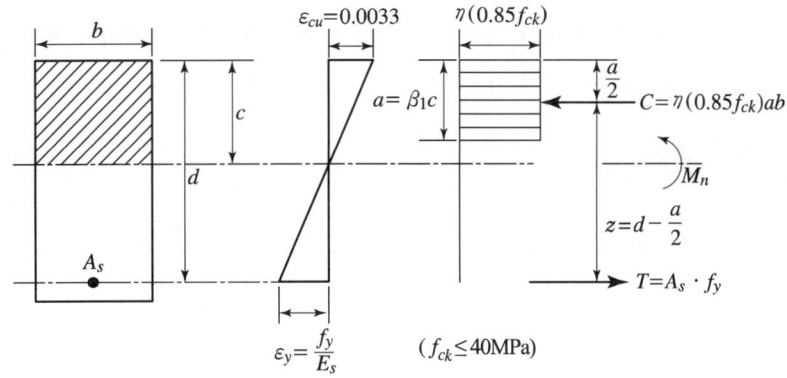

$$c : \varepsilon_{cu} = (d-c) : \varepsilon_y$$

$$c : 0.0033 = (d-c) : \frac{f_y}{E_s} \text{에서}$$

$$\therefore c = \frac{0.0033}{0.0033 + \frac{f_y}{E_s}} \cdot d = \frac{660}{660 + f_y} \cdot d \text{ 또는 } c = \frac{\varepsilon_{cu}}{\varepsilon_{cu} + \varepsilon_y} \cdot d$$

여기서, $\varepsilon_y = \dfrac{f_y}{E_s}$

(2) 균형철근비(ρ_b)

$$C = T$$
$$\eta(0.85f_{ck}) \cdot a \cdot b = A_s \cdot f_y$$

여기서, $a = \beta_1 \cdot c$, $\rho_b = \dfrac{A_s}{bd}$를 대입하면

$$\eta(0.85f_{ck}) \cdot \beta_1 \cdot c \cdot b = b \cdot d \cdot \rho_b \cdot f_y$$

$$\therefore \rho_b = \frac{\eta(0.85f_{ck}) \cdot \beta_1}{f_y} \cdot \frac{660}{660 + f_y}$$

(3) 최대철근비

① $\rho_{\max} = \dfrac{\varepsilon_{cu} + \varepsilon_y}{\varepsilon_{cu} + \varepsilon_t} \cdot \rho_b$

$= \dfrac{\varepsilon_{cu} + \dfrac{f_y}{E_s}}{\varepsilon_{cu} + \varepsilon_t} \cdot \rho_b$

② 균형철근비(ρ_b)보다 작은 철근비(ρ)가 사용되면 단면은 저보강이 되고 콘크리트의 파괴가 일어나기 전 철근이 항복하며 따라서 갑작스런 취성파괴를 피할 수 있다. 즉 $\rho < \rho_{\max} < \rho_b$ 조건이어야 한다.

(4) 최대철근량

$\rho_{\max} = \dfrac{A_{s\,\max}}{bd}$

$\therefore A_{s\,\max} = \rho_{\max} \cdot b \cdot d$

(5) 최소철근량

$A_{s,\,\min} = \dfrac{0.25\sqrt{f_{ck}}}{f_y} b_\omega d$ ························ ①

$A_{s,\,\min} = \dfrac{1.4}{f_y} b_\omega d$ ························ ②

식 ①과 식 ②에 의해 계산된 값 중에서 큰 값 이상으로 해야 한다.

(6) 등가사각형 깊이(a)

$C = T$

$\eta(0.85 f_{ck}) \cdot a \cdot b = A_s \cdot f_y$

$\therefore a = \dfrac{A_s \cdot f_y}{\eta(0.85 f_{ck}) \cdot b}$

여기서, $a = \beta_1 c$이므로 중립축의 위치 $c = \dfrac{a}{\beta_1} = \dfrac{A_s \cdot f_y}{\eta(0.85 f_{ck}) \cdot b \cdot \beta_1}$

(7) 공칭 휨강도(M_n): 공칭 모멘트

$M_n = C \cdot Z = T \cdot Z$

$= A_s \cdot f_y \left(d - \dfrac{a}{2} \right)$

$$= A_s \cdot f_y \cdot d \left(1 - 0.59\rho \frac{f_y}{f_{ck}}\right)$$

$$= f_{ck}\, q\, b\, d^2 (1 - 0.59q)$$

(8) 설계 휨강도(M_d) 및 철근량(A_s)

① $M_d = \phi \cdot M_n \geq M_u$

② $M_u = M_d = \phi M_n = \phi A_s \cdot f_y \left(d - \dfrac{a}{2}\right)$

$$\therefore A_s = \frac{M_n}{A_s \cdot f_y \left(d - \dfrac{a}{2}\right)} = \frac{M_u}{\phi A_s \cdot f_y \left(d - \dfrac{a}{2}\right)}$$

2. 복철근 직사각형 보

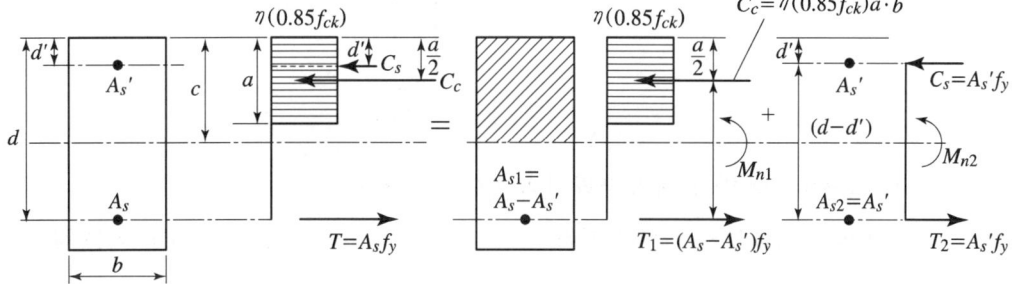

(1) 압축철근이 항복하는 경우

① 인장철근비 $\rho = \dfrac{A_s}{bd}$

② 압축철근비 $\rho' = \dfrac{A_s{'}}{bd}$

③ $\rho_{\max} = \eta(0.85f_{ck})\dfrac{\beta_1}{f_y}\left(\dfrac{\varepsilon_{cu}}{\varepsilon_{cu} + \varepsilon_{a\min}}\right) + \rho'$

④ 최대 철근비 이하가 되어야 콘크리트의 급작스런 파괴를 피할 수 있다.

⑤ $M_u = \phi\left[(A_s - A_s{'})f_y\left(d - \dfrac{a}{2}\right) + A_s{'}f_y(d - d')\right]$

여기서, $a = \dfrac{(A_s - A_s{'})f_y}{\eta(0.85f_{ck})b}$

(2) 압축철근이 항복하지 않는 경우

① A_s'는 무시하고 단철근 직사각형 보처럼 A_s만 생각한다.

② $M_u = \phi A_s f_y \left(d - \dfrac{a}{2}\right)$

여기서, $a = \dfrac{A_s f_y}{\eta(0.85 f_{ck})b}$

3. T형 단면 보

(1) 플랜지 유효 폭의 결정

① T형 보

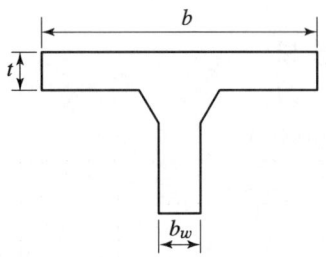

- (양쪽으로 각각 내민 플랜지 두께의 8배) $+ b_w$
- 양쪽 슬래브의 중심간 거리
- 보의 경간의 $\dfrac{1}{4}$

중에서 가장 작은 값

② 반 T형 보

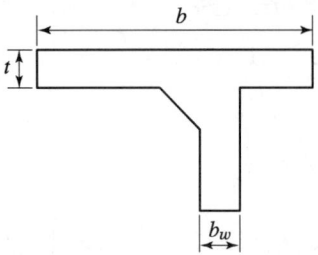

- (한쪽으로 내민 플랜지 두께의 6배) $+ b_w$
- (보의 경간의 $\dfrac{1}{12}$) $+ b_w$
- (인접보와의 내측거리의 $\dfrac{1}{2}$) $+ b_w$

중에서 가장 작은 값

(2) T형 보의 판별

① 폭 b인 직사각형 단면 보를 보고 등가 사각형 깊이 a를 계산한 다음 판별한다.

$$a = \frac{A_s \cdot f_y}{\eta(0.85f_{ck}) \cdot b}$$

② $a \leq t$이면 폭이 b인 단철근 직사각형 단면 보로 보고 해석한다.

③ $a > t$이면 단철근 T형 단면 보로 해석한다.

(3) 단철근 T형 단면보

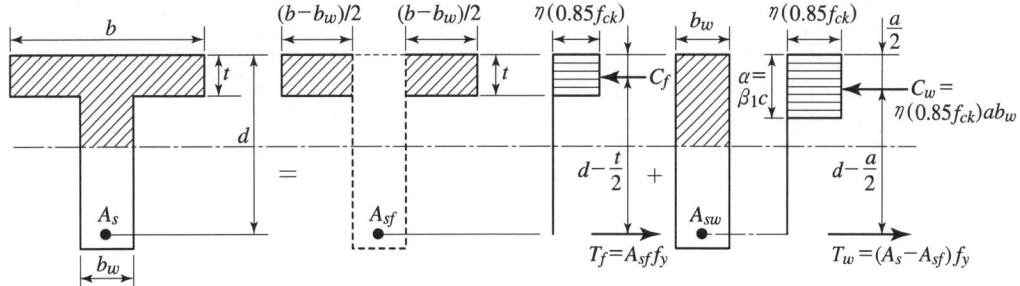

① 플랜지 내민 부분에 대응하는 인장철근의 단면적(A_{sf})

$$C_f = T_f$$
$$\eta(0.85f_{ck}) \cdot (b-b_w)t_f = A_{sf} \cdot f_y$$
$$\therefore A_{sf} = \frac{\eta(0.85f_{ck})(b-b_w) \cdot t_f}{f_y}$$

② 등가 직사각형의 깊이(a)

$$C_w = T_w$$
$$\eta(0.85f_{ck}) \cdot a \cdot b_w = (A_s - A_{sf}) \cdot f_y$$
$$\therefore a = \frac{(A_s - A_{sf}) \cdot f_y}{\eta(0.85f_{ck}) \cdot b_w}$$

③ 공칭 휨강도(M_n)

$$M_n = M_{nf} + M_{nw} = A_{sf} \cdot f_y\left(d - \frac{t}{2}\right) + (A_s - A_{sf})f_y\left(d - \frac{a}{2}\right)$$

또는 $M_{nf} = \eta(0.85f_{ck}) \cdot t(b-b_w)\left(d - \frac{t}{2}\right)$

$$M_{nw} = \eta(0.85f_{ck})a \cdot b_w\left(d - \frac{a}{2}\right)$$

④ 설계 휨강도(M_d) 및 철근량

$$M_u = M_d = \phi M_{nf} + \phi M_{nw}$$

$$\phi M_n = 0.85\left\{A_{sf}\cdot f_y\left(d-\frac{t}{2}\right)+ (A_s - A_{sf})\cdot f_y\left(d-\frac{a}{2}\right)\right\}$$

(4) 등가직사각형 응력분포 변숫값

f_{ck}(MPa)	≤40	50	60	70	80	90
ε_{cu}	0.0033	0.0032	0.0031	0.003	0.0029	0.0028
η	1.0	0.97	0.95	0.91	0.87	0.84
β_1	0.8	0.8	0.76	0.74	0.72	0.7

① $a = \beta_1 \cdot c$

② 등가 압축 영역 $= \eta(0.85 f_{ck})$

실기 필답형 문제 | 3-2 철근 콘크리트 보의 휨 해석과 설계

01 강도 설계법에 있어서 단철근 직사각형 보가 균형단면이 되기 위한 중립축의 위치 c는?
(단, $f_{ck}=30$MPa, $f_y=300$MPa, $d=600$mm)

풀이
$$c = \frac{660}{660+f_y} d = \frac{660}{660+300} \times 600 = 412.5\text{mm}$$

02 강도 설계법에서 $f_{ck}=35$MPa, $f_y=350$MPa를 사용하는 단철근 직사각형 보 단면의 균형 철근비는?

풀이
$$\rho_b = 0.85\,\beta_1 \frac{f_{ck}}{f_y} \frac{660}{660+f_y} = 0.85 \times 0.8 \times \frac{35}{350} \times \frac{660}{660+350} = 0.044$$
여기서, $f_{ck} \leq 40$MPa이므로 $\beta_1 = 0.8$

03 폭 $b=300$mm, 유효깊이 $d=500$mm인 단철근 직사각형 보에서 균형철근비 $\rho_b = 0.0375$일 때 최대 철근량은?(단, $f_{ck}=24$MPa, $f_y=400$MPa)

풀이

- $\rho_{\max} = \dfrac{\varepsilon_{cu} + \dfrac{f_y}{E_s}}{\varepsilon_{cu} + \varepsilon_t} \cdot \rho_b = \dfrac{0.0033 + \dfrac{400}{200{,}000}}{0.0033 + 0.004} \times 0.0375 = 0.027225$

- $\rho_{\max} = \dfrac{A_{s\,\max}}{b\,d}$

$\therefore A_{s\,\max} = \rho_{\max}\,b\,d = 0.027225 \times 300 \times 500 = 4{,}083.75\text{mm}^2$

04 폭 $b=250$mm, 유효깊이 $d=500$mm인 단철근 직사각형 보에서 중립축까지의 거리 c는?(단, $A_s=2027$mm², $f_{ck}=24$MPa, $f_y=400$MPa이다.)

> **풀이**
>
> - 압축응력 사각형의 깊이 a
>
> $C=T$
>
> $\eta(0.85f_{ck})\,a\,b = A_s f_y$
>
> $\therefore a = \dfrac{A_s f_y}{\eta(0.85f_{ck})b} = \dfrac{2,027 \times 400}{1.0 \times (0.85 \times 24) \times 250} = 159\text{mm}$
>
> - $a = \beta_1 c$
>
> $\therefore c = \dfrac{a}{\beta_1} = \dfrac{159}{0.8} = 199\text{mm}$

05 폭 $b=400$mm, 유효깊이 $d=600$mm, $A_s=1,800$mm²를 갖는 단철근 직사각형 보를 강도 설계법으로 휨 설계할 때 설계강도는?(단, 인장지배 단면으로 $f_{ck}=28$MPa, $f_y=400$MPa이다.)

> **풀이**
>
> - $a = \dfrac{A_s f_y}{\eta(0.85f_{ck})b} = \dfrac{1,800 \times 400}{1.0 \times (0.85 \times 28) \times 400} = 75.6\text{mm}$
>
> - $\phi M_n = \phi A_s f_y \left(d - \dfrac{a}{2}\right)$
>
> $= 0.85 \times 1,800 \times 400 \left(600 - \dfrac{75.6}{2}\right)$
>
> $= 344,066,400\,\text{N}\cdot\text{mm} = 344.07\,\text{kN}\cdot\text{m}$

06 복철근 단면으로 설계하는 이유 3가지를 쓰시오.

> **풀이**
>
> (1) 단면의 크기가 제한을 받아 단철근 보로서는 휨 모멘트를 견딜 수 없는 경우
> (2) 정(+), 부(−) 모멘트가 한 단면에서 반복되는 경우
> (3) 부재의 처짐을 극소화 시켜야 할 경우
> (4) 연성을 증가시킬 경우

07 강도 설계법에 대한 다음의 물음에 답하시오.

(1) 균형상태란?
(2) 휨 부재 설계기준 규정은?
(3) 철근비를 최소 철근비 이상으로 규정하는 주된 이유는?

> **풀이**
>
> (1) 인장철근이 항복강도 f_y에 도달할 때 동시에 압축 측 콘크리트가 극한 변형률 0.0033에 도달하는 상태($f_{ck} \leq 40\text{MPa}$)
> (2) 연성파괴가 되도록 하기 위해 균형 철근비의 최소 허용변형률이 해당되는 철근비 이내의 과소 철근보로 설계한다.
> (3) 압축에 의한 콘크리트의 취성파괴를 피하기 위하여

08 복철근 직사각형 보에서 $b=350\text{mm}$, $d=550\text{mm}$, $A_s=1{,}935\text{mm}^2$, $A_s{'}=860\text{mm}^2$, $f_{ck}=21\text{MPa}$, $f_y=300\text{MPa}$일 때 등가 압축응력의 깊이 a는?

> **풀이**
>
> $$a = \frac{(A_s - A_s{'})f_y}{\eta(0.85 f_{ck})b} = \frac{(1{,}935 - 860) \times 300}{1.0 \times (0.85 \times 21) \times 350} = 51.6\text{mm}$$

09 복철근 직사각형 보에서 $b=300\text{mm}$, $d=500\text{mm}$, $A_s=3{,}854.4\text{mm}^2$, $A_s{'}=774.2\text{mm}^2$, $d'=50\text{mm}$, $f_{ck}=22\text{MPa}$, $f_y=320\text{MPa}$일 때 강도 설계법에 의한 단면의 총 설계 모멘트 강도 ϕM_n는?(단, 인장지배 단면이다.)

> **풀이**
>
> - $a = \dfrac{(A_s - A_s{'})f_y}{\eta(0.85 f_{ck})b} = \dfrac{(3{,}854.4 - 774.2) \times 320}{1.0 \times (0.85 \times 22) \times 300} = 175.7\text{mm}$
>
> - $\phi M_n = \phi \left\{ A_s{'} f_y (d - d') + (A_s - A_s{'}) f_y \left(d - \dfrac{a}{2} \right) \right\}$
>
> $= 0.85 \left\{ 774.2 \times 320(500 - 50) + (3{,}854.4 - 774.2) \times 320 \times \left(500 - \dfrac{175.7}{2} \right) \right\}$
>
> $= 440{,}067{,}285\text{N} \cdot \text{mm} = 440.07\text{kN} \cdot \text{m}$

10 단철근 T형 보에서 $f_{ck}=21\text{MPa}$, $f_y=300\text{MPa}$일 때 설계 휨강도 ϕM_n을 구하시오.(단, 인장지배 단면으로 $b=1,000\text{mm}$, $t=70\text{mm}$, $b_w=300\text{mm}$, $d=600\text{mm}$, $A_s=4,000\text{mm}^2$)

풀이

- T형 보 판정

$$a=\frac{A_s f_y}{\eta(0.85 f_{ck})b}=\frac{4,000\times300}{1.0\times(0.85\times21)\times1,000}=67.2\text{mm}$$

∴ $a<t$이므로 폭 $b=1,000\text{mm}$인 직사각형 보로 해석

- $\phi M_n = \phi A_s f_y\left(d-\dfrac{a}{2}\right)$

$\qquad = 0.85\times4,000\times300\left(600-\dfrac{67.2}{2}\right)$

$\qquad = 577,728,000\text{N}\cdot\text{mm}=577.73\text{kN}\cdot\text{m}$

11 단철근 T형 보에서 $f_{ck}=21\text{MPa}$, $f_y=300\text{MPa}$일 때 설계 휨강도 ϕM_n을 구하시오.(단, 인장지배 단면으로 $b=1,000\text{mm}$, $t=50\text{mm}$, $b_w=300\text{mm}$, $d=400\text{mm}$, $A_s=4,020\text{mm}^2$)

풀이

- T형 보 판정

$$a=\frac{A_s f_y}{\eta(0.85 f_{ck})b}=\frac{4,020\times300}{1.0\times(0.85\times21)\times1,000}=67.56\text{mm}$$

∴ $a>t$이므로 T형 보로 해석

- $A_{sf}=\dfrac{\eta(0.85f_{ck})(b-b_w)t}{f_y}=\dfrac{1.0\times(0.85\times21)(1,000-300)\times50}{300}=2,082.5\text{mm}^2$

- $a=\dfrac{(A_s-A_{sf})f_y}{\eta(0.85f_{ck})b_w}=\dfrac{(4,020-2,082.5)\times300}{1.0\times(0.85\times21)\times300}=108.5\text{mm}$

- $\phi M_n=\phi\left\{A_{sf}f_y\left(d-\dfrac{t}{2}\right)+(A_s-A_{sf})f_y\left(d-\dfrac{a}{2}\right)\right\}$

$\qquad = 0.85\left\{2,082.5\times300\left(400-\dfrac{50}{2}\right)+(4,020-2,082.5)\times300\times\left(400-\dfrac{108.5}{2}\right)\right\}$

$\qquad = 369,961,172\text{N}\cdot\text{mm}=369.96\text{kN}\cdot\text{m}$

3-3 전단 설계

1. 전단응력

(1) 철근 콘크리트보의 평균 전단응력(ν)

$$\nu = \frac{V}{b_w \cdot d}$$

여기서, V: 지점에서 d 만큼 떨어진 곳의 전단력
b_w: T형 단면일 경우 복부의 폭(보의 폭)
d: 보의 유효 높이

(2) 사인장 응력

① 인장철근이 충분히 배치된 부재에서도 사인장 응력으로 인하여 부재단면에 중립축과 45° 정도의 각을 이루는 사인장 균열이 발생한다.
② 스터럽과 굽힘철근을 배근하여 사인장 균열을 방지한다.
③ 보의 경우 지점 가까이의 중립축 부근에서 휨응력은 작고 전단응력은 크게 발생되어 사인장 균열이 발생하며 이 균열을 복부 전단 균열이라고도 한다.
④ 사인장 철근(복부철근)은 전단응력에 저항하기 위하여 배근한다.

(3) 전단철근의 종류

① 부재축에 직각으로 설치하는 스터럽
② 부재축에 직각으로 배치한 용접철망
③ 나선철근, 원형 띠 철근 또는 후프 철근
④ 주인장 철근에 45° 이상의 각도로 설치되는 스터럽
⑤ 주인장 철근에 30° 이상의 각도로 구부린 굽힘 철근
⑥ 스터럽과 굽힘 철근의 조합

2. 전단강도

(1) 콘크리트의 전단강도

$$V_c = \frac{1}{6} \lambda \sqrt{f_{ck}}\, b_w \cdot d$$

여기서, 경량 콘크리트 사용에 따른 영향 반영을 위한 경량 콘크리트 계수(λ)
- f_{sp}(쪼갬 인장강도) 값이 규정되지 않은 경우
  $\lambda = 0.75$, 전경량 콘크리트

$\lambda = 0.85$, 모래 경량 콘크리트

- f_{sp} 값이 주어진 경우

    $\lambda = f_{sp}/(0.56\sqrt{f_{ck}}) \leq 1.0$

(2) 전단철근에 의한 전단강도

① 부재축에 직각인 전단철근

$$V_s = \frac{A_v f_{yt} d}{s}$$

② 경사 스터럽을 전단철근으로 사용하는 경우

$$V_s = \frac{A_v f_{yt}(\sin\alpha + \cos\alpha)d}{s}$$

③ 전단강도 $V_s = \frac{2}{3}\sqrt{f_{ck}}\,b_w \cdot d$ 이하로 하여야 한다.

만일 초과할 경우에는 보의 단면을 크게 늘려야 한다.

④ 종방향 철근을 절곡하여 전단철근으로 사용할 때에는 그 경사 길이의 중앙 3/4만이 전단 철근으로 유효하다.

⑤ 전단철근이 1개의 굽힘 철근 또는 받침부에서 모두 같은 거리에서 구부린 평행한 1조의 철근으로 구성될 경우 전단강도

$$V_s = A_v f_{yt} \sin\alpha (단, \ V_s = 0.25\sqrt{f_{ck}}\,b_w d \text{ 를 초과할 수 없다.})$$

3. 전단철근의 설계

(1) 전단을 휨 부재의 소요전단강도(V_u)

① $V_u \leq \phi V_n$

② $V_n = V_c + V_s$

여기서, V_n: 공칭 전단강도
V_c: 콘크리트가 부담하는 전단강도
V_s: 전단철근이 부담하는 전단강도

(2) 전단철근의 배치

① $V_u \leq \frac{1}{2}\phi V_c$의 경우

- 전단철근이 필요하지 않다.

② $\frac{1}{2}\phi V_c < V_u \leq \phi V_c$의 경우

- 최소전단철근을 배근한다.
- $A_{v\min} = 0.0625\sqrt{f_{ck}}\dfrac{b_w \cdot s}{f_{yt}}$

  단, 최소전단철근량은 $0.35\dfrac{b_w \cdot s}{f_{yt}}$ 보다 작지 않아야 한다.

  여기서 b_w와 s의 단위는 mm이다.

③ $V_u > \phi V_c$
- 전단철근을 배치한다.
- $V_u = \phi(V_c + V_s)$

  $\therefore V_s = \dfrac{A_v \cdot f_{yt} \cdot d}{s}$

(3) 전단철근의 상세

① 전단철근의 설계기준 항복강도는 500MPa를 초과하여 취할 수 없다. 단, 용접 이형 철망을 사용할 경우는 전단철근의 설계 기준 항복 강도는 600MPa를 초과하여 취할 수 없다.

② 전단철근의 간격
- 부재 축에 직각으로 스터럽을 사용할 경우 철근 콘크리트 부재일 경우는 $d/2$ 이하, 프리스트레이트 콘크리트 부재일 경우는 $0.75\,h$ 이하이어야 하고 또 어느 경우이든 600mm 이하
- 경사 스터럽과 굽힘 철근은 부재의 중간 높이 $0.5\,d$에서 반력점 방향으로 주 인장 철근까지 연장된 45° 방향선과 한번 이상 교차되도록 배치해야 한다.
- $V_s > \dfrac{1}{3}\lambda\sqrt{f_{ck}}\,b_w d$ 인 경우에는 위의 규정된 최대 간격을 1/2로 감소시킨다.

  즉, $d/4$ 이하, 300mm 이하로 배치한다.

3-3 전단 설계

01 직사각형 보($b = 300\text{mm}$, $d = 550\text{mm}$)에서 콘크리트가 부담할 수 있는 공칭 전단강도는?(단, $f_{ck} = 24\text{MPa}$, $\lambda = 1.0$)

풀이

$$V_c = \frac{1}{6}\lambda\sqrt{f_{ck}}\,b_w\,d = \frac{1}{6} \times 1.0 \times \sqrt{24} \times 300 \times 550 = 134{,}722\text{N}$$

02 폭이 500mm, 유효깊이가 800mm인 철근 콘크리트 보에서 f_{ck}가 21MPa인 콘크리트를 사용할 때 위험 단면에 작용하는 계수 전단력 V_u가 얼마 이하라야 전단철근이 필요 없는 부재가 되는가?(단, $\lambda = 1.0$)

풀이

$$V_u \leq \frac{1}{2}\phi\,V_c = \frac{1}{2}\phi\,\frac{1}{6}\lambda\sqrt{f_{ck}}\,b_w\,d$$
$$= \frac{1}{2} \times 0.75 \times \frac{1}{6} \times 1.0 \times \sqrt{21} \times 500 \times 800 = 114{,}564\text{N}$$

03 D13 철근을 U형 스터럽으로 가공하여 300mm 간격으로 부재축에 직각이 되게 설치한 전단 보강철근의 강도 V_s는?(단, $f_{yt} = 400\text{MPa}$, $d = 600\text{mm}$, D13 철근의 단면적은 127mm²로 계산하며 강도 설계임.)

풀이

$$V_s = \frac{A_v\,f_{yt}\,d}{s} = \frac{(2 \times 127) \times 400 \times 600}{300} = 203{,}200\text{N}$$

여기서, U형 스터럽의 다리가 2개이므로 $A_v = 2 \times 127$을 적용한다.

04 계수 전단력 $V_u = 70\text{kN}$을 전단 보강철근 없이 지지하고자 할 경우 필요한 유효깊이 d는?(단, $b_\omega = 400\text{mm}$, $f_{ck} = 21\text{MPa}$, $f_{yt} = 350\text{MPa}$, $\lambda = 1.0$)

풀이

- $V_u \leq \dfrac{1}{2}\phi V_c$인 경우 최소 전단 보강철근을 배치하지 않는다.
- $V_u = \dfrac{1}{2}\phi V_c = \dfrac{1}{2}\phi \dfrac{1}{6}\lambda\sqrt{f_{ck}}\, b_\omega\, d$

  $70{,}000 = \dfrac{1}{2} \times 0.75 \times \dfrac{1}{6} \times 1.0 \times \sqrt{21} \times 400 \times d$

  $\therefore\ d = 611\text{mm}$

05 길이가 3m인 캔틸레버 보의 자중을 포함한 설계하중이 100kN/m일 때 위험단면에서 전단철근이 부담해야 할 전단력은?(단, $f_{ck} = 24\text{MPa}$, $f_{yt} = 300\text{MPa}$, $b_\omega = 300\text{mm}$, $d = 500\text{mm}$, $\lambda = 1.0$)

풀이

- 공칭 전단강도 $V_n = V_c + V_s$
- $V_u = \omega l - \omega d = 100 \times 3 - 100 \times 0.5 = 250\text{kN}$
- $V_c = \dfrac{1}{6}\lambda\sqrt{f_{ck}}\, b_\omega\, d = \dfrac{1}{6} \times 1.0 \times \sqrt{24} \times 300 \times 500 = 122{,}474\text{N} = 122.5\text{kN}$
- $V_u \leq \phi V_n$

  $250 = 0.75(122.5 + V_s)$

  $\therefore\ V_s = 211\text{kN}$

06 강도 설계법에 의한 전단설계의 다음 물음에 답하시오.

(1) 전단 보강철근의 설계 항복강도는 얼마를 초과할 수 없는가?

(2) $V_s > \dfrac{2}{3}\sqrt{f_{ck}}\, b_\omega\, d$이면 어떤 조치를 취해야 하는가?

풀이

(1) 500MPa

(2) 콘크리트 단면($b_\omega\, d$)을 증가시켜야 한다.

07

자중을 포함한 계수하중 80kN/m를 지지하는 지간이 7m인 단순보가 있다. 다음 물음에 답하시오.(단, $f_{ck}=21\text{MPa}$, $f_{yt}=300\text{MPa}$, $b_\omega=300\text{mm}$, $d=500\text{mm}$)

(1) 위험 단면에서의 계수 전단력(V_u)을 구하시오.
(2) 콘크리트가 부담할 수 있는 전단강도를 구하시오.(단, $\lambda=1.0$)
(3) 전단철근(수직 스터럽)의 최대간격을 구하시오.
(4) 이론적으로 전단철근이 필요한 구간은 지점에서부터 몇 m까지 구간인가?

풀이

(1) $V_u = \dfrac{\omega l}{2} - \omega d = \dfrac{80 \times 7}{2} - 80 \times 0.5 = 240\text{kN}$

(2) $V_c = \dfrac{1}{6}\lambda\sqrt{f_{ck}}\,b_\omega\,d = \dfrac{1}{6} \times 1.0 \times \sqrt{21} \times 300 \times 500$
$\qquad = 114,564\text{N} = 114.6\text{kN}$

(3) $\dfrac{d}{2}$ 이하, 600mm 이하

$\qquad \therefore \dfrac{500}{2} = 250\text{mm}$

(4) 전단력도(SFD)

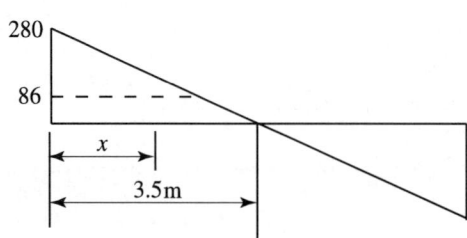

여기서, 전단철근이 필요한 구간은 ϕV_c 이상인 구간이다.
$(280-86) : x = 280 : 3.5$
$\therefore x = 2.425\text{m}$

08 전단 보강철근이 부담해야 할 전단력 V_s가 400kN이라 할 때 전단 보강철근의 간격 s는 얼마 이하라야 하는가?(단, $A_v = 700\text{mm}^2$, $f_{ck} = 21\text{MPa}$, $f_{yt} = 350\text{MPa}$, $b_\omega = 400\text{mm}$, $d = 560\text{mm}$, $\lambda = 1.0$)

[풀이]

- $V_c = \dfrac{1}{3}\lambda\sqrt{f_{ck}}\,b_\omega\,d = \dfrac{1}{3} \times 1.0 \times \sqrt{21} \times 400 \times 560 = 342,165\text{N} = 342\text{kN}$

- $V_s > \dfrac{1}{3}\lambda\sqrt{f_{ck}}\,b_\omega\,d$ 이므로 $\dfrac{d}{4}$ 이하, 300mm 이하 중 작은 값이다.

- $s = \dfrac{A_v\,f_{yt}\,d}{V_s} = \dfrac{700 \times 350 \times 560}{400,000} = 343\text{mm}$

- $\dfrac{d}{4} = \dfrac{560}{4} = 140\text{mm}$

∴ 작은 값인 140mm 이하

09 계수 하중에 의한 전단력 $V_u = 75\text{kN}$을 받을 수 있는 직사각형 단면을 설계하려고 한다. 전단철근의 최소량을 사용할 경우 필요한 콘크리트의 최소 단면적 $b_\omega\,d$는 얼마인가?(단, $f_{ck} = 21\text{MPa}$, $f_{yt} = 300\text{MPa}$, $\lambda = 1.0$)

[풀이]

- $\dfrac{1}{2}\phi V_c < V_u \leq \phi V_c$일 경우 최소 전단철근을 배근한다.

- $V_u = \phi V_c = \phi \dfrac{1}{6}\lambda\sqrt{f_{ck}}\,b_\omega\,d$

  $75,000 = 0.75 \times \dfrac{1}{6} \times 1.0 \times \sqrt{21}\,b_\omega\,d$

  ∴ $b_\omega\,d = 130,931\text{mm}^2$

10 강도 설계법에서 $b_\omega = 300\mathrm{mm}$, $d = 600\mathrm{mm}$인 단철근 직사각형 보의 수직 스터럽 간격을 300mm로 할 때 최소 전단 보강철근의 단면적은 얼마 이상인가?(단, $f_{ck} = 21\mathrm{MPa}$, $f_{yt} = 300\mathrm{MPa}$)

풀이

- $A_{v\,\min} = 0.0625\sqrt{f_{ck}}\,\dfrac{b_\omega\,s}{f_{yt}} \geq 0.35\,\dfrac{b_\omega\,s}{f_{yt}}$

$\therefore A_{v\,\min} = 0.35\,\dfrac{b_\omega\,s}{f_{yt}} = 0.35\,\dfrac{300 \times 300}{300} = 105\mathrm{mm}^2$

11 $b_\omega = 300\mathrm{mm}$, $d = 500\mathrm{mm}$인 직사각형 보에서 $V_u = 160\mathrm{kN}$이 작용하며 수직 스터럽을 200mm 간격으로 배치하려고 한다. 필요한 전단 철근량을 계산하시오.(단, $f_{ck} = 21\mathrm{MPa}$, $f_{yt} = 300\mathrm{MPa}$, $\lambda = 1.0$)

풀이

- $\phi V_c = \phi\,\dfrac{1}{6}\lambda\sqrt{f_{ck}}\,b_\omega\,d = 0.75 \times \dfrac{1}{6} \times 1.0 \times \sqrt{21} \times 300 \times 500$

  $= 85,923\mathrm{N} = 85.9\mathrm{kN}$

- $V_u > \phi V_c$이므로 전단철근을 배치하게 된다.
- $V_u = \phi(V_c + V_s) = \phi V_c + \phi V_s$

  $160 = 85.9 + \phi V_s$

  $\therefore V_s = 98.8\mathrm{kN}$

- $V_s = \dfrac{A_v\,f_{yt}\,d}{s}$

  $\therefore A_v = \dfrac{V_s\,s}{f_{yt}\,d} = \dfrac{98,800 \times 200}{300 \times 500} = 132\mathrm{mm}^2$

3-4 철근 콘크리트 구조물의 사용성 검토

1. 균열에 대한 사용성 검토

(1) 균열 모멘트

보에 작용하는 휨 모멘트에 의하여 콘크리트의 최대 인장응력이 콘크리트의 휨 파괴강도를 초과하면 균열이 발생하는데, 이때의 모멘트를 균열 모멘트 M_{cr} 이라고 한다. 균열 모멘트는 다음과 같이 구할 수 있다.

$$M_{cr} = \frac{f_r \, I_g}{y_t}$$

여기서, f_r: 콘크리트의 파괴계수 $(0.63\lambda\sqrt{f_{ck}})$
 y_t: 중립축에서 인장 측 하단까지의 거리
 I_g: 보의 전 단면에 대한 단면 2차 모멘트
 - f_{sp} 값이 규정되어 있지 않은 경우
  $\lambda = 0.75$, 전경량 콘크리트
  $\lambda = 0.85$, 모래경량 콘크리트
 - f_{sp} 값이 주어진 경우
  $\lambda = f_{sp}/(0.56\sqrt{f_{ck}}) \leq 1.0$

2. 처짐

(1) 탄성처짐

구조물에 하중이 재하되면서 생기는 처짐으로 순간처짐이라고도 한다.

(2) 장기처짐

크리프, 건조 수축 등으로 인하여 시간의 경과와 더불어 진행되는 처짐으로 온도, 습도, 양생조건, 재하시의 재령, 저속하중의 크기, 압축철근량 등이 영향을 주는 요소이다.

$$\text{장기처짐} = \text{탄성처짐} \times \lambda_\Delta$$

여기서, $\lambda_\Delta = \dfrac{\xi}{1+50\rho'}$
 $\rho' = $ 압축철근비 $\left(\dfrac{As'}{bd}\right)$
 $\xi = $ 하중에 대한 시간경과 계수
 - 3개월: 1.0 • 6개월: 1.2
 - 12개월: 1.4 • 5년 이상: 2.0

(3) 총처짐

탄성처짐 + 장기처짐

3-4 철근 콘크리트 구조물의 사용성 검토

01 폭 $b = 300\text{mm}$, 유효깊이 $d = 400\text{mm}$, 높이 $h = 550\text{mm}$, 철근량 $A_s = 4,800\text{mm}^2$ 인 보의 균열 모멘트를 구하시오.(단, $f_{ck} = 21\text{MPa}$, $\lambda = 1.0$)

풀이

- $f_r = 0.63\lambda\sqrt{f_{ck}} = 0.63 \times 1.0 \times \sqrt{21} = 2.887\text{MPa}$
- $I_g = \dfrac{bh^3}{12} = \dfrac{300 \times 550^3}{12} = 4,159,375,000\text{mm}^4$
- $y_t = \dfrac{h}{2} = \dfrac{550}{2} = 275\text{mm}$
- $\therefore M_{cr} = \dfrac{f_r I_g}{y_t} = \dfrac{2.887 \times 4,159,375,000}{275} = 43,665,875\text{N}\cdot\text{mm} = 43.7\text{kN}\cdot\text{m}$

02 압축철근 단면적 1,600mm², 폭(b) 200mm, 유효깊이(d) 400mm인 복철근직사각형 단면 보에서 탄성(즉시)처짐이 6mm 발생했을 때 5년 이상이 경과한 후에 예상되는 탄성처짐을 포함한 총처짐량을 구하시오.

풀이

- 압축 철근비 $\rho' = \dfrac{A_s'}{bd} = \dfrac{1,600}{200 \times 400} = 0.02$
- 장기처짐   탄성처짐 $\times \dfrac{\xi}{1 + 50\rho'} = 6 \times \dfrac{2}{1 + 50 \times 0.02} = 6\text{mm}$
- 총 처짐   탄성처짐 + 장기처짐 $= 6 + 6 = 12\text{mm}$

3-5 휨과 압축을 받는 부재(기둥)의 해석과 설계

1. **압축부재에 사용되는 띠철근**

    (1) 띠철근 수직간격

    ① 종방향 철근 지름의 16배 이하, 띠철근 지름의 48배 이하, 기둥 단면의 최소치수 이하

2. **단주 설계 강도**

    (1) 나선철근 기둥의 축방향 설계강도

    $$P_u = \phi P_n = 0.7 \times 0.85 \{\eta(0.85 f_{ck})(A_g - A_{st}) + f_y \cdot A_{st}\}$$

    (2) 띠철근 기둥의 축방향 설계강도

    $$P_u = \phi P_n = 0.65 \times 0.8 \{\eta(0.85 f_{ck})(A_g - A_{st}) + f_y \cdot A_{st}\}$$

3-5 휨과 압축을 받는 부재(기둥)의 해석과 설계

실기 필답형 문제

01 보나 기둥의 주철근을 둘러감는 스트럽이나 띠철근을 사용하는 경우 띠철근의 수직 간격 규정을 3가지 쓰시오.

풀이

(1) 축방향 철근의 16배 이하
(2) 띠철근 지름의 48배 이하
(3) 기둥 단면의 최소 치수 이하

02 그림과 같은 띠철근 기둥의 단면의 크기와 철근량을 결정하였다. D10 철근을 띠철근으로 사용한다면 띠철근 간격은?(단, 축방향 철근으로서 4개의 D29를 사용한다.)

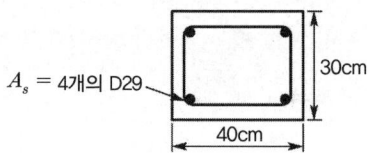

A_s = 4개의 D29

풀이

- 종방향 철근 지름의 16배 이하: $2.9 \times 16 = 46.4$cm
- 띠철근 지름의 48배 이하: $1.0 \times 48 = 48$cm
- 기둥 단면의 최소 치수 이하: 30cm

∴ 띠철근의 수직 간격은 최솟값인 30cm 이하로 한다.

03 나선철근 기둥(단주)의 강도 이론에 의한 축방향 설계강도는?(단, 기둥의 총 단면적 $A_g = 2,000\text{cm}^2$, f_{ck} = 21MPa, f_y = 300MPa, A_{st} = 6−D35 = 57.0cm^2)

> **풀이**
> $P_u = \phi P_n = 0.7 \times 0.85 \{\eta(0.85 f_{ck})(A_g - A_{st}) + f_y A_{st}\}$
> $\quad = 0.7 \times 0.85 \{1.0 \times (0.85 \times 21)(2,000 - 57) \times 10^{-4} + 300 \times 57 \times 10^{-4}\}$
> $\quad = 3.08\text{MN}$
> **보충** 공칭 압축강도 $P_n = 0.85\{\eta(0.85 f_{ck})(A_g - A_{st}) + f_y A_{st}\}$

04 다음 그림과 같은 띠철근 기둥의 설계강도($\phi_c P_n$)는 얼마인가?(단, f_{ck} = 21MPa, f_y = 300MPa, A_{st} = 31.77cm^2, ϕ_c = 0.65이다.)

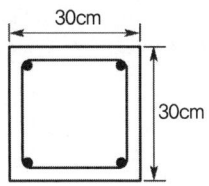

> **풀이**
> $P_u = \phi P_n = 0.65 \times 0.8 \{\eta(0.85 f_{ck})(A_g - A_{st}) + f_y A_{st}\}$
> $\quad = 0.65 \times 0.8 \{1.0 \times (0.85 \times 21)(30 \times 30 - 31.77) \times 10^{-4} + 300 \times 31.77 \times 10^{-4}\}$
> $\quad = 1.302\text{MN}$
> **보충** 공칭 압축강도 $P_n = 0.8\{\eta(0.85 f_{ck})(A_g - A_{st}) + f_y A_{st}\}$

콘크리트의 구조 및 유지 관리

4-1 콘크리트 제품

4-1-1 콘크리트 관련 제품

1. 개요

① 제조 공정이 일관되게 관리되어 있는 공장에서 연속적으로 제조되는 공장제품에 요구되는 품질, 또는 성능을 실현하기 위해 표준을 나타낸다.
② 무근 및 철근 콘크리트 공장제품 외에 프리스트레스트 콘크리트 공장제품도 포함한다.

2. 재료

(1) 콘크리트 강도

① 일반적인 공장제품은 재령 14일에서의 압축강도 시험 값이다.
② 오토클레이브 양생 등의 특수한 촉진 양생을 하는 공장제품에서는 14일 이전의 적절한 재령에서의 압축강도 시험 값이다.
③ 촉진 양생을 하지 않은 공장제품이나 비교적 부재 두께가 큰 공장제품에서는 재령 28일에서의 압축강도 시험 값이다.

(2) 골재

① 굵은 골재의 최대치수는 40mm 이하이고 공장제품 최소 두께의 2/5 이하이며 또한 강재의 최소간격의 4/5를 넘어서는 안 된다.
② 프리스트레스트 콘크리트 제품의 경우 재생골재를 사용해서는 안 된다.

(3) 배합
① 슬럼프가 20mm 이상인 콘크리트에 대하여는 슬럼프 시험을 원칙으로 한다.
② 슬럼프가 20mm 미만인 된 반죽의 콘크리트는 다짐계수 시험, 관입시험, 외압 병용 VB 시험 등의 방법이 있지만 보통 실제의 공장제품의 비비기 방법을 그대로 사용해서 제품을 성형하고 이것에 의해 콘크리트의 반죽질기를 판단하여 정하는 경우가 많다.
③ 공장 제품에서는 물-결합재비가 작은 된 반죽의 콘크리트가 사용되며 이와 같은 콘크리트 비빌 때에는 강제식 믹서가 적합하다.

3. 시공

(1) 다지기
① 진동 다지기
- 콘크리트를 거푸집에 투입한 후 진동대, 거푸집 진동기와 같은 외부 진동이나 삽입식 봉형 진동기 등의 진동에 의해 다짐하는 방법이다.

② 원심력 다지기
- 고속 회전에 의해 얻는 원심력을 이용하여 다짐하는 방법이다.
- 말뚝, 전주, 흄관 등을 생산하는데 능률적이다.
- 물-결합재비를 낮게 하여 고강도 콘크리트를 쉽게 제조할 수 있다.
- 다짐 후 물-결합재비는 5~10%가 낮아지며 압축강도는 15~25% 정도 높아진다.

③ 가압 다지기(프레스 성형)
- 제품 형상의 금형에 콘크리트를 투입한 후 프레스로 압력을 가하여 물과 기포를 짜내서 공극이 적고 치밀한 고강도 콘크리트 제품을 찍어내는 방법이다.
- 0.8~1MPa 정도로 가압한 상태에서 100℃에서 고온 양생거나 가압하면서 진공 탈수하여 재령 7일에 60~75MPa의 조기 고강도 제품에 이용하는 경우도 있다.
- 슬래브, 교량용 세그먼트, 널말뚝, 기와 등 판상 제품의 제조에 사용하고 있다.

④ 압출 성형
- 된 배합의 모르터나 콘크리트를 스크루나 피스톤으로 압력을 가하여 압출기를 이용하여 단면이 동일한 제품을 연속적으로 뽑아내는 방법이다.
- 창문 프레임, 중공 경량 벽체에 사용되고 있다.

(2) 양생

① 증기 양생
- 보통 35℃ 이상의 온도로 실시한다.
- 거푸집과 함께 증기 양생실에 넣어 양생 온도를 균등하게 올린다.
- 비빈 후 2~3시간 이상 경과된 후에 증기 양생을 실시한다.
- 온도 상승 속도는 1시간당 20℃ 이하로 하고 최고 온도는 65℃로 한다.
- 양생실의 온도는 서서히 내려 외기의 온도와 큰 차가 없도록 하고 나서 제품을 꺼낸다.

② 오토클레이브 양생(고온 고압 양생)
- 콘크리트를 고온 고압의 증기에서 양생하면 시멘트 중의 실리카와 칼슘이 결합하여 강고한 토베르모라이트 또는 준결정을 형성해 수열 반응이 일어난다.
- 증기압 0.5~1.8MPa(7~15기압), 온도 150~200℃(180℃ 전후)가 필요하고 실리카분은 시멘트량의 30~40% 치환 할 필요가 있다.
- PSC 말뚝 등의 제조에 쓰인다.

③ 가압 양생
- 성형된 콘크리트에 0.5~1.0MPa의 압력을 가한 상태에서 약 100℃의 고온으로 양생한다.

④ 증기 양생 혹은 그 밖의 촉진 양생을 실시한 후에 습윤 양생을 하면 강도, 수밀성, 내구성 등이 향상된다.

4-2 열화 조사 및 진단

4-2-1 유지 관리

완성된 시설물의 기능을 시설물 이용자의 편의와 안전성을 높이기 위하여 시설물을 일상적으로 점검·정비하고 손상된 부분을 원상 복구하며 경과시간에 따라 요구되는 시설물의 개량, 보수, 보강을 하기 위해 실시한다.

4-2-2 유지 관리 계획의 수립

1. 일반사항

① 시설물의 상태 평가를 위한 점검과 진단 및 그 결과에 기초한 보수·보강 및 안정화 조치 여부나 그 작업 등을 포함하며 이에 대한 자료정리 및 축적, 기록 등도 포함한다.

- 예방 유지 관리(예방보전)
  시설물의 열화가 발생하지 않는 것을 목적으로 한 유지 관리
- 사후 유지 관리(사후보전)
  시설물의 열화가 발생한 후 유지 관리 대책을 행하는 유지 관리
- 관찰 유지 관리
  육안 관찰로 인한 점검을 중심으로 시설물의 열화가 발생하는 것을 허용하는 유지 관리
- 무점검 유지 관리(보전 불가능)
  점검을 실시하기가 매우 곤란하거나 실제로 실시할 수 없는 상태

② 시설물 관리 대장에 점검과 진단 및 그 결과를 기록, 유지한다.

③ 유지 관리의 흐름도

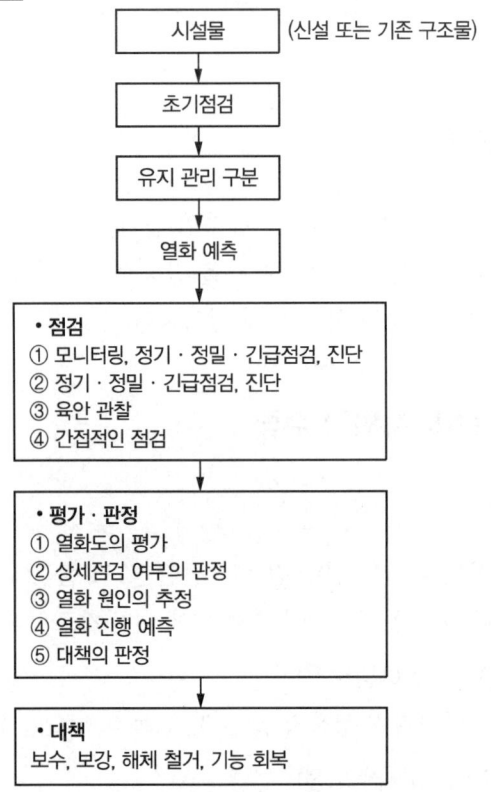

2. 계획수립

① 시설물의 성격, 규모 및 중요도에 따라 준공시의 설계도서, 유지 관리 이력, 시설물 관리대장, 관계 자료를 이용한다.

② 작업량의 적절한 배분 및 시기 등을 고려하며 작업이 특정 시기에 집중되지 않도록 한다.

- 작업시기는 작업의 특수성, 교통 상황, 사용기간 등을 고려하여 최적의 시기를 결정한다.
- 작업 인원, 자재, 사용장비 등을 적절하게 배치한다.
- 점검이나 진단, 보수·보강이나 안정화를 위한 공사 등은 시설물의 종류에 따라 기온, 강우, 강설 등의 기상 조건을 고려한다.
- 교통 통제, 소음, 진동 등은 작업의 난이도를 고려하여 공법, 시기, 작업시간대를 선정한다.
- 작업에 따른 여러 가지 제한 사항은 최소화하여 계획을 수립한다.
- 다른 공사와의 조정을 도모한다.
- 작업 공정이 변경되는 경우에는 이에 따른 수정 계획을 신속히 한다.

3. 조직 및 인원

① 본사와 중간 관리 조직 및 현장 조직 체계가 유기적인 관계를 갖도록 구성한다.
② 각 조직의 부서 책임자는 풍부한 경험과 기술을 보유한다.
③ 현장 조직에서는 유지 관리에 필요한 충분한 장비를 확보한다.
④ 유지 관리 조직의 인원은 전문기술자, 감독자, 숙련 및 비숙련 요원을 포함한 세부적인 체계를 갖추어야 한다.
⑤ 유지 관리업에 종사하는 인원은 전문영역의 기능과 지식의 함양 및 유지 관리와 관련된 지식을 습득하기 위해 정기적인 교육을 받는다.

4-2-3 안전점검 및 정밀 안전진단

1. 점검계획 및 방법

(1) 고려할 사항

① 점검의 범위 및 내용, 장비에 관한 사항
② 시설물의 기초와 주위지반에 대한 조사여부, 조사항목 및 범위
③ 점검대상 시설물의 설계자료, 관리이력
④ 개개의 시설물에 대한 독특한 구조적 특성 및 특별한 문제여부
⑤ 시설물의 규모 및 점검의 난이도
⑥ 최근의 점검기술 및 장비 등의 적용
⑦ 점검자의 자격 및 안전관리에 관한 사항
⑧ 기상조건, 현장여건 및 주변 환경

(2) 점검계획 수립 시 고려할 사항

① 점검형식의 결정
② 점검을 수행하는데 필요한 인원, 장비 및 기기의 결정
③ 기 발생된 결함의 확인을 위한 기존 점검 자료의 검토
④ 점검기간과 계획된 작업시간의 예측
⑤ 타 기관 또는 주민과의 협조체제
⑥ 현장기록의 서식을 취합하고 대표부위에 대한 적절한 사전 스케치
⑦ 비파괴 시험을 포함한 기타 재료시험 실시에 대한 적정성 여부의 판단
⑧ 시설물의 주변 환경에 대한 조사여부, 조사항목 및 범위의 판단

(3) 점검 방법

시설물별 점검 실시 세부지침에 따라 현장 조사와 구조물의 특성을 고려하여 필요한 현장조사 시험 및 실내시험을 실시한다.

2. 안전점검

- 안전점검이란 경험과 기술을 갖춘 자가 육안 또는 점검기구 등에 의하여 검사를 실시하여 시설물에 내재되어 있는 위험요인을 조사하는 것이다.
- 안전점검에는 초기점검, 정기점검, 정밀점검, 긴급점검 등이 있다.
- 안전점검 항목은 균열, 박락, 보수, 누수, 처짐, 층분리, 침하, 기울기, 해체, 박리 등으로 한다.
- 안전점검 방법에는 점검내용에 따라 외관 또는 적절한 점검 장비를 사용하며 필요시 근접 장비를 이용하여 근접점검을 실시한다.
- 안전점검 항목은 시설물이나 부재의 중요도, 제삼자 영향도, 예정 사용기간, 환경조건, 유지 관리의 난이도 등을 반영한 유지 관리 구분과 열화 예측에 맞추어 선정한다.

(1) 초기점검

① 시설물 관리대장에 기록되는 최초로 실시되는 정밀점검을 말한다.
② 신설 시설물의 경우는 사용검사 후 6월 이내에 시행한다.
③ 구조 변경이 있을 때에도 초기점검이 필요하다.
④ 전문지식과 경험을 갖춘 자에 의하여 수행되어야 하며 필요한 경우 구조해석 검토를 실시해야 한다.
⑤ 시설물의 초기 거동을 바탕으로 설계, 시공, 구조 재료상의 하자 여부 확인 및 향후 유지 관리에 필요한 초기 기준치를 설정하려는데 그 목적이 있다.
⑥ 초기점검의 목표는 시설물 관리대장 및 평가자료, 관리주체가 수집하는 관련 자료를 얻기 위함이다.

(2) 정기점검

① 육안 관찰이 가능한 개소에 대하여 성능 저하나 열화 및 하자의 발생부위 파악을 위해 실시한다.
② 점검자는 시설물의 전반적인 이관 조사를 통하여 심각한 손상인 결함의 유무를 발견할 수 있도록 하며 이상 거동이 발견되면 정밀진단을 의뢰한다.
③ 1종 및 2종 시설물에 대해서는 반기별 1회 이상 실시한다. 공동 주택의 경우에는 공동주택관리령에 의해 안전점검을 갈음한다.

(3) 정밀점검

① 안전진단기관에 의해 정기적으로 시설물의 거동을 심도 있게 파악하기 위해 실시한다.
② 시설물의 거동을 외관 조사와 현장조사 및 설계도서 등을 검토하여 평가한다.
③ 시설물의 상태 평가 및 내진설계 여부 판단과 필요시 시설물의 안전성 평가가 포함된다.
④ 사진 및 유지 관리 혹은 보수기록, 필요한 경우 정밀안전진단 계획에 관한 사항과 함께 보관한다.
⑤ 구조상태 및 외력의 조건이 변화되어 안전성 평가에 영향을 주는 경우에는 필요한 구조해석 및 구조 계산을 다시하여 보관한다.
⑥ 정밀점검은 1종 및 2종 시설물에 대해서는 2년에 1회 이상 실시하여 건축물에 대해서는 3년에 1회 이상, 항만시설물 중 썰물시 바닷물에 항상 잠겨있는 부분에 대해서는 4년에 1회 이상 실시한다.
⑦ 계획된 정기적 점검으로 시설물의 현 상태를 정확이 판단하고 최초 또는 이전에 기록된 상태로부터의 변화를 확인하여 시설물이 현재 사용요건을 계속 만족시키고 있는지 확인하기 위하여 육안검사와 간단한 측정 기구에 의한 측정이 이루어진다.

(4) 긴급점검

① 지진이나 풍수해 등과 같은 천재, 화재, 부력 및 차량 및 선박의 충돌 등 긴급사태에 대해 시설물의 손상 정도에 관한 정보를 신속히 위해 점검한다.
② 고도의 전문적 지식을 기초로 실시한다.
③ 손상점검과 특별점검으로 나눌 수 있다.
④ 점검항목과 범위 및 방법은 시설물의 중요도, 긴급사태의 정황 등에 따라 정한다.
⑤ 손상점검
- 비계획적인 점검
- 재해나 사고에 의해 구조적 손상을 평가
- 긴급한 사용제한이나 사용금지의 필요성이 있는지 판단
- 보수를 하는데 필요한 작업량의 정도 결정
- 정밀점검의 보완수단으로 손상의 정도와 보수의 긴급성 보수작업의 규모 파악이 가능해야 하며 시험장비에 의한 현장 측정 및 사용제한 기간에 대한 해석이 필요

⑥ 특별점검
- 관리 주체가 판단하여 행하는 정밀점검 수준의 점검
- 기초침하 또는 세굴과 같은 결함이 의심되는 경우나 하중제한 중인 시설물의 지속적인 사용여부를 판단하기 위한 점검
- 점검 시기는 결함의 심각성을 고려하여 결정

3. 정밀안전진단

(1) 점검 결과나 시설물에 이상거동이 나타날 때 시설물의 안전성에 관한보다 상세한 정보를 얻기 위해 실시한다.
  ① 정밀안전진단의 책임 기술자의 자격을 갖춘 자가 실시함을 원칙으로 한다.
  ② 열화에 관한 고도의 전문적 지식에 기초하여 초기점검, 정기점검, 정밀점검이나 지금까지 실시된 안점점검의 평가, 판정을 기초로 하여 실시한다.

(2) 점검 이상의 범위나 수준에서 외관 조사나 구조 재료의 성능 조사 및 재구조해석 등을 통해 시설물의 안전성을 평가하며 필요시 재하 시험을 실시한다.
  ① 평가 항목은 내구성, 내화성, 기능성 및 주변 환경에 대한 영향성과의 연관성이 강한 것을 조합한다.
  ② 시설물의 환경조건이 열화의 진행에 큰 영향을 미친다고 경우에는 외관상의 손상 형상이나 콘크리트의 품질열화, 보강용 강재의 부식 형상 등의 항목을 조합한다.
  ③ 진단에 있어 검사항목
  - 균열 폭, 길이, 깊이, 진행상황
  - 박리, 박락, 스케일링
  - 강재 부식 상황
  - 강재의 노출정도, 강재 위치, 배근상태
  - 콘크리트의 물성, 중성화 깊이
  - 염화물 이온량, 잔존 팽창량
  - 콘크리트 단면적, 이상한 변위 및 변형
  - 진동 특성, 지지상태
  - 유리석회, 누수
  - 표면의 변색
  - 화학적 부식인자의 침투깊이 등

(3) 정밀 안전진단은 정밀점검 또는 긴급점검 결과에 따라 실시하며 1종 시설의 경우 5년에 1회 실시한다.

4. 평가 및 판정

(1) 일반사항
① 안전점검 및 정밀안전진단의 결과에 따라 실시한다.
② 콘크리트 시설물의 계속 사용 여부 및 보수·보강의 필요성 여부는 시설물의 안전성과 사용성 및 내구성 등을 고려하여 종합적으로 판정한다.

(2) 상태 평가
① 시설물의 열화 상태에 대한 평가
시설물에 발생한 과도한 균열이나 콘크리트의 박락, 철근의 부식, 층 분리, 누수, 해체, 재료 분리, 처짐, 변형, 박리 등의 증상에 대해 실시한다.
② 시설물의 성능저하 상태에 대한 평가
과하중이나 지진, 진동 및 화재 등의 손상부위에 대해 실시한다.
③ 시설물의 하자 상태에 대한 평가
설계나 시공, 재료 및 상세에 대해 실시한다.
④ 상태 평가 기준

상태 평가 등급	시설물의 상태
A	문제점이 없는 최상의 상태
B	보조 부재에 경미한 결함이 발생하였으나 기능 발휘에는 지장이 없으며 내구성 증진을 위하여 일부의 보수가 필요한 상태
C	주요 부재에 경미한 결함 또는 보조 부재에 광범위한 결함이 발생하였으나 전체적인 시설물의 안전에는 지장이 없으며, 주요 부재에 내구성, 기능성 저하 방지를 위한 보수가 필요하거나 보조 부재에 간단한 보강이 필요한 상태
D	주요 부재에 결함이 발생하여 긴급한 보수·보강이 필요하며 사용 제한 여부를 결정하여야 하는 상태
E	주요 부재에 발생한 심각한 결함으로 인하여 시설물의 안전에 위험이 있어 즉각 사용을 금지하고 보강 또는 개축을 하여야 하는 상태

(3) 종합판정
① 시설물에 대한 종합판정은 시설물의 중요도에 따라 안전성과 사용성 및 내구성 등을 고려하여 실시한다.
  • 유지 관리의 구분을 염두하고 내구성, 내화성, 기능성 및 주변 환경에 대한 영향 등의 평가결과에 시설물의 중요도 등을 고려하여 실시한다.
② 보수·보강 및 안정화 등을 실시한 시설물에 있어서 소정의 효과가 있는지의 여부에 대한 확인은 일정기간 동안의 정기점검으로 평가·판정한다.

4-2-4 외관 조사 및 강도 평가

1. **외관 조사**

   (1) 변위 및 변형 조사

   ① 변형·변위 조사
   - 작용하중의 조사
   - 지반침하, 지하수위 저하 및 환경조건 변화의 조사
   - 구조물 부근의 지형 조사
   - 구조물의 기초 조사
   - 인접 시공의 영향 조사

   ② 구조물 변형 조사
   - 구조물의 변위나 변형을 측정할 때는 작용하중에 의한 처짐 측정 및 침하량을 측정한다.
   - 전기저항방식의 변위계를 사용하여 측정한다.

   ③ 철근 응력 조사
   - 콘크리트의 균열 폭 및 균열 간격을 측정하여 철근의 신장량을 구한 다음 철근 응력을 계산한다.
   - 필요시 철근을 노출시켜 스트레인 게이지로 응력을 측정할 수 있다.

   ④ 변형·변위 진행성 조사
   - 변위나 변형이 진행되는 경우에는 그 원인을 빨리 제거시킨다.

   (2) 박리 및 철근 노출 조사

   ① 박리부의 콘크리트 면적과 위치 조사
   ② 철근노출 부위 면적 조사
   ③ 철근의 부식상태 조사
   ④ 철근 노출 부위와 위치 조사

   (3) 콘크리트 균열 조사

   ① 균열 폭
   - 균열 폭을 측정할 때는 균열자, 균열경을 사용한다.
   - 균열 변동 측정은 전기적인 측정 방법, 클립 게이지를 사용하는 방법, 전기식 다이얼 게이지를 사용하는 방법 등이 있다. 또 표점 간을 콘택트 게이지를 사용해서 측정해도 된다.
   - 보수·보강 여부의 판정 자료로 사용할 경우에는 최대 균열 폭에 중점을 둔다.

- 균열 폭의 변동을 장기적으로 측정하는 경우에는 그 측정시의 온도 및 습도 조건은 되도록 같도록 한다.
- 측정시각은 되도록 일정하게 하며 오전 10시 전후에 하는 것이 좋다.
- 토목 구조물이나 건축물의 외벽 및 지붕 슬래브 등의 부재는 강우 후 적어도 3일 이상 경과하고 측정한다.

② 균열 길이
- 균열 폭이 0.05mm 정도 이상되는 구간의 길이를 측정한다.
- 자를 사용하여 측정하며 균열의 굴곡까지 고려하여 엄밀하게 측정할 필요는 없다. 적당히 선정된 구간의 직선거리를 더하여 균열길이를 구한다.
- 균열 길이가 문제가 되는 것은 주로 보수·보강 시 규모를 파악하여 공사비를 산출할 때이다.

③ 균열의 관통유무
- 물이나 공기가 통과되는가의 여부에 따라 판정한다.
- 콘크리트 양면을 관찰할 수 있는 경우는 표면과 안쪽면의 균열 패턴이 일치하는가에 따라 확인한다.

④ 균열 부분의 상황
- 균열 부분의 상태로부터 이물질의 충진 유무, 백화 현상의 유무, 철근의 발청 유무 등을 관찰한다.

2. 강도 평가

(1) 간접법

① 반발 경도법
- 슈미트 해머로 콘크리트의 표면을 타격한 후 해머의 반발경도로 강도를 추정한다.
- 측정한 부위를 3cm 간격으로 격자망을 구성하고 교차점 20개소 이상을 해머로 타격하여 평균반발경도 R 을 구한다. 이때 차이가 평균값의 20% 이상인 경우는 계산에서 제외시킨다.
- 콘크리트 표층부의 품질에 영향을 받기 때문에 내부의 콘크리트 강도를 높은 정밀도로 구하는 것은 어렵다.

② 초음파 속도법
- 콘크리트의 밀도 및 탄성계수에 따라 초음파의 투과속도가 변화하는 것을 이용한 것이다.
- 추정강도의 정밀도는 그다지 높지 않다.

- 콘크리트에 밀착된 단자에서 발진한 초음파 펄스(20~200kHz의 도달속도)가 콘크리트 속에 전달되어 수신 단자에 가장 빨리 도달하는 시간을 전달시간으로 해서 양 단자간의 거리를 구하고 그 속도를 얻는다.
- 음속 $V_p = \dfrac{L}{t}$(km/s, m/s)
- 강도 추정은 미리 구한 음속과 압축강도와의 상관관계 도표 및 식을 이용하여 구한다.

③ 조합법
- 반발경도법과 초음파 속도법을 조합하여 압축강도 추정에 대한 정밀도를 향상시키기 위해 실시한다.

④ 인발법
- 가력 헤드를 지닌 앵커볼트와 원뿔형의 콘크리트를 뽑아내는 반력링을 사용하여 소요되는 최대 인발력으로 압축강도를 추정한다.
- 콘크리트를 칠 때 인발용 장치를 콘크리트 속에 미리 묻어 넣는 프리셋법과 콘크리트 경화 후 홀인 앵커(hole in anchor)나 케미컬 앵커(chemical anchor) 등을 이용하여 인발볼트를 정착하는 포스트 셋법으로 분류한다.

(2) 직접법

① 코어 채취에 의한 압축강도 시험
- 비파괴 시험법과 국부 파괴 시험법에 비해 가장 신뢰도가 높다.
- 대부분의 경우 비파괴 시험과 아울러 실시하는 것이 보통이다.
- 비파괴 시험법 등을 실시하여 보충하는 것이 통상적인 방법이다.
- 코어 채취의 비용이 들고 채취 후 보수를 요하므로 개수를 가급적 적게 한다.

4-2-5 콘크리트의 결함 조사

1. 개요

(1) 구조물에 발생하는 결함의 원인 추정

① 구조물의 기능으로 되돌아가 보수·보강의 필요성을 검토하기 위한 것이다.
② 결함의 원인을 쉽게 추정 할 수 있는 것과 간단한 조사만으로 추정이 불가능한 것이 있다. 또한 결함의 진행성에 있어서도 동일하다고 할 수 있다.
③ 결함 발생의 원인은 복잡하며 여러 가지 원인에 의해, 상호 다른 원인에 영향을 끼치며 결함과 결부된다.

④ 조사는 전 항목에 걸쳐 빠짐없이 실시하는 것이 원칙이다.
⑤ 경험이 많은 기술자라면 원인의 대략적인 범위를 추측할 수 있어서 중점적인 조사항목이 좁혀지는 경우가 많다.

(2) 보수·보강의 필요성 판정 및 그 방법에 관한 한 선정 자료
① 보수·보강의 필요성을 판정할 때는 결함으로 인해 어떠한 기능이 저하되었는지가 문제로 된다.
- 보통 구조물의 기능이라면 구조 내력, 방수성, 내구성, 미관 등을 들 수 있다.
- 피로를 고려한 내력, 투기성, 변형, 진동성 등의 기능도 있다.
- 결함이 구조물의 기능에 미치는 영향은 구조물의 종류, 사용환경, 사용목적, 결함 상태 등에 따라 다르다.

② 보수·보강의 필요성 판정과 보수·보강 방법의 선정은 여러 기능 중 어느 것에 착안점을 두느냐에 따라 그 판정 방법, 선정 기준이 달라진다.

(3) 결함과 구조물의 기능 관계를 사전에 염두 해 두고 조사의 중점사항을 선정한다.

2. 예비 조사

(1) 콘크리트 구조물의 특성 및 작용하중 조건을 조사하여 구조물의 성능저하 원인을 추정하며 외관상 구조물의 기능 장애를 판단하기 위한 조사

(2) 예비 조사에 포함되는 사항
① **결함의 현장 조사**: 패턴, 폭, 길이, 관통의 유무, 이물질 충전 유무 등
② **결함의 부위 주변 조사**: 표면의 건습상태, 오염, 박리, 박락 등
③ **결함의 경과 조사**: 발생 또는 발견시기, 성장경과 등
④ **장해의 현상 조사**: 누수, 백화현상, 철근의 녹, 부재의 변상, 미관의 손상 등
⑤ **장해의 경과 조사**: 장해의 발생 또는 발견의 시기, 변화 상황 등
⑥ **설계도서류의 조사**: 설계도, 구조계산서 등
⑦ **시공 기록의 조사**: 사용재료, 배합, 치기 및 다짐, 양생 방법, 공정, 관리시험 데이터, 지반상황, 거푸집의 종류, 환경조건 등
⑧ **구조물의 사용·환경상태의 조사**: 사용 시의 하중조건, 온도 및 습도조건의 변화, 입지조건 등과 그들의 경과

3. 본 조사

(1) 원인의 추정, 보수·보강의 필요성 판정 및 그의 방법 선정을 실시할 수 없는 경우에 실시한다.

(2) 예비 조사에서 구조물의 결함이 발견되면 구조성능, 설비성능, 열성능, 거주 성능 및 주변 환경에 대하여 파괴검사와 비파괴검사, 화학적 검사 등을 한다.

(3) 정기점검, 정밀점검 및 긴급점검에서 손상이 발견되어 그 원인을 규명하고 보수 여부를 판정할 필요가 있는 경우에 실시한다.

(4) 육안에 의한 관찰과 구조물의 중성화 정도 및 철근의 위치와 피복 두께 그리고 코어 샘플을 채취하여 정확한 성능 저하를 판단하기 위해 현지에서 현장 조사를 한다.

(5) 구조물의 성능저하 진행을 예측하기 위해 진행성 균열의 판단이나 코어의 촉진 팽창 시험 등을 한다.

(6) 본 조사에 필요한 사항과 장비
  ① 결함 상황 조사
    • 구조물 표면에 방안눈금을 기입
    • 결함 위치, 형상, 분포의 조사
    • 결함분포도 작성
  ② 준비
    • 구조물 도면: 일반도, 평면도, 측면도, 단면도, 철근 배근도 등
    • 줄자
    • 균열 측정기
    • 카메라
    • 분필, 매직펜
    • 결함 기입도면
    • 철근 탐지기
  ③ 조사 항목
    • 각 부재의 단면 치수, 배근 형상
    • 작용하중 조건, 지반조건, 환경조건
    • 결함발생 상태
    • 구조물 전체상태 또는 콘크리트 상태
    • 결함발생 또는 발견시기
    • 콘크리트의 시공 상황

④ 시료 분석

구조물의 성능저하를 예측하기 위하여 현지 조사에서 채취한 코어샘플과 드릴분말 등을 물리적·화학적으로 분석한다.

4-2-6 열화 원인

1. 개요

콘크리트 구조물이 장기간 동안 외부로부터의 물리적·화학적 작용에 저항하는 콘크리트의 성능을 말한다.

2. 알칼리 골재 반응

콘크리트 중에 존재하는 수산화 알칼리를 주성분으로 하는 용액과 골재 중의 알칼리 반응성 광물이 장기간에 걸쳐 반응하여 콘크리트에 균열을 발생시킨다.

(1) 알칼리-실리카 반응(ASR: Alkali Silica Reaction)
  ① 보통 알칼리 골재 반응이라고 한다.
  ② 콘크리트 중의 알칼리 이온이 골재 중의 실리카성분과 결합하여 알칼리 실리카 겔을 형성하고 이 겔이 주변의 수분을 흡수하여 콘크리트 내부에 국부적인 팽창으로 구조물에 균열이 생긴다.

(2) 알칼리-탄산염 반응
  ① 돌로마이트질 석회암이 알칼리 이온과 반응하여 그 생성물이 팽창하거나 암석 중에 존재하는 점토 광물이 수분을 흡수, 팽창하여 콘크리트에 균열을 일으킨다.
  ② 겔의 형성을 볼 수는 없다.
  ③ 포졸란으로 팽창 억제의 효과는 없다.
  ④ 반응을 보이는 골재 입자는 적다.

(3) 알칼리-실리케이트 반응
  ① 암석 중의 층상구조가 알칼리와 수분의 존재 하에 팽창하여 발생한다.
  ② 알칼리 실리카 반응에 비해 장기간에 걸쳐 반응이 진행된다.
  ③ 콘크리트의 상태는 팽창이 매우 완만하고 반응 고리가 형성된 골재 입자가 드물며 과대한 팽창을 나타낸 콘크리트에서 생성된 겔의 양은 적다.

(4) 알칼리 골재 반응 억제대책
  ① 시멘트의 등가 알칼리량이 0.6% 이하의 저알칼리형 포틀랜드 시멘트를 사용한다.

② 알칼리 골재 반응 억제 효과를 가진 혼합 시멘트를 사용한다.
③ 콘크리트 중의 알칼리 이온 총량을 $3kg/m^3$ 이하로 한다.

3. 염해

철근 콘크리트 구조물이 해양 환경에 장기간 노출되면 해수중의 화학적 작용에 의한 콘크리트 침식과 콘크리트 속의 철근이 부식된다.

(1) 해수 중 염류에 의한 콘크리트 열화
① 해수 중 황산염 이온은 시멘트 수화물과 반응하여 팽창성 물질을 생성함으로써 콘크리트를 팽창, 붕괴 시킨다.
② 염소 이온은 시멘트 중의 수산화칼슘과 반응하여 생성된 가용성의 염화칼슘을 생성 및 용출에 따른 콘크리트의 다공화 현상으로 콘크리트가 열화한다.

(2) 염화물에 의한 철근의 부식
콘크리트가 해양 환경에 노출되면 콘크리트 중에 염화물이 침입하여 염소 이온량이 축적되어 철근 표면의 결손이 생겨서 부식하는데 강재 체적의 2.5배까지 팽창하여 철근 배근방향과 같은 방향으로 균열이 발생하거나 콘크리트 피복층이 들떠 부식이 가속화 된다.

4. 중성화(탄산화)

(1) 개요
① 콘크리트중의 수산화칼슘이 공기 중의 탄산가스와 접촉하여 서서히 탄산칼슘으로 변화하여 콘크리트가 알칼리성을 상실하는 것을 말한다.
② 일반적으로 pH가 8.5~10 정도로 낮아진다.
③ 중성화에 의해 pH가 11보다 낮아지면 철근에 녹이 발생하고 이런 녹에 의해 철근이 2.5배까지 팽창하고 콘크리트의 내부에 균열을 발생시켜 철근과의 부착강도의 저하, 피복 콘크리트의 박리, 철근 단면적의 감소에 의한 저항 모멘트 저하 등이 초래된다.

(2) 중성화의 진행
① 중성화 속도
- 중성화가 콘크리트 내부로 진행해가는 속도.
- 일정 피복두께를 가진 철근까지 중성화가 도달하는 시간을 알 수 있다.
- 중성화 진행속도는 중성화 깊이와 경과한 시간의 함수로 나타낸다.

$$X = A\sqrt{t}$$

여기서, X: 기준이 되는 콘크리트 중성화 깊이(mm)
t: 경과년수(년)
A: 중성화 속도계수로서 시멘트, 골재의 종류, 환경조건, 혼화재료, 표면 마감재 등의 정도를 나타내는 상수(mm/$\sqrt{년}$)

• 중성화 속도는 실내가 실외보다 빠르다.

(3) 중성화 속도에 영향을 미치는 요인

① 혼합 시멘트 혹은 실리카질의 혼화제를 사용하면 빠르다.
② 조강 포틀랜드 시멘트가 보통 시멘트보다 늦고 더욱 좋은 효과가 있다.
③ 경량 콘크리트가 보통 콘크리트보다 빠르다.
④ 중성화 속도는 골재의 밀도가 작을수록 빨라진다.
⑤ 경량골재를 이용한 콘크리트는 강모래, 강자갈을 이용한 콘크리트의 3배 정도 중성화가 빠르게 진행된다.
⑥ 수화반응이 빠른 시멘트일수록 늦다.
⑦ 수중 양생한 콘크리트는 늦다.
⑧ 콘크리트의 물-결합재비는 중성화 진행속도에 가장 큰 영향을 미친다.
⑨ 물-결합재비가 클수록 빨라진다.
⑩ 콘크리트 온도가 상승하면 빨라진다.
⑪ 습도가 높을 경우 늦어진다.
⑫ 옥외는 옥내보다 탄산가스 농도가 낮기 때문에 늦다.
⑬ 콘크리트의 표면 마감재는 중성화 속도를 효과적으로 지연시킬 수 있다.
⑭ 공기 중의 탄산가스의 농도가 높을수록 빨라진다.

(4) 중성화의 방지대책

① 조강, 보통 포틀랜드 시멘트 및 밀도가 큰 골재를 사용한다.
② 물-결합재비, 공기량 등이 낮게 되도록 한다.
③ 충분한 초기 양생을 한다.
④ 콘크리트의 피복 두께를 크게 한다.
⑤ 표면 마감재를 에폭시, 혹은 아크릴 수지 등 고분자 계통으로 하여 불투수성 막을 실시한다.
⑥ 일반적인 타일에 의한 마감도 억제 효과가 높다.
⑦ 콘크리트를 부배합으로 한다.

(5) 중성화 판별 방법

공시체의 파단면에 1% 페놀프탈레인-알코올 용액을 분무하여 변색 여부를 관찰하는 방법이 가장 일반적이다. 무색으로 변화하면 중성화된 것으로 판단한다.

5. 동해

(1) 개요

① 콘크리트 중의 수분이 외부 온도의 저하에 의해 동결과 융해의 반복작용으로 균열이 발생하거나 표면부가 박리하여 콘크리트 표면층에 가까운 부분부터 파괴되는 현상을 말한다.

② 콘크리트 중의 수분(모세관 수)이 동결하면 체적이 팽창하여 미세한 균열이 발생한다.

(2) 동해에 영향을 주는 요인

① 굳지 않은 콘크리트가 초기동해를 입게 되면 체적팽창에 따라 주위 조직의 이완이나 파괴가 발생한다.

② 콘크리트 중의 공극이 물로 포화된 정도(포수도)가 한계 포수도 이상에서는 급격히 동해를 받는다.

③ 콘크리트 내부에 수분의 동결에 의해 발생되는 팽창량 이상의 공기가 들어있는 공간, 즉, 기포와 기포의 공간이 멀리 떨어져있는 경우에 미동결수의 이동이 기포에 도달하기 전에 큰 압력이 발생되어 파괴가 발생한다.

(3) 동해의 방지대책

① 압축강도가 4MPa 이상이 되면 동해를 받지 않는다.

② 한계 포수도 이하로 건조되어 있을 때에는 그 정도에 따라 동해를 피할 수 있다.

③ 콘크리트 속의 기포와 기포의 간격이 가까울수록 미동결수 이동이 쉽고 이동에 따른 압력이 작아지므로 콘크리트를 동해로부터 보호할 수 있다.

④ 물-결합재비를 작게 한다.

⑤ 공기 연행제 또는 공기 연행 감수제를 사용하여 적정량의 공기를 연행시킨다.

⑥ 동절기 강우, 강설수가 콘크리트 속에 침투하지 않게 흘러내리게 한다.

⑦ 흡수율이 적은 양질의 골재를 사용하며 습윤 양생을 충분히 한다.

(4) 동결 융해의 저항성 판정

① 내구성 지수(DF: Durability Factor)

$$DF = \frac{PN}{M}$$

여기서, P: 동결 융해 N사이클에서의 상대 동탄성계수(%)
N: P값이 시험을 단속시킬 수 있는 소정의 최솟값이 된 순간의 사이클 수
M: 사전에 결정된 동결 융해에의 노출이 끝날 때의 사이클 수(300)

② 내구성 지수가 클수록 내구성이 좋다.
- DF < 40: 내구성이 낮다.
- DF > 60: 내구성이 좋다.

6. 화학적 침식

(1) 개요

① 콘크리트 결합재인 시멘트 수화풀이 화학물질과 반응하여 조직이 다공화되거나 팽창하여 열화 현상이 생긴다.
② 주로 산과 염에 의해 발생한다.

(2) 산

① 포틀랜드 시멘트 경화체는 산과 접하면 중화하여 각종의 염류를 생성하게 되며 이런 염의 용축이나 결정화에 의해 콘크리트 내부가 다공화하거나 염의 결정성장 압력으로 균열이 발생한다.
② 황산, 염산 등 강한 무기산은 유기산 보다 침식 작용이 크다.
③ 강산은 약산보다 침식작용이 크다.
④ 수산은 콘크리트를 침식시키지 않는다.

(3) 염

① 산류만큼 침식의 정도가 심하지 않다.
② 황산염은 시멘트의 수화에 의해 발생한 수산화칼슘과 반응하여 황산칼슘(석고)를 생성하여 체적을 증대시키고 알루민산 삼석회(C_3A)와 반응하여 체적 팽창이 더욱 커진다.
③ 해수 중의 황산마그네슘, 염화마그네슘과 암모늄계 및 알루미늄계 질산염 등이 시멘트 중의 수산화칼슘과 반응하여 염분이 침투되어 철근이 부식된다.

(4) 유류(기름), 부식성 가스

① 야자유나 유채유 등은 콘크리트를 현저하게 침식시킨다.
② 유류에 의한 콘크리트의 성능 저하는 단기간 내에 진행하며 산류에 의한 침식보다 오히려 현저한 경향이 있다.
③ 콘크리트를 침식하는 부식성 가스에는 황화수소, 이산화황, 불화수소, 염화수소 및 질소산화물 등이 있다.

(5) 화학적 침식에 대한 방지 대책

① 무기산이나 황산염에 대해서는 적당한 보호공을 한다.
② 내황산염 포틀랜드 시멘트, 중용열 포틀랜드시멘트, 고로 시멘트, 플라이 애시 시멘트 등은 해수의 작용에 대해 내구성이 있다.
③ 피복 두께를 충분히 확보하여 철근을 보호한다.
④ 물-시멘트비가 작은 수밀성이 큰 콘크리트를 사용하며 다짐과 양생을 잘 한다.

7. 손식

(1) 개요

경화한 콘크리트가 차량 등에 의한 마모 작용이나 유수에 의한 공동 현상으로 표면의 손상 받는 것

(2) 마모

차량이나 유수 중의 모래 등이 충돌 작용으로 인해 콘크리트 표면의 손상이 발생한다.

(3) 공동현상(空洞現狀: Cavitation)

수공 구조물의 표면에 요철과 굴곡이 있는 경우 유수가 표면으로 떨어지면서 공기가 발생하여 부압·고압이 가해져 콘크리트가 손상이 된다.

(4) 손식에 대한 방지대책

① 물-결합재비를 45% 이하로 배합한다.
② 42MPa 이상의 고강도, 고밀도 콘크리트로 한다.
③ 슬럼프는 75mm 이하의 된반죽으로 한다.
④ 마모 저항이 큰 골재를 사용한다.

4-2-7 열화 조사 및 성능 평가

1. 콘크리트의 열화 조사

(1) 콘크리트의 배합비 분석

① 골재량, 시멘트량, 결합수량 등을 추정한다.
② 콘크리트 구조물이 비교적 빠른 시기에 열화하거나 강도부족으로 변형이 생긴 경우 등 그 원인을 조사하거나 내구성을 진단하기 위해 한다.

(2) 콘크리트의 조직검사

① 시멘트 수화생성물의 정상적인 조성 및 열화에 대한 콘크리트의 저항성을 평가하기 위하여 실시한다.
② 측정 항목은 구조물의 중요도 및 사용 환경을 고려하여 정한다.
③ 수산화칼슘의 정량 및 그 결정의 관찰, 세공경 분포의 측정, 산소 및 염화물 이온의 확산계수, 세공용액의 조성분석, 공기량 및 기포분석 등을 실시한다.
④ 조직검사에는 X선 회절, 전자주사 현미경, 세공경 측정장치, 확산계수측정기, 시차열분석, 질량분석 등이 사용된다.

(3) 중성화 검사

① 콘크리트의 중성화 시험은 페놀프탈레인 1% 용액을 사용하여 평균 중성화 깊이 및 최대 중성화 깊이를 측정한다.
② 중성화 깊이 측정 순서
- 콘크리트 측정면을 청결히 한다.
- 시약을 측정면에 스프레이로 분무한다.
- 측정시기를 정하고 중성화 깊이를 측정한다. 이때 적색으로 착색되었다가 퇴색해 버리는 영역도 중성화 영역으로 한다.
- 중성화 깊이는 1개의 조사 위치마다 평균 중성화 깊이 및 최대 중성화 깊이를 측정하고 mm 단위를 취한다. 그러나 평균치가 위치에 따라 크게 다를 경우는 평균하지 않고 중성화 상태를 상세히 스케치한다.

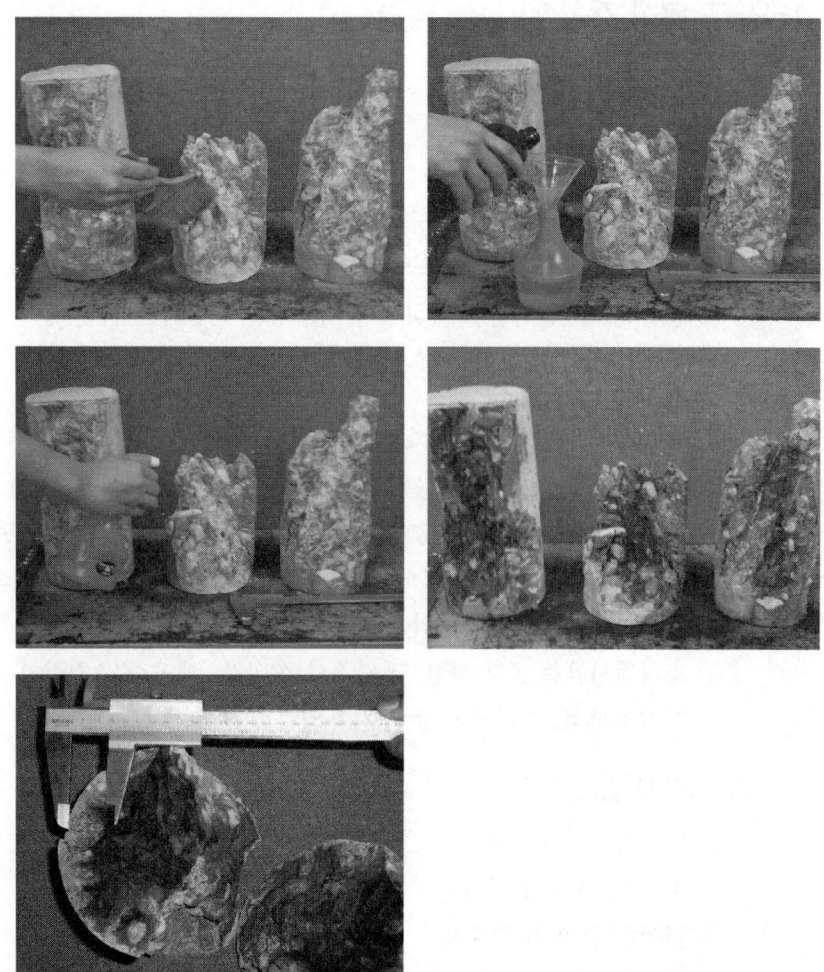

(4) 백화상태 검사

① 탄산이온, 유산이온, 알칼리 및 알칼리 토류성분 등이 백화현상을 일으킨다.
② 백화현상을 일으키는 성분이 시멘트에 함유되어 탄산이온이 반응하여 가용성 염류가 생성되고 콘크리트 표면에 용액으로 이동하여 습윤 증발 후 결정체로써 백화가 생성된다.
③ 수화조직 내부에서도 유산염이 생성되고 외부로부터 다량의 유산염이 침입하여 에트링가이드를 조성하기도 하여 조직이 형성되어 팽창되므로 균열이 발생한다.
④ 백화의 위치 및 면적, 백화현상이 균열을 수반하고 있는지의 여부 등을 확인하며 필요시 백화물의 조직분석을 한다.

(5) 염해 조사

① 허용한도 이상의 가용성 염화물 이온이 콘크리트의 세공 속에 존재하면 철근이 발청한다.
② 철근이 발청되면 체적의 팽창으로 콘크리트의 균열이 발생하고 반복되면 철근에 단면 결손을 가져와 콘크리트 구조물의 열화를 촉진시켜 내화력이 저하된다.
③ 염해는 철근부식을 유발하는 요인이지만 염분량 및 수분과 산소 공급이 없으면 일어나지 않는다.
④ 레드믹스트 콘크리트의 염화물 이온의 한계치를 Cl으로 $0.3kg/m^3$로 규정하고 있지만 일반적으로 철근의 발청을 유발시키는 염화물 이온의 한계치는 $1.2kg/m^3$로 사용하고 있다.
⑤ 주의 할 점은 염화물 이온의 측정 방법보다 시료 채취 및 이온의 추출조건이다.
⑥ 추출조건으로써는 탄산나트륨을 용제로써 800℃에서 용해시키는 것으로부터 20℃에서 용출시키는 것까지 있으므로 시험목적에 맞춰 선택한다.
⑦ 콘크리트에 존재하는 염화물은 해사로 인한 혼입염분과 해안지역 혹은 해양구조물일 경우, 대기 중이나 비말대에서 들어오는 침입염분으로 구분한다.
⑧ 해사를 사용하지 않더라도 해양구조물과 같은 경우에는 침입염분으로 인한 철근 발청이 발생되어 구조물의 열화를 촉진시키는 경우가 있다.

2. 성능 평가

(1) 초음파법에 의한 내부결함 위치측정

① 투과법
- 발진자 및 수진자를 탐사 대상면에 설치하여 탄성파의 도달시간과 파형을 분석하므로 강도 추정이나 내부 결함 등을 검사한다.

② 반사법
- 발진자 및 수진자를 동일 평면상에 설치하고 공동부에서 반사파를 검출하여 균열깊이, 내부 결함, 두께 등을 검사한다.

③ $T_c - T_o$법
- 종파용 발·수진자를 개구부를 중심으로 등간격 $L/2$로 설치하였을 때, 균열 선단부를 회절한 초음파의 전달시간 T_c와 균열이 없는 부분에서의 발·수진자의 거리 L에서의 전파시간 T_o로부터 균열의 심도를 구하는 방법이다.

- 균열깊이(d)

$$d = \frac{L}{2}\sqrt{(T_c/T_o)^2 - 1}$$

여기서, L: 발진자와 수진자 거리
T_c: 균열을 사이에 두고 측정한 전파시간
T_o: 건전부 표면에서의 전파시간

④ T법
- 종파형 발신자를 고정하고 종파용 수신자를 일정간격으로 이동시킬 때 전파시간의 관계로부터 균열의 위치에서의 불연속 시간 t를 도면상에서 구하여 균열의 심도를 구한다.
- 균열깊이(d)

$$d = \frac{t\,\cos(t\,\cot\alpha + 2L)}{2(t\,\cot\alpha + L_1)}$$

여기서, L_1: 발진자에서 균열까지의 거리

⑤ BS-4408에 규정한 방법
- 균열 개구부를 중심으로 종파용 발진자와 수진자를 150mm와 300mm 간격으로 배치한 때의 각 전파시간을 구하는 방법으로서 균열의 심도를 구하는 방법이다.
- 균열깊이(d)

$$d = 150\sqrt{(4t_1 - t_2)/(t_2 - t_1)}$$

여기서, t_1: 150mm 간격시의 전파시간
t_2: 300mm 간격시의 전파시간

⑥ 레슬리법(Leslie)
- 종파 진동자를 사용하여 사각법과 표면법(반사법)을 병용하여 각 측점간의 전파시간에서 표면 개구 균열 깊이를 측정한다.

⑦ 위상 변화를 이용하는 방법
- 균열 개구부를 중심으로 발·수진자의 거리를 변화시키고 균열 선단에서 회절한 파동의 연직방향 변위 위상이 회전각에 의하여 변화시켜 균열 깊이를 결정한다.

⑧ SH파를 이용하는 방법
- 표면파 음속, 횡파의 음속을 알고 전파시간을 계측하여 균열 깊이를 구한다.

(2) 써모그래피법

① 벽면에 대한 온도차를 열화성 정보로 화상 처리를 하여 들뜸부(박리부)를 면적으로 검출한다.
- 측정장치 및 특성
  - 적외선 열화상 촬영장치는 물체의 표면 온도를 비접촉식으로 영상화시키는 장치이다.
  - 적외선을 감지하는 검출기, 적외선 신호를 영상화하는 신호 처리부, 열화상을 화면으로 보여주는 영상표시부 등으로 이루어져 있다. 부속장치로 VCR, PC 등과 연계구성이 가능하다.
- 측정원리
  - 자연계에 존재하는 모든 물체는 절대온도 $0°K$ 이상에서 그 물체의 온도와 방사율에 대응하는 적외선 에너지를 표면으로부터 일정하게 방출한다.
  - 물체로부터 방출되는 적외선 에너지량을 정밀하게 측정하면 물체의 표면온도를 알 수 있다.
  - 적외선 열화상 촬영장치는 대상물체가 방출하는 적외선 에너지를 적정 파장대에 따라 검출하고 열화상으로 대상물의 표면온도 분포를 가시화 해주는 장치이다.
- 진단 방법 및 활용범위
  - 사전 예비 조사로 구조물의 진단위치를 정확히 파악한 후 촬영 및 화상 데이터의 분석을 통해 구조물의 보수·보강을 결정한다.

② 화상 처리는 1차, 2차 화상 처리로 나눈다.
- 화상 처리는 들뜸부를 판별하기 쉽도록 칼라 화상으로 표시하는 일련의 처리를 말한다.
- 1차 화상 처리는 화상의 형상 변형 보정, 위치 조정, 합성 등의 기하학적 보정을 한다.
- 2차 화상 처리는 화상의 특징 영역 추출, 배경제거 등 일련의 과정을 거쳐 들뜸부의 출력, 특정 영역의 면적 및 추정 박리 도면을 출력한다.

③ 적외선 열화상 촬영장치의 활용범위
- 구조물의 노후화 및 성능저하 위치의 판단이 가능하고 인공위성의 지상관측에도 이용된다.
- 자외선과 가시광선을 비교하여 파장이 길고 공기 중에 잘 투과하고 먼 거리에도 관측이 가능하다.

④ 적외선 열화상 촬영장치를 이용한 비파괴 진단 시 유의사항
- 구조물과 통상 15~20m 정도의 거리에서 측정해야 한다.
- 풍속 5m/sec 이내에서 측정한다.
- 일교차가 5℃ 이상일 경우에 효과적이다.
- 측정대상 구조물에 일사가 사입되고 30분 이상 경과한 후(일사량 120kcal/m^2℃ 이상) 실시한다.

4-2-8 철근 조사 및 부식 조사

1. 철근 배근 상태 조사

철근의 위치, 방향, 덮개 등 철근의 배근 상태에 대한 조사는 구조물의 상태 조사 내하력 평가, 보수 보강 등에 사용할 수 있는 자료를 얻기 위해 실시한다.

(1) 전자유도법
① 병렬공진회로의 진폭 감소에 의한 물리적 현상을 이용한다.
② 가해진 진동수의 교류 전류는 탐사자에 내장된 코일을 통해 흐르고 여기서 교류 자장이 생겨 콘크리트 두께와 철근 단면적을 함수로 하여 변화량 탐지로 철근의 존재와 위치, 방향, 피복 두께를 추정한다.
③ 측정 방법
- 측정기의 0점을 조정한다.
- 사용 중 온도차 등에 의해 미터의 편차가 생기는 경우 0점의 위치로 미터 바늘을 조정하여 보정한다.
- 프로브(probe)가 구조체 내의 철근에 근접하면 미터 바늘이 100눈금의 방향으로 움직이기 시작하는데 이때 프로브의 방향을 90° 변경하고 전과 동일하게 하여 수치를 읽어 철근의 위치와 방향을 결정하게 된다.

(2) 전자 레이더법
① 콘크리트 표면에서 내부로 전자파를 방사하여 대상물로부터 반사되는 신호를 받고 철근의 배근상태나 공동 등의 위치 및 깊이를 화상으로 표시한다.
② 측정 대상물의 재질이 금속 및 비금속에 측정이 가능하다.
③ 측정 결과를 현장에서 바로 얻을 수 있다.
④ 5m 분의 데이터를 기억하여 표시할 수 있다.
⑤ 데이터 번호 등의 동시 기록이 가능하고 안테나가 소형 경량이므로 현장 측정이

용이하다.

⑥ 콘크리트 내부는 전파의 감쇄가 작고(도전율이 작고 전기가 잘 통하지 않고) 측정 대상물이 전파를 반사하는 물체(콘크리트와 유전율이 달라)이므로 반사 펄스가 충분히 수신가능 해야 한다.

(3) 철근 조사(철근탐사법)

① 개요

철근 콘크리트 구조체 내부에 배근되어 있는 철근의 위치, 방향, 피복두께 등을 추정하기 위해 구조체 내부로 송신된 전자파가 전기적 특성이 다른 물질인 철근의 경계에서 반사파를 일으키는 성질을 이용하여 측정한다.

② 측정 기기의 종류 및 특징

- RC-Radar
  - 콘크리트의 얕은 부분을 높은 분해능으로 탐사하는 것을 목적으로 한다.
  - 콘크리트 중의 전자파의 속도를 측정한다.

$$V = \frac{C}{\sqrt{\epsilon}}$$

여기서, C: 공기중 전자파의 속도
ϵ: 콘크리트의 비유전율

  - 측정심도 20cm 이내, 철근의 지름이 6mm 이상, 콘크리트의 질이 대부분 균일한 곳, 철근이 안테나 진행방향에 직교한 곳 등이 적용 가능하다.
- Ferroscan 철근 배근 검사
  - 피복두께, 철근 간격 및 직경을 구하는 자극 유도 원리에 의해 작동하며 이것이 모니터에서 그래픽으로 나타낸다.
- Profometer 4
  - 주어진 진동수의 교류감지기의 교류가 코일을 타고 흐를 때 전자장이 발생되어 철근의 피복두께와 직경에 따라 감지기의 전압이 달라지는 특성을 이용한 평행 공진 회로의 탬핑 원리를 이용한다.
  - 측정부위는 가급적 콘크리트 반발경도 시험부위와 동일하게 설정하여 실시한다.

2. 철근의 부식

(1) 부식의 원인

① 콘크리트 속의 철근은 알칼리성인 콘크리트가 싸고 있어 녹이 잘 쓸지 않는다.
② 공기 중의 탄산가스에 의해 콘크리트의 중성화가 철근의 위치까지 도달하면 알칼리성이 상실되어 철근은 부식하게 된다.

(2) 부식 후 상태

① 철근이 부식되면 철산화물과 수산화물이 만들어지는데 이것은 원래의 금속철의 체적보다 훨씬 커다란 체적을 갖게 되어 철근의 반경 방향으로 밀치는 응력이 유발되며 이것은 국부적인 균열을 발생하게 한다.
② 반경 방향의 균열은 철근 길이를 따라 계속 연결되어 콘크리트가 떨어져 나가는 현상이 나타난다.
③ 미세한 할렬 균열은 산소와 수분의 접촉을 쉽게 하여 부식을 촉진하게 되므로 균열이 더 커진다.

(3) 부식에 의한 균열 방지 방법

① 흡수성이 낮은 콘크리트를 사용한다.
② 콘크리트의 덮개를 늘린다.
③ 철근을 코팅하여 사용한다.
④ 콘크리트의 표면을 추가로 덧씌우기 한다.
⑤ 부식을 막는 혼화제를 사용한다.

3. 철근의 부식 상태 조사

- 철근 부식은 균열에 의한 피복 콘크리트의 손상, 부착강도 저하, 단면 결손 등을 유발시켜 콘크리트 구조물의 내하력을 저하시킨다.
- 부식 속도의 비파괴 조사로는 분극 저항법, AC 임피던스법 등이 있다.
- 구조물의 내구성, 내하력, 기능성 등을 평가하는데 그 목적이 있다.

(1) 자연 전위 측정법

① 철근과 조합 전극을 도선으로 전압계의 단자에 접속하고 콘크리트 표면에 조합 전극을 이동시켜 여러 점에서 철근의 전위를 측정한다.
② 콘크리트 표면이 건조한 경우에는 물을 뿌려 표면을 습윤 상태로 만든 후 전위 측정을 한다.
③ 정상적인 콘크리트는 강알칼리성을 나타내어 철근을 부동태화하고 있으며 그 전위는 $-100 \sim 200\text{mV}$를 나타내지만 염화물의 침투와 중성화로 철근이 활성태로 되어 부식이 진행하면 그 전위는 $-$방향으로 변화한다.

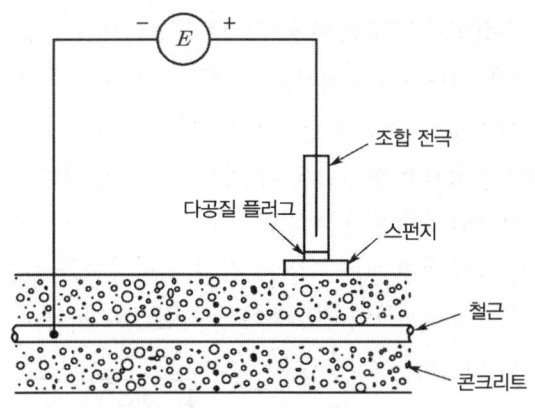
◐ 철근의 자연전위 측정법

④ 전위차를 이용한 부식 평가기준

ASTM 기준	부식 확률
$-200\text{mV} < E$	90% 이상 부식 없음
$-350\text{mV} < E \leq -200\text{mV}$	불확실
$E \leq -350\text{mV}$	90% 이상 부식 있음

(2) 표면 전위차 측정법

① 두 개의 조합 전극을 사용하여 콘크리트 표면에 한쪽의 조합 전극을 고정하고 다른 쪽의 조합 전극을 이동시켜 표면 전위차를 측정하고 전위경사를 구한다.
② 콘크리트 일부를 파괴시켜 철근에 측정 단자를 설치할 필요가 없다.

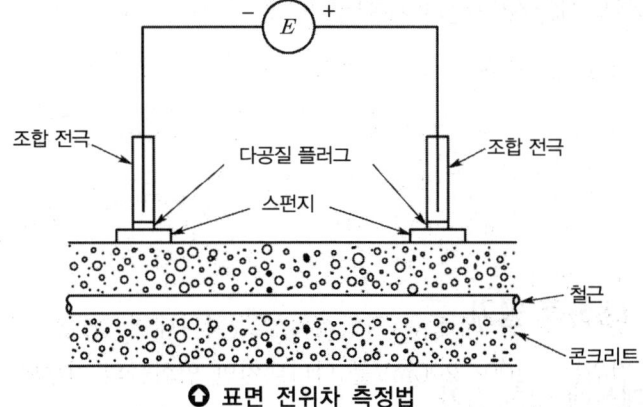
◐ 표면 전위차 측정법

(3) 분극 저항법

① 콘크리트 속의 철근에 외부로부터 미소한 직류 전류를 가하여 생기는 전위 변화를 측정해서 분극 저항을 구하고 이로부터 부식 속도를 산출한다.

② 미리 수산화칼슘 포화 수용액으로 콘크리트를 충분히 적신 후 콘크리트 표면에 접촉액을 침투시킨 스폰지를 매개로 하여 대극과 조합 전극을 설치한다. 작용극은 매설된 철근이며 철근을 노출시켜 리드선을 접속한다.

③ 부식이 진행되면 철근과 철근 접촉부의 저항이 커지기 때문에 측정할 철근마다 리드선을 교체할 필요가 있다.

④ 콘크리트 표면에 50~100cm 간격의 격자점을 설치하고 격자점마다 분극저항 측정결과를 사용하여 지도화하므로 철근의 부식 속도를 추정한다.

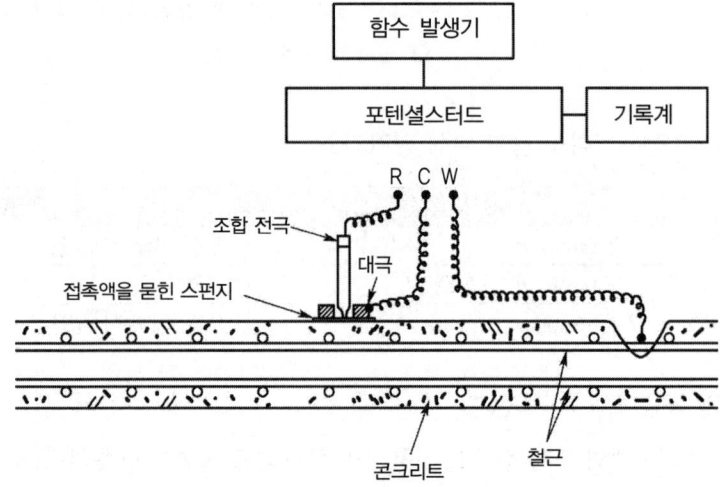

❂ 분극저항 측정 방법

(4) AC 임피던스법(전기 저항법)

① 측정은 고주파측 10~100kHz로부터 저주파측 0.1~10mHz까지 실시한다.

② 고주파측의 측정은 단시간에 실시할 수 있지만 저주파측을 측정할 때에는 측정이 장시간 소요된다.

③ 조합 전극과 대극의 위치는 분극 저항의 경우와 동일하다.

4-2-9 내하력 평가

1. 구조계산에 의한 평가

(1) 콘크리트 구조물에 균열이 발생하여 균열 진행이 확인된 경우와 하중으로 박리 중 단면의 결손도가 커진 경우, 휨이 설계 값에 비하여 큰 경우에는 단면 상태를 파악하여 내하력을 검토한다.

(2) 구조물의 설계도면이 없거나 시공상 이유로 설계 단면과 차이가 있으면 구조물을 실측하여 단면을 구한다.

2. 재하시험에 의한 방법

(1) 완공된 철근 콘크리트 구조물이 콘크리트 강도시험에 불합격된 경우에 시험을 한다.

(2) 시공상의 결함이 인정된 경우에 시험을 한다.

(3) 구조물이 노후화가 진행되었거나 설계하중을 초과하는 하중이 통상적으로 작용하는 경우 및 예기치 않은 손상을 입은 경우에 시험을 한다.

(4) 재하시험은 하중을 받는 구조부분의 재령이 최소한 56일이 지난 다음에 시행하여야 한다.

(5) 재하 할 시험하중은 해당 구조 부분에 작용하고 있는 고정하중을 포함하여 설계 하중의 85%, 즉 $0.85(1.2D+1.6L)$ 이상이어야 한다.

(6) 처짐, 회전각, 변형률, 미끄러짐, 균열 폭 등 측정값의 기준이 되는 영점 확인은 시험하중의 재하직전 한 시간 이내에 최초 읽기를 시행하여야 한다.

(7) 측정값은 최대 응답이 예상되는 위치에서 얻어야 하며, 추가적인 측정값은 필요에 따라 구할 수 있다.

(8) 시험하중은 4회 이상 균등하게 나누어 증가시켜야 한다.

(9) 시험 대상 부재에 하중이 불균등하게 전달되는 아치 현상은 피하여야 한다.

(10) 응답 측정값은 각 하중단계에 따라 하중이 가해진 직후 시험 하중이 적어도 24시간 동안 구조물에 작용된 후에 측정값을 읽어야 한다.

(11) 최종 잔류 측정값은 시험 하중이 제거된 후 24시간 경과하였을 때 읽어야 한다.

3. 진동계측에 의한 방법

- 바닥 슬래브나 보와 같은 수평부재는 휨 진동을 실측하여 탄성진동을 검토한다.
- 휨 진동은 사람이 걷는다든가 모래주머니를 떨어뜨리는 등 쉽게 할 수 있다.

(1) 강제진동시험

① 1차 및 2차 진동수, 모드, 감쇠를 조사하는데 적당하다.

② 기진기의 회전수를 일정하게 지지하면서 슬래브면 각 개소의 진폭을 측정하여 진동 모드를 알 수 있다.

(2) 상시미동시험

건물, 지반은 교통기관, 기계 등이 일으키는 진동의 영향을 받아 발생하는 미소 진폭의 진동을 측정한다.

(3) 충격진동시험

① 1차 고유진동수와 진폭, 감쇠정수를 조사하는데 적당하다.
② 강제진동시험에 비해 훨씬 간편하게 실시할 수 있다.

4. 공용 내하력 평가(허용 응력법 적용)

(1) 내하율

사하중과 활하중에 의한 응력은 대상 부재 단면에 있어서 철근 및 강재부식, 콘크리트의 중성화, 염해, 동해 등에 의한 강도 저하와 단면 손실 등을 고려한다.

(2) 기본 내하율

내하율×설계활하중

(3) 공용 내하력

응력보정계수×내하율×설계활하중

4-3 보수·보강공법

4-3-1 유지 관리 대책

1. 개요

(1) 일반사항

① 시설물의 평가·판정 결과에 따라 유지 관리 대책이 필요한 경우 유지 관리의 구분을 고려하여 보수·보강 및 안정화, 사용제한 혹은 철거 가운데 적절한 것을 선정한다.
② 열화 원인이나 손상의 정도에 따라 적절한 방법과 시기에 실시한다.

(2) 보수·보강 및 안정화

① 보수는 열화를 일으킨 시설물의 내구성 등 주로 내력 이외의 기능을 회복시키기 위해 실시한다.
② 보수할 경우 내구성이 좋은 보수공법으로 한다.
 • 균열이나 박리된 콘크리트 시설물의 손상 회복
 • 염화물 이온의 침입이나 중성화에 의해 열화된 콘크리트의 제거
 • 유해 물질의 재 침투 방지를 위한 표면 피복 등
③ 보강할 경우 보강공법은 내구성이 좋고 저하된 내력을 회복시킬 수 있는 것으로 한다.
 • 균열이나 박리된 콘크리트 시설물의 손상 보수
 • 열화된 부재의 교체나 교환 설치
 • 콘크리트나 강판 등 보강을 위한 부재의 증설
 • 프리스트레스의 도입
 • 내구성 향상을 위한 개수 등
④ 보수·보강의 수준은 위험도, 경제성 등을 고려하여 현상유지(진행억제), 실용상 지장이 없는 성능까지 회복, 초기 수준 이상으로 개선, 개축 중에서 선택한다.
⑤ 구조체에 진행하고 있는 바람직하지 않는 상황이나 원인을 중지 또는 제거시키기 위하여 그라우팅이나 디워터링 등의 안정화 조치를 한다.

(3) 사용제한

① 지진, 화재, 충돌 등의 돌발적인 현상에 의한 손상을 입은 시설물은 응급조치와 동시에 하중규제, 통행금지, 속도제한을 실시한다.
② 점검결과 성능저하가 현저하면 정밀안전진단을 실시하여 적절한 조치를 한다.
③ 시설물의 사용을 제한할 경우 시설물의 잔존수명 확보 가능성이 분명하다고 판단될 때에는 보수·보강 대신 사용제한 조치를 취하여도 좋다.

(4) 철거

① 환경조건, 안전성, 해체 후의 처리, 공사기간 등을 고려한 후 대상 시설물에 적합한 공법으로 선정한다.
② 단독공법이 아니라 2~3 종류의 해체공법이 조합되는 것이 일반적이며 환경과의 관계, 안전성, 해체 폐기물의 처리공기, 경제성 등에 충분한 배려를 한다.

2. 보수

(1) 일반사항

① 열화와 손상 및 하자를 충분히 조사하고 구조의 특성, 중요도, 시공성, 유지 관리, 내구성 등을 고려해서 그 시설물의 중요도에 따라 적절한 보수 수준을 정하여 실시한다.
② 유지 관리의 구분, 시설물의 중요도, 잔존설계 내용기간, 경제성 등을 고려하여 적절한 보수수준을 정한다.
③ 보수 수준은 보수 후의 시설물에 기대되는 내용기간, 보수 후에 필요한 점검 방법이나 빈도 등을 고려하여 설정할 필요가 있다.

(2) 보수의 기본

① 열화나 손상 및 하자 원인을 규명하여 상황에 적합한 보수를 실시한다.
② 열화 원인을 제거해야 하지만 제거 못 할 경우에는 열화 방지 대책을 마련한다.

(3) 보수계획

① 열화 원인에 적합한 보수공법을 선정함과 동시에 소요의 보수 수준을 정하여 보수의 방침, 보수 재료의 사양, 보수 후의 단면치수, 시공 방법 등을 결정한다.
② 보수의 요구 수준은 시설물의 현 상태 수준 이상으로 한다.

③ 열화 기구별 보수계획

열화 기구	보수방침	보수공의 구성	보수 수준을 만족시키기 위해 고려하여야 할 요인
염해	• 침입한 Cl^-,의 제거 • 보수 후의 Cl^-, 수분, 산소의 침입 억제	• 단면 복구공 • 표면 보호공	• Cl^- 침입부 제거의 정도 • 철근의 방청 처리 • 단면 복구재의 재질 • 표면 보호공의 재질과 두께
	• 철근의 전위 제거	• 양극 재료 • 전원 장치	• 양극재의 품질 • 분극량
중성화	• 중성화된 콘크리트의 제거 • 보수 후의 CO_2, 수분의 침입 억제	• 단면 복구공 • 표면 보호공	• 중성화 부분 제거의 정도 • 철근의 방청 처리 • 단면 복구재의 재질 • 표면 보호공의 재질의 두께
동해	• 열화한 콘크리트의 제거 • 보수 후의 수분 침입 억제 • 콘크리트의 동결 융해 저항성의 향상	• 단면 복구공 • 균열 주입공 • 표면 보호공	• 단면 복구재의 동결 융해 저항성 • 균열 주입재의 재질과 시공법 • 표면 보호공의 재질과 두께
알칼리 골재 반응	• 수분의 공급 억제 • 내부 수분의 산화 촉진	• 균열 주입공 • 표면 보호공	• 균열 주입제의 재질과 시공법 • 표면 보호공의 재질과 두께
화학적 콘크리트 침식	• 열화한 콘크리트의 제거 • 유해 화학 물질의 침입 억제	• 단면 복구공 • 표면 보호공	• 단면 복구공의 재질 • 표면 보호공의 재질과 두께 • 열화 콘크리트 제거의 정도
피로(도로교 철근 콘크리트 상판의 경우)	• 경미할 경우에는 균열 진전의 억제(대부분은 보강에 해당한다.)		

(4) 시공 및 검사

① 보수는 보수 계획에 따라 확실한 시공을 한다.

② 시공 환경이나 시공기간을 고려한다.

③ 시공 중의 관리항목
  • 하자 처리의 정도
  • 배근상황
  • 단면복구재의 두께
  • 표면 보호공의 두께나 곰보의 유무

④ 보수방침과 보수 수준을 고려하여 관리항목을 정해 시공 중의 검사를 한다.

⑤ 공정마다 관리항목과 그 기준을 설정한 뒤에 시공관리를 한다.

⑥ 필요에 따라 재료검사 및 시공검사를 한다.
  • 보수에 사용하는 재료는 보수 계획에 적합한 역학적 성능 등의 제성능과 내구성을 갖추어야 한다.

• 보수의 시공관리는 보수재료에 필요한 품질을 규격화하고 관리기준을 정하여 재료 검사를 한다.

3. 보강

(1) 일반사항

① 보강 수준은 대상 작용 하중에 대한 내하력 회복의 정도 및 요구 수준의 향상 정도이다.

② 보강 시 고려할 사항
- 평가, 판정결과
- 열화 원인
- 시설물의 특성
- 중요도
- 하중조건
- 시공성
- 유지 관리
- 잔존설계 내용기간

③ 열화 요인과 보강 방법

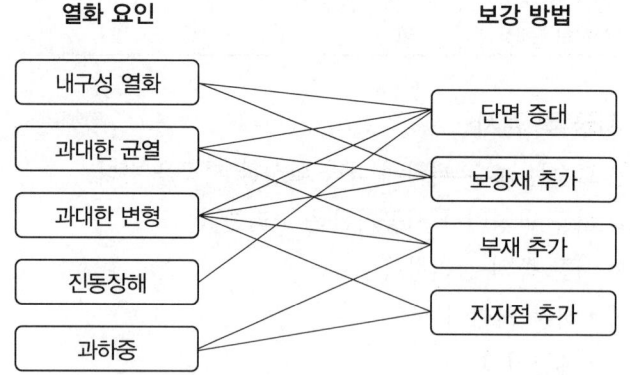

④ 보강

열화와 손상 및 하자에 대하여 충분한 조사를 하고 구조의 특성, 중요도, 시공성, 유지 관리, 내구성 및 내하력 등을 고려해서 적절한 보강 수준을 정하여 실시한다.

(2) 보강의 기본

① 콘크리트 시설물의 보강은 보강 수준을 만족하는 적절한 방법에 의해 실시한다.

② 보강공법의 종류

목적		보강공법
보강·사용성 회복 또는 향상	콘크리트 부재 교체	교체공법
	콘크리트 단면 증가	두께증설공법
		콘크리트감기공법
	부재 추가	종방향 거더증설공법
	지지점 추가	지지공법
	보강재 추가	연속섬유시트 접착공법(FRP 접착공법)
		강판감기공법
		FRP 감기공법
	프리스트레스 도입	프리스트레스도입공법

③ 보강 방법으로부터 대상-교량의 보강 방법을 선정하는 경우에는 발생하고 있는 열화기구, 열화 정도, 부위·부재, 보강효과, 시공성, 경제성 및 공사 중 주변 환경에의 영향 등에 대해서도 고려하는 것이 중요하다.

④ 보강공법별 적용 부재

보강·사용성 회복의 목적	대책 개요	주된 공법 예	적용 부재					
			전반	보	기둥	슬래브	벽2	슈
콘크리트 부재	부재교체	교체공법		○	○	◎	◎	
	단면두께증설	두께증설공법		○		◎		
	접착	접착공법	◎	○	◎	○		
	감기	감기공법			◎		○	
	프리스트레스 도입	외부케이블공법	◎	○	○			
구조체	보(거더)증설	증설공법		◎		◎		
	벽 증설	증설공법					◎	
	지지점 증설	증설공법		◎		◎		
	면진화	증설공법	◎					◎

※ 보충
  1) 두께증설공법: 상부 면 두께증설공법, 하부 면 두께증설공법
    접착공법: 강판접착공법, 연속섬유시트접착공법(FRP 접착공법)
    감기공법: 강판감기공법, 연속섬유시트감기공법, RC 감기공법, 모르타르뿜칠공법, 프리캐스트 패널감기공법
    프리스트레스도입: 외부케이블공법, 내부케이블공법
    증설공법: 보(거더)증설공법, 내진벽증설공법, 지지점증설공법
  2) 벽식교각을 포함 함
    ◎: 실적이 비교적 많은 것
    ○: 적용이 가능하다고 사료되는 것

(3) 보강계획

① 해당 시설물에 적용된 시방서나 진단보고서 결과 등에 기초를 두어 실시한다.
② 점검, 진단, 판정에 기초하여 소정의 보강 수준을 만족시키는 방법 중에서 재료, 구조, 시공, 내구성 등을 고려하여 경제적인 것을 선택한다.

(4) 시공 및 검사

① 기존 시설물을 손상시키지 않도록 한다. 예를 들어 철근 콘크리트 시설물의 보강을 하기 위하여 시설물에 천공을 실시하는 경우에는 사전에 철근이나 PS 콘크리트 부재 등의 검사를 통해 배근 상태를 확인한다.
② 기존 시설물에 대한 바탕 처리는 설계조건을 만족하게 한다.
③ 사용 재료는 KS 규정에 의하여 설계조건을 만족하게 한다.
   • 역학적 성능이나 내구성을 갖출 것
   • 재료의 품질을 규격화하고 적절한 관리 기준을 정하여 검사할 것
   • KS 규격 재료는 기존 규격의 적절한 것을 사용하고 규격이 없는 재료는 규격을 정할 것
④ 보강 후 설계에 부합된 시공이 되었는지 검사한다.

4. 안정화

① 콘크리트 시설물이 내·외적 상황이나 원인에 의하여 이상 거동이 일어나는 것을 중지 또는 제거시키기 위하여 적절한 안정화 조치를 취한다.
② 안정화 조치는 정밀안전진단의 결과에 따라야 한다.
③ 콘크리트 시설물의 안정화 방법은 이상 거동의 상황이나 원인을 제거하는 수준에서 실시한다.
④ 안정화 조치의 요구 수준은 균열의 진행이나 변형 및 지반 침하 등을 중지시키는 것으로 한다.
⑤ 안정화 조치가 소정의 조건에 부합된 것인가를 확인하기 위하여 일정기간 동안 정기 검사를 실시한다.

5. 기록

(1) 콘크리트 시설물의 유지 관리를 적절히 실시하기 위해 점검, 진단, 판정, 보수·보강, 안정화 조치 등의 결과를 필요에 따라 기록·보존한다.

① 기록이란 시설물의 제원, 점검의 내용이나 결과, 점검결과의 평가·판정, 보수·보강 등의 대책의 실시내용 등 시설물의 유지 관리에 필요한 내용을 이후의 유지 관

리의 자료로 참조하기 위해 보존하는 것을 말한다.
② 기록은 콘크리트 시설물의 유지 관리를 효율적, 합리적으로 실시하기 위한 자료를 얻는 것을 목적으로 하며 그 결과를 보존함으로써 유지 관리 기술의 타당성을 확인하는 것이 가능하다.
③ 기록은 시설물의 제원, 점검 내용이나 결과, 평가·판정, 보수·보강 등의 내용을 참조하기 쉬운 형태로 보존한다.
④ 항상 최근의 내용이 기록 될 수 있도록 한다.

(2) 기록의 내용과 보존기간은 유지 관리의 구분에 따라 정한다.
① 유지 관리를 연속하여 실시할 필요가 있는 기간 동안 보존한다.
② 사용 완료 후 해당 시설물의 유지 관리에는 필요 없지만 유사한 타 시설물의 유지 관리에 도움을 주기 때문에 보존한다.

(3) 기록 방법은 내용이 적절히 표현 가능하며 필요한 기간, 용이하게 표현된 내용을 판독할 수 있는 방법으로 한다.
① 기록은 정확하고 객관적인 데이터를 사용하고 점검 방법, 평가, 판정 방법을 일정하게 실시하며 시설물에 따라 기록 방법을 미리 정해 둔다.
② 유지 관리 기록은 유지 관리의 구분, 종류 내용 및 시설물의 종류에 따라 알기 쉬운 데이터 시트를 사용하여 실시한다.
③ 기록은 플로피디스크, 광디스크, 마이크로필름 등 이용하기 쉬운 상태로 보존 할 필요가 있다.

4-3-2 보수·보강 종류 및 방법

1. 보수공사

(1) 표면처리공법

① 콘크리트 표면에 피막층 형성 방법
- 0.2mm 이하의 미세한 결함에 대해 방수성, 내화성을 확보할 목적으로 한다.
- 구조 성능이나 미관성을 확보하기 위해 이용되지 않는다.

② 어느 정도 넓은 범위로 콘크리트 표면 전체를 피복하는 방법
- 일반 구조물의 마감공법 중 콘크리트의 내구성, 방수성, 미관성을 확보하기 위해 이용된다.
- 구조 성능을 회복 할 목적으로는 효과가 없다.

③ 표면처리공법은 결함 내부의 처리가 가능하지 않으며 결함이 계속 진행되는 경우에는 결함의 움직임을 추종하기 어렵다.
④ 재료는 도막 탄성 방수재, 폴리머 시멘트 페이스트 보수재, 시멘트계 충전재 등이 쓰인다.
⑤ 시공 시 콘크리트 표면을 와이어 브러쉬, 그라인더 등으로 문질러 거칠게 하며 표면 이물질을 제거하고 물 등으로 청소한 후 충분히 건조 시킨다. 그리고 콘크리트 표면의 기공 등을 수지 모르타르로 메우고 적절한 보수 재료로 결함부를 피복한다.

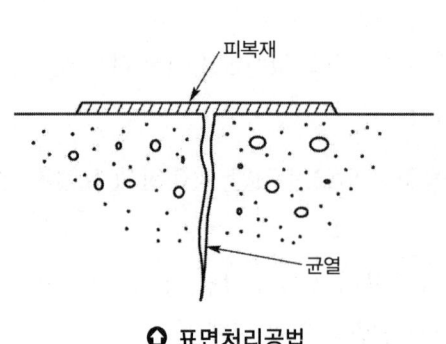

○ 표면처리공법

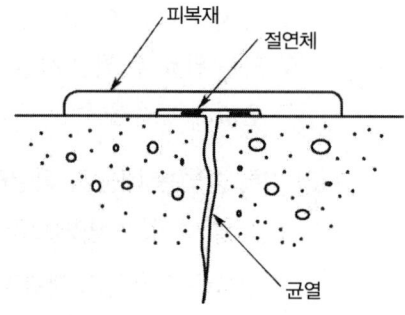

○ 결함폭의 변동이 큰 경우의 표면처리공법

⑥ 결함부 표면처리공법
  • 비교적 간단한 보수공법으로 균열 폭의 거동이 적은 경우는 에폭시 수지, 균열 폭의 변동이 큰 경우에는 유연성 에폭시, 폴리우레탄 등이 이용된다.
  • 간단한 보수에는 시멘트 모르타르, 폴리머 시멘트계 보수재 등을 이용한다.
⑦ 전면처리공법
  • 마감공법과 유사하며 콘크리트 구체의 내구성, 방수성을 향상시키는 효과가 큰 마감재료·공법을 보수 효과를 목적으로 이용한다.
  • 결함이 콘크리트의 표층 전 부위에 걸쳐서 발생했을 때 실시한다.
  • 보수공법을 시공한 후 미관상의 이유에서 실시하는 경우는 많다.
  • 콘크리트 표면의 내구성, 방수성 특히 미관성 향상을 위해 실시한다.

(2) 주입공법

균열 폭이 0.2mm 이상의 경우에 결함 부분에 수지계 또는 시멘트계, 혼합계의 재료를 주입하여 강도보강, 방수성, 내구성을 향상시키는 공법이다.
외장 마감재(모르타르, 타일, 판넬 등)가 콘크리트의 구체에서 들떠 있는 경우의 방수에도 사용된다.

① 고압식 주입법

주입 시 소형펌프와 전동기를 사용하여 비교적 다량으로 주입하는 방식이다.

- 장점
  - 다량의 수지를 단시간에 주입할 수 있다.
  - 벽, 바닥, 천정 등의 부위에 따른 제약이 없다.
  - 주입구 한 개소에서 넓은 면적을 주입할 수 있다.
  - 들뜸이 매우 적은 부위, 모재와 접착되어 있지 않은 부위와, 박리 직전의 부위에도 주입이 가능하다.
  - 주입량을 정확히 알 수 있다.
  - 주입압이나 속도를 정확히 알 수 있다.
- 단점
  - 결함 폭 0.5mm 이하의 경우에는 주입이 매우 곤란하다.
  - 공극부에 압력이 가해진다.
  - 주입 시 압력펌프를 필요로 한다.
  - 경우에 따라 압착 양생을 필요로 한다.
  - 주입조작, 기기취급 시 숙련도가 요구되어 관리상의 문제점이 있다.

② 저압 저속식 주입법

결함위에 주입수지가 들어있는 용기를 설치하여 고무압, 용수철압, 공기압 등으로 서서히 수지를 주입하는 방식이다.

- 수지가 들어있는 기구를 결함위에 설치하면 사람의 손을 필요로 하지 않으며 기구에 걸려있는 압력에 의해 자동으로 주입되며 저압력이므로 실(seal)부의 파손도 적으며 확실성이 높아 시공관리가 용이하다.
- 기구가 투명하고 볼록하므로 수지의 양을 육안으로 관찰이 용이하며 수지의 주입량과 상황을 정확하게 파악할 수 있다.
- 주입되는 수지의 거동은 동심원상으로 확대 되므로 주입압력에 의한 결함이나 들뜸이 조장되지 않는다. 주입압력은 균열종류, 시공 종류에 따라 달라져야 하고, 그 압력은 $3 \sim 4 kg/cm^2$ 범위로 한다.
- 주입되는 수지는 다양한 점도의 것을 사용할 수 있다.
- 주입재는 에폭시 수지 이외에도 무기질제의 슬러리로 사용할 수 있어 습윤부에도 사용이 가능하다.
- 주입기에 여분의 주입재료가 남아 재료의 손실이 크다.

③ 주입공법은 콘크리트 표층 상부만에 존재하는 결함, 망상결함, 길이가 작고 불연속으로 분산한 결함에 적용이 곤란하다.

④ 경량기포 콘크리트판(ALC판), 현장 발포 콘크리트 등 경량 콘크리트의 보수에는 보수재료가 콘크리트 중의 세공구조 중에 분산하여 주입 압력을 향상시킬 수 없는 것이 많으며 주입 완료 후 콘크리트 중에 이동하여 충분히 주입할 수 없는 것이 많다.

⑤ 주입 보수의 예
- 비 진행형 균열의 에폭시 수지 주입재에 의한 보수
  - 구조물의 강성 향상을 위한 결함 보수공법이다.
  - 주입재는 주제와 경화제의 2액 혼합경화형 에폭시 수지를 이용한다.
  - 우레탄계 수지 재료는 습윤환경의 결함보수에 사용이 가능하다.
- 진행형 균열의 보수
  - 반응성 골재에 의한 결함에 대한 보수공법이다.
  - PSC 구조물에서는 0.2mm 이상, RC 구조물에서는 0.3mm 이상의 결함을 대상으로 주입재를 주입한다.
  - 시공은 저압 주입공법을 이용하고, 주입재는 결함의 추종성을 고려하여 신율이 큰 유연형을 표준으로 한다.
  - 유연형 에폭시 수지계, 시멘트 혼입 폴리머계, 발포우레탄계 주입재가 사용된다.
- 누수 진행 균열의 보수
  - 지하 구조물의 외벽체 및 천정슬래브, 건축물의 누름층과 슬래브 등에서는 배면 그라우팅형의 주입공법 및 재료가 필요하다.
  - 배면 그라우팅 방법으로는 기존의 방수층 및 보호층과 콘크리트 구체의 틈새에 점착·팽창성 유연형의 보수재를 주입하는 방수층 재형성 주입 방법이 가장 바람직하다.
  - 누수의 진행을 차단하고 콘크리트 내부로 물의 침입을 차단하기 위해 구체 배면을 우선 차단시킨다.
- 무기 및 유기 결정형 분말형 도포 방수재에 의한 표면 도포 보수
  - 무기질계는 균열 폭이 0.2mm 이하의 결함에 적용하며 균열 폭이 크거나 진행성 균열, 거동 균열에는 부적당하다.
  - 유기질계는 균열 폭이 0.2mm 이하의 결함에 적용하며 균열 폭이 다소 크더라도 정적 거동(미세 거동) 균열에는 균열 폐쇄 효과가 있다.
- 기타 방수재에 의한 표면 도포 보수
  - 건축물의 옥상 슬래브를 대상으로 한 비진행형 균열에서의 누수 시 보수 방

법은 표면에 방수재를 도포하거나 기존의 방수층을 주입재에 의해 재형성시킨다.

(3) 충전공법

0.5mm 이상의 큰 폭의 결함 보수에 적용한다. 결함에 따라 콘크리트를 U형 또는 V형으로 잘라내고 그 부분에 보수재를 충전한다.

① 철근이 부식하지 않는 경우
- 약 10mm의 폭으로 콘크리트를 U형 또는 V형으로 잘라낸 후 실(seal)재, 탄성형(유연형) 에폭시 수지 및 폴리머 시멘트 모르타르 등을 충전한다.
- U형으로 잘라내는 경우는 결함을 따라 양측에 커터로 구조물을 절단한 후 그 사이의 콘크리트를 떼어낸다.
- V형으로 잘라내는 경우는 전동 드릴 끝에 원추형 다이아몬드 비트를 부착하여 결함에 따라 잘라낸다.
- 폴리머 시멘트 모르타르를 충전하는 경우에는 충전한 모르타르의 박리, 박락이 일어나기 쉽기 때문에 U형으로 잘라내는 것이 좋다.

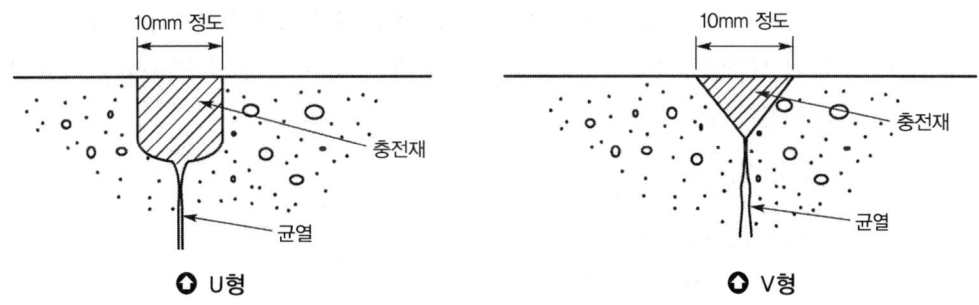

◆ U형   ◆ V형

② 철근이 부식되어 있는 경우
- 시공 순서
  - 철근이 부식되어 있는 부분을 처리 할 수 있을 정도로 콘크리트를 제거한다.
  - 철근의 녹을 제거한 후 방청도료를 바른다.
  - 콘크리트에 프라이머를 도포한다.
  - 폴리머 시멘트 모르타르나 에폭시 수지 모르타르 등의 보수재료를 충전한다.
- 보수 방법
  - 보수재료에 의해 물리적으로 부식을 방지하는 방법
  - 콘크리트에 알카리성을 부여하여 화학적으로 억제하는 방법

- 보수 시 유의사항
  - 부식한 철근의 녹을 완전히 제거하는 것을 원칙으로 한다.
  - 콘크리트에 결함이 발생하지 않은 부분도 포함하여 보수한다.
  - 결함은 진행성으로 균열 폭이 확대하는 것이 많기 때문에 변형 추종성이 큰 보수 재료를 사용한다.

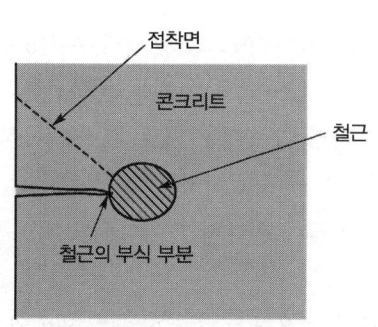 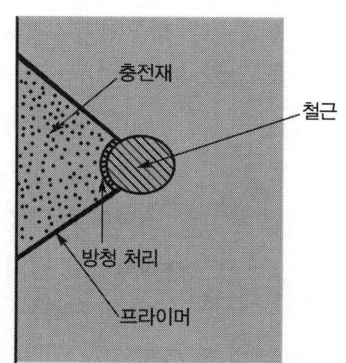

③ 결함면은 습윤 상태가 많아 에폭시 수지계 보수재료를 사용하는 것이 좋다.
④ 시멘트계 보수 재료는 주입성능이 합성수지계에 비해 떨어지나 수경성이므로 습윤면 시공에 적합하고 내구성, 내화성이 커 화재 발생 시 유리하다.(에폭시계는 내화성이 떨어진다.)

(4) 전기 방식에 의한 공법

① 염해구조물의 적용
- 철근의 부식이 시작하고 있지만 아직 콘크리트가 건전한 경우
  - −0.2V 이상: 녹 발생 없음(90% 이상의 확률)
  - −0.2~−0.35V: 불확정
  - −0.35V 이하: 녹 발생 있음(90% 이상의 확률).
- 콘크리트의 소규모 복구를 하는 경우 불건전 또는 성능 저하 콘크리트부를 제거 복구하여 전기 방식을 한다.
- 콘크리트의 대규모 복구를 하는 경우 전면적인 콘크리트의 복구를 하여 전기 방식을 한다.
- 철근 콘크리트의 전기 방식의 방식 전류밀도(초기)는 약 $20mA/m^2$이다.
- 필요하면 방식 대상 구조물에 대해서 현지 통전 실험을 행하고 초기치를 구한다.
- 유지 방식 전류 밀도는 초기치의 절반 이하로 감소한다.

- 전기 방식에서 양극이 되는 철근이 모두 전기적으로 접촉해야 하므로 전극을 붙이기 전에 전압 강하 측정법에 따라 철근 사이의 저항을 측정하고 전기전도를 확인하고 전기 전도가 불충분할 때는 철근 간을 용접한다.
- 철근 이외의 금속 부속물이 전극과 접촉 할 염려가 있으므로 유의한다.

② 외부 전원 방식
- 티탄 매시 방식
  - 철근과 매시 사이에 외부에서 설치한 직류 전원으로부터 방식 전류를 공급한다.
  - 티탄 매시를 콘크리트 표면에 고정하고 폴리머 몰탈 또는 시멘트 모르타르의 덧칠(두께 20~25mm)을 한다.
- 도전성 도료 방식
  - 외부 전원에서 방식 전류를 1차 전극(백금 피복 티탄선)에 전하고 1차 전극을 고정하는 도전성 퍼티와 1차 전극에 접촉하는 2차 전극에 전달하고 콘크리트를 통하여 철근에 방식 전류를 유입시킨다.
- 내부 양극 방식
  - 전극계는 전극봉(백금 피복 티탄선)과 채움재로 한다.
  - 콘크리트 면에 뚫린 드릴구멍(직경 12mm) 중에 채움재와 전극봉을 삽입한다.
  - 덧칠을 하지 않기 때문에 전위 측정 시 영향이 없고 시공시간이 짧다.

③ 유전 양극 방식
- 철보다 전위가 낮은 금속을 전극으로 하여 방식 전류를 콘크리트를 통해 철근에 흘린다.
- 전극에는 일반적으로 아연이 이용된다.
- 외부 전원이 필요 없다.

(5) 콘크리트 구체 손상부 보수공법

철근의 부식의 유무, 결손의 크기(깊이, 면적), 보수면의 방향(수직면, 상단면, 하단면, 경사면) 등에 따라 대책을 세운다.

① 손상부의 제거 및 바탕 처리
- 떼어내기
  - 구조 내력에 영향을 주지 않는 범위 내에서 손상부(성능 저하 및 취약부)를 모두 제거한다.
  - 단부가 얇은 층으로 되는 것을 피하고 수직으로 절단하여 각이 예각으로 되

지 않도록 하여 복구재의 박리·박락을 막을 수 있게 한다.
- 철근 주위를 떼어내는 경우에는 철근의 녹 제거 작업 및 방청 처리가 용이하고 복구재가 확실히 충전되도록 철근의 뒷쪽까지 떼어낸다.

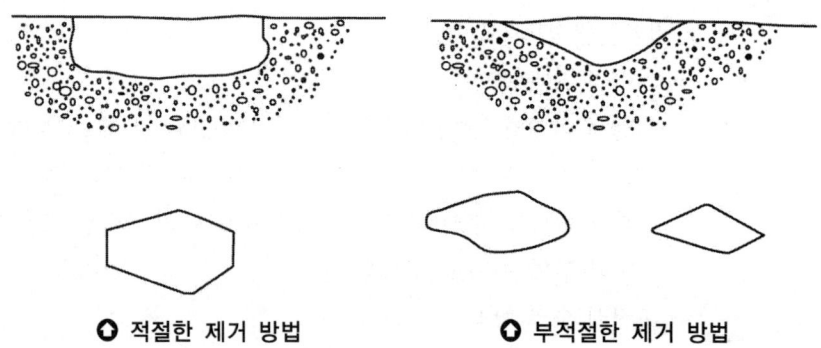

◯ 적절한 제거 방법   ◯ 부적절한 제거 방법

- 철근의 녹 제거
  - 완전히 녹을 제거해야 하지만 현실적으로 불가능한 경우가 많다.
  - 녹 제거 작업에서는 적어도 들뜬 녹은 제거 하여야 한다.
- 세정(물세척)
  - 보수면의 이물질 및 떼어내기 작업시의 파편을 제거하기 위해 충분히 한다.
  - 물 세척이 반드시 필요할 경우에는 고압수 세정기(수압 약 200kgf/cm^2)를 사용하는 것이 좋다.

② 철근의 방청 처리
  - 방청 처리재는 폴리머 시멘트계 및 합성 수지계가 있다.
  - 처리는 스프레이 또는 붓으로 철근에 0.1~2mm 두께로 바른다.
  - 합성 수지계에서는 에폭시 수지가 많이 쓰인다.
  - 폴리머 시멘트 페이스트는 1~2mm 두께로 도포하나 가능한 2회로 나누어 도포하고 줄을 치는 듯이 철근 위에 페이스트를 붙이도록 한다.
  - 철근을 뒤쪽까지 떼어내어 처리하는 경우는 스프레이로 처리하는 것이 쉽다.

③ 단면복구 처리
  - 비교적 단면 복구 규모가 적은 경우에는 미장공법으로 폴리머 시멘트 모르타르 혹은 경량에폭시 수지 모르타르가 사용된다.
    - 폴리머 시멘트 모르타르에 의한 미장공법은 1회 도포 두께가 1mm 이하로 하고 두꺼운 경우는 수회로 나누어 시공한다. 단, 결손 면적이 적고 깊은 경우에는 시험시공에 문제가 없는 것으로 확인된 경우에는 1회의 바름 두께를 10mm 정도로 하여도 좋다.

- 경량 에폭시 수지 모르타르에 의한 미장공법은 경화가 빠르고 취급이 간단하기 때문에 경미한 신축 보수에 적합하다.
- 규모가 큰 대단면의 복구공법은 구조물의 환경, 용도, 긴급도, 부위, 시공의 정도 등으로 선택한다.
  - 속경성이 요구되는 경우에는 건식 숏크리트공법이 적용된다.
  - 거더 및 보의 하단부는 프리플레이스트 콘크리트공법 및 모르타르의 주입공법이 선택된다.
  - 드라이 팩 콘크리트공법, 콘크리트 이어치기공법, 모르타르의 습식 숏크리트공법 등이 적용된다.
  - 재료는 폴리머 시멘트 모르타르, 무수축 모르타르, 보통 콘크리트, 폴리머 시멘트 콘크리트가 사용된다.

④ 바탕조정
- 보수할 때의 바탕 조정은 성능 저하 표면 및 요철 등의 결함부가 있는 경우가 많으므로 비교적 두껍게 시공하는 경우가 있다.
- 표면의 요철이 작은 경우에는 1~2mm의 두께가 필요하고 요철이 큰 경우에는 4~5mm의 두께가 필요하게 된다.

(6) 표층 취약부의 보수공법

① 바탕 처리
- 표면의 취약부, 마감재의 들뜸 제거
  - 침투성의 알칼리 회복재 도포시 침투효과를 증대시키기 위해 성능이 저하된 부분이나 기존의 마감재층(도막, 도장 등)을 제거한다.
- 노출 철근 주면의 콘크리트 들뜸 제거
  - 무기질계 보수공법은 콘크리트의 들뜸 부위를 제거하여 차후 공정인 부식 철근에 대한 녹 제거 작업에 효율성을 증대시킨다.
- 부식 철근의 녹 제거
  - 와이어 브러쉬 또는 전동 공구 등을 이용하여 제거한다.
- 세정 및 청소
  - 고압수($200kg/cm^2$ 정도)를 이용하여 표면에 남아있는 열화된 콘크리트나 마감재 등을 효과적으로 제거한다.
  - 압축 공기나 진공청소기 등을 이용하여 표면에 남아있는 오염 물질을 제거한다.
- 결함 처리
  - 무기질계 보수공법에서는 결함 폭이 0.5mm 이하인 경우에는 표면 처리만

하며 0.5mm 이상일 경우에는 폭 10mm, 깊이 10mm 정도로 U 컷트 또는 V 컷트를 하여 알칼리 회복재 혼입 모르타르 또는 방청 페이스트를 충전한다.

② 시공 순서
- 바탕의 건조 확인
  - 수분이 남아있으면 알칼리 회복재 도포의 효과가 떨어진다.
- 알칼리 회복제 도포
  - 1회 도포 후 건조 상태를 확인하고 2회 도포한다.
- 도포형 방청제 도포
  - 염분이 허용치 이상인 경우 알칼리 회복재와 함께 철근의 방청에 효과적이다.
  - 2회 롤러 브러시 등으로 도포한다.
- 노출 철근 방청 처리
  - 방청 시멘트와 혼화재를 배합한 방청 페이스트를 철근 및 콘크리트에 도포한다.
- 단면수복(콘크리트 제거부위 및 U 컷트 부위)
  - 배합한 알칼리 회복재를 혼입한 모르타르를 사용한다.
  - 여러 회 나누어 도포하여 접착성을 증가시킨다.
  - 양생 시 급격한 건조는 강도의 저하가 우려된다.
- 바탕조정
  - 방청 페이스트를 사용한다.
  - 손상 부위가 비교적 적은 경우와 구조체 본래의 의장을 유지할 필요가 있는 경우는 제외한다.
  - 평활한 면을 형성하여 무기질계 보수공법의 효과와 마감재의 효과를 더욱 증진시키기 위해 전면에 걸친 바탕 조정을 한다.
- 마감
  - 외부의 수분을 차단하고 내부의 수증기를 발산하는 성질의 마감재를 사용한다.

2. 보강공법

(1) 콘크리트 단면증설공법
기존 콘크리트에 콘크리트를 덧붙여 단면을 증가시킴으로써 내하력을 증진시키는 공법으로서 신·구 콘크리트가 확실히 일체화되어야 한다.

① 준비작업
- 손상된 부분 제거
  - 보강할 부분의 콘크리트가 손상되었을 경우 제거한다.
  - 철근이 부식되었으면 제거한다.
- 콘크리트 면 처리
  - 신·구 콘크리트의 일체성을 확보하기 위해 콘크리트 표면을 쪼아내어 거칠게 한다.
  - 시멘트계 콘크리트 타설시 표면이 습윤 상태가 되게 유지한다.
  - 수지계 결합재를 사용할 경우는 표면이 기건 상태가 되게 유지한다.

② 시공
- 기존 콘크리트 부분에 구멍을 뚫어 앵커를 설치한다.
- 에폭시 수지를 주입하여 정착시키고 보강 단면에 설계 기준에 따라 철근을 배근한다.
- 기존 콘크리트 면에 에폭시계 또는 폴리머계 수지를 처리한 후 새로운 콘크리트나 모르타르를 타설한다.
- 단면 형상이 필요한 경우 거푸집 및 동바리, 비계 등을 설치하여 작업성을 확보한다.
- 새로 타설하는 콘크리트나 모르타르를 건조 수축이 작아야 하고 부착성이 우수한 것이어야 하며 골재의 최대치수는 보수 단면적의 두께에 의해 결정한다.
- 신·구 콘크리트 접착용 수지는 도포성이 우수하여야 하며 초기 경화시간이 일정하게 긴 재료를 사용한다.
- 수지의 경화 반응이 일어나기 전에 콘크리트를 타설한다.

③ 양생 및 마감
- 자연상태에서 양생함을 원칙으로 하나 가능하면 습윤 양생을 하는 것이 좋다.
- 충분한 양생 후 거푸집, 동바리 및 비계 등을 철거하며 표면이 매끈하지 못할 경우 미장작업으로 원상태에 가깝게 마감 처리한다.

(2) 강판보강공법
① 시공 시 유의 사항
- 강판 고정용 앵커 볼트의 착공 시 기존 보의 철근 또는 강재에 손상을 주지 않도록 한다.
- 에폭시 수지 주입재를 콘크리트 면과 강판면의 틈새에 완전히 충전시켜 일체화시키도록 한다.

② 주입공법의 시공순서
- 콘크리트 접착면 처리
- 앵커볼트 설치(간격은 50cm 이내)
- 강판 접착면 처리(기름, 오물 제거 및 건조)

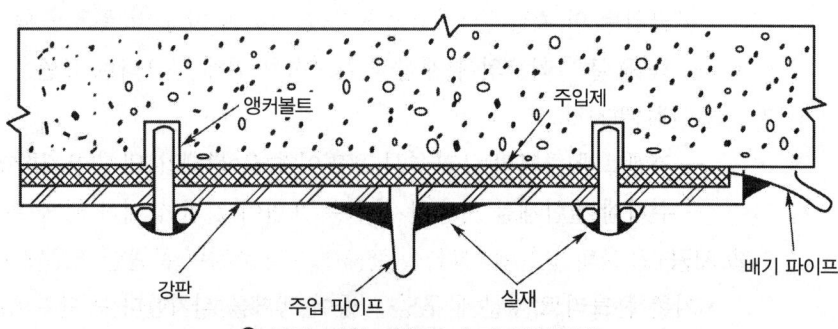

◯ 강판 접착 에폭시 수지 주입공법

- 강판의 설치 고정: 간극재 및 주입구 설치, 강판 주변 실(seal) 처리
- 수지 주입(콘크리트 면과 강판 사이에 주입)
- 양생
- 마무리, 청소: 파이프 제거, 표면 마무리, 강판 도장

③ 압착공법의 시공순서
- 콘크리트 접착면 처리
- 앵커볼트 설치
- 강판 접착면 처리
- 강판에 수지 도포
- 강판 압착(앵커와 체결)
- 양생
- 마무리, 청소(표면 마무리, 강판도장)

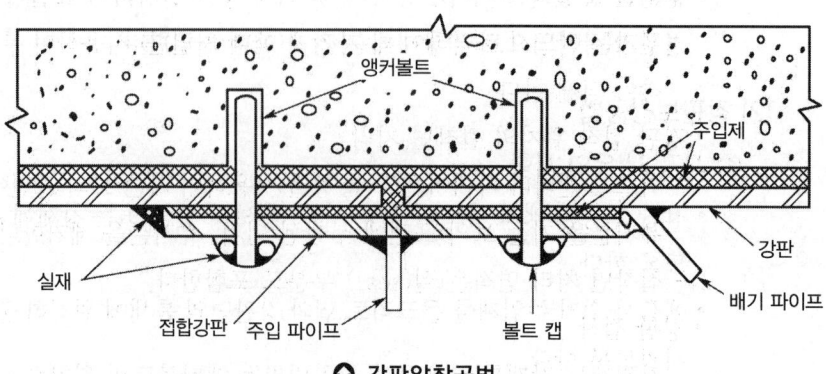

◯ 강판압착공법

④ 기존 보의 조사
- 손상 조사 기록과 대조
  - 조사는 육안으로 실시하며 새로운 손상이 인정된 경우에는 추가 기록을 하여 검사결과 손상상태가 손상시의 기록과 매우 다른 경우를 파악한다.
  - 균열 폭의 측정은 2개소 정도를 실시하며 이 균열 폭은 공사기간 중 추적 관측을 실시하는 것이 좋다.
- 설치 위치 표시
  - 기존 보의 치수는 시공 오차 등에 의해 설계도서와 다른 경우도 있어 반드시 실측한다.
  - 구조물의 상황에 따라 보 전체 치수의 측정이 곤란한 경우에 가로보, 단면 변화부 등에 의해 보 중심을 정하는 것이 좋다. 이때 보 단부로부터 표시를 해서는 안 된다.
- 프리스트레스 강재의 위치
  - 프리스트레스 강재의 덮개가 얇은 구조물은 강판 고정용 앵커볼트 천공 시 강재가 절단될 우려가 있어 조사하여 지장이 없는 위치에 앵커볼트 위치를 정한다.

⑤ 강판제작
- 휨 가공, 앵커용 구멍 등은 공장에서 실시하는 것을 원칙으로 한다.
- 앵커용 구멍의 지름은 앵커볼트 지름보다 5~10mm 정도 크게 뚫어 놓는 것이 좋다.
- 강판의 부착은 인력에 의한 경우가 대부분이므로 강판 1매당 질량이 100kg 이하로 하는 것이 좋다.
- 강판 접착면은 면 처리 후 바로 방청(도장) 처리를 한다.

⑥ 강판의 부착
- 앵커볼트 설치
  - 앵커는 반드시 타격하여 박는 기구(햄머 드릴)를 사용하며 부재에 대하여 직각이 되게 한다.
- 강판 접착 위치의 접착면 처리
  - 디스크 샌더나 다이아몬드 캡 등을 사용하여 기존 보의 표면에 부착된 먼지, 유지분을 기존 보의 표면에 부착된 먼지, 유지분을 제거한다.
  - 접착면 처리 면적은 실(seal) 부분도 포함한다.
- 강판 접착
  - 간격재는 강재를 사용하며 설치위치는 앵커볼트의 위치로 한다.

- 강판의 접합은 현장용접으로 하며 시공할 때에는 용접부의 강도가 모재 강도 이상이 되도록 한다.
- 강판과 콘크리트 면의 틈새는 평균 3~5mm로 한다. 또 그 틈새는 간격재로 유지시킨다.
- 강판에 설치하는 주입공(주입 파이프) 간격은 50cm 이내로 한다.
- 강판과 콘크리트 사이의 공기는 주입용 파이프를 병용하여 제거한다.

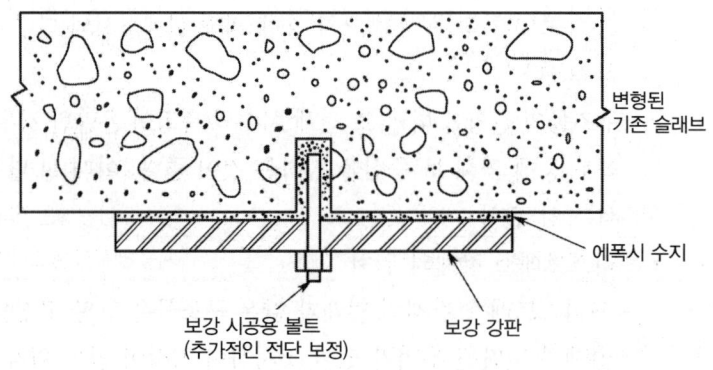

🟢 강판에 의한 슬래브의 보강

- 실(seal)공
  - 강판 주변을 따라 실시하며 주입 압력 및 교통에 의한 진동으로 주입 에폭시 수지가 새어 나오지 않도록 한다.
  - 수지를 혼합할 때에는 시공이 가능한 시간 내에 사용할 수 있도록 양을 조절한다.
- 주입공
  - 주입은 페달식 펌프 혹은 수동식 펌프의 사용을 원칙으로 한다.
  - 주입은 강판단부의 낮은 쪽에서부터 실시하며 공기가 남지 않게 한다.
  - 수지를 주입할 경우 그 속도를 천천히 한다.
  - 수지의 주입 방향은 반드시 한 방향으로 하며 주입 압력은 $0.2~0.4\text{kgf/cm}^2$ 정도를 표준으로 한다.
  - 수지를 주입할 때 목재, 햄머 등으로 강판면을 가볍게 두드려 타격음의 청탁에 의해 공기 잔류의 유무를 판정한다.
- 마무리 공사
  - 주입재의 양생이 끝난 후 샌더를 사용하여 주입 파이프 및 배기 파이프를 절단하고 실(seal) 처리면을 정리한다.

- 방청 처리
  - 강판 표면은 방청 처리재로 도장을 실시한다.

⑦ 강판접착공법의 특징

항목	주입공법	압착공법
적용 조건	콘크리트 면이 평편하지 않고 일부 또는 전체적으로 곡면이 포함된 부위	콘크리트 면이 평편하여 凹凸이 없고 콘크리트 면에 압착용 앵커로 고정할 수 있는 부위
에폭시 수지 도포 및 주입	콘크리트 면과 강판 면 사이에 간극재 등에 의해 5mm 정도의 간격을 유지해 주변을 실 처리하여 주입함.	콘크리트 면 및 강판 접착면에 1~2mm 정도씩 균일하게 도포함.
공기 제거	한쪽에서 주입하면서 공기를 빼냄.	강판은 콘크리트 면에 고정된 앵커를 이용해 압착하고 에폭시 수지를 밀어냄과 동시에 접착면에 함유된 공기를 내보냄.
장점	시공 면에 제약이 없음.	공기가 남는 일은 거의 없어 접착효과 양호
문제점	약간의 기포가 남을 우려가 있음.	시공 면 상태 및 크기에 제약을 받음.

(3) 섬유보강공법

① 준비 작업
- 기존 콘크리트 표면의 성능 저하 부분 및 불량 부분을 제거한다.
- 연마에 의해 발생된 미립분은 압축공기로 제거하고 물로 청소한 경우는 충분히 건조시킨다.
- 철근의 노출의 경우에는 방청 처리를 하고 에폭시 수지 모르타르나 폴리머 시멘트 모르타르로 완전 복구시킨다.
- 결함 부위에는 에폭시 수지를 주입하여 보수하고 표면의 평활도가 1mm 이내가 되게 마감 처리한다.
- 단면의 직각부위는 곡선 형태로 면 처리한 후 에폭시 수지나 모르타르로 마감 처리한다.

② 시공
- 프라이머 도포
  - 에폭시 수지 프라이머를 정해진 배합비로 균일하게 될 때까지 혼합한다.
  - 혼합은 핸드 믹서를 사용한다.
  - 1회 사용 혼합량은 가사시간 내에 사용할 수 있는 양으로 하고 가사시간이 초과된 것은 사용하지 않는다.
  - 롤러, 붓 등으로 균일하게 도포하며 필요시 2회 이상 도포한다.
  - 도포량은 시공 면의 방향, 거칠기 등에 따라 다르다.
  - 표면을 건조시킨 후 요철부분을 디스크 그라인더, 해머 드릴 등으로 절삭 제

거하거나 필요에 따라 에폭시 수지 퍼티 등으로 충전한다.
- 섬유시트 부착
  - 시트의 절단 크기는 작업성을 고려하여 길이가 2m 이내가 적당하다.
  - 수량은 보관상의 파손 방지를 위해 당일 작업 분량으로 한다.
  - 프라이머 시공 후 1주 이상 경과된 경우에는 샌드페이퍼로 표면을 거치게 갈아준다.
  - 섬유시트를 도포면에 접착시키고 롤러나 고무주걱으로 표면을 섬유방향을 따라 강하게 2~3회 문질러 에폭시 수지가 완전히 함침되게 한다.
  - 섬유길이 방향의 연결은 겹침 폭이 반드시 10cm가 되도록 하고 폭 방향의 겹침은 불필요하다.
  - 접착 후 30분 이상 경과하였을 때 들뜸이나 늘어짐이 발생 시 롤러, 주걱 등으로 눌러 수정한다.
- 시공상 주의사항
  - 저온에서는 프라이머 및 수지의 점도가 증가되고 경화반응이 지연되어 경화 불량이 발생될 수 있다.
  - 기온이 5℃ 이하에서는 시공을 하지 않는다.
  - 수분의 잔류는 프라이머 및 수지의 접착 성능을 저해한다.
  - 점도의 조정은 가온방식으로 하고 신나 등의 유기용제 등으로 희석하지 않는다.
  - 섬유시트는 절단한 후 $R=300\text{mm}$ 이상이 되도록 감아서 보관한다.

③ 양생 및 마감
- 시공완료 후 자연 양생을 원칙으로 하나 주변 환경조건이 나빠지면 비닐 시트 등으로 보호 양생시키며 이때 시트가 시공 면(에폭시 수지 도포면)에 닿지 않게 한다.
- 양생은 24시간 이상이 필요하다.
- 설계강도에 도달할 때까지의 양생기간은 평균기온이 10℃일 경우 2주일, 평균기온이 20℃일 경우 1주일이 소요된다.
- 시공단면이 직사광선을 받는 경우는 내후성 도료(우레탄계, 불소계 등)를 도장 처리한다.
- 도장은 에폭시 수지가 초기 경화된 후에 실시한다.

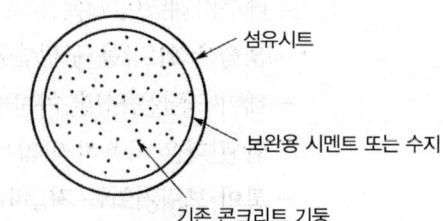

○ 섬유시트에 의한 원형기둥의 보강

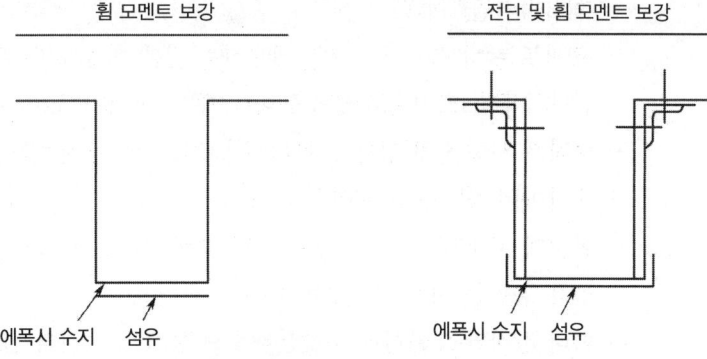

◎ 섬유시트에 의한 보의 보강

(4) 외부 케이블에 의한 프리스트레싱공법

① 기존 보의 조사
- 손상 조사 기록과 대조
  - 조사는 육안(목측)으로 실시하며 새로운 손상이 인정되는 경우에는 추가 기록하고 검사 결과 손상 상황이 설계 시 기록과 다른 경우 검토한다.
- 브래킷 및 새들 위치의 표시
  - 균열 폭의 측정은 3개소 정도 실시하며 이 균열 폭은 공사기간 중 추적관측을 실시하는 것으로 한다.
  - 프리스트레싱 전후에 대해 반드시 균열 폭의 측정을 실시하여 기록한다.
  - 기존 보의 치수는 시공오차 등에 의해 설계도서와 다른 경우도 있어 반드시 실측한다.
  - 구조물의 상황에 따라 보 전체치수의 측정이 곤란한 경우에 가로보, 단면변화부 등에 의해 보 중심을 정하는 것이 좋다. 이때 보 단부로부터 표시를 해서는 안 된다.
- 강봉 및 보 내부의 강재 위치의 확인
  - 전자파 유도법, 방사선법 등에 의해 보 내부의 강재 위치를 조사한다.
  - 프리스트레스 강재의 위치를 조사하는 방법은 방사선법이 사용되고 있다.

② 블래킷 및 새들의 시공
- 횡방향 조임 강봉 구멍천공
  - 해머 드릴은 구멍 주위의 콘크리트를 손상시킬 우려가 있으므로 사용해서는 안 된다.
  - 코어 보링기기는 지그 또는 콘크리트용 앵커 등으로 보에 고정해야 한다.
  - 콘크리트용 앵커는 될 수 있는 데로 다른 횡방향 조임 위치에 두는 것이 좋다.

- 부착위치의 면 처리
  - 표면 부분의 모르타르 층을 제거하는 것은 채움재와 부착을 좋게하기 위해서 한다. 이때 모르타르 제거층의 두께는 1mm 정도로 한다.
  - 브래킷 저면을 현장에서 처리하면 부착 성능을 손상시키거나 부식의 원인이 되기 때문에 피해야 한다.
  - 현장에서 샌티 처리, 일반도료 및 그에 준하는 도료의 도포 등과 같은 행위는 부착 효과를 저하시키므로 피해야 한다.
  - 브래킷 저면은 공장에서 숏블래스트 등으로 정리를 실시하며 방청 프라이머나 박리성 플라스틱 등으로 방청 처리를 한다.
  - 박리성 플라스틱으로 처리한 경우는 브래킷을 설치하기 전에 그 처리층을 떼어내야 한다.
  - 기존 보와 접하는 브래킷의 저면 처리는 공장 마무리로 한다.
- 브래킷 및 새들부착
  - 브래킷은 외부케이블 정착면이 케이블 축에 직각이 되도록 정확하게 설치한다.
  - 간격재의 주입 스페이스는 시멘트계의 경우 최대 5mm를 표준으로 하면 에폭시 수지의 경우는 평균 3mm를 표준한다.
- 실(seal)
  - 실재는 에폭시 수지를 사용하는 것으로 한다.
  - 실 처리는 브래킷 설치 후 바른 시기에 실시한다.
  - 실 처리는 브래킷 저판에 10mm 이상 겹치도록 한다.
  - 실재의 양생은 자연 양생을 표준으로 하며 여름철에는 1일 이상, 겨울철에는 2일 이상으로 한다. 또 겨울철에 온도가 5℃ 이하로 될 때는 보온 양생을 실시한다.
  - 에폭시 수지는 사용 가능시간을 지키는 것이 중요하다.
- 채움재의 주입
  - 주입은 반드시 최하단의 주입 파이프로부터 실시한다.
  - 채움재를 주입용 파이프 및 배기용 파이프는 ϕ10mm(바깥지름) 이상을 사용하여 각 브래킷 최하단과 최상단에 설치한다.
  - 채움재를 주입할 때에는 그 속도를 천천히 한다.
  - 채움재 중에 공동이나 기포가 남아있는 경우 이것을 제거하기 위해 여분의 압력을 일정시간 유지해 둔다.
  - 양생은 자연 양생을 표준으로 하지만 겨울철에 온도가 5℃ 이하로 될 때는 보

온 양생을 실시한다.
- 겨울철에 주입하기 전에 주변 부재의 온도를 5℃ 이상이 되게 유지하여야 하고 주입 후에도 5일간은 5℃ 이상 유지시킨다.

• 횡방향 조임강봉 긴장
- 조이는 힘이 균등하게 되게 한다.
- 강봉을 긴장할 때는 채움재의 강도가 횡방향 조임에 충분히 견딜 수 있는 강도 이상으로 확보된 후 실시한다.
- 횡방향 조임 강봉 긴장시 채움재의 압축강도는 15MPa 이상으로 한다.
- 1회의 긴장에서는 한 번에 긴장이 종료되면 다시 한번 확인을 위해 재긴장을 한다.
- 긴장은 같은 순서로 2회 실시하며 1회와 2회째 간격은 7일간을 표준으로 한다.
- 긴장력의 관리는 압력계의 눈금을 읽음으로써 실시한다.
- 긴장용 잭은 사용 전에 반드시 보정(캐리브레이션)을 실시한다.
- 조기에 압축력을 가함에 따라 크리프 변형이 커질 가능성이 있으므로 7일후에 재긴장을 실시한다.
- 채움재의 수축이나 크리프에 의해 긴장력이 저하하기 때문에 재긴장한다.

③ 외부 케이블의 시공
• 외부 케이블 설치
- 피복재에 손상을 주지 않도록 한다.
- 나사식 정착의 경우 나사부분에 천으로 싸든지 캡을 씌워 보호한다.

• 프리스트레싱
- 보단면 및 구조 전체에 대하여 대칭이 되도록 보의 좌우를 동시에 긴장하는 것을 원칙으로 한다.
- 케이블 수가 적기 때문에 크리프의 관리는 실시하지 않는다.
- 프리스트레싱 관리는 압력계와 케이블의 늘음(신장)량 양쪽에 대하여 실시하며 관리는 케이블 1본마다 한다.
- 늘음량의 산출에서는 보의 처짐에 의한 각도 변화 및 보의 탄성 변형을 모두 작기 때문에 고려하지 않는다.
- 긴장 잭은 사용 전에 반드시 보정(캐리브레이션)을 실시한다.

• 방청 처리
- 브래킷, 새들, 횡방향 조임 강봉, 외부 케이블 정착구등은 반드시 방청 처리를 한다.

- 횡방향 조임 강봉에 아연도금을 사용할 경우 열의 영향에 의한 강도 저하 등을 검토한다.
- 횡방향 조임 강봉의 정착구는 재긴장이 가능한 방법으로 실시한다.

4-3-3 보수·보강 검사

1. 보수공사의 검사

① 표면처리공법, 주입공법(균열보수공법 등), 충전공법, 철근 방청공법, 표면취약부 보수공법(단면 복구, 표면 보호 및 도포, 함침공법 등) 등을 적용하여 보수 공사를 진행하는 과정 또는 완료한 후 보수 부위에 대해 외관 상태, 형상치수 부착상태 등을 적정한 방법으로 확인한다.
② 균열의 누수방지를 위한 보수는 외관검사로 그 효과를 확인하기 쉽지만 내구성 향상 등을 목적으로 한 보수의 경우는 그 효과를 확인이 쉽지 않다.
③ 작업시의 사용재료, 배합비, 시공기간, 품질관리 등에 대한 기록 유무를 확인하고 향후 유지 관리를 위해 마무리 상태를 사진 촬영 등으로 확인 기록하여 둔다.
④ 결합부를 갖는 구조물의 표층부 및 균열에 대한 보수는 장기간 보수재가 양호하게 부착 또는 충전되어 있어야 하는데 그 효과는 보수층에 대해 현장 부착력 시험을 한다.
⑤ 누수에 대한 보수의 효과는 가스압력 누수진단기, 빗물 누수 측정기 등에 의해 평가한다.
⑥ 철근 등의 부식 방지 효과에 대해서는 전기화학적 분극 저항 측정법으로 평가한다.
⑦ 대규모 보수공사 혹은 특히 주요 구조부위(교각, 기둥, 벽, 보)의 보수공사는 구조상 문제가 되지 않는 부분을 대상으로 작은 지름의 코어를 채취하여 보수효과를 확인한다.

2. 보강 공사의 검사

① 단면증설공법, 강판접착공법, 섬유시트공법 및 외부케이블에 의한 프리스트레싱 공법 등을 적용하여 보강한 콘크리트 구조물에 대하여는 공사 중 또는 공사 직후에 보강부위에 대하여 외관 상태 및 형상치수, 부착상태 등을 적정한 방법으로 검사한다.
② 외관검사는 보강 후 기존보의 상태(균열)를 육안에 의해 검사한다.
③ 강판접착공법은 강판 전면을 두드려 접착재의 주입상태를 확인한다.
④ 섬유보강공법은 기포가 있는지 여부를 육안 또는 송곳 등으로 찔러 확인하며 현저한 변형(처짐, 단부 박리 등)에 대해서도 검사한다.

⑤ 섬유 보강의 경우에는 평면부, 끝단부, 연결부분 등에서의 에폭시 수지의 합침상태, 들뜸상태 등을 육안 또는 타진봉 확인으로 검사한다.
⑥ 외부 케이블에 의한 프리스트레싱공법은 정착 브래킷의 채움재 및 주변실(seal)재의 시공 후 상태 등을 육안으로 검사한다.
⑦ 형상 치수 검사는 보강재인 강판, 외부 케이블, 정착 브래킷 및 새들 등이 소정 위치에 배치되어 있는지 확인한다.

3. 기타 보수·보강 효과 확인 방법

(1) 균열주입공법
① 시공 중에는 주입용 주사기, 저압식 주입용 고무막 등이 수축되어 있으면 주입된 것으로 판단한다.
② 시공 후에는 형광 도료를 섞은 수지를 주입하여 경화 후 그 부분의 코어를 채취한 후 블랙라이트를 비추어 확인한다.
③ 주입 부분에 구멍을 뚫어 내시경을 사용하여 주입상태를 확인한다.

(2) 강판접착공법
시공 전후에 재하시험을 하여 확인한다.

(3) 섬유보강공법
① 타진 점검 방법으로 들뜸 부분이 있는지를 확인한다.
② 보강재의 부착 성능을 부착력 시험에 의해 확인한다.

(4) 외부케이블공법
① 외부 케이블의 장력 저하는 변형 게이지를 부착하여 확인한다.
② 보강 전후에 재하시험을 하여 확인한다.

(5) 단면증설공법
재하시험을 하여 확인한다.

(6) 표면보호공법
① 샘플을 현장조건과 같은 환경에서 폭로시켜 그 효과를 평가한다.
② 부착력 시험을 통해 표면 보호재 성능을 확인한다.

(7) 철근방청공법
샘플을 현장조건과 같은 환경에서 폭로시켜 그 효과를 평가한다.

4. 보수·보강공사 후 정기검사(추적검사)

(1) 검사의 빈도
① 정기적 검사는 년 2회 이상을 표준한다.
② 외부 케이블에 의한 프리스트레싱공법은 프리스트레스 힘이 저하할 가능성을 고려하여 6개월 후에 재검사한다.
③ 프리스트레스트 콘크리트 보의 경우 보강 후의 사용 상태 결과를 토대로 검사 간격을 연장해도 타당하다는 판단이 나올 경우에는 기간을 연장하여 검사한다.

(2) 검사내용
① 외관검사는 보강 후 기존 보의 상태(균열 등)를 육안 검사한다.
② 정착 브래킷, 새들의 변형 및 활동, 이동상태, 횡방향 체결강봉, 외부 케이블의 변형상태 등을 육안 검사한다.
③ 강판 접착 보강 부위는 강판 전체면의 변형(이완), 주입재 및 실(seal)재의 상태(박리 등), 강판 표면의 녹발생 상태를 육안 검사한다.
④ 강판 전체면에 대해 강판의 접착 상태를 검사한다.
⑤ 섬유 시트재 보강 부위는 들뜸 상태를 육안 혹은 타진봉으로 검사하고 불확실한 부분 및 장기 부착성능 보유 유무를 확인하기 위해 부착력 시험을 한다.
⑥ 외부 케이블에 의한 프리스트레싱공법은 횡방향 체결 강봉의 프리스트레스 힘이 콘크리트 및 에폭시 수지의 크리프 영향으로 저하될 가능성이 있으므로 잭 등에 의해 횡방향 체결 강봉을 소정의 도입 프리스트레스로 긴장 시켜 너트의 이완 현상이 없는지를 검사하여 만일 이완 현상이 있는 경우에는 재긴장한다.

5. 보수·보강 공사의 평가

① 보수·보강 작업의 각 단계별 검사 계획을 세우고 계획서에 따라 소정의 검사 작업 결과를 바탕으로 평가한다.
② 보수·보강을 요구하는 구조물의 환경 조건, 적정한 재료 및 공법의 선정, 시공 및 품질관리 방안, 유지 관리 계획 등이 시스템적으로 연계하여 보수·보강 자체에 대한 신뢰도를 평가한다.
③ 보수·보강 공사를 완료한 후 결함 조사 방법 및 얻은 결과의 기록, 결함 발생의 원인 추정과 보수·보강 필요 여부 판정의 경위, 보수·보강설계서, 보수·보강 재료의 선정, 공사 및 평가 기록, 유지 관리 계획 등 각종 자료를 정리하고 보존하여 장기적인 안전관리 차원에서 반드시 필요한 참고 자료가 되게 한다.

실기 필답형 문제 | CHAPTER 4. 콘크리트의 구조 및 유지 관리

01 콘크리트 공장 제품에서 사용되고 있는 다지기 방법을 3가지만 쓰시오.

(1) 진동 다지기
(2) 원심력 다지기
(3) 가압 다지기
(4) 진공 다지기

02 증기 양생에 관한 사항이다. 물음에 답하시오.
(1) 보통 몇 ℃ 이상의 온도로 실시하는가?
(2) 비빈 후 몇 시간 이상 경과 후 증기 양생을 하는가?
(3) 온도 상승 속도는 1시간당 몇 ℃ 이하로 하고 최고 온도는 몇 ℃로 하는가?

(1) 35℃
(2) 2~3시간
(3) 20℃, 65℃

03 콘크리트 제품의 배합 특징을 3가지만 쓰시오.

(1) 기계적 다짐으로 성형하므로 단위 수량이 적다.
(2) 슬럼프가 적은 된 반죽 콘크리트가 사용된다.
(3) 고강도가 필요로 하는 경우가 많다.
(4) 양생기간의 단축과 취급 중의 불량품을 적게 하기 위해 부배합 콘크리트가 사용된다.
(5) 제품에 따라서 최소 단위 시멘트량을 규정하는 경우도 있다.

04 유지 관리의 평가 및 판정에 관한 항목을 4가지만 쓰시오.

> **풀이**
> (1) 열화도의 평가 (2) 상세점검 여부의 판정
> (3) 열화 원인의 추정 (4) 열화 진행 예측

05 안전점검의 종류 4가지를 쓰시오.

> **풀이**
> (1) 초기점검 (2) 정기점검 (3) 정밀점검 (4) 긴급점검

06 구조물에 작용하는 열화 외력의 평가 항목을 4가지만 쓰시오.

> **풀이**
> (1) 건습의 반복작용 (2) 염화물 이온의 침투 (3) 내부 팽창압
> (4) 화학 작용 (5) 하중의 반복 작용

07 콘크리트 균열 조사 항목 4가지를 쓰시오.

> **풀이**
> (1) 균열 폭 (2) 균열 길이(깊이)
> (3) 균열의 관통 유무 (4) 균열 부분의 상황

08 시멘트 속의 알칼리 성분이 골재 중에 있는 실리카와 화학 반응을 일으켜 콘크리트가 과도하게 팽창하는 결과 콘크리트에 균열과 휨 붕괴가 유발되는 현상은?

> **풀이**
> 알칼리 골재 반응(ASR)

09 콘크리트 중의 수산화칼슘이 공기 중의 탄산가스와 접촉하여 서서히 탄산칼슘으로 변화하여 콘크리트가 알칼리성을 상실하는 현상은?

> **풀이** 중성화(탄산화)

10 콘크리트 중의 수분이 외부 온도의 저하에 의해 동결과 융해의 반복 작용으로 균열이 발생하거나 표면부가 박리하여 콘크리트 표면층에 가까운 부분부터 파괴되는 현상은?

> **풀이** 동해

11 콘크리트의 열화 현상 중 콘크리트 내부의 팽창, 강재의 부식, 팽창압과 충격, 충돌 등으로 인해 콘크리트 일부분이 떨어지는 현상은?

> **풀이** 박락

12 염해를 조사하기 위한 시험 항목을 3가지 쓰시오.

> **풀이** (1) 철근의 부식 여부　　(2) 깊이별 염화물량　　(3) 철근의 피복 두께

13 주로 동결 융해 작용에 의해 콘크리트 내부의 부분적인 팽창압에 의해 콘크리트 표면의 일부가 원추형으로 오목하게 파괴되는 현상을 무엇이라고 하는가?

> **풀이** 팝아웃(Popouts)

14 콘크리트 압축강도를 측정하는 반발 경도법의 종류를 4가지 쓰시오.

> **풀이**
> (1) 낙하식 해머법   (2) 스프링식 해머법
> (3) 회전식 해머법   (4) 슈미트 해머법

15 콘크리트의 동해에 영향을 주는 요인을 4가지만 쓰시오.

> **풀이**
> (1) 동결 융해 작용의 반복횟수가 많을수록
> (2) 콘크리트 중에 물이 침투하기 쉬울수록
> (3) 사용 골재가 다공질 일수록
> (4) 연행공기가 작을수록

16 콘크리트의 동해 방지 대책을 4가지만 쓰시오.

> **풀이**
> (1) 물-결합재비를 작게 한다.
> (2) 공기 연행제 또는 공기 연행 감수제를 사용하여 적정량의 공기를 연행시킨다.
> (3) 흡수율이 적은 양질의 골재를 사용한다.
> (4) 동절기 강우, 강설수가 콘크리트 속에 침투하지 않게 흘러내리게 한다.

17 콘크리트의 수밀성을 증대시키기 위한 요인을 4가지만 쓰시오.

> **풀이**
> (1) 물-결합재비가 작을수록 수밀성이 증대된다.
> (2) 부배합 일수록 수밀성이 증대된다.
> (3) 충분한 다짐을 한다.
> (4) 습윤 양생을 충분히 한다.

18 콘크리트 균열의 방지 대책을 4가지만 쓰시오.

(1) 가능한 단위 수량을 적게 한다.
(2) 물-결합재비를 작게 배합한다.
(3) 콘크리트 타설, 다짐, 양생관리를 잘한다.
(4) 피복 두께를 충분하게 한다.
(5) 레이턴스를 제거한 후 타설한다.
(6) 구조부재의 거동을 파악하여 이형철근을 배근한다.

19 콘크리트 염해의 방지대책을 4가지만 쓰시오.

(1) 콘크리트 재료 및 배합 시 염화물 이온량을 적게 한다.
(2) 물-결합재비를 작게 하여 수밀한 콘크리트로 시공한다.
(3) 해사를 충분히 세척하여 염분을 제거하고 사용한다.
(4) 수지도장 철근을 사용한다.
(5) 피복 두께를 크게 하여 균열 폭을 작게 한다.
(6) 콘크리트 표면을 합성수지 등의 재료로 피복한다.

20 콘크리트의 내구성을 저하시키는 열화 원인을 화학적 반응 및 물리적 반응으로 구분하여 2가지씩 쓰시오.
  (1) 화학적 반응:
  (2) 물리적 반응:

(1) 화학적 반응
    ① 알칼리 골재 반응   ② 중성화
    ③ 화학적 침식   ④ 염해
(2) 물리적 반응
    ① 동해   ② 손식

CHAPTER 4. 콘크리트의 구조 및 유지 관리　243

21 콘크리트의 중성화에 대한 대책을 5가지만 쓰시오.

(1) 콘크리트 피복 두께를 크게 한다.
(2) 물-결합재비를 작게 한다.
(3) 양생을 철저히 한다.
(4) 콘크리트를 부배합으로 한다.
(5) 콘크리트 면에 불투수성 막을 실시한다.

22 콘크리트의 중성화 속도에 영향을 미치는 요인을 3가지만 쓰시오.

(1) 공기 중 탄산가스의 농도가 높을수록 중성화 속도가 빠르다.
(2) 온도가 높을수록 중성화 속도는 빠르다.
(3) 물-결합재비가 작을수록 중성화 속도는 느리다.

23 콘크리트의 동탄성계수에 대하여 3가지만 쓰시오.

(1) 동결 융해 작용 등에 의한 콘크리트의 열화 정도를 파악하는 척도로 사용된다.
(2) 공명 진동수와 초음파와 같은 파장이 짧은 펄스(pulse)의 전달속도를 구하여 산출한다.
(3) 동탄성계수는 부배합일수록, 건조되어 있을수록, 공기량이 많을수록 작다.

24 중성화 속도계수가 $4\text{mm}/\sqrt{\text{년}}$ 인 콘크리트 구조물이 25년 경과한 시점의 중성화 깊이는 어느 정도 진행되는가?

$X = A\sqrt{t} = 4\sqrt{25} = 20\text{mm}$

25 콘크리트 중의 철근이 부식하게 하는 열화 원인을 3가지만 쓰시오.

> **풀이**
> (1) 탄산화　　(2) 염분　　(3) 산소　　(4) 수분

26 내구성 지수(DF)값을 이용하여 무엇을 판정할 수 있는가?

> **풀이**
> 동결 융해의 저항성을 판정한다.

27 콘크리트의 중성화(탄산화) 깊이를 측정하기 위해 사용되는 용액은?

> **풀이**
> 1% 페놀프탈레인 용액

28 콘크리트의 열화 조사 방법을 5가지 쓰시오.

> **풀이**
> (1) 콘크리트의 배합비 분석　　(2) 콘크리트 조직 검사
> (3) 중성화 검사　　(4) 백화상태 검사
> (5) 염해 조사

29 콘크리트 속의 철근 배근 상태 조사법 2가지를 쓰시오.

> **풀이**
> (1) 전자 유도법　　(2) 전자 레이더법

30 콘크리트 속의 철근의 부식상태 조사법 4가지를 쓰시오.

> 풀이
> (1) 자연 전위 측정법
> (2) 표면 전위차 측정법
> (3) 분극 저항법
> (4) AC 임피던스법(전기 저항법)

31 자연 전위 측정법에 의한 철근부식 상태를 조사하는데 있어 ASTM 기준의 부식 평가 기준을 쓰시오.

> 풀이
> (1) $-200\mathrm{mV} < E$: 90% 이상 부식 없음.
> (2) $-350\mathrm{mV} < E \leq -200\mathrm{mV}$: 부식 불확실
> (3) $E \leq -350\mathrm{mV}$: 90% 이상 부식 있음

32 구조체 벽체의 모르타르와 타일의 들뜸을 조사하는데 효과적인 조사 방법은?

> 풀이
> 써모그래피법(열적외선법)

33 전자 유도법의 특징을 4가지 쓰시오.

> 풀이
> (1) 철근의 위치를 추정할 수 있다.
> (2) 철근의 직경이 클수록 깊은 위치까지 측정 할 수 있고 피복이 얇을수록 측정 정도가 높다.
> (3) 콘크리트 중에 공동과 곰보가 있어도 철근의 위치 추정이 가능하다.
> (4) 피복과 철근 직경을 동시에 추정 할 수 있다.

34 콘크리트의 균열에 따라 발생하여 전파되는 탄성파를 검출하는 검사법으로 지나친 교통 하중과 지진시의 이상하중, 철근 부식에 의해 콘크리트 내부에 균열이 발생하면 탄성파로 검출할 수 있는 조사법은?

> **풀이**
> AE(Acoustic Emission)법

35 구조물의 보수 및 보강의 정의를 쓰시오
(1) 보수:
(2) 보강:

> **풀이**
> (1) 열화된 부재의 기능 또는 성능을 원상으로 회복시키거나 사용성을 개선시키는 것이다.
> (2) 부재 및 구조물의 내하력을 증진시키는 것이다.

36 콘크리트 구조물의 균열보수공법의 종류 3가지를 쓰시오.

> **풀이**
> (1) 표면처리공법　　(2) 주입공법　　(3) 충전공법

37 보수재료 중 폴리머 콘크리트가 시멘트 콘크리트 보다 우수한 점 3가지를 쓰시오.

> **풀이**
> (1) 압축강도, 휨강도, 인장강도가 크다.
> (2) 방수성과 내동해성이 좋다.
> (3) 내마모성이 크다.

38 보수 재료 중 균열 보수재료에 적합한 종류 3가지를 쓰시오.

> 풀이
> (1) 폴리머 모르타르   (2) 폴리머 시멘트   (3) 실링재

39 콘크리트 구조물의 열화 원인별 보수계획을 수립할 경우 열화 원인 5가지를 쓰시오.

> 풀이
> (1) 염해   (2) 중성화   (3) 동해
> (4) 알칼리 골재 반응 (5) 화학적 콘크리트 침식 (6) 피로

40 교통량이 많은 교량의 콘크리트 바닥판에 발생된 망상균열은 주로 어떤 열화 원인에 의해 발생하는가?

> 풀이
> 피로

41 콘크리트 구조물의 보수 재료 중 폴리머 재료의 특징을 4가지 쓰시오.

> 풀이
> (1) 내화학 저항성이 크다.   (2) 투기·투수성이 작다.
> (3) 부착성이 크다.   (4) 가사시간은 조절이 가능하다.

42 철근 콘크리트의 바닥판 보강공법으로 적합한 공법 2가지를 쓰시오.

> 풀이
> (1) 강판접착공법   (2) 단면증설공법

43 철근 콘크리트의 전기 방식에 의한 보수공법의 특징을 4가지 쓰시오.

> **풀이**
> (1) 외부 전원 방식과 유전 양극 방식이 있다.
> (2) 콘크리트가 건전 할 때 적용하면 시공이 용이하고 경제적이다.
> (3) 철근 부식의 억제 및 방지 목적으로 실시한다.
> (4) 대규모의 콘크리트 제거 작업이 필요 없고 부식 반응을 확실하게 정지시킬 수 있다.

44 균열 보수공법 중 주입공법의 압입식 종류를 3가지 쓰시오.

> **풀이**
> (1) 수동식
> (2) 기계식
> (3) 저압 저속식

45 균열 보수의 주입공법 중 저압 저속식 주입공법의 특징을 4가지 쓰시오.

> **풀이**
> (1) 저압이므로 실(Seal) 부위의 파손도 적고 확실성이 높아 시공 관리가 용이하다.
> (2) 주입되는 수지는 다양한 점도의 것을 사용할 수 있다.
> (3) 주입되는 수지의 양을 육안으로 관찰이 용이하며 주입량과 상황을 정확하게 파악할 수 있다.
> (4) 주입기에 여분의 주입 재료가 남아 재료의 손실이 크다.

46 균열 폭이 0.2mm 이상의 경우 결함부분에 수지계 또는 시멘트계, 혼합계의 재료를 주입하여 강도 보강, 방수성, 내구성을 향상시키는 보수공법은?

> **풀이**
> 주입공법

47 0.5mm 이상의 큰 폭의 결함 보수에 적용하며 결함에 따라 콘크리트 U형 또는 V형으로 잘라내고 그 부분에 보수재를 채우는 보수공법은?

> 풀이
> 충전공법

48 콘크리트 구조물의 보강공법을 4가지 쓰시오.

> 풀이
> (1) 콘크리트 단면증설공법
> (2) 강판보강공법(강판접착공법)
> (3) 섬유보강공법
> (4) 외부 케이블에 의한 프리스트레싱공법

49 콘크리트 구조물의 인장측 표면에 강판을 접착하여 가설 구조물과 일체시켜 내력을 향상시키는 보강공법은?

> 풀이
> 강판접착공법

50 전기방식에 의한 공법에서 외부 전원 방식의 종류 3가지를 쓰시오.

> 풀이
> (1) 티탄 매시 방식
> (2) 도전성 도료 방식
> (3) 내부 양극 방식

51 콘크리트 교량의 휨과 전단력을 보강하기 위한 보강공법 중 프리스트레스를 도입하여 구조체의 전체 단면력을 개선시키는 공법은?

> **풀이**
> 외부케이블공법

52 콘크리트 구조물의 보수 범위를 결정할 때 해당되는 항목을 5가지만 쓰시오.

> **풀이**
> (1) 외관 조사도
> (2) 콘크리트 강도분포
> (3) 철근 부식 측정에 의한 전위 지도
> (4) 중성화 깊이 분포도
> (5) 염화물 이온량

53 강판접착공법의 장점을 4가지 쓰시오.

> **풀이**
> (1) 모든 방향의 인장력에 대응 가능하다.
> (2) 강판의 분포, 배치를 균등하게 할 수 있어 균열에 적응이 좋다.
> (3) 시공이 용이하고 강판 제작 조립이 쉬워 현장 작업이 복잡하지 않다.
> (4) 현장 타설 콘크리트, 프리 캐스트 부재 등 모두 적용이 가능하여 광범위하게 사용할 수 있다.

54 섬유보강공법의 특징을 4가지 쓰시오.

> **풀이**
> (1) 현장 성형이 쉽고 작업공간이 한정된 곳에서 편리하다.
> (2) 내식성이 우수하다.
> (3) 단면 강성의 증가 효과가 적다.
> (4) 손상이 현저할 경우 보강 효과가 의문시 된다.
> (5) 염해 지역의 콘크리트 구조물 보강에 적용 가능하다.
> (6) 격자 모양으로 섬유시트를 부착하여 균열의 진전상태 관찰이 가능하다.

55 알칼리 골재 반응의 억제대책을 3가지만 쓰시오.

(1) 시멘트의 등가 알칼리량이 0.6% 이하의 저알칼리형 포틀랜드 시멘트를 사용한다.
(2) 혼합 시멘트를 사용한다.
(3) 콘크리트 중의 알칼리 이온 총량을 $3kg/m^3$ 이하로 한다.

56 내동해성을 판정하는 기준으로 동결 융해를 받기 전의 동탄성계수에 대한 동결 융해를 받은 후의 동탄성계수의 비를 백분율로 나타낸 것은?

상대동탄성계수

57 콘크리트는 내부에 수분을 갖고 있는데 외부 기온의 변화에 의해 내부 수분이 얼었다가 녹는 과정을 반복하게 되는 현상은?

동결 융해

58 콘크리트가 빗물, 유수, 바람 등의 외력에 의하여 물리적으로 깎이는 작용 및 빗물이나 지하수로 인해 화학적으로 용해되는 현상은?

침식

59 콘크리트 혹은 콘크리트 구조물에 있어 염화물 이온의 침투로 인해 철근이 부식되는 현상은?

> **풀이** 염해

60 콘크리트의 내구성 평가에는 어떤 열화 요인을 주된 성능저하의 원인으로 고려하는지 4가지만 쓰시오.

> **풀이**
> (1) 염해 (2) 탄산화(중성화)
> (3) 동결 융해 (4) 화학적 침식
> (5) 알칼리 골재 반응

61 일반 콘크리트 구조물을 설계 사용기간 동안 유지 관리해야 하는 기본적인 요구 성능을 4가지만 쓰시오.

> **풀이**
> (1) 안전성능 (2) 사용성능
> (3) 내구성능 (4) 미관·경관

62 콘크리트의 화학적 침식에서 평가하여야 하는 요인을 4가지만 쓰시오.

> **풀이**
> (1) 산에 의한 침식 (2) 황산염에 의한 침식
> (3) 염류에 의한 침식 (4) 강알칼리에 의한 침식
> (5) 동·식물성 기름에 의한 침식
> (6) 당류에 의한 침식
> (7) 부식성 가스에 의한 침식

63 콘크리트 구조물의 외적, 내적인 열화 요인을 2가지씩 쓰시오.
  (1) 외적인 요인:
  (2) 내적인 요인:

> **풀이**
> (1) 환경조건, 사용조건　　　　(2) 설계조건, 시공조건

64 다음의 콘크리트 외관상 특징에 따른 열화 기구(열화 요인)을 쓰시오.
  (1) 철근 길이 방향의 균열, 콘크리트 박리:
  (2) 철근 길이 방향의 균열, 녹, 콘크리트와 철근의 단면 결손:
  (3) 미세 균열, 표면 박리, 팝 아웃, 변형:
  (4) 변색, 콘크리트 박리:
  (5) 팽창균열(구속 방향, 거북등 현상), 겔, 변색:

> **풀이**
> (1) 탄산화　　　(2) 염해　　　(3) 동해
> (4) 화학적 침식　(5) 알칼리 골재 반응

65 콘크리트 구조물의 열화 조사 방법 중 외관 조사 시 관찰해야 할 항목을 쓰시오.

> **풀이**
> (1) 콘크리트의 변색, 얼룩　　(2) 콘크리트의 균열
> (3) 콘크리트의 표면 박리　　(4) 콘크리트의 들뜸
> (5) 콘크리트의 박리, 박락　　(6) 철근의 노출, 부식, 파단

66 콘크리트 구조물의 열화 조사 시 콘크리트를 전파하는 탄성파의 특성을 계측하여 콘크리트 내부의 정보를 얻는 탄성파를 이용하는 방법 3가지를 쓰시오

> **풀이**
> (1) 초음파법　　(2) 충격 반사파법　　(3) 음향 방출법(AE법)

67 콘크리트 구조물의 열화 조사 시 탄성파를 이용하는 방법으로 알 수 있는 항목(내용)을 쓰시오.

> **풀이**
> (1) 콘크리트의 압축강도   (2) 콘크리트의 균열
> (3) 콘크리트의 박리   (4) 콘크리트 내부의 공극
> (5) 구조물의 하중이력

68 콘크리트 구조물의 열화 조사 시 전자파를 이용하는 계측 방법의 종류 3가지를 쓰시오.

> **풀이**
> (1) X선법   (2) 레이더법   (3) 적외선법

69 콘크리트 구조물의 열화 조사 시 전자파를 이용하는 방법으로 알 수 있는 항목(내용)을 쓰시오.

> **풀이**
> (1) 콘크리트 내부의 철근 위치, 지름, 피복두께
> (2) 콘크리트 내부의 공극
> (3) 콘크리트의 균열
> (4) 콘크리트의 박리

70 알칼리-실리카 반응에 대한 열화 상태를 3가지 쓰시오

> **풀이**
> (1) 콘크리트 내부의 골재 주변이 까맣게 테두리가 쳐지며 표면에 얼룩이 생긴다.
> (2) 겔이 형성되어 콘크리트 위로 올라 탄산화 반응에 의해 백색 물질로 변하는 경우가 많다.
> (3) 콘크리트 구조물 표면에 나타난 균열은 불규칙적인 그물 모양이 생긴다.

71 경화한 콘크리트 속에 함유된 염화물 함유량 측정 방법 4가지를 쓰시오.

풀이
(1) 전위차 적정법
(2) 질산은 적정법
(3) 이온 전극법
(4) 흡광 광도법

72 콘크리트 탄산화 시험에 대한 내용이다. 다음 물음에 답하시오.
(1) 콘크리트 탄산화 시험에서 온도, 습도, 이산화탄소량 농도를 쓰시오.
(2) 콘크리트 탄산 깊이 측정에 사용되는 페놀프탈레인 용액 제조 방법을 쓰시오.

풀이
(1) 20℃, 60%, 5%
(2) 95% 에탄올 90ml에 페놀프탈레인 분말 1g을 녹여 물에 첨가하여 100ml로 한다.

73 초음파 전달속도법을 이용한 비파괴 검사 방법이다. 다음 물음에 답하시오.
(1) 초음파 속도법의 원리를 간단히 쓰시오.
(2) 콘크리트 균열 깊이를 측정하는 초음파 속도법의 방법 4가지를 쓰시오.

풀이
(1) 송신 탐촉자로부터 발생된 초음파가 균열을 따라 수신 탐촉자까지 도달된 시간을 측정하여 균열 깊이를 측정한다.
(2) ① T법
② $T_c - T_o$법
③ BS법
④ 레슬리법

74 알칼리 골재 반응의 종류 3가지를 쓰시오.

(1) 알칼리-실리카 반응
(2) 알칼리-탄산염 반응
(3) 알칼리-실리케이트 반응

75 동해가 발생했을 경우 동결 열화 보수공법 3가지를 쓰시오.

(1) 표면피복공법
(2) 단면복구공법
(3) 주입, 충전공법
(4) 침투재도포공법

콘크리트
기사·산업기사 실기

PART II

콘크리트 시험 관련 분야

- **CHAPTER 1** 시멘트 시험
- **CHAPTER 2** 골재 시험
- **CHAPTER 3** 콘크리트 시험
- ✦ 실기 필답형 문제

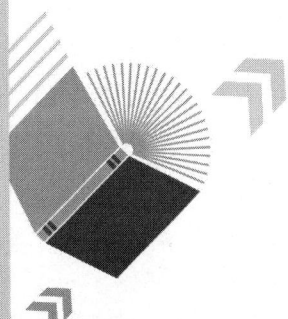

시멘트 시험

1-1 시멘트 밀도 시험

1. 목적

(1) 시멘트의 밀도는 콘크리트 단위 용적질량의 계산과 배합 설계 등에 필요하다.
(2) 시멘트의 밀도를 알게 되면, 클링커의 소성 상태, 풍화의 정도, 혼합재의 섞인 양, 시멘트의 품질 등을 대략 알 수 있다.
(3) 시멘트는 종류에 따라 밀도가 다르므로, 밀도 시험으로 시멘트의 종류를 알 수 있다.

2. 재료

(1) 각종 시멘트
(2) 광유(온도 20±1℃에서 밀도 약 $0.73g/cm^3$인 완전히 탈수된 등유나 나프타)
(3) 마른 천 또는 탈지면

3. 기계 및 기구

(1) 르샤틀리에(Le Chatelier) 병
(2) 저울
(3) 항온 수조(20±2℃의 온도를 일정하게 유지 가능한 것)
(4) 온도계
(5) 시료 숟가락
(6) 솔 및 붓
(7) 가는 철사

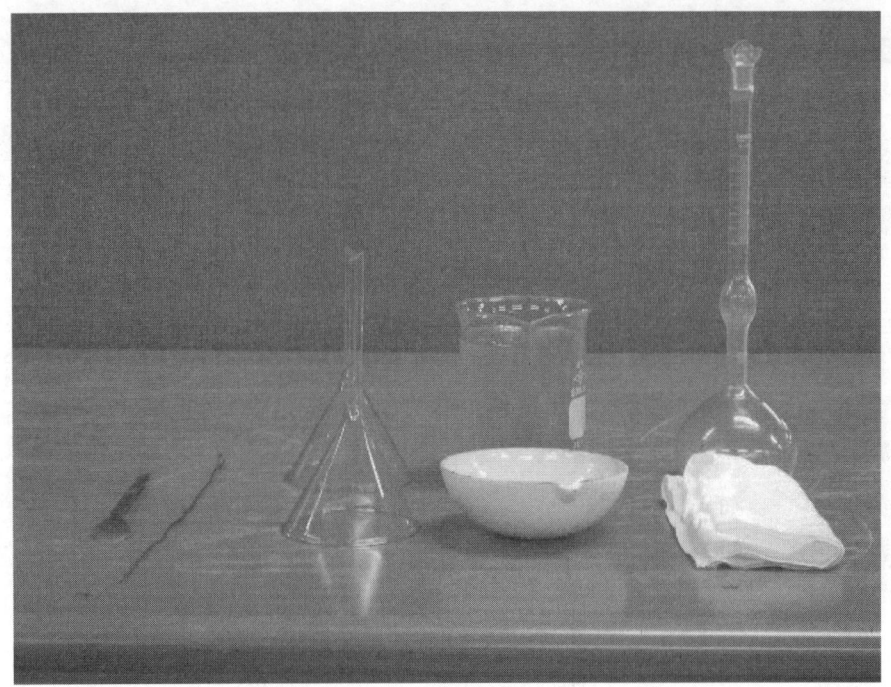

4. 관련 지식

(1) 시멘트, 광유, 수조의 물, 르샤틀리에 병은 미리 실온과 같게 해 놓고 사용한다.
(2) 광유 표면의 눈금을 읽을 때, 액체면은 곡면(메니스커스)이 있으므로 가장 밑면의 눈금을 읽는다.
(3) 광유의 온도가 1℃씩 변하면 부피가 약 0.1ml 변화하고, 밀도는 약 0.02 정도 차이가 생기므로, 시멘트를 넣기 전후의 비중병 속의 광유의 온도차는 0.2℃를 넘어서는 안 된다.
(4) 시험이 끝나면 르샤틀리에 병에 완전히 탈수한 광유와 마른 모래를 넣고, 잘 흔들어 깨끗이 닦아 놓도록 한다. 이때, 물을 사용해서는 안 된다.

5. 시험 순서 및 방법

■ 시료의 준비

(1) 시료를 채취한다.
(2) 시료 약 100g을 준비한다.

2 밀도 시험

(1) 르샤틀리에 병의 눈금 0~1ml 사이에 광유를 넣고, 목 부분에 묻은 광유를 마른 천으로 닦아 낸다.

(2) 병을 수조 속에 가만히 넣어 두고, 광유의 온도차가 0.2℃ 이내로 되었을 때 광유 표면의 눈금을 읽는다.

(3) 시멘트 약 64g을 0.05g까지 단다.

(4) 시멘트를 병의 목 부분에 묻지 않도록 조심하면서 넣는다.

(5) 병을 알맞게 흔들어 시멘트 내부에 들어 있는 공기를 빼낸다. 이때, 광유가 휘발하지 않도록 병마개를 막아야 한다.

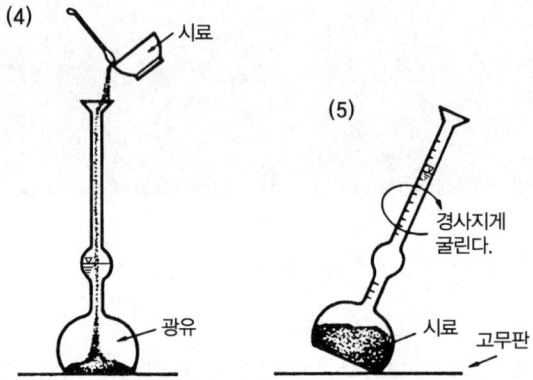

(6) 병을 다시 수조에 가만히 넣은 다음, 광유의 온도차가 0.2℃ 되었을 때, 광유의 표면이 가리키는 눈금을 읽는다.

3 결과의 계산

(1) 시멘트의 밀도는 다음 식에 따라 구한다. 이때, 계산 값은 소수점 아래 셋째 자리를 반올림하여 구한다.

$$\text{시멘트 밀도} = \frac{\text{시멘트의 무게(g)}}{\text{병의 눈금의 차(ml)}}$$

(2) 시험을 두 번 이상하여, 측정값의 차이가 ±0.03g/cm³ 이내로 되면, 그 평균값을 취한다.

6. 시멘트 밀도 시험의 예

측정 번호	1	2	3	4
① 처음 광유의 눈금 읽음(ml)	0.2	0.4		
② 시료의 무게(g)	64.0	64.0		
③ 시료를 넣은 후 광유의 눈금 읽기(ml)	20.6	20.8		
④ 병의 눈금차 ③-①(ml)	20.4	20.4		
밀도 $\frac{②}{④}$	3.137	3.137		
측정값의 차	0			
허용차	0.03			
평균값	3.14			

[비고] 2회 측정값의 차가 허용차 ±0.03g/cm³ 이내이므로, 이것을 밀도값으로 한다.

골재 시험

2-1 골재의 체가름 시험

1. 목적

골재의 입도분포 상태를 알기 위해서 시험을 한다.

2. 재료

(1) 잔골재
(2) 굵은 골재

3. 기계 및 기구

(1) 표준체
  (가) 잔골재용(0.15mm, 0.3mm, 0.6mm, 1.2mm, 2.5mm, 5mm, 10mm)
  (나) 굵은 골재용(1.2mm, 2.5mm, 5mm, 10mm, 15mm, 20mm, 25mm, 30mm, 40mm, 50mm, 65mm, 75mm, 100mm)
(2) 체 접시
(3) 체 뚜껑
(4) 체 진동기
(5) 저울(시료 무게의 0.1%까지 잴 수 있는 감도를 가진 것)
(6) 건조기(105±5℃의 온도를 고르게 유지할 수 있는 것)
(7) 시료 분취기
(8) 시료 용기
(9) 시료 삽

◎ 로탑 체가름 시험기

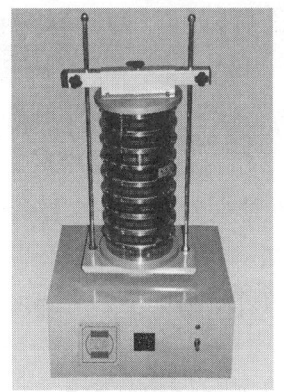
◎ 다이나믹 체가름 시험기

◎ 전동식 체가름 시험기

◎ 잔골재용 표준체

◎ 팬 커버

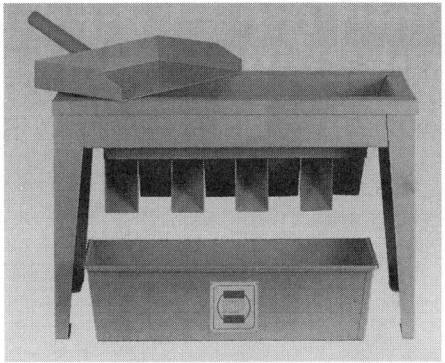
◎ 시료 분취기

4. 관련지식

(1) 골재는 알의 크기에 따라 잔골재와 굵은 골재로 나뉜다.
　(가) 잔골재는 10mm 체를 전부 통과하고 5mm 체를 거의 다 통과하며, 0.08mm 체에 거의 다 남는 골재, 또는 5mm 체를 다 통과하고 0.08mm 체에 다 남는 골재이다.
　(나) 굵은 골재는 5mm 체에 거의 다 남는 골재, 또는 5mm 체에 다 남는 골재이다.
(2) 굵은 골재 최대치수는 질량비로 90% 이상을 통과하는 체들 중에서 가장 작은 치수의 체눈을 체의 호칭 치수로 나타낸 굵은 골재의 치수이다.
(3) 골재의 입도란 골재의 크고 작은 알이 섞여 있는 정도를 말한다.
(4) 골재의 입도가 알맞으면 콘크리트의 단위 용적질량이 시멘트 풀이 줄어들어 경제적인 콘크리트를 만들 수 있다.

(5) 조립률이라 함은 0.15mm, 0.3mm, 0.6mm, 1.2mm, 2.5mm, 5mm, 10mm, 20mm, 40mm, 75mm의 10개의 체를 따로따로 사용하여 체가름 시험을 하였을 때, 각체에 남는 골재의 전체질량에 대한 질량비(%)의 합을 100으로 나눈 값을 말한다.
(6) 골재의 조립률은 골재 알의 지름이 클수록 크며, 잔골재는 2.0~3.3, 굵은 골재는 6~8 정도가 좋다.
(7) 체가름 시험의 결과가 입도 표준에 맞지 않으면, 골재의 입도를 조정하여 사용하여야 한다.
(8) 체눈에 골재의 알이 끼어 있지 않도록 공기로 불어 낸다.
(9) 잔골재와 굵은 골재가 섞여 섞을 때에는 5mm 체로 쳐서, 잔골재와 굵은 골재의 시료를 따로따로 나눈다.
(10) 체가름할 때, 체눈에 끼인 골재 알을 손으로 눌러 통과시켜서는 안 된다.
(11) 체눈에 끼인 골재 알은 부서지지 않도록 빼내고, 체에 남는 시료로 간주한다.
(12) 체 진동기를 사용하여 체가름하는 경우에는 수동식 체가름 방법을 써서 체가름 작업의 정밀도로 시험하도록 한다.

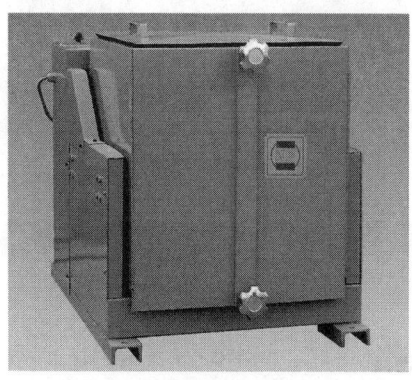

○ 굵은 골재 체가름 시험기

○ 굵은 골재 시험기용 체

5. 시험순서 및 방법

1 시료의 준비

(1) 필요한 시료를 4분법 또는 시료 분취기로 채취한다.
(2) 시료를 건조기 안에 넣고, 105±5℃의 온도로 질량이 일정하게 될 때까지 건조시킨다.

(3) 시료의 양은 시료의 표준량

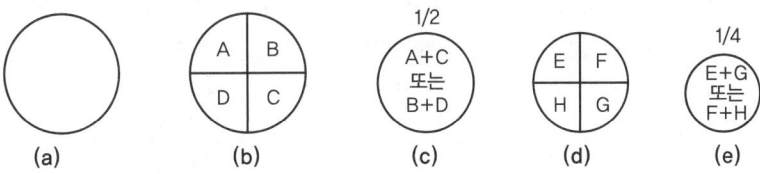

(a) 고루 편다.
(b) 4등분한다.
(c) 앞의 (b) 중에서 대각선 쪽 2개를 합쳐 고루 편다.
(d) 4등분한다.
(e) 앞의 (d) 중에서 대각선 쪽의 2개를 합쳐 고루 펴며, 분량이 많으면 앞과 같이 되풀이 한다.

○ 4분법

○ 체가름 시험 시료의 표준량

골재의 종류	골재 알의 크기	시료의 최소 질량(g)
잔골재	1.2mm 체를 95%(질량비)이상 통과하는 것	100
	1.2mm 체에 5%(질량비)이상 남는 것	500
굵은 골재	최대치수 10mm 정도인 것	2,000
	최대치수 15mm 정도인 것	3,000
	최대치수 20mm 정도인 것	4,000
	최대치수 25mm 정도인 것	5,000
	최대치수 40mm 정도인 것	8,000
	최대치수 50mm 정도인 것	10,000
	최대치수 60mm 정도인 것	12,000
	최대치수 80mm 정도인 것	16,000
	최대치수 100mm 정도인 것	20,000

2 체가름 시험

(1) 체 밑판 위에 체가름용 표준체 한 벌을 체눈이 작은 것을 밑으로 하여 체 진동기에 건다.
(2) 시료를 체에 넣고 체 뚜껑을 닫는다.
(3) 체를 위아래 및 수평으로 고루 흔들어 시료가 연속적으로 움직이도록 체질을 한다.
(4) 1분간 각 체를 통과하는 것이 전 시료 질량의 0.1% 이하가 될 때까지 작업을 계속한다.
(5) 체 진동기에 체를 들어내어 각 체에 남는 시료의 질량을 단다.

체 뚜껑	체 뚜껑
10mm	75mm
5mm	40mm
2.5mm	20mm
1.2mm	10mm
0.6mm	5mm
0.3mm	2.5mm
0.15mm	1.2mm
접시	접시
잔골재용	굵은 골재용

◆ 체가름 시험용 표준체

3 결과의 계산

(1) 각 체에 남는 시료의 질량을 전체 질량에 대한 질량비(%)로 나타낸다. 질량비의 표시는 이것에 가까운 정수로 구한다.
(2) 골재의 최대치수와 조립률을 구한다.
(3) 가로축에 체눈의 크기를 나타내고, 세로축에 각 체에 남은 시료의 질량비(%)를 나타내어 입도 곡선을 그린다.
(4) 잔골재의 조립률

체의 호칭(mm)	잔골재		
	체에 남는 양(%)	체에 남는 양의 누계(%)	통과율(%)
* 75			
65			
50			
* 40			
30			
25			
* 20			
15			
* 10	0	0	100
* 5	4	4	96
* 2.5	8	12	88
* 1.2	15	27	73
* 0.6	43	70	30
* 0.3	20	90	10
* 0.15	9	99	1
접시	1	100	
조립률(FM)	3.02		

$$\text{잔골재의 조립률(FM)} = \frac{4+12+27+70+90+99}{100} = 3.02$$

(5) 굵은 골재의 조립률 및 최대치수

체의 호칭(mm)	굵은 골재		
	체에 남는 양(%)	체에 남는 양의 누계(%)	통과율(%)
50	0	0	
* 40	4	4	96
30	22	26	74
25	13	39	61
* 20	19	58	42
15	12	70	30
* 10	11	81	19
* 5	16	97	3
* 2.5	3	100	0
* 1.2	0	100	
* 0.6	0	100	
* 0.3	0	100	
* 0.15	0	100	
조립률(FM)	7.40		

(가) 골재의 조립률은 * 표가 있는 곳에서만 계산한다.

(나) 굵은 골재의 조립률

$$FM = \frac{4+58+81+97+100+100+100+100+100}{100} = 7.40$$

(다) 굵은 골재의 최대치수＝40mm(90% 이상 통과하는 체들 중에서 가장 작은 치수)

(6) 잔골재의 입도 표준 및 467호 골재의 입도 표준

(가) 굵은 골재의 입도(467호)

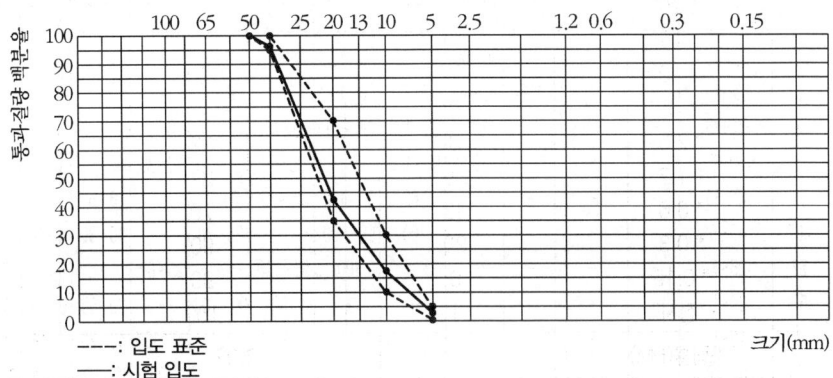

CHAPTER 2. 골재 시험 **269**

(나) 잔골재의 입도

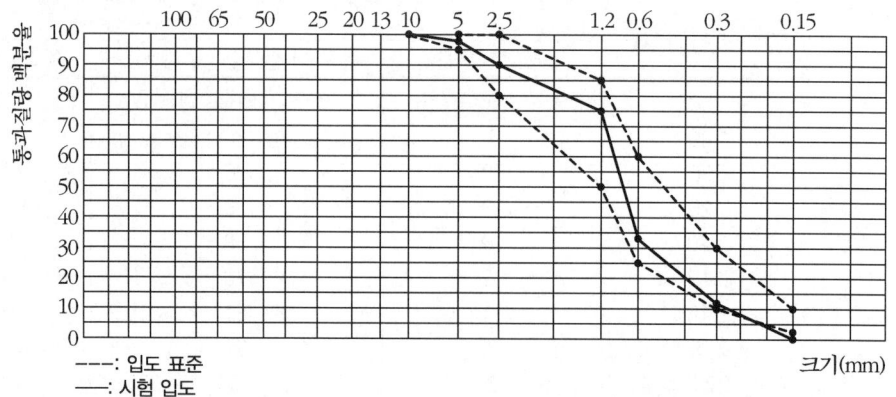

(7) 잔골재의 입도 표준(일반 콘크리트, 포장 콘크리트) (콘크리트 표준 시방서)

체의 호칭(mm)	체를 통과하는 것의 질량(%)
10	100
5	95~100
2.5	80~100
1.2	50~85
0.6	25~60
0.3	10~30
0.15	2~10

(8) 굵은 골재의 입도 표준(일반 콘크리트, 포장 콘크리트, 콘크리트 표준 시방서)

골재 번호	체의 호칭 / 골재의 크기(mm)	각 체를 통과하는 것의 질량비(%)											
		100	90	75	65	50	40	25	20	13	10	5	2.5	1.2
1	90~40	100	90~100	-	20~60	-	0~15	-	0~5	-	-	-	-	-
2	65~40	-	-	100	90~10	35~70	0~15	-	0~5	-	-	-	-	-
3	50~25	-	-	-	100	90~100	35~70	0~15	-	0~5	-	-	-	-
357	50~5	-	-	-	100	95~100	-	35~70	-	10~30	-	0~5	-	-
4	40~20	-	-	-	-	100	90~100	20~25	0~15	-	0~5	-	-	-
467	40~5	-	-	-	-	100	95~100	-	35~70	-	10~30	0~5	-	-
57	25~5	-	-	-	-	-	100	95~100	-	25~60	-	0~10	0~5	-
67	20~5	-	-	-	-	-	-	100	90~100	-	20~55	0~10	0~5	-
7	13~5	-	-	-	-	-	-	-	100	90~100	40~70	0~15	0~5	0~5
8	10~25	-	-	-	-	-	-	-	-	100	80~100	10~30	0~10	-

6. 체가름 시험 예

(1) 잔골재의 체가름 시험

체의 호칭(mm)	각 체에 남는 양의 누계		각 체에 남는 양		통과량
	(g)	(%)	(g)	(%)	(%)
10	0	0	0	0	0
5	15	2.6	15	2.6	97.4
2.5	57	9.8	42	7.2	90.2
1.2	146	25.0	89	15.2	75.0
0.6	396	67.7	250	42.7	32.3
0.3	516	88.2	120	20.5	11.8
0.15	580	99.1	64	10.9	0.9
접시	585	100	5	0.9	0
계			585		
조립률		2.92			

체가름 곡선

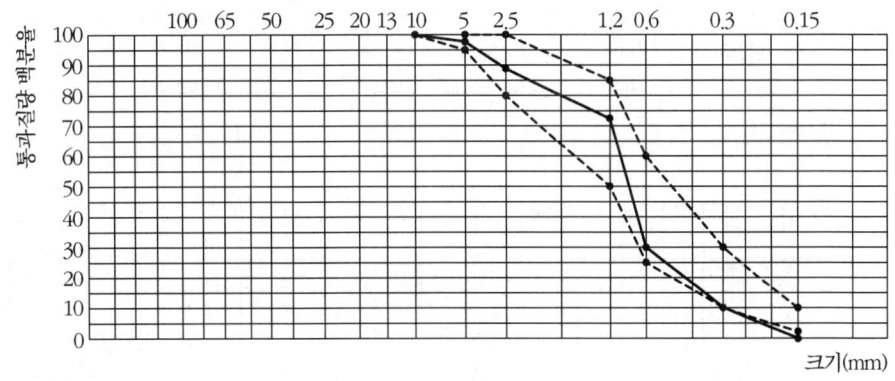

[비고] (1) FM = (2.6 + 9.8 + 25.0 + 67.7 + 88.2 + 99.1) ÷ 100 = 2.92
(2) 잔골재의 입도가 입도 범위(FM=2.0~3.3) 안에 들므로, 콘크리트용 잔골재로서 알맞다.

(2) 굵은 골재의 체가름 시험

체의 호칭(mm)	각 체에 남는 양의 누계		각 체에 남는 양		통과량
	(g)	(%)	(g)	(%)	(%)
100					
*75					
65					
50	0	0	0	0	100
*40	637	4.2	637	4.2	95.8
30	3882	25.7	3245	21.5	74.3
25	5835	38.6	1953	12.9	61.4
*20	8725	57.7	2890	19.1	42.3
13	10589	70.0	1864	12.3	30.0
*10	12289	81.3	1700	11.3	18.7
*5	14654	97.0	2365	15.7	3.0
*2.5	15104	100	450	3.0	0
접시					
계			15104	100	
조립률	7.40		최대치수 (mm)	40	

체가름 곡선

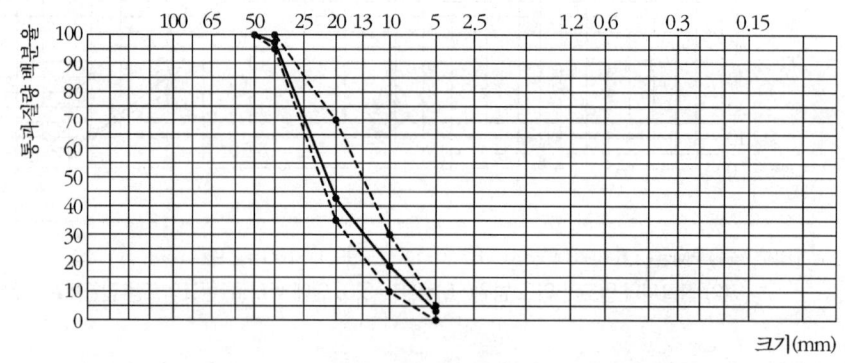

[비고] (1) FM = (4.2 + 57.7 + 81.3 + 97 + 100 + 100 + 100 + 100 + 100) ÷ 100 = 7.40
(2) 굵은 골재의 입도가 입도 범위(FM = 6~8)안에 들므로, 콘크리트용 굵은 골재로서 알맞다.
(3) 굵은 골재의 입도 표준은 467호를 사용하였다.

2-2 굵은 골재 밀도 및 흡수율 시험

1. 목적

콘크리트의 배합 설계를 할 때 골재의 부피와 빈틈 등의 계산을 하기 위해서 시험을 한다.

2. 재료

(1) 굵은 골재
(2) 마른 천(흡수성)

3. 기계 및 기구

(1) 시료 분취기
(2) 표준체(5mm, 13mm, 20mm, 25mm, 40mm, 50mm, 65mm, 80mm, 90mm, 100mm, 150mm)
(3) 저울(용량 5kg 이상, 감도 0.5g 이상)
(4) 철망태(골재의 최대치수가 40mm 이하일 경우에는 지름 약 200mm, 높이 약 200mm)
(5) 건조기(105±5℃의 온도를 고르게 유지 가능한 것)
(6) 물통(철망태를 담글 수 있는 크기)
(7) 데시케이터
(8) 시료 용기
(9) 시료 삽

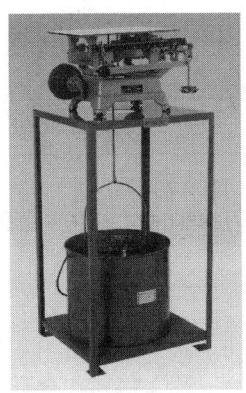
◐ 굵은 골재 밀도 측정 장치

◐ 밀도 측정 망태

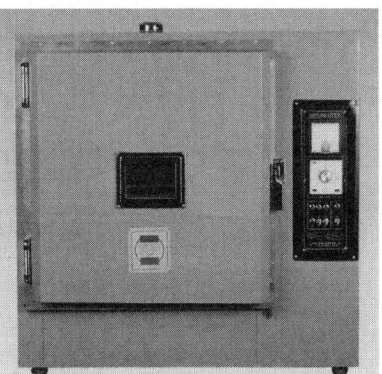
◐ 건조기

4. 관계 지식

(1) 굵은 골재의 밀도는 일반적으로 표면건조 포화 상태에 있는 골재 알의 밀도를 말한다.

(2) 굵은 골재의 밀도는 2.55~2.70(g/cm³) 정도이다.

(3) 골재의 밀도가 클수록 조직이 치밀하여 강도가 크다.

(4) 골재의 밀도는 시료의 질량을 그 시료와 같은 부피의 물의 질량으로 나누어 구한다.

(5) 콘크리트의 배합 설계는 표면건조 포화 상태의 골재를 기준으로 하므로, 시방 배합을 현장 배합으로 고칠 때에는 현장 골재의 함수 상태에 따라 혼합 수량을 조정하여야 한다.

(6) 흡수율이란 표면건조 포화 상태일 때의 골재 알에 들어 있는 모든 함수율을 말한다.

(7) 굵은 골재의 흡수율은 보통 0.5~4% 정도이다.

(8) 밀도가 큰 골재는 조직이 치밀하여 흡수율이 적다.

(9) 골재의 함수 상태는 다음과 같이 네 가지로 나눌 수 있다.

　(가) 절대건조 상태: 노 건조(절건) 상태라고도 하며, 건조로에서 105±5℃의 온도로 무게가 일정하게 될 때까지 건조시킨 것으로서, 물기가 전혀 없는 상태이다.

　(나) 공기 중 건조 상태: 기건 상태라고도 하며, 습기가 없는 실내에서 건조시킨 것으로서, 골재 알 속의 일부에만 물기가 있는 상태이다.

　(다) 표면건조 포화 상태: 표건 상태라고도 하며, 골재 알의 표면에는 물기가 없고, 골재 알속의 빈틈만 물로 차 있는 상태이다.

　(라) 습윤 상태: 골재 알의 속이 물로 차 있고, 표면에도 물기가 있는 상태이다.

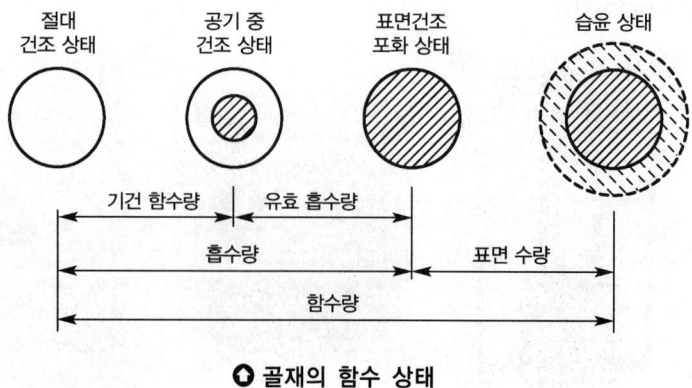

◯ 골재의 함수 상태

(마) 골재의 함수상태 시험 표준량

◐ 시료의 종류와 채취량(2회 시험의 표준량)

시료의 종류		시료의 채취량	저울의 눈금량
잔골재		1kg	0.1g
굵은 골재 최대치수(mm)	10~15	4kg	0.4g
	20~25	10kg	1g
	40~60	20kg	2g
	65 이상	40kg	4g

(10) 시료는 5mm 체를 통과하는 것은 모두 버리고 물로 깨끗이 씻어야 한다. 그렇지 않으면 시험 중에 철망태에서 빠져 오차가 생기기 쉽다.

(11) 시료의 표면건조 포화 상태의 작업을 하고 있는 동안에는 골재 알 속의 빈틈에서 물이 마르지 않게 한다.

(12) 표면건조 포화 상태의 작업을 할 때, 시료의 알이 굵은 것은 한 개씩 닦는다.

(13) 물속에서 질량을 달기에 앞서 철망태를 흔들어 갇힌 공기를 빼낸다.

(14) 물속에서 질량을 달 때에는 물통의 수위를 일정하게 한다.

(15) 흡수율은 흡수시간과 시료의 온도에 따라 달라지므로, 흡수율을 계산할 때 흡수 시간과 시료의 온도를 알아 둔다.

(16) 일반적인 경우 굵은 골재를 여러 개의 무더기로 나누어 시험하는 것이 좋으며, 시료가 40mm 체에 15% 이상 남을 때에는 40mm의 무더기 또는 그 보다 작은 무더기에 합하여 시험한다.

5. 시험 순서 및 방법

1 시료의 준비

(1) 시료를 시료 분취기 또는 4분법에 따라 채취한다.

(2) 시료를 여러 개의 무더기로 나누어 시험할 때, 시료의 최대치수에 따라 표와 같이 시료의 최소 질량을 단다. 여기서, 시료의 최소 질량은 굵은 골재 최대치수(mm 표시)의 0.1배를 kg으로 나타낸 양으로 한다.

(3) 시료를 물에 깨끗이 씻는다.

(4) 시료를 철망태에 넣고 수중에 진동을 주고 입자 표면과 입자간의 부착 공기를 제거한 후 20±5℃의 물속에 24시간 담근다.

2 밀도 및 흡수율 시험

(1) 20±5℃의 물속에서 시료의 수중 질량(C)과 수온을 측정한다.
(2) 철망태와 시료를 수중에서 꺼내고 물기를 제거한 후 시료를 흡수천 위에 올리고 눈에 보이는 수막을 제거하여 표면건조 포화 상태의 질량(B)을 측정한다.

◐ 표면건조 포화 상태 작업

(3) 105±5℃에서 일정 질량이 될 때까지 건조시키고 실온까지 냉각하여 절대건조 상태의 질량(A)을 측정한다.

3 결과의 계산

(1) 밀도는 다음 식에 따라 구한다.

$$절대건조\ 상태의\ 밀도 = \frac{A}{B-C} \times \rho_w$$

여기서, A: 절대건조 상태 시료의 질량(g)
B: 공기 중에서의 표면건조 포화 상태 시료의 질량(g)
C: 시료의 수중 질량(g)
ρ_w: 시험 온도에서의 물의 밀도(g/cm³)

> **참고** 순수한 물의 밀도는 15℃에서 0.9991g/cm³, 20℃에서 0.9982g/cm³, 25℃에서 0.9970g/cm³이다.

$$\text{표면건조 포화 상태의 밀도(표건 밀도)} = \frac{B}{B-C} \times \rho_w$$

$$\text{겉보기 밀도} = \frac{A}{A-C} \times \rho_w$$

(2) 흡수량을 나타내는 흡수율은 다음 식에 따라 계산한다.

$$\text{흡수율(\%)} = \frac{B-A}{A} \times 100$$

(3) 정밀도는 시험을 두 번하여, 그 측정값의 평균값과 차가 밀도 시험의 경우에는 그 값이 0.01g/cm^3 이하, 흡수율 시험의 경우에는 0.03% 이하이어야 한다.

(4) 시료를 여러 개의 무더기로 나누어 시험하였을 때 밀도, 표면건조 포화 상태의 밀도, 겉보기 밀도, 흡수율의 평균값은 각각 다음 식에 따라 구한다.

$$G = \frac{1}{\frac{P_1}{100G_1} + \frac{P_2}{100G_2} + \cdots + \frac{P_n}{100G_n}}$$

여기서, G: 평균 밀도
$G_1, G_2, \cdots, G_n$: 각 무더기의 밀도
$P_1, P_2, \cdots, P_n$: 원시료에 대한 각 무더기의 질량비(%)

(5) 흡수율의 평균값

$$A = \frac{P_1 A_1}{100} + \frac{P_2 A_2}{100} + \cdots + \frac{P_n A_n}{100}$$

여기서, A: 평균 흡수율(%)
$A_1, A_2, \cdots, A_n$: 각 무더기의 흡수율(%)
$P_1, P_2, \cdots, P_n$: 원시료에 대한 각 무더기의 질량비(%)

(6) 평균 밀도 및 흡수율 계산

무더기의 크기 (mm)	원시료에 대한 질량비 (%)	시료의 질량 (g)	밀도 (g/cm³)	흡수율 (%)
5~13	44	2,213.0	2.72	0.4
13~40	35	5,462.5	2.56	2.5
40~65	21	12,593.0	2.54	3.0

평균 밀도 $G = \dfrac{1}{\dfrac{0.44}{2.72} + \dfrac{0.35}{2.56} + \cdots + \dfrac{0.21}{2.54}} = 2.62\text{g/cm}^3$

평균 흡수율 $A = 0.44 \times 0.4 + 0.35 \times 2.5 + 0.21 \times 3.0 = 1.7\%$

6. 굵은 골재의 밀도 및 흡수율 시험 예

측정 번호	1	2
① 공기 중의 표건시료의 질량 B(g)	6,755	6,530
② 물속에서의 철망태와 표건 시료의 질량(g)	4,841	4,699
③ 물속에서의 철망태의 질량(g)	632	632
④ 물속에서의 표건 시료의 질량 C=②-③(g)	4,209	4,067
표면건조 포화 상태의 밀도 $\dfrac{①}{①-④}\times \rho_w$	2.648	2.646
측정값의 차	0.002	
허용차	0.01	
평균값(g/cm³)	2.65	
⑤ 노 건조 시료의 질량 A(g)	6,658	6,437
흡수율 $\dfrac{①-⑤}{⑤}\times 100\%$	1.457	1.445
측정값의 차(%)	0.012	
허용값(%)	0.03	
평균값(%)	1.45	

[비고] (1) 2회의 밀도 평균값과 차가 허용차 0.01g/cm³ 이하이므로 2.65(g/cm³)를 밀도값으로 한다.
(2) 2회의 흡수율 평균값과 차가 허용차 0.03% 이내 이므로 1.45%를 흡수율로 한다.
(3) ρ_w: 사용물의 온도가 20℃이므로 ρ_w =0.9982g/cm³을 적용한다.

2-3 잔골재의 밀도 및 흡수율 시험

1. 목적
콘크리트의 배합 설계를 할 때 잔골재의 부피 계산을 하기 위해서 시험을 한다.

2. 재료
(1) 잔골재 (2) 마른 천(흡수성)

3. 기계 및 기구
(1) 시료 분취기   (2) 원뿔형 몰드
(3) 다짐대   (4) 저울(칭량 1kg 이상, 감도 0.1g 이상)
(5) 플라스크(용량 500ml) (6) 건조기(105±5℃의 온도를 고르게 유지 가능한 것)
(7) 항온 수조   (8) 데시케이터
(9) 피펫   (10) 시료 용기
(11) 시료 삽

◎ 원뿔형 몰드 및 다짐대

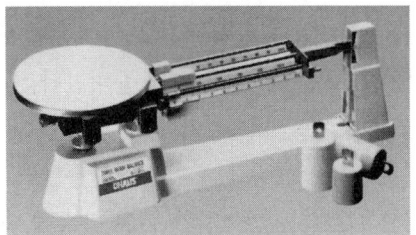
◎ 저울

◎ 플라스크

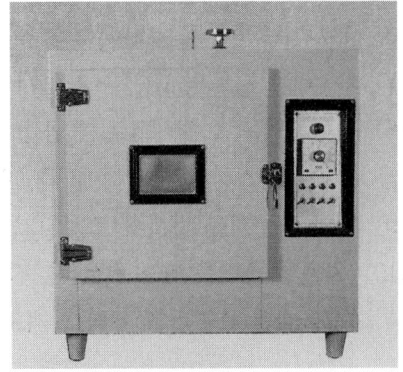
◎ 건조기

4. 관련 지식

(1) 잔골재의 밀도는 표면건조 포화 상태의 골재 알의 밀도를 말한다.
(2) 잔골재의 밀도는 보통 $2.50 \sim 2.65 g/cm^3$ 정도이다.
(3) 밀도가 큰 골재는 빈틈이 적어서 흡수율이 적고, 강도와 내구성이 크다.
(4) 잔골재의 흡수율은 골재 알 속의 빈틈이 많고 적음을 나타낸다.
(5) 잔골재의 흡수율은 콘크리트를 배합할 때, 혼합 수량을 조정하는 데 쓰인다.
(6) 잔골재의 흡수율은 1~6% 정도이다.
(7) 시험에 사용하는 유리 제품은 깨어지기 쉬우므로 조심스럽게 다룬다.
(8) 플라스크는 반드시 용량을 검정한 후에 사용한다.
(9) 시료를 표면건조 포화 상태로 만들 때, 너무 빨리 건조시키면 시료의 일부가 공기 중 건조 상태나 절대건조 상태가 되기 쉬우므로 주의해야 한다.
(10) 흡수율 시험을 할 때, 건조 작업 중에 작은 낱알이 날리지 않도록 한다.
(11) 시험의 정밀도는 각 골재의 표면건조 포화 상태를 정확하게 측정하는 데에 달려 있다.

5. 시험 순서 및 방법

1 시료의 준비

(1) 시료를 시료 분취기 또는 4분법에 따라 채취한다.
(2) 시료를 약 1,000g을 준비한다.
(3) 시료를 시료 용기에 담아 질량이 일정하게 될 때까지 105±5℃의 온도로 건조시킨다.
(4) 시료를 24±4시간 동안 물속에 담근다. 수온은 20±5℃에서 최소한 20시간 이상 유지하도록 한다.
(5) 시료를 편평한 그릇에 펴 놓고 따뜻한 공기로 천천히 건조시킨다.
(6) 시료의 표면에 물기가 거의 없을 때, 시료를 원뿔형 몰드에 느슨하게 채워 넣는다.
(7) 다짐대로 시료의 표면을 가볍게 25번 다진다.
(8) 원뿔형 몰드를 수직으로 빼 올린다. 이때, 원뿔 모양이 흘러내리지 않고 그 상태를 그대로 유지하면 잔골재에 표면수가 있는 것이다.
(9) 다시 잔골재를 펴서 건조시키고, 앞의 (6)~(8)항의 방법을 되풀이 한다.
(10) 원뿔형 몰드를 빼 올렸을 때, 잔골재의 원뿔 모양이 흘러내리기 시작하면 이것을 잔골재의 표면건조 포화 상태로 한다.

공기 중 건조 상태   표면건조 포화 상태   습윤 상태

2 밀도 및 흡수율 시험

(1) 표면건조 포화 상태의 시료 500g 이상을 채취하고 그 질량(m)을 0.1g까지 측정한다.
(2) 플라스크에 물을 일부 넣고 500g 이상의 표면건조 포화 상태 시료를 넣는다.
(3) 플라스크를 편평한 면에 굴리어 뒤흔들어서 공기를 모두 제거하고 검정 눈금까지 물을 채운다.
(4) 플라스크, 시료, 물의 질량(C)을 0.1g까지 측정한다.
(5) 플라스크에서 꺼낸 시료로부터 상부의 물을 천천히 따라 버리고 일정한 온도가 될 때까지 약 24시간 동안 105±5℃에서 건조시켜 그 질량(A)을 0.1g까지 측정한다.
(6) 플라스크 속에 물을 검정 용량까지 다시 채워 그 질량(B)을 측정한다.

3 결과의 계산

(1) 밀도는 다음 식에 따라 구한다.

$$절대건조\ 밀도 = \frac{A}{B+m-C} \times \rho_w$$

$$표면건조\ 포화\ 상태의\ 밀도(표건\ 밀도) = \frac{m}{B+m-C} \times \rho_w$$

$$상대\ 겉보기\ 밀도 = \frac{A}{B+A-C} \times \rho_w$$

여기서, A: 공기 중에서의 노 건조 시료의 질량(g)
B: 물의 검정 선까지 채운 플라스크의 질량(g)
C: 시료와 물을 검정 선까지 채운 플라스크의 질량(g)
ρ_w: 사용한 물의 온도에 따른 물의 밀도(g/cm³)

(2) 다음 식에 따라 흡수율을 계산한다.

$$흡수율(\%) = \frac{m - A}{A} \times 100$$

(3) 시험 두 번 실시하여, 그 측정값의 평균값과 차가 밀도 시험의 경우 0.01g/cm^3 이하, 흡수율 시험의 경우에는 0.05% 이하이어야 한다.

(4) 흡수율이 3% 이상 되는 잔골재는 콘크리트의 강도나 내구성에 나쁜 영향을 끼친다.

(5) 잔골재의 밀도와 흡수량의 관계

밀도(g/cm³)	흡수량(%)
2.50 이하	3.5 이상
2.50~2.65	1.5~3.5
2.65 이상	1.5 이하

6. 잔골재의 밀도 및 흡수율 시험 예

측정 번호	1	2
① 빈 플라스크의 질량(g)	177.5	177.5
② (플라스크+물)의 질량 B(g)	677.5	677.5
③ 표건 시료의 질량 m(g)	520	540
④ (플라스크+물+시료)의 질량 C(g)	999.3	1,011
표면건조 포화 상태의 밀도 $\frac{③}{②+③-④} \times \rho_w$	2.623	2.615
측정값의 차	0.008	
허용차	0.01	
평균값	2.62	
⑤ 노 건조 시료의 질량 A(g)	513.1	532.9
흡수율 $\frac{③-⑤}{⑤} \times 100\%$	1.345	1.332
측정값의 차(%)	0.013	
허용차(%)	0.05	
평균값(%)	1.34	

[비고] (1) 2회의 밀도 평균값과 차가 허용차 0.01g/cm^3 이내이므로 2.62g/cm^3을 밀도 값으로 한다.
(2) 2회의 흡수율 평균값과 차가 허용차 0.05% 이내이므로 1.34%를 흡수율로 한다.
(3) ρ_w: 물의 온도가 15℃에서 시험하여 0.9991g/cm^3을 적용한다.

2-4 잔골재의 표면수 시험

1. 목적
콘크리트 배합 설계시 골재는 표면건조 포화 상태를 기준한 것으로 골재에 표면수가 있으면 물-시멘트비가 달라지므로 혼합수량을 조정하기 위해서 시험을 한다.

2. 재료
잔골재

3. 기계 및 기구
  (1) 저울(칭량 2kg 이상, 감도 0.1g)
  (2) 플라스크(용량 500ml)
  (3) 메스실린더(1,000ml)
  (4) 피펫
  (5) 뷰렛
  (6) 비커
  (7) 시료 용기
  (8) 시료 숟가락

4. 관계 지식
  (1) 잔골재의 표면수는 잔골재 알의 표면에 묻어 있는 물이며, 잔골재가 가지고 있는 물에서 잔골재 알 속에 들어 있는 물을 뺀 것이다 .
  (2) 잔골재의 표면수율은 일반적으로 표면건조 포화 상태의 골재에 대한 질량비(%)로 나타낸다.
  (3) 잔골재의 표면수 측정 방법에는 질량에 의한 측정법과 부피에 의한 측정법이 있으며, 또 현장에서 사용하는 메스실린더에 의한 간이 측정법이 있다.
  (4) 시험에 사용하는 유리 제품은 깨어지지 않도록 조심하여 다룬다.
  (5) 표면수는 시료의 채취 장소에 따라 달라지므로, 여러 곳에 있는 골재에 대해서 시험하여야 한다.
  (6) 시험은 18~29℃의 온도 범위 안에서 하여야 한다.
  (7) 시료는 채취 방법이나 계량 방법의 부정확 등에 따른 오차를 적게 하기 위해서는 주어진 시간 안에 취급할 수 있는 범위 내에서 될 수 있는 대로 많이 채취한다.

(8) 시험의 정밀도는 잔골재의 표면건조 포화 상태의 밀도를 정확하게 측정하는데 달려 있다.

5. 시험 순서 및 방법

1 시료의 준비

(1) 표면수율을 측정할 잔골재를 대표할 수 있는 시료를 채취한다.

(2) 표면수가 있는 시료 400g 이상 준비한다.

2 표면수 측정

(1) 질량에 의한 측정법

(가) 시료 200g 이상을 단다.

(나) 플라스크에 표시선까지의 물을 채우고 질량을 단다.

(다) 플라스크를 비운 다음, 다시 플라스크에 시료가 충분히 잠길 수 있도록 물을 넣는다.

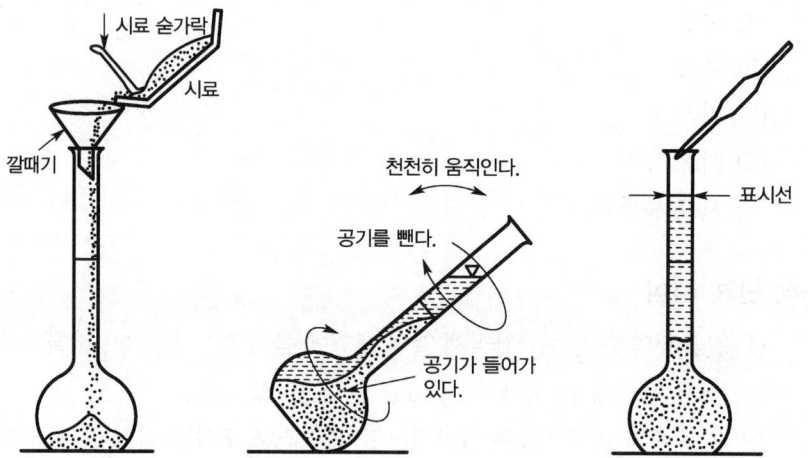

(라) 플라스크 속에 시료를 넣고, 흔들어서 공기를 없앤다(그림 참조).

(마) 플라스크에 표시선까지 물을 채우고, 플라스크, 시료, 물의 질량을 단다.

(바) 시료가 밀어 낸 물의 질량을 다음 식에 따라 구한다.

$$m = m_1 + m_2 - m_3$$

여기서, m: 시료가 밀어 낸 물의 양(g)
m_2: 표시선까지 물이 들어 있는 플라스크의 질량(g)
m_1: 시료의 질량(g)
m_3: 시료를 넣고 표시선까지 물을 채웠을 때의 플라스크의 질량(g)

(2) 용적에 의한 측정법

　(가) 시료 200g 이상을 단다.

　(나) 메스실린더에 시료가 충분히 잠길 수 있도록 물을 넣고, 물의 양을 ml로 측정한다.

　(다) 시료를 메스실린더 속에 넣고, 흔들어서 공기를 없앤다.

　(라) 시료와 물이 섞인 양을 눈금으로 읽는다.

　(마) 시료가 밀어 낸 물의 양을 다음 식에 따라 구한다.

$$V = V_2 - V_1$$

여기서, V: 시료가 밀어 낸 물의 양(ml)
V_2: 시료와 물이 섞인 양(ml)
V_1: 시료가 완전히 잠기는 데 필요한 물의 양(ml)

3 결과의 계산

(1) 표면수율은 다음 식에 따라 구한다.

$$H = \frac{m - m_s}{m_1 - m} \times 100$$

여기서, H: 표면건조 포화 상태의 잔골재를 기준으로 한 표면수율(%)
m: 시료가 밀어 낸 물의 질량(g)
m_s: 시료의 질량(m_1의 값)을 잔골재의 밀도 및 흡수율 시험의 방법에 따라 측정한 표면건조 포화 상태일 때의 밀도로 나눈 값($m_s = \frac{m_1}{밀도}$)
m_1: 시료의 질량(g)

(2) 시험은 동시에 채취한 시료에 대해 2회 실시한 평균값에서의 차는 0.3% 이하이어야 한다.

(3) 모래 표면수의 간이 측정법(메스실린더법)은 다음과 같다.

　(가) 표면 수량 측정도의 만들기

　　① 표면건조 포화 상태의 모래를 400g을 취하여 물 400ml가 들어 있는 1,000ml의 메스실린더 속에 넣는다.

　　② 모래가 충분히 가라앉은 뒤 모래의 윗면의 읽음(ml)과 물 윗면의 읽음(ml)을 기록한다.

　　③ 표면건조 포화 상태의 모래 450g, 500g, …을 취하여 위와 같은 방법으로 하여 모래 윗면과 물 윗면의 읽음(ml)을 기록한다.

　　④ 이와 같이 얻은 값으로 그림 (a)와 같이 A선과 B선을 그어서 표면수율 측정도를 만든다.

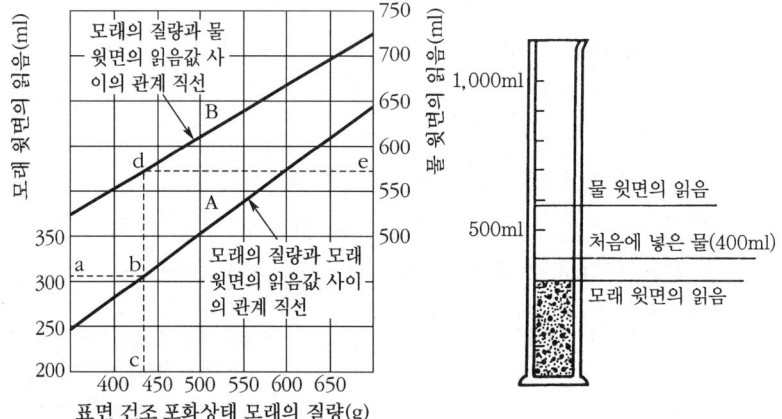

(a) 표면수율의 측정도   (b) 물 윗면 및 모래 윗면의 읽음

(나) 표면수율 측정의 보기

① 표면수율을 알고자 하는 임의 양의 젖은 모래를 취하여, 물 400ml를 넣은 1,000ml의 메스실린더에 이 모래를 넣는다.

② 이때, 모래 윗면의 읽음값이 307ml, 물 윗면의 읽음값이 583ml라고 하면, 그림 (a)의 왼쪽 세로축 상에 307ml에 해당하는 a점을 취하여 화살표와 같이 a→b→c를 따라가면, 임의의 양을 취한 이 모래의 양은 c점의 위치에 의하여 표면건조 포화 상태로서 430g이라는 것을 알 수 있다.

③ 한편, a→b→c→d→e 따라 e점의 읽음값 570ml를 얻는다.

④ 그러면, 표면건조 포화 상태의 모래 430g에 대한 표면수량과 표면수율은 다음과 같이 된다.

표면수량 = $583 - 570 = 13$ml

표면수율 = $\dfrac{13}{430} \times 100 = 3\%$

(4) 골재의 표면수율의 대략의 값

골재의 상태	표면수율(%)
젖은 자갈 또는 부순 돌	1.5~2
조금 젖은 모래(손에 쥐면 모양이 바로 무너지고, 손바닥이 약간 젖은 것을 느낄 수 있다.)	0.5~2
보통 젖은 모래(손에 쥐면 모양이 쥐어지고, 손바닥에 물이 약간 묻는다.)	2~4
아주 젖은 모래(손에 쥐면 손바닥이 젖는다.)	5~8

6. 잔골재의 표면수 시험 예

(1) 질량에 의한 측정법

측정 번호	1	2
① (용기+표시선까지의 물)의 질량 m_2(g)	952.5	952.7
② 시료의 질량 m_1(g)	500.0	500.0
③ (용기+표시선까지의 물+시료)의 질량 m_3(g)	1,250.7	1,251.4
④ 시료가 밀어 낸 물의 양 m=①+②-③(g)	201.8	201.3
⑤ $m_s = \dfrac{②}{밀도}$	192.3	192.3
표면수율 $H = \dfrac{④-⑤}{②-④} \times 100\%$	3.2	3.0
측정값의 차(%)	0.2	
허용차(%)	0.3	
평균값(%)	3.1	

(2) 부피에 의한 측정법

측정 번호	1	2
⑥ 시료가 완전히 잠기는데 필요한 물의 양 V_1 (ml)	200.0	200.0
⑦ (시료+물)의 양 V_2 (ml)	401.7	401.2
⑧ 시료가 밀어 낸 물의 양 V=⑦-⑥ (ml)	201.7	201.2
표면수율 $H = \dfrac{⑧-⑤}{②-⑧} \times 100\%$	3.2	3.0
측정값의 차(%)	0.2	
허용차(%)	0.3	
평균값(%)	3.1	

※ 이 시료의 표면건조 포화 상태의 밀도는 2.60g/cm³이다.

2-5 골재의 용적질량 및 실적률 시험

1. 목적

골재의 빈틈률을 계산하거나 콘크리트 배합에서 골재의 부피를 나타낼 때 필요하기 때문에 시험한다.

2. 재료

(1) 잔골재
(2) 굵은 골재

3. 기계 및 기구

(1) 측정 용기(금속제의 원통으로서, 그 용량은 골재의 최대치수에 따라 사용한다.)
(2) 다짐대(지름 16mm, 길이 600mm 원형 강으로 앞 끝이 반구 모양)
(3) 저울(시험 질량의 0.2% 이하의 정밀도를 가질 것)
(4) 표준체(13mm, 25mm, 40mm, 100mm 체)
(5) 건조기(105±5℃의 온도를 고르게 유지할 것)
(6) 시료 분취기
(7) 큰 삽
(8) 곧은 날
(9) 유리판

○ 단위 용적기

4. 관련 지식

(1) 시료는 절건상태로 한다. 단, 굵은 골재는 기건 상태이어도 좋다.
(2) 골재의 단위 용적질량은 다음과 같은 요인에 따라 달라진다.
   (가) 골재의 밀도가 크면 단위 용적 질량이 커진다.
   (나) 잔골재는 표면수가 있으면, 부풀음이 생겨, 건조 상태에 비해 최대 부피가 15~30% 정도 커진다.
   (다) 잔골재의 부풀음 현상은 골재 알이 작을수록 커지며, 함수량 4~6%에서 최대가 된다.
   (라) 골재 알의 모양과 입도, 용기의 모양과 크기 및 채우는 방법에 따라 달라진다.

(3) 골재의 단위 용적 질량 시험 방법에는 다음과 같은 종류가 있다.
  (가) 다짐대를 사용하는 방법: 골재의 최대치수가 40mm 이상 75mm 이하인 것에 적용된다. 이 방법으로 구한 값은 다져진 골재의 단위 용적 질량이며, 골재의 빈틈률을 계산할 때 사용한다.
  (나) 충격을 이용하는 방법: 골재의 최대치수가 40mm 이상 75mm 이하인 것에 적용한다. 이 방법으로 구한 값은 다져진 골재의 단위 용적 질량이며, 골재의 빈틈률을 계산할 때 사용한다.
(4) 골재의 최대치수에 따라 시험 용기의 용량과 시험 방법이 달라진다.
(5) 용기에 시료를 채울 때, 굵은 알과 잔 알이 분리되지 않도록 한다.
(6) 다짐대를 사용할 때에는 다짐대가 용기의 밑바닥에 닿지 않도록 한다.
(7) 용기의 다짐 횟수

굵은 골재의 최대치수(mm)	용량(l)	층별 다짐 횟수
5 이하(잔골재)	1~2	20
10 이하	2~3	20
10 초과 40 이하	10	30
40 초과 75 이하	30	50

5. 시험 순서 및 방법

1 시료의 준비 및 용기의 검정

(1) 시료의 준비
  (가) 대표적인 시료를 4분법 또는 시료 분취기로 채취한다.
  (나) 시료는 시험 용기 용량의 2배 이상 준비한다.
  (다) 시료를 질량이 일정하게 될 때까지 105±5℃의 온도로 건조로에서 건조시킨 후, 충분히 섞어서 공기 중 건조 상태로 만든다. 다만, 굵은 골재의 경우는 기건 상태이어도 좋다.

2 단위 용적 질량 시험

(1) 봉 다지기에 의한 방법
  (가) 시료를 용기의 $\frac{1}{3}$ 정도 채우고 손가락으로 윗면을 고른다.
  (나) 시료를 다짐대로 고르게 다진다.
  (다) 시료를 용기의 $\frac{2}{3}$ 까지 채우고, (나)항과 같은 방법으로 다진다. 이때, 다짐대가

아래층을 뚫고 들어갈 수 있는 힘만 준다.

(라) 용기의 시료를 넘치도록 채우고, (나)항과 같은 방법으로 다진다.

(마) 용기의 윗면에서 골재의 튀어 나온 부분이 빈틈과 거의 같도록 손가락이나 곧은 날로 고른다.

(바) 용기와 시료의 질량을 달고, 시료의 질량을 0.1%까지 기록한다.

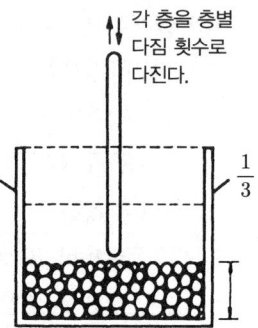

(2) 충격에 의한 방법

(가) 용기를 콘크리트 슬래브와 같은 단단한 기초 위에 놓고, 용기의 $\frac{1}{3}$까지 시료를 채운다.

(나) 용기의 한쪽을 약 50mm 가량 들어올렸다 떨어뜨리고, 반대쪽을 50mm 정도 들어올렸다 떨어뜨려 한쪽을 25회씩 전체 50회 떨어뜨려 다진다.

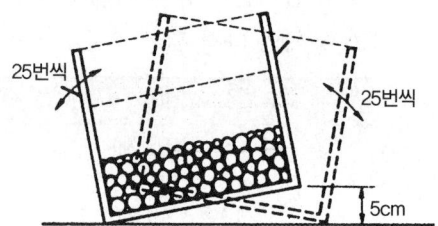

(다) 용기의 $\frac{2}{3}$까지 시료를 채우고, (나)항과 같은 방법으로 다진다.

(라) 용기에 넘치도록 시료를 채우고, (나)항과 같은 방법으로 다진다.

(마) 용기의 윗면에서 골재의 튀어 나온 부분이 빈틈과 거의 같도록 손가락이나 곧은 날로 고른다.

(바) 용기와 시료의 질량을 달고, 시료의 질량을 0.1%까지 기록한다.

3 결과의 계산

(1) 골재의 단위 용적 질량은 다음 식에 의해 구한다.

$$T = \frac{m_1}{V}$$

여기서, T : 골재의 단위 용적 질량(kg/L)
V : 용기의 용적(L)
m_1 : 용기 안의 시료의 질량(kg)

(2) 같은 시료를 사용하여 같은 방법으로 시험한 결과의 차이는 평균값 $0.01 \text{kg}/l (10 \text{kg/m}^3)$ 이하이어야 한다.

(3) 골재 단위 용적 질량의 대략값

골재의 종류	단위 용적 질량(kg/m³)	
	다지지 않은 경우	다진 경우
잔골재(건조)	1,450~1,600	1,500~1,850
(습윤)	1,350~1,500	
굵은 골재(5~20mm)	1,450~1,550	1,550~1,700
(10~20mm)	1,450~1,500	1,500~1,600

(4) 골재의 실적률(G)

$$G = \frac{T}{d_D} \times 100$$

$$G = \frac{T}{d_s} \times (100 + Q)$$

여기서, T : 단위 용적 질량(kg/l)
d_D : 골재의 절건 밀도(kg/l)
Q : 골재의 흡수율(%)
d_s : 골재의 표건밀도(kg/l)

참고 기건 상태의 시료를 사용하여 시험을 하고 함수율을 측정한 경우

$$T = \frac{m_1}{V} \times \frac{m_0}{m_2}$$

여기서, T : 골재의 단위 용적 질량(kg/l)
V : 용기의 용적(l)
m_1 : 용기 안의 시료의 질량(kg)
m_2 : 함수율 측정을 위한 시료의 건조 전의 질량(kg)
m_0 : 함수율 측정을 위한 시료의 건조 후의 질량(kg)

2-6 골재 중의 함유되는 점토 덩어리 양의 시험

1. 목적

콘크리트나 모르타르에 사용되는 골재 속의 점토 함유량이 어느 정도인지를 알기 위해 시험한다.

2. 재료

(1) 잔골재
(2) 굵은 골재

3. 기계 및 기구

(1) 표준체(0.6mm, 1.2mm, 2.5mm, 5mm, 및 10mm, 15mm, 20mm, 25mm, 30mm, 40mm 체)
(2) 저울(시료 무게의 0.1%까지 잴 수 있는 감도를 가진 것)
(3) 용기
(4) 시료 분취기
(5) 건조기(105±5℃의 온도를 고르게 유지 가능한 것)

4. 관련 지식

(1) 콘크리트나 모르타르에 사용하는 골재는 깨끗하고 점토 덩어리가 들어 있지 않아야 한다.
(2) 점토가 골재의 표면에 붙어 있으면, 시멘트 풀과 골재의 표면과의 부착력이 약해져서 콘크리트의 강도가 작아진다.
(3) 골재 속에 점토 덩어리가 많이 들어 있으면, 콘크리트나 모르타르를 비빌 때 혼합 수량이 많아져서 콘크리트의 강도와 내구성이 작아진다.
(4) 골재 속에 들어 있는 점토가 덩어리로 되어 있으면, 습윤과 건조, 동결과 융해로 인하여 점토 덩어리 자신이 부서지거나 콘크리트의 표면을 손상시킨다.
(5) 점토 덩어리 양은 점토 덩어리를 제거한 시료의 원시료에 대한 질량비(%)로 나타낸다.
(6) 시료에 들어 있는 점토 덩어리는 부서지지 않도록 다루어야 한다.
(7) 시료에 잔골재와 굵은 골재가 섞여 있는 경우에는 5mm 체로 체가름하여 사용한다.
(8) 손가락으로 눌러서 부스러지는 것은 모두 점토 덩어리로 취급한다.

5. 시험 순서 및 방법

1 시료의 준비

(1) 대표적인 시료를 4분법 또는 시료 분취기로 채취한다.
(2) 시료를 상온에서 천천히 건조하여 공기 중 건조 상태로 한다.
(3) 잔골재의 시료는 1.2mm 체에 남는 것으로 1,000g 이상으로 하고, 이것을 2등분하여 각각 〈표 1〉 굵은 골재의 시료 질량 1회의 시험 시료로 한다.
(4) 굵은 골재의 시료는 5mm 체에 남는 것으로 최대치수에 따라 각각 〈표 1〉에 나타낸 양 이상으로 하고, 이것을 2등분하여 각각 1회의 시험 시료로 한다.

〈표 1〉 굵은골재의 시료 질량

굵은골재의 최대 치수(mm)	시료의 질량(kg)
10 또는 15	2
20 또는 25	6
30 또는 40	10
40 이상	20

〈표 2〉 씻기 체의 크기

골재의 종류	체의 크기(mm)
잔골재	0.6
굵은 골재	2.5

2 점토 덩어리량 시험

(1) 시료를 용기에 넣고 105±5℃에서 질량이 일정하게 될 때까지 건조한다.
(2) 건조한 시료의 질량을 0.1%까지 정확히 단다.
(3) 시료를 용기의 밑면에 얇게 펴서 깐다.
(4) 시료가 잠길 때까지 용기에 물을 붓는다.
(5) 24시간 흡수시킨 후 남은 물을 버린다.
(6) 시료를 손가락으로 누르면서 점토 덩어리를 조사한다. 이때 손가락으로 눌러서 잘게 부서질 수 있는 것을 점토 덩어리로 한다.
(7) 모든 점토 덩어리를 부수고 나서, 잔골재와 굵은 골재를 각각 〈표 2〉의 체 위에서 물로 씻는다.
(8) 체에 걸린 골재 알을 105±5℃에서 질량이 일정하게 될 때까지 건조한다.
(9) 건조한 골재 알의 질량을 0.1%까지 정확히 단다.

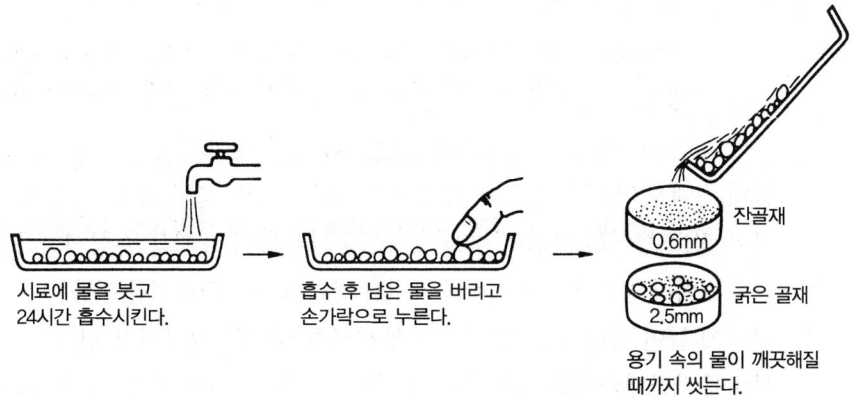

3 결과의 계산

(1) 점토 덩어리량을 다음 식에 따라 계산하고, 소수점 아래 첫째 자리까지 구한다.

$$L(\%) = \frac{W - W_o}{W} \times 100$$

여기서, L: 점토 덩어리량의 질량비(%)
W: 시험 전의 건조 시료의 질량(g)
W_o: 시험 후의 건조 시료의 질량(g)

(2) 시험은 두 번 하여 그 평균값으로 하며, 평균값과의 차는 0.2% 이하이어야 한다.
(3) 콘크리트용 골재의 점토 덩어리 함유량의 한도

골재의 종류	최댓값(질량비(%))
잔골재	1.0
굵은 골재	0.25

6. 골재 중의 점토 덩어리량의 시험 예

측정 번호	잔골재		굵은 골재	
	1	2	1	2
① 시험 전의 건조 시료의 질량 W(g)	600	620	6,350	6,420
② 점토 덩어리를 없앤 뒤의 건조시료의 질량 W_o(g)	595.6	615.4	6,337.3	6,406
③ 점토 덩어리량(%) = $\frac{①-②}{①} \times 100$	0.73	0.74	0.20	0.22
측정값의 차(%)	0.01		0.02	
허용차(%)	0.2		0.2	
평균값(%)	0.74		0.21	

[비고] (1) 잔골재
  ㈎ 2회 측정값의 차가 0.01%로서, 0.2% 이내이므로 평균값 0.74%를 점토 덩어리량(%)으로 한다.
  ㈏ 이 값은 점토 덩어리 함유량의 한도 1.0% 이내이므로 콘크리트용 잔골재로서 알맞다.
(2) 굵은 골재
  ㈎ 2회 측정값의 차가 0.02%로서 허용차 0.2% 이내이므로 평균값 0.21%를 점토 덩어리량(%)으로 한다.
  ㈏ 이 값은 점토 덩어리 함유량의 한도 0.25% 이내이므로 콘크리트용 굵은 골재로서 알맞다.

7. 잔골재의 유해물 함유량의 한도(질량백분율)

종류	최대치
점토 덩어리	1.0
0.08mm 체 통과량 1) 콘크리트의 표면이 마모작용을 받는 경우 2) 기타의 경우	 3.0 5.0
석탄, 갈탄 등으로 밀도 $2.0g/cm^3$의 액체에 뜨는 것 1) 콘크리트의 외관이 중요한 경우 2) 기타의 경우	 0.5 1.0
염화물(NaCl 환산량)	0.04

❂ 부순 잔골재의 물리적 성질

시험 항목	품질 기준
절대건조 밀도(g/cm^3)	2.50 이상
흡수율(%)	3.0 이하
안정성(%)	10 이하
0.08mm 체 통과량(%)	7.0 이하

2-7 골재에 포함된 잔입자(0.08mm 체 통과하는) 시험

1. 목적

골재 속에 잔입자가 많이 들어 있으면 콘크리트의 혼합 수량이 많아지고 건조 수축에 의해 콘크리트가 균열이 생기기 쉬우므로 잔입자의 함유량을 알아보기 위해 시험한다.

2. 재료

(1) 잔골재　　(2) 굵은 골재　　(3) 거름 종이

3. 기계 및 기구

(1) 표준체(0.08mm, 1.2mm, 2.5mm, 5mm, 및 10mm, 20mm, 40mm 체)
(2) 저울(시료 무게의 0.1%까지 잴 수 있는 감도를 가진 것)
(3) 건조기(105±5℃의 온도 유지 가능한 것)
(4) 씻기용 용기
(5) 데시게이터
(6) 시료 분취기
(7) 시료 삽

● 골재씻기 시험용체

● 골재씻기 용기

4. 관련 지식

(1) 골재에 들어 있는 잔입자는 점토, 실트, 운모질 등이다.
(2) 골재에 잔입자가 들어 있으면, 블리딩 현상으로 인하여 레이턴스(laitance)가 많이 생기게 된다.
(3) 골재 알의 표면에 점토, 실트 등이 붙어 있으면, 시멘트 풀과 골재와의 부착력이 약해져서 콘크리트의 강도와 내구성이 작아진다.
(4) 운모질이 많이 들어 있는 골재는 표면이 닳음 작용을 받는 콘크리트에 사용해서는 안 된다.
(5) 잔입자의 시험은 골재를 물로 씻어서 0.08mm 체를 통과하는 것을 잔 입자로 본다.
(6) 시료는 잘 혼입되게 한다.
(7) 시료는 재료가 분리되지 않을 정도로 충분히 물기가 있게 한다.
(8) 시료는 물속에서 잘 휘저어야 하고, 시료 속의 굵은 알은 될 수 있는 대로 씻은 물과

함께 흘러나가지 않게 한다.
(9) 물에 뜨게 한 잔입자는 씻은 물과 함께 흘러가게 한다.
(10) 골재를 씻은 물을 체에 부어 넣을 때나 시료를 다른 용기에 옮길 때 시료가 없어지지 않게 한다.
(11) 시료의 질량

골재의 최대치수(mm)	시료의 최소 질량의 근삿값(g)
2.5	100
5	500
10	1,000
20	2,500
40 및 그 이상	5,000

5. 시험 방법 및 순서

1 시료의 준비

(1) 대표적인 시료를 4분법 또는 시료 분취기로 채취한다.
(2) 시료의 질량은 건조하였을 때 골재의 최대치수에 따라 최소 질량 값 이상으로 한다.

2 잔입자 시험

(1) 시료를 105±5℃의 온도에서 질량이 일정하게 될 때까지 건조시킨다.
(2) 시료를 실온까지 식힌 다음, 그 질량을 0.1%의 정밀도로 정확하게 단다.
(3) 시료를 용기에 넣고, 시료가 완전히 잠기도록 물을 넣는다.
(4) 시료를 휘저어 잔 입자와 굵은 입자를 분리시키고, 잔 입자를 물에 뜨게 한다.
(5) 시료를 씻은 물을 0.08mm 체 위에 1.2mm 체를 얹은 한 벌로 된 체에 붓는다.
(6) 한 벌의 체 위에 남은 모든 재료를 씻은 시료 속에 다시 넣는다.
(7) 씻은 물이 맑아질 때까지 위의 작업을 계속한다.
(8) 씻은 시료를 105±5℃의 온도에서 질량이 일정하게 될 때까지 건조시킨다.
(9) 건조된 시료의 질량을 0.1%의 정밀도로 정확하게 단다.

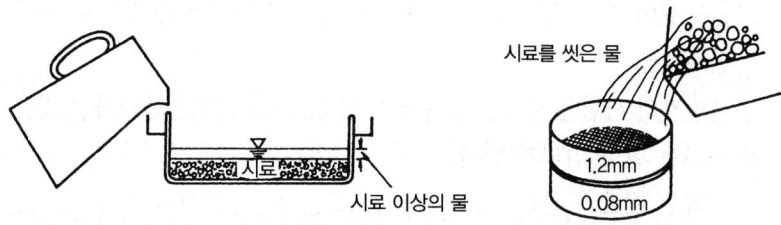

3 결과의 계산

(1) 시험 결과는 다음 식으로 계산한다.

$$S(\%) = \frac{A-B}{A} \times 100$$

여기서, S: 0.08mm 체를 통과하는 잔 입자량의 질량비(%)
A: 씻기 전의 시료의 건조 질량(g)
B: 씻은 후의 시료의 건조 질량(g)

(2) 시험 결과에 대한 검산이 필요할 때에는 씻은 물을 증발시키거나 또는 거름종이로 거른 뒤, 찌꺼기를 충분히 건조시켜 질량을 달아서 다음 식으로 그 질량비를 계산한다.

$$S(\%) = \frac{R}{A} \times 100$$

여기서, R: 찌꺼기의 질량(g)

(3) 0.08mm 체를 통과하는 골재의 잔입자 함유량의 한도

항목	최댓값(질량비(%))	
	잔골재	굵은 골재
콘크리트의 표면이 마모작용을 받는 경우	3.0	1.0
기타의 경우	5.0	

6. 골재에 포함된 잔입자(0.08mm 체 통과) 시험 예

측정 번호	잔골재		굵은 골재	
	1	2	1	2
① 씻기 전의 시료의 건조 질량 A(g)	585		5,365	
② 씻은 후의 시료의 건조 질량 B(g)	571.5		5,332.8	
③ 남은 찌꺼기의 질량 R(g)	13.5		32.2	
0.08mm 체를 통과하는 잔입자의 질량비 $\frac{①-②}{①} \times 100\%$	2.31		0.6	
검산 $\frac{③}{①} \times 100\%$	2.31		0.6	

[비고] (1) 잔골재: 잔입자의 양이 질량비로 2.31%로서, 허용 함유량의 한도 이내 이므로 콘크리트용 잔골재로서 적합하다.
(2) 굵은 골재(최대치수 40mm): 잔입자의 양이 질량비로 0.6%로서, 허용 함유량의 한도 이내이므로 콘크리트용 굵은 골재로서 적합하다

7. 굵은 골재의 유해물 함유량의 한도(질량백분율)

종류	최대치
점토 덩어리	0.25
연한 석편	5.0
0.08mm 체 통과량	1.0
석탄, 갈탄 등으로 밀도 2.0g/cm^{3}의 액체에 뜨는 것 1) 콘크리트의 외관이 중요한 경우 2) 기타의 경우	 0.5 1.0

여기서, 점토 덩어리와 연한 석편의 합이 5%를 넘으면 안 된다.

2-8 콘크리트용 모래에 포함되어 있는 유기 불순물 시험

1. 목적

모래에 포함되어 있는 유기 불순물이 있으면 콘크리트의 경화에 영향을 끼치며 콘크리트의 강도, 내구성 및 안정을 해치므로 모래 속의 유기불순물 여부를 판정하기 위하여 시험한다.

2. 재료

(1) 모래   (2) 수산화나트륨   (3) 타닌산   (4) 알코올

3. 기계 및 기구

(1) 시험용 용기(마개가 있고, 눈금이 있는 용량 400ml의 무색 유리병 2개)
(2) 비커(용량 200ml의 것 2개, 400ml의 것 1개)
(3) 피펫(10ml 정도의 것)
(4) 화학 저울
(5) 저울(무게 1kg, 감량 0.1g 이상의 것)
(6) 메스실린더
(7) 칭량병
(8) 시료 숟가락
(9) 시료 분취기

4. 관련 지식

(1) 천연 모래 속에는 보통 부식된 형태로 유기 불순물이 들어 있다.
(2) 모래의 유기 불순물 시험은 유기 불순물이 수산화나트륨에 의하여 갈색을 나타내므로, 타닌산으로 만든 표준색 용액과 색깔을 비교하여 판정한다.
(3) 시험 시약은 손이나 옷에 묻지 않도록 주의하여 다룬다.
(4) 시험 시약은 화학 저울로 정확하게 측정한다.
(5) 수산화나트륨을 질량으로 달 때, 칭량병을 사용하지 않고 공기 중에서 달면, 흡습성 때문에 오차가 크게 생기므로 주의한다.
(6) 표준색 용액은 시간이 경과함에 따라 색깔이 변하므로, 시험할 때마다 만들어 사용한다.
(7) 시료의 용액을 24시간 가만히 둘 때, 손을 대거나 흔들면 안 된다.

5. 시험 순서 및 방법

1 시료 및 표준색 용액의 준비

(1) 시료의 준비

　(가) 대표적인 시료를 4분법 또는 시료 분취기로 채취한다.

　(나) 공기 중 건조 상태에 시료 450ml을 준비한다.

(2) 표준색 용액 만들기

　(가) 알코올 10g에 물 90g을 타서 10%의 알코올 용액을 만든다.

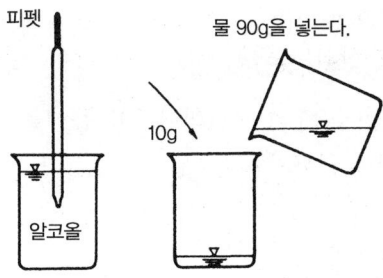

　(나) 10%의 알코올 용액 9.8g에 타닌산가루 0.2g을 넣어서 2% 타닌산 용액을 만든다.

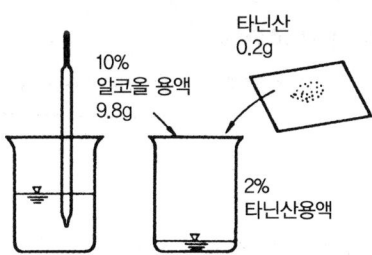

　(다) 물 291g에 수산화나트륨 9g(무게비 97 : 3)을 섞어서 3%의 수산화나트륨 용액을 만든다.

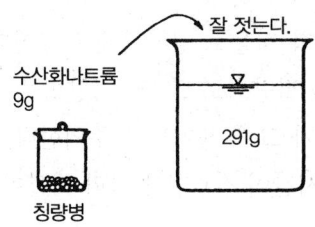

(라) 2%의 타닌산 용액 2.5ml를 3%의 수산화나트륨 용액 97.5ml에 타서 식별용 표준색 용액을 만든다.

(마) 식별용 표준색 용액을 400ml의 시험용 무색 유리병에 넣어 마개를 막고 잘 흔든 다음, 24시간 동안 가만히 놓아둔다.

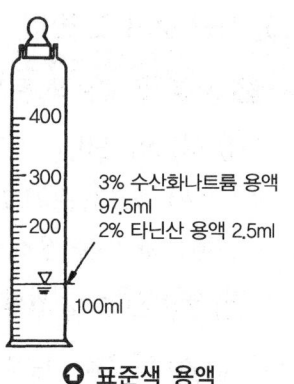

◉ 표준색 용액

2 유기 불순물 시험

(1) 시험 용액의 만들기

(가) 시료를 용량 400ml의 무색 유리병에 130ml의 눈금까지 넣는다.

(나) 이 유리병에 3%의 수산화나트륨 용액을 200ml의 눈금까지 넣는다.

(다) 병마개를 닫고 잘 흔든 다음, 24시간 동안 가만히 놓아둔다.

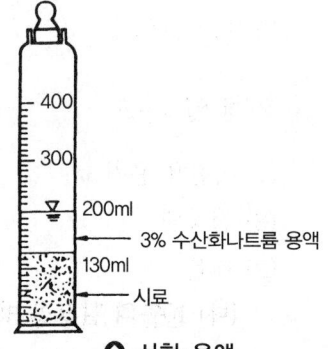

◉ 시험 용액

(2) 색도의 측정

(가) 같은 색의 배경에서 두 병을 가까이 대고, 시료 윗부분의 투명한 용액의 색을 표준색 용액의 색과 비교한다.

(나) 시료 윗부분의 용액이 표준색 용액보다 연한지 진한지, 또는 같은지를 기록한다.

3 결과의 판정

(1) 시험 용액의 색깔이 표준색 용액보다 연할 때에는 그 모래는 합격으로 한다.

(2) 시험 용액의 색깔이 표준색 용액보다 진할 때에는 모르타르의 강도에 있어서 잔골재의 유기불순물의 영향 시험 방법에 따라 시험할 필요가 있다

(3) 이 시험에 불합격한 모래는 콘크리트 또는 모르타르에 사용해서는 안 된다. 단정할 정도로 결정적인 결과를 주는 것은 아니지만, 이러한 모래를 사용할 때에는 강도, 그 밖의 시험을 할 필요가 있다는 것을 나타낸다.

(4) 이 시험에 불합격한 모래라도 모르타르 강도에 있어서 잔골재의 유기 불순물의 영향시험 방법에 의한 강도 시험에 합격하면 사용해도 된다.

2-9 골재의 안정성 시험

1. 목적

골재의 내구성을 알기 위해서 황산나트륨 포화용액으로 인한 골재의 부서짐 작용에 대한 저항성을 시험한다.

2. 재료

(1) 잔골재 (2) 굵은 골재
(3) 황산나트륨 (4) 염화바륨

3. 기계 및 기구

(1) 시험용 용기
(2) 철망태
(3) 저울
   (가) 잔골재용(용량 500g 이상, 감도 0.1g 이하)
   (나) 굵은 골재용(용량의 5,000g 이상, 감도 1g 이하)
(4) 표준체
   (가) 가는체(0.15mm, 0.3mm, 0.6mm, 1.2mm, 2.5mm, 5mm)
   (나) 굵은체(10mm, 15mm, 20mm, 25mm, 30mm, 40mm, 50mm, 65mm, 75mm)
(5) 온도 조절 장치(용액 중에 담근 시료를 소정의 온도로 유지할 것)
(6) 건조기(105±5℃의 온도로 가열 조정 가능한 것)
(7) 시료 용기

○ 골재 안정성 시험 용기

○ 건조기

4. 관련 지식

(1) 콘크리트의 내구성은 구조물이 오랜 기간 동안 기상 작용에 저항하기 위한 것으로서, 대단히 중요한 성질이다.
(2) 내구성이 좋은 콘크리트를 만들려면 내구성이 있는 골재를 사용한다.
(3) 골재의 내구성은 그 골재를 사용한 과거의 경험으로부터 판단하는 것이 좋으나, 과거의 경험이 없는 경우에는 골재의 안정성 시험 또는 그 골재를 사용한 콘크리트로 동결 융해 시험 또는 그 골재를 사용한 콘크리트로 동결 융해 시험 등의 촉진 내구성 시험을 하여 그 결과로 판단한다.
(4) 시험에 사용하는 시약은 손이나 옷에 묻지 않도록 주의한다.
(5) 용액을 시험에 사용할 때 용액을 밑바닥에 결정이 생겨야 한다.
(6) 용액 속의 시료의 온도는 21±1℃를 유지한다.
(7) 시험에 사용하여 더러워진 용액은 거른 뒤에 비중검사를 해 보아 규정 범위 안에 들 때 다시 사용할 수 있으나, 10번 이상 되풀이하여 시험에 사용해서는 안 된다.
(8) 시료를 체가름할 때 체눈에 걸린 골재 알을 시료에 넣어서는 안 된다.

5. 시험 순서 및 방법

1 시료 및 시험 용액의 준비

(1) 시료의 준비

(가) 잔골재의 시료는 다음과 같이 준비한다.
① 대표적인 시료 약 2kg을 채취한다.
② 시료의 일부를 사용하여 〈표 1〉에 나타난 골재알 크기에 따른 무더기로 체가름하여 각 무더기의 질량비(%)를 구하고, 질량비가 5% 이상이 된 모래에 대해서만 안정성 시험을 한다.

〈표 1〉 각 무더기의 골재 알 크기의 범위

통과체(mm)	남는체(mm)
0.6	0.3
1.2	0.6
2.5	1.2
5	2.5
10	5

③ 시료를 0.3mm 체에 담은 뒤 물로 깨끗이 씻는다.
④ 건조기에서 시료의 질량이 일정하게 될 때까지 105±5℃의 온도로 건조시킨다.

⑤ 시료를 〈표 1〉에 나타낸 무더기로 체가름 한다.
⑥ 각 무더기에 따라 시료 100g을 달아서 따로따로 다른 시료 용기에 담아 둔다.

(나) 굵은 골재의 시료는 다음과 같이 준비한다.
① 대표적인 시료를 채취한다.
② 골재의 최대치수에 따라 〈표 2〉에 나타낸 시료의 질량을 단다.
③ 시료를 5mm 체로 〈표 3〉에 나타낸 골재 알의 크기에 따른 무더기로 나누어 각 무더기의 질량비(%)를 구하고, 질량비가 5% 이상이 된 무더기에 대해서만 안정성 시험을 한다.
④ 시료를 물로 깨끗이 씻는다.
⑤ 시료의 질량이 일정하게 될 때까지 105±5℃의 온도로 건조시킨다.
⑥ 〈표 3〉에 나타낸 무더기로 체가름을 한다.
⑦ 각 무더기의 시료를 〈표 3〉에 나타낸 양만큼 달아서 따로따로 다른 시료 용기에 담아 둔다.

〈표 2〉 채취 시료의 질량

골재의 최대치수(mm)	채취하는 시료의 질량(kg)
10	1
15	2.5
20	5
25	10
40	15
65	25
80	30

〈표 3〉 각 무더기의 시료 질량

각 무더기의 골재 알 크기의 범위		최소의 질량(g)
통과체(mm)	남는체(mm)	
10	5	300
15	10	500
20	15	750
25	20	1,000
40	25	1,500
65	40	3,000
80	65	3,000

2 안정성 시험

(1) 시료의 담그기 및 건조

(가) 시료를 철망태 속에 담는다.

(나) 시료가 든 철망태를 황산나트륨 용액[25~30℃의 물 1ℓ에 황산나트륨 약 250g 또는 황산나트륨(결정) 약 750g의 비율로 혼합, 48시간 이상 20±1℃ 온도 유지한 것]

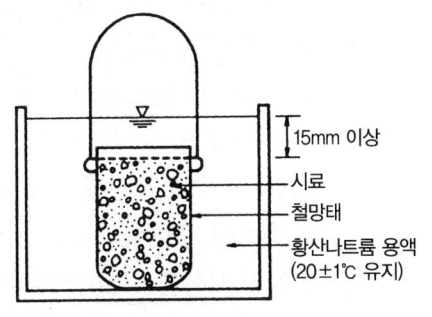

◯ 용액 속에 시료 담그기

속에 16~18시간 동안 담가 둔다. 이때, 용액이 시료의 표면보다 15mm 이상 올라오게 한다.

(다) 시료를 용액에서 꺼내어 용액이 빠지게 한다.
(라) 시료를 105±5℃의 건조기에서 4~6시간 동안 건조시킨다.
(마) 일정한 질량이 된 시료를 실내 온도까지 식힌다.
(바) 위와 같은 시험을 정해진 횟수(보통 5회)만큼 되풀이 한다.
※ 용액은 10회 이상 반복하여 사용해서는 안 된다.

(2) 정량 시험

(가) 정해진 횟수로 시험한 시료를 깨끗한 물로 씻는다.
(나) 씻은 물에 염화바륨($BaCl_2$) 용액(농도는 5~10%)을 넣어 흰색으로 탁해지지 않게 될 때까지 씻는다.
(다) 완전히 씻은 시료를 105±5℃의 온도로 건조기에서 질량이 일정하게 될 때까지 건조한다.
(라) 잔골재는 각 무더기의 시료를 시험하기 전의 남는체 〈표 1〉로 체가름하고, 체에 남는 시료의 질량을 단다.
(마) 굵은 골재는 각 무더기의 시료를 시험하기 전의 남는체 〈표 2〉로 체가름하고, 각 체에 남는 시료의 질량을 단다.

3 결과의 계산

(1) 골재의 손실 질량비는 다음 식에 따라 구한다.

$$각\ 무더기의\ 시료\ 손실\ 질량비(\%) = 1 - \frac{시험\ 전에\ 시료가\ 남는\ 체에\ 남은\ 시험\ 후의\ 시료\ 질량(g)}{시험\ 전의\ 시료\ 질량(g)} \times 100$$

$$골재의\ 손실\ 질량비(g) = \frac{(각\ 무더기의\ 질량비(\%)) \times (각\ 무더기의\ 손실\ 질량비(\%))}{100}$$

(2) 0.3mm 체를 통과하는 골재 알의 손실 질량비는 0%로 가정하여 계산한다.
(3) 질량비가 5% 미만인 골재 알의 무더기의 손실 질량비는 그 앞 뒤 무더기의 평균값으로 취한 뒤, 어느 한쪽이 빠져 있을 때에는 나머지 한쪽의 시험 결과로 한다.
(4) 시험 전 20mm보다 큰 골재일 경우에는, 시험 전의 각 골재 알의 수 및 부서짐, 쪼개짐, 벗겨짐, 터짐 등으로 나눈 낱 알의 수를 구한다.
(5) 안정성 시험을 5회 하였을 때 골재의 손실 질량비(%)의 한도

시험 용액	손실 질량비(%)	
	잔골재	굵은 골재
황산나트륨	10 이하	12 이하

(6) 굵은 골재의 경우, 황산나트륨에 의한 안정성 시험의 손실 질량이 12~40% 정도라도 흡수율이 3% 이하이며, 급속 동결 융해에 대한 콘크리트 저항 시험 방법에 의한

동결 융해 시험 결과에서 내구성 지수(300사이클)가 60 이상으로 될 때에는 안정성 있는 골재로 판단되므로 사용해도 좋다.

6. 골재의 안정성 시험 예

(1) 잔골재의 안정성 시험

체의 호칭(mm)		각 무더기의 질량(g)	① 각 무더기의 질량비(%)	② 시험 전의 각 무더기의 질량(g)	③ 시험 후의 각 무더기의 질량(g)	④ 각 무더기의 손실 질량비 $\left(1-\dfrac{③}{②}\right)\times 100(\%)$	⑤ 골재의 손실 질량비 $\dfrac{① \times ④}{100}(\%)$
통과체	남는체						
0.15	–	28.7	5.0	–	–	*	–
0.3	0.15	64.9	11.3	–	–	–	–
0.6	0.3	145.4	25.3	100	95.3	4.7	1.2
1.2	0.6	150.0	26.1	100	95.6	4.4	1.1
2.5	1.2	94.3	16.4	100	97.2	2.8	0.5
5	2.5	65.0	11.3	100	88.5	11.5	1.3
10	5	28.7	4.6	–	–	11.5 **	0.5
합계		577	100.0	400	–	–	4.1

[비고] * 0.3mm 보다 작은 골재 알에서는 손실 질량비를 0으로 한다.
　　　** 다음으로 작은 골재 알 무더기의 손실 질량비를 취한 것이다.

(2) 굵은 골재의 안정성 시험

체의 호칭(mm)		각 무더기의 질량(g)	① 각 무더기의 질량비(%)	② 시험 전의 각 무더기의 질량(g)	③ 시험 후의 각 무더기의 질량(g)	④ 각 무더기의 손실 질량비 $\left(1-\dfrac{③}{②}\right)\times 100(\%)$	⑤ 골재의 손실 질량비 $\dfrac{① \times ④}{100}(\%)$
통과체	남는체						
10	5	2,580	21.5	300	267	11.0	2.4
15	10	2,844	23.7	500	451	9.8	2.3
20	15	4,368	36.4	750	688	8.3	3.0
25	20	2,208	18.4	1,000	949	5.1	0.9
40	25	–	–	–	–	–	–
65	40	–	–	–	–	–	–
80	65	–	–	–	–	–	–
합계		12,000	100	2,550	–	–	8.6
관찰(20mm 이상의 골재 알)		시험 전 개수	115	파괴 상황	부서짐 7　조깨짐 40　벗겨짐 5 터짐 3　그 밖의 것		
		이상을 나타낸 개수	37				

[비고] (1) 잔골재의 손실 질량비는 4.1%로서, 허용 한도 10% 이내에 있다.
　　　(2) 굵은 골재의 손실 질량비는 8.6%로서, 허용 한도 12% 이내에 있다.

2-10 로스앤젤레스 시험기에 의한 굵은 골재의 마모시험

1. 목적

콘크리트용 굵은 골재의 닳음 저항성을 측정한다.

2. 재료

굵은 골재

3. 기계 및 기구

(1) 로스앤젤레스 시험기
(2) 철 구
(3) 표준 체(1.7mm, 2.5mm, 5mm, 10mm, 15mm, 20mm, 25mm, 40mm, 50mm, 65mm, 80mm 체)
(4) 저울(칭량 10kg 이상)
(5) 건조기(105±5℃의 온도를 유지 가능한 것)
(6) 시료 용기

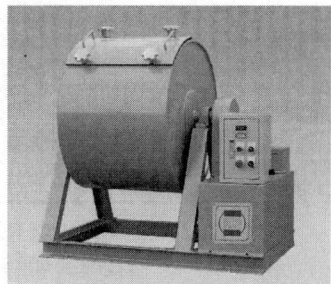

○ 로스앤젤레스 마모 시험기

4. 관련 지식

(1) 굵은 골재의 닳음율이 작을수록 콘크리트의 닳음 감량이 적다.
(2) 도로 포장 콘크리트용, 댐 콘크리트용 굵은 골재는 닳음에 대한 저항성이 커야 한다.
(3) 특히, 슬래브용 콘크리트는 심한 닳음 작용을 받고 있으며, 경우에 따라서는 닳음 감량에 의해 주행성을 나쁘게 할 염려도 있다.
(4) 로스앤젤레스 시험기에 의한 닳음 시험은 철구를 사용하여 굵은 골재의 닳음에 대한 저항을 측정하는 것이다.
(5) 시험기는 전동기에 의하여 큰 힘으로 회전하므로, 조심해서 다룬다.
(6) 시험기가 일정한 속도로 회전하도록 원통의 질량이 균일하게 한다.
(7) 시험기는 시료와 철구를 넣어 회전시키면, 소음이 많이 나므로, 방음이 잘 된 곳에 설치하는 것이 좋다.

5. 시험순서 및 방법

1 시료의 준비

(1) 시료를 〈표 1〉에 나타낸 각 체로 체가름한다.
(2) 시료를 체가름 한 다음 〈표 1〉에 나타낸 입도의 구분 가운데서 가장 가까운 것을 고른다.
(3) 시료를 깨끗이 씻는다.
(4) 시료를 105±5℃의 온도로 질량이 일정하게 될 때까지 건조시킨다.
(5) 건조한 시료를 선택한 입도에 맞도록 취하여 질량을 단다.

〈표 1〉 시료의 질량

입도 구분	체의 호칭 치수로 나눈 골재 알의 지름의 범위(mm)	시료의 질량(g)	시료의 전체 질량(g)
A	40~25 25~20 20~15 15~10	1,250±10 1,250±10 1,250±10 1,250±10	5,000±10
B	25~20 20~15	2,500±10 2,500±10	5,000±10
C	15~10 10~5	2,500±10 2,500±10	5,000±10
D	5~2.5	5,000±10	5,000±10
E	80~65 65~50 50~40	5,000±50 2,500±50 2,500±50	10,000±100
F	50~40 40~25	5,000±25 5,000±50	10,000±75
G	40~25 25~20	5,000±25 5,000±25	10,000±50
H	20~10	5,000±10	5,000±10

2 닳음 시험

(1) 시료의 입도 구분에 따라 〈표 2〉에서 필요한 철구 수를 사용한다.
(2) 시료를 철구와 함께 원통 속에 넣고 뚜껑을 닫은 다음, 볼트로 죈다.
(3) 시험기를 매분 30~33회의 회전수로 A, B, C, D, H의 입도인 경우는 500번 회전시키고 E, F, G의 입도인 경우는 1,000번 회전시킨다.

〈표 2〉 사용 철구의 수 및 전체 질량

입도 구분	철구의 수	철구의 전체 질량(g)
A	12	5,000±25
B	11	4,580±25
C	8	3,330±20
D	6	2,500±15
E	12	5,000±25
F	12	5,000±25
G	12	5,000±25
H	10	4,160±25

(4) 시료를 시험기에서 꺼내어 1.7mm 체로 체가름한다.

(5) 체에 남는 시료를 물로 씻는다.

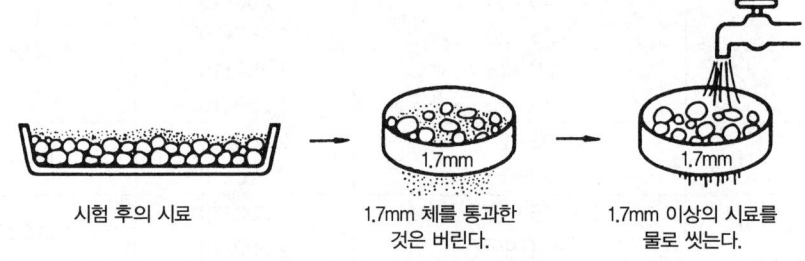

○ 시료의 체가름 및 씻기

(6) 시료를 105±5℃의 온도로 건조시킨다.

(7) 시료의 질량을 1g까지 단다.

3 결과의 계산

(1) 골재의 닳음 감량은 다음 식에 따라 구한다.

$$닳음\ 감량(\%) = \frac{(시험\ 전의\ 시료의\ 질량(g)) \times (시험\ 후\ 1.7mm\ 체에\ 남는\ 시료의\ 질량(g))}{시험\ 전의\ 시료의\ 질량(g)} \times 100$$

(2) 콘크리트용 굵은 골재의 닳음 감량의 한도

골재의 종류	닳음 감량의 한도(%)
보통 콘크리트용 골재	40
포장 콘크리트용 골재	35
댐 콘크리트용 골재	40

6. 굵은 골재의 마모시험 예

체의 호칭		각 무더기의 질량(g)	각 무더기의 질량비(%)	입도 구분	철구의 수(개)	회전 수(회)	① 시험 전의 시료의 질량(g)
남는체(mm)	통과체(mm)						
	2.5						
2.5	5						
5	10						
10	15						
15	20	4,826	38		11	500	2,500
20	25	7,874	62				2,500
25	40						
40	50						
50	65						
65	80						
합계		12,700	100				5,000
② 시험 후 1.7mm 체에 남는 시료의 질량(g)							4,250
③ 닳음 감량의 질량 ①-②(g)							750
④ 닳음 감량=$\frac{③}{①}×100(\%)$							15%

[비고] 이 골재의 닳음 감량은 15% 로서, 닳음 감량의 한도 이내이므로 콘크리트 골재로서 사용 가능하다.

◐ 부순 굵은 골재의 물리적 성질

시험 항목	품질 기준
절대건조 밀도(g/cm^3)	2.50 이상
흡수율(%)	3.0 이하
안정성(%)	12 이하
마모율(%)	40 이하
0.08mm 체 통과량(%)	1.0 이하

CHAPTER 3 콘크리트 시험

3-1 굳지 않은 콘크리트의 슬럼프 시험

1. 목적

굳지 않은 콘크리트의 반죽질기를 측정하는 것으로 워커빌리티를 판단하기 위해 시험한다.

2. 재료

굳지 않은 콘크리트(시멘트, 잔골재, 굵은 골재, 혼화재료, 물)

3. 기계 및 기구

(1) 슬럼프 시험 기구
  (가) 슬럼프 콘(밑면의 안지름 200mm, 윗면의 안지름 100mm, 높이 300mm 및 두께 1.5mm 이상인 금속제)
  (나) 다짐대(지름 16mm, 길이 500~600mm인 둥근강)
  (다) 수밀한 평판
  (라) 슬럼프 측정자
  (마) 작은 삽
(2) 혼합기
(3) 흙손

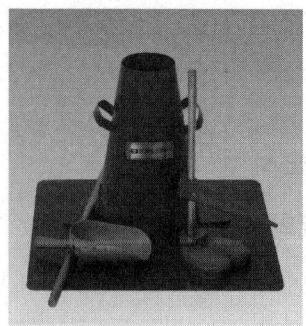

○ 슬럼프 시험기 셋트

4. 관련 지식

(1) 콘크리트의 슬럼프 시험은 굳지 않은 콘크리트의 반죽 질기를 측정하는 것으로, 워커빌리티를 판단하는 하나의 수단으로 사용된다.
(2) 굳지 않은 콘크리트의 성질을 나타내는 데는 다음과 같은 용어를 사용한다.
　(가) 반죽 질기(consistency): 주로 물의 양이 많고 적음에 따르는 반죽이 되고 진 정도를 나타내는 굳지 않은 콘크리트의 성질을 말하며, 콘크리트의 유동성을 나타내는 것이다.
　(나) 워커빌리티(workability): 반죽 질기가 어떤가에 따르는 작업의 어렵고 쉬운 정도 및 재료의 분리에 저항하는 정도를 나타내는 굳지 않은 콘크리트의 성질을 말한다.
　(다) 성형성(plasticity): 거푸집에 쉽게 다져 넣을 수 있고, 거푸집을 떼어 내면 천천히 모양이 변하기는 하지만 허물어지거나 재료의 분리가 일어나는 일이 없는 굳지 않은 콘크리트의 성질을 말한다.
　(라) 피니셔빌리티(finishability): 굵은 골재의 최대치수, 잔골재율, 잔골재의 입도, 반죽질기 등에 따르는 표면 마무리하기 쉬운 정도를 나타내는 굳지 않은 콘크리트의 성질을 말한다.
(3) 슬럼프 시험에 의하여 콘크리트의 반죽 질기를 측정한 후, 콘크리트의 측면을 가볍게 두들겨서 그 변형을 관찰하면 성형성을 대체로 판단할 수 있다.
(4) 슬럼프 시험은 비소성이나 비점성인 콘크리트에는 적합하지 않으며, 굵은 골재 최대치수가 40mm를 넘는 콘크리트의 경우에는 40mm를 넘는 굵은 골재를 제거한다.
(5) 시험체를 만들 콘크리트의 시료는 그 배치를 대표할 수 있는 것이어야 한다.
(6) 시료를 슬럼프 콘에 넣고 다질 때, 같은 구멍을 다지는 것은 다짐 횟수에 넣지 않는다.
(7) 슬럼프 콘에 콘크리트를 채우기 시작하고 나서 슬럼프 콘의 들어올리기를 종료할 때까지의 시간은 3분 이내로 한다.
(8) 슬럼프 콘을 들어 올리는 시간은 높이 300mm에서 2~5초로 한다.

5. 시험 순서 및 방법

1 시료의 준비

(1) 비비기가 끝난 콘크리트에서 바로 시료를 채취한다.
(2) 시료의 양은 필요한 양보다 $5l$ 이상으로 한다.

2 슬럼프 시험

(1) 슬럼프 콘의 속을 젖은 걸레로 닦아 수밀한 평판 위에 놓는다.
(2) 시료를 슬럼프 콘 부피의 약 $\frac{1}{3}$ 되게 넣고 다짐대로 전체 면에 걸쳐 25번 고르게 다진다.
(3) 시료를 슬럼프 콘 부피의 $\frac{2}{3}$ 까지 넣고 다짐대로 25번 다진다. 이때, 다짐대가 콘크리트 속으로 들어가는 깊이는 그 앞 층에 거의 도달 할 정도로 한다.
(4) 마지막으로, 슬럼프 콘에 시료를 넘칠 정도로 넣고 다짐대로 25번 고르게 다진다.
(5) 시료의 표면을 슬럼프 콘의 윗면에 맞추어 편평하게 한다.
(6) 슬럼프 콘을 위로 가만히 빼어 올린다.
(7) 콘크리트의 중앙부에서 공시체 높이와의 차를 5mm 단위로 측정한다.

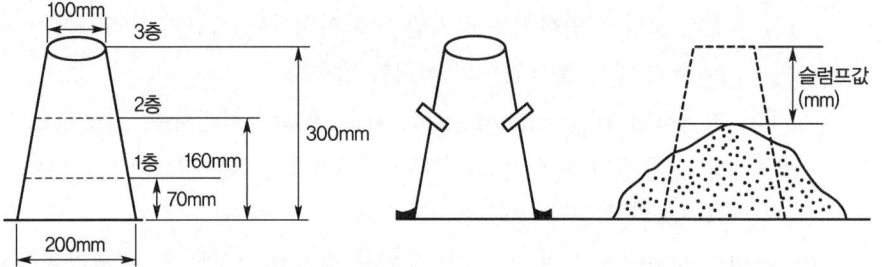

3 결과의 계산

(1) 콘크리트가 내려앉은 길이를 슬럼프값(mm)으로 한다.
(2) 슬럼프 시험 결과 허용치를 벗어난 경우 1회에 한하여 재시험을 할 수 있다.
(3) 일반 콘크리트의 슬럼프 표준

종류		슬럼프 값(mm)
철근 콘크리트	일반적인 경우	80~150
	단면이 큰 경우	60~120
무근 콘크리트	일반적인 경우	50~150
	단면이 큰 경우	50~100

(4) 슬럼프 시험을 끝낸 즉시 다짐대로 콘크리트 옆면을 가볍게 두들겨 그 모양을 보는 것은 워커빌리티를 판단하는데 참고가 된다.
(5) 비비는 시간은 시험에 의해 정하는 것을 원칙으로 하고 비비는 시간에 대한 시험을 하지 않은 경우에 가경식 믹서는 1분 30초 이상, 강제식 믹서는 1분 이상하는 것이 좋다.

3-2 압력법에 의한 굳지 않은 콘크리트의 공기량 시험

1. 목적

콘크리트의 워커빌리티, 강도, 내구성, 수밀성 및 단위 용적 질량 등에 공기량이 영향을 미치므로 콘크리트의 품질관리 및 적절한 배합설계에 이용하기 위해 시험한다.

2. 재료

(1) 굳지 않은 콘크리트(시멘트, 잔골재, 굵은 골재, 혼화 재료, 물)
(2) 그리스

3. 기계 및 기구

(1) 공기량 측정기(워싱턴형)
  (가) 용기(용량은 다음 표와 같다.)

  ◎ 용기의 최소 용량

시험 방법	그릇의 최소 치수(L)
주수법	5
무주수법	7

  (나) 뚜껑
  (다) 공기실(뚜껑의 윗부분에 용기의 약 5%의 공기실이 있어야 한다.)
  (라) 압력계(용량 약 100kPa, 강도 1kPa 정도의 것)
  (마) 검정용 기구
(2) 목재 정규(크기 4.5cm×30cm, 두께 1.2cm)
(3) 다짐대(지름 16mm, 길이 약 600mm의 둥근강)
(4) 저울
(5) 메스실린더
(6) 혼합기
(7) 고무망치
(8) 작은 삽

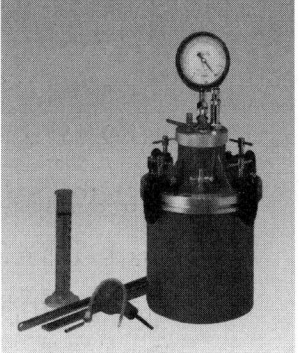

◎ 고무망치   ◎ 워싱턴형 공기량 시험기

4. 관련 지식

(1) 콘크리트 속의 공기에는 갇힌 공기와 연행공기가 있다.

    (가) 갇힌 공기는 혼화제를 쓰지 않아도 콘크리트 속에 자연적으로 생기는 기포이다.

    (나) 연행 공기는 공기연행제나 공기연행 감수제 등의 사용으로 콘크리트 속에 생긴 기포이며, 콘크리트 부피의 4~7% 정도일 때, 워커빌리티와 내구성이 좋은 콘크리트가 된다.

(2) 공기량은 콘크리트의 워커빌리티, 강도, 내구성, 수밀성 및 단위 질량 등에 큰 영향을 끼치므로 콘크리트의 품질관리 및 적절한 배합 설계를 하기 위해 공기량을 알아야 한다.

(3) 공기량의 측정법에는 공기실 압력법, 질량법, 부피법 등이 있다.

(4) 장치의 검정은 규격에 맞추어 정기적으로 실시해야 한다.

(5) 용기의 뚜껑을 죌 때에는 반드시 대각선상으로 조금씩 죈다.

(6) 압력계는 고장이 나기 쉬우므로 주의하여야 한다.

(7) 압력계를 읽을 때에는 항상 압력계를 손가락으로 가볍게 두들긴 다음에 읽어야 한다.

(8) 최대치수 40mm 이하의 보통 골재를 사용한 콘크리트에 적당하다.

5. 시험 순서 및 방법

1 시료의 준비

(1) 비비기가 끝난 콘크리트에서 바로 시료를 채취한다.

(2) 시료의 양은 필요한 양보다 $5l$ 이상으로 한다.

2 공기량 시험

(1) 용기의 결정

    (가) 용기에 물을 채우고 그릇 위에 유리판을 얹어 남는 물을 없앤다.

    (나) 용기와 물의 질량을 0.1% 이하의 감도로 측정한다.

(2) 초압력의 검정

    (가) 용기에 물을 채우고 뚜껑을 덮는다. 이때, 뚜껑의 안쪽과 수면 사이에 공간이 있는 경우에는 공기가 다 빠질 때까지 물을 채운다.

    (나) 모든 밸브를 잠그고, 공기 펌프로 공기실의 압력을 초압력보다 약간 높게 한다.

(다) 약 5초 후에 조정 밸브를 천천히 열어서 압력계의 바늘을 초압력의 눈금과 일치시킨다.
(라) 공기실의 주밸브를 충분히 열어 공기실의 기압과 그릇 윗부분의 기압을 평형시킨다.
(마) 압력계를 읽고 그 값이 공기량의 0%의 눈금과 일치하는가를 조사한다.
(바) 위의 조작을 두세 번 되풀이한다. 이때, 압력계의 지침이 같은 점을 가리키거나 0점과 일치하지 않은 때에는 초압력 눈금의 위치를 바늘이 0점에 멈추도록 이동시킨다.
(사) 위의 조작을 되풀이하여 초압력 눈금의 위치 이동이 적당하였는지를 확인한다.

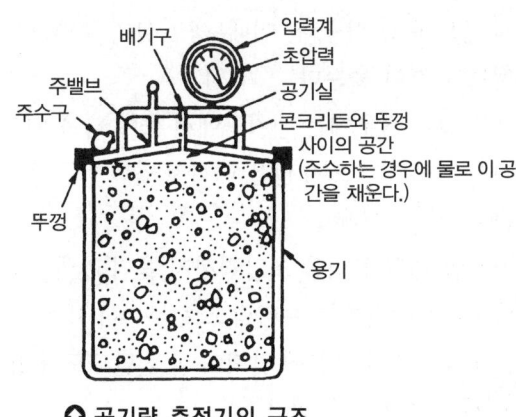

○ 공기량 측정기의 구조

(3) 공기량 눈금판의 검정

(가) 용기에 물을 채운다.
(나) 검정용 기구를 사용하여 알맞은 양의 물을 용기 속에서 빼내어 메스실린더에 넣고 용기의 용량에 대한 비로 나타낸다.
(다) 용기내의 압력을 대기압과 같게 하고 공기실 내의 기압을 초압력까지 높인다.
(라) 주밸브를 열어 공기를 용기 속으로 넣는다.
(마) 압력계의 지침이 안정되었을 때 공기량의 눈금을 읽는다.
(바) 다시 (2)와 같은 방법으로 용기 속의 물을 빼내어, 빼낸 물의 중량을 용기의 부피에 대한 비로 나타낸다.

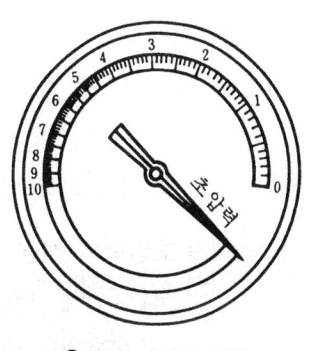

○ 압력계의 눈금판

(사) 위의 (다)~(마) 같은 조작을 하여 공기량의 눈금을 읽는다.

(아) 위와 같은 방법을 여러 번 되풀이하여 빼낸 물의 비율로 공기량의 눈금을 비교한다. 이들의 값이 각각 일치되면 공기량의 눈금판은 정확하다.

(자) 일치되지 않을 때에는 그 관계를 그래프로 나타내어 이 그래프를 공기량 검정에 이용한다.

(4) 겉보기 공기량의 측정

(가) 대표적인 시료를 용기에 3층으로 나눠 넣고 각 층을 다짐대로 25번씩 고르게 다진다.

(나) 용기의 옆면을 고무망치로 가볍게 두들겨 빈틈을 없앤다.

(다) 용기 윗부분의 남는 콘크리트를 목재 정규로 깎아 내고, 뚜껑을 얹어 공기가 새지 않도록 잘 잠근다. 이때, 공기실의 주밸브는 잠그고, 배기구 밸브와 주수구 밸브를 열어 놓는다.

(라) 물을 넣을 경우에는 배기구에서 물이 나올 때까지 주수구에 물을 넣고, 배기구에서 기포가 나오지 않을 때까지 압력계를 두들긴 다음, 배기구와 주수구를 잠근다.

(마) 공기실 내의 압력을 초압력까지 올리고 약 5초 지난 뒤에 주밸브를 충분히 연다.(누름 손잡이를 손바닥으로 누른다.)

(바) 콘크리트의 각 부분에 압력이 잘 전달되도록 용기의 옆면을 고무망치로 두들긴 후 다시 주밸브를 연다.

(사) 지침이 안정되었을 때 압력계를 읽어 겉보기 공기량(A_1)을 구한다.

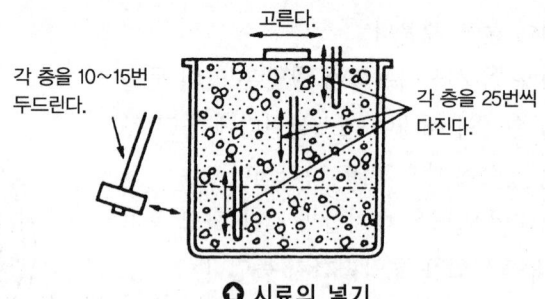

◐ 시료의 넣기

(5) 골재 수정 계수의 결정

(가) 사용하는 잔골재와 굵은 골재의 질량은 다음 식으로 구한다.

$$F_s = \frac{S}{B} \times F_b \qquad C_s = \frac{S}{B} \times C_b$$

여기서, F_s: 사용하는 잔골재의 질량(kg)
C_s: 사용하는 굵은 골재의 질량(kg)
S: 콘크리트 시료의 부피(l)(용기의 부피와 같다.)
B: 1배치의 콘크리트의 부피(l)
F_b: 1배치에 사용하는 잔골재의 질량(kg)
C_b: 1배치에 사용하는 굵은 골재의 질량(kg)

(나) 잔골재 및 굵은 골재의 시료를 각각 (가)항에서 구한 양만큼 채취한다.
(다) 시료를 따로따로 약 5분간 물에 담가 둔다.
(라) 용기에 물을 1/3 정도 채운다.
(마) 용기에 잔골재를 한 삽 넣고, 다짐대로 10번 정도 다진다.

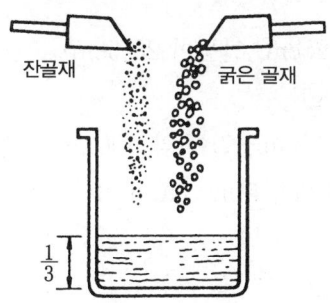

(바) 용기에 굵은 골재를 두 삽 넣고, 골재가 완전히 물에 잠기도록 한다.
(사) 용기의 옆면을 고무망치로 두들겨 공기를 뺀다.
(아) 위의 (마)~(사)항과 같은 방법으로 골재를 모두 넣은 다음 수면의 거품을 모두 없애고 용기에 뚜껑을 얹고 잠근다.
(자) (4)의 (라)~(사)항과 같은 조작을 하여 압력계의 공기량 눈금을 읽고 이것을 골재의 수정 계수(G)로 한다.

3 결과의 계산

(1) 콘크리트의 공기량은 다음 식에 따라 계산한다.

$$A(\%) = A_1 - G$$

여기서, A: 콘크리트의 공기량[콘크리트 부피에 대한 비(%)]
A_1: 겉보기 공기량[콘크리트 부피에 대한 비(%)]
G: 골재의 수정 계수[콘크리트 부피에 대한 비(%)]

(2) 공기량 시험 결과 허용치를 벗어난 경우 1회에 한하여 재시험을 할 수 있다.

3-3 굳지 않은 콘크리트의 블리딩 시험

1. 목적

콘크리트의 재료 분리 경향을 알기 위해서 시험을 한다.

2. 재료

굳지 않은 콘크리트(시멘트, 잔골재, 굵은 골재, 혼화 재료, 물)

3. 기계 및 기구

(1) 용기(안지름 25cm, 안높이 28.5cm)
(2) 저울(감도 10g)
(3) 다짐대(지름 16mm, 길이 약 600mm의 둥근강)
(4) 메스실린더(10ml, 50ml, 100ml)
(5) 피펫
(6) 시계
(7) 고무망치
(8) 온도계
(9) 흙손
(10) 작은 삽

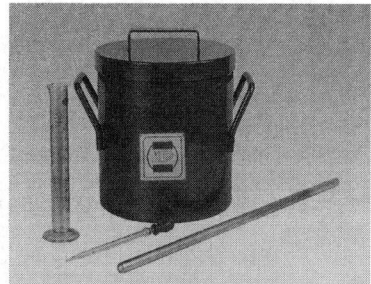

○ 콘크리트 블리딩 측정 용기

4. 관계 지식

(1) 블리딩(bleeding)이란, 굳지 않은 콘크리트 또는 모르타르에서 물이 분리되어 위로 올라오는 현상을 말한다.
(2) 블리딩에 의하여 콘크리트의 표면에 떠올라서 가라앉은 미세한 물질을 레이턴스(laitance)라 한다.
(3) 블리딩이 심하면 콘크리트의 윗부분이 다공질이 되며, 강도, 수밀성, 내구성 등이 작아진다.
(4) 블리딩이 크면 굵은 골재가 모르타르로부터 분리되는 경향이 커진다.
(5) 블리딩 현상을 줄이려면 분말도가 높은 시멘트, 혼화재료, 응결 촉진제 등을 사용하고, 단위 수량을 적게 해야 한다.
(6) 이 시험 방법은 굵은 골재 최대치수가 40mm 이하인 경우에 적용한다.

(7) 물의 증발을 막도록 항상 뚜껑을 덮어 놓고, 물을 빨아 낼 때만 연다.
(8) 블리딩 물을 쉽게 빨아내기 위해서는 물을 모으기 위해 물을 빨아내기 약 2분 전에 50mm 두께의 나무 받침으로 용기 한쪽을 괴어서 용기를 조심스럽게 기울인다.
(9) 일반적으로 블리딩은 콘크리트를 친 후 처음 15~30분에 대부분 생기며 2~4시간에 거의 끝난다.

5. 시험 순서 및 방법

1 시료의 준비

(1) 비비기가 끝난 콘크리트에서 바로 시료를 채취한다.
(2) 시료의 양은 필요한 양보다 $5l$ 이상으로 한다.

2 블리딩 시험

(1) 콘크리트를 용기에 3층으로 나누어 넣고, 각 층을 다짐대로 25번씩 고르게 다진다.
(2) 용기 옆면을 고무망치를 10~15번 정도 두들긴다.
(3) 콘크리트의 표면이 용기의 가장자리에서 $(30±3)$mm 낮아지도록 윗부분을 흙손으로 편평하게 고르고, 시간을 기록한다.
(4) 용기와 콘크리트의 질량을 단다.
(5) 시료가 담긴 용기를 수평한 시험대 위에 놓고 뚜껑을 덮는다.
(6) 처음 60분 동안은 10분 간격으로, 그 후는 블리딩이 멈출 때까지 30분 간격으로 표면에 생긴 블리딩 물을 피펫으로 빨아낸다.
(7) 각각 빨아 낸 물을 메스실린더에 옮긴 후 물의 양(ml)을 기록한다.

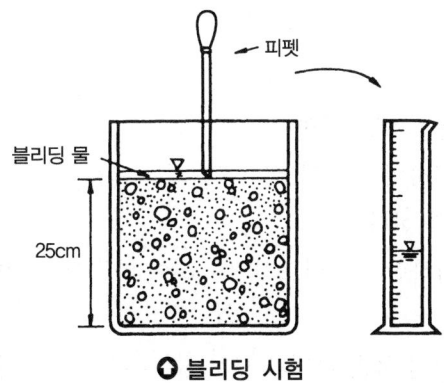

◯ 블리딩 시험

3 결과의 계산

(1) 단위 표면적의 블리딩량

$$\text{블리딩량(ml/cm}^2) = \frac{V}{A}$$

여기서, V: 규정된 측정시간 동안에 생긴 블리딩 물의 양(ml)
A: 콘크리트의 윗면적(cm^2)

(2) 시료에 함유된 물의 총 질량에 대한 블리딩 물의 비를 나타내는 블리딩률

$$\text{블리딩률(\%)} = \frac{B}{C \times 1,000} \times 100$$

다만, C는 다음과 같이 구할 수 있다.

$$C = \frac{w}{W} \times S$$

여기서, B: 시료의 블리딩 물의 총량(ml)
C: 시료에 들어 있는 물의 총 질량(kg)
W: 콘크리트 1m^{3}에 사용된 재료의 총 질량(kg)
w: 콘크리트 1m^{3}에 사용된 물의 총 질량(kg)
S: 시료의 질량(kg)

3-4 콘크리트의 압축강도 시험

1. 목적

(1) 필요한 성질을 가진 콘크리트를 가장 경제적으로 만들기 위한 재료를 선정한다.
(2) 공사 현장의 콘크리트가 필요한 성질을 가진 콘크리트인지 확인한다.
(3) 압축강도로 휨강도, 인장강도, 탄성계수 등의 대략 값을 추정한다.
(4) 콘크리트 품질관리를 한다.

2. 재료

(1) 콘크리트(시멘트, 잔골재, 굵은 골재, 혼화 재료, 물)
(2) 그리스
(3) 캐핑용 유리판 또는 캐핑용 자

3. 기계 및 기구

(1) 시험체 몰드(지름 150mm, 높이 300mm 또는 지름 100mm, 높이 200mm의 원주형)
(2) 다짐대(지름 150mm, 길이 600mm의 둥근 강)
(3) 내부 진동기 또는 다짐대
(4) 콘크리트 혼합기(드럼 믹서, 가경식 믹서 또는 팬 믹서)
(5) 압축강도 시험기(용량 100t)
(6) 저울(계량할 질량의 0.3% 이내의 정밀도를 가진 것)
(7) 양생 장치(20±3℃의 온도에서 습윤 상태로 유지할 수 있는 것)
(8) 캘리퍼스
(9) 흙손
(10) 비빔 용기
(11) 작은 삽

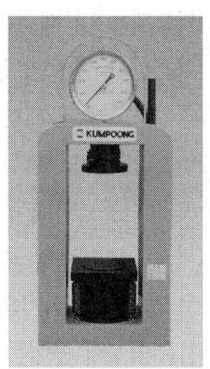
◐ 압축강도 시험기(수동식)

◐ 디지털 전동식 압축강도 시험기

○ 콘크리트 공시체 몰드

4. 관련 지식

(1) 콘크리트의 강도는 보통 압축강도를 말하며, 콘크리트의 품질을 나타내는 기준으로 널리 쓰이고 있다.

(2) 콘크리트의 압축강도 시험 목적은 다음과 같다.

　(가) 필요한 성질을 가진 콘크리트를 가장 경제적으로 만들기 위한 재료를 선정한다.

　(나) 재료 및 배합한 콘크리트의 압축강도를 구한다.

　(다) 공사 현장의 콘크리트가 필요한 성질을 가진 콘크리트인지 확인한다.

　(라) 구조물에 대한 콘크리트의 압축강도를 구한다.

　(마) 압축강도 시험값으로부터 다른 여러 가지 성질(휨 강도, 인장강도 및 탄성 계수 등)의 대략 값을 추정한다.

　(바) 콘크리트의 품질관리에 이용한다.

(3) 콘크리트 비비기의 온도는 20±3℃, 실험실의 습도는 60% 이상으로 해야 한다.

(4) 지름의 2배 높이를 가진 원기둥형으로 지름은 굵은 골재 최대치수의 3배 이상이며, 또한 100mm 이상이어야 한다.

(5) 압축강도용 표준 시험체의 치수는 굵은 골재 최대치수가 40mm를 넘는 경우는 40mm의 망체로 쳐서 지름 150mm의 공시체를 사용하여도 좋다.

(6) 몰드에 콘크리트를 채울 때에는 골재가 분리하지 않도록 해야 한다.

(7) 강도는 시험체의 건조 상태에 따라 달라지므로, 양생이 끝난 다음 바로 시험한다.

(8) 시험체의 가압면에는 0.05mm 이상의 홈이 있어서는 안 된다.

(9) 압축강도는 가압 속도에 따라 달라지므로 규정대로 하중을 가해야 한다.

5. 시험순서 및 방법

1 시료 및 시험체의 준비

(1) 시료의 준비

   (가) 비비기가 끝난 콘크리트에서 바로 시료를 재취한다.

   (나) 시료의 양은 20l 이상으로 한다.

(2) 시험체의 만들기(다짐봉을 사용하는 경우)

   (가) 몰드의 이음매에 그리스를 엷게 바르고 조립한다.

   (나) 콘크리트를 몰드에 2층 이상의 거의 같은 층으로 나누어 채운다.

   (다) 각 층의 두께는 75~100mm로 채운다.

   (라) 각 층은 적어도 1,000mm^{2}에 1회의 비율로 다지고 아래층까지 다짐봉이 닿도록 한다.

   (마) 흙손으로 콘크리트의 표면을 고르고 유리판으로 덮는다.

   (바) 2~4시간 지나서 된 반죽의 시멘트 풀(W/C=27~30%)로 시험체의 표면을 캐핑한다.

   (사) 캐핑층의 두께는 공시체 지름의 2%를 넘어서는 안 된다.

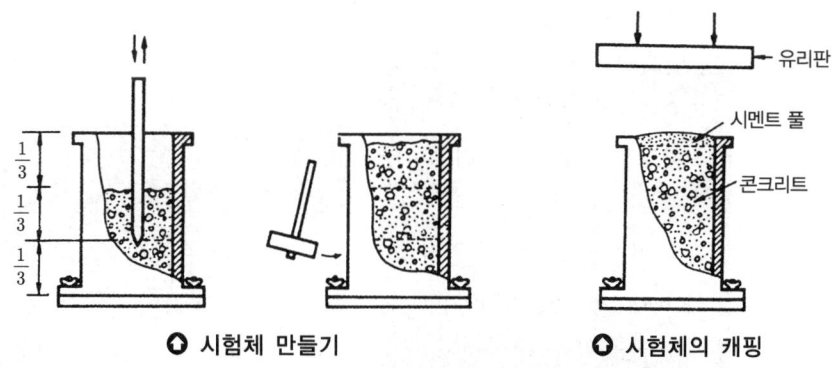

◐ 시험체 만들기   ◐ 시험체의 캐핑

(3) 시험체의 양생

   (가) 시험체를 만든 뒤 16시간 이상 3일 이내에 몰드를 떼어 낸다.

   (나) 시험체를 20±2℃에서 습윤 상태로 양생한다.

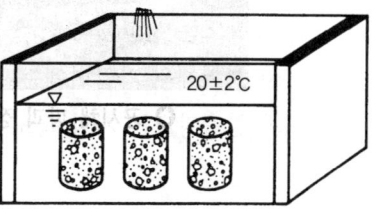

2 압축강도 시험

(1) 시험체를 시험하기 직전에 양생실에서 꺼낸다.

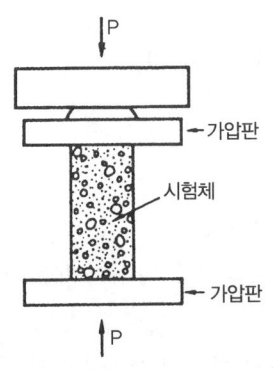

◎ 공시체(φ150mm×300mm)(φ100mm×200mm)

(2) 시험체의 지름을 0.1mm까지 잰다. 높이는 1mm까지 측정한다.
(3) 습윤 상태의 시험체를 시험기의 가운데에 놓는다.
(4) 시험체에 충격을 주지 않고 일정한 속도(매초 0.6±0.2MPa)로 하중을 가한다.
(5) 시험체가 파괴될 때의 최대 하중을 기록한다.

◎ 공시체 파괴 장면　　　　　◎ 공시체 파괴 샘플

3 결과의 계산

(1) 압축강도는 다음 식에 따라 계산한다.

$$\text{압축강도(MPa)} = \frac{\text{최대 하중(N)}}{\text{시험체의 단면적(mm}^2\text{)}}$$

(2) 콘크리트의 압축강도는 3개 이상의 시험체의 평균값으로 나타낸다.

6. 콘크리트 압축강도 시험 예

시험체의 번호	1	2	3
재령(일)	28	28	28
평균 지름 $d(\text{mm})$	151	150	152
단면적 $A(\text{mm}^2)$	17,898.7	17,662.5	18,136.6
평균 높이 $h(\text{mm})$	300	301	301
파괴 하중 $P(\text{N})$	458,000	457,800	457,000
압축강도 $f_{cu} = \frac{P}{A}(\text{N/mm}^2)$	25.5	25.9	25.1
평균 압축강도(MPa)	25.5		
양생 방법	수중 양생		
양생 온도(℃)	20±2		
시험체의 파괴 양상	3개의 시험체가 모두 원뿔형으로 파괴되었음.		

3-5 콘크리트의 인장강도 시험

1. 목적

콘크리트 포장 슬래브, 물탱크 등과 같이 인장력을 받는 구조물에서 인장강도가 중요하므로 시험을 한다.

2. 재료

(1) 콘크리트(시멘트, 잔골재, 굵은 골재, 혼화 재료, 물)
(2) 그리스
(3) 유리판(두께 6mm 이상인 것)

3. 기계 및 기구

(1) 시험체 몰드(지름 150mm, 높이 300mm 또는 지름 100mm, 높이 200mm의 원주형)
(2) 다짐대(지름 16mm, 길이 600mm의 둥근 강)
(3) 가압판
(4) 지지판(시험기의 가압면이나 지지 블록의 크기가 시험체보다 작을 경우에 사용)
(5) 저울(계량할 질량의 3% 이내의 정밀도를 가진 것.)
(6) 콘크리트 혼합기(드럼 믹서, 가경식 믹서 또는 팬 믹서)
(7) 진동기(내부 진동기, 외부 진동기)
(8) 양생 장치(20±2℃의 온도에서 습윤 상태로 유지할 수 있는 것)
(9) 압축강도 시험기(용량 20~30tf)
(10) 캘리퍼스
(11) 비빔 용기
(12) 흙손
(13) 작은 삽

4. 관련 지식

(1) 콘크리트의 인장강도는 콘크리트 포장 슬래브, 물 탱크 등과 같이 인장력을 받는 구조물에서 중요하다.
(2) 콘크리트의 인장강도 시험 방법에는 직접 인장 시험 방법과 할렬 시험 방법이 있는

데, 직접 인장 시험 방법은 시험체의 모양, 시험 장치 등에 어려움이 있어 할렬 시험 방법을 표준으로 한다.

(3) 할렬 시험은 콘크리트의 압축강도용 원주형 시험체를 옆으로 뉘어 놓고, 위아래 방향으로 압력을 가해서 파괴된 때의 하중으로 계산하여 얻으며, 보통 인장강도 시험과 같은 값으로 본다.

(4) 콘크리트 비비기의 온도는 20±3℃, 실험실의 습도는 60% 이상으로 한다.

(5) 시험체의 지름은 골재 최대치수의 4배 이상이어야 하며, 또한 150mm 이상으로 한다.

(6) 시험하기 전의 재료 온도는 20~25℃로 일정하게 유지한다.

(7) 몰드에 콘크리트를 채울 때, 골재가 분리하지 않도록 한다.

(8) 시험체는 양생이 끝난 뒤, 즉시 젖은 상태에서 시험한다.

(9) 시험기 위아래의 가압판은 평행이 되게 한다.

(10) 지지막대 또는 지지판을 사용할 때에는 시험체의 중심과 구면좌 블록의 중심과 일치시킨다.

(11) 하중을 가하는 속도는 인장 응력도의 증가율이 매초 0.06±0.04MPa로 유지한다.

5. 시험순서 및 방법

1 시료 및 시험체의 준비

(1) 시료의 준비

(가) 비비기가 끝난 콘크리트에서 바로 시료를 채취한다.

(나) 시료의 양은 20l 이상으로 한다.

(2) 시험체 만들기

(가) 몰드의 이음매에 그리스를 엷게 바르고 조립한다.

(나) 콘크리트를 몰드에 2층 이상의 거의 같은 층으로 나누어 채운다.

(다) 각 층의 두께는 75~100mm로 채운다.

(라) 각 층은 적어도 1,000mm^{2}에 1회의 비율로 다지고 아래층까지 다짐봉이 닿도록 한다.

(마) 흙손으로 콘크리트의 표면을 고르고 유리판으로 덮는다.

(3) 시험체의 양생

(가) 시험체를 만든 뒤 16시간 이상 3일 이내에 몰드를 떼어 낸다.

(나) 시험체를 20±2℃에서 습윤 상태로 양생한다.

2 인장강도 시험

(1) 시험체를 정해진 일수까지 양생한 뒤, 시험하기 직전에 양생실에서 꺼낸다.
(2) 시험체의 지름을 0.1mm까지 2개소 이상을 재어서 평균값을 구한다.
(3) 시험체의 길이를 1mm까지 2개소 이상을 재어서 평균값을 구한다.
(4) 시험체를 시험기의 가압판 위에 중심선과 일치되도록 옆으로 뉘어 놓는다.
(5) 시험체에 인장강도가 매초 0.06±0.04MPa의 일정한 비율로 증가하도록 하중을 가한다.
(6) 시험체가 파괴될 때, 시험기에 나타난 최대 하중을 기록한다.

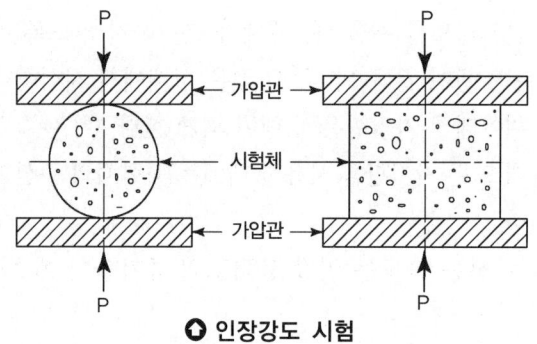

○ 인장강도 시험

3 결과의 계산

(1) 인장강도(f_{sp}, MPa) = $\dfrac{2P}{\pi dl}$

여기서, P: 공시체가 파괴될 때 최대 하중(N)
d: 공시체의 지름(mm)
l: 공시체의 길이(mm)

(2) 3개 이상의 공시체의 평균값으로 나타낸다.

3-6 콘크리트의 휨 강도 시험

1. 목적

(1) 도로, 공항 등 콘크리트 포장 두께의 설계나 배합설계를 위한 자료로 이용한다.
(2) 콘크리트 포장 슬래브, 콘크리트 관, 콘크리트 말뚝 등의 품질관리를 한다.
(3) 콘크리트 휨에 의해 균열이 생기는 것을 미리 알아낼 수 있다.

2. 재료

(1) 콘크리트(시멘트, 잔골재, 굵은 골재, 혼화재료, 물)
(2) 그리스
(3) 비흡수성 판(유리판 또는 플라스틱판)

3. 기계 및 기구

(1) 시험체 몰드[150×150×530mm(550mm)의 각주형과 100×100×380mm의 각주형]
(2) 콘크리트 혼합기(드럼 믹서, 가경식 믹서 또는 팬 믹서)
(3) 휨 강도 시험 장치
(4) 다짐대(지름 16mm, 길이 600mm인 둥근강)
(5) 진동기(내부 진동기, 외부 진동기)
(6) 양생 장치(20±2℃의 온도에서 습윤 상태로 유지할 수 있는 것)
(7) 저울(계량할 질량의 3% 이내의 정밀도를 가진 것)
(8) 압축강도 시험기(용량 10t)
(9) 캘리퍼스
(10) 비빔 용기
(11) 흙손
(12) 작은 삽

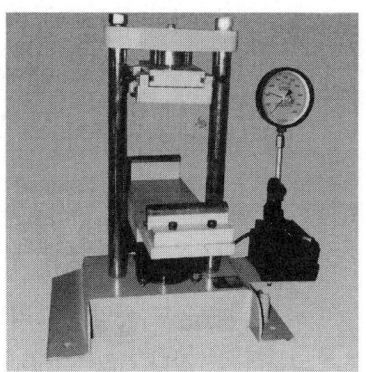

◆ 콘크리트 휨강도 시험기(벤딩용)

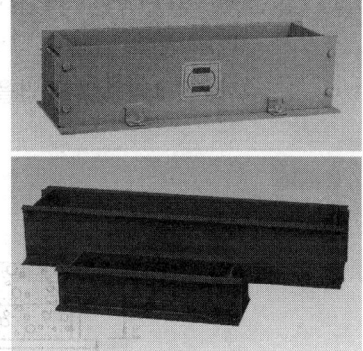

◆ 휨강도 몰드

4. 관련 지식

(1) 콘크리트 비비기의 온도는 20±3℃, 실험실의 습도는 60% 이상으로 한다.
(2) 시험체의 한 변의 길이는 골재 최대치수의 4배 이상이며 100mm 이상으로 한다.
(3) 시험체의 길이는 단면 한 변 길이의 3배보다 80mm 더 커야 한다.
(4) 굵은 골재의 최대치수가 40mm인 경우 한 변의 길이는 150mm로 한다.
(5) 시험하기 전의 재료 온도는 20~25℃로 고르게 유지한다.
(6) 시험체는 양생이 끝난 뒤 즉시 젖은 상태에서 시험한다.
(7) 시험체의 표면이 블록에 충분히 닿지 않을 때에는 캐핑을 한다.
(8) 휨 강도는 가압 속도에 따라 달라지므로, 규정된 하중 속도로 시험한다.
(9) 지간은 공시체 높이의 3배로 한다.

5. 시험순서 및 방법

1 시료 및 시험체의 준비

(1) 시료의 준비

   (가) 비비기가 끝난 콘크리트에서 바로 시료를 채취한다.
   (나) 시료의 양은 20*l* 이상으로 한다.

(2) 시험체의 만들기

   (가) 몰드의 이음매에 그리스를 엷게 바르고 조립한다.
   (나) 콘크리트를 몰드의 $\frac{1}{2}$까지 채우고 윗면을 고른다.
   (다) 몰드 속의 콘크리트를 다짐대로 윗면적 약 $1,000mm^2$에 대하여 1회 비율로 다진다.(150×150×530mm의 시험체일 경우에는 80회, 100×100×380mm의 시험체일 경우에는 38회 다진다.)
   (라) 몰드의 윗면까지 콘크리트를 채우고, 위의 (3)항과 같은 방법으로 다진다.
   (마) 표면에 남은 콘크리트를 곧은 막대로 밀어 내고 표면을 흙손으로 고른다.
   (바) 콘크리트의 표면을 유리판이나 플라스틱으로 덮는다.

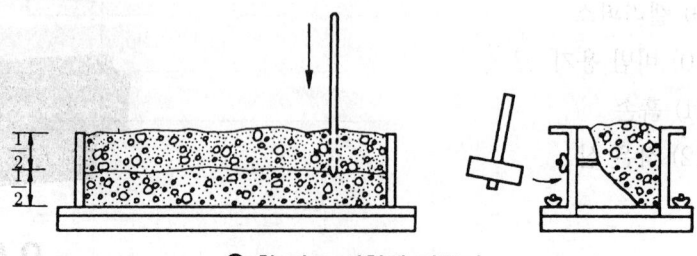

○ 휨 강도 시험체 만들기

(3) 시험체의 양생

　　(가) 시험체를 만든 뒤 16시간 이상 3일 이내에 몰드를 떼어 낸다.

　　(나) 시험체를 20±2℃에서 습윤 상태로 양생한다.

2 휨 강도 시험

(1) 시험체를 정해진 일수까지 양생한 뒤, 시험하기 직전에 양생실에서 꺼낸다.

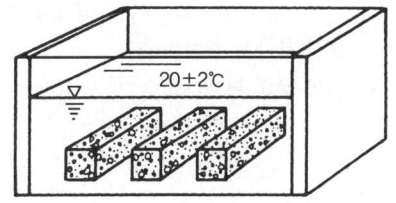

◉ 휨강도 시험체

(2) 시험기의 위와 아래에 지지 블록과 가압 블록을 장치한다.

(3) 시험체를 콘크리트 몰드에 넣었을 때의 옆면을 위, 아래의 면으로 하여 지지 블록의 중심에 시험체의 중심이 오도록 놓는다.

(4) 하중을 줄 때 블록이 두 지지 블록의 3등분점에서 시험체의 위쪽과 닿도록 한다.

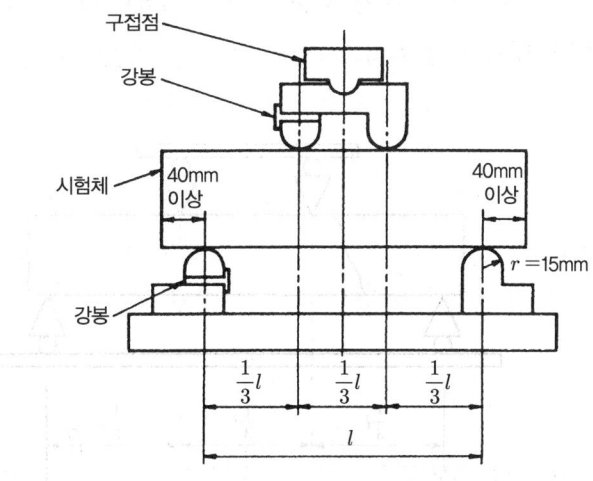

(5) 하중을 가하는 속도는 가장자리 응력도의 증가율이 매초 0.06±0.04 MPa이 되도록 조정하고 최대하중이 될 때까지 그 증가율을 유지하도록 한다.

(6) 시험체가 파괴되었을 때의 최대 하중을 기록한다.

(7) 파괴 단면에서의 평균 나비와 두께를 0.1mm 정도까지 측정한다.

3 결과의 계산

(1) 공시체가 인장쪽 표면 지간 방향 중심선의 4점 사이에서 파괴되는 경우

$$휨강도(f_b, \text{MPa}) = \frac{P\,l}{b\,d^2}$$

여기서, P: 시험기에 나타난 최대 하중(N)
l: 지간의 길이(mm)
b: 평균 나비(mm)
d: 평균 두께(mm)

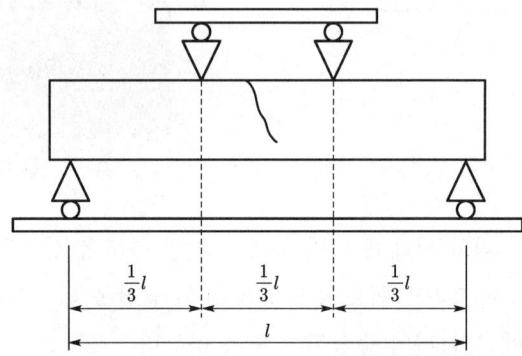

(2) 공시체가 인장쪽 표면의 지간 방향 중심선의 4점의 바깥쪽에서 파괴된 경우는 그 시험 결과를 무효로 한다.

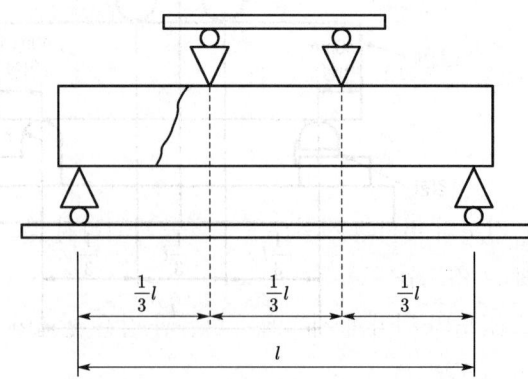

3-7 슈미트 해머에 의한 콘크리트 강도의 비파괴 시험

1. 목적
구조물을 파괴하지 않고 슈미트 해머로 콘크리트 표면을 타격하여 해머의 반발 정도로 콘크리트 압축강도를 추정하여 콘크리트 품질관리를 한다.

2. 재료
(1) 콘크리트 시험체
(2) 콘크리트 구조물

3. 기계 및 기구
(1) 슈미트 해머(Schmidt hammer)
(2) 거리 측정자
(3) 연삭숫돌
(4) 분필

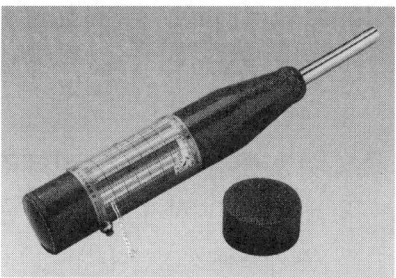
○ 콘크리트 테스트 해머(일반식)

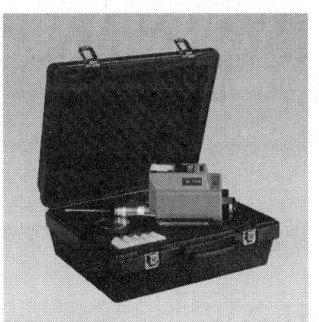
○ 디지털 콘크리트 테스트 해머

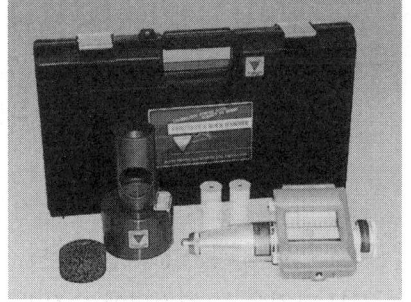
○ 콘크리트 테스트 해머

4. 관련 지식
(1) 콘크리트 강도의 비파괴 시험은 구조물을 파괴하지 않고, 원래의 모양 그대로에서 간단하게 그 강도를 구할 수 있다.
(2) 콘크리트 강도의 비파괴 시험에는 다음과 같은 방법이 있다.
   (가) 표면 경도법
      ① 반발 경도에 의한 방법(테스트 해머)
      ② 오목 부분 지름 측정에 의한 방법(수동식 해머, 낙하식 해머, 회전식 해머)

(나) 음향적 방법
① 공진법(진동수 측정)
② 파동법(종파의 속도 측정)
③ 초음파법(음파의 속도 측정)

(다) 슈미트 해머의 종류
① N형(보통 콘크리트용)
② M형(매스 콘크리트용)
③ L형(경량 콘크리트용)
④ P형(저강도 콘크리트용)

(3) 슈미트 해머는 스프링의 힘으로 타격봉이 콘크리트 표면을 때렸을 때, 그 반발 거리로 콘크리트 표면의 경도를 측정하여 압축강도를 추정하는 것이다.
(4) 반발도의 측정은 두께 10cm 이하의 슬래브나 벽체, 한 변이 15cm 이하인 단면의 기둥 등 작은 치수, 지간이 긴 부재를 피한다.
(5) 배후에 지지하지 않은 얇은 슬래브 및 벽체에는 되도록 고정변이나 지지변에 가까운 개소를 선정한다.
(6) 보에서는 그 측면 또는 바닥면에서 한다.
(7) 측정면은 되도록 거푸집 판에 접해 있었던 면으로서 표면 조직이 균일하고 평활한 평면부를 선정한다.
(8) 측정면에 있는 곰보, 공극, 노출되어 있는 자갈 등의 부분은 피한다.
(9) 측정면에 있는 요철이나 부착물은 숫돌 등으로 평활하게 갈아내고 분말이나 그 밖의 부착물을 닦아낸다.
(10) 마무리 층이나 도장을 한 경우는 이것을 제거하여 콘크리트 면을 노출시킨 후 평활하게 갈아내고 실시한다.
(11) 타격은 늘 측정면에 수직방향으로 실시한다.

5. 시험순서 및 방법

1 시료 및 시험체의 준비

(1) 측정할 콘크리트 구조물의 표면을 연삭재로 갈아서 기포나 부착물을 없앤다.
(2) 측정할 곳을 그림과 같이 3cm의 간격으로 표시한다.

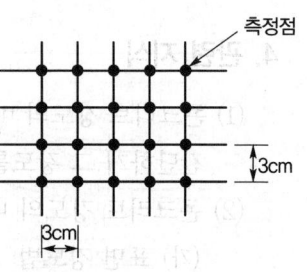

2 반발 경도의 측정

(1) 해머의 타격봉 끝을 콘크리트 표면의 측점에 대고 눌러 타격한다.
(2) 멈춤 단추를 눌러 눈금 지침을 멈추게 한다.
(3) 지침이 가리키는 눈금을 읽는다.
(4) 위와 같은 방법으로 20점 이상 측정하여 평균한 값을 그 곳의 반발경도 R로 한다. 이때, 차이가 평균값의 20% 이상이 되는 값이 있으면, 계산에서 빼 버린다.

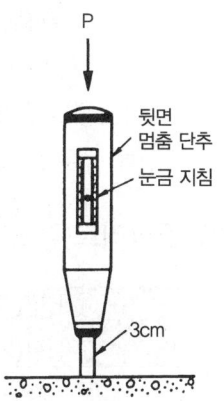

3 결과의 계산

(1) 반발 경도는 다음 식에 따라 보정한다.

$$R_o = R + \Delta R$$

여기서, R_o: 수정 반발 경도
R: 측정 반발 경도
ΔR: 보정값

위의 식에서 보정값 ΔR는 다음과 같이 구한다.
(가) 타격 방향이 수평이 아닐 경우에는 그 경사각에 따라 ΔR를 구한다.
(나) 콘크리트가 타격 방향에 직각으로 압축응력을 받을 때에는 그 압축응력에 따라 ΔR을 구한다.
(다) 수중 양생을 한 콘크리트를 건조시키지 않고 측정한 때에는 $\Delta R = +5$로 한다.

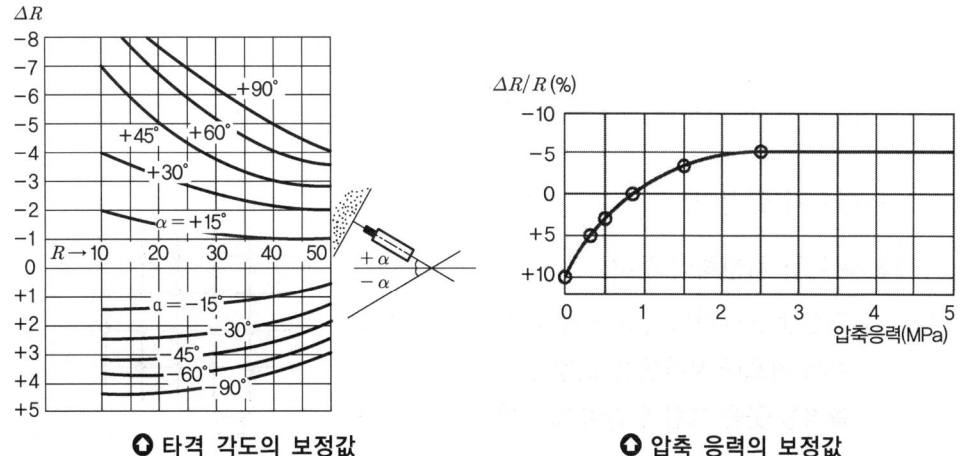

◐ 타격 각도의 보정값　　　　◐ 압축 응력의 보정값

(2) 수정 반발 경도로부터 표준 원추 시험체의 압축강도는 다음 식으로 추정한다.

$$F(\mathrm{MPa}) = 1.3R_o - 18.4$$

여기서, F: 압축강도(MPa)
R_o: 수정 반발 경도

6. 콘크리트 강도의 비파괴 시험 예

측정	측정치					측정 경도 R	보정치 ΔR	보정경도 R_o	압축강도 추정치 F	비 고
1	37	35	36	40	32	35.95	0	35.95	28.34MPa	타격 방향이 수평인 경우
	36	41	38	31	40					
	38	36	34	39	41					
	30	36	33	30	36					

여기서, $F = 1.3R_o - 18.4 = 1.3 \times 35.95 - 18.4 = 28.34\mathrm{MPa}$

타격 방향이 수평인 경우 보정치 $\Delta R = 0$이다.

3-8 콘크리트 배합 설계

1. 목적

소요의 강도, 내구성, 균일성, 수밀성, 작업에 알맞은 워커빌리티 등을 가진 콘크리트가 가장 경제적으로 얻어지도록 시멘트, 잔골재, 굵은 골재 및 혼화 재료의 비율을 정한다.

2. 재료

(1) 시멘트
(2) 잔골재
(3) 굵은 골재
(4) 혼화 재료
(5) 물

3. 기계 및 기구

(1) 표준체
(2) 저울
(3) 메스실린더
(4) 콘크리트 혼합기
(5) 슬럼프 시험 기구
(6) 공기량 측정 기구
(7) 시험체 몰드 및 다짐대
(8) 원뿔형 몰드 및 다짐대
(9) 양생 장치
(10) 강도 시험 장치
(11) 강도 시험기
(12) 그 밖의 시험 기구

◎ 콘크리트 믹서기

◎ 압축강도 몰드

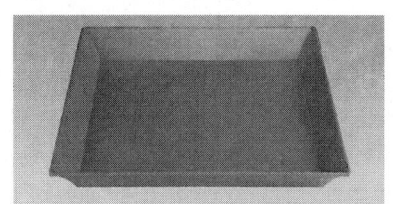
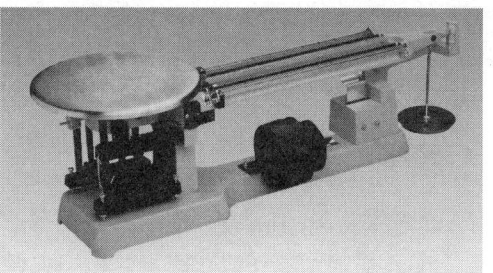

○ 시료 팬(철강재) ○ 저울

4. 관련 지식

(1) 콘크리트의 배합 설계란 콘크리트를 만들 때에 필요한 시멘트, 골재, 혼화 재료, 물의 혼합 비율을 정하는 것을 말한다.
(2) 콘크리트의 배합은 필요한 강도, 내구성, 수밀성 및 작업에 알맞은 워커빌리티를 가지는 범위 안에서 단위 수량이 적게 되도록 정해야 한다.
(3) 콘크리트의 배합 설계 방법에는 배합표에 의한 방법, 계산에 의한 방법, 시험배합에 의한 방법 등이 있으나, 공사 재료를 사용해서 시험을 하여 정하는 시험 배합에 의한 방법이 가장 합리적이다.
(4) 설계 시공 상 허용되는 범위 안에서 굵은 골재 최대치수가 큰 것을 사용한다.
(5) 배합은 충분한 내구성과 강도를 가지도록 해야 한다.
(6) 시방 배합에서 사용하는 골재는 표면건조 포화 상태의 것으로 한다.
(7) 혼화 재료의 사용량에 대해서는 기존 자료를 참고로 하여 구한다.
(8) 재료 계량의 허용 오차는 물과 시멘트에서는 1%, 혼화재에서는 2%, 골재 및 혼화제 용액에서는 3% 이하라야 한다.
(9) 콘크리트 배합 설계에 사용되는 용어는 다음과 같다.

 (가) 물-시멘트비(W/C): 콘크리트 또는 모르타르에서 골재가 표면건조 포화 상태에 있을 때, 시멘트 풀 속에 있는 물과 시멘트의 질량비를 말하며, 이것의 역수를 시멘트-물비(C/W)라 한다.

 (나) 설계기준 압축강도(f_{ck}): 콘크리트 부재의 설계에서 기준으로 한 압축강도를 말하며, 일반적으로 재령 28일의 압축강도를 기준으로 한다. 포장 콘크리트에서는 재령 28일의 휨 강도를 기준으로 한다.

 (다) 배합 강도(f_{cr}): 콘크리트 배합을 정하는 경우에 목표로 하는 압축강도를 말하며, 일반적으로 재령 28일의 압축강도를 기준으로 한다. 포장 콘크리트에서는 재령 28일의 휨 강도를 기준으로 한다.

(라) 단위량(kg/m³): 콘크리트 1m³를 만드는데 쓰이는 각 재료량을 말한다.

(마) 잔골재율(S/a): 골재에서 5mm 체를 통과한 것을 잔골재, 5mm 체에 남는 것을 굵은 골재로 하여 구한 잔골재량의 전체 골재에 대한 절대 부피비(%)를 말한다.

(바) 단위 굵은 골재의 부피(m³) 단위 굵은 골재량을 그 굵은 골재의 단위 용적질량으로 나눈 값을 말한다.

(10) 콘크리트의 배합에는 시방 배합과 현장 배합이 있다.

(가) 시방 배합: 시방서 또는 책임 기술자가 지시한 배합으로서, 이때 골재는 표면건조 포화 상태에 있고, 잔골재는 5mm 체를 통과하고, 굵은 골재는 5mm 체에 다 남는 것으로 한다.

(나) 현장 배합: 현장에서 사용하는 골재의 함수 상태와 잔골재 속의 5mm 체에 남는 양, 굵은 골재 속의 5mm 체를 통과하는 양을 고려하여 현장에서 시방배합을 고친 것이다.

(11) 콘크리트 시험배합을 정하는 순서는 다음과 같다.

(가) 사용 재료를 시험한다.   (나) 배합강도를 정한다.
(다) 물-결합재비를 정한다.   (라) 굵은 골재 최대치수를 정한다.
(마) 슬럼프 값을 정한다.   (바) 공기연행제에 의해 공기량을 정한다.
(사) 단위 수량을 정한다   (아) 단위 시멘트량을 정한다.
(자) 단위 잔골재량을 구한다.   (차) 단위 굵은 골재량을 구한다.
(카) 단위 혼화재량을 구한다.
(타) 시험 배치에 사용할 필요한 재료량을 구한다.
(파) 시방배합을 현장 배합으로 보정한다.

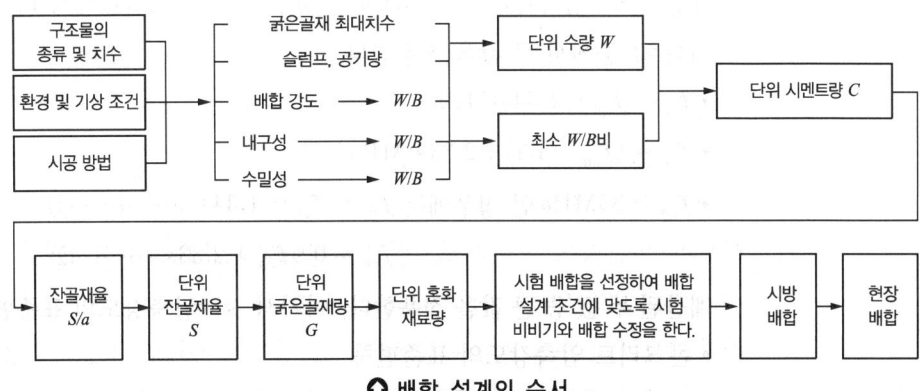

◆ 배합 설계의 순서

5. 시험 순서 및 방법

1 시료의 준비

(1) 시멘트의 밀도 시험을 한다.

(2) 잔골재의 시료는 다음과 같이 준비한다.

    (가) 체가름 시험, 밀도 및 흡수율 시험, 표면수율 시험, 단위 용적질량 시험을 한다.

    (나) 5mm 체에 남는 것을 버리고, 표면수를 1% 정도 건조시킨다.

(3) 굵은 골재의 시료는 다음과 같이 준비한다.

    (가) 체가름 시험, 밀도 및 흡수율 시험, 단위 용적질량 시험을 한다.

    (나) 골재를 물로 씻으면서 체가름하고 충분히 흡수시킨 다음, 마른 걸레로 닦아서 표면건조 포화 상태로 한다.

(4) 공기연행제 및 감수제는 각각 1% 및 10%의 수용액으로 하여 사용한다.

2 콘크리트의 배합 설계

(1) 시험 배합 설계

    (가) 물-결합재비를 정한다.

        ① 콘크리트의 압축강도(포장 콘크리트일 경우에는 휨 강도)를 기준으로 하여 물-결합재비를 정할 경우에는 다음과 같이 한다.

        시험에 의하여 정하는 경우: 알맞은 3종류 이상의 서로 다른 물-결합재비를 가진 콘크리트 시험체를 2개 이상 만들고 28일 압축강도(f_{28}) 시험을 하여 시멘트-물비(C/W)와 f_{28}과의 선도를 만든다. 이것으로부터 필요한 배합 강도(f_{cr})에 해당하는 C/W를 구하고, 그 역수로 W/C를 구한다. 이때, 배합 강도(f_{cr})는 $f_{cn} \leq 35\mathrm{MPa}$인 경우 보통 콘크리트에서 다음 두 식에 의한 값 중에서 큰 값을 적용한다.

- $f_{cr} = f_{cn} + 1.34s\,(\mathrm{MPa})$
- $f_{cr} = (f_{cn} - 3.5) + 2.33s\,(\mathrm{MPa})$
- $f_{cn} > 35\mathrm{MPa}$인 경우에는 $f_{cr} = f_{cn} + 1.34s$ ············ ①

$$f_{cr} = 0.9f_{cn} + 2.33s \cdots\cdots\cdots ②$$

        계산된 두 값 중 큰 값을 적용한다. 여기서, $s =$ 압축강도의 표준편차(MPa)

- 콘크리트 압축강도의 표준편차
  - 실제 사용한 콘크리트의 30회 이상의 시험 실적으로부터 결정하는 것을 원칙으로 한다.

- 압축강도의 시험횟수가 29회 이하이고, 15회 이상인 경우는 계산한 표준편차에 보정계수를 곱한 값을 표준편차로 사용한다.

🔹 **시험횟수가 29회 이하일 때 표준편차의 보정계수**

시험 횟수	표준편차의 보정계수
15	1.16
20	1.08
25	1.03
30 이상	1.00

> **참고**
> - 모 표준편차(시험 횟수 15회 이상)는 $\sqrt{\dfrac{S}{n-1}}$
> - 시료 표준편차(시험 횟수 15회 미만)는 $\sqrt{\dfrac{S}{n}}$ (단, 15회 미만이라도 '불편분산의 경우'라는 말이 언급되면 $\sqrt{\dfrac{S}{n-1}}$ 를 적용한다.

- 콘크리트 압축강도의 표준편차를 알지 못할 때 또는 압축강도의 시험횟수가 14회 이하인 경우 콘크리트 배합강도

설계기준 압축강도 f_{cn}(MPa)	배합강도 f_{cr}(MPa)
21 미만	$f_{cn}+7$
21 이상 35 이하	$f_{cn}+8.5$
35 초과	$1.1f_{cn}+5.0$

일반적으로, 시멘트-물비와 콘크리트의 28일 압축강도는 다음 식으로 나타낸다.

$$f_{28} = a + b \cdot \left(\dfrac{C}{W}\right)$$

여기서,
- f_{28}: 재령 28일 콘크리트의 압축 강도(N)
- a, b: 시험에 의하여 정하는 상수
- $\dfrac{C}{W}$: 시멘트-물비

② 노출범주가 일반인 경우(등급: E0)
- 물리적, 화학적 작용에 의한 콘크리트 손상의 우려가 없는 경우
- 철근이나 내부 금속의 부식 위험이 없는 경우
- 내구성 기준 압축강도: 21MPa

③ 노출범주가 EC(탄산화)에 의한 철근 부식이 우려되는 노출환경
  • EC1 등급: 건조하거나 수분으로부터 보호되는 또는 영구적으로 습윤한 콘크리트
    - 공기 중 습도가 낮은 건물 내부의 콘크리트
    - 물에 계속 침지되어 있는 콘크리트
    - 내구성 기준 압축강도: 21MPa
    - 최대 물-결합재비: 0.60
  • EC2 등급: 습윤하고 드물게 건조되는 콘크리트로 탄산화의 위험이 보통인 경우
    - 장기간 물과 접하는 콘크리트 표면
    - 기초
    - 내구성 기준 압축강도: 24MPa
    - 최대 물-결합재비: 0.55
  • EC3 등급: 보통 정도의 습도에 노출되는 콘크리트로 탄산화 위험이 비교적 높은 경우
    - 공기 중 습도가 보통 이상으로 높은 건물 내부의 콘크리트
    - 비를 맞지 않는 외부 콘크리트
    - 내구성 기준 압축강도: 27MPa
    - 최대 물-결합재비: 0.50
  • EC4 등급: 건습이 반복되는 콘크리트로 매우 높은 탄산화 위험에 노출되는 경우
    - EC2 등급에 해당하지 않고, 물과 접하는 콘크리트
      (예를 들어 비를 맞는 콘크리트 외벽, 난간 등)
    - 내구성 기준 압축강도: 30MPa
    - 최대 물-결합재비: 0.45
④ 노출범주가 ES(해양환경, 제설염 등 염화물)로 염화물에 의한 철근 부식을 방지하기 위해 추가적인 방식이 요구되는 철근 콘크리트와 프리스트레스트 콘크리트
  • ES1 등급: 보통 정도의 습도에서 대기 중의 염화물에 노출되지만 해수 또는 염화물을 함유한 물에 직접 접하지 않는 콘크리트
    - 해안가 또는 해안 근처에 있는 구조물
    - 도로 주변에 위치하여 공기 중의 제빙화학제에 노출되는 콘크리트
    - 내구성 기준 압축강도: 30MPa

- 최대 물-결합재비: 0.45
• ES2 등급: 습윤하고 드물게 건조되며 염화물에 노출되는 콘크리트
  - 수영장
  - 염화물을 함유한 공업용수에 노출되는 콘크리트
    - 내구성 기준 압축강도: 30MPa
    - 최대 물-결합재비: 0.45
• ES3 등급: 항상 해수에 침지되는 콘크리트
  - 해상 교각의 해수 중에 침지되는 부분
  - 내구성 기준 압축강도: 35MPa
  - 최대 물-결합재비: 0.40
• ES4 등급: 건습이 반복되면서 해수 또는 염화물에 노출되는 콘크리트
  - 해상 환경의 물보라 지역(비말대) 및 간만대에 위치한 콘크리트
  - 염화물을 함유한 물보라에 직접 노출되는 교량 부위
  - 도로 포장
  - 주차장
  - 내구성 기준 압축강도: 35MPa
  - 최대 물-결합재비: 0.40

⑤ 노출범주가 EF(동결융해)에 의한 경우로 제빙화학제가 사용되거나 혹은 사용되지 않으며 수분에 접촉되면서 동결융해의 반복 작용에 노출된 외부 콘크리트
  • EF1 등급: 간혹 수분과 접촉하나 염화물에 노출되지 않고 동결융해의 반복 작용에 노출되는 콘크리트
    - 비와 동결에 노출되는 수직 콘크리트 표면
    - 내구성 기준 압축강도: 24MPa
    - 최대 물-결합재비: 0.55
  • EF2 등급: 간혹 수분과 접촉하고 염화물에 노출되며 동결융해의 반복 작용에 노출되는 콘크리트
    - 공기 중 제빙화학제와 동결에 노출되는 도로 구조물의 수직 콘크리트 표면
    - 내구성 기준 압축강도: 27MPa
    - 최대 물-결합재비: 0.50
  • EF3 등급: 지속적으로 수분과 접촉하나 염화물에 노출되지 않고 동결융해의 반복 작용에 노출되는 콘크리트

- 비와 동결에 노출되는 수평 콘크리트 표면
- 내구성 기준 압축강도: 30MPa
- 최대 물-결합재비: 0.45

- EF4 등급: 지속적으로 수분과 접촉하고 염화물에 노출되며 동결융해의 반복 작용에 노출되는 콘크리트
  - 제빙화학제에 노출되는 도로와 교량 바닥판
  - 제빙화학제가 포함된 물과 동결에 노출되는 콘크리트 표면
  - 동결에 노출되는 물보라 지역(비말대) 및 간만대에 위치한 해양 콘크리트
  - 내구성 기준 압축강도: 30MPa
  - 최대 물-결합재비: 0.45

⑥ 노출범주가 EA(황산염)로 수용성 황산염 이온을 유해한 정도로 포함한 물 또는 흙과 접촉하고 있는 콘크리트

- EA1 등급: 보통 수준의 황산염 이온에 노출되는 콘크리트
  - 토양과 지하수에 노출되는 콘크리트
  - 해수에 노출되는 콘크리트
  - 내구성 기준 압축강도: 27MPa
  - 최대 물-결합재비: 0.50

- EA2 등급: 유해한 수준의 황산염 이온에 노출되는 콘크리트
  - 토양과 지하수에 노출되는 콘크리트
  - 내구성 기준 압축강도: 30MPa
  - 최대 물-결합재비: 0.45

- EA3 등급: 매우 유해한 수준의 황산염 이온에 노출되는 콘크리트
  - 토양과 지하수에 노출되는 콘크리트
  - 하수, 오폐수에 노출되는 콘크리트
  - 내구성 기준 압축강도: 30MPa
  - 최대 물-결합재비: 0.45

(나) 굵은 골재 최대치수를 정한다.
① 부재 최소치수의 1/5, 슬래브 두께의 1/3, 철근피복 및 철근의 최소 순간격의 3/4을 초과해서는 안 된다.

② 굵은 골재의 최대치수 표준

구조물의 종류	굵은 골재의 최대치수(mm)
일반적인 경우	20 또는 25
단면이 큰 경우	40
무근 콘크리트	40 부재 최소 치수의 1/4 이하

(다) 슬럼프 값을 정한다.
① 운반, 타설, 다지기 등의 작업에 알맞은 범위 내에서 될 수 있는 대로 작은 값으로 정한다.
② 슬럼프의 표준값

종류		슬럼프 값(mm)
철근 콘크리트	일반적인 경우	80~150
	단면이 큰 경우	60~120
무근 콘크리트	일반적인 경우	50~150
	단면이 큰 경우	50~100

(라) 공기연행제에 의해 공기량을 정한다.
① 공기연행 콘크리트 공기량의 표준

굵은 골재의 최대치수 (mm)	공기량(%)	
	심한 노출	보통 노출
10	7.5	6.0
15	7.0	5.5
20	6.0	5.0
25	6.0	4.5
40	5.5	4.5

② 운반 후 공기량은 공기연행 콘크리트 공기량의 표준값에서 ±1.5% 이내이어야 한다.

(마) 잔골재율을 정한다.
① 소요의 워커빌리티를 얻을 수 있는 범위 내에서 단위 수량이 최소가 되도록 시험에 의해 정한다.
② 콘크리트 배합을 정할 때 가정한 잔골재의 조립률에 비하여 조립률이 ±0.2 이상의 변화를 나타내었을 때는 배합을 변경하여야 한다.
③ 콘크리트 펌프 시공의 경우에는 콘크리트 펌프의 성능, 배관, 압송거리 따라 결정한다.

④ 유동화 콘크리트의 경우 유동화 후 콘크리트의 워커빌리티를 고려하여 잔골재율을 결정할 필요가 있다.

⑤ 고성능 공기연행 감수제를 사용한 콘크리트의 경우로서 물-결합재비 및 슬럼프가 같으면 일반적인 공기연행 감수제를 사용한 콘크리트와 비교하여 잔골재율을 1~2% 정도 크게 하는 것이 좋다.

⑥ 공기량이 3% 이상이고 단위 시멘트량이 $250kg/m^3$ 이상인 공기연행 콘크리트나 단위 시멘트량이 $300kg/m^3$ 이상인 콘크리트 또는 0.3mm 체와 0.15mm 체를 통과한 골재의 부족량을 양질의 광물질 미분말로 보충한 콘크리트에서는 0.3mm 체와 0.15mm 체 질량 백분의 최소량을 각각 5% 및 0%로 감소시켜도 좋다.

◆ 콘크리트의 단위 골재 용적, 잔골재율 및 단위 수량의 대략값

굵은 골재의 최대치수 (mm)	단위 굵은 골재 용적(%)	AE제를 사용하지 않은 콘크리트				AE 콘크리트			
						양질의 AE제를 사용한 경우		양질의 AE 감수제를 사용한 경우	
		갇힌 공기(%)	잔골재율 S/a(%)	단위 수량 W(kg)	공기량 (%)	잔골재율 S/a(%)	단위 수량 W(kg)	잔골재율 S/a(%)	단위 수량 W(%)
13	58	2.5	53	202	7.0	47	180	48	170
20	62	2.0	49	197	6.0	44	175	45	165
25	67	1.5	45	187	5.0	42	170	43	160
40	72	1.2	40	177	4.5	39	165	40	155

※ 1) 이 표의 값은 보통의 입도를 가진 (조립률 2.8 정도)와 부순 돌을 사용한 물-결합재비 55% 정도, 슬럼프 80mm 정도의 콘크리트에 대한 것이다.
  2) 사용재료 또는 콘크리트의 품질이 1)의 조건과 다를 경우에는 위의 표에 따라 보정한다.

◆ 잔골재율(S/a)과 물(W)의 보정법

구분	S/a의 보정(%)	W의 보정
모래와 조립률이 0.1 만큼 클(작을) 때마다	0.5 만큼 크게(작게) 한다.	보정하지 않는다.
슬럼프 값이 10mm 만큼 클(작을) 때마다	보정하지 않는다.	1.2% 만큼 크게(작게) 한다.
공기량이 10mm 만큼 클(작을) 때마다	0.5~1.0 만큼 작게(크게) 한다.	3% 만큼 작게(크게) 한다.
물-결합재비가 0.05 클(작을) 때마다	1 만큼 크게(작게) 한다.	보정하지 않는다.
S/a가 1%클(작을) 때마다	보정하지 않는다.	1.5kg 만큼 크게(작게) 한다.
천연 굵은 골재를 사용할 경우	3~5 만큼 작게 한다.	9~15kg 만큼 작게 한다.
부순 잔골재를 사용할 경우	2~3 만큼 크게 한다.	6~9kg 만큼 크게 한다.

※ 단위 굵은 골재 용적에 의하는 경우에는 잔골재의 조립률이 0.1 만큼 커질(작아질) 때마다 단위 굵은 골재 용적을 1%만큼 작게(크게) 한다.

(바) 단위 수량을 정한다.
  ① 단위 수량은 작업할 수 있는 범위 안에서 될 수 있는 대로 적게 되도록 시험을 해서 정한다.
  ② 포장 콘크리트에서는 150kg, 댐 콘크리트에서는 120kg 이하로 하고 있다.
(사) 단위 시멘트량을 정한다.
  단위 시멘트량은 단위 수량과 물-결합재비로부터 다음 식에 따라 구한다.

$$\text{단위 시멘트량(kg)} = \frac{\text{단위 수량}}{\text{물} - \text{결합재비}}$$

  일반적으로 철근 콘크리트에서는 300kg 이상, 포장 콘크리트에서는 280~350kg, 콘크리트 댐의 내부에서는 최소 140kg으로 하고 있다.

(아) 단위 잔골재량 및 단위 굵은 골재량은 다음 식에 따라 구한다.

$$\text{단위 골재량의 절대 부피}(m^3) = 1 - \left(\frac{\text{단위 수량}}{\text{물의 밀도} \times 1,000} + \frac{\text{단위 시멘트량}}{\text{시멘트의 밀도} \times 1,000} + \frac{\text{단위 혼화재량}}{\text{혼화재의 밀도} \times 1,000} + \frac{\text{공기량}}{100} \right)$$

  단위 잔골재량의 절대 부피(m^3) = (단위 잔골재량의 절대부피) × (잔골재율)
  단위 잔골재량(kg) = (단위 잔골재량의 절대부피) × (잔골재의 밀도) × 1,000
  단위 굵은 골재량의 절대부피(m^3) = (단위 골재량의 절대 부피) - (단위 잔골재량의 절대부피)
  단위 굵은 골재량(kg) = (단위 굵은 골재량의 절대부피) × (굵은 골재의 밀도) × 1,000

(2) 시험 비비기

(가) 1배치의 양을 정하여 각 재료를 계량한다. 공기연행제 또는 감수제를 사용한 때에는 수용액 속의 수량을 비비기에 사용하는 수량에서 뺀다.
(나) 모든 재료를 콘크리트 혼합기에 넣고 비빈다.
(다) 비비기를 한 콘크리트의 슬럼프와 공기량을 측정한다.
(라) 슬럼프와 공기량이 정해져 있지 않을 경우 일반 콘크리트에서는 보정해서 다시 시험 비비기를 하여 필요한 슬럼프와 공기량의 콘크리트를 만든다.
(마) 슬럼프와 공기량을 일정하게 하고 잔골재율을 조금씩 변화시켜, 정해진 워커빌리티가 얻어지는 범위 안에서 단위 수량이 적게 되는 배합을 정하여 이 배합을 시방 배합으로 한다.

(3) 배합의 결정

(가) 압축강도 시험을 하여 물-결합재비와 압축강도의 관계를 다음과 같은 식으로 나타낸다.

$$f_{28} = a + b \cdot \left(\frac{C}{W}\right)$$

(나) $(C/W) - f_{28}$의 관계식에서 배합 강도(f_{cr})를 얻기 위한 W/C를 결정한다.

(다) 단위 수량, 잔골재율은 시험한 3종류 이상의 W/C를 콘크리트 배합에서 정하고, 콘크리트 재료의 단위량을 결정한다.

(4) 현장 배합

(가) 골재의 입도에 대한 조정은 다음 식에 따라 한다.

$$x = \frac{100S - b(S+G)}{100 - (a+b)} \qquad y = \frac{100G - a(S+G)}{100 - (a+b)}$$

여기서, x: 계량해야 할 현장의 잔골재량(kg)
y: 계량해야 할 현장의 굵은 골재량(kg)
S: 시방 배합의 잔골재량(kg)
G: 시방 배합의 굵은 골재량(kg)
a: 잔골재 속의 5mm 체에 남는 양(%)
b: 굵은 골재 속의 5mm 체를 통과하는 양(%)

(나) 골재의 표면수율에 대한 조정은 다음 식에 따라 한다.

$$S' = x\left(1 + \frac{c}{100}\right) \quad G' = y\left(1 + \frac{d}{100}\right)$$

$$W' = W - x \cdot \frac{c}{100} - y \cdot \frac{d}{100}$$

여기서, S': 계량해야 할 현장의 잔골재량(kg)
G': 계량해야 할 현장의 굵은 골재량(kg)
W': 계량해야 할 현장의 물의 양(kg)
c: 현장의 잔골재의 표면수율(%)
d: 현장의 굵은 골재의 표면수율(%)
W: 시방 배합의 물의 양(kg)

3 배합 결과 표시

굵은 골재의 최대치수 (mm)	슬럼프 범위 (mm)	공기량 범위 (%)	물-결합재비 W/B (%)	잔골재율 S/a (%)	단위량(kg/m³)					
					물 W	시멘트 C	잔골재 S	굵은 골재 G mm~mm	mm~mm	혼화재료 혼화재	혼화제

6. 콘크리트 배합 설계 예

(1) 설계 조건 및 재료 시험의 결과는 다음과 같다.

    (가) 설계 조건
- 호칭강도: $f_{cn} = 27\text{MPa}$
- 슬럼프값: 75mm
- 공기량: 5.5%
- 압축강도의 표준 편차: $S = 3.6\text{MPa}$

    (나) 재료 시험 결과
- 시멘트: 보통 포틀랜드 시멘트, 밀도 3.15g/cm^3
- 잔골재: 밀도 2.60g/cm^3, 조립률(FM) 3.02인 모래
- 굵은 골재: 밀도 2.65g/cm^3, 최대치수 25mm인 자갈
- 혼화제: 양질 공기연행제, 사용량은 시멘트 질량의 0.04%

(2) 배합의 계산은 다음과 같이 된다.

    (가) 배합강도

다음 두 식으로 구한 값 중에서 큰 것을 적용한다.

$$f_{cr} = f_{cn} + 1.34S = 27 + 1.34 \times 3.6 = 31.8\text{MPa}$$
$$f_{cr} = (f_{cn} - 3.5) + 2.33S = (27 - 3.5) + 2.33 \times 3.6 = 31.9\text{MPa}$$
$$\therefore f_{cr} = 31.9\text{MPa}$$

    (나) 물-결합재비

필요한 강도와 내구성으로부터 구한다.

① 강도를 기준으로 하여 정하는 경우: 위의 재료를 사용하여 3종류의 다른 물-결합재비로 압축강도 시험을 한 결과 다음과 같은 실험식을 얻었다.

$$f_{28} = -13.8 + 21.6 B/W$$

따라서 위의 식을 사용하여 $f_{cr} = 31.9\text{MPa}$에 해당하는 W/B를 구하면 다음과 같이 된다.

$$f_{cr} = f_{28} = 31.9 = -13.8 + 21.6 B/W$$
$$\therefore \frac{W}{B} = \frac{21.6}{31.9 + 13.8} = 47\%$$

② 내동해성을 기준으로 하여 정하는 경우: 물에 노출되었을 때 낮은 투수성이 요구되는 콘크리트라고 생각하여, 50%로 한다. 따라서, 물-결합재비는 작은 값을 택하여 압축강도로부터 정한 47%로 한다.

(다) 슬럼프값

주어진 75mm로 한다.

(라) 굵은 골재의 최대치수

주어진 굵은 골재의 최대치수 25mm를 사용한다.

(마) 잔골재율 및 단위 수량

굵은 골재의 최대치수 25mm에 대하여 기준을 참고로 하여 계산한다.

○ 잔골재율과 단위 수량의 계산

보정항목	기준 조건	배합 조건	$S/a=42\%$ 잔골재율(S/a)의 보정	$W=170$ 사용 수량(W)의 보정
잔골재의 조립률(FM)	2.80	3.02	$\dfrac{3.02-2.80}{0.1}\times 0.5 = 1.1\%$	보정하지 않는다.
슬럼프(cm)	80	75	보정하지 않는다.	$170\times\left[1-\left(\dfrac{80-75}{1}\right)\times 0.012\right]$ $=169$kg
공기량(%)	5.0	5.5	$\dfrac{5.0-5.5}{1}\times 0.75 = -0.375\%$	$169\times\left[1-\left(\dfrac{5.5-5.0}{1}\right)\times 0.03\right]$ $=166$kg
물-결합재비 (%)	55	47	$\dfrac{0.47-0.55}{0.05}\times 1 = -1.6\%$	보정하지 않는다.
보정값			$S/a = 42+(1.1-0.375-1.6)$ $=41.1\%$	$W=166$kg

(바) 각 재료의 단위량

단위 시멘트량, 단위 잔골재량, 단위 굵은 골재량, 단위 AE제량을 구한다.

- 단위 시멘트량 $= 166 \div 0.47 = 353$kg
- 단위 골재량의 절대 부피 $= 1-\left(\dfrac{166}{1\times 1,000}+\dfrac{353}{3.15\times 1,000}+\dfrac{5.5}{100}\right)$

  $= 0.667\text{m}^3$
- 단위 잔골재량의 절대 부피 $= 0.667\times 0.411 = 0.274\text{m}^3$
- 단위 굵은 골재량의 절대 부피 $= 0.667-0.274 = 0.393\text{m}^3$
- 단위 잔골재량 $= 0.274\times 2.60\times 1,000 = 712$kg
- 단위 굵은 골재량 $= 0.393\times 2.65\times 1,000 = 1041$kg
- 단위 공기연행제량 $= 353\times 0.0004 = 0.1412$kg

(사) 시방 배합

위에서 계산한 값을 시험 비비기에 사용하는 시방 배합으로 한다.

(3) 시험 비비기를 하면 다음과 같다.
  (가) 시험의 준비
    잔골재와 굵은 골재를 표면건조 포화 상태로 만든다.
  (나) 시험 배치의 양
    1배치의 양을 $30l$로 하면 각 재료의 양은 다음과 같이 된다.

    - 물의 양 $= 166 \times \dfrac{30}{1,000} = 4.98$kg

    - 시멘트량 $= 353 \times \dfrac{30}{1,000} = 10.59$kg

    - 잔골재량 $= 712 \times \dfrac{30}{1,000} = 21.36$kg

    - 굵은 골재량 $= 1,041 \times \dfrac{30}{1,000} = 31.23$kg

    - 공기연행제량 $= 0.1412 \times \dfrac{30}{1,000} = 0.0042$kg

  (다) 제 1 배치
    시험 비비기를 한 결과 슬럼프 값은 80mm, 공기량은 6%가 되었다. 주어진 슬럼프값 75mm, 공기량 5.5%가 되기 위해서는 기준에 따라 보정한다. 물의 양은 슬럼프에 대한 보정과 공기량에 대한 보정을 하면 다음과 같다.

$$슬럼프의\ 보정 = 166 \times \left[1 - \left(\frac{80-75}{1}\right) \times 0.012\right] = 165\text{kg}$$

$$공기량의\ 보정 = 165 \times \left[1 + \left(\frac{6-5.5}{1}\right) \times 0.03\right] = 167\text{kg}$$

그러므로, 물의 양(W)=167kg으로 한다. 잔골재율을 공기량에 대한 보정을 하면 다음과 같다.

$$공기량의\ 보정 = \frac{6-5.5}{1} \times 0.75 = 0.375\%$$

$$잔골재율(S/a) = 41.1 + 0.375 = 41.5\%$$

공기량 5.5%에 대해서는 공기연행제량을 비례 조정하여 단위 시멘트량의 $0.037\% \left(= \dfrac{5 \times 0.04}{5.5}\right)$로 한다.

위의 값을 사용하여 각 재료의 단위량을 구한다.

- 단위 시멘트량 $= 167 \div 0.47 = 355$kg

- 단위 골재량의 절대 부피 $= 1 - \left(\dfrac{167}{1 \times 1,000} + \dfrac{355}{3.15 \times 1,000} + \dfrac{5.5}{100} \right)$
  $= 0.665 \text{m}^3$
- 단위 잔골재량의 절대 부피 $= 0.665 \times 0.415 = 0.276 \text{m}^3$
- 단위 굵은 골재량의 절대 부피 $= 0.665 - 0.276 = 0.389 \text{m}^3$
- 단위 잔골재량 $= 0.276 \times 2.60 \times 1,000 = 718 \text{kg}$
- 단위 굵은 골재량 $= 0.389 \times 2.65 \times 1,000 = 1,031 \text{kg}$
- 단위 공기연행제량 $= 355 \times 0.00037 = 0.1314 \text{kg}$

◎ 시방 배합표

굵은 골재의 최대치수 (mm)	슬럼프의 범위 (mm)	공기량의 범위(%)	물-결합 재비(%)	잔골재 율(%)	단위량(kg/m³)				
					물	시멘트	잔골재	굵은 골재	혼화제
25	75	5.5	47	41.5	167	355	718	1,031	0.1314

(라) 제 2 배치

제 1 배치의 시방 배합표의 단위 재료량 $30l$를 사용하여 다시 시험 비비기를 한 결과, 슬럼프값 75mm, 공기량 5.5%가 되어 설계 조건을 만족하고 워커빌리티도 좋았다. 따라서, 제 1배치의 값을 시방 배합으로 결정한다.

(4) 제 1배치에 나타낸 시방 배합을 현장 배합으로 고치면 다음과 같다.

(가) 현장 골재의 상태
- 잔골재 속의 5mm 체에 남는 양(a): 5%
- 굵은 골재 속의 5mm 체를 통과하는 양(b): 3%
- 잔골재의 표면수율(c): 3.1%
- 굵은 골재의 표면수율(d): 1%

(나) 입도에 대한 조정

입도 조정된 잔골재량을 x(kg), 입도 조정된 굵은 골재량을 y(kg)라 하면 다음 식이 성립된다.

$$x + y = 718 + 1031,\ 0.05x + (1 - 0.03)y = 1,031$$

$$\therefore x = 723 \text{kg},\ y = 1,026 \text{kg}$$

또, 식으로 풀면 다음과 같다.

$$x = \dfrac{100S - b(S + G)}{100 - (a + b)} = \dfrac{100 \times 718 - 3(718 + 1,031)}{100 - (5 + 3)} = 723 \text{kg}$$

$$y = \frac{100\,G - a(S+G)}{100 - (a+b)} = \frac{100 \times 1{,}031 - 5(718 + 1{,}031)}{100 - (5+3)} = 1{,}026\text{kg}$$

따라서, 표면건조 포화 상태의 잔골재량 $x = 723\text{kg}$

표면건조 포화 상태의 굵은 골재량 $y = 1{,}026\text{kg}$

(다) 표면 수량에 대한 조정

- 잔골재의 표면 수량 $= 723 \times 0.031 = 22\text{kg}$
- 굵은 골재의 표면 수량 $= 1{,}026 \times 0.01 = 10\text{kg}$

따라서, 표면 수량에 대해서 조정한 각 재료의 양은 아래 현장 배합표와 같게 된다. 또 식으로 풀면 다음과 같이 된다.

$$\text{계량할 잔골재량}(S') = x\left(1 + \frac{c}{100}\right) = 723\left(1 + \frac{3.1}{100}\right) = 745\text{kg}$$

$$\text{계량할 굵은 골재량}(G') = y\left(1 + \frac{d}{100}\right) = 1026\left(1 + \frac{1}{100}\right)$$
$$= 1{,}036\text{kg}$$

$$\text{계량할 물의 양}(W') = W - x \cdot \frac{c}{100} - y \cdot \frac{d}{100}$$
$$= 167 - 723 \times \frac{3.1}{100} - 1{,}026 \times \frac{1}{100} = 135\text{kg}$$

◐ 현장 배합표

재료	시방 배합(kg)	입도에 의한 조정(kg)	표면수에 의한 조정(kg)	현장 배합(kg)
물	167	–	–(22+10)	135
시멘트	355	–	–	355
잔골재	718	723	+22	745
굵은 골재	1,031	1,026	+10	1,036

실기 필답형 문제 | PART 2 콘크리트 시험 관련 분야

01 르샤틀리에 병의 처음 광유 눈금이 0.4ml이고 시멘트 64g을 넣고 읽은 눈금이 21.6ml이다. 시멘트의 밀도는 얼마인가?

풀이

시멘트 밀도 $= \dfrac{64}{21.6 - 0.4} = 3.02$

02 콘크리트 슬럼프 시험에 대한 다음 물음에 답하시오.
 (1) 슬럼프 콘의 규격을 쓰시오.(윗면 안지름×밑면 안지름×높이)
 (2) 슬럼프 콘에 시료를 채우고 벗길 때까지의 전 작업시간은?
 (3) 구관입 시험으로 측정한 값이 70mm이었다. 슬럼프 값을 구하시오.

풀이
 (1) 100mm×200mm×300mm
 (2) 3분 이내
 (3) (1.5~2배)×70mm=105~140mm

03 콘크리트의 염화물 함유량 시험에 대한 다음 물음에 답하시오.
 (1) 시험의 목적을 쓰시오.
 (2) 시험의 종류를 2가지만 쓰시오.

풀이
 (1) 콘크리트 내의 철근 부식에 영향을 미치는지의 여부를 판단하기 위해 실시한다.
 (2) ① 질산은 적정법
   ② 전위차 적정법
   ③ 이온 전극법
   ④ 흡광 광도법

04 부순 굵은 골재의 물리적 성질에 대해 ( ) 안에 답하시오.

시험항목	절대건조밀도 (g/cm³)	흡수율(%)	안정성(%)	마모율(%)	0.08mm 체 통과율(%)
품질기준	((1)) 이상	((2)) 이하	((3)) 이하	((4)) 이하	((5)) 이하

풀이
(1) 2.5   (2) 3.0   (3) 12   (4) 40   (5) 1.0

05 시멘트의 밀도 시험으로 어떤 성질을 알 수 있는지 2가지만 쓰시오.

풀이
(1) 콘크리트 단위 용적 질량과 배합설계 계산에 이용한다.
(2) 클링커의 소성상태, 풍화상태, 혼화재가 섞인 양의 시멘트의 품질을 알 수 있다.

06 굳지 않은 콘크리트의 공기 함유량 시험에 대한 다음 물음에 답하시오.
(1) 공기량 측정 방법의 종류를 3가지 쓰시오.
(2) 공기연행 콘크리트에서 알맞은 공기량의 범위는?
(3) 콘크리트 부피에 대한 겉보기 공기량(A_1)이 6.2%이고 골재의 수정계수(G)가 1.7일 때 콘크리트 공기량은?

풀이
(1) ① 공기실 압력법   ② 수주 압력법   ③ 질량법
(2) 4.5~7.5%   (3) $A = A_1 - G = 6.2 - 1.7 = 4.5\%$

07 시멘트 응결시간 측정 방법을 2가지만 쓰시오.

풀이
(1) 비이카 침에 의한 방법   (2) 길모어 침에 의한 방법

08
다음 주어진 잔골재의 체가름 시험 결과표를 이용하여 다음 물음에 답하시오.

체 크기(mm)	20	10	5	2.5	1.2	0.6	0.3	0.15	PAN	합계
남은 양(g)	0	0	0	73.5	187.2	206.4	120.7	90.5	24.6	702.9

(1) 잔류율, 가적 잔류율, 가적 통과율을 구하시오.(단, 소수 셋째 자리에서 반올림하시오.)

체크기(mm)	잔류량(g)	잔류율(%)	가적 잔류율(%)	가적 통과율(%)
20	0			
10	0			
5	0			
2.5	73.5			
1.2	187.2			
0.6	206.4			
0.3	120.7			
0.15	90.5			
PAN	24.6			
합계	702.9	—	—	—

(2) 체가름 곡선을 그리시오.

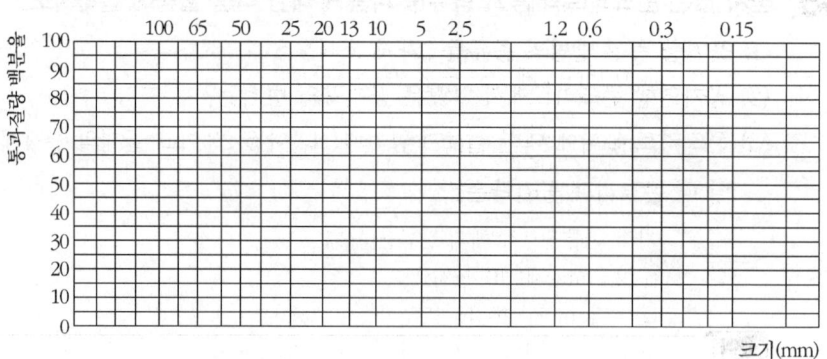

(3) 조립률을 구하시오.(단, 소수 셋째 자리에서 반올림하시오.)
(4) 이 시료의 사용 여부를 판명하시오.

풀이 (1)

체크기(mm)	잔류량(%)	잔류율(%)	가적 잔류율(%)	가적 통과율(%)
20	0	0	0	100
10	0	0	0	100
5	0	0	0	100
2.5	73.5	10.46	10.46	89.54
1.2	187.2	26.63	37.09	62.91
0.6	206.4	29.36	66.45	33.55
0.3	120.7	17.17	83.62	16.38
0.15	90.5	12.88	96.5	3.5
PAN	24.6	3.5	100	0
합계	702.9			

▶ 잔류율

$$잔류율 = \frac{잔류량}{총잔류량} \times 100$$

① 2.5mm 체: $\frac{73.5}{702.9} \times 100 = 10.46\%$

② 1.2mm 체: $\frac{187.2}{702.9} \times 100 = 26.63\%$

③ 0.6mm 체: $\frac{206.4}{702.9} \times 100 = 29.36\%$

④ 0.3mm 체: $\frac{120.7}{702.9} \times 100 = 17.17\%$

⑤ 0.15mm 체: $\frac{90.5}{702.9} \times 100 = 12.88\%$

⑥ PAN: $\frac{24.6}{702.9} \times 100 = 3.5\%$

▶ 가적 잔류율

가적 잔류율 = 각 체의 잔류율 누계

① 2.5mm 체: 10.46%

② 1.2mm 체: 10.46 + 26.63 = 37.09%

③ 0.6mm 체: 37.09 + 29.36 = 66.45%

④ 0.3mm 체: 66.45 + 17.17 = 83.62%

⑤ 0.15mm 체: 83.62 + 12.88 = 96.5%

⑥ PAN: 96.5 + 3.5 = 100%

▶ 가적 통과율

100 − 가적 잔류율

① 2.5mm 체: 100 − 10.46 = 89.54%

② 1.2mm 체: 100 − 37.09 = 62.91%

③ 0.6mm 체: 100 − 66.45 = 33.55%

④ 0.3mm 체: 100 − 83.62 = 16.38%

⑤ 0.15mm 체: 100−96.5=3.5%
⑥ PAN: 100−100=0%

(2)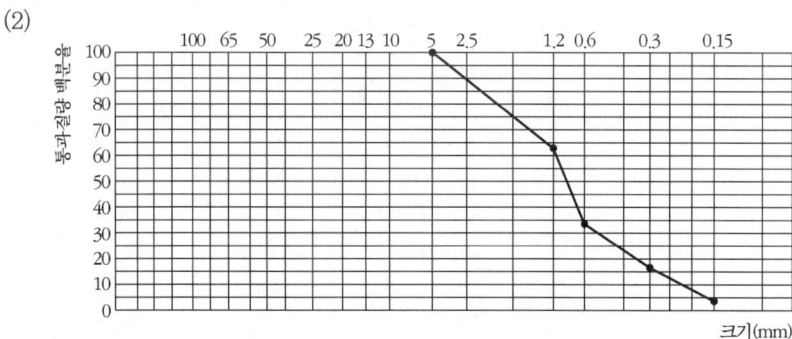

(3) 조립율(FM) = $\dfrac{\text{해당되는 각 체의 가적 잔류율 합}}{100}$

= $\dfrac{0+0+0+10.46+37.09+66.45+83.62+96.5}{100}$

= 2.94

(4) 잔골재 조립률이 2.0~3.3 범위 안에 있으므로 사용 가능하다.

09 다음 주어진 굵은 골재의 체가름 시험 결과표를 보고 물음에 답하시오.

체크기(mm)	잔류량(g)	잔류율(%)	가적 잔류율(%)	가적 통과율(%)
75	0	0	0	100
40	825			
25	5,615			
20	3,229			
10	3,960			
5	2,450			
2.5	545			
PAN	0	−	−	−
합계	16,624	−	−	−

(1) 빈칸의 성과 표를 완성하시오.(단, 소수 둘째 자리에서 반올림하시오.)
(2) 조립률(FM)을 구하시오.(단, 소수 둘째 자리에서 반올림하시오.)
(3) 굵은 골재 최대치수를 구하시오.
(4) 입도 상태를 판정하시오.

풀이

(1) ▶ 잔류율

① 40mm 체: $\dfrac{825}{16,624} \times 100 = 5\%$

② 25mm 체: $\dfrac{5,615}{16,624} \times 100 = 33.8\%$

③ 20mm 체: $\dfrac{3,229}{16,624} \times 100 = 19.4\%$

④ 10mm 체: $\dfrac{3,960}{16,624} \times 100 = 23.8\%$

⑤ 5mm 체: $\dfrac{2,450}{16,624} \times 100 = 14.7\%$

⑥ 2.5mm 체: $\dfrac{545}{16,624} \times 100 = 3.3\%$

▶ 가적 잔류율

① 40mm 체: 5%

② 25mm 체: 5 + 33.8 = 38.8%

③ 20mm 체: 38.8 + 19.4 = 58.2%

④ 10mm 체: 58.2 + 23.8 = 82%

⑤ 5mm 체: 82 + 14.7 = 96.7%

⑥ 2.5mm 체: 96.7 + 3.3 = 100%

▶ 가적 통과율

① 40mm 체: 100 − 5 = 95%

② 25mm 체: 100 − 33.8 = 61.2%

③ 20mm 체: 100 − 58.2 = 41.8%

④ 10mm 체: 100 − 82 = 18%

⑤ 5mm 체: 100 − 96.7 = 3.3%

⑥ 2.5mm 체: 100 − 100 = 0%

체크기(mm)	잔류량(g)	잔류율(%)	가적 잔류율(%)	가적 통과율(%)
75	0	0	0	100
40	825	5	5	95
25	5,615	33.8	38.8	61.2
20	3,229	19.4	58.2	41.8
10	3,960	23.8	82	18
5	2,450	14.7	96.7	3.3
2.5	545	3.3	100	0
PAN	0	−	−	−
합계	16,624	−	−	−

(2) 조립률(FM)= $\dfrac{0+5+58.2+82+96.7+100+100+100+100+100}{100}$ = 7.4

여기서, 조립률이란 75mm, 40mm, 20mm, 10mm, 5mm, 2.5mm, 1.2mm, 0.6mm, 0.3mm, 0.15mm의 10개 체를 따로 사용하여 체가름하였을 때 각 체의 가적 잔류율을 누계하여 100으로 나눈 값이다.

※ 25mm 체는 10개의 체에 속하지 않으므로 제외한다.

(3) 40mm

여기서, 굵은 골재 최대치수란 질량으로 90% 이상을 통과시키는 체 가운데에서 가장 작은 치수의 체눈을 나타낸다.

(4) 굵은 골재 조립률이 6~8 범위 안에 있으므로 양호하다.

10 굵은 골재의 밀도 및 흡수율 시험에 대한 결과가 다음과 같을 때 물음에 답하시오.(단, ρ_w =1g/cm³, 소수 셋째 자리에서 반올림하시오.)

측정 항목	1회
표면건조 포화 상태의 공기 중 시료의 질량(g)	6,258
물속의 철망태와 시료의 질량(g)	5,298
물속의 철망태 질량(g)	1,420
물속의 시료 질량(g)	3,878
건조 후 시료 질량(g)	6,194

(1) 절대건조 밀도를 구하시오.
(2) 표면건조 포화 상태의 밀도를 구하시오.
(3) 겉보기 밀도를 구하시오.
(4) 흡수율을 구하시오.

풀이

(1) 절대건조 밀도: $\dfrac{A}{B-C} \times \rho_w = \dfrac{6,194}{6,258-3,878} \times 1 = 2.60\text{g/cm}^3$

(2) 표면건조 포화 상태의 밀도: $\dfrac{B}{B-C} \times \rho_w = \dfrac{6,258}{6,258-3,878} \times 1 = 2.63\text{g/cm}^3$

(3) 겉보기 밀도: $\dfrac{A}{A-C} \times \rho_w = \dfrac{6,194}{6,194-3,878} \times 1 = 2.67\text{g/cm}^3$

(4) 흡수율: $\dfrac{B-A}{A} \times 100 = \dfrac{6,258-6,194}{6,194} \times 100 = 1.03\%$

11 여러 개의 무더기로 나누어서 시료를 시험하였을 때 다음 표는 굵은 골재의 각각 무더기별 백분율, 밀도 및 흡수율을 나타낸 것이다. 물음에 답하시오.

무더기의 크기	원 시료에 대한 백분율(%)	시료 질량(g)	밀도	흡수율(%)
5~20mm	45	16,785	2.67	0.9
20~40mm	40	12,654	2.60	1.2
40~65mm	15	8,242	2.56	1.7

(1) 평균 밀도를 구하시오. (단, 소수 셋째 자리에서 반올림하시오.)
(2) 평균 흡수율을 구하시오. (단, 소수 둘째 자리에서 반올림하시오.)

풀이

(1) 평균 밀도 $= \dfrac{1}{\dfrac{0.45}{2.67}+\dfrac{0.40}{2.60}+\dfrac{0.15}{2.56}} = 2.62 \text{g/cm}^3$

(2) 평균 흡수율 $= 0.45 \times 0.9 + 0.4 \times 1.2 + 0.15 \times 1.7 = 1.1\%$

12 습윤 상태에 있는 굵은 골재 6,530g를 채취하여 표면건조 포화 상태가 되었을 때 질량이 6,480g, 공기 중 건조 상태의 질량이 6,400g, 절대건조(노건조) 상태의 질량이 6,387g 이었다. 다음 물음에 답하시오. (단, 소수 셋째 자리에서 반올림하시오.)

(1) 표면수율을 구하시오.
(2) 유효 흡수율을 구하시오.
(3) 흡수율을 구하시오.
(4) 전 함수율을 구하시오.

풀이

(1) 표면수율 $= \dfrac{\text{습윤 상태 질량} - \text{표면건조 포화상태 질량}}{\text{표면건조 포화 상태 질량}} \times 100$

$= \dfrac{6,530 - 6,480}{6,480} \times 100 = 0.77\%$

(2) 유효 흡수율 $= \dfrac{\text{표면건조 포화 상태 질량} - \text{공기 중 건조 상태 질량}}{\text{공기 중 건조 상태 질량}} \times 100$

$= \dfrac{6,480 - 6,400}{6,400} \times 100 = 1.25\%$

(3) 흡수율 = $\dfrac{\text{표면건조 포화 상태 질량} - \text{절대건조 상태 질량}}{\text{절대건조 상태 질량}} \times 100$

$= \dfrac{6{,}480 - 6{,}387}{6{,}387} \times 100 = 1.46\%$

(4) 전 함수율 = $\dfrac{\text{습윤 상태 질량} - \text{절대건조 상태 질량}}{\text{절대건조 상태 질량}} \times 100$

$= \dfrac{6{,}530 - 6{,}387}{6{,}387} \times 100 = 2.24\%$

13

잔골재의 밀도 및 흡수율 시험을 한 결과 다음과 같은 결과를 얻었다. 물음에 답하시오.
(단, $\rho_w = 1\text{g/cm}^3$, 소수 셋째 자리에서 반올림하시오.)

표면건조 포화 상태의 공기 중 질량(g)	500
노 건조 시료의 공기 중 질량(g)	495.6
(플라스크+물) 질량(g)	685.3
(플라스크+물+시료) 질량(g)	991.2

(1) 절대건조 밀도를 구하시오.
(2) 표면건조 포화 상태의 밀도를 구하시오.
(3) 흡수율을 구하시오.

풀이

(1) 절대건조 밀도

$= \dfrac{\text{노 건조 시료의 공기 중 질량}}{\text{물을 채운 플라스크 질량} + 500 - \text{시료와 물을 검정선까지 채운 플라스크의 질량}} \times \rho_w$

$= \dfrac{495.6}{685.3 + 500 - 991.2} \times 1 = 2.55\text{g/cm}^3$

(2) 표면건조 포화 상태의 밀도

$= \dfrac{500}{\text{물을 채운 플라스크 질량} + 500 - \text{시료와 물을 검정선까지 채운 플라스크의 질량}} \times \rho_w$

$= \dfrac{500}{685.3 + 500 - 991.2} \times 1 = 2.58\text{g/cm}^3$

(3) 흡수율

$= \dfrac{500 - \text{노 건조 시료의 공기 중 질량}}{\text{노 건조 시료의 공기 중 질량}} \times 100 = \dfrac{500 - 495.6}{495.6} \times 100 = 0.89\%$

14 잔골재의 표면수 측정시험 결과 다음과 같다. 물음에 답하시오.(단, 잔골재의 밀도는 2.61g/cm³이며 소수 셋째 자리에서 반올림하시오.)

- 시료의 질량: 500g
- (용기+표시선까지의 물) 질량: 677.5g
- (용기+표시선까지의 물+시료) 질량: 985.5g

(1) 시료에 의해 배제되는 물의 질량을 구하시오.
(2) 표면건조 포화 상태의 잔골재를 기준으로 한 표면수율을 구하시오.

> **풀이**
> (1) 배제된 물의 질량
> $m = m_1 + m_2 - m_3 = 500 + 677.5 - 985.5 = 192g$
>
> (2) 표면수율 $H = \dfrac{m - m_s}{m_1 - m} \times 100$
>
> 여기서, $m_s = \dfrac{m_1}{밀도} = \dfrac{500}{2.61} = 191.57g$
>
> ∴ 표면수율 $H = \dfrac{192 - 191.57}{500 - 192} \times 100 = 0.14\%$

15 골재에 포함된 잔입자(0.08mm 체 통과) 시험을 한 결과 씻기 전의 시료의 건조 질량이 625g이고 씻은 후의 시료의 건조 질량이 612g일 때 다음 물음에 답하시오.

(1) 0.08mm 체 통과량(%)을 구하시오.
(2) 콘크리트용 잔골재로 사용 가능한지 판정하시오.
(3) 굵은 골재의 잔입자 함유량의 한도는 몇 % 이하인가?
(4) 시험에 이용되는 한 벌의 체는?

> **풀이**
> (1) 0.08mm 체 통과량 = $\dfrac{625 - 612}{625} \times 100 = 2.08\%$
> (2) 잔골재의 잔입자 함유량 한도가 3% 이하이므로 사용 가능하다.
> (3) 1%
> (4) 0.08mm 체, 1.2mm 체

16 골재의 단위 용적 질량 시험 방법의 종류를 2가지 쓰시오.

> **풀이**
> (1) 다짐대(다짐봉)를 사용하는 방법   (2) 충격(지깅)을 이용하는 방법

17 어떤 골재의 밀도가 2.65g/cm³이고 단위용적 질량을 측정한 결과 1.60t/m³이었다. 이 골재의 공극율 및 실적율을 구하시오.

> **풀이**
> (1) 공극율 $= \left(1 - \dfrac{\omega}{\rho}\right) \times 100 = \left(1 - \dfrac{1.60}{2.65}\right) \times 100 = 39.6\%$
> (2) 실적율 $= 100 - $ 공극율 $= 100 - 39.6 = 60.4\%$
>   또는 실적율 $= \dfrac{\omega}{\rho} \times 100 = \dfrac{1.60}{2.65} \times 100 = 60.4\%$

18 천연 골재 중에 함유되어 있는 점토 덩어리의 함유량시험을 한 결과 다음과 같다. 시료의 입도가 5~10mm 사이로 1,200g의 시료를 채취하여 점토 덩어리를 제거 한 후 시료의 질량을 측정하니 1,180g이었다. 이 골재의 점토 덩어리 함유율을 구하시오.

> **풀이**
> $L = \dfrac{W - W_o}{W} \times 100 = \dfrac{1,200 - 1,180}{1,200} \times 100 = 1.67\%$

19 체가름 시험 결과 잔골재 조립률이 2.65 굵은 골재 조립률이 7.2이다. 이때 잔골재대 굵은 골재 비를 1 : 1.5로 할 때 혼합 골재의 조립률을 구하시오

> **풀이**
> $FM = \dfrac{2.65 \times 1 + 7.2 \times 1.5}{1 + 1.5} = 5.38$

20 굵은 골재의 안정성 시험 결과 다음과 같다. 빈칸의 성과표를 완성하시오.(단, 소수 셋째 자리에서 반올림하시오.)

통과체 (mm)	남는체 (mm)	각 무더기의 질량백분율 (%)	시험 전의 각 무더기의 질량(g)	시험 후의 각 무더기의 질량(g)	각 무더기의 손실 질량 백분율(%)	골재의 손실 질량 백분율(%)
20	10	15%	1,000	96	(1)	(2)
10	5	12%	300	33.6	(3)	(4)

> **풀이**
> (1) $\left(1 - \dfrac{96}{1{,}000}\right) \times 100 = 90.4\%$
> (2) $\dfrac{15 \times 90.4}{100} = 13.56\%$
> (3) $\left(1 - \dfrac{33.6}{300}\right) \times 100 = 88.8\%$
> (4) $\dfrac{12 \times 88.8}{100} = 10.66\%$

21 다짐대를 이용한 골재의 단위 용적 질량 시험을 한 결과 다음과 같을 때 단위 용적 질량을 구하시오.

- 용기의 질량: 3.75kg
- 용기의 체적: 0.00975m^3
- (시료+용기) 질량: 19.545kg

> **풀이**
> 단위 용적 질량 = $\dfrac{\text{시료의 질량}}{\text{용기의 체적}} = \dfrac{15.795}{0.00975} = 1{,}620 \text{kg/m}^3$

22 로스앤젤레스 마모시험기에 의해 시험한 결과가 다음과 같다. 물음에 답하시오.

- 시험 전 시료의 질량: 10,000g
- 시험 후 시료의 질량: 6,500g

(1) 시험 후 시료를 어떤 체로 체가름 하는가?
(2) 마모율은 얼마인가?
(3) 보통 콘크리트용 골재로 사용 가능 여부를 판정하시오.
(4) 다음 표의 골재 입도별 시험 조건을 완성하시오.

입도 구분	철구수	시료 질량(g)	회전수(회)
A			
B			
C			
D			
E			
F			
G			
H			

풀이

(1) 1.7mm 체

(2) 마모율(%) = $\dfrac{10,000 - 6,500}{10,000} \times 100 = 35\%$

(3) 보통 콘크리트용 골재의 마모율 한도가 40% 이하이므로 사용 가능하다.(여기서, 댐 콘크리트일 경우 40% 이하, 포장 콘크리트의 경우 35% 이하로 한다.)

(4)

입도 구분	철구수	시료 질량(g)	회전수(회)
A	12	5,000	500
B	11	5,000	500
C	8	5,000	500
D	6	5,000	500
E	12	10,000	1,000
F	12	10,000	1,000
G	12	10,000	1,000
H	10	5,000	500

23 다음 물음에 답하시오.

(1) 굳지 않은 콘크리트의 반죽질기 측정법 4가지를 쓰시오.
(2) 혼화제의 일종으로 시멘트를 분산시켜 콘크리트의 소요 워커빌리티를 얻기 위해 필요한 단위 수량을 감소시키는 것을 주목적으로 한 재료는?
(3) 공기연행 콘크리트의 공기량은 콘크리트 용적의 몇 % 정도로 하는가?
(4) 시방배합에서 잔골재는 몇 mm 체를 전부 통과하고 굵은 골재는 몇 mm 체에 전부 남는 것을 말하는가?
(5) 콘크리트 혼화제로 염화칼슘을 사용하는 주목적은?

풀이

(1) ① 슬럼프 시험
② 흐름(플로우) 시험
③ 비비 반죽질기 시험
④ 구관입 시험
(2) 공기연행제
(3) 4.5~7.5%
(4) 5mm
(5) 조기강도를 증대시키기 위해

24 지름이 150mm, 길이가 300mm인 공시체를 사용하여 콘크리트 인장강도 시험을 한 결과 최대파괴 하중이 150,000N 이었다. 인장강도를 구하시오.(단, 소수 둘째 자리에서 반올림하시오.)ㄴ

풀이

인장강도 = $\dfrac{2P}{\pi dl} = \dfrac{2 \times 150,000}{3.14 \times 150 \times 300} = 2.1 \text{N/mm}^2 = 2.1 \text{MPa}$

25 콘크리트의 휨 강도 시험에 대한 내용이다. 다음 물음에 답하시오.

(1) 몰드 제작 시 몇 층으로 다지는가?

(2) 몰드에 각층 다짐 회수를 구하시오.(단, 몰드 규격은 150mm×150mm× 530mm 이다.)

(3) 공시체를 제작한 후 해체 가능한 시기는?

(4) 공시체를 수중 양생 시 수조의 온도는?

(5) 공시체가 지간의 가운데 부분에서 파괴되었을 때 휨 강도를 구하시오.(단, 지간은 450mm, 파괴 최대하중은 36,000N이다.)

풀이

(1) 2층

(2) $(150 \times 530) \div 1{,}000 \text{mm}^2 ≒ 80$회

(3) 16시간 이상 3일 이내

(4) 20 ± 2℃

(5) 휨강도 $= \dfrac{Pl}{bd^2} = \dfrac{36{,}000 \times 450}{150 \times 150^2} = 4.8 \text{N/mm}^2 = 4.8 \text{MPa}$

26 굳지 않은 콘크리트의 공기 함유량 시험결과를 보고 다음 물음에 답하시오.(단, 잔골재량 및 굵은 골재량은 1m³당 소요량이며 공기량 시험기는 6ℓ 용량을 사용한다.)

겉보기 공기량	골재 수정계수	잔골재량	굵은 골재량
6.0	1.5	885kg	1,097kg

(1) 수정계수 결정을 위한 잔골재 질량을 구하시오.(단, 소수 둘째 자리에서 반올림하시오.)

(2) 수정계수 결정을 위한 굵은 골재 질량을 구하시오.(단, 소수 둘째 자리에서 반올림하시오.)

(3) 공기 함유량을 구하시오.

풀이

(1) $F_s = \dfrac{S}{B} \times F_b = \dfrac{6}{1{,}000} \times 885 = 5.3 \text{kg}$

(2) $C_s = \dfrac{S}{B} \times C_b = \dfrac{6}{1{,}000} \times 1{,}097 = 6.6 \text{kg}$

(3) $A = A_1 - G = 6.0 - 1.5 = 4.5\%$

27 굵은 골재 최대치수 40mm, 단위 수량 167kg, 물-결합재비 52%, 슬럼프 값 100mm, 잔골재율 38%, 잔골재 밀도 2.60g/cm³, 굵은 골재 밀도 2.62g/cm³, 시멘트 비중 3.15, 갇힌 공기량은 1%이며 골재는 표면건조 포화 상태일 때 콘크리트 1m³에 필요한 각각의 재료량을 물음에 답하시오.

(1) 단위 시멘트량을 구하시오.(단, 소수 첫째 자리에서 반올림하시오.)
(2) 단위 골재량의 절대 부피를 구하시오.(단, 소수 넷째 자리에서 반올림하시오.)
(3) 단위 잔골재량의 절대 부피를 구하시오.(단, 소수 넷째 자리에서 반올림하시오.)
(4) 단위 잔골재량을 구하시오.(단, 소수 첫째 자리에서 반올림하시오.)
(5) 단위 굵은 골재량을 구하시오.(단, 소수 첫째 자리에서 반올림하시오.)

풀이

(1) 단위 시멘트량 $C = \dfrac{167}{0.52} = 321\text{kg}$

(2) 단위 골재량의 절대부피
$$V = 1 - \left(\dfrac{167}{1 \times 1,000} + \dfrac{321}{3.15 \times 1,000} + \dfrac{1}{100} \right) = 0.721\text{m}^3$$

(3) 단위 잔골재량의 절대부피 $= 0.721 \times 0.38 = 0.274\text{m}^3$

(4) 단위 잔골재량 $= 0.274 \times 2.60 \times 1,000 = 712\text{kg}$

(5) 단위 굵은 골재량 $= (0.721 - 0.274) \times 2.62 \times 1,000 = 1,171\text{kg}$

28 현장 배합에 의해 콘크리트 1m³에 대한 단위 시멘트량 323kg, 잔골재량 905kg, 굵은골재량 1,130kg일 때 다음 물음에 답하시오.(단, 1배치에 시멘트 3포대(한 포대의 양은 40kg)를 사용하며 단위 수량은 170kg, 소수 첫째 자리에서 반올림하시오.)

(1) 잔골재량을 구하시오.
(2) 굵은 골재량을 구하시오.
(3) 물의 량을 구하시오.

풀이

(1) 잔골재량 $= 905 \times \dfrac{120}{323} = 336\text{kg}$

여기서, 120kg = 3포대 × 40kg임.

(2) 굵은 골재량 $= 1,130 \times \dfrac{120}{323} = 420\text{kg}$

(3) 물의 양 $= 170 \times \dfrac{120}{323} = 63\text{kg}$

29 콘크리트 시방배합으로 각 재료의 단위량과 현장 골재의 상태는 다음과 같다. 물음에 답하시오.(단, 소수 둘째 자리에서 반올림하시오.)

[시방배합표(kg/m³)]

물(W)	시멘트(C)	잔골재(S)	굵은 골재(G)
167	320	868	1,125

[현장 골재 상태]
- 잔골재 속에 5mm 체에 남는 양 4%
- 굵은 골재 속에 5mm 체 통과량 3%
- 잔골재 표면수율 4%
- 굵은 골재 표면수율 1%

(1) 잔골재량을 구하시오.
(2) 굵은 골재량을 구하시오.
(3) 물의 양을 구하시오.

풀이

(1) 잔골재량(S)

① 입도조정

$$x = \frac{100S - b(S+G)}{100 - (a+b)} = \frac{100 \times 868 - 3(868 + 1,125)}{100 - (4+3)} = 869\text{kg}$$

② 표면수 조정
$869 \times 0.04 = 34.76\text{kg}$
∴ $S = 869 + 34.76 = 903.8\text{kg}$

(2) 굵은 골재(G)

① 입도조정

$$y = \frac{100G - a(S+G)}{100 - (a+b)} = \frac{100 \times 1,125 - 4(868 + 1,125)}{100 - (4+3)} = 1,124\text{kg}$$

② 표면수 조정
$1,124 \times 0.01 = 11.24\text{kg}$
∴ $G = 1,124 + 11.24 = 1,135.2\text{kg}$

(3) 물(W)

167 − (잔골재 표면수 조정량) − (굵은 골재 표면수 조정량)
∴ $W = 167 - 34.76 - 11.24 = 121\text{kg}$

30 콘크리트 1m³를 만드는데 필요한 재료량을 아래 배합표를 보고 구하시오.(단, 혼화제는 시멘트량의 0.6%로 한다.)

굵은 골재 최대치수 (mm)	단위 수량 W(kg)	물-시멘트비 W/C(%)	잔골재율 S/a(%)	잔골재 밀도 (g/cm³)	굵은 골재 밀도 (g/cm³)	시멘트 비중	공기연행 공기량 (%)
40	165	50	36	2.60	2.63	3.15	4.5

(1) 단위 시멘트량을 구하시오.(단, 소수 첫째 자리에서 반올림하시오.)
(2) 단위 혼화제량을 구하시오.(단, 소수 둘째 자리에서 반올림하시오.)
(3) 단위 골재량의 절대 체적을 구하시오.(단, 소수 넷째 자리에서 반올림하시오.)
(4) 단위 잔골재량의 절대 체적을 구하시오.(단, 소수 넷째 자리에서 반올림하시오.)
(5) 단위 잔골재량을 구하시오.(단, 소수 첫째 자리에서 반올림하시오.)
(6) 단위 굵은 골재량을 구하시오.(단, 소수 첫째 자리에서 반올림하시오.)

풀이

(1) 단위 시멘트량 = $\dfrac{단위\ 수량}{물-시멘트비} = \dfrac{165}{0.5} = 330\text{kg}$

(2) 단위 혼화제량 = $330 \times 0.006 = 1.98\text{kg}$

(3) 단위 골재량의 절대 체적
$= 1 - \left(\dfrac{단위\ 수량}{물의\ 밀도 \times 1{,}000} + \dfrac{단위\ 시멘트량}{시멘트의\ 밀도 \times 1{,}000} + \dfrac{공기량}{100}\right)$
$= 1 - \left(\dfrac{165}{1 \times 1{,}000} + \dfrac{330}{3.15 \times 1{,}000} + \dfrac{4.5}{100}\right) = 0.685\text{m}^3$

(4) 단위 잔골재량의 절대 체적 = $0.685 \times 0.36 = 0.247\text{m}^3$

(5) 단위 잔골재량 = $0.247 \times 2.60 \times 1{,}000 = 642\text{kg}$

(6) 단위 굵은 골재량 = $(0.685 - 0.247) \times 2.63 \times 1{,}000 = 1{,}152\text{kg}$

31 슈미트 해머에 의한 콘크리트 강도의 비파괴 시험에 대한 다음 물음에 답하시오.

(1) 한 곳의 측정은 몇 cm 간격으로 몇 점 이상 타격하는가?
(2) 반발경도(R) 값의 차이가 평균값의 몇 % 이상 되는 값을 계산에서 제외하는가?
(3) 반발경도(R) 값이 34이다. 타격 방향이 수평일 때 수정 반발 경도를 구하여 압축강도를 추정하시오.

풀이

(1) 3cm, 20점   (2) 20%
(3) $F = -1.3R_o + 18.4$ 여기서, 수정 반발 경도 $R_o = R + \Delta R = 34 + 0 = 34$
∴ $F = 1.3 \times 34 - 18.4 = 25.8\text{MPa}$

32 콘크리트용 모래에 포함되어 있는 유기 불순물 시험에서 식별용 표준색 용액을 만드는데 사용되는 약품의 제조 방법을 쓰시오.

> **풀이**
> (1) 10%의 알코올 용액을 만든다. 알코올 10g에 물 90g을 넣는다.
> (2) 2%의 타닌산 용액을 만든다. 10%의 알코올 용액 9.8g에 타닌산 가루 0.2g을 넣는다.
> (3) 3%의 수산화나트륨 용액을 만든다. 물 291g에 수산화나트륨 9g(무게비를 97 : 3)을 넣는다.
> (4) 2%의 탄닌산 용액 2.5ml에 3%의 수산화나트륨 용액 97.5ml를 넣는다.

33 다음 현장 배합표를 보고 가로 1.2m, 세로 2m, 높이 3m인 구조물의 거푸집에 콘크리트 소요 재료량을 구하시오.(단, 소수 둘째 자리에서 반올림하시오.)

▼ 현장 배합표(kg/m³)

물	시멘트	잔골재	굵은 골재
168	325	896	1,120

(1) 콘크리트의 총량(m³)을 구하시오.
(2) 물의 량(kg)을 구하시오.
(3) 시멘트량(kg)을 구하시오.
(4) 잔골재량(kg)을 구하시오.
(5) 굵은 골재량(kg)을 구하시오.

> **풀이**
> (1) $1.2 \times 2 \times 3 = 7.2 m^3$ (2) $168 \times 7.2 = 1,209.6 kg$
> (3) $325 \times 7.2 = 2,340 kg$ (4) $896 \times 7.2 = 6,451.2 kg$
> (5) $1,120 \times 7.2 = 8,064 kg$

34 콘크리트 호칭 강도가 24MPa을 갖는 구조물을 만들려고 할 때 시험결과 참고 도표를 이용하여 배합 설계를 하시오.(단, 표준편차는 3.6MPa이며 시험결과 결합재-물비(B/W)와 f_{28} 관계에서 얻은 값은 $f_{28} = -13.8 + 21.6 B/W$(MPa)이다.)

[시험결과]
- 굵은 골재 최대치수: 25mm
- 시멘트 밀도: 3.15g/cm³
- 잔골재 밀도: 2.61g/cm³
- 굵은 골재 밀도: 2.63g/cm³
- 잔골재의 조립률(FM): 2.7
- 슬럼프: 120mm
- 물의 밀도: 0.997g/cm³

〈표 1〉 배합설계 시 참고표

굵은 골재의 최대치수(mm)	단위 굵은 골재 용적(%)	AE제를 사용하지 않은 콘크리트		
		갇힌 공기(%)	잔골재율 S/a(%)	단위 수량 W(kg)
20	62	2.0	45	185
25	67	1.5	41	175
40	72	1.2	36	165

〈표 2〉 S/a 및 W의 보정표

구분	S/a의 보정(%)	W의 보정(kg)
모래의 조립율이 0.1 만큼 클(작을) 때마다	0.5 만큼 크게(작게) 한다.	보정하지 않는다.
물-결합재비가 0.05 만큼 클(작을) 때마다	1 만큼 크게(작게) 한다.	보정하지 않는다.
슬럼프 값이 10mm 만큼 클(작을) 때마다	보정하지 않는다.	1.2% 만큼 크게(작게) 한다.

※ 〈표 1〉의 값은 골재로서 보통 입도의 모래(조립율 2.80 정도) 및 자갈을 사용한 물-결합재비 55% 정도, 슬럼프 약 80mm의 콘크리트에 대한 것이다.

(1) 물-결합재비를 구하시오.(단, 소수 둘째 자리에서 반올림하시오.)
(2) 잔골재율(S/a)을 구하시오.
(3) 단위 수량(W)을 구하시오.
(4) 단위 시멘트량을 구하시오.
(5) 단위 잔골재량을 구하시오.
(6) 단위 굵은 골재량을 구하시오.
(7) $20l$ 시험배치의 각 재료량을 구하시오.(단, 소수 둘째 자리에서 반올림하시오.)

풀이

(1) 물-결합재비

① 배합강도($f_{cr} = f_{28}$)

$f_{cr} = f_{cn} + 1.34S = 24 + 1.34 \times 3.6 = 28.8\text{MPa}$

$f_{cr} = (f_{cn} - 3.5) + 2.33S = (24 - 3.5) + 2.33 \times 3.6 = 28.9\text{MPa}$

∴ $f_{cr} = 28.9\text{MPa}$

② 물-결합재비

$f_{28} = -13.8 + 21.6\dfrac{B}{W}$

$28.9 = -13.8 + 21.6\dfrac{B}{W}$

∴ $\dfrac{W}{B} = \dfrac{21.6}{28.9 + 13.8} = 0.505 ≒ 50\%$

(2) 잔골재율(S/a)

① 잔골재의 조립율 보정: $41 + \dfrac{2.7 - 2.8}{0.1} \times 0.5 = 40.5\%$

② 물-결합재비의 보정: $40.5 + \dfrac{0.5 - 0.55}{0.05} \times 1 = 39.5\%$

∴ $S/a = 39.5\%$

(3) 단위 수량(W)

슬럼프에 대한 보정: $175 + 175 \times \left(\dfrac{120 - 80}{10} \times 0.012\right) = 183.4\text{kg}$

∴ $W = 183.4\text{kg}$

(4) 단위 시멘트량

$\dfrac{W}{B} = 50\%$ ∴ 시멘트량 $= \dfrac{183.4}{0.5} = 366.8\text{kg}$

(5) 단위 잔골재량(S)

① 골재의 절대 체적(V)

$V = 1 - \left(\dfrac{\text{단위 수량}}{\text{물의 밀도} \times 1,000} + \dfrac{\text{단위 시멘트량}}{\text{시멘트 밀도} \times 1,000} + \dfrac{\text{공기량}}{100}\right)$

$= 1 - \left(\dfrac{183.4}{0.997 \times 1,000} + \dfrac{366.8}{3.15 \times 1,000} + \dfrac{1.5}{100}\right)$

$= 0.685\text{m}^3$

② 잔골재 체적(V_s)

$V_s = 0.685 \times S/a = 0.685 \times 0.395 = 0.271\text{m}^3$

∴ $S = 0.271 \times 2.61 \times 1,000 = 707.3\text{kg}$

(6) 단위 굵은 골재량(G)

• 굵은 골재 체적 V_G = 골재의 절대 체적 - 잔골재 체적

$= 0.685 - 0.271 = 0.414\text{m}^3$ (또는 $0.685 \times 0.605 = 0.414\text{m}^3$)

∴ $G = 0.414 \times 2.63 \times 1,000 = 1,088.8\text{kg}$

(7) 20*l* 시험배치의 각 재료량

① 물의 질량 $183.4 \times \dfrac{20}{1,000} = 3.7\text{kg}$

② 시멘트 질량 $366.8 \times \dfrac{20}{1,000} = 7.3\text{kg}$

③ 잔골재 질량 $707.3 \times \dfrac{20}{1,000} = 14.1\text{kg}$

④ 굵은 골재 질량 $1,088.8 \times \dfrac{20}{1,000} = 21.8\text{kg}$

35 구조체를 슈미트 해머로 20점을 타격한 측정치와 조건이 다음과 같다.

[측정치]

44	40	41	39	43
40	42	39	45	39
40	42	44	40	39
40	42	39	42	39

[조건]
1. 시험체는 완전 습윤 상태(+0.05R로 한다.)
2. 타격각도 −45°(보정값을 +2.5로 한다.)
3. 재령일: 1,000일(재령계수 값을 0.65로 한다.)

(1) 측정 반발경도(R)을 구하시오.(소수 첫째 자리에서 반올림하시오.)
(2) 수정 반발경도(R_O)를 구하시오.(소수 둘째 자리에서 반올림하시오.)
(3) 압축강도(F)를 구하시오.(소수 둘째 자리에서 반올림하시오.)
(4) 보정 압축강도(F_C)를 구하시오.(소수 둘째 자리에서 반올림하시오.)

풀이

(1) $R = (44+40+41+39+43+40+42+39+45+39+40+42+44$
      $+40+39+40+42+39+42+39) \div 20 = 41$
(2) $R_O = 41 + 2.5 + 0.05 \times 41 = 45.6$
(3) $F = 1.3 R_o - 18.4 = 1.3 \times 45.6 - 18.4 = 40.9\text{MPa}$
(4) $F_C =$ 압축강도 × 재령계수 $= 40.9 \times 0.65 = 26.6\text{MPa}$

36 최근 들어 콘크리트 구조물에 대한 비파괴 시험 방법이 많이 개발되어 사용되고 있다. 콘크리트 비파괴 시험 방법에는 어떤 것들이 있는지 5가지만 쓰시오.

풀이
(1) 반발 경도법(슈미트 해머법) (2) 초음파법
(3) 인발법 (4) 공진법
(5) 코어(core) 채취에 의한 방법

37 부순 굵은 골재의 최대치수 25mm, 슬럼프 120mm, 물-결합재비 50%의 콘크리트 $1m^3$를 만들기 위하여 잔골재율, 단위 수량을 제시된 표를 참고하여 보정하고 단위 시멘트량, 단위 잔골재량, 단위 굵은 골재량, 단위 AE제량을 구하시오.(단, 시멘트 밀도 $3.16g/cm^3$, 잔골재 밀도 $2.5g/cm^3$, 잔골재 조립률 2.85, 굵은 골재 밀도 $2.75 g/cm^3$, 공기연행제 사용량은 시멘트 중량의 0.03%로 하며 공기량 4.5%로 설계한다.)

굵은 골재 최대치수 (mm)	단위 굵은 골재 용적(%)	AE제를 사용하지 않은 콘크리트			AE 콘크리트				
					공기량 (%)	양질의 AE제를 사용한 경우		양질의 AE 감수제를 사용한 경우	
		갇힌 공기 (%)	잔골재율 S/a(%)	단위 수량 (kg)		잔골재율 S/a(%)	단위 수량 W(kg)	잔골재율 S/a(%)	단위 수량 W(kg)
13	58	2.5	53	202	7.0	47	180	48	170
20	62	2.0	49	197	6.0	44	175	45	165
25	67	1.5	45	187	5.0	42	170	43	160
40	72	1.2	40	177	4.5	39	165	40	155

(1) 이 표의 값은 보통의 입도를 가진 잔골재(조립률 2.8 정도)와 부순 돌을 사용한 물-결합재비 55%, 슬럼프 80mm 정도의 콘크리트에 대한 것이다.

(2) 사용재료 또는 콘크리트의 품질이 (1)의 조건과 다른 경우에 위 표의 값을 다음 표에 따라 보정한다.

구분	S/a의 보정	W의 보정(kg)
잔골재의 조립률이 0.1만큼 클(작을) 때마다	0.5만큼 크게(작게) 한다.	보정하지 않는다.
슬럼프 값이 10mm보다 클(작을) 때마다	보정하지 않는다.	1.2% 크게(작게) 한다.
공기량이 1%만큼 클(작을) 때마다	0.5~1만큼 작게(크게) 한다.	3%만큼 작게(크게) 한다.
물-결합재비가 0.05만큼 클(작을) 때마다	1만큼 크게(작게) 한다.	보정하지 않는다.
S/a가 1% 클(작을) 때마다	보정하지 않는다.	1.5kg만큼 크게(작게) 한다.
천연 굵은 골재를 사용할 경우	3~5만큼 작게 한다.	9~15kg만큼 작게 한다.
부순 잔골재를 사용할 경우	2~3만큼 크게 한다.	6~9만큼 크게 한다.

※ [비고] 단위 굵은 골재 용적에 의하는 경우에는 잔골재의 조립률이 0.1만큼 커질(작아질) 때마다 단위 굵은 골재 용적률을 1%만큼 작게(크게) 한다.

▶ 굵은 골재의 최대치수 25mm에 대한 표준값

굵은 골재의 최대치수	단위 굵은 골재 용적	양질의 공기연행 콘크리트		
		공기량	잔골재율(S/a)	단위 수량(W)
25mm	67%	5.0%	42%	170kg

▶ 잔골재율 보정

① 잔골재 조립률 보정: $\dfrac{2.85-2.8}{0.1} \times 0.5 = 0.25\%$

② 공기량 보정: $-\dfrac{4.5-5}{1} \times 0.75 = 0.375\%$

③ 물-결합재비 보정: $\dfrac{0.50-0.55}{0.05} \times 1.0 = -1\%$

∴ $S/a = 42 + 0.25 + 0.375 - 1 = 41.63\%$

▶ 단위 수량 보정

① 슬럼프 값 보정: $\dfrac{120-80}{10} \times 1.2 = 4.8\%$

② 공기량 보정: $-\dfrac{4.5-5}{1} \times 3 = 1.5\%$

③ S/a 보정: $\dfrac{41.63-42}{1} \times 1.5 = -0.555\text{kg}$

∴ $W = 170(1+0.048+0.015) - 0.555 ≒ 180\text{kg}$

▶ 단위 시멘트량

$\dfrac{W}{C} = 0.5$

∴ $C = \dfrac{W}{0.5} = \dfrac{180}{0.5} = 360\text{kg}$

▶ 단위 골재량 절대부피

$$V_{S+G} = 1 - \left(\dfrac{단위\ 수량}{물의\ 밀도 \times 1,000} + \dfrac{단위\ 시멘트량}{시멘트\ 밀도 \times 1,000} + \dfrac{공기량}{100} \right)$$

$$= 1 - \left(\dfrac{180}{1,000} + \dfrac{360}{3.16 \times 1,000} + \dfrac{4.5}{100} \right) = 0.6611\text{m}^3$$

▶ 단위 잔골재의 절대부피 $V_S = 0.6611 \times 0.4163 = 0.2752\text{m}^3$

▶ 단위 굵은 골재의 절대부피 $V_G = 0.6611 - 0.2752 = 0.3859\text{m}^3$

$$0.6611 \times (1 - 0.4163) = 0.3859\text{m}^3$$

▶ 단위 잔골재량 $S = 2.5 \times 0.2752 \times 1,000 = 688\text{kg}$

▶ 단위 굵은 골재량 $G = 2.75 \times 0.3859 \times 1,000 = 1,061.2\text{kg}$

▶ 단위 AE제량 $360 \times \dfrac{0.03}{100} = 0.108\text{kg} = 108\text{g}$

38 부순 굵은 골재의 최대치수 25mm, 슬럼프 120mm, 물-결합재비 58.8%의 콘크리트 1m³를 만들기 위하여 잔골재율, 단위 수량을 제시된 표를 참고하여 보정하고 단위 시멘트량, 단위 잔골재량, 단위 굵은 골재량을 구하시오.(단, 시멘트 밀도 3.17g/cm³, 잔골재 밀도 2.57g/cm³, 잔골재 조립률 2.85, 굵은 골재 밀도 2.75g/cm³, AE제는 사용안 함.)

굵은 골재 최대치수 (mm)	단위 굵은 골재 용적(%)	AE제를 사용하지 않은 콘크리트			공기량 (%)	AE 콘크리트			
						양질의 AE제를 사용한 경우		양질의 AE 감수제를 사용한 경우	
		갇힌 공기 (%)	잔골재율 S/a(%)	단위 수량 (kg)		잔골재율 S/a(%)	단위 수량 W(kg)	잔골재율 S/a(%)	단위 수량 W(kg)
13	58	2.5	53	202	7.0	47	180	48	170
20	62	2.0	49	197	6.0	44	175	45	165
25	67	1.5	45	187	5.0	42	170	43	160
40	72	1.2	40	177	4.5	39	165	40	155

(1) 이 표의 값은 보통의 입도를 가진 잔골재(조립률 2.8 정도)와 부순 돌을 사용한 물-결합재비 55%, 슬럼프 80mm 정도의 콘크리트에 대한 것이다.

(2) 사용재료 또는 콘크리트의 품질이 (1)의 조건과 다른 경우에 위 표의 값을 다음 표에 따라 보정한다.

구분	S/a의 보정	W의 보정(kg)
잔골재의 조립률이 0.1만큼 클(작을) 때마다	0.5만큼 크게(작게) 한다.	보정하지 않는다.
슬럼프 값이 10mm보다 클(작을) 때마다	보정하지 않는다.	1.2% 크게(작게) 한다.
공기량이 1%만큼 클(작을) 때마다	0.5~1만큼 작게(크게) 한다.	3%만큼 작게(크게) 한다.
물-결합재비가 0.05만큼 클(작을) 때마다	1만큼 크게(작게) 한다.	보정하지 않는다.
S/a가 1% 클(작을) 때마다	보정하지 않는다.	1.5kg만큼 크게(작게) 한다.
천연 굵은 골재를 사용할 경우	3~5만큼 작게 한다.	9~15kg만큼 작게 한다.
부순 잔골재를 사용할 경우	2~3만큼 크게 한다.	6~9만큼 크게 한다.

※ [비고] 단위 굵은 골재 용적에 의하는 경우에는 잔골재의 조립률이 0.1만큼 커질(작아질) 때마다 단위 굵은 골재 용적률을 1%만큼 작게(크게) 한다.

풀이

(1) 잔골재율과 단위 수량 보정
  ▶ 굵은 골재의 최대치수 25mm에 대한 표준값

굵은 골재의 최대치수	단위 굵은 골재 용적	갇힌 공기	잔골재율(S/a)	단위 수량(W)
25mm	67%	1.5%	45%	187kg

  ▶ 잔골재율 보정
   ① 잔골재 조립률 보정: $\dfrac{2.85-2.8}{0.1} \times 0.5 = 0.25\%$

   ② 물–결합재비 보정: $\dfrac{0.588-0.55}{0.05} \times 1 = 0.76\%$

   ∴ $S/a = 45 + 0.25 + 0.76 = 46.01\%$

  ▶ 단위 수량 보정
   ① 슬럼프 값 보정: $\dfrac{120-80}{10} \times 1.2 = 4.8\%$

   ② S/a 보정: $\dfrac{46.01-45}{1} \times 1.5 = 1.515$kg

   ∴ $W = 187(1+0.048) + 1.515 = 197.49$kg

(2) ① 단위 시멘트량

  $\dfrac{W}{C} = 0.588$

  ∴ $C = \dfrac{W}{0.588} = \dfrac{197.49}{0.588} = 335.9$kg

  ② 단위 잔골재량

  단위 골재량 절대부피(V)
  $= 1 - \left(\dfrac{\text{단위 수량}}{\text{물의 밀도} \times 1{,}000} + \dfrac{\text{단위 시멘트량}}{\text{시멘트 밀도} \times 1{,}000} + \dfrac{\text{공기량}}{100} \right)$
  $= 1 - \left(\dfrac{197.49}{1{,}000} + \dfrac{335.9}{3.17 \times 1{,}000} + \dfrac{1.5}{100} \right) = 0.6815\text{m}^3$

  $V_S = V \times$ 잔골재율 $= 0.6815 \times 0.4601 = 0.3136\text{m}^3$

  ∴ 단위 잔골재량 = 단위 잔골재의 절대부피 × 잔골재 밀도 × 1,000
    $= 0.3136 \times 2.57 \times 1{,}000 = 806$kg

  ③ 단위 굵은 골재량

  $V_G = V -$ 단위 잔골재의 절대부피 $= 0.6815 - 0.3136 = 0.3679\text{m}^3$

  ∴ 단위 굵은 골재량 = 단위 굵은 골재의 절대부피 × 굵은 골재 밀도 × 1,000
    $= 0.3679 \times 2.75 \times 1{,}000 = 1{,}012$kg

39 콘크리트 1m³를 만드는데 필요한 재료량을 아래 배합표를 보고 구하시오.(단, 혼화재는 20kg을 사용한다.)

굵은 골재 최대치수 (mm)	단위 수량 W(kg)	물-결합재비 W/B(%)	잔골재율 S/a(%)	잔골재 밀도 (g/cm³)	굵은 골재 밀도 (g/cm³)	시멘트 밀도 (g/cm³)	공기연행 공기량 (%)	혼화재 밀도 (g/cm³)
40	165	50	36	2.60	2.63	3.15	4.5	2.20

(1) 단위 시멘트량을 구하시오.(단, 소수 첫째 자리에서 반올림하시오.)
(2) 단위 골재량의 절대 체적을 구하시오.(단, 소수 넷째 자리에서 반올림하시오.)
(3) 단위 잔골재량의 절대 체적을 구하시오.(단, 소수 넷째 자리에서 반올림하시오.)
(4) 단위 잔골재량을 구하시오.(단, 소수 첫째 자리에서 반올림하시오.)
(5) 단위 굵은 골재량을 구하시오.(단, 소수 첫째 자리에서 반올림하시오.)

풀이

(1) 단위 시멘트량

$$\frac{W}{B} = \frac{W}{C + 혼화재}, \quad 0.5 = \frac{165}{C + 혼화재}$$

$$C + 혼화재 = \frac{165}{0.5} = 330$$

∴ $C = 330 - 20 = 310$kg

(2) 단위 골재량의 절대 체적

$$= 1 - \left(\frac{단위 수량}{물의 밀도 \times 1,000} + \frac{단위 시멘트량}{시멘트 밀도 \times 1,000} + \frac{공기량}{100} + \frac{단위 혼화재량}{혼화재 밀도 \times 1,000}\right)$$

$$= 1 - \left(\frac{165}{1,000} + \frac{310}{3.15 \times 1,000} + \frac{4.5}{100} + \frac{20}{2.2 \times 1,000}\right)$$

$$= 0.682 \text{m}^3$$

(3) 단위 잔골재량의 절대 체적 $= 0.682 \times 0.36 = 0.246 \text{m}^3$

(4) 단위 잔골재량 $= 0.246 \times 2.60 \times 1,000 = 640$kg

(5) 단위 굵은 골재량 $= (0.682 - 0.246) \times 2.63 \times 1,000 = 1,147$kg

40 골재의 단위용적 질량 및 실적률 시험 방법(KS F 2505)에 대한 다음 물음에 답하시오.
(1) 굵은 골재의 최대치수가 10mm일 때 용기 용적, 다짐 횟수는?
(2) 시료를 충격으로 채워 넣어야 하는 경우에 대해 2가지를 쓰시오.
(3) 충격으로 시료를 채워 넣는 방법을 쓰시오.
(4) 시료의 질량 16,605g, 용기의 용적 10,062cm^3, 골재의 흡수율 1.5%, 골재의 표면 건조 포화 상태의 밀도 2.63g/cm^{3}일 때 공극률을 구하시오.

풀이

(1) 2~3L, 1층당 20회
(2) ① 굵은 골재의 치수가 커서 봉 다지기가 곤란한 경우
② 시료를 손상할 염려가 있는 경우
(3) ① 용기를 콘크리트 바닥과 같은 튼튼하고 수평인 바닥 위에 놓고 시료를 거의 같은 3층으로 나누어 채운다.
② 각 층마다 용기의 한 쪽을 약 5cm 들어 올려서 바닥을 두드리듯이 낙하시킨다.
③ 다음으로 반대쪽을 약 5cm 들어 올려 낙하시키고 각각을 교대로 25회, 전체적으로 50회 낙하시켜서 다진다.
(4) ① 골재의 실적률

$$G = \frac{T}{d_s} \times (100+Q) = \frac{1.65}{2.63} \times (100+1.5) = 63.6\%$$

여기서, 단위 용적 질량 $T = \frac{m}{V} = \frac{16.605}{10.062} = 1.65 \text{kg}/l$

d_s: 골재의 표건밀도(kg/l)
Q: 골재의 흡수율(%)

② 공극률 100 − 실적률 = 100 − 63.6 = 36.4%

41 채취한 코어의 지름이 100mm, 높이가 50mm인 공시체로 압축강도 시험한 결과 파괴하중이 145kN이다. 다음 표를 이용하여 압축강도를 구하시오.

공시체 비(h/d)	2.0	1.5	1.25	1.0	0.75	0.5
환산계수	1	0.96	0.94	0.85	0.7	0.5

풀이

압축강도 $= \frac{P}{A} = \frac{145,000}{\frac{3.14 \times 100^2}{4}} \times 0.5 = 9.24 \text{N/mm}^2 = 9.24 \text{MPa}$

여기서, 공시체 비(h/d)가 0.5이므로 환산계수 0.5를 적용한다.

42 콘크리트 강도 시험에 대한 재하속도를 쓰시오.
　(1) 압축강도 시험:
　(2) 인장강도 시험:
　(3) 휨강도 시험:

> 풀이
> 　(1) (0.6±0.2)MPa　　(2) (0.06±0.04)MPa　　(3) (0.06±0.04)MPa

43 골재의 안정성 시험을 위한 시험 용액 제조 방법을 쓰시오.

> 풀이
> 　25~30℃의 물 1L에 황산나트륨 약 250g 또는 황산나트륨(결정) 약 750g의 비율로 혼합, 48시간 이상 20±1℃ 온도를 유지한다.

44 시멘트의 안정성 시험에 관한 다음 물음에 답하시오.
　(1) 시멘트 안정성의 정의:
　(2) 시멘트 안정성 시험 명칭:

> 풀이
> 　(1) 시멘트가 경화 중에 체적이 팽창하여 균열이나 휨이 생기는 정도
> 　(2) 시멘트의 오토클레이브 팽창도 시험

45 잔골재 표면수 시험 방법 2가지를 쓰시오.

> 풀이
> 　질량법, 용적법(부피법)

콘크리트
기사·산업기사 실기

실기 작업형 예상문제

CHAPTER 1 실기 작업형 예상문제
CHAPTER 2 실기 작업형 시험 예

CHAPTER 1 실기 작업형 예상문제

실기 작업형 문제는 콘크리트 시공, 재료 시험, 비파괴, 열화 분야에 중점을 두고 출제 가능한 시험 항목을 수록하게 되었습니다. 각 시험마다 사진을 통해 실질적인 시험에 대비할 수 있도록 설명을 하였습니다.

1. 시멘트 밀도 시험
2. 잔골재 밀도 시험
3. 콘크리트 슬럼프 시험
4. 잔골재의 체가름 시험
5. 콘크리트 압축강도 추정을 위한 반발경도 시험(슈미트 해머)
6. 굳지 않은 콘크리트의 압력법에 의한 공기함유량 시험(워싱턴형)
7. 잔골재 표면수 시험(질량법)

1 시멘트 밀도 시험

1. 시험기구 및 재료

(1) 르샤틀리에 병(274cc) (2) 철사
(3) 깔대기(유리) (4) 헝겊
(5) 비커 (6) 저울(용량 200g)
(7) 스푼 (8) 시료 팬(작은 용기)
(9) 시멘트(64g) (10) 광유

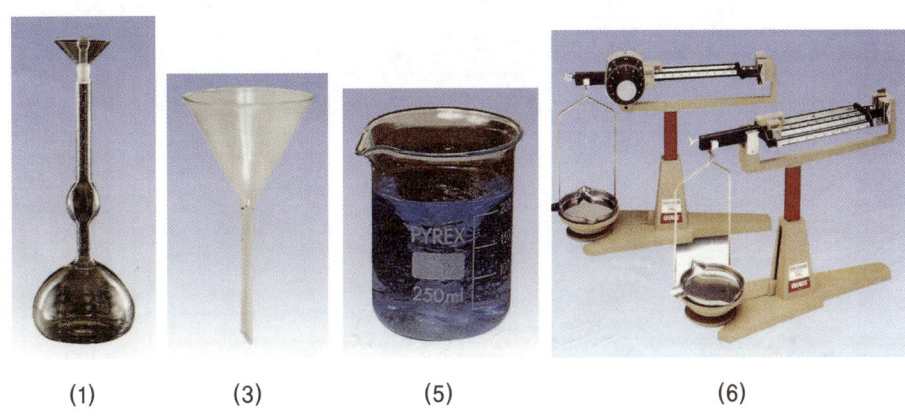

(1) (3) (5) (6)

2. 시험순서 및 유의사항

(1) 병의 눈금 0~1cc 사이에 광유를 채운 후 병 목부분에 묻은 광유를 마른걸레로 닦아 낸다.(철사 끝에 헝겊을 감아서 잘 닦아내야 시멘트 넣을 경우 병 내부에 묻지 않고 잘 넣을 수 있으므로 닦는데 충분한 시간을 갖는다.)

(2) 광유의 표면눈금을 읽어 기록한다.(눈금을 읽을 경우 광유의 밑부분을 정확히 읽는다.)

(3) 시멘트 64g를 계량한다.(용기를 저울에 놓고 영점을 누르고 시멘트를 측정)

(4) 시멘트를 병에 유실이 없도록 넣는다.(병 윗부분에 유리 깔대기를 올려놓고 스푼을 이용하여 반스푼씩 넣는다.)

(5) 시멘트를 넣은 후 내부의 공기를 없애고 광유 표면의 눈금을 읽고 기록한다.(병을 조금 기울여 굴리거나 천천히 수평으로 돌려 시멘트 속의 공기방울이 올라오지 않을 때까지 공기를 완전히 없앤다.)

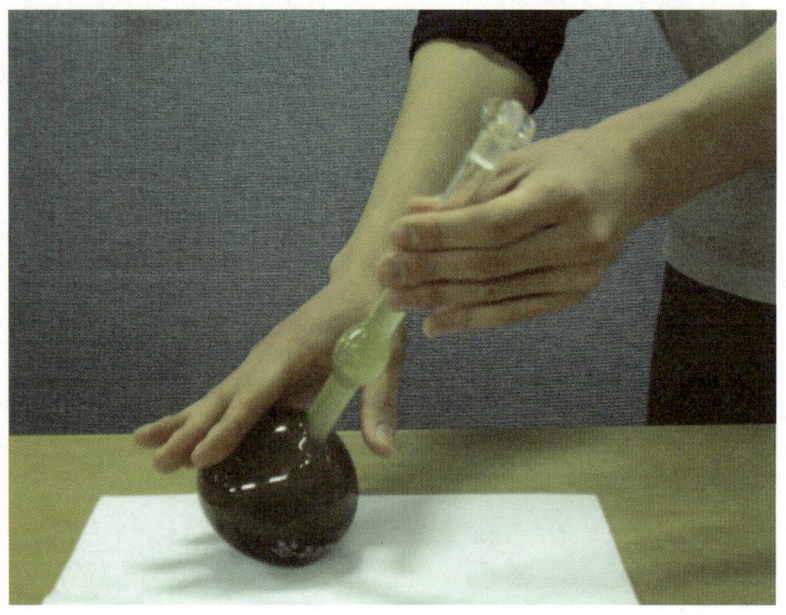

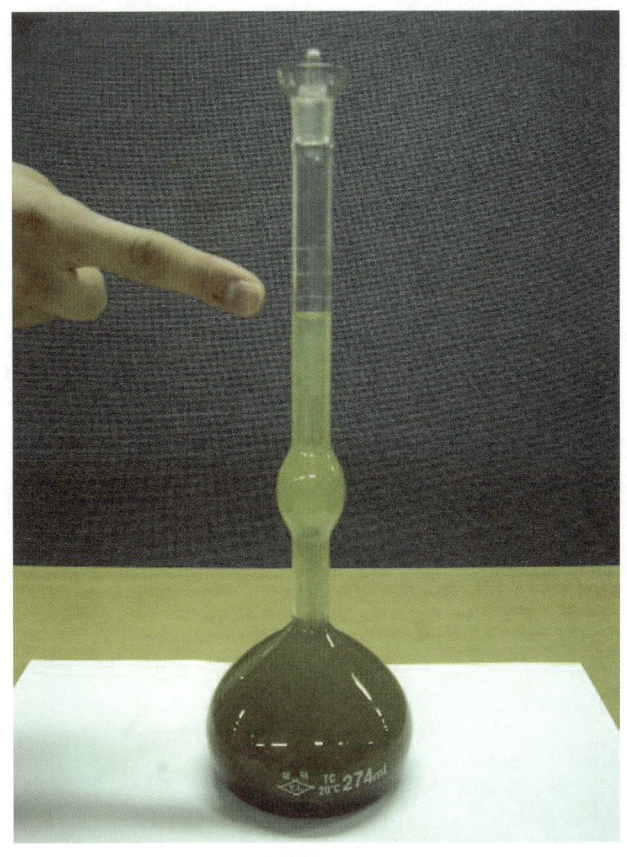

(6) 성과표에 밀도값 계산근거를 기록한다.

$$\text{시멘트 밀도} = \frac{\text{시멘트 질량(64g)}}{\text{병의 눈금차}}$$

3. 시험 성과표 작성

◐ 시멘트 밀도 시험 성과표

측정 번호	1
병의 번호	
처음의 광유 눈금(cc)	
시료의 질량(g)	
시료 넣은 후 광유의 눈금(cc)	
밀도(g/cm³)	

2. 잔골재 밀도 시험

1. 시험기구 및 재료

  (1) 저울(용량 2kg)
  (2) 원뿔형 몰드 및 다짐대
  (3) 플라스크(용량 500ml)
  (4) 분무기
  (5) 시료 팬
  (6) 피펫
  (7) 탈지면
  (8) 비커
  (9) 모래 또는 표준사(표건상태 500g)
  (10) 스패츌라

(1)

(2)

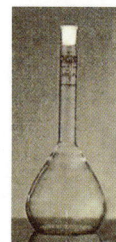
(3)

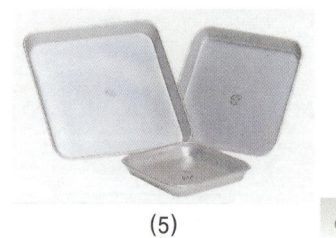
(5)

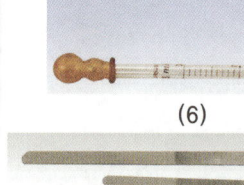
(6)

(8)

(10)

2. 시험순서 및 유의사항

(1) 시료를 원뿔형 몰드에 넣어 다짐대로 25회 자유낙하 시킨다.(시험할 시료를 1kg 정도 채취하여 분무기로 물을 약간 뿌리고 몰드에 가득 채워 다짐대로 25회 낙하하여 몰드를 들어올린다.)

(2) 원뿔형 몰드를 빼올렸을 때 시료가 조금씩 흘러내리는 상태가 되도록 반복하여 표면건조 포화 상태의 시료를 만든다.(처음에 물을 너무 많이 넣으면 습윤 상태가 되므로 약간 뿌린다.)

◐ 습윤 상태 모양

❂ 표면건조 포화 상태 모양

(3) 표면건조 포화 상태 시료 500g 이상을 측정한다.(m)

(4) 플라스크에 물을 일부 넣고 시료를 넣는다.

(5) 플라스크에 시료 500g 이상을 넣고 기포를 없앤다.(플라스크를 경사지게 하여 굴리면 기포가 서서히 상승하게 되며 이때 탈지면 또는 피펫을 이용하여 기포를 제거한다. 그리고 주의할 점은 밀도값의 차이는 이 과정에서 나타나므로 기포를 확실하게 제거시킬 것)

(6) 플라스크에 물을 500ml의 눈금에 일치하게 하고 질량을 측정한 후 비워 버린다. (물을 플라스크에 넣을 경우 곁에 물이 묻지 않게 깨끗하게 한다.)(C)

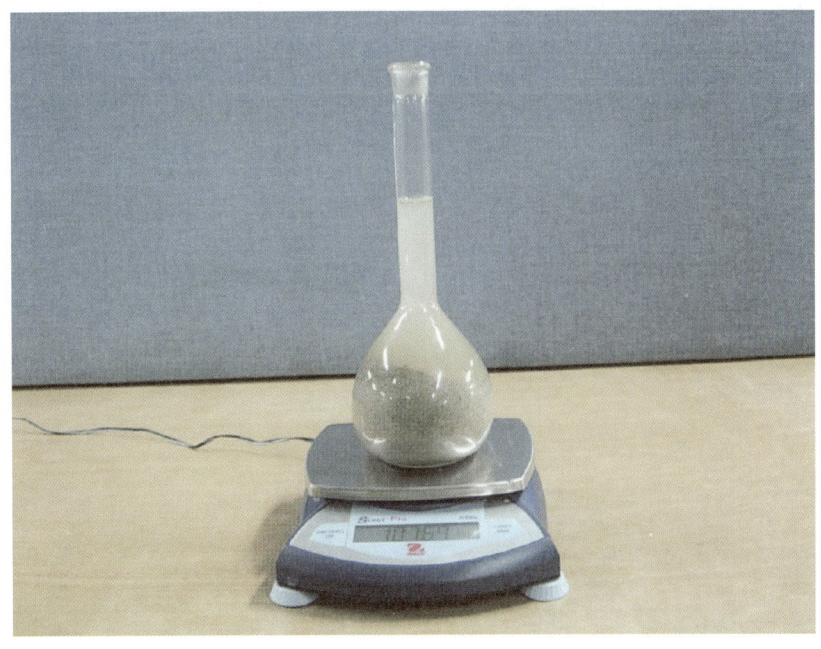

(7) 빈 플라스크에 검정선까지 물을 채우고 질량을 측정한다.(B)

(8) 성과표에 밀도값 계산근거를 기록한다.

(표면건조 포화 상태의 밀도= $\dfrac{m}{B+m-C} \times \rho_w$)

3. 시험 성과표 작성

◘ 잔골재 밀도 시험 성과표

측정 번호	1
플라스크의 번호	
(플라스크+물)의 질량(g)	
시료의 질량(g)	
(플라스크+물+시료)의 질량(g)	
표면건조 포화 상태의 밀도	

3 콘크리트 슬럼프 시험

1. 시험기구 및 재료

(1) 슬럼프 콘 셋트(다짐대, 밑판, 측정자) (2) 핸드 스콘
(3) 삽 (4) 저울(용량20kg)
(5) 시료 팬 (6) 비커 또는 메스실린더
(7) 모래, 물, 자갈, 시멘트 (8) 흙손

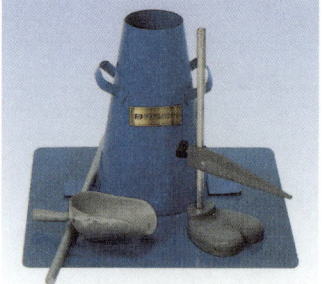

(1)(2)

(3)

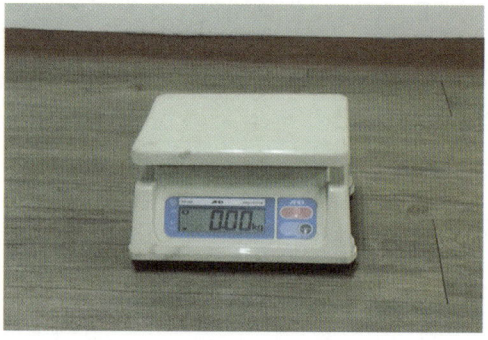

(4)

2. 시험순서 및 유의사항

(1) 시멘트의 질량 3.2kg에 따르는 질량 배합비 1 : 2 : 4에 의한 모래와 자갈의 질량을 계량한다.(질량 배합비에 의해 시멘트 : 3.2kg, 모래 : 6.4kg, 자갈 : 12.8kg를 계량한다.)

(2) 물-시멘트비에 의한 물의 양을 적당하게 혼합한다.(W/C가 주어지면 그 값에 맞게 계산하여 물의 양을 메스실린더로 계량하고 시료 팬에 모래, 시멘트를 삽을 이용하여 섞는다. 그리고 중앙부위에 움푹한 공간을 만들고 물을 조금 넣어 골재를 혼합하고 나머지 물을 넣어 마저 혼합한다.)

(3) 슬럼프 콘에 콘크리트를 넣을 때 콘 내부와 밑판을 헝겊으로 잘 닦은 후 콘을 단단히 발로 밟고 고정시키고 시료를 3층으로 나누어 넣으며 각층 마다 25회씩 다진다.(혼합된 시료 옆에 밑판을 놓고 슬럼프 콘을 양쪽 발로 밟고 핸드 스콘을 이용하여 1/3 넣고 다짐대로 25회 다지고, 또 2/3 넣고 다짐대로 25회 다지고, 나머지 가득 채우고 25회 다지는데 여기서 마지막 다질 때 윗부분이 차지 않을 경우는 25회 다질 때 잘 관찰하면서 다소 모자라면 콘크리트를 채우면서 최종 25회가 되도록 다진다.)

(4) 시료를 슬럼프 콘에 다 넣은 후 시료의 표면을 흙손을 사용하여 반듯하게 하고 슬럼프 콘을 천천히 들어올린다.(양발을 움직이지 않은 상태에서 슬럼프 콘 옆에 떨어진 콘크리트를 손을 이용하여 없애고 콘 손잡이를 손으로 꽉 누르고 양 발을 들어내고 손으로 콘을 천천히 2~5초 이내에 들어올린다.)

(5) 시료가 주저앉은 후 주저앉은 중심부위를 기준으로 슬럼프 값을 측정한다.(측정자를 이용하여 밑판 위에 놓고 내려앉은 거리를 측정한다.)

측정 전에 자를 슬럼프 콘 높이에 맞추어서 30cm(0cm) 높이 읽은 값이 위인지 아래인지를 파악하고 측정 시 그 위치의 값을 읽는다.(전 작업을 3분 이내에 끝낸다.)

(6) 성과표에 슬럼프값을 기록한다.(측정값은 5mm 단위로 측정한다. 예: 90mm, 95mm)

3. 시험 성과표 작성

◆ 슬럼프 시험 성과표

측정 번호	1
슬럼프 콘의 번호	
시멘트의 질량(kg)	3.2
모래의 질량(kg)	
자갈의 질량(kg)	
물-시멘트비	
슬럼프의 값(mm)	

4 잔골재 체가름 시험

1. 시험기구 및 재료

(1) 저울(용량 2kg)
(2) 표준체 셋트
(3) 체 진동기
(4) 시료 팬
(5) 잔골재

(1)

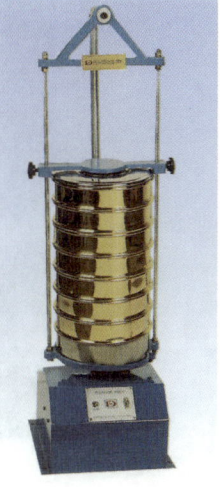
(2) (3)

2. 시험 순서

(1) 시료를 잘 혼합하여 시료분취기를 사용하여 채취한다.(주로 4분법에 의해 필요한 양 500g 이상을 채취한다.)

(2) 밑 용기 위에 체 눈금이 작은 것부터 끼우고 시료를 넣은 후 뚜껑을 덮는다.

(3) 체 진동기에 일치가 되게 하고 1분간 각 체를 통과하는 것이 전 시료 질량의 0.1% 이하가 될 때까지 진동한다.(진동기를 사용할 때 보조요원의 협조를 받는다.)

(4) 각 체에 남는 시료의 질량을 정확하게 측정한다.(각 체에 남는 시료를 시료 팬에 담아 질량을 계량한다.)

(5) 시험한 결과치를 성과표에 정확하게 기록한다.

(6) 잔류율, 가적 잔류율, 조립률을 계산한다.(잔류율 $= \dfrac{\text{남는 양}}{\text{전체량}} \times 100$, 가적 잔류율 $= \dfrac{\text{누계 남는 양}}{\text{전체량}} \times 100 =$ 각체 잔류율의 누계, 조립률 FM=각 체의 가적 잔류율 $\div 100$)

3. 시험 성과표 작성

● 잔골재의 체가름 시험 성과표

체의 번호	잔류량(g)	잔류율(%)	가적 잔류율(%)
5mm			
2.5mm			
1.2mm			
0.6mm			
0.3mm			
0.15mm			
pan			
합계			

5 콘크리트 압축강도 추정을 위한 반발경도 시험(슈미트 해머 시험)

1. 시험기구 및 재료

(1) 테스터 해머
(2) 연삭숫돌
(3) 시험체(콘크리트 구조제)
(4) 자
(5) 분필
(6) 사포
(7) 스폰지 또는 걸레

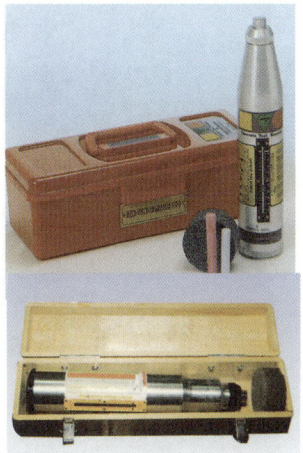

(1) (2)

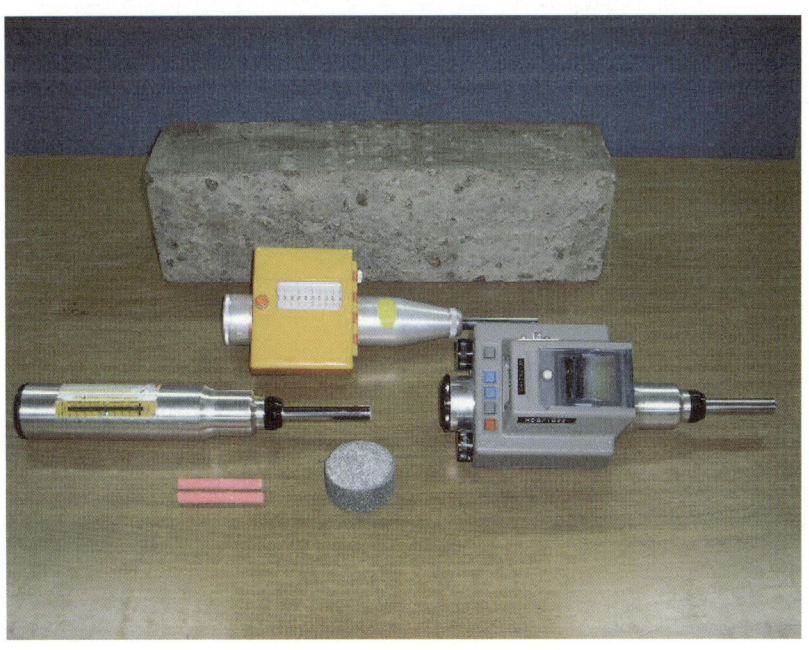

2. 시험 순서 및 유의사항

(1) 측정할 콘크리트 구조체의 표면을 연삭재로 갈아서 기포나 부착물을 없앤다.(이때 마스크를 착용한다.)

(2) 측정할 곳을 가로×세로(3cm×3cm) 간격으로 자와 분필을 이용하게 선을 긋는다.(세로 4점, 가로 5점으로 20점이 되게 긋는다.)

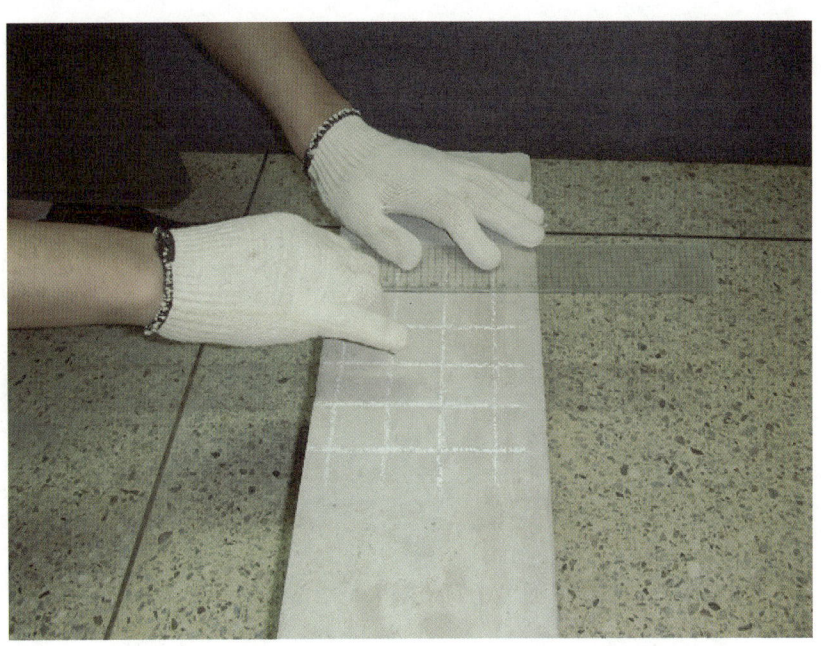

(3) 해머의 타격봉 끝을 콘크리트 표면의 측점에 대고 눌러 타격한다.

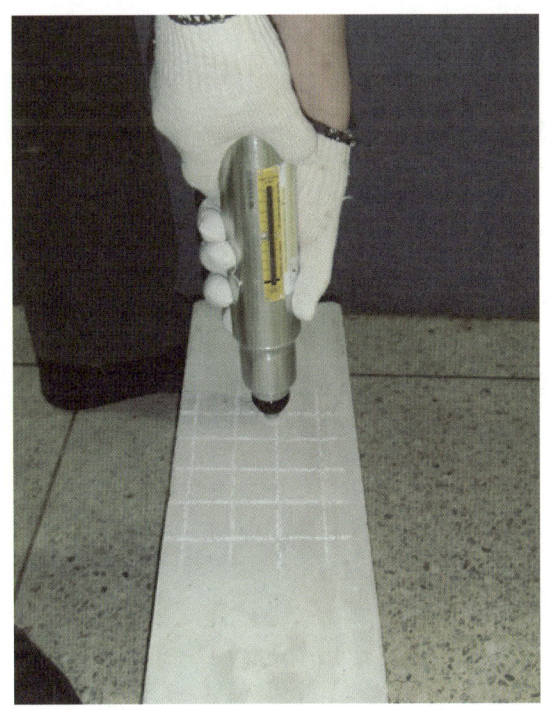

(4) 뒷부분의 멈춤 단추를 눌러 눈금 치침을 멈추게 하고 눈금을 읽는다.

(5) 위와 같은 방법으로 20점을 타격하고 눈금 값을 기록하여 평균값(R)을 계산한다.(20개 평균값에 ±20% 이상되는 것은 버리고 나머지 값을 평균값으로 한다)
(6) 반발경도 값을 보정한다.($R_o = R + \Delta R$, 여기서 ΔR값은 표를 참조한다)
(7) 압축강도 값을 공식에 대입하여 추정한다.($F = 1.3R_o - 18.4$ MPa)
(8) 시험 종료 후 사용한 기구를 청결히 정리하고 분필자국을 닦는다.

3. 시험 성과표 작성

회수	타격 평균치 R	타격 보정치 ΔR	기준경도 R_o	타격 각도 α	압축강도 F	재령계수 n	보정 압축강도 F_c
1회							

6 굳지 않은 콘크리트의 압력법에 의한 공기함유량 시험 (워싱턴형)

1. 시험기구 및 재료

(1) 공기량 시험기 일체
(2) 삽
(3) 시료 팬
(4) 굳지 않은 콘크리트
(5) 고무망치

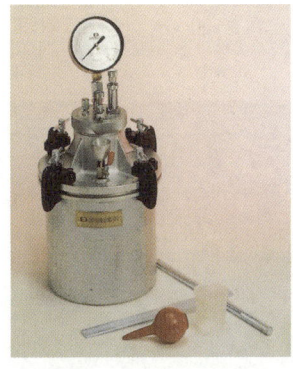
(1)

(5)

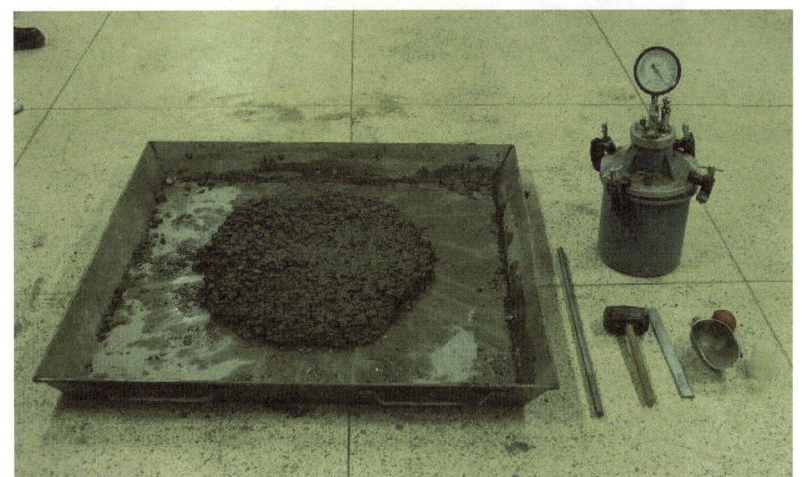

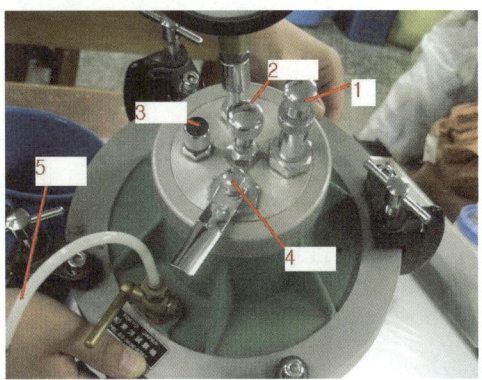

1. 공기실 주 밸브   2. 배기구   3. 공기조절 밸브
4. 누름 손잡이   5. 주수구

2. 시험 순서 및 유의사항

(1) 콘크리트를 용기에 $\frac{1}{3}$ 넣고 다짐대로 25회 다진다.(용기 바닥 닿지 않게) 그리고 $\frac{2}{3}$, 가득 채워 넣고 각각 25회씩 다진다.

(2) 고무망치로 다진 각 층마다 용기의 옆면을 가볍게 두들긴다.(10~15회)

(3) 용기 윗부분의 남는 콘크리트를 반듯한 철재자로 깎아 내고 뚜껑 닿는 부분을 장갑 낀 손으로 모르타르가 없게 정리한다.

(4) 뚜껑을 얹고 나사를 잘 잠근다.
(5) 왼쪽 공기조절밸브와 오른쪽 공기실 주 밸브를 잠근다.
(6) 중앙의 배기구를 열고 앞의 주수구 밸브를 위로 연다.
(7) 주수구에 물을 넣는다.(배기구에서 물이 나올 때까지 넣는다.)

(8) 배기구와 주수구 밸브를 잠그고 공기실 주밸브를 열어 상하로 계속 반복하여 눌러 초압력보다 약간 크게 올리고 공기실 주밸브를 잠근다.

(9) 약 5초 후 공기 조절 밸브를 서서히 열고 압력계를 손으로 가볍게 두들겨 초압력 눈금에 일치시킨다.(초압력은 검정색 I.P Line 1 눈금에 일치시킨다.)

(10) 누름 손잡이를 손바닥으로 약 5초간 누른 후 용기측면을 고무망치로 두드리고 다시 누름 손잡이를 눌러 지침을 읽어 겉보기 공기량을 구한다.

(11) 시험 후 사용한 기구를 청결히 정리한다.(점수 반영)

> 참고
> - 골재의 수정계수값이 제시되므로 겉보기 공기량을 측정하고 빼준다.
> - 시험장에서는 주수법으로 시험하므로 초압력은 검정색 I.P Line 1 눈금에 일치시킨다.
> - 무수법의 경우 초압력은 적색 I.P Line 0 눈금에 일치시킨다.

3. 시험 성과표 작성

측정 번호	1
겉보기 공기량(%)	
골재의 수정계수(%)	
공기량(%)	

7. 잔골재 표면수 시험(질량법)

1. 시험기구 및 재료

(1) 저울
(2) 플라스크(용량 500ml)
(3) 시료 팬
(4) 피펫
(5) 깔대기
(6) 스푼
(7) 비커
(8) 젖은 시료

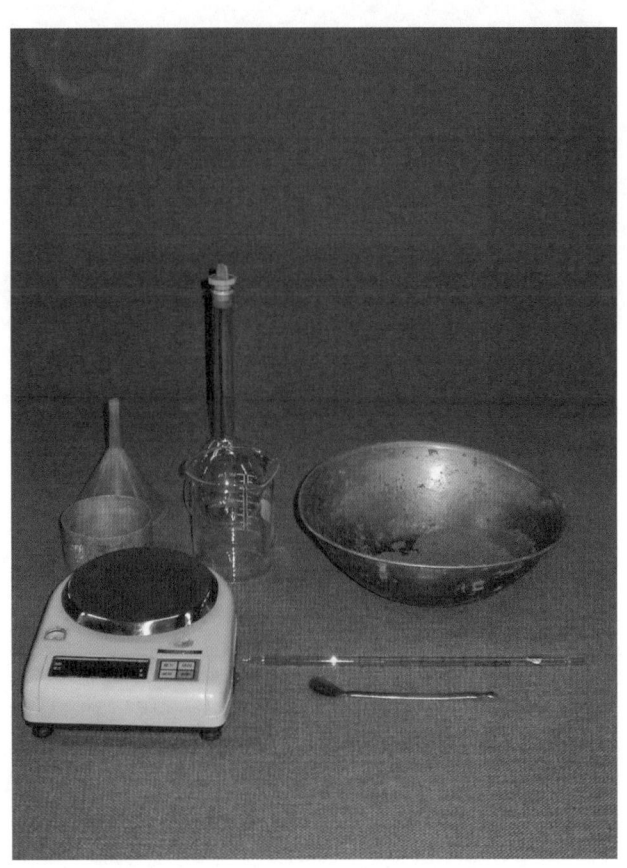

2. 시험 순서 및 유의사항

(1) 시료 200g 이상을 측정한다. (m_1)

(2) 플라스크에 표시선까지의 물을 채우고 질량을 측정한다. (m_2)

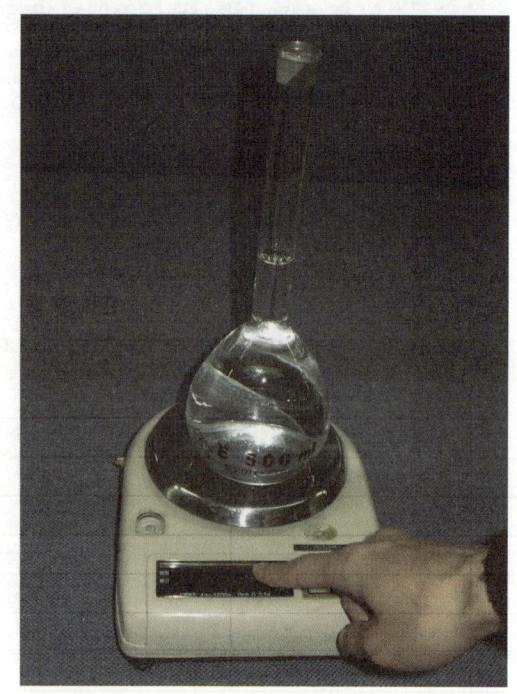

(3) 플라스크를 비운 다음 측정한 200g 이상의 시료를 넣고 물을 넣어 흔들어서 공기를 없앤다.

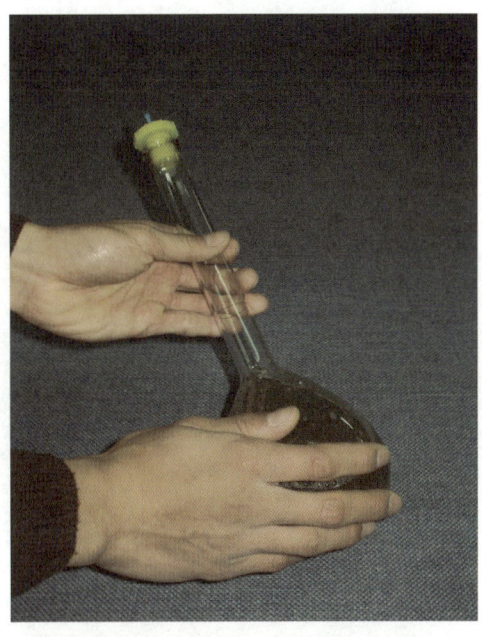

(4) 플라스크에 표시선까지 물을 채우고 플라스크, 시료, 물의 질량을 측정한다.(m_3)

(5) 플라스크 속의 시료와 물을 비우고 시험 기구를 정리한다.

(6) 시험 결과를 보고서에 기록한다.(성과표에 표면수율 계산 근거를 기록한다.)

$$표면수율\ H = \frac{m - m_s}{m_1 - m} \times 100$$

$$여기서,\ m = m_1 + m_2 - m_3$$

$$m_s = \frac{m_1}{잔골재의\ 표건밀도}$$

3. 시험 성과표 작성

측정 번호	1
(용기 + 표시선까지의 물)의 질량 m_2(g)	
시료의 질량 m_1(g)	
(용기 + 표시선까지의 물 + 시료)의 질량 m_3(g)	
시료가 밀어낸 물의 양 m (g)	
표면수율(%)	

실기 작업형 시험 예

콘크리트 기사·산업기사(작업형)

시험시간: 3시간(3종목 출제: 종목별 1시간)

1. 요구사항

지급된 재료 및 시설을 사용하여 아래 시험들을 실시하고 성과를 주어진 양식에 작성 제출하시오.

1. 시멘트 밀도 시험
2. 잔골재 밀도 시험
3. 콘크리트 슬럼프 시험
4. 잔골재의 체가름 시험
5. 콘크리트 압축강도 추정을 위한 반발경도 시험(슈미트 해머)
6. 굳지 않은 콘크리트의 압력법에 의한 공기함유량 시험(워싱턴형)
7. 잔골재 표면수 시험(질량법)
8. 콘크리트 배합설계

2. 수검자 유의사항

(1) 필답형 실기시험과 작업형 시험 중 하나라도 응시치 않으면 실격으로 처리한다.
(2) 시험 방법은 한국산업규격(KSF)에 따라 실시한다.
(3) 사용하는 기구는 조심하여 다루고 시험 중에는 일체의 잡담을 금한다.
(4) 시험한 결과치는 흑색필 기구(연필류 제외)로 기록한다.

(5) 각 시험은 시험시간 이내에서 수검자의 의향에 따라 2회 이상 평균값을 취하여도 된다.

(6) 콘크리트 슬럼프 시험은 다음 사항에 의하여 실시한다.
 ① 콘크리트는 수검자가 직접 만들어 실시한다.
 ② 콘크리트 배합은 질량배합으로 한다.
 ③ 콘크리트의 질량 배합비는 1 : 2 : 4로 한다.
 ④ 물-시멘트비는 50%로 한다.
 ⑤ 시멘트는 3.2kg을 사용하여 나머지 재료(물, 모래, 자갈)의 양은 계산으로 구하여 사용한다.

(7) 잔골재 밀도 시험용 시료는 함수비를 적게 하여 10~20분 사이에 건조시킬 수 있도록 한다.(모래 건조기 사용)

(8) 잔골재의 밀도는 표면건조 포화 상태일 때의 밀도를 계산하여 제출한다.(사용한 물의 밀도는 $\rho_w = 1\,\mathrm{g/cm^3}$로 한다.)

(9) 밀도 시험을 할 때 플라스크(flask)가 깨어지지 않도록 주의한다.
 ※ 흑색 필기구(연필류 제외)로 답안을 작성하지 아니한 답항은 채점하지 아니함.

1 시멘트 밀도 시험(예)

주요 항목	세부 항목	항목 번호	항목별 채점 방법	배점
시멘트 밀도 시험	시험 순서 및 방법	1	르샤틀리에 병의 눈금 0~1cc 사이에 광유를 채운 후 병의 목부분에 묻은 광유를 마른걸레로 닦아낸다.	
		2	1항의 상태에서 광유의 표면 눈금을 읽어 기록한다.	
		3	시멘트 약 64g 정도를 0.1g 단위까지 정확하게 계량한다.	
		4	시멘트를 병에 넣을 때 목부분에 묻거나 유실되지 않도록 조심하면서 넣는다.	
		5	시멘트를 전부 넣은 다음 내부의 공기를 없앤다. 이때 광유가 휘발되지 않도록 주의하여야 하며 광유의 표면 눈금을 읽는다.	
		6	위 항목에 결격이 없으면 항목 당 점수를 배점하고 아니면 0점 처리한다.	
		7	시험한 결과치를 가지고 밀도값을 계산할 줄 알면 점수를 배점하고 아니면 0점 처리한다.	

예 시멘트 밀도 시험

측정 번호	1
병의 번호	10번
처음의 광유의 읽기(ml)	0.2ml
시료의 질량(g)	64g
시료를 넣은 광유의 읽기(ml)	21ml
밀도	3.07g/cm³

▶ 계산란

$$\text{밀도} = \frac{\text{시료의 질량}}{\text{눈금의 차}} = \frac{64}{21-0.2} = 3.07 \text{g/cm}^3$$

2 잔골재 밀도 시험

주요 항목	세부 항목	항목 번호	항목별 채점 방법
잔골재 밀도 시험	잔골재 밀도 시험	1	시료에 물을 가하여 표면건조 표화상태로 조제한다.(습윤 상태의 잔골재를 건조기에 골고루 펴서 건조시키며, 시료를 원뿔형 몰드에 넣을 때 다지지 않고 천천히 넣으며, 시료를 가득 채운 후 맨 위의 표면을 다짐대로 가볍게 25회 다져 몰드를 빼 올렸을 때 시료가 조금씩 흘러내리는 상태가 되도록 반복한다.)
		2	물을 일부 플라스크에 담고 500g 이상(0.1g 정밀도)의 표면건조 포화 상태 시료를 플라스크 속에 유실되지 않도록 넣는다.
		3	플라스크를 편평한 면 위에 굴려 내부의 공기를 제거하고, 피펫이나 헝겊 등을 사용하여 거품이나 이물질을 제거한 후 그 질량을 0.1g의 정밀도로 측정한다.
		4	비운 플라스크에 물을 500ml의 눈금에 정확히 일치시켜 외부의 물기를 헝겊으로 제거하고 질량을 0.1g까지 측정하여 기록한다.
		5	밀도값에 대한 산출근거를 쓰고 양식을 작성한다.
		6	실험 종료 후 사용한 기구를 청결히 정리한다.
		7	플라스크와 저울을 사용할 때 조심스럽게 시험을 한다.
			위 항목 중 결격이 없으면 항당 점수를 배점하고 아니면 0점 처리한다.

예 ·· 잔골재 밀도 시험

측정 번호	1
플라스크의 번호	15번
(플라스크+물)의 질량(g)	668.5g
시료의 질량(g)	500g
(플라스크+물+시료)의 질량(g)	979.2g
표면건조 포화 상태의 밀도	2.63g/cm³

▶ 산출근거

$$밀도 = \frac{500}{668.5 + 500 - 979.2} \times 0.997 = 2.63 \text{g/cm}^3$$

※ 시험 시 물의 온도가 15℃에서 물의 밀도는 0.997g/cm^3이다.

3 콘크리트 슬럼프 시험

주요 항목	세부 항목	항목 번호	항목별 채점 방법	배점
콘크리트 슬럼프 시험	시료 준비 및 혼합	1	시멘트의 질량 3.2kg에 따르는 질량 배합비 1 : 2 : 4에 의한 모래와 자갈의 무게가 타당하다.	
		2	물-시멘트비에 의한 물의 양이 적당하다.	
		3	재료의 분리가 일어나지 않도록 충분히 혼합한다.	
			위의 항목 중 결격이 없으면 만점	
	콘크리트 주입 및 다짐	4	슬럼프 콘의 내면과 평판의 윗면을 젖은 헝겊으로 닦아낸 다음 편평한 평면에 콘을 단단히 발을 딛고 고정한다.	
		5	시료를 3층으로 나누어 넣으며 각 층마다 골고루 25회씩 다진다.	
		6	2층과 3층의 콘크리트를 다질 때 각각의 아래층에 충격이 가해지지 않도록 주의하여 다진다.	
		7	시료를 슬럼프 콘에 다 넣은 후 시료의 표면을 흙손을 사용하여 편평하게 한다.	
			위 항목 중 결격이 없으면 만점	
	슬럼프 콘 제거 및 슬럼프값 측정	8	슬럼프 콘을 수직으로 천천히 2~5초 동안 조심스럽게 들어 올린다.(종료할 때까지 3분 이내 완료)	
		9	콘크리트가 충분히 주저앉은 다음 콘크리트 위부분의 중심 부분을 향하여 슬럼프 값을 5mm 단위로 측정한다.	
			위 항목 중 결격이 없으면 만점	
	콘크리트의 재료량 산출	10	계산이 맞으면 만점, 틀리면 0점 처리한다.	

예.. 콘크리트 슬럼프 시험(1 : 2 : 4)

재료명	시멘트	물	모래	자갈	비고
질량(kg)	3.2	1.6	6.4	12.8	$\frac{W}{C}$는 50%임

▶ 배합된 콘크리트의 슬럼프 값 80mm

- 시멘트 질량: 3.2kg
- 물 질량: 1.6kg ($\frac{W}{C} = 0.5$, ∴ $W = 0.5 \times 3.2 = 1.6$kg)
- 모래 질량: $3.2 \times 2 = 6.4$kg
- 자갈 질량: $3.2 \times 4 = 12.8$kg

4 잔골재의 체가름 시험

주요 항목	세부 항목	항목 번호	항목별 채점 방법	배점
체가름 시험	시험 순서 및 방법	1	대표적인 시료를 최소 500g 이상 칭량하여 사용한다.	
		2	체눈이 적은 것은 아래쪽에, 큰 것은 위쪽에 두고 체가름한다.	
		3	체진동기에 의해 체에 상하운동 및 수평운동을 주어 1분간 각 체를 통과하는 것이 전 시료 질량의 0.1% 이하가 될 때까지 계속한다.	
		4	계량시 각 체에 남은 시료의 무게를 0.1% 이상의 정밀도로 측정한다.(이때 체눈에 막힌 알갱이는 파쇄되지 않도록 주의하면서 되밀어 체에 남은 시료로 간주)	
		5	결과값을 가지고 양식을 작성하고 조립률 계산의 근거를 기록한다.(이때 잔유율, 가적 잔유율 결과는 소수점 이하 1자리에서 반올림하여 정수로 기록하며 조립률 계산 결과는 소수점 이하 3자리에서 반올림하여 기록한다.)	

예 ·· 잔골재의 체가름 시험

체의 크기(mm)	잔유량(g)	잔유율(%)	가적 잔유율(%)
5	0	0	0
2.5	73.5	10	10
1.2	187.2	27	37
0.6	206.4	29	66
0.3	120.7	17	83
0.15	90.5	13	96
Pan	24.6	4	100
합계	702.9	100	FM = 2.92

▶ 계산란

$$\text{잔유율} = \frac{\text{각 체 잔유량}}{\text{전체 무게}} \times 100$$

가적 잔유율 = 각체 잔유율의 누계

조립률 FM = 각 체의 가적 잔유율 합계 ÷ 100

5 콘크리트 압축강도 추정을 위한 반발경도 시험(슈미트 해머)

주요 항목	세부 항목	일련 번호	항목별 채점 방법
구조물 측정 작업	시험체의 점검	1	측정면은 평탄면을 선정하여 시험체 면을 연마석, 사포로 잘 다듬는지의 여부
	타격간격, 수	2	타격점간의 간격이 30mm, 20점의 시험 여부
	타격 거리, 자세	3	시험체 면과 3cm 정도 거리, 타격방향, 해머 수직 여부
	작동 방법	4	타격시 스위치(impact plunger 등)를 잘 작동하는지 여부
	측정값의 적정성	5	측정 수치를 정수값으로 제대로 적용하는지 여부
계산	타격 평균치(R)	6	±20% 이상되는 시험값은 버리고 나머지 시험값의 평균을 구하며 버리는 값이 4개 이상이면 재시험 여부
	타격 각도 보정(ΔR)	7	그래프에서 타격각에 따른 보정치 구하는지 여부
	압축응력 보정(ΔR)	8	압축응력 그래프에서 제대로 값을 구했는지 여부
	기준경도(R_o)	9	"타격 평균값 ± 보정치" 적정성 여부
	압축강도(F)	10	압축강도표에서 제대로 값을 구했는지 여부
	재령 계수(n)	11	재령 일에서 계수를 제대로 구하는지 여부
	보정 압축강도(F_c)	12	주어진 조건을 모두 포함한 값을 구했는지 여부

예 1. 콘크리트 압축강도 추정을 위한 반발경도 시험(슈미트 해머)

주어진 시험체를 슈미트 해머(Schmidt Hammer)로 $-45°$ 방향으로 20점을 아래의 조건에 따라 타격하여 답안지에 기록하시오.

〈측정치〉

		45	

※ 시험장에서 $-45°$(하향 45°) 타격이 곤란하여 $-90°$(하향 90°)로 타격하고 계산 적용만 $-45°$로 하기도 한다.

타격 평균치	타격 보정치	기준경도	타격 각도	압축강도	재령계수	보정 압축강도
R	ΔR	R_o	α	F	n	F_c
40	+2.6	42.6	$-45°$	36.98	0.87	32.17

[조건] 1. 타격 각도: $-45°$
2. $F = 1.3R_o - 18.4$ MPa
3. 재령일: 50일
4. 총타격값 중 평균값의 ±20% 범위 내의 값을 타격 평균치(R)로 할 것

▶ 계산 과정란

〈측정치〉

44	40	41	39	43
40	42	39	45	39
40	42	44	40	39
37	34	34	40	38

① 타격 평균치: $R = (44+40+41+39+43+40+42+39+45+39+40$
$+42+44+40+39+37+34+34+40+38) \div 20 = 40$

여기서, ±20%(48 ~ 32) 범위를 벗어나는 값은 없다.

② 기준경도: $R_o = R + \triangle R = 40 + 2.6 = 42.6$

③ 압축강도(F): $F = 1.3R_o - 18.4 = 1.3 \times 42.6 - 18.4 = 36.98$ MPa

④ 보정 압축강도: $F_c = 36.98 \times 0.87 = 32.17$ MPa

예 2. 콘크리트 압축강도 추정을 위한 반발경도 시험(슈미트 해머)

주어진 시험체를 슈미트 해머(Schmidt Hammer)로 20점을 아래의 조건에 따라 타격하여 답안지에 기록하시오.

〈측정치〉

			47	
	16			

타격 평균치	타격 보정치	기준경도	타격 각도	압축강도	재령계수	보정 압축강도
R	ΔR	R_o	α	F	n	F_c
			$-90°$			

[조건] 1. 타격 각도: $-90°$
     2. 압축강도: $F = 1.3R_o - 18.4\,\text{MPa}$
     3. 재령일: 150일

▶ 계산 과정란

〈측정치〉

32	34	30	34	36
30	36	31	47	33
35	16	32	34	36
30	32	30	32	30

① 타격 평균치(R): $R = (32+34+30+34+36+30+36+31+47+33+35+16+32$
                          $+34+36+30+32+30+32+30) \div 20 = 32.5$

• ±20% 계산: $32.5 \times 0.2 = \pm 6.5(26 \sim 39)$이므로 ±20% 범위를 벗어나는 47, 16 값 2개를 제외하고 18개 값으로 R 값을 다시 계산한다.(여기서, ±20% 범위를 벗어나는 값이 4개 이상이면 재시험을 한다.)

    ∴ $R = (32+34+30+34+36+30+36+31+33+35+32+34+36+30+32+30$
          $+32+30) \div 18 = 32.6$

② 타격 보정치(ΔR): 타격 방향에 따른 반발경도 보정치 곡선에서 $R = 32.6$에 대한 $-90°$선과 만나는 값인 $+3.9$

③ 기준 경도(R_0): $R_0 = R + \Delta R = 32.6 + 3.9 = 36.5$

④ 압축강도(F): $F = 1.3R_0 - 18.4 = 1.3 \times 36.5 - 18.4 = 29.05\,\text{MPa}$

⑤ 재령 계수(n): 표[재령 계수 n의 값]의 재령에 해당하는 값 0.74

⑥ 보정 압축강도(F_c): $F_c = F \times n = 29.05 \times 0.74 = 21.50\,\text{MPa}$

타격 평균치	타격 보정치	기준경도	타격 각도	압축강도	재령계수	보정 압축강도
R	ΔR	R_o	α	F	n	F_c
32.6	+3.9	36.5	$-90°$	29.05	0.74	21.50

◎ 재령계수 n의 값

재령(일)	10	20	28	50	100	150	200	300	500	1,000	3,000
n	1.55	1.12	1.00	0.87	0.78	0.74	0.72	0.70	0.67	0.65	0.63

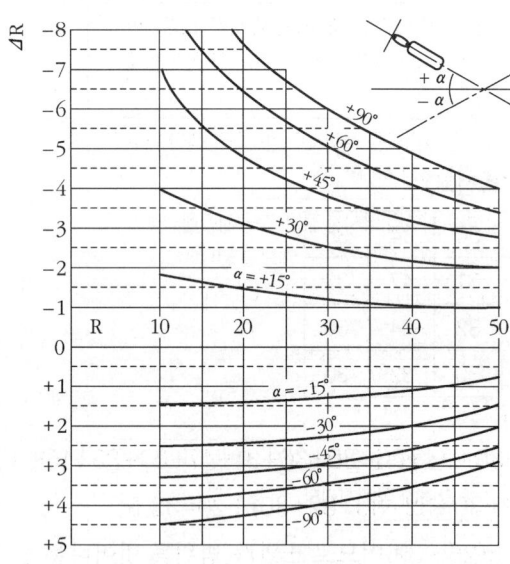

◎ 타격방향에 따른 반발경도 보정치 곡선

◎ 반발도-추정강도 환산표

타격 각도 α

R	$\alpha-90°$	$\alpha-45°$	$\alpha\,0°$	$\alpha+45°$	$\alpha+90°$
20	125	115			
21	135	125			
22	145	135	110		
23	160	145	120		
24	170	160	130		
25	180	170	140	100	
26	198	185	158	115	
27	210	200	165	130	105
28	220	210	180	140	120
29	238	220	190	150	138
30	250	238	210	170	145
31	260	250	220	180	160
32	280	265	238	190	170
33	290	280	250	210	190
34	310	290	260	220	200
35	320	310	280	238	218
36	340	320	290	250	230
37	350	340	310	265	245
38	370	350	320	280	260
39	380	370	340	300	280
40	400	380	350	310	295
41	410	400	370	330	310
42	425	415	380	345	325
43	440	430	400	360	340
44	460	450	420	380	360
45	470	460	430	395	375
46	490	480	450	410	390
47	500	495	465	430	410
48	520	510	480	445	430
49	540	525	500	460	445
50	550	540	515	480	460

반발도 R

※ R_o값을 구할 때 타격방향을 고려하여 보정한다.
 (단, 제시된 조건이 있으면 그 조건에 따른다.)
※ 타격 평균치는 정수가 일반적이나 시험감독관
 의 지시에 따른다.
※ 타격 각도
 +90°(상향 90°)
 +45°(상향 45°)
 0°(수평, 측면 방향)
 −45°(하향 45°)
 −90°(하향 90°)

6 굳지 않은 콘크리트의 압력법에 의한 공기함유량 시험(워싱턴형)

주요 항목	세부 항목	항목 번호	항목별 채점 방법	배점
공기함유량 시험	시험 순서 및 방법	1	용기에 콘크리트 혼합물을 1/3, 2/3, 가득 채워 각각 25회씩 다진 후 각 층마다 고무망치로 용기의 옆면을 10~15회 가볍게 두들긴다.	
		2	용기 위부분의 남는 콘크리트를 철재자로 반듯하게 깎아 내고 뚜껑 접하는 부분을 깨끗하게 한다.	
		3	뚜껑을 덮고 대각선 위치부터 나사를 잠근 후 공기조절밸브와 공기실 주밸브를 잠그고 배기구와 주수구 밸브를 연다.	
		4	배기구에서 물이 나올 때까지 주수구에 물을 넣고 배기구와 주수구 밸브를 잠근다.	
		5	공기실 주밸브를 열고 상하로 계속 반복하여 초압력보다 약간 크게 하고 잠근다.	
		6	약 5초 후 공기조절밸브를 열고 압력계 옆을 손으로 가볍게 두드려 압력계 지침을 초압력에 일치시킨다.	
		7	약 5초 후 누름 손잡이를 누르고 용기 측면을 고무망치로 두드리고 다시 누름 손잡이를 눌러 겉보기 공기량을 기록한다.	
			위 항목 중 결격이 없으면 항 당 점수를 배점하고 아니면 0점	
	공기량 계산	8	공기량을 계산할 줄 알면 점수를 배점하고 아니면 0점	

예 굳지 않은 콘크리트의 압력법에 의한 공기함유량 시험(워싱턴형)

측정 번호	1
겉보기 공기량(%)	5.5%
골재의 수정계수(%)	1.2%
공기량(%)	4.3%

▶ 산출근거

공기량 $A = A_1 - G = 5.5 - 1.2 = 4.3\%$

여기서, 골재의 수정계수는 일정한 값이 제시된다.

7 잔골재 표면수 시험(질량법)

주요 항목	세부 항목	항목 번호	항목별 채점 방법	배점
잔골재 표면수 시험	시험 순서 및 방법	1	대표적인 시료를 200g 이상 채취하여 1회 시험의 시료로 한다.(단, 질량을 0.1g까지 측정한다. m_1)	
		2	플라스크의 표시선까지 물을 채운 후 질량을 측정한다.(m_2)	
		3	플라스크를 비우고 시료를 덮기에 충분한 물을 넣는다.	
		4	시료를 플라스크에 넣고 흔들거나 휘저어서 공기를 충분히 빼낸다.	
		5	플라스크의 표시선까지 물을 채운 후 그 질량을 측정한다. (m_3)	
		6	산출근거가 옳고 양식 작성이 옳으면 배점하고, 아니면 0점	
	실험 태도	7	실험 종료 후 사용한 기구를 청결히 정리하면 배점하고, 아니면 0점	

예 ·· 잔골재 표면수 시험

측정 번호	1
(용기+표시선까지의 물)의 질량 m_2(g)	691.8
시료의 질량 m_1(g)	200
(용기+표시선까지의 물+시료)의 질량 m_3(g)	810.2
시료가 밀어낸 물의 양 m (g)	81.6
표면수율(%)	3.97

▶ 계산근거

$$m = m_1 + m_2 - m_3 = 200 + 691.8 - 810.2 = 81.6\text{g}$$

$$m_s = \frac{m_1}{\text{잔골재의 표건밀도}} = \frac{200}{2.60} = 76.9\text{g}$$

$$\text{표면수율 } H = \frac{m - m_s}{m_1 - m} \times 100 = \frac{81.6 - 76.9}{200 - 81.6} \times 100 = 3.97\%$$

여기서, 잔골재의 표건밀도는 2.60g/cm³인 경우이다.

8 콘크리트 배합설계

1 기사 작업형

콘크리트 호칭강도가 24MPa을 갖는 구조물을 만들려고 할 때 시험결과 참고 도표를 이용하여 배합 설계를 하시오.(단, 표준편차는 3.6MPa이며 시험결과 결합재-물비 (B/W)와 f_{28} 관계에서 얻은 값은 $f_{28}=-13.8+21.6B/W$(MPa)이다.)

[시험결과]
- 굵은 골재 최대치수: 25mm
- 잔골재 밀도: 2.61g/cm³
- 잔골재의 조립률(FM): 2.7
- 물의 밀도: 0.997g/cm³
- 시멘트 밀도: 3.15g/cm³
- 굵은 골재 밀도: 2.63g/cm³
- 슬럼프: 120mm
- 갇힌 공기량: 2.0%

⟨표 1⟩ 배합설계 시 참고표

굵은 골재의 최대치수(mm)	단위 굵은 골재용적(%)	AE제를 사용하지 않은 콘크리트		
		갇힌 공기(%)	잔골재율 S/a(%)	단위 수량 W(kg)
20	62	2.0	45	185
25	67	1.5	41	175
40	72	1.2	36	165

⟨표 2⟩ S/a 및 W의 보정표

구분	S/a의 보정(%)	W의 보정(kg)
모래의 조립율이 0.1만큼 클(작을) 때마다	0.5만큼 크게(작게) 한다.	보정하지 않는다.
물-결합재비가 0.05만큼 클(작을) 때마다	1만큼 크게(작게) 한다.	보정하지 않는다.
슬럼프 값이 10mm만큼 클(작을) 때마다	보정하지 않는다.	1.2%만큼 크게(작게) 한다.
공기량 1%만큼 클(작을) 때마다	0.5~1.0만큼 작게(크게) 한다.	3%만큼 작게(크게) 한다.

※ [표 1]의 값은 골재로서 보통 입도의 모래(조립률 2.80 정도) 및 자갈을 사용한 물-결합재비 55% 정도, 슬럼프 약 80mm의 콘크리트에 대한 것이다.

(1) 물-결합재비를 구하시오. (단, 소수 둘째 자리에서 반올림하시오.)
(2) 잔골재율(S/a)을 구하시오.
(3) 단위 수량(W)을 구하시오.
(4) 단위 시멘트량을 구하시오.
(5) 단위 잔골재량을 구하시오.
(6) 단위 굵은 골재량을 구하시오.

▶ 계산근거

(1) 물-결합재비

① 배합강도($f_{cr} = f_{28}$)

$f_{cr} = f_{cn} + 1.34 S = 24 + 1.34 \times 3.6 = 28.8 \text{MPa}$

$f_{cr} = (f_{cn} - 3.5) + 2.33 S = (24 - 3.5) + 2.33 \times 3.6 = 28.9 \text{MPa}$

∴ $f_{cr} = 28.9 \text{MPa}$

② 물-결합재비

$f_{28} = -13.8 + 21.6 \dfrac{B}{W}$

$28.9 = -13.8 + 21.6 \dfrac{B}{W}$

∴ $\dfrac{W}{B} = \dfrac{21.6}{28.9 + 13.8} = 0.505 ≒ 50\%$

(2) 잔골재율(S/a)

① 잔골재의 조립율 보정: $41 + \dfrac{2.7 - 2.8}{0.1} \times 0.5 = 40.5\%$

② 물-결합재비의 보정: $40.5 + \dfrac{0.5 - 0.55}{0.05} \times 1 = 39.5\%$

∴ $S/a = 39.5\%$

③ 공기량 보정: $39.5 - \dfrac{2.0 - 1.5}{1} \times 0.75 = 39.1\%$

∴ $S/a = 39.1\%$

(3) 단위 수량(W)

① 슬럼프에 대한 보정: $175 + 175 \times \left(\dfrac{120 - 80}{10} \times 0.012\right) = 183.4 \text{kg}$

② 공기량 보정: $183.4 + 183.4 \times \left(-\dfrac{2.0 - 1.5}{1} \times 0.03\right) = 180.6 \text{kg}$

∴ $W = 180.6 \text{kg}$

(4) 단위 시멘트량(C)

$$\frac{W}{B} = 50\%$$

$$\therefore C = \frac{180.6}{0.5} = 361.2 \text{kg}$$

(5) 단위 잔골재량(S)

① 골재의 절대 체적(V)

$$V = 1 - \left(\frac{\text{단위 수량}}{\text{물의 밀도} \times 1,000} + \frac{\text{단위 시멘트량}}{\text{시멘트 밀도} \times 1,000} + \frac{\text{공기량}}{100}\right)$$

$$= 1 - \left(\frac{180.6}{0.997 \times 1,000} + \frac{361.2}{3.15 \times 1,000} + \frac{2.0}{100}\right) = 0.684 \text{m}^3$$

② 잔골재 체적(V_s)

$$V_s = 0.684 \times S/a = 0.684 \times 0.391 = 0.267 \text{m}^3$$

$$\therefore S = 0.267 \times 2.61 \times 1,000 = 696.9 \text{kg}$$

(6) 단위 굵은 골재량(G)

• 굵은 골재 체적(V_G)

$$V - V_s = 0.684 - 0.267 = 0.417 \text{m}^3 \text{ 또는 } 0.684 \times (1 - 0.391) = 0.417 \text{m}^3$$

$$\therefore G = 0.417 \times 2.63 \times 1,000 = 1,096.7 \text{kg}$$

예 ·· 배합설계 성과 작성 서식

(1) 배합강도를 계산하시오.

압축강도 표준편차	시험감독관 제시 값(예: 2.5MPa, 3.0MPa, 3.2MPa 등)
배합강도	

〈산출과정〉

(2) 물-결합재비를 계산하시오. (단, $f_{28} = -13.8 + 21.6\,B/W\,(\mathrm{MPa})$ 공식을 이용하시오.

| 물-결합재비 | |

〈산출과정〉

(3) 잔골재율과 단위 수량을 계산하시오.

잔골재율	
단위 수량	

〈산출과정〉

(4) 시방배합에 의한 단위량을 계산하시오.

단위량(kg/m³)			
물(W)	시멘트(C)	잔골재(S)	굵은 골재(G)

〈산출과정〉

예상문제 2 ··· 산업기사 작업형

콘크리트 호칭강도(f_{cn})가 24MPa을 갖는 구조물을 만들려고 할 때 콘크리트 $1m^3$를 만드는데 필요한 재료량을 아래 배합표를 보고 구하시오. (단, 30회의 콘크리트 압축강도 시험으로 구한 표준편차는 3.6MPa이며 시험 결과 결합재-물비(B/W)와 f_{28}관계에서 얻은 값은 $f_{28} = -13.8 + 21.6\,B/W$ (MPa)이며 물의 밀도는 $0.997\,g/cm^3$이다.)

굵은 골재 최대치수	단위 수량 W(kg)	잔골재율 S/a(%)	잔골재 밀도(g/cm³)	굵은 골재 밀도(g/cm³)	시멘트 밀도	갇힌 공기량(%)
40	165	36	2.60	2.65	3.15	1.5

(1) 물-결합재비(%)를 구하시오.
(2) 단위 시멘트량을 구하시오.
(3) 단위 잔골재량을 구하시오.
(4) 단위 굵은 골재량을 구하시오.

▶ 계산근거

(1) ① 배합강도($f_{cr} = f_{28}$) $f_{cn} \le 35$MPa인 경우이므로

$$f_{cr} = f_{cn} + 1.34 S = 24 + 1.34 \times 3.6 = 28.8\,\text{MPa}$$

$$f_{cr} = (f_{cn} - 3.5) + 2.33 S = (24 - 3.5) + 2.33 \times 3.6 = 28.9\,\text{MPa}$$

∴ 배합강도는 두 식 중 큰 값인 28.9MPa이다.

② 물-결합재비(W/B)

$$f_{28} = -13.8 + 21.6\,B/W\,(\text{MPa})$$

$$28.9 = -13.8 + 21.6\,B/W$$

$$\therefore W/B = \frac{21.6}{28.9 + 13.8} = 0.506 = 50.6\%$$

(2) $\dfrac{W}{B} = 0.506$ ∴ 시멘트량 $= \dfrac{165}{0.506} = 326\,\text{kg}$

(3) ① 단위 골재량의 절대 체적

$$V = 1 - \left(\frac{165}{0.997 \times 1,000} + \frac{326}{3.15 \times 1,000} + \frac{1.5}{100} \right) = 0.716\,\text{m}^3$$

② 단위 잔골재량: $2.60 \times 0.716 \times 0.36 \times 1,000 = 670\,\text{kg}$

(4) 단위 굵은 골재량: $2.65 \times 0.716 \times 0.64 \times 1,000 = 1,214\,\text{kg}$

콘크리트
기사·산업기사 실기

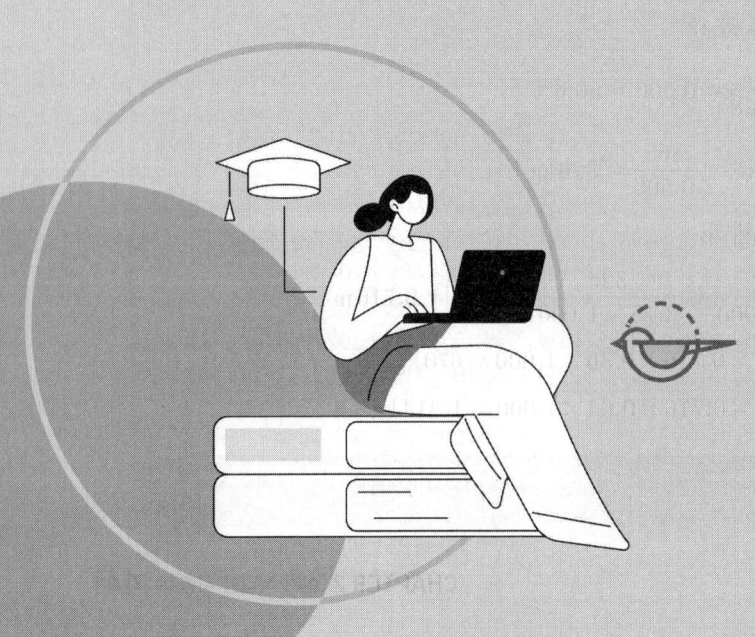

PART IV 기출복원문제

▶ 콘크리트 기사

2013년 4월 21일 시행 / 2013년 10월 6일 시행 / 2014년 4월 20일 시행
2014년 7월 6일 시행 / 2014년 10월 5일 시행 / 2015년 4월 19일 시행
2015년 7월 12일 시행 / 2015년 10월 4일 시행 / 2016년 4월 17일 시행
2016년 6월 26일 시행 / 2016년 10월 9일 시행 / 2017년 4월 16일 시행
2017년 6월 25일 시행 / 2017년 10월 14일 시행 / 2018년 4월 15일 시행
2018년 6월 30일 시행 / 2018년 10월 7일 시행 / 2019년 4월 14일 시행
2019년 6월 29일 시행 / 2019년 10월 13일 시행 / 2020년 5월 24일 시행
2020년 7월 25일 시행 / 2020년 10월 17일 시행 / 2020년 11월 29일 시행
2021년 4월 25일 시행 / 2021년 10월 16일 시행 / 2022년 5월 7일 시행
2022년 7월 24일 시행 / 2022년 11월 19일 시행 / 2023년 4월 23일 시행
2023년 7월 22일 시행 / 2023년 11월 5일 시행

▶ 콘크리트 산업기사

2013년 4월 21일 시행 / 2013년 10월 6일 시행 / 2014년 4월 20일 시행
2014년 10월 5일 시행 / 2015년 4월 19일 시행 / 2015년 7월 12일 시행
2015년 10월 4일 시행 / 2016년 4월 17일 시행 / 2016년 6월 26일 시행
2016년 10월 9일 시행 / 2017년 4월 16일 시행 / 2017년 6월 25일 시행
2017년 10월 14일 시행 / 2018년 6월 30일 시행 / 2018년 10월 7일 시행
2019년 6월 29일 시행 / 2019년 10월 13일 시행 / 2020년 7월 25일 시행
2020년 10월 17일 시행 / 2021년 7월 10일 시행 / 2021년 10월 16일 시행
2022년 7월 24일 시행 / 2022년 11월 19일 시행 / 2023년 7월 22일 시행
2023년 11월 5일 시행

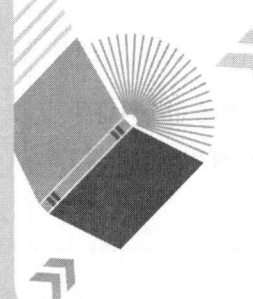

알려드립니다. 한국산업인력공단의 / 저작권법 저촉에 대한 언급이 있어 수험자의 기억에 의해 과거에 복원된 유형의 문제로 재구성하였습니다.

필답형[기사(산업기사, 전문사무), 기능사, 기능장]
유 의 사 항

1. 시험문제지를 받는 즉시 응시하고자 하는 종목의 문제지가 맞는지 여부를 확인하여야 합니다.
2. 시험문제지 총면수·문제번호 순서·인쇄상태 등을 확인하고, 수험번호 및 성명은 답안지 매 장마다 기재하여야 합니다.
3. 수험자 인적사항 및 답안작성(계산식 포함)은 흑색 또는 청색 필기구만 사용하되, 동일한 한 가지 색의 필기구만 사용하여야 하며 흑색, 청색을 제외한 유색 필기구 또는 연필류를 사용하거나 2가지 이상의 색을 혼합 사용하였을 경우 그 문항은 0점 처리됩니다.
   - 연필로 작성된 답안지 내용을 지우개로 지우고 대리 작성을 통한 부정행위 개연성의 사전 방지 차원에서 채점 제외됩니다.
4. 답란에 문제와 관련 없는 불필요한 낙서나 특이한 기록사항 등을 기재하여서는 안 되며 부정의 목적으로 특이한 표식을 하였다고 판단될 경우에는 모든 문항이 0점 처리됩니다.
   • 연습란 여백 부문의 불필요한 낙서 또는 연필 자국을 깨끗이 지워야 하는지에 대해
     - 문제지 연습란 여백 등 부문은 채점을 하지 않으므로 연필 자국을 지우개로 지울 필요가 없습니다. 채점은 답란 부문에 대해서만 적용됩니다.
5. 답안을 정정할 때에는 반드시 정정부분을 두 줄(=)로 그어 표시하여야 하며, 두 줄로 긋지 않은 답안은 정정하지 않은 것으로 간주합니다.(수정테이프, 수정액 사용 불가)
6. 계산문제는 반드시 「계산과정」과 「답」란에 계산과정과 답을 정확히 기재하여야 하며 계산과정이 틀리거나 없는 경우 0점 처리됩니다.(단, 계산연습이 필요한 경우는 연습란을 이용하여야 하며, 연습란은 채점 대상이 아닙니다.)
   • 답안 작성 시 충분한 연습란 여백 공간 제공과 관련하여
     - 답안작성 시 연습란 여백 부족의 불편사항이 없도록 충분한 여백 공간을 제공토록 문제 편집 시 고려하였으며, 만일 부족 시 답란 부문을 제외한 빈 공간을 활용하여도 무방합니다.
   • 시험문제 부문에 밑줄을 긋는 등의 표시가 채점에 관련되는지 유무
     - 시험 도중 문제 부문에 밑줄 표시 등을 하여도 채점에 불이익이 전혀 없습니다. 다만, 답안 작성란에는 문제에서 요구한 답안(계산과정을 요구한 경우 계산과정 포함)만을 작성하여야 합니다.

7. 계산문제는 최종 결과 값(답)에서 소수 셋째 자리에서 반올림하여 둘째 자리까지 구하여야 하나 개별문제에서 소수 처리에 대한 요구사항이 있을 경우 그 요구사항에 따라야 합니다.(단, 문제의 특수한 성격에 따라 정수로 표기하는 문제도 있으며, 반올림한 값이 0이 되는 경우는 첫 유효숫자까지 기재하되 반올림하여 기재하여야 합니다.)
8. 답에 단위가 없으면 오답으로 처리됩니다.(단, 문제의 요구사항에 단위가 주어졌을 경우는 생략되어도 무방합니다.)
9. 문제에서 요구한 가지 수(항수) 이상을 답란에 표기한 경우에는 답란기재 순으로 요구한 가지 수(항수)만 채점하여 한 항에 여러 가지를 기재하더라도 한 가지로 보며 그중 정답과 오답이 함께 기재되어 있을 경우 오답으로 처리됩니다.
10. 한 문제에서 소문제로 파생되는 문제나, 가지 수를 요구하는 문제는 대부분의 경우 부분 배점을 적용합니다.
11. 부정 또는 불공정한 방법으로 시험을 치른 자는 부정행위자로 처리되어 당해 검정을 중지 또는 무효로 하고, 3년간 국가기술 자격검정의 응시자격이 정지됩니다.
12. 복합형 시험의 경우 시험의 전 과정(필답형, 작업형)을 응시하지 않은 경우 채점대상에서 제외합니다.
13. 저장 용량이 큰 전자계산기 및 유사 전자제품 사용 시에는 반드시 저장된 메모리를 초기화한 후 사용하여야 하며, 시험위원이 초기화 여부를 확인할 시 협조하여야 합니다. 초기화되지 않은 전자계산기 및 유사 전자제품을 사용하여 적발 시에는 부정행위로 간주합니다.
14. 시험위원이 시험 중 신분 확인을 위하여 신분증과 수험표를 요구할 경우 반드시 제시하여야 합니다.
15. 시험 중에는 통신기기 및 전자기기(휴대용 전화기 등)를 지참하거나 사용할 수 없습니다.
16. 문제 및 답안(지), 채점기준은 일체 공개하지 않습니다.
17. 국가기술자격 시험문제는 일부 또는 전부가 저작권법상 보호되는 저작물이고, 저작권자는 한국산업인력공단입니다. 문제의 일부 또는 전부를 무단 복제, 배포, 출판, 전자출판 하는 등 저작권을 침해하는 일체의 행위를 금합니다.
※ 수험자 유의사항 미준수로 인한 채점상의 불이익은 수험자 본인에게 책임이 있음.

콘크리트 기사 | 필답형 | 2013년 4월 21일 시행

01 안정성 시험 결과표를 완성하고 적합 여부를 판정하시오.

통과체 (mm)	남는체 (mm)	각 무더기의 질량(g)	각 무더기의 질량비(%)	시험 전 각 무더기의 질량(g)	시험 후 각 무더기의 질량(g)	각 무더기의 손실 질량비(%)	골재의 손실 질량비(%)
75	65	0	0	0	0	0	0
65	40	0	0	0	0	0	0
40	25	0	0	0	0	0	0
25	20	2,208		1,000	945		
20	15	4,368		750	688		
15	10	2,844		500	451		
10	5	2,580		300	267		
합계		12,000					

풀이

통과체 (mm)	남는체 (mm)	각 무더기의 질량(g)	각 무더기의 질량비(%)	시험 전 각 무더기의 질량(g)	시험 후 각 무더기의 질량(g)	각 무더기의 손실 질량비(%)	골재의 손실 질량비(%)
75	65	0	0	0	0	0	0
65	40	0	0	0	0	0	0
40	25	0	0	0	0	0	0
25	20	2,208	$\frac{2,208}{12,000}\times 100$ $=18.4$	1,000	945	$\left(1-\frac{945}{1,000}\right)\times 100$ $=5.5$	$\frac{18.4\times 5.5}{100}$ $=1.01$
20	15	4,368	$\frac{4,368}{12,000}\times 100$ $=36.4$	750	688	$\left(1-\frac{688}{750}\right)\times 100$ $=8.3$	$\frac{36.4\times 8.3}{100}$ $=3.02$
15	10	2,844	$\frac{2,844}{12,000}\times 100$ $=23.7$	500	451	$\left(1-\frac{451}{500}\right)\times 100$ $=9.8$	$\frac{23.7\times 9.8}{100}$ $=2.32$
10	5	2,580	$\frac{2,580}{12,000}\times 100$ $=21.5$	300	267	$\left(1-\frac{267}{300}\right)\times 100$ $=11.0$	$\frac{21.5\times 11.0}{100}$ $=2.37$
합계		12,000					8.72

∴ 시험 결과 8.72%(1.01+3.02+2.32+2.37)가 나왔으므로 굵은 골재 안정성의 허용한도는 12% 이내이므로 적합하다.

02 체가름 시험을 한 결과가 다음 표와 같을 때 조립률을 구하시오.

체(mm)	남은 양(g)	잔유율(%)	가적 잔유율(%)
2.5	67.9		
1.2	99.2		
0.6	148.8		
0.3	242.8		
0.15	94.1		
합계	652.8		

체(mm)	남은 양(g)	잔유율(%)	가적 잔유율(%)
2.5	67.9	67.9/652.8×100 = 10.4	10.4
1.2	99.2	99.2/652.8×100 = 15.2	10.4 + 15.2 = 25.6
0.6	148.8	148.8/652.8×100 = 22.8	25.6 + 22.8 = 48.4
0.3	242.8	242.8/652.8×100 = 37.2	48.4 + 37.2 = 85.6
0.15	94.1	94.1/652.8×100 = 14.4	85.6 + 14.4 = 100
합계	652.8		

$$\therefore \text{FM} = \frac{10.4 + 25.6 + 48.4 + 85.6 + 100}{100} = 2.70$$

03 내구성기준 압축강도(f_{cd})가 40MPa, 설계기준 압축강도(f_{ck})가 35MPa이다. 16회의 콘크리트 압축강도 시험으로 구한 표준편차 4.5MPa일 때 콘크리트 배합강도를 구하시오.

- 표준편차 보정계수 적용(직선보간한 표준편차)
  $4.5 \times 1.144 = 5.148\text{MPa}$
  여기서, 시험횟수 15~20회 사이의 직선보간한 보정 계숫값은 16회 때 1.144, 17회 때 1.128, 18회 때 1.112, 19회 때 1.096이 된다.
- 품질기준강도(f_{cq})
  f_{ck}와 f_{cd} 중 큰 값인 40MPa이다.
- 배합강도
  $f_{cr} = f_{cq} + 1.34S = 40 + 1.34 \times 5.148 = 46.9\text{MPa}$
  $f_{cr} = 0.9f_{cq} + 2.33S = 0.9 \times 40 + 2.33 \times 5.148 = 48.0\text{MPa}$
  ∴ 큰 값인 48.0MPa

04 지름이 100mm, 길이가 50mm인 공시체를 사용하여 콘크리트 압축강도시험을 한 결과 최대 파괴하중이 157kN이었다. h/d의 비에 의한 표준 공시체의 계수값이 아래 표와 같을 때 환산 계수값을 적용한 표준 공시체의 압축강도는 얼마인가?

▼ 표준 공시체의 환산 계수표

공시체의 h/d비	2.0	1.75	1.50	1.40	1.25	1.0	0.75	0.5
환산계수	1.0	0.98	0.96	0.94	0.90	0.85	0.70	0.5

풀이

$$f = \frac{P}{A} = \frac{157,000}{\frac{\pi \times 100^2}{4}} = 19.99 \text{N/mm}^2 = 19.99 \text{MPa}$$

- h/d의 비 $\frac{50}{100} = 0.5$이므로, 환산계수 0.5를 적용하면

$$\therefore 19.99 \times 0.5 = 9.995 ≒ 10 \text{MPa}$$

05 다음 그림과 같은 T형 보에서 이 단면의 공칭 휨 모멘트(M_n)를 구하시오.(단, A_S=8-D35=7,653mm², f_{ck}=21MPa, f_y=400MPa)

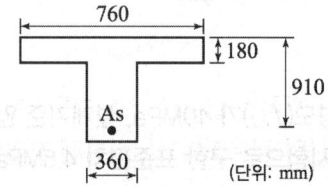

(단위: mm)

풀이

- T형 보 판별

$$a = \frac{A_s \cdot f_y}{\eta(0.85 f_{ck}) \cdot b} = \frac{7,653 \times 400}{1.0 \times (0.85 \times 21) \times 760} = 225.6 \text{mm}$$

$a > t$(225.6mm > 180mm)이므로 T형 보로 해석한다.

- $C_f = T_f$에서 A_{sf}을 구하면

$$\eta(0.85 f_{ck})(b-b_w) \cdot t_f = A_{sf} \cdot f_y$$

$$\therefore A_{sf} = \frac{\eta(0.85 f_{ck})(b-b_w) \cdot t_f}{f_y}$$

$$= \frac{1.0 \times (0.85 \times 21)(760-360) \times 180}{400} = 3,213 \text{mm}^2$$

- $C_w = T_w$에서 a를 구하면

  $\eta(0.85 f_{ck}) \cdot a \cdot b_w = (A_s - A_{sf}) \cdot f_y$

  $\therefore a = \dfrac{(A_s - A_{sf}) \cdot f_y}{\eta(0.85 f_{ck}) \cdot b_w} = \dfrac{(7{,}653 - 3{,}213) \times 400}{1.0 \times (0.85 \times 21) \times 360} = 276.4\,\text{mm}$

- 공칭 휨 모멘트

  $M_n = A_{sf} \cdot f_y \left(d - \dfrac{t}{2}\right) + (A_s - A_{sf}) \cdot f_y \left(d - \dfrac{a}{2}\right)$

  $= 3{,}213 \times 400 \left(910 - \dfrac{180}{2}\right) + (7{,}653 - 3{,}213) \times 400 \left(910 - \dfrac{276.4}{2}\right)$

  $= 2{,}424{,}580{,}800\,\text{N} \cdot \text{mm}$

  $= 2{,}424.58\,\text{kN} \cdot \text{m}$

06 콘크리트 타설 후 응결이 종료될 때까지 발생하는 초기균열의 종류 4가지를 쓰시오.

풀이

(1) 소성수축균열(플라스틱 수축균열)
(2) 침하균열
(3) 거푸집 변형에 따른 균열
(4) 진동·재하에 따른 균열

07 콘크리트 압축강도 시험을 실시한 결과 다음 5개의 강도 데이터를 얻었다. 변동 계수를 구하시오.(불편분산의 경우이며, 소수 둘째 자리에서 반올림하시오.)

횟수	1회	2회	3회	4회	5회
압축강도(MPa)	33	32	33	29	28

풀이

(1) • 평균값 $\bar{x} = \dfrac{33 + 32 + 33 + 29 + 28}{5} = 31\,\text{MPa}$

 • 편차 제곱합 $S = (33-31)^2 + (32-31)^2 + (33-31)^2 + (29-31)^2 + (28-31)^2$
  $= 22\,\text{MPa}$

 • 표준편차 $\sigma = \sqrt{\dfrac{S}{n-1}} = \sqrt{\dfrac{22}{5-1}} = 2.3\,\text{MPa}$

(2) 변동 계수 $\dfrac{\text{표준편차}}{\text{평균값}} \times 100 = \dfrac{2.3}{31} \times 100 = 7.4\%$

08 고로 슬래그의 화학성분이 각각 SiO₂ 35%, CaO 38.5%, MgO 4.8%, Al₂O₃ 16%일 때 다음 물음에 답하시오.

(1) 염기도를 구하시오.
(2) 적합성을 판정하시오.

(1) 염기도 = $\dfrac{CaO + MgO + Al_2O_3}{SiO_2} = \dfrac{38.5 + 4.8 + 16}{35} = 1.7$

(2) 포틀랜드 고로 슬래그 시멘트에 사용되는 슬래그의 염기도는 1.6 이상이어야 하므로 적합하다.

09 콘크리트 비파괴 조사 시 초음파법을 이용했을 때 측정할 수 있는 항목 4가지를 쓰시오.

(1) 균열깊이
(2) 압축강도
(3) 철근 배근상태
(4) 피복두께

10 골재의 단위 용적 질량 및 실적율 시험 방법(KS F 2505)에 대한 다음 물음에 답하시오.
(1) 굵은 골재의 최대치수가 10mm일 때 용기용적, 다짐횟수는?
(2) 시료를 충격으로 채워 넣어야 하는 경우에 대해 2가지를 쓰시오.
(3) 충격으로 시료를 채워 넣는 방법을 쓰시오.
(4) 시료의 질량 16,605g, 용기의 용적 10,062cm³, 골재의 흡수율 1.5%, 골재의 표면건조 포화 밀도 2.63g/cm³일 때 공극률을 구하시오.

(1) 2~3L, 1층당 20회
(2) ① 굵은 골재의 치수가 커서 봉 다지기가 곤란한 경우
    ② 시료를 손상할 염려가 있는 경우

(3) • 용기를 콘크리트 바닥과 같은 튼튼하고 수평인 바닥 위에 놓고 시료를 거의 같은 3층으로 나누어 채운다.
  • 각 층마다 용기의 한 쪽을 약 5cm 들어 올려서 바닥을 두드리듯이 낙하시킨다.
  • 다음으로 반대쪽을 약 5cm 들어 올려 낙하시키고 각각을 교대로 25회, 전체적으로 50회 낙하시켜서 다진다.

(4) • 골재의 실적률

$$G = \frac{T}{d_s} \times (100 + Q) = \frac{1.65}{2.63} \times (100 + 1.5) = 63.6\%$$

여기서, 단위 용적 질량: $T = \frac{m}{V} = \frac{16.605 (\text{kg})}{10.062 (l)} = 1.65 \text{kg}/l$

d_s: 골재의 표건 밀도(kg/l)

Q: 골재의 흡수율(%)

• 공극률: $100 - $실적률$= 00 - 63.6 = 36.4\%$

보충 골재의 실적률

$$G = \frac{T}{d_D} \times 100$$

여기서, d_D: 골재의 절건 밀도(kg/l)

11 $b = 250\text{mm}$, $h = 450\text{mm}$, $d = 400\text{mm}$ 직사각형 단면 보에 철근량 $A_s = 2{,}570\text{mm}^2$인 보의 균열 모멘트를 구하시오.(단, $f_{ck} = 24\text{MPa}$, $f_y = 400\text{MPa}$, $\lambda = 1.0$)

풀이

• $f_r = 0.63 \lambda \sqrt{f_{ck}} = 0.63 \times 1.0 \times \sqrt{24} = 3.086 \text{MPa}$

• $M_{cr} = \frac{f_r}{y_t} I_g = \frac{3.086}{\frac{450}{2}} \times \frac{250 \times 450^3}{12} = 26{,}038{,}125 \text{N} \cdot \text{mm} = 26.0 \text{kN} \cdot \text{m}$

콘크리트 기사 작업형 | 2013년 4월 21일 시행

콘크리트 슬럼프, 공기량 시험(제한시간 1시간 30분, 배점 15점)

잔골재 밀도, 시멘트 밀도 시험(제한시간 1시간 30분, 배점 15점)

슈미트 해머 시험(제한시간 1시간, 배점 10점)

콘크리트 기사 필답형 | 2013년 10월 6일 시행

01 굵은 골재의 밀도 및 흡수율시험에 대한 결과가 다음과 같을 때 물음에 답하시오.

표면건조 포화 상태의 시료 질량	1,000g
물속에서의 시료 질량	651.4g
절대건조 상태의 시료 질량	989.5g
물의 밀도	0.9970g/cm³

(1) 겉보기 밀도를 구하시오.
(2) 표면건조 포화 밀도를 구하시오.
(3) 절대건조 밀도를 구하시오.

(1) 겉보기 밀도 $= \dfrac{A}{A-C} \times \rho_\omega = \dfrac{989.5}{989.5-651.4} \times 0.9970 = 2.92 \text{g/cm}^3$

(2) 표면건조 포화 밀도 $= \dfrac{B}{B-C} \times \rho_\omega = \dfrac{1,000}{1,000-651.4} \times 0.9970 = 2.85 \text{g/cm}^3$

(3) 절대건조 밀도 $= \dfrac{A}{B-C} \times \rho_\omega = \dfrac{989.5}{1,000-651.4} \times 0.9970 = 2.83 \text{g/cm}^3$

02 레디믹스트 콘크리트의 공장에서 사용되는 회수수의 품질기준 3가지를 쓰시오.

(1) 염소 이온량: 250mg/l 이하
(2) 시멘트 응결시간의 차: 초결은 30분 이내, 종결은 60분 이내
(3) 모르타르의 압축강도비: 재령 7일 및 28일에서 90% 이상

03 상대 동탄성 계수를 구하시오.

- 1차 변형 공명진동수: 2,400Hz
- 동결 융해 300사이클 1차 변형 공명진동수: 2,000Hz

상대 동탄성 계수 $= \left(\dfrac{f_N}{f_0}\right)^2 \times 100 = \left(\dfrac{2,000}{2,400}\right)^2 \times 100 = 69.44\%$

04 매스 콘크리트의 온도 균열 발생 여부에 따른 검토는 온도 균열 지수에 의해 평가된다. 다음의 물음에 답하시오.

(1) 온도 균열 지수의 정밀식을 쓰시오.
(2) 온도 균열 지수 범위에 따른 균열정도
　① 균열 발생을 방지하여야 할 경우:
　② 균열 발생을 제한할 경우:
　③ 유해한 균열 발생을 제한할 경우:

풀이

(1) 온도 균열 지수 $I_{cr}(t) = \dfrac{f_{sp}(t)}{f_t(t)}$

여기서, $f_t(t)$: 재령 t일에서의 수화열에 의하여 생긴 부재 내부의 온도응력 최댓값 (MPa)

$f_{sp}(t)$: 재령 t일에서의 콘크리트 인장강도로서, 재령 및 양생온도를 고려하여 구함(MPa)

(2) ① 1.5 이상　　② 1.2~1.5　　③ 0.7~1.2

05 알칼리 실리카 반응으로 콘크리트에 발생하는 현상 3가지를 쓰시오.

풀이

(1) 이상팽창을 일으킨다.
(2) 표면에 불규칙한 거북이등 모양의 균열이 생긴다.
(3) 골재입자의 둘레에 검은색의 반응환이 생긴다.

06 다음 그림과 같은 T형 보에서 이 단면의 공칭 휨 모멘트(M_n)를 구하시오.(단, A_S=8-D35=7,653mm², f_{ck}=21MPa, f_y=400MPa)

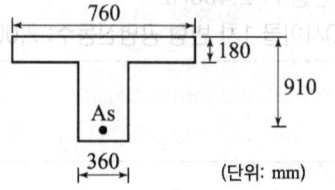
(단위: mm)

풀이

- T형 보 판별

$$a = \frac{A_s \cdot f_y}{\eta(0.85f_{ck}) \cdot b} = \frac{7,653 \times 400}{1.0 \times (0.85 \times 21) \times 760} = 225.6\text{mm}$$

$a > t (225.6\text{mm} > 180\text{mm})$이므로 T형 보로 해석한다.

- $C_f = T_f$에서 A_{sf}을 구하면

$$\eta(0.85f_{ck})(b-b_w) \cdot t_f = A_{sf} \cdot f_y$$

$$\therefore A_{sf} = \frac{\eta(0.85f_{ck})(b-b_w) \cdot t_f}{f_y}$$

$$= \frac{1.0 \times (0.85 \times 21)(760-360) \times 180}{400} = 3,213\text{mm}^2$$

- $C_w = T_w$에서 a를 구하면

$$\eta(0.85f_{ck}) \cdot a \cdot b_w = (A_s - A_{sf}) \cdot f_y$$

$$\therefore a = \frac{(A_s - A_{sf}) \cdot f_y}{\eta(0.85f_{ck}) \cdot b_w} = \frac{(7,653-3,213) \times 400}{1.0 \times (0.85 \times 21) \times 360} = 276.4\text{mm}$$

- 공칭 휨 모멘트

$$M_n = A_{sf} \cdot f_y \left(d - \frac{t}{2}\right) + (A_s - A_{sf}) \cdot f_y \left(d - \frac{a}{2}\right)$$

$$= 3,213 \times 400 \left(910 - \frac{180}{2}\right) + (7,653 - 3,213) \times 400 \left(910 - \frac{276.4}{2}\right)$$

$$= 2,424,580,800\,\text{N} \cdot \text{mm}$$

$$= 2,424.58\,\text{kN} \cdot \text{m}$$

07 서중 콘크리트의 문제점을 4가지만 쓰시오.

(1) 콘크리트의 워커빌리티 감소
(2) 운반 중의 슬럼프 저하
(3) 연행공기량의 감소
(4) 콜드 조인트(cold joint)의 발생
(5) 표면 수분의 급격한 증발에 의한 균열의 발생
(6) 온도 균열의 발생
(7) 장기강도의 저하
(8) 콘크리트 표층부의 밀실성 저하

08 다음의 재료를 사용하여 콘크리트 배합에 필요한 각 재료의 양을 구하시오.(단, 소수 넷째 자리에서 반올림하여 계산하시오.)

- 잔골재율: 41%
- 시멘트 밀도: 3.15g/cm³
- 잔골재 밀도: 2.59g/cm³
- 공기량: 4.5%
- 단위 시멘트량: 500kg/m³
- 물-결합재비: 50%
- 굵은 골재 밀도: 2.63g/cm³

(1) 단위 수량:

(2) 단위 잔골재량:

(3) 단위 굵은 골재량:

(1) $\dfrac{W}{C} = 50\%$ ∴ $W = 500 \times 0.5 = 250 \text{kg/m}^3$

(2) • 단위 골재량의 절대 체적

$$V = 1 - \left(\dfrac{500}{3.15 \times 1{,}000} + \dfrac{250}{1 \times 1{,}000} + \dfrac{4.5}{100} \right) = 0.546 \text{m}^3$$

• 단위 잔골재량 $S = 0.546 \times 0.41 \times 2.59 \times 1{,}000 = 579.797 \text{kg/m}^3$

(3) 단위 굵은 골재량 $G = 0.546 \times (1 - 0.41) \times 2.63 \times 1{,}000 = 847.228 \text{kg/m}^3$

09 콘크리트 압축강도 시험을 위한 비파괴 시험 방법 4가지를 쓰시오.

(1) 코어 채취법   (2) 반발경도법(슈미트 해머법)
(3) 초음파법   (4) 인발법

10 각 조립률 3.4인 A 골재와 2.3인 B 골재를 사용하였더니 혼합이 좋지 않아 조립률 2.9인 골재를 만들 때 시료 1,000g으로 얼마씩 혼합해야 하는지 구하시오.(단, 유효숫자 10g 단위로 하시오.)

• $\dfrac{(3.4A + 2.3B)}{A + B} = \dfrac{(3.4A + 2.3B)}{1{,}000} = 2.9$ ·················①

- A + B = 1,000 ·· ②

①, ②식을 연립하면

3.4A + 2.3B = 2,900

3.4(1,000 − B) + 2.3B = 2,900

∴ B = 450g

여기서, A = 1,000 − B 대입

∴ A = 1,000 − 450 = 550g

11 폭이 300mm, 유효깊이가 450mm인 직사각형 단철근 보에서 f_{ck}=24MPa, A_v=142.6mm², f_{yt}=350MPa, $\lambda = 1.0$, 스터럽 간격은 200mm일 때 물음에 답하시오.

(1) 수직 스터럽을 사용한 경우 전단철근의 공칭 전단강도는?

(2) 60° 각도로 구부린 경사 스터럽을 사용한 경우 ϕV_n를 구하시오.

풀이

(1) $V_s = \dfrac{A_v f_{yt} d}{s} = \dfrac{142.6 \times 350 \times 450}{200} = 112{,}298\text{N} = 112.3\text{kN}$

(2) • $V_c = \dfrac{1}{6}\lambda\sqrt{f_{ck}}\,b_w d = \dfrac{1}{6} \times 1.0 \times \sqrt{24} \times 300 \times 450 = 110{,}227\text{N} = 110.2\text{kN}$

• $V_s = \dfrac{A_v f_{yt}(\sin\alpha + \cos\alpha)d}{s} = \dfrac{142.6 \times 350(\sin 60° + \cos 60°) \times 450}{200}$

$= 153{,}401\text{N} = 153.4\text{kN}$

∴ $\phi V_n = \phi(V_c + V_s) = 0.75(110.2 + 153.4) = 197.7\text{kN}$

12 설계기준 압축강도(f_{ck})가 40MPa, 내구성 기준 압축강도(f_{cd})가 35MPa이다. 15회의 콘크리트 압축강도 시험으로 구한 표준편차 3.77MPa일 때 콘크리트 배합강도를 구하시오.

풀이

- 표준편차(표준편차×보정 계수): 3.77 × 1.16 = 4.37MPa
- 품질기준강도(f_{cq}): f_{ck}와 f_{cd} 중 큰 값인 40MPa이다.
- 배합강도 $f_{cr} = f_{cq} + 1.34S$

$= 40 + 1.34 \times 4.37 = 45.86\text{MPa}$

$f_{cr} = 0.9f_{cq} + 2.33S$

$= 0.9 \times 40 + 2.33 \times 4.37 = 46.18\text{MPa}$

∴ 큰 값인 46.18MPa이다.

콘크리트 기사 작업형 | 2013년 10월 6일 시행

콘크리트 슬럼프, 공기량 시험(제한시간 1시간 30분, 배점 15점)

잔골재 밀도, 시멘트 밀도 시험(제한시간 1시간 30분, 배점 15점)

슈미트 해머 시험(제한시간 1시간, 배점 10점)

콘크리트 기사 필답형 | 2014년 4월 20일 시행

01 매스 콘크리트 타설시 온도 균열 방지 및 제어 방법을 4가지 쓰시오.

(1) 프리쿨링
(2) 파이프쿨링
(3) 균열 유발 줄눈 설치
(4) 저발열량 시멘트(중용열 포틀랜드 시멘트) 사용

02 다음의 재료를 사용하여 콘크리트 배합에 필요한 각 재료의 양을 구하시오.

- 잔골재율: 38%
- 시멘트 밀도: 3.15g/cm³
- 잔골재 밀도: 2.60g/cm³
- 공기량: 4%
- 단위 시멘트량: 450kg/m³
- 물-결합재비: 55%
- 굵은 골재 밀도: 2.65g/cm³

(1) 단위 수량:
(2) 단위 잔골재량:
(3) 단위 굵은 골재량:

(1) $\dfrac{W}{C} = 55\%$ ∴ $W = 450 \times 0.55 = 247.5 \text{kg/m}^3$

(2) • 단위 골재량의 절대 체적 $V = 1 - \left(\dfrac{450}{3.15 \times 1{,}000} + \dfrac{247.5}{1 \times 1{,}000} + \dfrac{4}{100}\right) = 0.570 \text{m}^3$

• 단위 잔골재량 $S = 0.57 \times 0.38 \times 2.6 \times 1{,}000 = 563.16 \text{kg/m}^3$

(3) 단위 굵은 골재량 $G = 0.57 \times (1 - 0.38) \times 2.65 \times 1{,}000 = 936.51 \text{kg/m}^3$

03 다음 용어에 대한 정의를 간단히 쓰시오.

(1) 공기연행제:
(2) 고성능 공기연행 감수제:
(3) 유동화제:
(4) 베이스 콘크리트:

풀이

(1) 공기연행제: 미소하고 독립된 수없이 많은 기포를 발생시켜 이를 콘크리트 중에 고르게 분포시키기 위하여 쓰이는 혼화제
(2) 고성능 공기연행 감수제: 공기 연행 성능을 가지며 공기연행 감수제보다도 높은 감수 성능 및 양호한 슬럼프 유지 성능을 가지는 혼화제
(3) 유동화제: 배합이나 경화된 콘크리트의 품질을 변경시키는 일 없이 유동성을 대폭적으로 개선시키는 혼화제
(4) 베이스 콘크리트: 유동화 콘크리트 제조시 유동화제를 첨가하기 전의 기본 배합의 콘크리트

04 한중 콘크리트 적산온도 방식에 의하여 물-결합재비를 보정하시오.(단, 기간은 30일임.)

- 보통 포틀랜드 시멘트를 사용하고 설계기준강도 $f_{ck}=24\text{MPa}$, 물-결합재비 $(x_{20})=49\%$이다.
- 보온 양생 조건은 타설 후 최초 5일간 20℃, 그 후 4일간은 15℃, 그 후 4일간은 10℃이고, 그 후 타설된 일평균기온은 −8℃이다.
- 적산온도 M에 대응하는 물-결합재비의 보정계수 α 산정식은 $\dfrac{\log(M-100)+0.13}{3}$을 적용한다.

풀이

- 양생 평균기온 $\theta = \dfrac{5\times 20+4\times 15+4\times 10+(-8\times 17)}{30}=2.13℃$
- 적산온도 $M=\sum\limits_{0}^{t}(\theta+A)\Delta t=(2.13+10)\times 30=364℃\cdot D$
  여기서, A: 기준온도 10℃ Δt: 시간(일)로 5+4+4+17=30일 또는
  $M=[(20+10)\times 5+(15+10)\times 4+(10+10)\times 4+(-8+10)\times 17]$
  $=364℃\cdot D$
- 보정계수 $\alpha=\dfrac{\log(M-100)+0.13}{3}=\dfrac{\log(364-100)+0.13}{3}=0.851$
- 물-결합재비 보정 $x=\alpha\cdot x_{20}=0.851\times 49=41.7\%$

05 다음 물음에 대하여 서술하시오.

(1) 압축강도 재하속도 기준
(2) 휨강도 재하속도 기준
(3) 동결 융해 저항성 측정 시 1사이클의 온도 범위와 시간

> **풀이**
> (1) 0.6 ± 0.2 MPa/초
> (2) 0.06 ± 0.04 MPa/초
> (3) 온도: 4℃에서 -18℃로 떨어지고 다음에 -18℃에서 4℃로 상승하는 것
>   시간: 2~4시간

06 콘크리트 비파괴 검사에 이용되는 반발경도법을 콘크리트 종류에 따라 4가지를 쓰시오.

> **풀이**
> (1) 보통 콘크리트: N형   (2) 경량 콘크리트: L형
> (3) 저강도 콘크리트: P형   (4) 매스 콘크리트: M형

07 다음은 철근 콘크리트 구조물의 설계에 관련된 사항이다. 물음에 답하시오.

(1) 구조물 설계 시 하중 계수, 하중조합을 고려하여 설계하는 이유 3가지를 쓰시오.
(2) 강도 감소 계수(ϕ)를 사용하는 이유 3가지를 쓰시오.

> **풀이**
> (1) ① 극한상태에 대한 극한외력으로서 구조물이나 구조부재에 적용할 수 있는 가장 불리한 조건을 고려하기 위함이다.
>   ② 해당 구조물에 작용하는 최대 소요강도에 대하여 만족하도록 설계하기 위함이다.
>   ③ 구조부재는 사용하중에 대하여 충분히 기능을 확보할 수 있게 하기 위함이다.
> (2) ① 재료의 공칭강도와 실제 강도와의 차이 때문
>   ② 부재를 제작 또는 시공할 때 설계도와의 차이 때문
>   ③ 부재강도의 추정과 해석에 관련된 불확실성 때문
>   ④ 구조물에서 차지하는 부재의 중요도 등을 반영하기 위해서

08

활하중(ω_L)이 57kN/m를 지지하는 그림과 같은 단순보가 있다.(단, 콘크리트의 단위 질량은 25kN/m³, f_y = 400MPa, A_s = 2,356mm², f_{ck} = 21MPa, λ = 1.0)

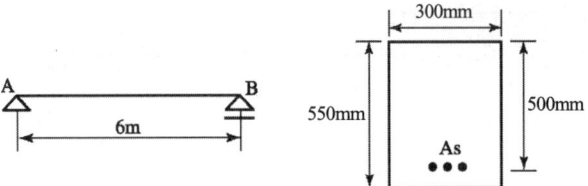

(1) 단철근보에서 설계 휨강도를 구하시오.
(2) ① 보에 작용하는 계수하중을 구하시오.
  ② 보의 위험 단면에서 전단보강 철근이 부담해야 할 전단력(V_s)을 구하시오.

풀이

(1) • $a = \dfrac{A_s f_y}{\eta(0.85 f_{ck})b} = \dfrac{2{,}356 \times 400}{1.0 \times (0.85 \times 21) \times 300} = 176\text{mm}$

• $f_{ck} < 40\text{MPa}$이므로 $\eta = 1.0$, $\beta_1 = 0.8$

• $c = \dfrac{a}{\beta_1} = \dfrac{176}{0.8} = 220\text{mm}$

• $\varepsilon_t = \dfrac{0.0033(d-c)}{c} = \dfrac{0.0033(500-220)}{220}$
  $= 0.0042 < 0.005$(변화구간)

$\therefore \phi = 0.65 + (\varepsilon_t - 0.002)\dfrac{200}{3}$
$= 0.65 + (0.0042 - 0.002)\dfrac{200}{3}$
$= 0.80$

• $\phi M_n = \phi A_s f_y \left(d - \dfrac{a}{2}\right)$
$= 0.8 \times 2{,}356 \times 400 \left(500 - \dfrac{176}{2}\right)$
$= 310{,}615{,}040\text{N}\cdot\text{mm} = 310.62\text{kN}\cdot\text{m}$

(2) ① $\omega = 1.2\omega_D + 1.6\omega_L = 1.2 \times (25 \times 0.3 \times 0.55) + 1.6 \times 57 = 96.15\text{kN/m}$

② • 위험 단면에서의 계수전단력
$V_u = \dfrac{\omega l}{2} - \omega d = \dfrac{96.15 \times 6}{2} - 96.15 \times 0.5 = 240.4\text{kN}$

• $V_u = \phi(V_c + V_s) = \phi\left(\dfrac{1}{6}\lambda\sqrt{f_{ck}}\,b_w\,d + V_s\right)$

$240{,}400 = 0.75\left(\dfrac{1}{6} \times 1.0 \times \sqrt{21} \times 300 \times 500 + V_s\right)$

$\therefore V_s = 205{,}368\text{N} = 205.4\text{kN}$

09 골재의 밀도 및 흡수율 시험 결과 정밀도는 2회 시험의 평균값과 시험값의 차이가 얼마 이하인가?

시험 골재 구분	밀도	흡수율
잔골재		
굵은 골재		

> **풀이**
>
> | 시험 골재 구분 | 밀도 | 흡수율 |
> |---|---|---|
> | 잔골재 | 0.01g/cm³ 이하 | 0.05% 이하 |
> | 굵은 골재 | 0.01g/cm³ 이하 | 0.03% 이하 |

10 골재의 시료채취 방법(KS F 2501)에 관한 사항 중 일부이다. ( ) 안에 들어갈 알맞은 내용은?

> 골재를 채석장에서 조직이 다른 암층마다 ( )kg 이상 채취하며 채취한 석재는 암석의 인성 및 압축강도 시험을 할 필요가 있을 때 너비 ( )mm 이상, 두께 ( )mm 이상의 크기로 채취한다.

> **풀이**
>
> 25, 150, 100

콘크리트 기사 | 작업형 | 2014년 4월 20일 시행

제1과제
콘크리트 슬럼프, 공기량 시험(제한시간 1시간 30분, 배점 15점)

제2과제
잔골재 밀도, 잔골재 체가름 시험(제한시간 1시간 30분, 배점 15점)

제3과제
슈미트 해머 시험(제한시간 1시간, 배점 10점)

콘크리트 기사 | 필답형 | 2014년 7월 6일 시행

01 다음 [예시]의 콘크리트 침하수축균열에 대한 방지 대책 4가지를 쓰시오.

[예시] 슬래브의 경우 표면에 균열이 주변을 따라 원형으로 발생하며 배근 상태 표면에 생긴다.

(1) 단위 수량을 가능한 한 적게 한다.
(2) 슬럼프를 작게 하여 블리딩을 억제한다.
(3) 타설 종료 후 충분한 다짐을 한다.
(4) 너무 조기에 응결되지 않는 시멘트와 혼화제를 사용한다.

02 다음의 재료를 사용하여 콘크리트 1m³ 배합에 필요한 사용 수량, 잔골재량, 굵은 골재량을 구하시오.(단, 소수 넷째 자리에서 반올림하여 계산하시오.)

- 잔골재율 40%
- 시멘트 밀도 3.15g/cm³
- 잔골재 밀도 2.59g/cm³
- 공기량 4%
- 단위 시멘트량 350kg/m³
- 물 – 결합재비 50%
- 굵은 골재 밀도 2.62g/cm³

(1) 사용 수량:
(2) 잔골재량:
(3) 굵은 골재량:

(1) $\dfrac{W}{C} = 50\%$ $\therefore W = 350 \times 0.5 = 175 \text{kg/m}^3$

(2) • 단위 골재량의 절대 체적 $V = 1 - \left(\dfrac{350}{3.15 \times 1,000} + \dfrac{175}{1 \times 1,000} + \dfrac{4}{100} \right) = 0.674 \text{m}^3$

    • 단위 잔골재량 $S = 0.674 \times 0.4 \times 2.59 \times 1,000 = 698.264 \text{kg/m}^3$

(3) 단위 굵은 골재량 $G = 0.674 \times (1 - 0.4) \times 2.62 \times 1,000 = 1,059.528 \text{kg/m}^3$

03 Na₂O는 0.45%, K₂O는 0.4%의 알칼리 함유량을 갖고 있다.

(1) 시멘트 중 전 알칼리량을 구하시오.
(2) 알칼리 골재 반응 억제 방법을 3가지 쓰시오.

> **풀이**
> (1) 전 알칼리량 = $Na_2O + 0.658 K_2O = 0.45 + 0.658 \times 0.4 = 0.71\%$
> (2) ① 반응성 골재를 사용하지 않는다.
>   ② 저알칼리 시멘트를 사용한다.
>   ③ 수분공급이 이루어지지 못하도록 방수 처리한다.

04 콘크리트용 모래에 포함되어 있는 유기 불순물 시험에서 식별용 표준색 용액을 만드는데 사용되는 약품의 제조 방법을 쓰시오.

> **풀이**
> (1) 10%의 알코올 용액을 만든다. 알코올 10g에 물 90g을 넣는다.
> (2) 2%의 타닌산 용액을 만든다. 10%의 알코올 용액 9.8g에 타닌산 가루 0.2g을 넣는다.
> (3) 3%의 수산화나트륨 용액을 만든다. 물 291g에 수산화나트륨 9g(무게비를 97 : 3)을 넣는다.
> (4) 2%의 타닌산 용액 2.5ml에 3%의 수산화나트륨 용액 97.5ml를 넣는다.

05 강도 감소 계수를 적용하는 이유에 대해 3가지를 서술하시오.

> **풀이**
> (1) 구조물에서 차지하는 부재의 중요도 등을 반영하기 위해
> (2) 재료의 공칭강도와 실제 강도와의 차이 때문
> (3) 부재를 제작 또는 시공할 때 설계도와의 차이 때문
> (4) 부재 강도의 추정과 해석에 관련된 불확실성 때문

06 초음파 전달 비파괴 검사법 중 콘크리트 균열깊이 측정에 이용되는 4가지 방법을 쓰시오.

> **풀이**
> (1) T법
> (2) Tc−To법
> (3) BS법
> (4) 레슬리법(Leslie법)
> (5) 위상변화를 이용하는 방법
> (6) SH파를 이용하는 방법

07 콘크리트 호칭강도가 24MPa이고 30회 이상의 실험실적으로부터 결정된 압축강도의 표준편차가 1.4MPa이다. 이때 시험에 의해서 구한 배합 관계식이 $f_{28} = -17 + 19\dfrac{C}{W}$ 일 경우 물−시멘트비를 구하시오.

> **풀이**
> - 배합강도($f_{cn} \leq 35\text{MPa}$의 경우)
> $f_{cr} = f_{cn} + 1.34S = 24 + 1.34 \times 1.4 = 25.88\text{MPa}$
> $f_{cr} = (f_{cn} - 3.5) + 2.33S = (24 - 3.5) + 2.33 \times 1.4 = 23.76\text{MPa}$
>   위 두 식에 의한 값 중 큰 값을 적용한다.
>   ∴ $f_{cr} = 25.88\text{MPa}$
> - 물−시멘트비
> $f_{28} = -17 + 19\dfrac{C}{W}$
> $25.88 = -17 + 19\dfrac{C}{W}$
>   ∴ $\dfrac{W}{C} = \dfrac{19}{25.88 + 17} = 44.3\%$

08 콘크리트용 화학 혼화제(KS F 2560)의 종류별 감수율의 요구 성능을 서술하시오.

AE제	감수제			AE 감수제			고성능 AE 감수제	
	표준형	지연형	촉진형	표준형	지연형	촉진형	표준형	지연형

풀이

AE제	감수제			AE 감수제			고성능 AE 감수제	
	표준형	지연형	촉진형	표준형	지연형	촉진형	표준형	지연형
6% 이상	4% 이상	4% 이상	4% 이상	10% 이상	10% 이상	8% 이상	18% 이상	18% 이상

09 다음은 비파괴 시험에 대한 내용이다. 물음에 답하시오.

(1) 철근의 배근 상태를 측정하는 방법 2가지를 쓰시오.
(2) 철근의 부식 정도를 측정하는 방법 2가지를 쓰시오.

풀이

(1) ① 전자파 레이더법
　　② 전자기장 유도법
(2) ① 자연 전위법
　　② 표면 전위차법
　　③ 분극 저항법
　　④ 전기 저항법

10 활하중(ω_L)이 47kN/m를 지지하는 그림과 같은 캔틸레버보가 있다. 다음 물음에 답하시오.(단, 콘크리트의 단위 질량은 24kN/m³, f_y =400MPa, A_s =2,742mm², f_{ck} = 21MPa)

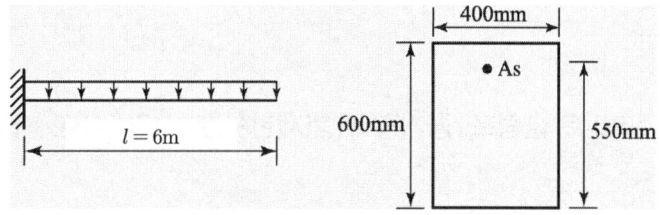

(1) 단철근보에서 공칭 휨강도를 구하시오.
(2) ① 보에 작용하는 계수하중을 구하시오.
 ② 보의 위험 단면에서 전단보강 철근이 부담해야 할 전단력(V_s)을 구하시오.

> **풀이**
>
> (1) • $a = \dfrac{A_s f_y}{\eta(0.85 f_{ck})b} = \dfrac{2{,}742 \times 400}{1.0 \times (0.85 \times 21) \times 400} = 153.6\text{mm}$
>
> • $M_n = A_s f_y \left(d - \dfrac{a}{2}\right)$
>
> $= 2{,}742 \times 400 \left(550 - \dfrac{153.6}{2}\right)$
>
> $= 519{,}005{,}760 \text{N} \cdot \text{mm} = 519.01 \text{kN} \cdot \text{m}$
>
> (2) ① $\omega = 1.2\omega_D + 1.6\omega_L$
>
> $= 1.2 \times (24 \times 0.4 \times 0.6) + 1.6 \times 47 = 82.112 \text{kN/m}$
>
> ② • 위험 단면에서의 계수 전단력
>
> $V_u = \omega l - \omega d = 82.112 \times 6 - 82.112 \times 0.55 = 447.51 \text{kN}$
>
> • $V_u = \phi(V_c + V_s) = \phi\left(\dfrac{1}{6}\lambda \sqrt{f_{ck}} b_\omega d + V_s\right)$
>
> $447{,}510 = 0.75\left(\dfrac{1}{6} \times 1.0 \times \sqrt{21} \times 400 \times 550 + V_s\right)$
>
> ∴ $V_s = 428{,}652 \text{N} = 428.7 \text{kN}$

콘크리트 기사 작업형 | 2014년 7월 6일 시행

콘크리트 슬럼프, 공기량 시험(제한시간 1시간 30분, 배점 15점)

잔골재 밀도, 잔골재 체가름 시험(제한시간 1시간 30분, 배점 15점)

슈미트 해머 시험(제한시간 1시간, 배점 10점)

콘크리트 기사 필답형 — 2014년 10월 5일 시행

01 종합적 품질관리(TQC)의 7도구를 쓰시오.

> 풀이
> (1) 히스토그램 (2) 파레토도 (3) 특성요인도
> (4) 체크 시트 (5) 각종 그래프 (6) 산점도
> (7) 층별

02 한중 콘크리트 배합 시 고려할 사항을 3가지만 쓰시오.

> 풀이
> (1) 공기연행 콘크리트를 사용하는 것을 원칙으로 한다.
> (2) 단위 수량은 소요의 워커빌리티를 유지할 수 있는 범위 내에서 가능한 작게 한다.
> (3) 물-결합재비는 60% 이하로 한다.

03 포장 콘크리트의 배합기준 항목에 대하여 기준을 쓰시오.

(1) 설계기준 휨강도:
(2) 단위 수량:
(3) 굵은 골재 최대치수:
(4) 슬럼프:
(5) 공기량:

> 풀이
> (1) 4.5MPa 이상
> (2) 150kg/m^3 이하
> (3) 40mm 이하
> (4) 40mm 이하
> (5) 4~6%

04 침하 수축균열의 방지 대책 4가지를 쓰시오.

> **풀이**
> (1) 단위 수량을 가능한 한 적게 한다.
> (2) 슬럼프를 작게 하여 블리딩을 억제한다.
> (3) 타설 종료 후 충분한 다짐을 한다.
> (4) 너무 조기에 응결되지 않는 시멘트와 혼화제를 사용한다.

05 휨 및 축력에 대해 강도설계법을 적용하여 철근 콘크리트를 설계할 때 기본 가정 3가지를 쓰시오.

> [예시] 콘크리트의 인장강도는 무시한다.

> **풀이**
> (1) 압축측 연단에서의 $f_{ck} \leq 40\text{MPa}$의 경우 콘크리트 최대 변형률은 0.0033으로 가정한다.
> (2) 철근 및 콘크리트의 변형률은 중립축으로부터의 거리에 비례한다.
> (3) 항복강도 f_y 이하에서의 철근응력은 그 변형률의 E_s배로 취한다.

06 콘크리트 압축강도 측정치와 시험횟수 29회 이하일 때 표준편차의 보정 계수를 보고 다음 물음에 답하시오.

▼ 콘크리트 압축강도 측정치(MPa)

27.2	24.1	23.4	24.2	28.6	25.7
23.5	30.7	29.7	27.7	29.7	24.4
26.9	29.5	28.5	29.7	25.9	26.6

▼ 시험횟수가 29회 이하일 때 표준편차의 보정계수

시험횟수	표준편차의 보정계수
15	1.16
20	1.08
25	1.03
30 이상	1.00

(1) 시험은 18회 실시하였다. 표준편차를 구하시오.(단, 표준편차의 보정계수가 사용표에 없을 경우 직선보간하여 사용한다.)

(2) 호칭강도가 24MPa일 때 배합강도를 구하시오.

풀이

(1) • 콘크리트 압축강도 측정치 합계 $\sum x = 486$

• 평균값 $\bar{x} = \dfrac{486}{18} = 27\text{MPa}$

• 편차 제곱합
$$S = (27.2-27)^2 + (23.5-27)^2 + (26.9-27)^2 + (24.1-27)^2 + (30.7-27)^2$$
$$+ (29.5-27)^2 + (23.4-27)^2 + (29.7-27)^2 + (28.5-27)^2 + (24.2-27)^2$$
$$+ (27.7-27)^2 + (29.7-27)^2 + (28.6-27)^2 + (29.7-27)^2 + (25.9-27)^2$$
$$+ (25.7-27)^2 + (24.4-27)^2 + (26.6-27)^2$$

• 표준편차 $\sigma = \sqrt{\dfrac{S}{n-1}} = \sqrt{\dfrac{98.44}{18-1}} = 2.41\text{MPa}$

• 직선보간한 표준편차(표준편차×보정계수)
$2.41 \times 1.112 = 2.68\text{MPa}$

여기서, 직선보간한 보정 계숫값은 16회 때 1.144, 17회 때 1.128, 18회 때 1.112, 19회 때 1.096이 된다.

(2) • $f_{cr} = f_{cn} + 1.34s = 24 + 1.34 \times 2.68 = 27.59\text{MPa}$

• $f_{cr} = (f_{cn} - 3.5) + 2.33s = (24 - 3.5) + 2.33 \times 2.68 = 26.74\text{MPa}$

∴ 두 식 중 큰 값 27.59MPa

여기서, s = 직선보간한 표준편차 값

07 다음의 콘크리트 균열에 대해 간단히 서술하시오.

(1) 소성 수축 균열:

(2) 침하 균열:

(3) 건조 수축 균열:

풀이

(1) 슬래브와 같이 큰 표면적을 갖는 부재에서 치기 종료 직후 건조한 바람이나 고온저습한 외기에 노출될 경우 급격한 습윤 소실로 인해 발생한다.

(2) 콘크리트 치기, 다지기 및 마무리 작업 후에도 철근, 거푸집, 기타 콘크리트 등에 의해 국부적으로 변형구속이 생겨 발생한다.

(3) 콘크리트 외부 표면에는 인장응력이 발생하는데 이 인장응력이 콘크리트의 인장강도를 초과하면 균열이 발생한다.

08

슬래브 중심간 거리 1.8m, 플랜지 두께 100mm, T형 단면 복부 폭 300mm, 지간 5m인 경우 다음 물음에 답하시오.(단, $f_y = 300\text{MPa}$, $f_{ck} = 24\text{MPa}$, $A_s = 1{,}742\text{mm}^2$, $d = 500\text{mm}$ 이다.)

(1) 플랜지 유효 폭은?
(2) 공칭 휨강도는?

풀이

(1) • $16t + b_w = 16 \times 0.1 + 0.3 = 1.9\text{m}$
 • 양쪽 슬래브 중심간 거리 $= 1.8\text{m}$
 • 보 경간의 $\dfrac{1}{4} = 5 \times \dfrac{1}{4} = 1.25\text{m}$
 ∴ 제일 작은 값인 1.25m가 유효 폭이다.

(2) • T형 보 판별(a < t, 직사각형 보)
$$a = \dfrac{A_s f_y}{\eta(0.85 f_{ck})b} = \dfrac{1{,}742 \times 300}{1.0 \times (0.85 \times 24) \times 1{,}250} = 20.5\text{mm}$$
 • 공칭 휨강도
$$M_n = A_s f_y \left(d - \dfrac{a}{2}\right)$$
$$= 1{,}742 \times 300 \times \left(500 - \dfrac{20.5}{2}\right)$$
$$= 255{,}943{,}350\text{N}\cdot\text{mm}$$
$$= 255.94\text{kN}\cdot\text{m}$$

09

콘크리트 응결시험 성과표를 보고 다음 물음에 답하시오.

▼ 관입저항과 경과시간

관입저항(MPa)	경과시간(분)
1.0	212
3.0	232
5.0	250
7.0	262
9.0	276
12.0	292
15.0	304
18.0	316
21.0	326
25.0	338
31.0	352
35.0	360

(1) 값이 일정하게 나오지 않는 이유는?(예 : 하중 재하 속도의 변화)
(2) 그래프를 그리고 초결시간과 종결시간을 구하시오.

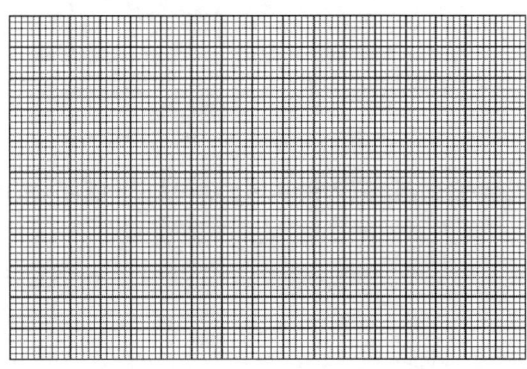

풀이

(1) ① 모르타르에 다소 큰 입자가 포함되어 있는 경우
　　② 관입 영역에 큰 간극이 있는 경우
　　③ 너무 인접하여 관입한 경우
　　④ 관입시험에서 시험기구를 모르타르의 면과 연직하여 유지하지 못한 경우

(2)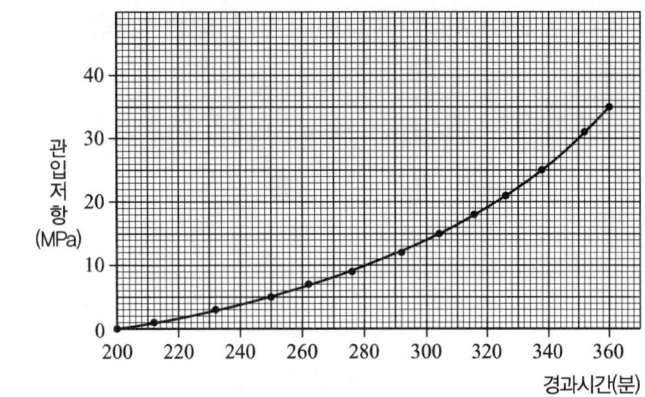

- 초결시간: 그래프에서 관입저항 3.5MPa에 해당시간으로 236분
- 종결시간: 그래프에서 관입저항 28MPa에 해당시간으로 345분

콘크리트 기사 작업형 | 2014년 10월 5일 시행

콘크리트 슬럼프, 공기량 시험(제한시간 1시간 30분, 배점 15점)

잔골재 밀도, 잔골재 체가름 시험(제한시간 1시간 30분, 배점 15점)

슈미트 해머 시험(제한시간 1시간, 배점 10점)

콘크리트 기사 필답형 — 2015년 4월 19일 시행

01 다음의 재료를 사용하여 콘크리트 1m³ 배합에 필요한 사용 수량, 잔골재량, 굵은 골재량을 구하시오(단, 소수 넷째 자리에서 반올림하여 계산하시오)

- 잔골재율 40%
- 시멘트 밀도 3.15g/cm³
- 잔골재 밀도 2.59g/cm³
- 공기량 4%
- 단위 시멘트량 350kg/m³
- 물-결합재비 50%
- 굵은 골재 밀도 2.62g/cm³

(1) 사용 수량:
(2) 잔골재량:
(3) 굵은 골재량:

(1) $\dfrac{W}{C} = 50\%$ ∴ $W = 350 \times 0.5 = 175 \text{kg/m}^3$

(2) • 단위 골재량의 절대 체적 $V = 1 - \left(\dfrac{350}{3.15 \times 1,000} + \dfrac{175}{1 \times 1,000} + \dfrac{4}{100} \right) = 0.674 \text{m}^3$

 • 단위 잔골재량 $S = 0.674 \times 0.4 \times 2.59 \times 1,000 = 698.264 \text{kg/m}^3$

(3) 단위 굵은 골재량 $G = 0.674 \times (1 - 0.4) \times 2.62 \times 1,000 = 1,059.528 \text{kg/m}^3$

02 초음파 전달 비파괴 검사법 중 콘크리트 균열깊이 측정에 이용되는 4가지 방법을 쓰시오.

(1) T법
(2) Tc-To법
(3) BS법
(4) 레슬리법
(5) 위상변화를 이용하는 방법
(6) SH파를 이용하는 방법

03 $b = 300$mm, $d' = 50$mm, $d = 500$mm, $A_s' = 1{,}083$mm^2, $A_s = 4{,}765$mm^2, $f_{ck} = 35$MPa, $f_y = 400$MPa인 복철근 직사각형 보의 설계 휨강도를 구하시오.

> **풀이**
>
> - $a = \dfrac{(A_s - A_s')f_y}{\eta(0.85 f_{ck})b} = \dfrac{(4{,}765 - 1{,}083) \times 400}{1.0 \times (0.85 \times 35) \times 300} = 165$mm
>
> - $a = \beta_1 \cdot c$ $\quad\quad\quad\quad \therefore c = \dfrac{a}{\beta_1} = \dfrac{165}{0.8} = 206.25$mm
>
>   여기서, $\beta_1 = 0.8\,(f_{ck} \leq 40\text{MPa})$
>
> - $\varepsilon_t = 0.0033\,\dfrac{d-c}{c} = 0.0033\,\dfrac{500 - 206.25}{206.25} = 0.0047$
>
> $0.002 < \varepsilon_t < 0.005$ 변화구간이므로
>
> $\therefore \phi = 0.65 + (\varepsilon_t - 0.002)\dfrac{200}{3} = 0.65 + (0.0047 - 0.002)\dfrac{200}{3} = 0.83$
>
> - 설계 휨강도
>
> $\phi M_n = \phi\left\{(A_s - A_s')f_y\left(d - \dfrac{a}{2}\right) + A_s' f_y(d - d')\right\}$
>
> $= 0.83\left\{(4{,}765 - 1{,}083)\,400\left(500 - \dfrac{165}{2}\right) + 1{,}083 \times 400\,(500 - 50)\right\}$
>
> $= 672{,}162{,}220\,\text{N}\cdot\text{mm} = 672.2\,\text{kN}\cdot\text{m}$

04 자연 전위 측정법에 의한 철근 부식상태를 조사하는 데 있어 ASTM기준의 부식평가기준 3가지를 쓰시오.

> **풀이**
>
> (1) -200mV $< E$: 90% 이상 부식 없음.
>
> (2) -350mV $< E \leq -200$mV: 불확실
>
> (3) $E \leq -350$mV: 90% 이상 부식 있음.

05 급속 동결 융해에 대한 콘크리트의 저항 시험 방법(KS F 2456)에 대해 다음 물음에 답하시오.

(1) 동결 융해의 정의는?

(2) 동결 융해 1사이클의 소요시간은?

(3) 1차 변형 공명진동수: 2,400Hz, 동결 융해 300사이클 1차 변형 공명진동수: 2,000Hz일 때 상대 동탄성계수를 구하시오.

(1) 콘크리트 중의 물이 얼어 있다가 외기온도가 상승하면 얼었던 물이 녹는 현상
(2) 2시간 이상 4시간 이하
(3) 상대 동탄성계수 $= \left(\dfrac{f_N}{f_0}\right)^2 \times 100 = \left(\dfrac{2{,}000}{2{,}400}\right)^2 \times 100 = 69.44\%$

06 $b = 250\text{mm}$, $h = 450\text{mm}$, $d = 400\text{mm}$ 직사각형 단면 보에 철근량 $A_s = 2{,}570\text{mm}^2$인 보의 균열 모멘트를 구하시오.(단, $f_{ck} = 24\text{MPa}$, $f_y = 400\text{MPa}$, $\lambda = 1.0$)

- $f_r = 0.63\lambda\sqrt{f_{ck}} = 0.63 \times 1.0 \times \sqrt{24} = 3.086\text{MPa}$
- $M_{cr} = \dfrac{f_r}{y_t}I_g = \dfrac{3.086}{\dfrac{450}{2}} \times \dfrac{250 \times 450^3}{12} = 26{,}038{,}125\text{N}\cdot\text{mm} = 26.0\text{kN}\cdot\text{m}$

07 골재의 조립률 계산에 사용되는 표준체 10개를 큰 순서대로 나열하시오.

75mm, 40mm, 20mm, 10mm, 5mm, 2.5mm, 1.2mm, 0.6mm, 0.3mm, 0.15mm

08 굳지 않은 콘크리트의 공기 함유량 시험결과를 보고, 수정계수 결정을 위한 잔골재질량을 구하시오.(단, 골재량은 1m³당 소요량이며, 시험기는 6 l 용량을 사용한다.)

잔골재량	굵은 골재량
912kg	1120kg

잔골재량 $F_s = \dfrac{S}{B} \times F_b = \dfrac{6}{1{,}000} \times 912 = 5.47\text{kg}$

09 고유동 콘크리트 자기충전성의 3가지 등급에 대하여 쓰시오.

(1) 1등급:

(2) 2등급:

(3) 3등급:

풀이

(1) 1등급: 최소철근순간격 35~60mm 정도의 복잡한 단면 형상, 단면치수가 작은 부재 또는 부위에서 자기 충전성을 가지는 성능

(2) 2등급: 최소철근순간격 60~200mm 정도의 철근 콘크리트 구조물 또는 부재에서 자기 충전성을 가지는 성능

(3) 3등급: 최소철근순간격 200mm 정도 이상으로 단면치수가 크고 철근량이 적은 부재 또는 부위, 무근 콘크리트 구조물에서 자기 충전성을 가지는 성능

10 콘크리트 구조물 평가시 내구성 저하 요인 4가지를 쓰시오.

풀이

(1) 탄산화(중성화)

(2) 염해

(3) 동해

(4) 화학적 침식과 알칼리골재 반응

11 콘크리트 설계기준 압축강도 $f_{ck} = 30\,\mathrm{MPa}$, $f_y = 350\,\mathrm{MPa}$로 만들어지는 보 부재에서 인장철근 D29(공칭지름 $28.6\,\mathrm{mm}$)의 기본 정착길이는?(단, f_{sp}값이 규정되어 있지 않은 경우로 경량콘크리트 계수 $\lambda = 0.75$이다.)

풀이

$$l_{db} = \frac{0.6\,d_b f_y}{\lambda\,\sqrt{f_{ck}}} = \frac{0.6 \times 28.6 \times 350}{0.75 \times \sqrt{30}} = 1462.05\,\mathrm{mm}$$

12 다음 콘크리트의 조건이 표와 같을 때 이를 이용하여 최종 단열온도 상승량(Q) 및 온도 상승 속도계수(r), 재령 28일에서의 단열온도 상승량(℃)를 구하시오.(단, 결합재 질량은 300kg/m³이며 플라이 애시 시멘트는 플라이 애시 20%의 혼입량이다.)

▼ 최종 단열온도 상승량(Q) 및 온도 상승 속도계수(r) 표준값

시멘트의 종류	타설온도	$Q = a\,C + b$		$r = g\,C + h$	
		a	b	g	h
플라이 애시 시멘트	20℃	0.12	8.0	0.0028	−0.143

풀이

- 최종 단열온도 상승량(Q)
  $Q = a\,C + b = 0.12 \times 300 + 8.0 = 44℃$
- 온도 상승 속도계수(r)
  $r = g\,C + h = 0.0028 \times 300 + (-0.143) = 0.697$
- 재령 28일에서의 단열온도 상승량(℃)
  $Q(t) = Q_\infty (1 - e^{-r\,t}) = 44(1 - e^{-0.697 \times 28}) = 44℃$

  여기서, e: 자연대수 값 2.718281
  r: 온도 상승속도로서 시험에 의해 정해지는 계수
  t: 재령(일)
  $Q(t)$: 재령 t일에서 단열온도 상승량(℃)

콘크리트 기사 작업형 — 2015년 4월 19일 시행

콘크리트 슬럼프, 공기량 시험(제한시간 1시간 30분, 배점 15점)

잔골재 밀도, 시멘트 밀도 시험(제한시간 1시간 30분, 배점 15점)

슈미트 해머 시험(제한시간 1시간, 배점 10점)

콘크리트 기사 필답형 — 2015년 7월 12일 시행

01 굵은 골재의 동결 융해에 대한 저항을 알기 위해 황산나트륨으로 안정성을 시험한 결과이다. 표를 완성하고 판정하시오. (단, 소수 둘째 자리에서 반올림하여 계산하시오.)

통과체 (mm)	남는체 (mm)	각 무더기의 질량(g)	각 무더기의 질량비(%)	시험 전 각 무더기의 질량(g)	시험 후 각 무더기의 질량(g)	각 무더기의 손실 질량비(%)	골재의 손실 질량비(%)
65	40	0	0	0	0	0	0
40	25	0	0	0	0	0	0
25	20	2,208		1,000	945		
20	15	4,368		750	688		
15	10	2,844		500	451		
10	5	2,580		300	267		
합계		12,000					

풀이

통과체 (mm)	남는체 (mm)	각 무더기의 질량(g)	각 무더기의 질량비(%)	시험 전 각 무더기의 질량(g)	시험 후 각 무더기의 질량(g)	각 무더기의 손실 질량비(%)	골재의 손실 질량비(%)
65	40	0	0	0	0	0	0
40	25	0	0	0	0	0	0
25	20	2,208	$\frac{2{,}208}{12{,}000}\times100 = 18.4$	1,000	945	$\left(1-\frac{945}{1{,}000}\right)\times100 = 5.5$	$\frac{18.4\times5.5}{100} = 1.0$
20	15	4,368	$\frac{4{,}368}{12{,}000}\times100 = 36.4$	750	688	$\left(1-\frac{688}{750}\right)\times100 = 8.3$	$\frac{36.4\times8.3}{100} = 3.0$
15	10	2,844	$\frac{2{,}844}{12{,}000}\times100 = 23.7$	500	451	$\left(1-\frac{451}{500}\right)\times100 = 9.8$	$\frac{23.7\times9.8}{100} = 2.3$
10	5	2,580	$\frac{2{,}580}{12{,}000}\times100 = 21.5$	300	267	$\left(1-\frac{267}{300}\right)\times100 = 11.0$	$\frac{21.5\times11.0}{100} = 2.4$
합계		12,000					8.7

(1) 허용한도 12%
(2) 적합하다. (골재의 손실 질량비 합계가 8.7%로 허용한도 12% 이내이므로)

02 고정하중(자중 포함) 15.7kN/m, 활하중 47.6kN/m를 지지하는 그림과 같은 단순보가 있다.(단, 인장 철근량 $A_s = 6,360mm^2$, $f_{ck} = 21MPa$, $\lambda = 1.0$)

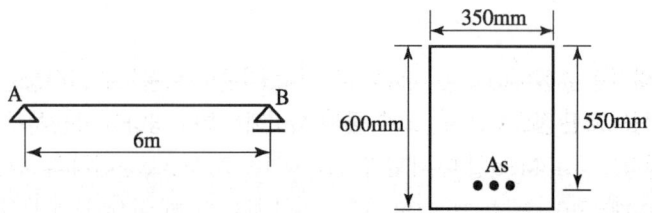

(1) 위험 단면에서의 계수 전단력(V_u)을 구하시오.(단, 작용하는 하중은 하중계수 및 하중조합을 사용하여 계수하중을 적용한다.)

(2) 전단 철근을 필요로 하는 구간의 길이를 구하시오.(단, 지점 A에서부터 거리로 나타내시오.)

풀이

(1) • $\omega = 1.2\omega_D + 1.6\omega_L = 1.2 \times 15.7 + 1.6 \times 47.6 = 95kN/m$

• $V_u = \dfrac{\omega l}{2} - \omega d = \dfrac{95 \times 6}{2} - 95 \times 0.55 = 232.75kN$

(2) • 콘크리트가 부담할 수 있는 전단강도

$$\phi V_c = \phi \dfrac{1}{6} \lambda \sqrt{f_{ck}} b_w d = 0.75 \times \dfrac{1}{6} \times 1.0 \times \sqrt{21} \times 350 \times 550$$

$= 110,268N = 110.2kN$

• 전단력도(SFD)

$(285 - 110.2) : x = 285 : 3$

$\therefore x = \dfrac{174.8 \times 3}{285} = 1.84m$

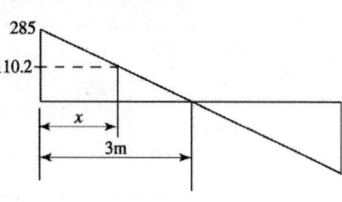

여기서, $S_A = R_A = \dfrac{\omega l}{2} = \dfrac{95 \times 6}{2} = 285kN$

03 염화물 함유량 측정 방법 3가지를 쓰시오.

풀이

(1) 질산은 적정법 (2) 전위차 적정법
(3) 흡광 광도법 (4) 이온 전극법(이온 크로마토그래피법)

04 콘크리트 압축강도 측정치를 보고 다음 물음에 답하시오.

▼콘크리트 압축강도 측정치(MPa)

23.5	33	35	28	26	27	32	28.5
29	26.5	23	33	29	26.5	35	39

(1) 시험은 16회 실시하였다. 표준편차를 구하시오.
(2) 호칭강도가 45MPa일 때 배합강도를 구하시오. 단, 표준편차의 보정계수는 시험횟수 15회 때 1.16, 20회 때 1.08, 25회 때 1.03, 30회 이상일 때 1.0이다.

> **풀이**
>
> (1) • 콘크리트 압축강도 측정치 합계: $\Sigma x = 474$MPa
>
> • 콘크리트 압축강도 평균값: $\bar{x} = \dfrac{474}{16} = 29.63$MPa
>
> • 편차 제곱 합
> $$S = (23.5-29.63)^2 + (33-29.63)^2 + (35-29.63)^2 + (28-29.63)^2$$
> $$+ (26-29.63)^2 + (27-29.63)^2 + (32-29.63)^2 + (28.5-29.63)^2$$
> $$+ (29-29.63)^2 + (26.5-29.63)^2 + (23-29.63)^2 + (33-29.63)^2$$
> $$+ (29-29.63)^2 + (26.5-29.63)^2 + (35-29.63)^2 + (39-29.63)^2$$
> $$= 299.74 \text{MPa}$$
>
> • 표준편차: $\sqrt{\dfrac{S}{n-1}} = \sqrt{\dfrac{299.74}{16-1}} = 4.47$MPa
>
> • 직선 보간한 표준편차: $4.47 \times 1.144 = 5.11$MPa
>
> (2) • $f_{cr} = f_{cn} + 1.34s = 45 + 1.34 \times 5.11 = 51.85$MPa
>
> • $f_{cr} = 0.9f_{cn} + 2.33s = 0.9 \times 45 + 2.33 \times 5.11 = 52.41$MPa
>
> ∴ 두 식 중 큰 값 52.41MPa

05 섬유보강 콘크리트에 사용되는 섬유종류 4가지를 쓰시오.

> **풀이**
>
> (1) 강 섬유 (2) 유리 섬유 (3) 탄소 섬유
> (4) 알라미드 섬유 (5) 비닐론 섬유 (6) 폴리프로필렌 섬유

06 콘크리트용 화학 혼화재(KS F 2560)의 성능에 해당되는 6가지 항목을 쓰시오.

> **풀이**
>
> (1) 감수율 (2) 블리딩 양의 비 (3) 응결시간의 차
> (4) 압축강도비 (5) 길이 변화비 (6) 동결 융해에 대한 저항성

07 콘크리트 알칼리 골재 반응의 방지 대책을 재료의 기준으로 3가지를 쓰시오.

풀이
(1) 반응성 골재의 사용을 억제한다.
(2) 저알칼리 시멘트를 사용한다.
(3) 배합 시 단위 시멘트량을 적게 한다.
(4) 포졸란, 고로 슬래그, 플라이 애시 등의 혼화재료를 사용한다.

08 다음의 품질관리 도구에 대해 간단히 설명하시오.
(1) 히스토그램:
(2) 층별:
(3) 산점도:

풀이
(1) 데이터가 어떻게 분포하고 있는지를 나타내기 위하여 막대그래프로 표현하여 작성하는 그림
(2) 집단을 구성하는 데이터를 특징에 따라 몇 개의 부분 집단으로 나누는 것
(3) 한 쌍의 데이터가 대응하는 상태에서 문제를 발견해 내기 위한 도구

09 콘크리트용 모래에 포함되어 있는 유기불순물 시험과 관련된 다음 물음을 답하시오.
(1) 식별용 표준색 용액 제조 방법을 설명하시오.
(2) 시료를 채취하는 방법에 대해 함수상태, 질량을 포함하여 설명하시오.
(3) 적정성여부 판별법을 설명하시오.

풀이
(1) 10%의 알코올 용액으로 2% 탄닌산 용액을 만들고 그 2.5ml를 3%의 수산화나트륨 용액 97.5ml에 가하여 유리병에 넣어 마개를 닫고 잘 흔든다.
(2) 시료는 대표적인 것을 취하고 공기 중 건조 상태로 건조시켜서 4분법 또는 시료 분취기를 사용하여 약 450g을 채취한다.
(3) 시료를 시험용 무색 투명 유리병에 130ml까지 채우고 여기에 3% 수산화나트륨 용액을 가하여 시료와 용액의 전량이 200ml가 되게 하여 마개를 닫고 잘 흔든 후 24시간 동안 정치한 다음 24시간 동안 정치해 둔 표준색 용액보다 잔골재 상부의 용액색이 연하면 사용 가능하다.

10 다음 그림과 같은 T형 보 단면에 대한 다음 물음에 답하시오.(단, A_S = 8−D35 = 7,653mm², f_{ck} = 21MPa, f_y = 400MPa, 최외측 철근 변형률 ε_t = 0.00427이다.)

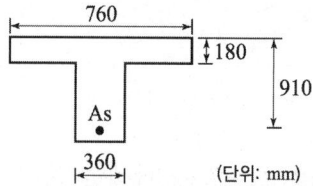

(1) 공칭 휨 모멘트를 구하시오.
(2) 설계 휨 모멘트를 구하시오.

풀이

(1) • T형 보 판별

$$a = \frac{A_s \cdot f_y}{\eta(0.85f_{ck}) \cdot b} = \frac{7,653 \times 400}{1.0 \times (0.85 \times 21) \times 760} = 225.6\text{mm}$$

$a > t(225.6\text{mm} > 180\text{mm})$이므로 T형 보로 해석한다.

• $C_f = T_f$에서 A_{sf}을 구하면

$$\eta(0.85f_{ck})(b-b_w) \cdot t_f = A_{sf} \cdot f_y$$

$$\therefore A_{sf} = \frac{\eta(0.85f_{ck})(b-b_w) \cdot t_f}{f_y}$$

$$= \frac{1.0 \times (0.85 \times 21)(760-360) \times 180}{400} = 3,213\text{mm}^2$$

• $C_w = T_w$에서 a를 구하면

$$\eta(0.85f_{ck}) \cdot a \cdot b_w = (A_s - A_{sf}) \cdot f_y$$

$$\therefore a = \frac{(A_s - A_{sf}) \cdot f_y}{\eta(0.85f_{ck}) \cdot b_w} = \frac{(7,653-3,213) \times 400}{1.0 \times (0.85 \times 21) \times 360} = 276.4\text{mm}$$

• 공칭 휨 모멘트

$$M_n = A_{sf} \cdot f_y\left(d - \frac{t}{2}\right) + (A_s - A_{sf}) \cdot f_y\left(d - \frac{a}{2}\right)$$

$$= 3213 \times 400\left(910 - \frac{180}{2}\right) + (7,653-3,213) \times 400\left(910 - \frac{276.4}{2}\right)$$

$$= 2,424,580,800\text{N} \cdot \text{mm}$$

$$= 2,424.58\text{kN} \cdot \text{m}$$

(2) • 강도감소계수

변형률이 0.002~0.005 사이에 있는 변화구간 단면이므로

$$\phi = 0.65 + (\varepsilon_t - 0.002)\frac{200}{3} = 0.65 + (0.00427 - 0.002)\frac{200}{3} = 0.801$$

• 설계 휨 모멘트

$$\phi M_n = 0.801 \times 2,424.58 = 1,942.09\text{kN} \cdot \text{m}$$

콘크리트 기사 작업형 — 2015년 7월 12일 시행

잔골재 밀도, 콘크리트 배합설계(제한시간 1시간 30분, 배점 15점)

콘크리트 슬럼프, 공기량 시험(제한시간 1시간 30분, 배점 15점)

슈미트 해머 시험(제한시간 1시간, 배점 10점)

콘크리트 기사 필답형 | 2015년 10월 4일 시행

01 블리딩 시험시의 온도는 ((1))±3℃이고, 콘크리트를 용기에 ((2))±0.3cm 높이까지 채운 후 윗면을 고른 후, 처음 60분 ((3))분 간격으로, 그 후엔 ((4))분 간격으로 블리딩이 멈출 때까지 물을 피펫으로 빨아낸다.

> **풀이**
> (1) 20　　(2) 25　　(3) 10　　(4) 30

02 염화물 함유량 측정 방법 4가지를 쓰시오.

> **풀이**
> (1) 질산은 적정법
> (2) 전위차 적정법
> (3) 흡광 광도법
> (4) 이온 전극법
> (5) 비색 시험지법

03 콘크리트용 화학 혼화재(KS F 2560)의 성능에 해당되는 6가지 항목을 쓰시오.

> **풀이**
> (1) 감수율
> (2) 블리딩 양의 비
> (3) 응결시간의 차
> (4) 압축강도비
> (5) 길이 변화비
> (6) 동결 융해에 대한 저항성

04 콘크리트 타설 후 응결이 종료될 때까지 발생하는 초기균열의 종류 4가지를 쓰시오.

(1) 소성수축균열(플라스틱 수축균열)
(2) 침하균열
(3) 거푸집 변형에 따른 균열
(4) 진동·재하에 따른 균열

05 매스 콘크리트의 온도 균열 발생 여부에 따른 검토는 온도 균열 지수에 의해 평가된다. 다음의 물음에 답하시오.

(1) 온도 균열 지수의 정의를 쓰시오.
(2) 온도 균열 지수 범위에 따른 균열정도 3가지를 쓰시오.

(1) 매스 콘크리트의 균열 발생 검토에 쓰이는 것으로 콘크리트의 인장강도를 온도에 의한 인장응력으로 나눈 값
(2) ① 균열 발생을 방지하여야 할 경우: 1.5 이상
　　② 균열 발생을 제한 할 경우: 1.2~1.5
　　③ 유해한 균열 발생을 제한 할 경우: 0.7~1.2

06 다음 그림과 같은 T형 보에서 이 단면의 설계 휨강도를 구하시오.(단, 인장지배 단면으로 $A_s = 8\text{-}D35 = 7,653\text{mm}^2$, $f_{ck} = 21\text{MPa}$, $f_y = 400\text{MPa}$)

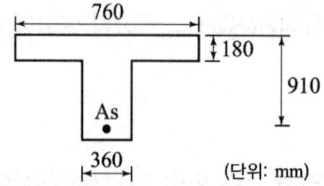
(단위: mm)

• T형 보 판별

$$a = \frac{A_s \cdot f_y}{\eta(0.85 f_{ck}) \cdot b} = \frac{7,653 \times 400}{1.0 \times (0.85 \times 21) \times 760} = 225.6\text{mm}$$

$a > t(225.6\text{mm} > 180\text{mm})$이므로 T형 보로 해석한다.

- $C_f = T_f$에서 A_{sf}을 구하면 $\eta(0.85f_{ck})(b-b_w) \cdot t_f = A_{sf} \cdot f_y$

$$\therefore A_{sf} = \frac{\eta(0.85f_{ck})(b-b_w) \cdot t_f}{f_y}$$

$$= \frac{1.0 \times (0.85 \times 21)(760-360) \times 180}{400} = 3{,}213\text{mm}^2$$

- $C_w = T_w$에서 a를 구하면 $(0.85f_{ck}) \cdot a \cdot b_w = (A_s - A_{sf}) \cdot f_y$

$$\therefore a = \frac{(A_s - A_{sf}) \cdot f_y}{\eta(0.85f_{ck}) \cdot b_w} = \frac{(7{,}653 - 3{,}213) \times 400}{1.0 \times (0.85 \times 21) \times 360} = 276.4\text{mm}$$

- 설계 휨강도

$$\phi M_u = \phi \left\{ A_{sf} \cdot f_y \left(d - \frac{t}{2}\right) + (A_s - A_{sf}) \cdot f_y \left(d - \frac{a}{2}\right) \right\}$$

$$= 0.85 \times \left\{ 3{,}213 \times 400 \left(910 - \frac{180}{2}\right) + (7{,}653 - 3{,}213) \times 400 \left(910 - \frac{276.4}{2}\right) \right\}$$

$$= 2{,}060{,}893{,}680\text{N} \cdot \text{mm}$$

$$= 2{,}060.89\text{kN} \cdot \text{m}$$

07 콘크리트용 모래에 포함되어 있는 유기 불순물 시험에서 식별용 표준색 용액을 만드는데 사용되는 약품의 제조 방법을 쓰시오.

(1) 10%의 알코올 용액을 만든다. 알코올 10g에 물 90g을 넣는다.
(2) 2%의 타닌산 용액을 만든다. 10%의 알코올 용액 9.8g에 타닌산 가루 0.2g을 넣는다.
(3) 3%의 수산화나트륨 용액을 만든다. 물 291g에 수산화나트륨 9g(무게비를 97 : 3)을 넣는다.
(4) 2%의 타닌산 용액 2.5ml에 3%의 수산화나트륨 용액 97.5ml를 넣는다.

08 콘크리트의 동결 열화 보수 방법 2가지를 쓰시오.

(1) 주입·충전공법 (2) 표면처리공법 (3) 표면피복공법 또는 (1) 단면복구공법 (2) 균열 주입공법 (3) 표면보호공법

09 철근의 정착에 대한 내용이다. 물음에 답하시오.
(1) 정착길이의 정의를 간단히 쓰시오.
(2) 해당되는 기본 정착길이 공식을 쓰시오.
　① 확대머리 이형철근의 인장에 대한 정착길이
　② 인장 이형철근의 기본 정착길이
　③ 압축 이형철근의 기본 정착길이
　④ 표준 갈고리를 갖는 인장 이형철근의 기본 정착길이

풀이
(1) 위험 단면에서 철근의 설계기준 항복강도를 발휘하는데 필요한 최소 묻힘길이

(2) ① $l_{dt} = 0.19 \dfrac{\beta f_y d_b}{\sqrt{f_{ck}}}$　　② $l_{db} = \dfrac{0.6\, d_b f_y}{\lambda \sqrt{f_{ck}}}$

　　③ $l_{db} = \dfrac{0.25\, d_b f_y}{\lambda \sqrt{f_{ck}}}$　　④ $l_{hb} = \dfrac{0.24\, \beta\, d_b f_y}{\lambda \sqrt{f_{ck}}}$

10 잔골재의 밀도 및 흡수율 시험을 한 결과 다음과 같다. 물음에 답하시오.(단, ρ_w = 0.997g/cm³이며 소수 셋째 자리에서 반올림한다.)

〈시험 결과〉
- 표면건조 포화 상태의 공기 중 질량: 500g
- 노건조 시료의 공기 중 질량: 494.5g
- 물을 검정선까지 채운 플라스크 질량: 689.6g
- 시료와 물을 검정선까지 채운 플라스크 질량: 998g

(1) 상대 겉보기 밀도를 구하시오.
(2) 표면건조 포화 상태의 밀도를 구하시오.
(3) 절대건조 밀도를 구하시오.

풀이
(1) 상대 겉보기 밀도 $= \dfrac{494.5}{689.6 + 494.5 - 998} \times 0.997 = 2.65\,\text{g/cm}^3$

(2) 표건 밀도 $= \dfrac{500}{689.6 + 500 - 998} \times 0.997 = 2.60\,\text{g/cm}^3$

(3) 절건 밀도 $= \dfrac{494.5}{689.6 + 500 - 998} \times 0.997 = 2.58\,\text{g/cm}^3$

11 동결 융해 작용에 대하여 구조물의 성능을 만족하기 위한 상대동탄성계수의 최소 한계값(%)을 쓰시오.(단, 기상작용이 심하고 동결 융해가 자주 반복되는 옹벽 구조물이다.)

(1) 단면의 두께가 200mm 초과일 경우
(2) 단면의 두께가 200mm 이하일 경우

(1) 70%
(2) 85%

콘크리트 기사 　작업형　 ｜ 2015년 10월 4일 시행

제1과제

잔골재 밀도, 콘크리트 배합설계(제한시간 1시간 30분, 배점 15점)

제2과제

콘크리트 슬럼프, 공기량 시험(제한시간 1시간 30분, 배점 15점)

제3과제

슈미트 해머 시험(제한시간 1시간, 배점 10점)

콘크리트 기사 필답형 — 2016년 4월 17일 시행

01 시멘트 성분 중 클링커 조성광물 4가지를 쓰시오.

풀이
(1) 규산 3석회(C_3S) (2) 규산 2석회(C_2S)
(3) 알루민산 3석회(C_3A) (4) 알루민산철 4석회(C_4AF)

02 V_u =60kN일 때 전단철근의 보강 없이 콘크리트만으로 지지하고자 할 때 최소 유효깊이는 얼마인가?(단, b = 400mm, f_{ck} = 21MPa, f_y = 400MPa, λ = 1.0)

풀이
$$V_u \leq \frac{1}{2}\phi V_c$$
$$V_u \leq \frac{1}{2}\phi \frac{1}{6}\lambda \sqrt{f_{ck}}\, b\, d$$
$$60,000 = \frac{1}{2} \times 0.75 \times \frac{1}{6} \times 1.0 \times \sqrt{21} \times 400 \times d$$
$$\therefore d = 523.72\text{mm}$$

03 고유동 콘크리트에 대한 내용이다. 물음에 답하시오.
(1) 정의를 간단히 쓰시오.
(2) 재료 분리 저항성 2가지를 쓰시오.

풀이
(1) 굳지 않은 상태에서 재료 분리 없이 높은 유동성을 가지면서 다짐 작업 없이 자기 충전성이 가능한 콘크리트
(2) ① 슬럼프 플로시험 후 콘크리트 중앙부에는 굵은 골재가 모여 있지 않고 주변부에는 페이스트가 분리되지 않아야 한다.
② 슬럼프 플로 500mm 도달시간 3~20초 범위를 만족하여야 한다.

04 어떤 골재의 체가름 시험을 한 결과이다. 이 골재의 조립률을 구하시오.

체(mm)	남은 양(g)
50	0
40	430
25	2,140
20	3,920
15	1,630
10	1,160
5	720

풀이

체(mm)	남은 양(g)	잔유율(%)	가적 잔유율(%)
50	0	0	0
★40	430	4.3	4.3
25	2,140	21.4	25.7
★20	3,920	39.2	64.9
15	1,630	16.3	81.2
★10	1,160	11.6	92.8
★5	720	7.2	100
계	10,000		

- 골재의 조립률은 ★표가 있는 체와 2.5, 1.2, 0.6, 0.3, 0.15mm 체의 가적 잔유율을 이용한다.
- $\text{FM} = \dfrac{4.3 + 64.9 + 92.8 + 100 + 500}{100} = 7.62$

05 $b = 300\text{mm}$, $d = 550\text{mm}$, $d' = 50\text{mm}$, $A_s = 4{,}950\text{mm}^2$, $A_s' = 1{,}764\text{mm}^2$ 인 복철근 직사각형 보에 대한 다음 물음에 답하시오.(단, 압축철근이 항복하는 경우로 $f_{ck} = 21\text{MPa}$, $f_y = 400\text{MPa}$임)

(1) 복철근보를 설계할 경우 효과 2가지를 쓰시오.
(2) 중립축까지 거리 c 값은?
(3) 설계 휨강도(ϕM_n)는?

[풀이]

(1) ① 단면의 크기가 제한을 받아 단철근보로서는 휨 모멘트를 견딜 수 없는 경우
② 정(+), 부(−)의 모멘트를 교대로 받는 부재
③ 부재의 처짐을 극소화시켜야 할 경우
④ 연성을 극대화시키기 위한 경우

(2) • $a = \dfrac{(A_s - A_s')f_y}{\eta(0.85 f_{ck})b} = \dfrac{(4,950 - 1,764) \times 400}{1.0(0.85 \times 21) \times 300} = 238\text{mm}$

• $a = \beta_1 \cdot c$

∴ $c = \dfrac{a}{\beta_1} = \dfrac{238}{0.8} = 297.5\text{mm}$

(3) • $\varepsilon_t = 0.0033 \times \dfrac{d-c}{c} = 0.0033 \times \dfrac{550 - 297.5}{297.5} = 0.0028$

$0.002 < \varepsilon_t < 0.005$ 이므로

$\phi = 0.65 + (\varepsilon_t - 0.002)\dfrac{200}{3} = 0.65 + (0.0028 - 0.002) \times \dfrac{200}{3} = 0.703$

• $\phi M_n = \phi\left\{(A_s - A_s')f_y\left(d - \dfrac{a}{2}\right) + A_s' f_y(d - d')\right\}$

$= 0.703\left\{(4,950 - 1,764) \times 400 \times \left(550 - \dfrac{238}{2}\right) + 1,764 \times 400 \times (550 - 50)\right\}$

$= 633,704,728\text{N} \cdot \text{mm} = 633.7\text{kN} \cdot \text{m}$

---

06 콘크리트용 모래에 포함되어 있는 유기불순물 시험과 관련된 다음 물음을 답하시오.

(1) 식별용 표준색 용액 제조 방법을 설명하시오.
(2) 유기물이 함유된 모래를 사용하면 콘크리트에 어떤 영향을 미치는가?
(3) 적정성 여부 판별법을 설명하시오.

[풀이]

(1) 10%의 알코올 용액으로 2% 탄닌산 용액을 만들고 그 2.5ml를 3%의 수산화나트륨 용액 97.5ml에 가하여 유리병에 넣어 마개를 닫고 잘 흔든다.
(2) 콘크리트의 경화에 영향을 끼치며 콘크리트의 강도, 내구성 및 안정을 해친다.
(3) 시료를 시험용 무색 투명 유리병에 130ml까지 채우고 여기에 3% 수산화나트륨 용액을 가하여 시료와 용액의 전량이 200ml가 되게 하여 마개를 닫고 잘 흔든 후 24시간 동안 정치한 다음 24시간 동안 정치해 둔 표준색 용액보다 잔골재 상부의 용액 색이 연하면 사용 가능하다.

07 콘크리트의 알칼리 골재 반응을 검사하였다. 물음에 답하시오.

(1) Na_2O는 0.43%, K_2O는 0.4%일 때 전 알칼리량을 구하시오.
(2) 알칼리 골재 반응의 종류 2가지를 쓰시오.

풀이
(1) 전알칼리량 $= Na_2O + 0.658 \times K_2O = 0.43 + 0.658 \times 0.4 = 0.69\%$
(2) • 알칼리-실리카반응
    • 알칼리-실리케이트반응
    • 알칼리-탄산염반응

08 레디믹스트 콘크리트(KS F 4009)의 제조시 각 재료의 1회분 계량 한계 오차를 쓰시오.

재료의 종류	측정 단위	1회 계량오차
시멘트	질량	-1%, +2%
골재	질량	( )
물	질량 또는 부피	( )
혼화재	질량	( )
혼화제	질량 또는 부피	( )

풀이

재료의 종류	측정 단위	1회 계량오차
시멘트	질량	-1%, +2%
골재	질량	(±3% 이내)
물	질량 또는 부피	(-2%, +1%)
혼화재	질량	(±2% 이내)
혼화제	질량 또는 부피	(±3% 이내)

09 시방 배합 결과 물 150kg/m³, 시멘트 300kg/m³, 잔골재 700kg/m³, 굵은 골재 1,200kg/m³을 얻었다. 현장에서의 골재의 입도는 잔골재 속에 5mm 체에 남는 양이 3.5%, 굵은 골재 속에 5mm 체를 통과하는 양이 6.5%였다. 잔골재 및 굵은 골재의 표면수가 각각 2%와 1%일 경우 현장 배합상의 단위 잔골재량, 단위 굵은 골재량, 단위 수량을 구하시오.

(1) 입도 보정
- 단위 잔골재량 = $\dfrac{100S-b(S+G)}{100-(a+b)} = \dfrac{100 \times 700 - 6.5(700+1,200)}{100-(3.5+6.5)}$
  $= 640.56 \text{kg/m}^3$
- 단위 굵은 골재량 = $\dfrac{100G-a(S+G)}{100-(a+b)} = \dfrac{100 \times 1,200 - 3.5(700+1,200)}{100-(3.5+6.5)}$
  $= 1,259.44 \text{kg/m}^3$

(2) 표면수 보정
- 단위 잔골재량 = $640.56 + (640.56 \times 0.02) = 653.37 \text{kg/m}^3$
- 단위 굵은 골재량 = $1,259.44 + (1,259.44 \times 0.01) = 1,272.03 \text{kg/m}^3$
- 단위 수량 = $150 - (640.56 \times 0.02 + 1,259.44 \times 0.01) = 124.59 \text{kg/m}^3$

10 콘크리트 타설 시 허용 이어치기 시간 규정에 대한 물음에 답하시오.
 (1) 외 기온이 25℃ 초과하는 경우 허용시간은?
 (2) 외 기온이 25℃ 이하의 경우 허용시간은?
 (3) 허용 이어치기 시간 간격의 정의를 쓰시오.

(1) 2시간
(2) 2.5시간
(3) 콘크리트 비비기 시작에서부터 하층 콘크리트 타설 완료한 후 정치시간을 포함하여 상층 콘크리트가 타설되기까지의 시간이다.

11 동해를 받은 콘크리트 구조물의 손상 4가지를 쓰시오.

(1) 미세균열
(2) 표면 박리
(3) 팝아웃
(4) 부재의 처짐 및 변형

콘크리트 기사 작업형 | 2016년 4월 17일 시행

잔골재 밀도, 콘크리트 배합설계(제한시간 1시간 30분, 배점 15점)

콘크리트 슬럼프, 공기량 시험(제한시간 1시간 30분, 배점 15점)

슈미트 해머 시험(제한시간 1시간, 배점 10점)

콘크리트 기사 필답형 — 2016년 6월 26일 시행

01 콘크리트 염해의 방지대책을 4가지만 쓰시오.

(1) 콘크리트 재료 및 배합시 염화물 이온량을 적게 한다.
(2) 물-결합재비를 작게 하여 수밀한 콘크리트로 시공한다.
(3) 해사를 충분히 세척하여 염분을 제거하고 사용한다.
(4) 수지도장 철근을 사용한다.
(5) 피복 두께를 크게 하여 균열 폭을 작게 한다.
(6) 콘크리트 표면을 합성수지 등의 재료로 피복한다.

02 시멘트 속에 Na_2O는 0.43%, K_2O는 0.4%의 알칼리 함유량을 갖고 있다. 다음 물음에 답하시오.

(1) 시멘트 중 전 알칼리량을 구하시오.
(2) 알칼리 골재 반응의 방지 대책을 재료의 기준으로 4가지를 쓰시오.

(1) 전 알칼리량
  $Na_2O + 0.658 K_2O = 0.43 + 0.658 \times 0.4 = 0.69\%$
(2) ① 반응성 골재의 사용을 억제한다.
  ② 저알칼리 시멘트를 사용한다.
  ③ 배합 시 단위 시멘트량을 적게 한다.
  ④ 포졸란, 고로 슬래그, 플라이 애시 등의 혼화재료를 사용한다.
  ⑤ 방수액을 이용하여 표면을 마감한다.

03 $b = 300$mm, $d = 500$mm, $A_s = 2{,}753$mm²인 직사각형 단철근 보에 대한 다음 물음에 답하시오.(단, $f_y = 300$MPa, $f_{ck} = 24$MPa이다.)

(1) 파괴형태를 판정하시오.
(2) 보의 압축응력 사각형의 깊이 a를 구하시오.
(3) 강도 감소 계수를 구하시오.
(4) 설계 휨강도를 구하시오.

풀이

(1) 균형 철근비 $\rho_b = 0.85\beta_1 \dfrac{f_{ck}}{f_y} \dfrac{600}{600+f_y}$

$\qquad\qquad\qquad = 0.85 \times 0.85 \times \dfrac{24}{300} \times \dfrac{600}{600+300} = 0.03853$

철근비 $\rho = \dfrac{A_s}{bd} = \dfrac{2{,}753}{300 \times 500} = 0.01835$

∴ $\rho < \rho_b$이므로 연성파괴

(2) $a = \dfrac{A_s \cdot f_y}{\eta(0.85 f_{ck})b} = \dfrac{2{,}753 \times 300}{1.0 \times (0.85 \times 24) \times 300} = 134.95$mm

(3) • $c = \dfrac{a}{\beta_1} = \dfrac{134.95}{0.8} = 168.7$mm

• $\varepsilon_t = 0.0033\left(\dfrac{d-c}{c}\right) = 0.0033\left(\dfrac{500-168.7}{168.7}\right) = 0.00648$

순인장 변형률(ε_t)이 0.005 이상이므로 인장지배 단면으로 $\phi = 0.85$이다.

(4) $\phi M_n = \phi TZ = \phi A_s f_y \left(d - \dfrac{a}{2}\right)$

$\qquad\quad = 0.85 \times 2{,}753 \times 300 \left(500 - \dfrac{134.95}{2}\right)$

$\qquad\quad = 303{,}639{,}038$N·mm $= 303.64$kN·m

04 콘크리트 압축강도 측정치를 보고 다음 물음에 답하시오.

▼ 콘크리트 압축강도 측정치(MPa)

23.5	33	35	28	26	
27	32	28.5	29	26.5	23
33	29	26.5	35		

(1) 시험은 15회 실시하였다. 표준편차를 구하시오.
(2) 호칭강도가 40MPa일 때 배합강도를 구하시오.

[풀이]

(1) 표준편차
- 콘크리트 압축강도 측정치 합계: $\sum x = 435 \text{MPa}$
- 콘크리트 압축강도 평균값: $\bar{x} = \dfrac{435}{15} = 29 \text{MPa}$
- 편차 제곱합

$$S = (23.5-29)^2 + (33-29)^2 + (35-29)^2 + (28-29)^2 + (26-29)^2$$
$$+ (27-29)^2 + (32-29)^2 + (28.5-29)^2 + (29-29)^2 + (26.5-29)^2$$
$$+ (23-29)^2 + (33-29)^2 + (29-29)^2 + (26.5-29)^2 + (35-29)^2$$
$$= 206 \text{MPa}$$

- 표준편차: $\sigma = \sqrt{\dfrac{S}{n-1}} = \sqrt{\dfrac{206}{15-1}} = 3.84 \text{MPa}$
- 직선보간 한 표준편차: $3.84 \times 1.16 = 4.45 \text{MPa}$

(2) 배합강도
- $f_{cr} = f_{cn} + 1.34S = 40 + 1.34 \times 4.45 = 45.96 \text{MPa}$
- $f_{cr} = 0.9 f_{cn} + 2.33S = 0.9 \times 40 + 2.33 \times 4.45 = 46.37 \text{MPa}$

∴ 두 식 중 큰 값 46.37MPa

[보충] ① 시방서에서는 콘크리트를 생산하고자 하는 생산설비에 의해 유사한 재료와 조건을 사용하여 30회 이상의 연속된 강도시험 결과가 얻어졌을 때 그 값을 표준편차로 사용할 수 있도록 하였다. 표준편차는 $\sqrt{\dfrac{S}{n-1}}$ 식에 의해 구한다. 만약 압축강도 시험횟수가 30회 미만이며 15회 이상이면 표준편차 $= \sqrt{\dfrac{S}{n-1}} \times$ 보정계수로 한다.

② 시험횟수가 29회 이하일 때 표준편차의 보정계수

시험횟수	표준편차의 보정계수
15	1.16
20	1.08
25	1.03
30 이상	1.00

여기서, 시험횟수 15~20회 사이의 직선보간 한 보정계수값은 16회 때 1.144, 17회 때 1.128, 18회 때 1.112, 19회 때 1.096이 된다.

05 콘크리트 컨시스턴시를 구하는 시험 방법 4가지를 쓰시오.

(1) Slump Test - 슬럼프 시험
(2) VB Test - 비비 시험
(3) Kellyball Test - 구관입 시험
(4) Flow Test - 흐름시험
(5) Remolding Test
(6) 다짐계수

06 콘크리트의 동결 융해 저항성 측정 시 사용되는 1사이클의 온도 범위와 시간을 쓰시오.
(1) 동결 융해 1사이클의 원칙적인 온도 범위를 쓰시오.
(2) 동결 융해 1사이클의 소요시간 범위를 쓰시오.

풀이
(1) 4℃에서 −18℃로 떨어지고 다음에 −18℃에서 4℃로 상승하는 것
(2) 2~4시간

07 지름이 100mm, 길이가 50mm인 공시체를 사용하여 콘크리트 압축강도시험을 한 결과 최대 파괴하중이 157kN이었다. h/d의 비에 의한 표준 공시체의 계숫값이 아래 표와 같을 때 환산 계숫값을 적용한 표준 공시체의 압축강도는 얼마인가?

▼ 표준 공시체의 환산 계수표

공시체의 h/d비	2.0	1.75	1.50	1.40	1.25	1.0	0.75	0.5
환산계수	1.0	0.98	0.96	0.94	0.90	0.85	0.70	0.5

풀이

$$f = \frac{P}{A} = \frac{157{,}000}{\frac{\pi \times 100^2}{4}} = 19.99 \text{N/mm}^2 = 19.99 \text{MPa}$$

- h/d의 비 $\frac{50}{100} = 0.5$이므로, 환산계수 0.5를 적용하면

∴ $19.99 \times 0.5 = 9.995 ≒ 10\text{MPa}$

08 골재의 단위 용적 질량 및 실적률 시험 방법(KS F 2505)에 대한 다음 물음에 답하시오.
(1) 굵은 골재의 최대치수가 10mm일 때 용기용적, 다짐 횟수는?
(2) 시료를 충격으로 채워 넣어야 하는 경우에 대해 2가지를 쓰시오.
(3) 충격으로 시료를 채워 넣는 방법을 쓰시오.
(4) 시료의 질량 16,605g, 용기의 용적 10,062cm³, 골재의 흡수율 1.5%, 골재의 표면 건조 포화 밀도 2.63g/cm³일 때 공극률을 구하시오.

풀이

(1) 2~3L, 1층당 20회
(2) ① 굵은 골재의 치수가 커서 봉 다지기가 곤란한 경우
　　② 시료를 손상할 염려가 있는 경우
(3) • 용기를 콘크리트 바닥과 같은 튼튼하고 수평인 바닥 위에 놓고 시료를 거의 같은 3층으로 나누어 채운다.
　　• 각 층마다 용기의 한 쪽을 약 5cm 들어 올려서 바닥을 두드리듯이 낙하시킨다.
　　• 다음으로 반대쪽을 약 5cm 들어 올려 낙하시키고 각각을 교대로 25회, 전체적으로 50회 낙하시켜서 다진다.
(4) • 골재의 실적률

$$G = \frac{T}{d_s} \times (100 + Q) = \frac{1.65}{2.63} \times (100 + 1.5) = 63.6\%$$

여기서, 단위 용적 질량: $T = \dfrac{m}{V} = \dfrac{16.605 (\text{kg})}{10.062 (\ell)} = 1.65 \text{kg}/l$

d_s: 골재의 표건 밀도(kg/l)
Q: 골재의 흡수율(%)

• 공극률: 100 − 실적률 = 100 − 63.6 = 36.4%

 골재의 실적률

$$G = \frac{T}{d_D} \times 100$$

여기서, d_D: 골재의 절건 밀도(kg/l)

09 고유동 콘크리트 자기충전성의 3가지 등급에 대하여 쓰시오.

(1) 1등급:
(2) 2등급:
(3) 3등급:

풀이

(1) 1등급: 최소철근순간격 35~60mm 정도의 복잡한 단면 형상, 단면치수가 작은 부재 또는 부위에서 자기 충전성을 가지는 성능
(2) 2등급: 최소철근순간격 60~200mm 정도의 철근 콘크리트 구조물 또는 부재에서 자기 충전성을 가지는 성능
(3) 3등급: 최소철근순간격 200mm 정도 이상으로 단면치수가 크고 철근량이 적은 부재 또는 부위, 무근 콘크리트 구조물에서 자기 충전성을 가지는 성능

10 콘크리트의 탄산화에 대한 물음에 답하시오.

(1) 탄산화의 판정에 사용되는 1% 페놀프탈레인 시약을 만드는 방법을 쓰시오.

(2) 탄산화 깊이 측정 방법 2가지를 쓰시오.

[예] 쪼아내기에 의한 방법

풀이

(1) 95% 에탄올 90ml에 페놀프탈레인 분말 1g을 녹여 물을 첨가하여 100ml로 한 것이다.

(2) ① $\sqrt{t}$ 법칙
　　② 촉진시험
　　③ 물리 화학적 모델에 의한 계산

콘크리트 기사 작업형 | 2016년 6월 26일 시행

잔골재 밀도, 콘크리트 배합설계(제한시간 1시간 30분, 배점 15점)

콘크리트 슬럼프, 공기량 시험(제한시간 1시간 30분, 배점 15점)

슈미트 해머 시험(제한시간 1시간, 배점 10점)

콘크리트 기사 필답형 — 2016년 10월 9일 시행

01 잔골재 체가름 시험결과 각 체의 잔류량이 다음과 같을 때 조립률을 구하시오.

체 크기(mm)	5	2.5	1.2	0.6	0.3	0.15	PAN
잔류량(g)	5	36	104	110	142	95	8

풀이

체 크기(mm)	잔류량(g)	잔류율(%)	가적 잔류율(%)
5	5	5/500×100 = 1	1
2.5	36	36/500×100 = 7.2	1+7.2 = 8.2
1.2	104	104/500×100 = 20.8	8.2+20.8 = 29
0.6	110	110/500×100 = 22	29+22 = 51
0.3	142	142/500×100 = 28.4	51+28.4 = 79.4
0.15	95	95/500×100 = 19	79.4+19 = 98.4
PAN	8	8/500×100 = 1.6	–
합계	500	–	–

$$\therefore \text{FM} = \frac{1+8.2+29+51+79.4+98.4}{100} = 2.67$$

02 모르타르 및 콘크리트의 길이 변화 시험 방법(KSF 2424)에 있는 길이 변화 측정 방법 두 가지를 쓰시오.

풀이

(1) 콤퍼레이터 방법
(2) 콘택트 게이지 방법
(3) 다이얼 게이지 방법

03 시멘트 안정성에 대해 아래의 물음에 답하시오.
(1) 시멘트의 안정성에 대해 간단히 설명하시오.
(2) 시멘트의 안정도를 알아보기 위한 시험의 명칭을 쓰시오.

(1) 시멘트가 경화 도중에 체적팽창을 일으켜 균열이 생기거나 뒤틀림 등의 변형을 일으키지 않는 성질
(2) 시멘트의 오토클레이브 팽창도 시험

04 철근 콘크리트 슬래브의 설계에서 직접 설계법을 적용할 수 있는 제한 사항 3가지를 쓰시오.

[예시] 각 방향으로 3경간 이상 연속되어야 한다.

(1) 직사각형 슬래브로 장변이 단변의 2배 이하이어야 한다.
(2) 각 방향으로 연속한 받침부 경간 길이의 차이는 긴 경간의 1/3 이하이어야 한다.
(3) 연속한 기둥 중심선으로부터 기둥의 이탈은 이탈 방향 경간의 최대 10%까지 허용된다.
(4) 모든 하중은 등분포된 연직하중으로 활하중은 고정하중의 2배 이하이어야 한다.

05 콘크리트의 압축강도에 영향을 미치는 시험 조건에 대해서 2가지만 쓰시오.

(1) 재하속도
(2) 공시체 표면 상태
(3) 공시체 함수량
(4) 공시체 모양과 크기
(5) 공시체 양생 온도 등

06 활하중(w_L)이 57kN/m를 지지하는 그림과 같은 단순보가 있다.(단, 콘크리트의 단위 질량은 25kN/m³, f_y=400MPa, A_s=2,742mm², f_{ck}=21MPa, λ=1.0)

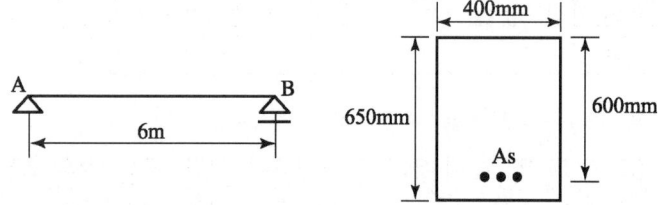

(1) 단철근보에서 설계 휨강도를 구하시오.

(2) ① 보에 작용하는 계수하중을 구하시오.

② 보의 위험 단면에서 전단보강 철근이 부담해야 할 전단력(V_s)을 구하시오.

풀이

(1) • $a = \dfrac{A_s f_y}{\eta(0.85 f_{ck})b} = \dfrac{2,742 \times 400}{1.0 \times (0.85 \times 21) \times 400 (0.85 \times 21) \times 400} = 153.6\text{mm}$

• $f_{ck} < 40\text{MPa}$이므로 $\eta = 1.0$, $\beta_1 = 0.8$

• $c = \dfrac{a}{\beta_1} = \dfrac{153.6}{0.8} = 192\text{mm}$

• $\varepsilon_t = \dfrac{0.0033(d-c)}{c} = \dfrac{0.0033(600-192)}{192}$
  $= 0.007 > 0.005$ (인장지배)

∴ $\phi = 0.85$

• $\phi M_n = \phi A_s f_y \left(d - \dfrac{a}{2}\right)$
  $= 0.85 \times 2,742 \times 400 \left(600 - \dfrac{153.6}{2}\right)$
  $= 487,768,896\text{N} \cdot \text{mm} = 487.77\text{kN} \cdot \text{m}$

(2) ① $w = 1.2 w_D + 1.6 w_L = 1.2 \times (25 \times 0.4 \times 0.65) + 1.6 \times 57 = 99\text{kN/m}$

② • 위험 단면에서의 계수전단력

$V_u = \dfrac{wl}{2} - wd = \dfrac{99 \times 6}{2} - 99 \times 0.6 = 237.6\text{kN}$

• $V_u = \phi(V_c + V_s) = \phi\left(\dfrac{1}{6}\lambda\sqrt{f_{ck}}\,b_w\,d + V_s\right)$

$237,600 = 0.75\left(\dfrac{1}{6} \times 1.0 \times \sqrt{21} \times 400 \times 600 + V_s\right)$

∴ $V_s = 133,497\text{N} = 133.5\text{kN}$

07 콘크리트 압축강도 측정치를 보고 다음 물음에 답하시오.

▼ 콘크리트 압축강도 측정치(MPa)

23.5	33	35	28	26	27	32	28.5
29	26.5	23	33	29	26.5	35	39

(1) 시험은 16회 실시하였다. 표준편차를 구하시오.
(2) 호칭강도가 45MPa일 때 배합강도를 구하시오.(단, 표준편차의 보정계수는 시험횟수 15회 때 1.16, 20회 때 1.08, 25회 때 1.03, 30회 이상일 때 1.0이다.)

풀이

(1) • 콘크리트 압축강도 측정치 합계: $\sum x = 474$ MPa

• 콘크리트 압축강도 평균값: $\bar{x} = \dfrac{474}{16} = 29.63$ MPa

• 편차 제곱 합
$$\begin{aligned}S =\ & (23.5-29.63)^2 + (33-29.63)^2 + (35-29.63)^2 + (28-29.63)^2 \\ & + (26-29.63)^2 + (27-29.63)^2 + (32-29.63)^2 + (28.5-29.63)^2 \\ & + (29-29.63)^2 + (26.5-29.63)^2 + (23-29.63)^2 + (33-29.63)^2 \\ & + (29-29.63)^2 + (26.5-29.63)^2 + (35-29.63)^2 + (39-29.63)^2 \\ =\ & 299.74 \text{MPa}\end{aligned}$$

• 표준편차: $\sqrt{\dfrac{S}{n-1}} = \sqrt{\dfrac{299.74}{16-1}} = 4.47$ MPa

• 직선 보간한 표준편차: $4.47 \times 1.144 = 5.11$ MPa

(2) • $f_{cr} = f_{cn} + 1.34s = 45 + 1.34 \times 5.11 = 51.85$ MPa

• $f_{cr} = 0.9 f_{cn} + 2.33 s = 0.9 \times 45 + 2.33 \times 5.11 = 52.41$ MPa

∴ 두 식 중 큰 값 52.41MPa

08 레미콘 타설 현장에서 굳지 않은 콘크리트의 단위 수량을 신속하게 측정할 수 있는 시험방법을 3가지만 쓰시오.

풀이

(1) 가열건조법(고주파 가열법)
(2) 단위 용적 질량법
(3) 정전용량법
(4) 염분농도차법

09 기존 콘크리트 구조물의 비파괴시험에 대한 아래의 물음에 답하시오.

(1) 초음파 전달속도를 이용한 비파괴검사법으로 콘크리트 균열 깊이 측정에 이용되고 있는 검사 방법을 4가지만 쓰시오.

(2) 철근 위치를 추정함으로써 다른 비파괴검사를 위한 예비 정보를 얻는 것과 피복두께 부족에 따른 조기 열화의 가능성을 판단하기 위하여 실시하는 비파괴검사법을 2가지만 쓰시오.

(3) 기존 콘크리트 구조물 중 철근 부식 상황을 파악하기 위하여 실시하는 비파괴시험법을 2가지만 쓰시오.

풀이

(1) ① T법　　　　　　　　　② Tc – To법
　　③ BS법　　　　　　　　④ 레슬리법
　　⑤ 위상 변화를 이용하는 방법　⑥ SH파를 이용하는 방법

(2) ① 전자파 레이더법　　　② 전자기장 유도법

(3) ① 자연 전위법　　　　　② 표면 전위차법
　　③ 분극 저항법　　　　　④ 전기 저항법

10 다음의 각 시험 결과에 대한 정밀도의 규정을 아래의 표와 같이 쓰시오.

[예시] 잔골재의 밀도시험: 그 측정값의 평균값과 차가 $0.01g/cm^3$ 이하이어야 한다.

(1) 잔골재의 흡수율시험:
(2) 굵은 골재의 흡수율시험:
(3) 시멘트 밀도시험:

풀이

(1) 그 측정값의 평균값과 차가 0.05% 이하이어야 한다.
(2) 그 측정값의 평균값과 차가 0.03% 이하이어야 한다.
(3) 2회 측정한 결과가 $±0.03g/cm^3$ 이내이어야 한다.

콘크리트 기사 작업형 | 2016년 10월 9일 시행

잔골재 밀도, 콘크리트 배합설계(제한시간 1시간 30분, 배점 15점)

콘크리트 슬럼프, 공기량 시험(제한시간 1시간 30분, 배점 15점)

슈미트 해머 시험(제한시간 1시간, 배점 10점)

콘크리트 기사 필답형 — 2017년 4월 16일 시행

01 굳은 콘크리트 시험에 대한 아래 물음에 답하시오.
(1) 콘크리트 압축강도 시험(KSF 2405)에서 공시체에 하중을 가하는 속도에 대해 설명하시오.
(2) 콘크리트 휨강도 시험(KSF 2408)에서 공시체에 하중을 가하는 속도에 대해 설명하시오.
(3) 급속 동결 융해에 대한 콘크리트의 저항시험(KSF 2456)에서 동결 융해 1사이클의 기준에 대해 설명하시오.

풀이
(1) 0.6 ± 0.2MPa/sec
(2) 0.06 ± 0.04MPa/sec
(3) ① 동결 융해 1사이클은 공시체 중심부의 온도를 원칙으로 하며 원칙적으로 4℃에서 −18℃로 떨어지고, 다음에 −18℃에서 4℃로 상승되는 것으로 한다.
② 각 사이클에서 공시체 중심부의 최고 및 최저 온도는 각각 4 ± 2℃ 및 −18 ± 2℃의 범위 내에 있어야 하고 언제라도 공시체의 온도가 −20℃ 이하 또는 6℃ 이상이 되어서는 안 된다.
③ 동결 융해 1사이클의 소요시간은 2시간 이상 4시간 이하로 한다.

02 콘크리트 알칼리 골재 반응에 대한 물음에 답하시오.
(1) 알칼리 골재 반응의 종류 3가지를 쓰시오.
(2) 알칼리 골재 반응의 방지 대책을 재료의 기준으로 4가지를 쓰시오.

풀이
(1) ① 알칼리-실리카 ② 알칼리-탄산염 ③ 알칼리-실리케이트
(2) ① 반응성 골재의 사용을 억제한다.
② 저알칼리 시멘트를 사용한다.
③ 배합 시 단위 시멘트량을 적게 한다.
④ 포졸란, 고로 슬래그, 플라이 애시 등의 혼화재료를 사용한다.
⑤ 방수액을 이용하여 표면을 마감한다.

03 폭이 300mm, 유효깊이가 450mm인 직사각형 단철근 보에서 $f_{ck}=24$MPa, $A_v=142.6$mm^2, $f_{yt}=350$MPa, $\lambda=1.0$, 스터럽 간격은 200mm일 때 물음에 답하시오.

(1) 수직 스터럽을 사용한 경우 전단철근의 공칭 전단강도는?
(2) 60° 각도로 구부린 경사 스터럽을 사용한 경우 ϕV_n를 구하시오.

풀이

(1) $V_s = \dfrac{A_v f_{yt} d}{s} = \dfrac{142.6 \times 350 \times 450}{200} = 112{,}298\text{N} = 112.3\text{kN}$

(2) • $V_c = \dfrac{1}{6}\lambda\sqrt{f_{ck}}\, b_\omega d = \dfrac{1}{6} \times 1.0 \times \sqrt{24} \times 300 \times 450 = 110{,}227\text{N} = 110.2\text{kN}$

• $V_s = \dfrac{A_v f_{yt}(\sin\alpha + \cos\alpha)d}{s} = \dfrac{142.6 \times 350(\sin 60°+\cos 60°)\times 450}{200}$

$= 153{,}401\text{N} = 153.4\text{kN}$

$\therefore \phi V_n = \phi(V_c + V_s) = 0.75(110.2 + 153.4) = 197.7\text{kN}$

04 중성화의 판정에 사용되는 1% 페놀프탈레인 시약을 만드는 방법을 쓰시오.

풀이

95% 에탄올 90ml에 페놀프탈레인 분말 1g을 녹여 물을 첨가하여 100ml로 한 것이다.

05 그림과 같은 단면에서 설계 휨강도 ϕM_n를 구하시오.(단, 인장지배 단면으로 $A_s=1{,}560$mm^2, $f_{ck}=21$MPa, $f_y=400$MPa)

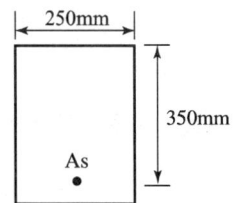

풀이

• $a = \dfrac{A_s f_y}{\eta(0.85 f_{ck})b} = \dfrac{1{,}560 \times 400}{1.0 \times (0.85 \times 21) \times 150} = 233.05\text{mm}$

• $\phi M_n = \phi A_s f_y\left(d - \dfrac{a}{2}\right) = 0.85 \times 1{,}560 \times 400\left(350 - \dfrac{233.05}{2}\right)$

$= 123{,}835{,}140\text{N}\cdot\text{mm} = 123.84\text{kN}\cdot\text{m}$

06 호칭강도를 30MPa로 배합한 콘크리트 공시체 23개에 대한 압축강도 시험 결과 압축강도의 표준편차가 2MPa이었다. 이 콘크리트의 배합강도는?

> **풀이**
> - $f_{cn} \leq 35\text{MPa}$에 해당하므로
> $f_{cr} = f_{cn} + 1.34s = 30 + 1.34 \times 2.1 = 32.81\text{MPa}$
> $f_{cr} = (f_{cn} - 3.5) + 2.33s = (30 - 3.5) + 2.33 \times 2.1 = 31.39\text{MPa}$
>   ∴ 두 값 중 큰 값인 32.81MPa이다.
> - 보정계수를 고려한 표준편차
> $s = 2 \times 1.05 = 2.1\text{MPa}$

07 고로 슬래그의 화학성분이 각각 SiO_2 35%, CaO 38.5%, MgO 4.8%, Al_2O_3 16%일 때 다음 물음에 답하시오.

(1) 염기도를 구하시오.
(2) 적합성을 판정하시오.

> **풀이**
> (1) 염기도 $= \dfrac{\text{CaO} + \text{MgO} + \text{Al}_2\text{O}_3}{\text{SiO}_2} = \dfrac{38.5 + 4.8 + 16}{35} = 1.7$
> (2) 포틀랜드 고로 슬래그 시멘트에 사용되는 슬래그의 염기도는 1.6 이상이어야 하므로 적합하다.

08 한중 콘크리트 적산온도 방식에 의하여 물-결합재비를 보정하시오.(단, 기간은 30일임)

(1) 보통 포틀랜드 시멘트를 사용하고 설계기준강도 $f_{ck} = 24\text{MPa}$, 물-결합재비$(x_{20}) = 49\%$이다.
(2) 보온 양생 조건은 타설 후 최초 5일간 20℃, 그 후 4일간은 15℃, 그 후 4일간은 10℃이고, 그 후 타설된 일평균기온은 -8℃이다.
(3) 적산온도 M에 대응하는 물-결합재비의 보정계수 α 산정식은 $\dfrac{\log(M-100) + 0.13}{3}$을 적용한다.

- 양생 평균기온
$$\theta = \frac{5 \times 20 + 4 \times 15 + 4 \times 10 + (-8 \times 17)}{30} = 2.13℃$$

- 적산온도
$$M = \sum_{0}^{t}(\theta + A)\Delta t = (2.13 + 10) \times 30 = 364℃ \cdot D$$

여기서, A : 기준온도 10℃

Δt : 시간(일)로 $5+4+4+17=30$일

또는
$$M = [(20+10) \times 5 + (15+10) \times 4 + (10+10) \times 4 + (-8+10) \times 17] = 364℃ \cdot D$$

- 보정계수
$$\alpha = \frac{\log(M-100) + 0.13}{3} = \frac{\log(364-100) + 0.13}{3} = 0.851$$

- 물-결합재비 보정
$$x = \alpha \cdot x_{20} = 0.851 \times 49 = 41.7\%$$

09 콘크리트 구조물의 균열보수공법의 종류 4가지를 구하시오.

(1) 표면처리공법
(2) 주입공법
(3) 충전공법
(4) 침투성 방수제 도포공법(표면보호공법)

10 콘크리트의 받아들이기 품질검사의 항목 4가지를 쓰시오.

(1) 슬럼프
(2) 공기량
(3) 염소 이온량(염화물 이온량)
(4) 굳지않은 콘크리트의 상태(외관 관찰)
(5) 압축강도 시험을 위한 공시체 제작
(6) 온도
(7) 단위 질량

11 콘크리트 내구성 평가에 사용되는 다음 용어를 간단히 쓰시오.

(1) 상대동탄성계수
(2) 팝아웃(pop outs)
(3) 화학적 침식
(4) 탄성화 속도계수

(1) 상대동탄성계수: 동결 융해작용 등에 의한 콘크리트의 열화 정도를 파악하는 척도로 사용한다.
(2) 팝아웃(pop outs): 내부 압력에 의하여 콘크리트 표면의 일부분이 떨어져 나가는 현상
(3) 화학적 침식: 콘크리트의 시멘트 수화물이 어떤 종류의 화학물질과 반응하여 용출됨에 따라 조직이 다공질화되거나 반응에 의하여 팽창을 일으켜 구조물의 성능이 저하하는 현상
(4) 탄성화 속도계수: 구조물의 건전도 및 잔여 수명을 예측하는 판단 요소로 콘크리트의 조건에 의해 결정되는 함수(또는 시멘트, 골재의 종류, 환경조건, 혼화재료, 표면 마감재 등의 정도를 나타내는 상수)

콘크리트 기사 작업형 | 2017년 4월 16일 시행

잔골재 밀도, 콘크리트 배합설계(제한시간 1시간 30분, 배점 15점)

콘크리트 슬럼프, 공기량 시험(제한시간 1시간 30분, 배점 15점)

슈미트 해머 시험(제한시간 1시간, 배점 10점)

콘크리트 기사 필답형 — 2017년 6월 25일 시행

01 콘크리트 구조물의 설계에서 보가 있거나 또는 없는 슬래브내의 휨 모멘트 산정을 위한 이론적인 절차를 설계 및 시공과정의 단순화에 대한 요구, 그리고 슬래브 시스템의 거동에 대한 전례들을 고려하여 직접설계법이 개발되었다. 직접설계법을 적용하기 위해 만족해야 할 사항을 예시와 같이 3가지를 쓰시오.

> 각 방향으로 3경간 이상이 연속되어야 한다.

풀이
(1) 직사각형 슬래브로 장변이 단변의 2배 이하이어야 한다.
(2) 각 방향으로 연속한 받침부 경간 길이의 차이는 긴 경간의 1/3 이하이어야 한다.
(3) 연속한 기둥 중심선으로부터 기둥의 이탈은 이탈 방향 경간의 최대 10%까지 허용된다.
(4) 모든 하중은 등분포된 연직하중으로 활하중은 고정하중의 2배 이하이어야 한다.

02 다음 용어에 대하여 정의를 쓰시오.
(1) 갇힌공기:
(2) 자기수축:
(3) 순환골재:
(4) 콜드 조인트(cold joint):

풀이
(1) 갇힌공기: 혼화제를 사용하지 않더라도 콘크리트 속에 자연적으로 포함되는 공기
(2) 자기수축: 시멘트의 수화반응에 의해 콘크리트, 모르타르 및 시멘트 페이스트의 체적이 감소하여 수축하는 현상
(3) 순환골재: 콘크리트를 크러셔로 분쇄하여 인공적으로 만든 골재로서 입도에 따라 순환 잔골재와 순환 굵은 골재로 나누어짐
(4) 콜드 조인트(cold joint): 시공 전에 계획하지 않은 곳에서 생겨난 이음으로서, 먼저 타설된 콘크리트와 나중에 타설되는 콘크리트 사이에 완전히 일체화가 되어 있지 않은 이음부위

03 설계기준 압축강도(f_{ck})가 40MPa이고, 내구성 기준 압축강도(f_{cd})가 35MPa이다. 20회의 콘크리트 압축강도 시험으로부터 구한 표준편차가 4.5MPa일 때 콘크리트의 배합강도는?

> **풀이**
> - f_{ck}와 f_{cd} 중 큰 값인 40MPa가 품질기준강도(f_{cq})이다.
> $f_{cq} > 35\text{MPa}$이므로
> $f_{cr} = f_{cq} + 1.34s = 40 + 1.34 \times (4.5 \times 1.08) = 46.51\text{MPa}$
> $f_{cr} = 0.9f_{cq} + 2.33s = 0.9 \times 40 + 2.33 \times (4.5 \times 1.08) = 47.32\text{MPa}$
>   ∴ 두 식 중 큰 값 47.32MPa

04 다음 경량골재 콘크리트에 대하여 물음에 답하고 쓰시오.
(1) 경량골재 콘크리트의 표준 비비기 시간에 대하여 물음에 답하시오.
　① 강제식 믹서를 사용할 경우 표준 비비기 시간은 얼마인가?
　② 가경식 믹서를 사용할 경우 표준 비비기 시간은 얼마인가?
(2) 경량골재의 유해물 함유량 한도를 쓰시오.
　① 강열감량:
　② 점토 덩어리 양:
　③ 철 오염물:

> **풀이**
> (1) ① 1분 이상　　② 2분 이상
> (2) ① 5% 이하　　② 2% 이하
> 　　③ 진한 얼룩이 생기지 않아야 한다.

05 경화된 콘크리트 면에 장비를 이용하여 타격에너지를 가하여 콘크리트 면의 반발경도를 측정하고 반발경도와 콘크리트 압축강도와의 관계를 이용 압축강도를 추정하는 비파괴 시험 반발경도법 4가지를 쓰시오.

> **풀이**
> (1) 슈미트 해머법　(2) 낙하식 해머법　(3) 스프링식 해머법　(4) 회전식 해머법

06 굵은 골재의 밀도 및 흡수율 시험에 대한 물음에 답하시오.

(1) 아래의 경우 1회 시험에 사용하는 시료에 대한 물음이다.
  ① 굵은 골재의 최대치수가 20mm인 보통 중량의 골재를 사용하는 경우 시료의 최소질량은?
  ② 굵은 골재의 최대치수가 20mm인 경량골재를 사용하는 경우 시료의 최소질량은?(단, 굵은 골재의 추정 밀도는 $1.4 g/cm^3$이다.)

(2) 각 무더기로 나누어서 시험한 굵은 골재의 밀도 및 흡수율의 결과가 다음의 표와 같을 때 평균 밀도 와 평균 흡수율을 구하시오.

입도 범위 (mm)	원시료에 대한 질량 백분율(%)	시료 질량(g)	밀도(g/cm^3)	흡수율(%)
5~20	45	2010	2.67	0.9
20~40	40	1507	2.60	1.2
40~60	15	982	2.56	1.7

풀이

(1) ① $20 \times 0.1 = 2 kg$
  [∵ 굵은 골재의 최대치수(mm 표시)의 0.1배를 kg으로 나타낸 양이므로]

  ② $m_{min} = \dfrac{d_{max} \times D_e}{25} = \dfrac{20 \times 1.4}{25} = 1.12 kg$

(2) • 평균 밀도 = $\dfrac{1}{\dfrac{0.45}{2.67} + \dfrac{0.4}{2.60} + \dfrac{0.15}{2.56}} = 2.62 g/cm^3$

  • 평균 흡수율 = $0.45 \times 0.9 + 0.4 \times 1.2 + 0.15 \times 1.7 = 1.14\%$

07 콘크리트 제조에 사용될 골재가 잠재적으로 알칼리 골재 반응을 일으킬 우려가 있어 사용하고자 하는 시멘트 중에 포함된 알칼리 성분, 아래 측정 결과를 보고 시멘트 중의 전 알칼리양을 구하고, 알칼리 골재 반응의 억제를 위하여 취하여야 할 조치 3가지를 쓰시오.

$Na_2O = 0.45\%, \ K_2O = 0.4\%$

풀이

(1) 전 알칼리량 = $Na_2O + 0.658 K_2O = 0.45 + 0.658 \times 0.4 = 0.71\%$

(2) 알칼리 골재 반응 억제 조치
  ① 반응성 골재의 사용을 억제한다.
  ② 저알칼리 시멘트를 사용한다.
  ③ 배합시 단위 시멘트량을 적게 한다.
  ④ 포졸란, 고로 슬래그, 플라이 애시 등의 혼화재료를 사용한다.
  ⑤ 방수액을 이용하여 표면을 마감한다.

08 아래 그림과 같은 단철근 직사각형 보에 대하여 다음 물음에 답하시오.(단, 인장철근량 $A_s = 4-D25 = 2,027 \text{mm}^2$, $f_{ck} = 24 \text{MPa}$, $f_y = 400 \text{MPa}$이다.)

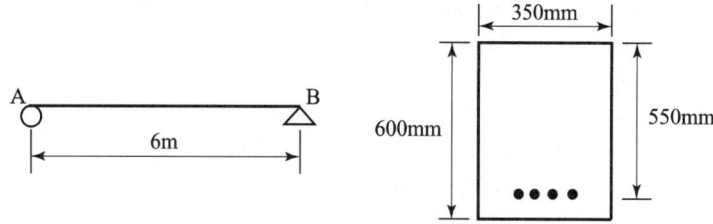

(1) 단철근 직사각형 단면의 설계 휨강도(ϕM_n)를 구하시오.

(2) 위 보에 활하중(ω_L)은 등분포하중으로 47kN/m이 작용하고 고정하중(ω_D)으로는 보의 자중만 작용할 때
   ① 계수하중을 구하시오.
   ② 위험 단면에서 전단철근이 부담하여야 하는 전단강도(V_s)를 구하시오.(단, 철근 콘크리트의 단위 질량은 25kN/m³이다.)

풀이

(1) • $a = \dfrac{A_s f_y}{\eta(0.85 f_{ck})b} = \dfrac{2,027 \times 400}{1.0 \times (0.85 \times 24) \times 350} = 113.6 \text{mm}$

• $f_{ck} < 40\text{MPa}$이므로 $\eta = 1.0$, $\beta_1 = 0.8$

• $c = \dfrac{a}{\beta_1} = \dfrac{113.6}{0.8} = 142 \text{mm}$

• $\varepsilon_t = \dfrac{0.0033(d-c)}{c} = \dfrac{0.0033(550-142)}{142} = 0.0095 > 0.005$ (인장지배 구간)

∴ $\phi = 0.85$

• $\phi M_n = \phi A_s f_y \left(d - \dfrac{a}{2}\right)$

$= 0.85 \times 2027 \times 400 \left(550 - \dfrac{113.6}{2}\right) = 339,903,576 \text{N·mm}$

$= 339.9 \text{kN·m}$

(2) ① $\omega = 1.2\omega_D + 1.6\omega_L = 1.2 \times (25 \times 0.35 \times 0.6) + 1.6 \times 47 = 81.5 \text{kN/m}$

② • 위험 단면에서의 계수 전단력

$V_u = \dfrac{wl}{2} - wd = \dfrac{81.5 \times 6}{2} - 81.5 \times 0.55 = 199.675 \text{kN}$

• $V_u = \phi(V_c + V_s) = \phi\left(\dfrac{1}{6}\lambda\sqrt{f_{ck}}\,b_w d + V_s\right)$

$199,675 = 0.75\left(\dfrac{1}{6} \times 1.0 \times \sqrt{24} \times 350 \times 550 + V_s\right)$

∴ $V_s = 109,058 \text{N} = 109.058 \text{kN}$

09 관입 저항침에 의한 콘크리트 응결시간 시험 방법에 대하여 물음에 답하시오.

(1) 시험의 결과를 그래프로 도시할 때 나머지 측정점들에서 정의한 경향에서 명백히 벗어나는 점은 버려야 한다. 이런 전체의 경향에서 벗어나는 측정점이 발생하는 원인에 대하여 아래 예시와 같이 2가지를 쓰시오.

> 하중 재하 속도의 변동

(2) 아래의 표와 같은 시험결과로 핸드 피팅에 의한 방법을 이용하여 그래프를 도시하고 초결 및 종결시간을 구하시오.

경과시간(min)	200	230	260	290	320	335	350	365	380	395
관입저항(MPa)	0.3	0.8	1.5	3.7	6.9	6.9	13.8	17.7	24.3	30.6

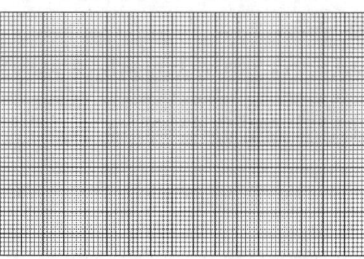

풀이

(1) ① 모르타르에 다소 큰 입자가 포함되어 있는 경우
   ② 관입 영역에 있는 큰 간극이 있는 경우
   ③ 너무 인접해서 관입한 경우
   ④ 관입시험에서 시험기구를 모르타르의 면과 연직하여 유지하지 못한 경우
   ⑤ 하중시 오차가 있는 경우

(2)

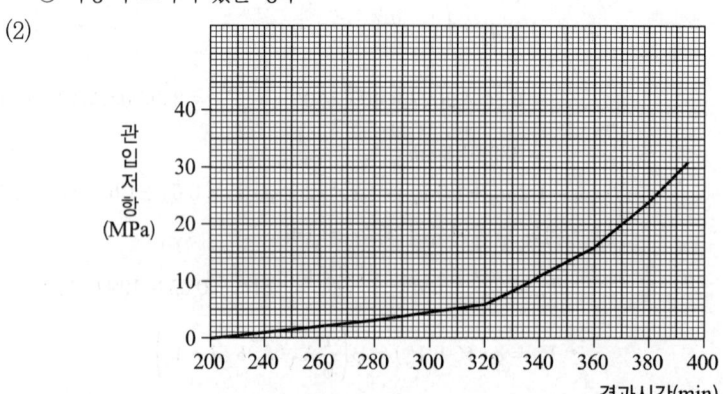

① 초결시간: 그래프에서 관입저항 3.5MPa에 해당 시간으로 286분
② 종결시간: 그래프에서 관입저항 28MPa에 해당 시간으로 388분

콘크리트 기사 작업형 | 2017년 6월 25일 시행

잔골재 밀도, 콘크리트 배합설계(제한시간 1시간 30분, 배점 15점)

콘크리트 슬럼프, 공기량 시험(제한시간 1시간 30분, 배점 15점)

슈미트 해머 시험(제한시간 1시간, 배점 10점)

콘크리트 기사 필답형 — 2017년 10월 14일 시행

01 콘크리트 압축강도 측정치를 보고 다음 물음에 답하시오.

▼ 콘크리트 압축강도 측정치(MPa)

23.5	33	35	28	26	
27	32	28.5	29	26.5	23
33	29	26.5	35		

(1) 시험은 15회 실시하였다. 표준편차를 구하시오.
(2) 호칭강도가 40MPa일 때 배합강도를 구하시오.

풀이

(1) 표준편차
- 콘크리트 압축강도 측정치 합계: $\sum x = 435\text{MPa}$
- 콘크리트 압축강도 평균값: $\bar{x} = \dfrac{435}{15} = 29\text{MPa}$
- 편차 제곱합
$$S = (23.5-29)^2 + (33-29)^2 + (35-29)^2 + (28-29)^2 + (26-29)^2$$
$$+ (27-29)^2 + (32-29)^2 + (28.5-29)^2 + (29-29)^2 + (26.5-29)^2$$
$$+ (23-29)^2 + (33-29)^2 + (29-29)^2 + (26.5-29)^2 + (35-29)^2$$
$$= 206\text{MPa}$$
- 표준편차: $\sigma = \sqrt{\dfrac{S}{n-1}} = \sqrt{\dfrac{206}{15-1}} = 3.84\text{MPa}$
- 직선보간 한 표준편차: $3.84 \times 1.16 = 4.45\text{MPa}$

(2) 배합강도
- $f_{cr} = f_{cn} + 1.34S = 40 + 1.34 \times 4.45 = 45.96\text{MPa}$
- $f_{cr} = 0.9f_{cn} + 2.33S = 0.9 \times 40 + 2.33 \times 4.45 = 46.37\text{MPa}$
∴ 두 식 중 큰 값 46.37MPa

보충 ① 시방서에서는 콘크리트를 생산하고자 하는 생산설비에 의해 유사한 재료와 조건을 사용하여 30회 이상의 연속된 강도시험 결과가 얻어졌을 때 그 값을 표준편차로 사용할 수 있도록 하였다. 표준편차는 $\sqrt{\dfrac{S}{n-1}}$ 식에 의해 구한다. 만약 압축강도 시험횟수가 30회 미만이며 15회 이상이면 표준편차 $= \sqrt{\dfrac{S}{n-1}} \times$ 보정계수로 한다.

② 시험횟수가 29회 이하일 때 표준편차의 보정계수

시험횟수	표준편차의 보정계수
15	1.16
20	1.08
25	1.03
30 이상	1.00

여기서, 시험횟수 15~20회 사이의 직선보간한 보정계수값은 16회 때 1.144, 17회 때 1.128, 18회 때 1.112, 19회 때 1.096이 된다.

02 중성화의 판정에 사용되는 1% 페놀프탈레인 시약을 만드는 방법을 쓰시오.

> **풀이**
> 95% 에탄올 90ml에 페놀프탈레인 분말 1g을 녹여 물을 첨가하여 100ml로 한 것이다.

03 경량골재의 유해물 함유량 한도를 쓰시오.
(1) 강열감량:
(2) 점토 덩어리 양:
(3) 철 오염물:

> **풀이**
> (1) 5% 이하
> (2) 2% 이하
> (3) 진한 얼룩이 생기지 않아야 한다.

04 알칼리 실리카 반응으로 콘크리트에 발생하는 현상 3가지를 쓰시오.

> **풀이**
> (1) 이상팽창을 일으킨다.
> (2) 표면에 불규칙한 거북이등 모양의 균열이 생긴다.
> (3) 골재입자의 둘레에 검은색의 반응환이 생긴다.

05 다음 직사각형 단면 보의 균열 모멘트 및 설계 휨강도를 구하시오.

(1) $b = 250\text{mm}$, $h = 450\text{mm}$, $d = 400\text{mm}$ 직사각형 단면 보에 철근량 $A_s = 2,570\text{mm}^2$ 인 보의 균열 모멘트를 구하시오. (단, $f_{ck} = 24\text{MPa}$, $f_y = 400\text{MPa}$, $\lambda = 1.0$)

① 보통 콘크리트를 사용하는 경우

② 경량골재 콘크리트를 사용하는 경우 (단, $f_{sp} = 2.5\text{MPa}$)

(2) $b = 300\text{mm}$, $d = 400\text{mm}$, $A_s = 2,460\text{mm}^2$인 직사각형 단철근 보의 설계 휨강도를 구하시오. (단, $f_y = 400\text{MPa}$, $f_{ck} = 30\text{MPa}$이다.)

[풀이]

(1) ① • $f_r = 0.63\lambda\sqrt{f_{ck}} = 0.63 \times 1.0 \times \sqrt{24} = 3.086\text{MPa}$

• $M_{cr} = \dfrac{f_r}{y_t} I_g = \dfrac{3.086}{\dfrac{450}{2}} \times \dfrac{250 \times 450^3}{12} = 26,038,125\text{N} \cdot \text{mm} = 26.0\text{kN} \cdot \text{m}$

② • $f_r = 0.63\lambda\sqrt{f_{ck}} = 0.63 \times 0.91 \times \sqrt{24} = 2.8\text{MPa}$

여기서, $\lambda = \dfrac{f_{sp}}{0.56\sqrt{f_{ck}}} = \dfrac{2.5}{0.56\sqrt{24}} = 0.91$

• $M_{cr} = \dfrac{f_r}{y_t} I_g = \dfrac{2.8}{\dfrac{450}{2}} \times \dfrac{250 \times 450^3}{12} = 23,625,000\text{N} \cdot \text{mm}$

$= 23.6\text{kN} \cdot \text{m}$

(2) ① $\beta_1 = 0.8$

② $a = \dfrac{A_s \cdot f_y}{\eta(0.85 f_{ck})b} = \dfrac{2,460 \times 400}{1.0 \times (0.85 \times 30) \times 300} = 128.62\text{mm}$

③ • $c = \dfrac{a}{\beta_1} = \dfrac{128.62}{0.8} = 160.77\text{mm}$

• $\dfrac{c}{d} = \dfrac{160.77}{400} = 0.402$

• $\phi = 0.65 + 0.2\left(\dfrac{1}{c/d} - \dfrac{5}{3}\right) = 0.65 + 0.2\left(\dfrac{1}{0.402} - \dfrac{5}{3}\right) = 0.814$

④ $\phi M_n = \phi TZ = \phi A_s f_y\left(d - \dfrac{a}{2}\right) = 0.814 \times 2,460 \times 400\left(400 - \dfrac{128.62}{2}\right)$

$= 268,879,633\text{N} \cdot \text{mm} = 268.88\text{kN} \cdot \text{m}$

여기서, $\varepsilon_t = 0.0033\left(\dfrac{d-c}{c}\right) = 0.0033\left(\dfrac{400 - 160.77}{160.77}\right) = 0.00491$

ε_t의 범위가 $\varepsilon_y = 0.002 < \varepsilon_t = 0.00491 < 0.005$이므로 변화구간이다. 따라서 강도 감소 계수는 직선보간 식으로 구한 값 $\phi = 0.814$을 적용한다.

06 굳지 않은 콘크리트의 공기 함유량 시험결과를 보고, 수정계수 결정을 위한 잔골재 질량을 구하시오.(단, 골재량은 1m³당 소요량이며, 시험기는 6ℓ 용량을 사용한다.)

잔골재량	굵은 골재량
912kg	1,120kg

풀이

잔골재량 $F_s = \dfrac{S}{B} \times F_b = \dfrac{6}{1,000} \times 912 = 5.47\text{kg}$

07 고유동 콘크리트 자기충전성의 3가지 등급에 대하여 쓰시오.
(1) 1등급:
(2) 2등급:
(3) 3등급:

풀이

(1) 1등급: 최소철근순간격 35~60mm 정도의 복잡한 단면 형상, 단면치수가 작은 부재 또는 부위에서 자기 충전성을 가지는 성능
(2) 2등급: 최소철근순간격 60~200mm 정도의 철근 콘크리트 구조물 또는 부재에서 자기 충전성을 가지는 성능
(3) 3등급: 최소철근순간격 200mm 정도 이상으로 단면치수가 크고 철근량이 적은 부재 또는 부위, 무근 콘크리트 구조물에서 자기 충전성을 가지는 성능

08 콘크리트 타설 후 응결이 종료될 때까지 발생하는 초기균열의 종류 4가지를 쓰시오.

풀이

(1) 소성수축균열(플라스틱 수축균열)
(2) 침하균열
(3) 거푸집 변형에 따른 균열
(4) 진동·재하에 따른 균열

09 다음 콘크리트 구조기준에 사용되는 용어를 간단히 설명하시오.

(1) 2방향 슬래브:

(2) 계수하중:

(3) 균형철근비:

(4) 정착길이:

> **풀이**
> (1) 직교하는 두 방향 휨 모멘트를 전달하기 위하여 주철근이 배치된 슬래브
> (2) 강도설계법으로 부재를 설계할 때 사용하중에 하중계수를 곱한 하중
> (3) 인장철근이 설계기준항복강도에 도달함과 동시에 압축연단 콘크리트의 변형률이 극한 변형률에 도달하는 단면의 인장철근비
> (4) 위험 단면에서 철근의 설계기준항복강도를 발휘하는데 필요한 최소 묻힘 길이

10 기존 콘크리트 구조물의 초음파 속도법의 비파괴시험에 대한 물음에 답하시오.

(1) 초음파 속도법의 원리에 대해 간단히 쓰시오.

(2) 초음파 속도법을 이용한 콘크리트 균열 깊이 측정 방법의 종류를 4가지 쓰시오.

> **풀이**
> (1) 충격파를 재료 내에 발생하게 하고 반사된 것을 탐사함.
> (2) ① T법
>   ② Tc-To법
>   ③ BS법
>   ④ 레슬리법
>   ⑤ 위상변화를 이용하는 방법
>   ⑥ SH파를 이용하는 방법

콘크리트 기사 작업형 2017년 10월 14일 시행

잔골재 밀도, 콘크리트 배합설계(제한시간 1시간 30분, 배점 15점)

콘크리트 슬럼프, 공기량 시험(제한시간 1시간 30분, 배점 15점)

제3과제
콘크리트 기사

슈미트 해머 시험(제한시간 1시간, 배점 10점)

콘크리트 기사 필답형 — 2018년 4월 15일 시행

01 $b=300\text{mm}$, $d'=50\text{mm}$, $d=500\text{mm}$, $A_s'=1{,}083\text{mm}^2$, $A_s=4{,}765\text{mm}^2$, $f_{ck}=35\text{MPa}$, $f_y=400\text{MPa}$인 복철근 직사각형 보의 설계 휨강도를 구하시오.

풀이

- $a = \dfrac{(A_s - A_s')f_y}{\eta(0.85f_{ck})b} = \dfrac{(4{,}765 - 1{,}083)\times 400}{1.0\times(0.85\times 35)\times 300} = 165\text{mm}$

- $a = \beta_1 \cdot c$ ∴ $c = \dfrac{a}{\beta_1} = \dfrac{165}{0.8} = 206.25\text{mm}$

  여기서, $\beta_1 = 0.8\,(f_{ck} \le 40\text{MPa})$

- $\varepsilon_t = 0.0033\,\dfrac{d-c}{c} = 0.0033\,\dfrac{500-206.25}{206.25} = 0.0047$

  $0.002 < \varepsilon_t < 0.005$ 변화구간이므로

  ∴ $\phi = 0.65 + (\varepsilon_t - 0.002)\dfrac{200}{3} = 0.65 + (0.0047 - 0.002)\dfrac{200}{3} = 0.83$

- 설계 휨강도

$$\phi M_n = \phi\left\{(A_s - A_s')f_y\left(d - \dfrac{a}{2}\right) + A_s' f_y (d - d')\right\}$$
$$= 0.83\left\{(4{,}765 - 1{,}083)400\left(500 - \dfrac{165}{2}\right) + 1{,}083 \times 400(500 - 50)\right\}$$
$$= 672{,}162{,}220\,\text{N}\cdot\text{mm} = 672.2\,\text{kN}\cdot\text{m}$$

02 굳지 않은 콘크리트의 침하수축균열의 방지대책 4가지를 쓰시오.

풀이

(1) 단위 수량을 되도록 적게 하고 슬럼프가 작은 콘크리트를 잘 다짐해서 시공한다.
(2) 침하 종료 이전에 점착력을 잃지 않는 시멘트와 혼화재를 선정한다.
(3) 침하 종료 단계에서 다시 표면 마무리를 하여 균열을 제거한다.
(4) 타설 속도를 늦게 하고 1회 타설 높이를 작게 한다.

03 다음의 콘크리트 압축강도(MPa) 측정치를 얻었다. 물음에 답하시오.

> 24.5MPa, 26MPa, 24MPa, 25.5MPa

(1) 표준편차를 구하시오.(단, 불편분산의 경우이다.)

(2) 변동계수를 구하시오.

풀이

(1) • 평균값

$$\bar{x} = \frac{24.5 + 26 + 24 + 25.5}{4} = 25\text{MPa}$$

• 편차 제곱 합

$$S = (24.5 - 25)^2 + (26 - 25)^2 + (24 - 25)^2 + (25.5 - 25)^2$$
$$= 2.5\text{MPa}$$

• 표준편차

$$\sqrt{\frac{S}{n-1}} = \sqrt{\frac{2.5}{4-1}} = 0.91\text{MPa}$$

(2) 변동계수 $= \dfrac{\text{표준 편차}}{\text{평균 값}} \times 100 = \dfrac{0.91}{25} \times 100 = 3.65\%$

04 콘크리트 제조시의 혼합수로 회수수가 아닌 상수도물 이외의 물을 배합수로 사용할 경우 품질기준 5가지 중 3가지를 쓰시오.

항목	품질기준
현탁 물질의 양	((1))
용해성 증발 잔류물의 양	((2))
염소 이온(Cl^-)량	((3))
시멘트 응결시간의 차	초결은 30분 이내, 종결은 60분 이내
모르타르의 압축강도비	재령 7일 및 재령 28일에서 90% 이상

풀이

(1) $2\text{g}/l$ 이하

(2) $1\text{g}/l$ 이하

(3) $250\text{mg}/l$ 이하

05 압축철근 단면적 1,600mm², 폭(b) 200mm, 유효깊이(d) 400mm인 복철근 직사각형 단면 보에서 탄성(즉시) 처짐이 8mm 발생했을 때 5년 이상이 경과한 후에 예상되는 탄성처짐을 포함한 총 처짐량을 구하시오.

풀이

- 압축 철근비 $\rho' = \dfrac{A_s'}{bd} = \dfrac{1,600}{200 \times 400} = 0.02$

- 장기처짐   탄성처짐 $\times \dfrac{\xi}{1+50\rho'} = 8 \times \dfrac{2}{1+50 \times 0.02} = 8\,\text{mm}$

- 총 처짐   탄성처짐+장기처짐 $= 8+8 = 16\,\text{mm}$

06 다음 용어에 대하여 정의를 쓰시오.
  (1) 결합재:
  (2) 순환골재:
  (3) 매스 콘크리트:
  (4) 되비비기:

풀이

(1) 결합재: 물과 반응하여 콘크리트 강도 발현에 기여하는 물질을 생성하는 것의 총칭으로 시멘트, 고로 슬래그 미분말, 플라이 애시, 실리카 퓸, 팽창재 등을 함유하는 것

(2) 순환골재: 콘크리트를 크러셔로 분쇄하여 인공적으로 만든 골재

(3) 매스 콘크리트: 부재 혹은 구조물의 치수가 커서 시멘트의 수화열에 의한 온도 상승 및 강하를 고려하여 설계·시공해야 하는 콘크리트

(4) 되비비기: 콘크리트가 굳기 시작한 후에 다시 비비는 작업

07 콘크리트의 탄산화에 대한 물음에 답하시오.
  (1) 탄산화의 판정에 사용되는 1% 페놀프탈레인 시약을 만드는 방법을 쓰시오.
  (2) 탄산화 시험 기준을 쓰시오.
   ① 온도:
   ② 상대습도:
   ③ 이산화탄소 농도:

(1) 95% 에탄올 90ml에 페놀프탈레인 분말 1g을 녹여 물을 첨가하여 100ml로 한 것이다.
(2) ① 온도: 20℃
   ② 상대습도: 60%
   ③ 이산화탄소 농도: 5%

08 합격으로 해야 하는 좋은 품질의 로트(lot)가 불합격으로 판정되는 확률을 무엇이라 하는가?

생산자 위험률

09 시멘트 시험에 대해 아래의 물음에 답하시오.
(1) 시멘트 분말도 시험 방법 2가지를 쓰시오.
(2) 시멘트 응결 시험 방법 2가지를 쓰시오.
(3) 시멘트 밀도 시험에 사용되는 광유의 품질기준을 쓰시오.

(1) ① 블레인 공기 투과 장치
   ② 표준체
(2) ① 비이카 침
   ② 길모어 침
(3) 온도 (20±1)℃에서 밀도 $0.73g/cm^3$인 완전 탈수된 등유나 나프타

10 경화한 콘크리트 속에 함유된 염화물 함유량을 측정하는 방법 4가지를 쓰시오.

(1) 질산은 적정법   (2) 전위차 적정법
(3) 이온 전극법   (4) 흡광 광도법

11 다음은 철근 콘크리트 구조물의 설계에 관련된 사항이다. 물음에 답하시오.

(1) 구조물 설계 시 하중계수, 하중조합을 고려하여 설계하는 이유 3가지를 쓰시오.
(2) 강도 감소계수(ϕ)를 사용하는 이유 3가지를 쓰시오.

(1) ① 극한상태에 대한 극한외력으로서 구조물이나 구조부재에 적용할 수 있는 가장 불리한 조건을 고려하기 위함이다.
② 해당 구조물에 작용하는 최대 소요강도에 대하여 만족하도록 설계하기 위함이다.
③ 구조부재는 사용하중에 대하여 충분히 기능을 확보할 수 있게 하기 위함이다.
(2) ① 재료의 공칭강도와 실제 강도와의 차이 때문
② 부재를 제작 또는 시공할 때 설계도와의 차이 때문
③ 부재강도의 추정과 해석에 관련된 불확실성 때문
④ 구조물에서 차지하는 부재의 중요도 등을 반영하기 위해서

콘크리트 기사 작업형 | 2018년 4월 15일 시행

잔골재 밀도, 콘크리트 배합설계(제한시간 1시간 30분, 배점 15점)

콘크리트 슬럼프, 공기량 시험(제한시간 1시간 30분, 배점 15점)

슈미트 해머 시험(제한시간 1시간, 배점 10점)

콘크리트 기사 필답형 — 2018년 6월 30일 시행

01 슬래브 또는 보의 콘크리트가 벽 또는 기둥의 콘크리트와 연속하여 타설될 경우에는 단면이 변하는 경계면에서 굳지 않은 콘크리트의 균열이 발생하는 경우가 많다. 이러한 균열을 무슨 균열이라 하며 이에 대한 조치 2가지만 쓰시오.

(1) 균열의 명칭:
(2) 조치사항 2가지:

풀이

(1) 침하균열
(2) ① 벽 또는 기둥의 콘크리트 침하가 거의 끝난 다음 슬래브, 보의 콘크리트를 타설한다.
② 침하균열이 발생할 경우에는 발생 직후에 즉시 다짐이나 재진동을 실시한다.
③ 콘크리트는 단면이 변하는 위치에서 타설을 중지한 다음 콘크리트가 침하가 생긴 후 내민부분 등의 상층 콘크리트를 타설한다.

02 골재의 안정성 시험을 하는데 사용하는 약품의 제조 방법을 쓰시오.

풀이

(1) 25~30℃의 깨끗한 물 1l에 황산나트륨을 약 250g 또는 황산나트륨(결정)을 약 750g의 비율로 가하여 잘 저어 섞으면서 약 20℃가 될 때까지 식힌 황산나트륨 포화용액을 만든다.
(2) 용액은 48시간 이상 20±1℃의 온도로 유지한 후 사용한다.

03 콘크리트의 알칼리 골재 반응을 검사하였다. 물음에 답하시오.

(1) Na_2O는 0.43%, K_2O는 0.4%일 때 전 알칼리량을 구하시오.
(2) 알칼리 골재 반응의 종류 2가지를 쓰시오.

풀이

(1) 전알칼리량 = $Na_2O + 0.658 \times K_2O = 0.43 + 0.658 \times 0.4 = 0.69\%$
(2) ① 알칼리-실리카반응 ② 알칼리-실리케이트반응 ③ 알칼리-탄산염반응

04 콘크리트 압축강도 측정치와 시험횟수 29회 이하일 때 표준편차의 보정계수를 보고 다음 물음에 답하시오.

▼ 콘크리트 압축강도 측정치(MPa)

27.2	24.1	23.4	24.2	28.6	25.7
23.5	30.7	29.7	27.7	29.7	24.4
26.9	29.5	28.5	29.7	25.9	26.6

▼ 시험횟수가 29회 이하일 때 표준편차의 보정계수

시험횟수	표준편차의 보정계수
15	1.16
20	1.08
25	1.03
30 이상	1.00

(1) 시험은 18회 실시하였다. 표준편차를 구하시오. 단, 표준편차의 보정계수가 사용표에 없을 경우 직선보간하여 사용한다.

(2) 호칭강도(f_{cn})가 24MPa일 때 배합강도를 구하시오.

풀이

(1) • 콘크리트 압축강도 측정치 합계: $\sum x = 486$

• 평균값: $\bar{x} = \dfrac{486}{18} = 27\text{MPa}$

• 편차 제곱합

$S = (27.2-27)^2 + (23.5-27)^2 + (26.9-27)^2 + (24.1-27)^2 + (30.7-27)^2$
$\quad + (29.5-27)^2 + (23.4-27)^2 + (29.7-27)^2 + (28.5-27)^2 + (24.2-27)^2$
$\quad + (27.7-27)^2 + (29.7-27)^2 + (28.6-27)^2 + (29.7-27)^2 + (25.9-27)^2$
$\quad + (25.7-27)^2 + (24.4-27)^2 + (26.6-27)^2$

• 표준편차: $\sigma = \sqrt{\dfrac{S}{n-1}} = \sqrt{\dfrac{98.44}{18-1}} = 2.41\text{MPa}$

• 직선보간한 표준편차(표준편차×보정계수): $2.41 \times 1.112 = 2.68\text{MPa}$

여기서, 직선보간한 보정 계숫값은 16회 때 1.144, 17회 때 1.128, 18회 때 1.112, 19회 때 1.096이 된다.

(2) • $f_{cr} = f_{cn} + 1.34s = 24 + 1.34 \times 2.68 = 27.59\text{MPa}$

• $f_{cr} = (f_{cn} - 3.5) + 2.33s = (24 - 3.5) + 2.33 \times 2.68 = 26.74\text{MPa}$

∴ 두 식 중 큰 값 27.59MPa

여기서, $s =$ 직선보간한 표준편차 값

05 종합적 품질관리(TQC)의 7도구를 쓰시오.

풀이
(1) 히스토그램 (2) 파레토도 (3) 특성요인도 (4) 체크 시트
(5) 각종 그래프 (6) 산점도 (7) 층별

06 휨 및 축력에 대해 강도설계법을 적용하여 철근 콘크리트를 설계할 때 기본 가정 3가지를 쓰시오.

[예시] 철근 및 콘크리트의 변형률은 중립축으로부터의 거리에 비례한다.

풀이
(1) 압축측 연단에서의 콘크리트의 최대 변형률은 0.0033으로 가정한다.
 ($F_{ck} \leq 40\,\text{MPa}$)
(2) 콘크리트의 인장강도는 무시한다.
(3) 항복강도 f_y 이하에서의 철근응력은 그 변형률의 E_s 배로 취한다.

07 급속 동결 융해에 대한 콘크리트의 저항 시험 방법(KS F 2456)에 대해 다음 물음에 답하시오.

(1) 동결 융해 1사이클의 정의는?
(2) 동결 융해 1사이클의 소요시간은?
(3) 1차 변형 공명진동수: 2,400Hz, 동결 융해 300사이클 1차 변형 공명진동수: 2,000Hz일 때 상대 동탄성계수를 구하시오.
(4) 동결 융해 시험의 종료시점에 대해 간단히 쓰시오.

풀이
(1) 동결 융해 1사이클은 공시체 중심부의 온도를 원칙으로 하며 원칙적으로 4℃에서 -18℃로 떨어지고, 다음에 -18℃에서 4℃로 상승되는 것으로 한다.
(2) 2시간 이상 4시간 이하
(3) 상대 동탄성계수 $= \left(\dfrac{f_N}{f_0}\right)^2 \times 100 = \left(\dfrac{2,000}{2,400}\right)^2 \times 100 = 69.44\%$
(4) 시험의 종료는 300사이클로 하며 그때까지 상대 동탄성계수가 60% 이하가 되는 사이클이 있으면 그 사이클에서 시험을 종료한다.

08 다음 그림과 같은 T형 보에서 이 단면의 설계 휨강도를 구하시오.(단, 인장지배 단면으로 $A_s = 8$–D35 = 7,653mm², f_{ck} = 21MPa, f_y = 400MPa)

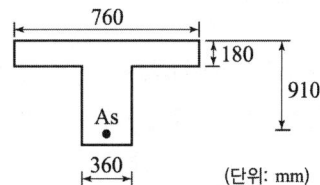

(단위: mm)

풀이

- T형 보 판별

$$a = \frac{A_s \cdot f_y}{\eta(0.85 f_{ck}) \cdot b} = \frac{7,653 \times 400}{1.0 \times (0.85 \times 21) \times 760} = 225.6\text{mm}$$

$a > t(225.6\text{mm} > 180\text{mm})$이므로 T형 보로 해석한다.

- $C_f = T_f$에서 A_{sf}을 구하면

$$\eta(0.85 f_{ck})(b - b_w) \times t_f = A_{sf} \cdot f_y$$

$$\therefore A_{sf} = \frac{\eta(0.85 f_{ck})(b - b_w) \cdot t_f}{f_y}$$

$$= \frac{1.0 \times (0.85 \times 21)(760 - 360) \times 180}{400} = 3,213\text{mm}^2$$

- $C_w = T_w$에서 a를 구하면

$$\eta(0.85 f_{ck}) \cdot a \cdot b_w = (A_s - A_{sf}) \cdot f_y$$

$$\therefore a = \frac{(A_s - A_{sf}) \cdot f_y}{\eta(0.85 f_{ck}) \cdot b_w} = \frac{(7,653 - 3,213) \times 400}{1.0 \times (0.85 \times 21) \times 360} = 276.4\text{mm}$$

- 설계 휨강도

$$\phi M_u = \phi \left\{ A_{sf} \cdot f_y \left(d - \frac{t}{2}\right) + (A_s - A_{sf}) \cdot f_y \left(d - \frac{a}{2}\right) \right\}$$

$$= 0.85 \times \left\{ 3,213 \times 400 \left(910 - \frac{180}{2}\right) + (7,653 - 3,213) \times 400 \left(910 - \frac{276.4}{2}\right) \right\}$$

$$= 2,060,893,680\text{N} \cdot \text{mm}$$

$$= 2,060.89\text{kN} \cdot \text{m}$$

09 아래 그림과 같은 보통중량 콘크리트 직사각형 보를 보고 다음 물음에 답하시오.(단, $f_{ck} = 24\text{MPa}$, $f_y = 350\text{MPa}$ 이다.)

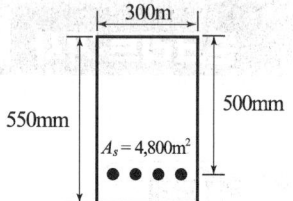

(1) 균열 모멘트(M_{cr})를 구하시오.
(2) 전단력과 휨만을 작용할 때 콘크리트가 받을 수 있는 설계전단강도(ϕV_c)를 구하시오.

풀이

(1) $f_r = 0.63\lambda\sqrt{f_{ck}} = 0.63 \times 1.0 \times \sqrt{24} = 3.086\text{MPa}$

∴ $M_{cr} = \dfrac{f_r}{y_t} I_g = \dfrac{3.086}{\dfrac{550}{2}} \times \dfrac{300 \times 550^3}{12} = 46{,}675{,}750\text{N}\cdot\text{mm} = 46.7\text{kN}\cdot\text{m}$

(2) $\phi V_c = \phi \dfrac{1}{6} \lambda \sqrt{f_{ck}}\, b_w d$

$= 0.75 \times \dfrac{1}{6} \times 1.0 \times \sqrt{24} \times 300 \times 500$

$= 91{,}856\text{N} = 91.9\text{kN}$

10 굵은 골재의 밀도 및 흡수율시험에 대한 결과가 다음과 같을 때 물음에 답하시오.

표면건조 포화 상태의 시료 질량	6,258g
물속에서의 시료 질량	3,878g
절대건조 상태의 시료 질량	6,194g
물의 밀도	0.9991g/cm³

(1) 절대건조 밀도를 구하시오.
(2) 겉보기 밀도를 구하시오.
(3) 습윤 상태의 질량이 6,530g, 표면건조 포화 상태의 질량이 6,480g일 때 표면 수율을 구하시오.

풀이

(1) 절대건조 밀도 $= \dfrac{A}{B-C} \times \rho_w = \dfrac{6{,}194}{6{,}258 - 3{,}878} \times 0.9991 = 2.60\,\text{g/cm}^3$

(2) 겉보기 밀도 $= \dfrac{A}{A-C} \times \rho_w = \dfrac{6{,}194}{6{,}194 - 3{,}878} \times 0.9991 = 2.67\,\text{g/cm}^3$

(3) 표면 수율 $= \dfrac{6{,}530 - 6{,}480}{6{,}480} \times 100 = 0.77\%$

콘크리트 기사 작업형 | 2018년 6월 30일 시행

제1과제
콘크리트 기사

잔골재 밀도, 콘크리트 배합설계(제한시간 1시간 30분, 배점 15점)

제2과제
콘크리트 기사

콘크리트 슬럼프, 공기량 시험(제한시간 1시간 30분, 배점 15점)

제3과제
콘크리트 기사

슈미트 해머 시험(제한시간 1시간, 배점 10점)

콘크리트 기사 필답형 — 2018년 10월 7일 시행

01 체가름 시험을 한 결과가 다음 표와 같을 때 조립률을 구하시오.

체(mm)	남은 양(g)	잔유율(%)	가적 잔유율(%)
2.5	67.9		
1.2	99.2		
0.6	148.8		
0.3	242.8		
0.15	94.1		
합계	652.8		

풀이

체(mm)	남은 양(g)	잔유율(%)	가적 잔유율(%)
2.5	67.9	67.9/652.8×100 = 10.4	10.4
1.2	99.2	99.2/652.8×100 = 15.2	10.4 + 15.2 = 25.6
0.6	148.8	148.8/652.8×100 = 22.8	25.6 + 22.8 = 48.4
0.3	242.8	242.8/652.8×100 = 37.2	48.4 + 37.2 = 85.6
0.15	94.1	94.1/652.8×100 = 14.4	85.6 + 14.4 = 100
합계	652.8		

$$\therefore \text{FM} = \frac{10.4 + 25.6 + 48.4 + 85.6 + 100}{100} = 2.70$$

02 휨 및 축력에 대해 강도설계법을 적용하여 철근 콘크리트를 설계할 때 기본 가정 3가지를 쓰시오.

[예시] 콘크리트의 인장강도는 무시한다.

풀이

(1) 압축 측 연단에서의 콘크리트의 최대 변형률은 0.0033으로 가정한다. ($f_{ck} \leq 40\text{MPa}$)
(2) 철근 및 콘크리트의 변형률은 중립축으로부터의 거리에 비례한다.
(3) 항복강도 f_y 이하에서의 철근응력은 그 변형률의 E_s배로 취한다.

03 다음의 재료를 사용하여 콘크리트 1m³ 배합에 필요한 단위 수량, 단위 잔골재량, 단위 굵은 골재량을 구하시오.(단, 소수 넷째 자리에서 반올림하여 계산하시오.)

- 잔골재율: 40%
- 시멘트 밀도: 3.15g/cm³
- 잔골재 밀도: 2.59g/cm³
- 공기량: 4%
- 단위 시멘트량: 350kg/m³
- 물 – 결합재비: 50%
- 굵은 골재 밀도: 2.62g/cm³

(1) 단위 수량:
(2) 단위 잔골재량:
(3) 단위 굵은 골재량:

풀이

(1) $\dfrac{W}{C} = 50\%$ ∴ $W = 350 \times 0.5 = 175 \text{kg/m}^3$

(2) • 단위 골재량의 절대 체적 $V = 1 - \left(\dfrac{350}{3.15 \times 1,000} + \dfrac{175}{1 \times 1,000} + \dfrac{4}{100} \right)$
$= 0.674 \text{m}^3$

• 단위 잔골재량 $S = 0.674 \times 0.4 \times 2.59 \times 1,000 = 698.264 \text{kg/m}^3$

(3) 단위 굵은 골재량 $G = 0.674 \times (1 - 0.4) \times 2.62 \times 1,000 = 1,059.528 \text{kg/m}^3$

04 매스 콘크리트의 온도 균열 발생 여부에 따른 검토는 온도 균열 지수에 의해 평가된다. 다음의 물음에 답하시오.

(1) 온도 균열 지수의 정의를 쓰시오.
(2) 온도 균열 지수 범위에 따른 균열정도 3가지를 쓰시오.

풀이

(1) 매스 콘크리트의 균열 발생 검토에 쓰이는 것으로 콘크리트의 인장강도를 온도에 의한 인장응력으로 나눈 값
(2) ① 균열 발생을 방지하여야 할 경우: 1.5 이상
② 균열 발생을 제한 할 경우: 1.2~1.5
③ 유해한 균열 발생을 제한 할 경우: 0.7~1.2

05 콘크리트 구조물 평가시 내구성 저하 요인 4가지를 쓰시오.

> **풀이**
> (1) 탄산화(중성화) (2) 염해
> (3) 동해 (4) 화학적 침식과 알칼리 골재 반응

06 동결 융해 작용에 대하여 구조물의 성능을 만족하기 위한 상대동탄성계수의 최소 한계값(%)을 쓰시오.(단, 기상작용이 심하고 동결 융해가 자주 반복되는 옹벽 구조물이다.)

(1) 단면의 두께가 200mm 이상일 경우:
(2) 단면의 두께가 200mm 미만일 경우:

> **풀이**
> (1) 70% (2) 85%

07 지름이 150mm, 길이가 300mm인 공시체를 사용하여 콘크리트 인장강도 시험을 한 결과 최대 파괴하중이 250kN이었다. 인장강도를 구하시오.(소수 셋째 자리에서 반올림)

> **풀이**
> $$\text{인장강도} = \frac{2 \cdot P}{\pi \cdot d \cdot l} = \frac{2 \times 250{,}000}{3.14 \times 150 \times 300} = 3.536\,\text{N/mm}^2 = 3.54\,\text{MPa}$$

08 KSL ISO 9597 시멘트의 응결 및 안정성 시험 방법에 대한 사항이다. 다음 내용에 알맞은 수치를 ( ) 안에 쓰시오.

> 시멘트의 초결과 종결을 측정하기 위하여 비카트 장치를 사용한다. 플런저를 제거하고 그 대신 침을 사용한다. 이 침은 강철제이고 실제 사용 길이가 ((1))mm, 지름은 ((2))mm 이어야 한다. 이동체의 전체 질량은 ((3))g 이어야 한다.

> **풀이**
> (1) 50 ± 1 (2) 1.13 ± 0.05 (3) 300 ± 1

09 다음 그림의 상단 300mm와 같은 보통 중량 콘크리트 직사각형 보의 균열 모멘트(M_{cr})를 구하시오.(단, f_{ck}＝24MPa, f_y＝350MPa이다.)

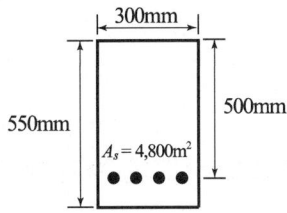

풀이

$f_r = 0.63 \lambda \sqrt{f_{ck}} = 0.63 \times 1.0 \times \sqrt{24} = 3.086 \text{MPa}$

$\therefore M_{cr} = \dfrac{f_r}{y_t} I_g = \dfrac{3.086}{\dfrac{550}{2}} \times \dfrac{300 \times 550^3}{12} = 46{,}675{,}750 \text{N} \cdot \text{mm} = 46.7 \text{kN} \cdot \text{m}$

10 콘크리트 강도에 대한 사항이다. 다음 물음에 답하시오.

(1) KSF 2422 콘크리트 코어 및 보의 시료 절취 및 강도 시험 방법에서 코어의 채취 개수는?

(2) 압축강도에 의한 콘크리트 품질검사 기준의 부족여부 판단은?

① $f_{cn} \leq 35\text{MPa}$의 경우:

② $f_{cn} > 35\text{MPa}$의 경우:

풀이

(1) 3개

(2) ① 호칭강도 보다 3.5MPa 이상 부족할 경우

② 호칭강도 보다 $0.1 f_{cn}$ 이상 부족할 경우

콘크리트 기사 작업형 | 2018년 10월 7일 시행

제1과제
잔골재 밀도, 콘크리트 배합설계(제한시간 1시간 30분, 배점 15점)

제2과제
콘크리트 슬럼프, 공기량 시험(제한시간 1시간 30분, 배점 15점)

제3과제
슈미트 해머 시험(제한시간 1시간, 배점 10점)

콘크리트 기사 필답형 — 2019년 4월 14일 시행

01 다음은 철근 콘크리트 구조물의 설계에 관련된 사항이다. 물음에 답하시오.
(1) 구조물 설계 시 하중계수, 하중조합을 고려하여 설계하는 이유 3가지를 쓰시오.
(2) 강도 감소계수(ϕ)를 사용하는 이유 3가지를 쓰시오.

(1) ① 극한상태에 대한 극한외력으로서 구조물이나 구조부재에 적용할 수 있는 가장 불리한 조건을 고려하기 위함이다.
② 해당 구조물에 작용하는 최대 소요강도에 대하여 만족하도록 설계하기 위함이다.
③ 구조부재는 사용하중에 대하여 충분히 기능을 확보할 수 있게 하기 위함이다.
(2) ① 재료의 공칭강도와 실제 강도와의 차이 때문
② 부재를 제작 또는 시공할 때 설계도와의 차이 때문
③ 부재강도의 추정과 해석에 관련된 불확실성 때문
④ 구조물에서 차지하는 부재의 중요도 등을 반영하기 위해서

02 급속 동결 융해에 대한 콘크리트의 저항 시험 방법(KS F 2456)에 대해 다음 물음에 답하시오.
(1) 동결 융해의 정의는?
(2) 동결 융해 1사이클의 소요시간은?
(3) 1차 변형 공명진동수: 2,400Hz, 동결 융해 300사이클 1차 변형 공명진동수: 2,000Hz일 때 상대 동탄성계수를 구하시오.

(1) 콘크리트 중의 물이 얼어 있다가 외기온도가 상승하면 얼었던 물이 녹는 현상
(2) 2시간 이상 4시간 이하
(3) 상대 동탄성계수 $= \left(\dfrac{f_N}{f_0}\right)^2 \times 100 = \left(\dfrac{2,000}{2,400}\right)^2 \times 100 = 69.44\%$

03 다음 그림과 같은 보의 경간이 5,000mm인 대칭 T형 보에 대한 물음에 답하시오.
(단, $f_{ck} = 21\text{MPa}$, $f_y = 300\text{MPa}$, $A_s = 4,000\text{mm}^2$)

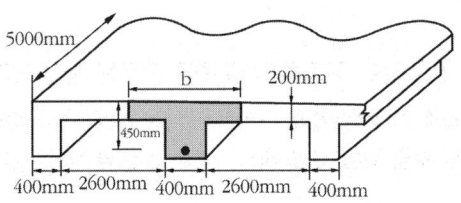

(1) 유효 폭(b)을 구하시오.
(2) 중립축 위치(c)를 구하시오.
(3) 설계 휨강도를 구하시오.

풀이

(1) ① $16t + b_w = 16 \times 200 + 400 = 3,600\text{mm}$

  ② 양쪽 슬래브의 중심간 거리 $= \dfrac{2,600}{2} + 400 + \dfrac{2,600}{2} = 3,000\text{mm}$

  ③ 보 경간의 $\dfrac{1}{4} = 5,000 \times \dfrac{1}{4} = 1,250\text{mm}$

  ∴ 가장 작은 값인 1,250mm가 유효 폭이다.

(2) • $a = \dfrac{A_s f_y}{\eta(0.85 f_{ck}) b} = \dfrac{4,000 \times 300}{1.0 \times (0.85 \times 21) \times 1,250} = 53.78\text{mm}$

  • $c = \dfrac{a}{\beta_1} = \dfrac{53.78}{0.8} = 67.23\text{mm}$

  여기서, $f_{ck} \leq 40\text{MPa}$이므로 $\beta_1 = 0.8$이다.

(3) $a < t$이므로 직사각형 보로 해석한다.

$$\phi M_n = \phi A_s f_y \left(d - \dfrac{a}{2}\right)$$

$$= 0.85 \times 4,000 \times 300 \left(450 - \dfrac{53.78}{2}\right)$$

$$= 431,572,200\text{N} \cdot \text{mm} = 431.57\text{kN} \cdot \text{m}$$

여기서, $\varepsilon_t = 0.0033 \dfrac{d-c}{c} = 0.0033 \dfrac{450 - 67.23}{67.23} = 0.018$

$\varepsilon_t > 0.005$이므로 인장지배 단면으로 $\phi = 0.85$이다.

04 굵은 골재의 밀도 및 흡수율 시험에 대한 물음에 답하시오.

(1) 보통 중량의 골재를 사용하는 경우 시료의 최소 질량에 대하여 설명하시오.
(2) 경량골재를 사용하는 경우 시료의 최소 질량을 구하는 식을 쓰시오.
(3) 굵은 골재의 밀도 및 흡수율 시험결과가 다음과 같다.

> - 절대건조 상태 질량: 6,194g
> - 표면건조 포화 상태 질량: 6,258g
> - 골재의 수중 질량: 3,878g
> - 물의 밀도 ρ_w: 0.9970g/cm³

① 표면건조 포화 상태 밀도를 구하시오.
② 겉보기 밀도를 구하시오.

(4) 각 무더기로 나누어서 시험한 굵은 골재의 밀도 및 흡수율의 결과가 다음의 표와 같을 때 평균 밀도 와 평균 흡수율을 구하시오.

입도 범위 (mm)	원시료에 대한 질량 백분율(%)	시료 질량(g)	밀도(g/cm³)	흡수율(%)
5~20	45	2010	2.67	0.9
20~40	40	1507	2.60	1.2
40~60	15	982	2.56	1.7

풀이

(1) 굵은 골재 최대치수(mm)의 0.1배를 kg으로 나타낸 양

(2) $m_{\min} = \dfrac{d_{\max} \times D_e}{25}$

(3) • 표면건조 포화 상태 밀도 $= \dfrac{B}{B-C} \times \rho_w = \dfrac{6,258}{6,258-3,878} \times 0.9970$
$= 2.62 \text{g/cm}^3$

• 겉보기 밀도 $= \dfrac{A}{A-C} \times \rho_w = \dfrac{6,194}{6,194-3,878} \times 0.9970 = 2.67 \text{g/cm}^3$

(4) • 평균 밀도 $= \dfrac{1}{\dfrac{0.45}{2.67} + \dfrac{0.4}{2.60} + \dfrac{0.15}{2.56}} = 2.62 \text{g/cm}^3$

• 평균 흡수율 $= 0.45 \times 0.9 + 0.4 \times 1.2 + 0.15 \times 1.7 = 1.14\%$

05 다음 용어에 대하여 정의를 쓰시오.

(1) 롤러 다짐 콘크리트:

(2) 결합재:

(3) 순환골재:

(4) 자기수축:

(1) 매우 된 반죽의 빈배합 콘크리트를 불도저로 깔고 롤러로 다져서 시공하는 콘크리트이다.
(2) 물과 반응하여 콘크리트 강도 발현에 기여하는 물질을 생성하는 것의 총칭으로 시멘트, 고로 슬래그 미분말, 플라이 애시, 실리카 퓸, 팽창재 등을 함유하는 것
(3) 콘크리트를 크러셔로 분쇄하여 인공적으로 만든 골재
(4) 시멘트의 수화 반응에 의해 콘크리트, 모르타르 및 시멘트 페이스트의 체적이 감소하여 수축하는 현상

06 콘크리트 염화물 함유량 측정 방법 4가지를 쓰시오.

(1) 질산은 적정법
(2) 전위차 적정법
(3) 흡광 광도법
(4) 이온 전극법(이온 크로마토그래피법)

07 레디믹스트 콘크리트의 공장에서 사용되는 회수수의 품질기준 3가지를 쓰시오.

(1) 염소 이온(Cl^-)량:

(2) 시멘트 응결시간의 차:

(3) 모르타르의 압축강도비:

풀이
(1) 250mg/L 이하
(2) 초결은 30분 이내, 종결은 60분 이내
(3) 재령 7일 및 28일에서 90% 이상

08 콘크리트의 압축강도 표준편차를 알지 못했을 때 콘크리트의 배합강도를 구하시오.(단, 콘크리트 호칭강도 24MPa이다.)

 호칭강도가 21~35MPa의 경우이므로
$f_{cr} = f_{cn} + 8.5 = 24 + 8.5 = 32.5\text{MPa}$

09 다음의 특수 콘크리트 온도제어 양생 방법을 1가지씩 쓰시오.
(1) 매스 콘크리트:
(2) 한중 콘크리트:
(3) 서중 콘크리트:

 (1) 파이프 쿨링, 연속 살수
(2) 단열, 급열, 증기, 전열 등
(3) 살수, 햇볕 덮개 등

콘크리트 기사 작업형 | 2019년 4월 14일 시행

제1과제
잔골재 밀도, 콘크리트 배합설계(제한시간 1시간 30분, 배점 15점)

제2과제
콘크리트 슬럼프, 공기량 시험(제한시간 1시간 30분, 배점 15점)

제2과제
슈미트 해머 시험(제한시간 1시간, 배점 10점)

콘크리트 기사 필답형 | 2019년 6월 29일 시행

01 시방배합의 결과 단위 시멘트 320kg, 단위 수량 181kg, 단위 잔골재 705kg, 단위 굵은 골재 1,107kg을 얻었다. 현장에서의 골재 입도는 5mm 체에 남는 잔골재량이 2%, 5mm 체를 통과하는 굵은 골재량이 4%였다. 잔골재 및 굵은 골재의 표면수가 2.5%와 1%일 경우 다음 물음에 답하시오.

(1) 단위 잔골재량을 구하시오.
(2) 단위 굵은 골재량을 구하시오.
(3) 단위 수량을 구하시오.

풀이

(1) • 입도 보정
$$\frac{100S - b(S+G)}{100-(a+b)} = \frac{100 \times 705 - 4(705+1,107)}{100-(2+4)} = 673\text{kg}$$
• 표면수 보정
$673 \times 0.025 = 16.8\text{kg}$
∴ $S = 673 + 16.8 = 689.8\text{kg}$

(2) • 입도 보정
$$\frac{100G - a(S+G)}{100-(a+b)} = \frac{100 \times 1,107 - 2(705+1,107)}{100-(2+4)} = 1,139.1\text{kg}$$
• 표면수 보정
$1139.1 \times 0.01 = 11.4\text{kg}$
∴ $G = 1,139.1 + 11.4 = 1,150.5\text{kg}$

(3) $181 - 16.8 - 11.4 = 152.8\text{kg}$

02 상대 동탄성계수를 구하시오.

• 1차 변형 공명진동수: 2,400Hz
• 동결 융해 300사이클 1차 변형 공명진동수: 2,000Hz

풀이

상대 동탄성계수 $= \left(\dfrac{f_N}{f_0}\right)^2 \times 100 = \left(\dfrac{2,000}{2,400}\right)^2 \times 100 = 69.44\%$

03 다음 용어에 대한 정의를 간단히 쓰시오.

(1) 공기연행제:
(2) 고성능 공기연행 감수제:
(3) 유동화제:
(4) 유동화 콘크리트:

> 풀이
> (1) 공기연행제: 미소하고 독립된 수없이 많은 기포를 발생시켜 이를 콘크리트 중에 고르게 분포시키기 위하여 쓰이는 혼화제
> (2) 고성능 공기연행 감수제: 공기 연행 성능을 가지며 공기연행 감수제보다도 높은 감수 성능 및 양호한 슬럼프 유지 성능을 가지는 혼화제
> (3) 유동화제: 배합이나 경화된 콘크리트의 품질을 변경시키는 일 없이 유동성을 대폭적으로 개선시키는 혼화제
> (4) 유동화 콘크리트: 시공성 향상을 위하여 비비기를 완료한 베이스 콘크리트에 유동화제를 첨가하고 적당한 교반장치로 혼합하여 유동성을 증대시킨 콘크리트

04 Na_2O는 0.45%, K_2O는 0.4%의 알칼리 함유량을 갖고 있다.

(1) 시멘트 중 전 알칼리량을 구하시오.
(2) 알칼리 골재 반응 억제 방법을 3가지 쓰시오.

> 풀이
> (1) 전 알칼리량 $= Na_2O + 0.658 K_2O = 0.45 + 0.658 \times 0.4 = 0.71\%$
> (2) ① 반응성 골재를 사용하지 않는다.
> ② 저알칼리 시멘트를 사용한다.
> ③ 수분공급이 이루어지지 못하도록 방수 처리한다.

05 한중 콘크리트 배합 시 고려할 사항을 3가지만 쓰시오.

> 풀이
> (1) 공기연행 콘크리트를 사용하는 것을 원칙으로 한다.
> (2) 단위 수량은 소요의 워커빌리티를 유지할 수 있는 범위 내에서 가능한 작게 한다.
> (3) 물-결합재비는 60% 이하로 한다.

06 $b=300\text{mm}$, $d'=50\text{mm}$, $d=500\text{mm}$, $A_s'=1{,}083\text{mm}^2$, $A_s=4{,}765\text{mm}^2$, $f_{ck}=35\text{MPa}$, $f_y=400\text{MPa}$인 복철근 직사각형 보의 설계 휨강도를 구하시오.

풀이

- $a = \dfrac{(A_s - A_s')f_y}{\eta(0.85 f_{ck})b} = \dfrac{(4{,}765 - 1{,}083) \times 400}{1.0 \times (0.85 \times 35) \times 300} = 165\text{mm}$

- $a = \beta_1 \cdot c$ ∴ $c = \dfrac{a}{\beta_1} = \dfrac{165}{0.8} = 206.25\text{mm}$

  여기서, $\beta_1 = 0.8 (f_{ck} \leq 40\text{MPa})$

- $\varepsilon_t = 0.0033 \dfrac{d-c}{c} = 0.0033 \dfrac{500 - 206.25}{206.25} = 0.0047$

  $0.002 < \varepsilon_t < 0.005$ 변화구간이므로

  ∴ $\phi = 0.65 + (\varepsilon_t - 0.002)\dfrac{200}{3} = 0.65 + (0.0047 - 0.002)\dfrac{200}{3} = 0.83$

- 설계 휨강도

  $\phi M_n = \phi \left\{ (A_s - A_s')f_y\left(d - \dfrac{a}{2}\right) + A_s' f_y(d - d') \right\}$

  $= 0.83 \left\{ (4{,}765 - 1{,}083) 400 \left(500 - \dfrac{165}{2}\right) + 1{,}083 \times 400(500 - 50) \right\}$

  $= 672{,}162{,}220\,\text{N}\cdot\text{mm} = 672.2\,\text{kN}\cdot\text{m}$

07 강도 설계법에 의한 계수 전단력 $V_u = 70\text{kN}$, $f_{ck} = 24\text{MPa}$, $\lambda = 1.0$일 때 직사각형 단면을 설계하려고 한다. 최소 전단철근 없이 견딜 수 있는 최소 단면적($b_w d$)는 얼마인가?

풀이

$V_u \leq \dfrac{1}{2}\phi V_c = \dfrac{1}{2}\phi \left(\dfrac{1}{6}\lambda \sqrt{f_{ck}}\, b_w d \right)$

∴ $b_w d \geq \dfrac{2V_u}{\phi \dfrac{1}{6}\lambda \sqrt{f_{ck}}} = \dfrac{2 \times 70{,}000}{0.75 \times \dfrac{1}{6} \times 1.0 \times \sqrt{24}} = 228{,}619\text{mm}^2$

08 관입저항침에 의한 콘크리트 응결시간 시험 방법에서 관입저항이 얼마 될 때의 시간을 각각 초결시간과 종결시간으로 결정하는가?

(1) 초결시간:
(2) 종결시간:

풀이

(1) 3.5MPa (2) 28MPa

09 다음 콘크리트의 공기량 및 허용오차를 쓰시오.

(1) 보통 콘크리트:
(2) 경량골재 콘크리트:
(3) 고강도 콘크리트:
(4) 허용오차:

(1) 4.5%   (2) 5.5%   (3) 3.5%   (4) ±1.5%

10 벽체를 설계할 때 철근 배치 및 벽체의 최소 두께에 대한 내용이다. (   ) 안에 알맞은 내용을 쓰시오.

(1) 수직 및 수평철근의 간격은 벽 두께의 (   )배 이하, 또한 (   )mm 이하로 하여야 한다.
(2) 벽체의 두께는 수직 또는 수평 받침점 간 거리 중에서 작은 값의 (   ) 이상이어야 하고, 또한 (   )mm 이상이어야 한다.
(3) 지하실 외벽 및 기초 벽체의 두께는 (   )mm 이상으로 하여야 한다.

(1) 3, 450   (2) 1/25, 100   (3) 200

11 콘크리트 호칭강도가 35MPa, 압축강도 시험 횟수가 25회, 분산 값이 1.3MPa일 때 콘크리트의 배합강도를 구하시오.

- 분산 $= \dfrac{\text{편차 제곱합}}{\text{데이터 수}}$

  ∴ 편차 제곱합 = 분산 × 데이터 수 = 1.3 × 25 = 32.5

- 표준편차 $s = \sqrt{\dfrac{32.5}{25-1}} = 1.16\,\text{MPa}$

- 콘크리트 배합강도

  $f_{cn} \leq 35\,\text{MPa}$에 해당하므로

  $f_{cr} = f_{cn} + 1.34s = 35 + 1.34 \times 1.16 = 36.55\,\text{MPa}$

  $f_{cr} = (f_{cn} - 3.5) + 2.33s = (35 - 3.5) + 2.33 \times 1.16 = 34.20\,\text{MPa}$

  ∴ 두 값 중 큰 값인 36.55MPa이다.

콘크리트 기사 작업형 | 2019년 6월 29일 시행

잔골재 밀도, 콘크리트 배합설계(제한시간 1시간 30분, 배점 15점)

콘크리트 슬럼프, 공기량 시험(제한시간 1시간 30분, 배점 15점)

제3과제
콘크리트 기사

슈미트 해머 시험(제한시간 1시간, 배점 10점)

콘크리트 기사 필답형 — 2019년 10월 13일 시행

01 $b=300\text{mm}$, $d=400\text{mm}$, $A_s=2{,}460\text{mm}^2$인 직사각형 단철근 보에 대한 다음 물음에 답하시오.(단, $f_y=400\text{MPa}$, $f_{ck}=30\text{MPa}$이다.)

(1) 파괴형태를 인장파괴, 압축파괴, 균형파괴 중 선택하시오.
(2) 보의 압축응력 사각형의 깊이 a를 구하시오.
(3) 강도 감소 계수를 구하시오.
(4) 설계 휨강도를 구하시오.

풀이

(1) • $\beta_1 = 0.8\,(f_{ck} \leq 40\text{MPa})$

 • 균형 철근비 $\rho_b = \eta\, 0.85\beta_1 \dfrac{f_{ck}}{f_y} \dfrac{660}{660+f_y}$

 $= 1.0 \times 0.85 \times 0.8 \times \dfrac{30}{400} \times \dfrac{660}{660+400} = 0.032$

 • 철근비 $\rho = \dfrac{A_s}{bd} = \dfrac{2{,}460}{300 \times 400} = 0.021$

 $\therefore \rho < \rho_b$이므로 인장파괴

(2) $a = \dfrac{A_s \cdot f_y}{\eta(0.85 f_{ck})b} = \dfrac{2{,}460 \times 400}{1.0 \times (0.85 \times 30) \times 300} = 128.62\text{mm}$

(3) • $c = \dfrac{a}{\beta_1} = \dfrac{128.62}{0.8} = 160.77\text{mm}$

 • $\dfrac{c}{d} = \dfrac{160.77}{400} = 0.402$

 • $\phi = 0.65 + 0.2\left(\dfrac{1}{c/d} - \dfrac{5}{3}\right) = 0.65 + 0.2\left(\dfrac{1}{0.402} - \dfrac{5}{3}\right) = 0.814$

(4) $\phi M_n = \phi TZ = \phi A_s f_y \left(d - \dfrac{a}{2}\right) = 0.814 \times 2{,}460 \times 400 \left(400 - \dfrac{128.62}{2}\right)$

 $= 268{,}879{,}633\text{N}\cdot\text{mm} = 268.88\text{kN}\cdot\text{m}$

 여기서, $\varepsilon_t = 0.0033\left(\dfrac{d-c}{c}\right) = 0.0033\left(\dfrac{400-160.77}{160.77}\right) = 0.00491$

 ε_t의 범위가 $\varepsilon_y = 0.002 < \varepsilon_t = 0.00491 < 0.005$이므로 변화구간이다. 따라서 강도 감소 계수는 직선보간 식으로 구한 값 $\phi = 0.814$을 적용한다.

02 콘크리트 압축강도 시험을 위한 비파괴 시험 방법 4가지를 쓰시오.

> **풀이**
> (1) 코어 채취법
> (2) 반발경도법(슈미트 해머법)
> (3) 초음파법
> (4) 인발법

03 다음의 재료를 사용하여 콘크리트 1m³ 배합에 필요한 단위 수량, 단위 잔골재량, 단위 굵은 골재량을 구하시오.(단, 소수 넷째 자리에서 반올림하여 계산하시오.)

- 잔골재율 40%
- 시멘트 밀도 3.15g/cm³
- 잔골재 밀도 0.00259g/mm³
- 공기량 4%
- 단위 시멘트량 350kg/m³
- 물 – 결합재비 50%
- 굵은 골재 밀도 0.00262g/mm³

(1) 단위 수량:
(2) 단위 잔골재량:
(3) 단위 굵은 골재량:

> **풀이**
> (1) $\dfrac{W}{C} = 50\%$ ∴ $W = 350 \times 0.5 = 175\text{kg/m}^3$
>
> (2) • 단위 골재량의 절대 체적 $V = 1 - \left(\dfrac{350}{3.15 \times 1,000} + \dfrac{175}{1 \times 1,000} + \dfrac{4}{100}\right) = 0.674\text{m}^3$
>
> • 단위 잔골재량 $S = 0.674 \times 0.4 \times 2.59 \times 1,000 = 698.264\text{kg/m}^3$
>
> (3) 단위 굵은 골재량 $G = 0.674 \times (1 - 0.4) \times 2.62 \times 1,000 = 1,059.528\text{kg/m}^3$

04 콘크리트용 모래에 포함되어 있는 유기 불순물 시험에서 식별용 표준색 용액을 만드는데 사용되는 약품의 제조 방법을 쓰시오.

(1) 10%의 알코올 용액을 만든다. 알코올 10g에 물 90g을 넣는다.
(2) 2%의 타닌산 용액을 만든다. 10%의 알코올용액 9.8g에 타닌산 가루 0.2g을 넣는다.
(3) 3%의 수산화나트륨 용액을 만든다. 물 291g에 수산화나트륨 9g(무게비를 97 : 3)을 넣는다.
(4) 2%의 타닌산 용액 2.5ml에 3%의 수산화나트륨 용액 97.5ml를 넣는다.

05 콘크리트의 염화물 함유량 측정 방법 3가지를 쓰시오.

(1) 질산은 적정법
(2) 전위차 적정법
(3) 흡광 광도법
(4) 이온 전극법(이온 크로마토그래피법)

06 철근 콘크리트 슬래브의 설계에서 직접 설계법을 적용할 수 있는 제한 사항 3가지를 쓰시오.

[예시] 각 방향으로 3경간 이상 연속되어야 한다.

(1) 직사각형 슬래브로 장변이 단변의 2배 이하이어야 한다.
(2) 각 방향으로 연속한 받침부 경간 길이의 차이는 긴 경간의 1/3 이하이어야 한다.
(3) 연속한 기둥 중심선으로부터 기둥의 이탈은 이탈 방향 경간의 최대 10%까지 허용된다.
(4) 모든 하중은 등분포된 연직하중으로 활하중은 고정하중의 2배 이하이어야 한다.

07 다음 물음에 대하여 콘크리트 배합강도를 구하시오.

(1) 콘크리트 압축강도의 시험 기록이 없는 경우
  ① 호칭강도가 18MPa인 경우
  ② 호칭강도가 28MPa인 경우
(2) 30회 이상의 압축강도 시험 실적으로부터 결정한 표준편차가 3MPa이며 호칭강도가 24MPa인 경우

풀이

(1) ① $f_{cr} = f_{cn} + 7 = 18 + 7 = 25\text{MPa}$
  ② $f_{cr} = f_{cn} + 8.5 = 28 + 8.5 = 36.5\text{MPa}$

〈이해 보충〉• 콘크리트 압축강도의 표준편차를 알지 못할 때 또는 압축강도의 시험 횟수가 14회 이하인 경우 콘크리트 배합강도

호칭강도 f_{cn}(MPa)	배합강도 f_{cr}(MPa)
21 미만	$f_{cn} + 7$
21 이상 35 이하	$f_{cn} + 8.5$
35 초과	$1.1 f_{cn} + 5.0$

(2) $f_{cn} \leq 35\text{MPa}$ 이므로
  ① $f_{cr} = f_{cn} + 1.34s = 24 + 1.34 \times 3 = 28.02\text{MPa}$
  ② $f_{cr} = (f_{cn} - 3.5) + 2.33s = (24 - 3.5) + 2.33 \times 3 = 27.49\text{MPa}$

08 콘크리트 강도시험에 관한 사항이다. 아래의 물음에 답하시오.

(1) 공시체가 파괴되었을 때 최대하중이 450kN이었다. 압축강도를 구하시오.(단, 공시체는 지름 150mm, 높이 300mm이다.)
(2) 지름이 150mm, 길이가 300mm인 공시체의 파괴하중이 178kN일 때 인장강도를 구하시오.(단, 소수 둘째 자리에서 반올림하시오.)
(3) 공시체가 지간의 중앙 부근에서 파괴되었을 때 휨강도를 구하시오.(단, 지간은 450mm, 파괴 최대하중이 36,000N이다.)

풀이

(1) 압축강도 $= \dfrac{P}{A} = \dfrac{450{,}000}{\dfrac{3.14 \times 150^2}{4}} = 25.48\text{MPa}$

(2) 인장강도 $= \dfrac{2P}{\pi d l} = \dfrac{2 \times 178{,}000}{3.14 \times 150 \times 300} = 2.5\text{MPa}$

(3) $f_b = \dfrac{Pl}{bd^2} = \dfrac{36{,}000 \times 450}{150 \times 150^2} = 5\text{MPa}$

09 압력법에 의한 굳지 않은 콘크리트의 공기량 시험 방법(KSF 2421)에서 시료를 용기에 채워 넣는 방법을 쓰시오.

- 시료를 용기의 약 1/3까지 넣고 고르게 한 후 용기 바닥에 닿지 않도록 각 층을 다짐봉으로 25회 균등하게 다진다. 다짐 구멍이 없어지고 콘크리트의 표면에 큰 거품이 보이지 않게 되도록 하기 위하여 용기의 옆면을 10회 ~ 15회 고무망치로 두드린다.
- 다음으로 용기의 약 2/3까지 시료를 넣고 전회와 같은 조작을 반복한다.
- 마지막으로 용기에서 조금 흘러넘칠 정도로 시료를 넣고 같은 조작을 반복 한 후 곧은 자로 여분의 시료를 깎아서 평탄하게 한다. 다짐봉의 다짐 깊이는 거의 각 층의 두께로 한다.

10 아래 표에서 설명하고 있는 콘크리트 이음에 대한 종류를 쓰시오.

> 콘크리트 구조물의 경우는 수화열이나 외기온도 등에 의해 온도 변화, 건조 수축, 외력 등 변형을 생기게 하는 요인이 많다. 이와 같은 변형이 구속되면 균열이 발생한다. 그래서 미리 어느 정해진 장소에 균열을 집중시킬 목적으로 소정의 간격으로 단면 결속부를 설치하여 균열을 의도적으로 모으게 이음을 설치한다.

균열유발이음

11 굳지 않은 콘크리트의 펌퍼빌리티를 위해 펌프 압송 콘크리트 배합시 골재의 고려사항을 3가지만 쓰시오.

(1) 굵은 골재 최대치수
(2) 골재의 품질(입도, 입형, 유해 함유량)
(3) 잔골재율

콘크리트 기사 작업형 | 2019년 10월 13일 시행

제1과제
콘크리트 기사

잔골재 밀도, 콘크리트 배합설계(제한시간 1시간 30분, 배점 15점)

제2과제
콘크리트 기사

콘크리트 슬럼프, 공기량 시험(제한시간 1시간 30분, 배점 15점)

제3과제
콘크리트 기사

슈미트 해머 시험(제한시간 1시간, 배점 10점)

콘크리트 기사 필답형 — 2020년 5월 24일 시행

01 콘크리트 타설 후 응결 종료 시까지 발생하는 초기균열이라고 한다. 초기균열의 종류를 4가지 쓰시오.

풀이
(1) 콘크리트 부등침하에 의한 침하수축균열
(2) 표면의 급속건조에 의한 플라스틱 수축균열
(3) 거푸집 변형에 따른 균열
(4) 진동, 재하에 따른 균열

02 자연 전위 측정법에 의한 철근 부식상태를 조사하는 데 있어 ASTM기준의 부식평가기준 3가지를 쓰시오.

풀이
(1) $-200\text{mV} < E$: 90% 이상 부식 없음
(2) $-350\text{mV} < E \leq -200\text{mV}$: 불확실
(3) $E \leq -350\text{mV}$: 90% 이상 부식 있음

03 콘크리트 컨시스턴시를 구하는 시험 방법 4가지를 쓰시오.

풀이
(1) Slump Test – 슬럼프 시험
(2) VB Test – 비비 시험
(3) Kellyball Test – 구관입 시험
(4) Flow Test – 흐름 시험
(5) Remolding Test
(6) 다짐계수

04 다음 그림과 같은 T형 보 단면에 대한 다음 물음에 답하시오.(단, $A_S = 8\text{-}D35 = 7,653\text{mm}^2$, $f_{ck} = 21\text{MPa}$, $f_y = 400\text{MPa}$, 최외측 철근 변형률 $\varepsilon_t = 0.00427$이다.)

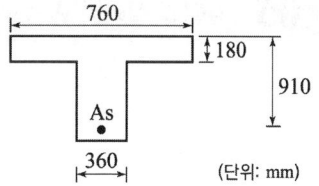

(1) 공칭 휨 모멘트를 구하시오.
(2) 설계 휨 모멘트를 구하시오.

풀이

(1) • T형 보 판별
$$a = \frac{A_s \cdot f_y}{\eta(0.85 f_{ck}) \cdot b} = \frac{7,653 \times 400}{1.0 \times (0.85 \times 21) \times 760} = 225.6\text{mm}$$
$a > t(225.6\text{mm} > 180\text{mm})$이므로 T형 보로 해석한다.

• $C_f = T_f$에서 A_{sf}을 구하면
$$\eta(0.85 f_{ck})(b - b_w) \cdot t_f = A_{sf} \cdot f_y$$
$$\therefore A_{sf} = \frac{\eta(0.85 f_{ck})(b - b_w) \cdot t_f}{f_y}$$
$$= \frac{1.0 \times (0.85 \times 21)(760 - 360) \times 180}{400} = 3,213\text{mm}^2$$

• $C_w = T_w$에서 a를 구하면
$$\eta(0.85 f_{ck}) \cdot a \cdot b_w = (A_s - A_{sf}) \cdot f_y$$
$$\therefore a = \frac{(A_s - A_{sf}) \cdot f_y}{\eta(0.85 f_{ck}) \cdot b_w} = \frac{(7,653 - 3,213) \times 400}{1.0 \times (0.85 \times 21) \times 360} = 276.4\text{mm}$$

• 공칭 휨 모멘트
$$M_n = A_{sf} \cdot f_y \left(d - \frac{t}{2}\right) + (A_s - A_{sf}) \cdot f_y \left(d - \frac{a}{2}\right)$$
$$= 3,213 \times 400 \left(910 - \frac{180}{2}\right) + (7,653 - 3,213) \times 400 \left(910 - \frac{276.4}{2}\right)$$
$$= 2,424,580,800\,\text{N} \cdot \text{mm}$$
$$= 2,424.58\,\text{kN} \cdot \text{m}$$

(2) • 강도감소계수
변형률이 0.002~0.005사이에 있는 변화구간 단면이므로
$$\phi = 0.65 + (\varepsilon_t - 0.002)\frac{200}{3} = 0.65 + (0.00427 - 0.002)\frac{200}{3} = 0.801$$

• 설계 휨 모멘트
$$\phi M_n = 0.801 \times 2,424.58 = 1,942.09\,\text{kN} \cdot \text{m}$$

05 알칼리 실리카 반응으로 콘크리트에 발생하는 현상 3가지를 쓰시오.

> **풀이**
> (1) 이상팽창을 일으킨다.
> (2) 표면에 불규칙한 거북이등 모양의 균열이 생긴다.
> (3) 골재입자의 둘레에 검은색의 반응환이 생긴다.

06 다음 물음에 대하여 서술하시오.
(1) 압축강도 재하속도 기준
(2) 휨강도 재하속도 기준
(3) 동결 융해 저항성 측정 시 1사이클의 온도 범위와 시간

> **풀이**
> (1) 0.6 ± 0.2 MPa/초
> (2) 0.06 ± 0.04 MPa/초
> (3) 온도: 4℃에서 -18℃로 떨어지고 다음에 -18℃에서 4℃로 상승하는 것
>   시간: 2~4시간

07 폭이 300mm, 유효깊이가 450mm인 직사각형 단철근 보에서 $f_{ck}=24$MPa, $A_v=142.6$mm², $f_{yt}=350$MPa, $\lambda=1.0$, 스터럽 간격은 200mm일 때 물음에 답하시오.
(1) 수직 스터럽을 사용한 경우 전단철근의 공칭 전단강도는?
(2) 60° 각도로 구부린 경사 스터럽을 사용한 경우 ϕV_n를 구하시오.

> **풀이**
> (1) $V_s = \dfrac{A_v f_{yt} d}{s} = \dfrac{142.6 \times 350 \times 450}{200} = 112,298\text{N} = 112.3\text{kN}$
>
> (2) • $V_c = \dfrac{1}{6}\lambda\sqrt{f_{ck}}\, b_w d = \dfrac{1}{6} \times 1.0 \times \sqrt{24} \times 300 \times 450 = 110,227\text{N} = 110.2\text{kN}$
>
> • $V_s = \dfrac{A_v f_{yt}(\sin\alpha + \cos\alpha)d}{s} = \dfrac{142.6 \times 350(\sin 60° + \cos 60°) \times 450}{200}$
> $= 153,401\text{N} = 153.4\text{kN}$
>
> ∴ $\phi V_n = \phi(V_c + V_s) = 0.75(110.2 + 153.4) = 197.7\text{kN}$

08 콘크리트 압축강도 측정치를 보고 다음 물음에 답하시오.

▼ 콘크리트 압축강도 측정치(MPa)

23.5	33	35	28	26	
27	32	28.5	29	26.5	23
33	29	26.5	35		

(1) 시험은 15회 실시하였다. 표준편차를 구하시오.
(2) 호칭강도가 40MPa일 때 배합강도를 구하시오.

풀이

(1) 표준편차
- 콘크리트 압축강도 측정치 합계 $\sum x = 435\text{MPa}$
- 콘크리트 압축강도 평균값 $\bar{x} = \dfrac{435}{15} = 29\text{MPa}$
- 편차 제곱합

$$S = (23.5-29)^2 + (33-29)^2 + (35-29)^2 + (28-29)^2 + (26-29)^2$$
$$+ (27-29)^2 + (32-29)^2 + (28.5-29)^2 + (29-29)^2 + (26.5-29)^2$$
$$+ (23-29)^2 + (33-29)^2 + (29-29)^2 + (26.5-29)^2 + (35-29)^2$$
$$= 206\text{MPa}$$

- 표준편차 $\sigma = \sqrt{\dfrac{S}{n-1}} = \sqrt{\dfrac{206}{15-1}} = 3.84\text{MPa}$
- 직선보간한 표준편차 $3.84 \times 1.16 = 4.45\text{MPa}$

(2) 배합강도
- $f_{cr} = f_{cn} + 1.34S = 40 + 1.34 \times 4.45 = 45.96\text{MPa}$
- $f_{cr} = 0.9f_{cn} + 2.33S = 0.9 \times 40 + 2.33 \times 4.45 = 46.37\text{MPa}$

∴ 두 식 중 큰 값 46.37MPa

보충 ① 시방서에서는 콘크리트를 생산하고자 하는 생산설비에 의해 유사한 재료와 조건을 사용하여 30회 이상의 연속된 강도시험 결과가 얻어졌을 때 그 값을 표준편차로 사용할 수 있도록 하였다. 표준편차는 $\sqrt{\dfrac{S}{n-1}}$ 식에 의해 구한다. 만약 압축강도 시험횟수가 30회 미만이며 15회 이상이면 표준편차 $= \sqrt{\dfrac{S}{n-1}} \times$ 보정계수로 한다.

② 시험횟수가 29회 이하일 때 표준편차의 보정계수

시험횟수	표준편차의 보정계수
15	1.16
20	1.08
25	1.03
30 이상	1.00

여기서, 시험횟수 15~20회 사이의 직선보간 한 보정계수값은 16회 때 1.144, 17회 때 1.128, 18회 때 1.112, 19회 때 1.096이 된다.

09 콘크리트의 받아들이기 품질검사의 항목 4가지를 쓰시오.

> 풀이
> (1) 슬럼프
> (2) 공기량
> (3) 염소 이온량(염화물 이온량)
> (4) 굳지 않은 콘크리트의 상태(외관 관찰)
> (5) 압축강도 시험을 위한 공시체 제작
> (6) 온도
> (7) 단위 질량

10 시방배합의 결과 단위 시멘트 320kg, 단위 수량 181kg, 단위 잔골재 705kg, 굵은 골재 속의 단위 굵은 골재 1,107kg을 얻었다. 현장에서 잔골재 속의 5mm 체에 남는량이 2%, 굵은 골재 속의 5mm 체를 통과하는 양이 4%였다. 잔골재 및 굵은 골재의 표면수가 2.5%와 1%일 경우 다음 물음에 답하시오.

(1) 단위 잔골재량을 구하시오.
(2) 단위 굵은 골재량을 구하시오.
(3) 단위 수량을 구하시오.

> 풀이
> (1) • 입도 보정
> $$\frac{100S-b(S+G)}{100-(a+b)} = \frac{100\times 705 - 4(705+1,107)}{100-(2+4)} = 673\text{kg}$$
> • 표면수 보정
> $673 \times 0.025 = 16.8\text{kg}$
> ∴ $S = 673 + 16.8 = 689.8\text{kg}$
> (2) • 입도 보정
> $$\frac{100G-a(S+G)}{100-(a+b)} = \frac{100\times 1,107 - 2(705+1,107)}{100-(2+4)} = 1,139.1\text{kg}$$
> • 표면수 보정
> $1,139.1 \times 0.01 = 11.4\text{kg}$
> ∴ $G = 1,139.1 + 11.4 = 1,150.5\text{kg}$
> (3) $181 - 16.8 - 11.4 = 152.8\text{kg}$

11 굵은 골재의 밀도 및 흡수율 시험을 15℃에서 실시한 결과가 다음과 같을 때 물음에 답하시오.

공기 중 절대건조 상태의 시료 질량(A)	3,940g
표면건조 포화 상태의 시료 질량(B)	4,000g
물속에서의 시료 질량(C)	2,491g
15℃에서의 물의 밀도	0.9991g/cm³

(1) 표면건조 포화 상태의 밀도를 구하시오.
(2) 절대건조 상태의 밀도를 구하시오.

> **풀이**
>
> (1) 표면건조 포화 밀도 $= \dfrac{B}{B-C} \times \rho_w = \dfrac{4,000}{4,000-2,491} \times 0.9991 = 2.65\,\text{g/cm}^3$
>
> (2) 절대건조 밀도 $= \dfrac{A}{B-C} \times \rho_w = \dfrac{3,940}{4,000-2,491} \times 0.9991 = 2.61\,\text{g/cm}^3$

콘크리트 기사 작업형 | 2020년 5월 24일 시행

잔골재 밀도, 콘크리트 배합설계(제한시간 1시간 30분, 배점 15점)

콘크리트 슬럼프, 공기량 시험(제한시간 1시간 30분, 배점 15점)

슈미트 해머 시험(제한시간 1시간, 배점 10점)

콘크리트 기사 필답형 — 2020년 7월 25일 시행

01 매스 콘크리트의 온도 균열 발생 여부에 따른 검토는 온도 균열 지수에 의해 평가된다. 다음의 물음에 답하시오.

(1) 온도 균열 지수의 정밀식을 쓰시오.
(2) 온도 균열 지수 범위에 따른 균열정도
  ① 균열 발생을 방지하여야 할 경우:
  ② 균열 발생을 제한할 경우:
  ③ 유해한 균열 발생을 제한할 경우:

(1) 온도 균열 지수 $I_{cr}(t) = \dfrac{f_{sp}(t)}{f_t(t)}$

여기서, $f_t(t)$: 재령 t 일에서의 수화열에 의하여 생긴 부재 내부의 온도응력 최댓값 (MPa)

$f_{sp}(t)$: 재령 t 일에서의 콘크리트 인장강도로서, 재령 및 양생온도를 고려하여 구함(MPa)

(2) ① 1.5 이상 ② 1.2~1.5 ③ 0.7~1.2

02 콘크리트 비파괴 조사 시 초음파법을 이용했을 때 측정할 수 있는 항목 4가지를 쓰시오.

(1) 균열깊이   (2) 압축강도   (3) 철근 배근상태   (4) 피복두께

03 다음의 부재별 강도감소계수를 쓰시오.

(1) 띠철근:
(2) 전단철근:
(3) 인장지배 단면:
(4) 무근 콘크리트의 휨 모멘트:

(1) 0.65   (2) 0.75   (3) 0.85   (4) 0.55

04 다음 그림과 같은 T형 보에 대한 물음에 답하시오.(단, A_S =8–D35 = 7,653mm², f_{ck} =21MPa, f_y =400MPa)

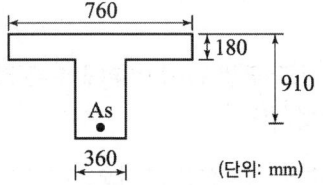

(1) 플랜지 유효 폭을 구하고 판단 근거를 쓰시오.
(2) 공칭 휨 모멘트(M_n)를 구하시오.

풀이

(1) • 유효 폭: 760mm
   • 판단 근거: $16t_f + b_w$, 양쪽 슬래브의 중심간 거리, 보 경간의 1/4 중 가장 작은 값

(2) • T형 보 판별
$$a = \frac{A_s \cdot f_y}{\eta(0.85 f_{ck}) \cdot b} = \frac{7,653 \times 400}{1.0 \times (0.85 \times 21) \times 760} = 225.6 \text{mm}$$

$a > t(225.6 \text{mm} > 180 \text{mm})$이므로 T형 보로 해석한다.

• $C_f = T_f$에서 A_{sf}을 구하면
$$\eta(0.85 f_{ck})(b - b_w) \cdot t_f = A_{sf} \cdot f_y$$
$$\therefore A_{sf} = \frac{\eta(0.85 f_{ck})(b - b_w) \cdot t_f}{f_y}$$
$$= \frac{1.0 \times (0.85 \times 21)(760 - 360) \times 180}{400} = 3,213 \text{mm}^2$$

• $C_w = T_w$에서 a를 구하면
$$\eta(0.85 f_{ck}) \cdot a \cdot b_w = (A_s - A_{sf}) \cdot f_y$$
$$\therefore a = \frac{(A_s - A_{sf}) \cdot f_y}{\eta(0.85 f_{ck}) \cdot b_w} = \frac{(7,653 - 3,213) \times 400}{1.0 \times (0.85 \times 21) \times 360} = 276.4 \text{mm}$$

• 공칭 휨 모멘트
$$M_n = A_{sf} \cdot f_y \left(d - \frac{t}{2}\right) + (A_s - A_{sf}) \cdot f_y \left(d - \frac{a}{2}\right)$$
$$= 3,213 \times 400 \left(910 - \frac{180}{2}\right) + (7,653 - 3,213) \times 400 \left(910 - \frac{276.4}{2}\right)$$
$$= 2,424,580,800 \text{N} \cdot \text{mm}$$
$$= 2,424.58 \text{kN} \cdot \text{m}$$

05 다음의 재료를 사용하여 콘크리트 배합에 필요한 각 재료의 양을 구하시오.(단, 소수 넷째 자리에서 반올림하여 계산하시오.)

- 잔골재율: 41%
- 시멘트 밀도: 3.15g/cm³
- 잔골재 밀도: 2.59g/cm³
- 공기량: 4.5%
- 단위 시멘트량: 500kg/m³
- 물-결합재비: 50%
- 굵은 골재 밀도: 2.63g/cm³

(1) 단위 수량:
(2) 단위 잔골재량:
(3) 단위 굵은 골재량:

풀이

(1) $\dfrac{W}{C} = 50\%$ ∴ $W = 500 \times 0.5 = 250\text{kg/m}^3$

(2) • 단위 골재량의 절대 체적 $V = 1 - \left(\dfrac{500}{3.15 \times 1,000} + \dfrac{250}{1 \times 1,000} + \dfrac{4.5}{100}\right) = 0.546\text{m}^3$

• 단위 잔골재량 $S = 0.546 \times 0.41 \times 2.59 \times 1,000 = 579.797\text{kg/m}^3$

(3) 단위 굵은 골재량 $G = 0.546 \times (1 - 0.41) \times 2.63 \times 1,000 = 847.228\text{kg/m}^3$

06 콘크리트 시험에 대한 내용이다. 다음 물음에 대한 강도를 계산하시오.

(1) 콘크리트 압축강도 시험에 지름 100mm, 높이 200mm인 원주형 공시체를 사용하였을 때 최대 압축하중이 195kN이었다면 압축강도는?

(2) 콘크리트 휨강도 시험용 공시체를 4점 재하장치로 시험하였더니, 최대하중 35kN에서 지간의 가운데 부분에서 파괴되었다. 이 콘크리트의 휨강도는?(단, 공시체의 크기는 150×150×530mm이며 지간은 450mm이다.)

풀이

(1) 압축강도 $= \dfrac{P}{A} = \dfrac{P}{\dfrac{\pi d^2}{4}} = \dfrac{195,000}{\dfrac{3.14 \times 100^2}{4}} = 24.84\text{N/mm}^2 = 24.84\text{MPa}$

(2) 휨강도 $= \dfrac{PL}{bd^2} = \dfrac{35,000 \times 450}{150 \times 150^2} = 4.67\text{N/mm}^2 = 4.67\text{MPa}$

07 콘크리트 중성화(탄산화)에 대한 물음에 답하시오.

(1) 중성화의 판정에 사용되는 1% 페놀프탈레인 시약 제조 방법을 쓰시오.
(2) 중성화 측정 방법 2가지를 쓰시오.

풀이

(1) 95% 에탄올 90ml에 페놀프탈레인 분말 1g을 녹여 물을 첨가하여 100ml로 한 것이다.
(2) ① 코어 채취를 이용하는 방법
② 현장의 공시체를 이용하는 방법

08 한중 콘크리트 적산온도 방식에 의하여 물-결합재비를 보정하시오.(단, 기간은 30일임)

- 보통 포틀랜드 시멘트를 사용하고 설계기준강도 $f_{ck}=24\text{MPa}$, 물-결합재비 $(x_{20})=49\%$이다.
- 보온 양생 조건은 타설 후 최초 5일간 20℃, 그 후 4일간은 15℃, 그 후 4일간은 10℃이고, 그 후 타설된 일평균기온은 -8℃이다.
- 적산온도 M에 대응하는 물-결합재비의 보정계수 α 산정식은 $\dfrac{\log(M-100)+0.13}{3}$을 적용한다.

풀이

- 양생 평균기온 $\theta = \dfrac{5 \times 20 + 4 \times 15 + 4 \times 10 + (-8 \times 17)}{30} = 2.13℃$

- 적산온도 $M = \sum\limits_{0}^{t}(\theta + A)\Delta t = (2.13+10) \times 30 = 364℃ \cdot D$

  여기서, A : 기준온도 10℃,
  Δt : 시간(일)로 5+4+4+17=30일 또는
  $M = [(20+10) \times 5 + (15+10) \times 4 + (10+10) \times 4 + (-8+10) \times 17]$
  $= 364℃ \cdot D$

- 보정계수 $\alpha = \dfrac{\log(M-100)+0.13}{3} = \dfrac{\log(364-100)+0.13}{3} = 0.851$

- 물-결합재비 보정 $x = \alpha \cdot x_{20} = 0.851 \times 49 = 41.7\%$

09 주어진 굵은 골재의 체가름 시험 결과표를 보고 물음에 답하시오.

체 크기(mm)	잔류량(g)	잔류율(%)	가적 잔류율(%)	가적 통과율(%)
75	0	0	0	100
40	825			
25	5,615			
20	3,229			
10	3,960			
5	2,450			
2.5	545			
pan	0	–	–	–
합계	16,624	–	–	–

(1) 빈칸의 성과표를 완성하시오.(단, 소수 둘째 자리에서 반올림하시오.)
(2) 조립률을 구하시오.(단, 소수 둘째 자리에서 반올림하시오.)

풀이

(1)

체 크기(mm)	잔류량(g)	잔류율(%)	가적 잔류율(%)	가적 통과율(%)
75	0	0	0	100
40	825	5	5	95
25	5,615	33.8	38.8	61.2
20	3,229	19.4	58.2	41.8
10	3,960	23.8	82	18
5	2,450	14.7	96.7	3.3
2.5	545	3.3	100	0
pan	0	–	–	–
합계	16,624	–	–	–

- 잔류율 = $\dfrac{\text{해당 체의 잔류량}}{\text{전체 질량}} \times 100$
- 가적 잔류율 = 잔류율 누계
- 가적 통과율 = 100 − 가적 잔류율

(2) 조립률 = $\dfrac{5+58.2+82+96.7+100+100+100+100+100}{100} = 7.4$

10 관입 저항침에 의한 콘크리트 응결시간 시험 방법(KS F 2436)에 대한 다음 물음에 답하시오.

(1) 관입 저항값이 얼마 될 때의 시간을 종결시간으로 결정하는가?
(2) 결과 도식화 방법 2가지를 쓰시오.

[예시] 컴퓨터를 이용하는 방법

 풀이
(1) 28MPa
(2) ① 핸드 피팅에 의한 방법
② 선형 회귀 분석에 의한 방법

11 사인장 균열은 보의 경우 지점 가까이의 중립축 부근에서 휨 응력은 작고 전단응력은 크게 발생되는데 이때 생기는 균열은?

 풀이
복부전단균열

콘크리트 기사 작업형 | 2020년 7월 25일 시행

잔골재 밀도, 콘크리트 배합설계(제한시간 1시간 30분, 배점 15점)

콘크리트 슬럼프, 공기량 시험(제한시간 1시간 30분, 배점 15점)

슈미트 해머 시험(제한시간 1시간, 배점 10점)

콘크리트 기사 필답형 — 2020년 10월 17일 시행

01 품질관리의 PDCA(4단계)에 대하여 설명하시오.

풀이
(1) 계획 (2) 실시
(3) 검토 (4) 조치

02 조립률 3.4인 A 골재와 2.2인 B 골재를 사용하였더니 혼합이 좋지 않아 조립률 2.9인 골재를 만들 때 시료 1,000g으로 얼마씩 혼합해야 하는지 구하시오.

풀이
- $\dfrac{(3.4A+2.2B)}{A+B} = \dfrac{(3.4A+2.2B)}{1,000} = 2.9$ ······················ ①
- $A+B = 1,000$ ·· ②

①, ②식을 연립하면
$3.4A+2.2B = 2,900$
$3.4(1,000-B)+2.2B = 2,900$
∴ $B = 417g$
여기서, $A = 1,000-B$ 대입
∴ $A = 1,000-417 = 583g$

03 골재의 안정성 시험을 하는데 사용하는 약품의 제조 방법을 쓰시오.

풀이
(1) 25~30℃의 깨끗한 물 1ℓ에 황산나트륨을 약 250g 또는 황산나트륨(결정)을 약 750g의 비율로 가하여 잘 저어 섞으면서 약 20℃가 될 때까지 식힌 황산나트륨 포화용액을 만든다.
(2) 용액은 48시간 이상 20±1℃의 온도로 유지한 후 사용한다.

04 $b=300$mm, $d'=50$mm, $d=500$mm, $A_s'=1,083$mm^2, $A_s=4,765$mm^2, $f_{ck}=35$MPa, $f_y=400$MPa인 복철근 직사각형 보에 대한 물음에 답하시오.

(1) 하중재하 1년 후 탄성침하가 1.6mm일 경우 장기침하량을 구하시오.
(2) 강도설계법에 의한 설계 휨강도를 구하시오.

풀이

(1) • $\rho' = \dfrac{A_s'}{bd} = \dfrac{1,083}{300 \times 500} = 0.00722$

• $\lambda = \dfrac{\xi}{1+50\rho'} = \dfrac{1.4}{1+50 \times 0.00722} = 1.03$

여기서, ξ : 1년이므로 1.4

∴ 장기처짐량＝탄성침하×장기처짐계수(λ)＝$1.6 \times 1.03 = 1.648$mm
(총처짐량＝탄성침하(순간침하)＋장기처짐＝$1.6+1.648=3.248$mm)

(2) • $a = \dfrac{(A_s - A_s')f_y}{\eta(0.85f_{ck})b} = \dfrac{(4,765-1,083) \times 400}{1.0 \times (0.85 \times 35) \times 300} = 165$mm

• $a = \beta_1 \cdot c$ ∴ $c = \dfrac{a}{\beta_1} = \dfrac{165}{0.8} = 206.25$mm

여기서, $\beta_1 = 0.8(f_{ck} \leq 40\text{MPa})$

• $\varepsilon_t = 0.0033 \dfrac{d-c}{c} = 0.0033 \dfrac{500-206.25}{206.25} = 0.0047$

$0.002 < \varepsilon_t < 0.005$ 변화구간이므로

∴ $\phi = 0.65 + (\varepsilon_t - 0.002)\dfrac{200}{3} = 0.65 + (0.0047-0.002)\dfrac{200}{3} = 0.83$

• 설계 휨강도

$\phi M_n = \phi\left\{(A_s - A_s')f_y\left(d - \dfrac{a}{2}\right) + A_s'f_y(d-d')\right\}$

$= 0.83\left\{(4,765-1,083)400\left(500 - \dfrac{165}{2}\right) + 1,083 \times 400(500-50)\right\}$

$= 672,162,220\,\text{N}\cdot\text{mm} = 672.2\,\text{kN}\cdot\text{m}$

05 다음 콘크리트 구조기준에 사용되는 용어를 간단히 설명하시오.

(1) 2방향 슬래브:

(2) 계수하중:

(3) 균형철근비:

(4) 정착길이:

> **풀이**
> (1) 직교하는 두 방향 휨 모멘트를 전달하기 위하여 주철근이 배치된 슬래브
> (2) 강도설계법으로 부재를 설계할 때 사용하중에 하중계수를 곱한 하중
> (3) 인장철근이 설계기준항복강도에 도달함과 동시에 압축연단 콘크리트의 변형률이 극한 변형률에 도달하는 단면의 인장철근비
> (4) 위험 단면에서 철근의 설계기준항복강도를 발휘하는데 필요한 최소 묻힘 길이

06 고로 슬래그의 화학성분이 아래 표와 같을 때 다음 물음에 답하시오.

FeO	CaO	MgO	Al_2O_3	SiO_2
0.09	37.9	4.2	12.4	41.2

(1) 고로 슬래그 염기도를 구하시오.
(2) 고로 슬래그 시멘트의 사용여부를 판정하시오.

> **풀이**
> (1) 염기도 $= \dfrac{CaO + MgO + Al_2O_3}{SiO_2} = \dfrac{37.9 + 4.2 + 12.4}{41.2} = 1.32$
> (2) 고로 슬래그 시멘트의 염기도는 1.6 이상이어야 하므로 사용에 부적합하다.

07 콘크리트 및 콘크리트 재료의 염화물 분석 시험 방법(KS F 2713)에 대한 다음 물음에 답하시오.

(1) 표준용액 및 지시약 3가지를 쓰시오.
(2) 메틸 오렌지 지시약 만드는 법을 쓰시오.

> **풀이**
> (1) ① 염화나트륨 ② 질산은 ③ 메틸 오렌지 지시약
> (2) 95%의 에틸알코올 1L당 2g의 메틸 오렌지를 함유하는 용액을 준비한다.

08 순환 골재 콘크리트에 대한 다음 물음에 답하시오.

(1) 순환 골재 정의를 간단히 쓰시오.
(2) 순환 골재의 품질기준에 대해 아래 표의 빈칸을 채우시오.

항목	순환 굵은 골재	순환 잔골재
절대건조 밀도(g/cm³)		
흡수율(%)		
마모 감량(%)		-
점토 덩어리 양(%)		
안정성(%)		

> **풀이**
> (1) 콘크리트를 크러셔로 분쇄하여 인공적으로 만든 골재
> (2)
>
> | 항목 | 순환 굵은 골재 | 순환 잔골재 |
> |---|---|---|
> | 절대건조 밀도(g/cm³) | 2.5 이상 | 2.3 이상 |
> | 흡수율(%) | 3.0 이하 | 4.0 이하 |
> | 마모 감량(%) | 40 이하 | - |
> | 점토 덩어리 양(%) | 0.2 이하 | 1.0 이하 |
> | 안정성(%) | 12 이하 | 10 이하 |

09 레디믹스트 콘크리트 품질관리를 위한 품질검사의 항목 4가지를 쓰시오.

> **풀이**
> (1) 슬럼프
> (2) 공기량
> (3) 염화물 함유량
> (4) 강도

10 콘크리트 강도 시험에 대한 내용이다. 다음 물음에 답하시오.

(1) 지름이 100mm, 길이가 150mm인 공시체의 파괴하중이 200kN일 때 압축강도를 구하시오.

(2) 지름이 150mm, 길이가 300mm인 공시체의 파괴하중이 178kN일 때 쪼갬 인장강도를 구하시오.

(3) 콘크리트 휨강도 시험에서 공시체가 인장쪽 표면 지간 방향 중심선의 4점 사이에서 파괴되었을 때 휨강도를 구하시오.(단, 지간은 450mm, 파괴 단면 높이 150mm, 파괴 단면 나비 150mm, 최대하중이 27kN이다.)

> **풀이**
>
> (1) 압축강도 $= \dfrac{P}{A} = \dfrac{200,000}{\dfrac{3.14 \times 100^2}{4}} = 25.48 \text{N/mm}^2 = 25.48 \text{MPa}$
>
> (2) 인장강도 $= \dfrac{2P}{\pi D l} = \dfrac{2 \times 178,000}{3.14 \times 150 \times 300} = 2.5 \text{N/mm}^2 = 2.5 \text{MPa}$
>
> (3) 휨강도 $= \dfrac{Pl}{bd^2} = \dfrac{27,000 \times 450}{150 \times 150^2} = 3.6 \text{N/mm}^2 = 3.6 \text{MPa}$

콘크리트 기사 작업형 | 2020년 10월 17일 시행

잔골재 밀도, 콘크리트 배합설계(제한시간 1시간 30분, 배점 15점)

콘크리트 슬럼프, 공기량 시험(제한시간 1시간 30분, 배점 15점)

슈미트 해머 시험(제한시간 1시간, 배점 10점)

콘크리트 기사 필답형 — 2020년 11월 29일 시행

01 모르타르 및 콘크리트의 길이변화 시험 방법(KSF 2424)에 있는 길이변화 측정 방법 세 가지를 쓰시오.

풀이
(1) 콤퍼레이터 방법   (2) 콘택트 게이지 방법   (3) 다이얼 게이지 방법

02 지름이 100mm, 길이가 50mm인 공시체를 사용하여 콘크리트 압축강도시험을 한 결과 최대 파괴하중이 157kN이었다. h/d의 비에 의한 표준 공시체의 계수값이 아래 표와 같을 때 환산 계숫값을 적용한 표준 공시체의 압축강도는 얼마인가?

▼ 표준 공시체의 환산계수표

공시체의 h/d비	2.0	1.75	1.50	1.40	1.25	1.0	0.75	0.5
환산계수	1.0	0.98	0.96	0.94	0.90	0.85	0.70	0.5

풀이

$$f = \frac{P}{A} = \frac{157{,}000}{\frac{\pi \times 100^2}{4}} = 19.99 \text{N/mm}^2 = 19.99 \text{MPa}$$

- h/d의 비 $\frac{50}{100} = 0.5$ 이므로, 환산계수 0.5를 적용하면

∴ $19.99 \times 0.5 = 9.995 ≒ 10 \text{MPa}$

03 콘크리트용 모래에 포함되어 있는 유기 불순물 시험에서 식별용 표준색 용액을 만드는데 사용되는 약품의 제조 방법을 쓰시오.

풀이
(1) 10%의 알코올 용액을 만든다. 알코올 10g에 물 90g을 넣는다.
(2) 2%의 타닌산 용액을 만든다. 10%의 알코올용액 9.8g에 타닌산 가루 0.2g을 넣

는다.
(3) 3%의 수산화나트륨 용액을 만든다. 물 291g에 수산화나트륨 9g(무게비를 97 : 3)을 넣는다.
(4) 2%의 타닌산 용액 2.5ml에 3%의 수산화나트륨 용액 97.5ml를 넣는다.

04

$b=300$mm, $d=550$mm, $d'=50$mm, $A_s=4,950$mm^2, $A_s'=1,938$mm^{2}인 복철근 직사각형 보에 대한 다음 물음에 답하시오.(단, 압축철근이 항복하는 경우로 $f_{ck}=21$MPa, $f_y=400$MPa임)

(1) 복철근보를 설계할 경우 효과 2가지를 쓰시오.
(2) 중립축까지 거리 c값은?
(3) 설계 휨강도(ϕM_n)는?

[풀이]

(1) ① 단면의 크기가 제한을 받아 단철근보로서는 휨 모멘트를 견딜 수 없는 경우
  ② 정(+), 부(−)의 모멘트를 교대로 받는 부재
  ③ 부재의 처짐을 극소화시켜야 할 경우
  ④ 연성을 극대화시키기 위한 경우

(2) • $a = \dfrac{(A_s - A_s')f_y}{\eta(0.85 f_{ck})b} = \dfrac{(4,950-1,938) \times 400}{1.0 \times (0.85 \times 21) \times 300} = 224.99$mm

  • $a = \beta_1 \cdot c$

  $\therefore c = \dfrac{a}{\beta_1} = \dfrac{224.99}{0.8} = 281.2$mm

(3) • $\varepsilon_t = 0.0033 \times \dfrac{d-c}{c} = 0.0033 \times \dfrac{550-281.2}{281.2} = 0.0032$

  $0.002 < \varepsilon_t < 0.005$이므로 변화구간 적용

  $\therefore \phi = 0.65 + (\varepsilon_t - 0.002)\dfrac{200}{3} = 0.65 + (0.0028 - 0.002) \times \dfrac{200}{3} = 0.703$

  • $\phi M_n = \phi \left\{ (A_s - A_s')f_y \left(d - \dfrac{a}{2}\right) + A_s' f_y (d-d') \right\}$

  $= 0.703 \left\{ (4,950-1,938) \times 400 \times \left(550 - \dfrac{224.99}{2}\right) + 1,938 \times 400 \times (550-50) \right\}$

  $= 643,038,335$N·mm $= 643.04$kN·m

05 콘크리트의 블리딩 시험에서 블리딩량의 단위를 쓰시오.

> 풀이
> m^3/m^2 (또는 cm^3/cm^2)

06 성능저하 환경에 놓여 있는 콘크리트 구조물의 주된 열화 원인을 3가지만 쓰시오.

> 풀이
> (1) 중성화
> (2) 알칼리 골재 반응
> (3) 염해
> (4) 동해

07 서중 콘크리트에 관한 아래 내용 중 ( ) 안의 알맞은 기온을 쓰시오.

  콘크리트를 타설할 때의 기온이 ( )를 넘게 되면 서중 콘크리트로서의 성상이 현저해지므로 하루 평균기온이 ( )를 넘는 시기에 시공할 경우에는 일반적으로 서중 콘크리트로서 시공할 수 있도록 준비해 두는 것이 바람직하다. 일반적으로 기온이 ( ) 상승에 대하여 단위 수량은 2~5% 증가하므로 소요의 압축강도를 확보하여야 한다.

> 풀이
> 30℃, 25℃, 10℃

08 콘크리트의 재료분리 중 굵은 골재의 재료분리 원인을 3가지만 쓰시오.

> 풀이
> (1) 굵은 골재 크기와 잔골재 크기의 차이에 따른 영향
> (2) 굵은 골재와 모르타르의 반죽에 따른 유동성의 차이에 따른 영향
> (3) 굵은 골재와 모르타르의 밀도의 차이에 따른 영향

09 콘크리트 부재에 FRP(Fiber Reinforced Plastics)를 보강 시 콘크리트 교량의 휨 모멘트 작용방향에 작용함으로써 얻어지는 기대효과를 3가지만 쓰시오.

(1) 휨강도 증대   (2) 전단강도 증대   (3) 부재의 연성능력 증대

10 콘크리트의 시방배합을 수행한 결과 및 현장의 골재상태 조사 결과 다음과 같을 때, 골재의 표면수에 의한 보정값만으로 시방배합을 현장배합으로 고칠 경우의 보정된 현장배합의 단위 수량, 단위 잔골재량, 단위 굵은 골재량을 구하시오.(단, 소수 첫째 자리까지 구하시오.)

- 단위 수량: 160kg/m³
- 단위 굵은 골재량: 1,180kg/m³
- 굵은 골재의 표면수율: 0.8%
- 단위 잔골재량: 630kg/m³
- 잔골재의 표면수율: 3.2%

(1) 골재의 표면수량
- 잔골재 표면수량 = 630 × (3.2/100) = 20.16kg
- 굵은 골재 표면수량 = 1,180 × (0.8/100) = 9.44kg

(2) 단위량
- 단위 수량 = 160 − (20.16 + 9.44) = 130.4kg/m³
- 단위 잔골재량 = 630 + 20.16 = 650.2kg/m³
- 단위 굵은재량 = 1,180 + 9.44 = 1189.4kg/m³

11 급속 동결 융해에 대하여 콘크리트의 저항 시험 방법(KS F 2456)에서 규정하고 있는 동결 융해 1사이클에 대한 아래 물음에 답하시오.

(1) 동결 융해 1사이클의 정의에 대하여 쓰시오.(단, 공시체의 온도를 위주로 설명하시오.)
(2) 동결 융해 1사이클의 소요시간에 대하여 쓰시오.

(1) 4℃에서 −18℃로 떨어지고, 다음에 −18℃에서 4℃로 상승하는 것
(2) 2~4시간

콘크리트 기사 작업형 — 2020년 11월 29일 시행

제1과제

잔골재 밀도, 콘크리트 배합설계(제한시간 1시간 30분, 배점 15점)

제2과제

콘크리트 슬럼프, 공기량 시험(제한시간 1시간 30분, 배점 15점)

제3과제

슈미트 해머 시험(제한시간 1시간, 배점 10점)

콘크리트 기사 필답형 | 2021년 4월 25일 시행

01 잔골재의 체가름 시험을 한 결과가 다음 표와 같을 때 조립률을 구하시오.

체(mm)	남은 양(g)	잔유율(%)	가적 잔유율(%)
2.5	67.9		
1.2	99.2		
0.6	148.8		
0.3	242.8		
0.15	94.1		
합계	652.8		

풀이

체(mm)	남은 양(g)	잔유율(%)	가적 잔유율(%)
2.5	67.9	67.9/652.8×100 = 10.4	10.4
1.2	99.2	99.2/652.8×100 = 15.2	10.4+15.2 = 25.6
0.6	148.8	148.8/652.8×100 = 22.8	25.6+22.8 = 48.4
0.3	242.8	242.8/652.8×100 = 37.2	48.4+37.2 = 85.6
0.15	94.1	94.1/652.8×100 = 14.4	85.6+14.4 = 100
합계	652.8		

$$\therefore FM = \frac{10.4+25.6+48.4+85.6+100}{100} = 2.70$$

02 철근 콘크리트 슬래브의 설계에서 직접 설계법을 적용할 수 있는 제한 사항 3가지를 쓰시오.

[예시] 각 방향으로 3경간 이상 연속되어야 한다.

풀이

(1) 직사각형 슬래브로 장변이 단변의 2배 이하이어야 한다.
(2) 각 방향으로 연속한 받침부 경간 길이의 차이는 긴 경간의 1/3 이하이어야 한다.
(3) 연속한 기둥 중심선으로부터 기둥의 이탈은 이탈 방향 경간의 최대 10%까지 허용된다.
(4) 모든 하중은 등분포된 연직하중으로 활하중은 고정하중의 2배 이하이어야 한다.

03 콘크리트 중성화의 판정에 사용되는 1% 페놀프탈레인 시약을 만드는 방법을 쓰시오.

> 풀이 95% 에탄올 90ml에 페놀프탈레인 분말 1g을 녹여 물을 첨가하여 100ml로 한 것이다.

04 급속 동결 융해에 대한 콘크리트의 저항 시험 방법(KS F 2456)에 대해 다음 물음에 답하시오.

(1) 동결 융해 1사이클의 정의는?
(2) 동결 융해 1사이클의 소요시간은?
(3) 1차 변형 공명진동수: 2,400Hz, 동결 융해 300사이클 1차 변형 공명진동수: 2,000Hz일 때 상대 동탄성계수를 구하시오.
(4) 동결 융해 시험의 종료시점에 대해 간단히 쓰시오.

> 풀이
> (1) 동결 융해 1사이클은 공시체 중심부의 온도를 원칙으로 하며 원칙적으로 4℃에서 −18℃로 떨어지고, 다음에 −18℃에서 4℃로 상승되는 것으로 한다.
> (2) 2시간 이상 4시간 이하
> (3) 상대 동탄성계수 $= \left(\dfrac{f_N}{f_0}\right)^2 \times 100 = \left(\dfrac{2,000}{2,400}\right)^2 \times 100 = 69.44\%$
> (4) 시험의 종료는 300사이클로 하며 그때까지 상대 동탄성계수가 60% 이하가 되는 사이클이 있으면 그 사이클에서 시험을 종료한다.

05 콘크리트용 골재의 조립률 계산에 사용되는 표준체 10개를 큰 순서대로 나열하시오.

> 풀이 75mm, 40mm, 20mm, 10mm, 5mm, 2.5mm, 1.2mm, 0.6mm, 0.3mm, 0.15mm

06 매스 콘크리트의 온도 균열 발생 여부에 따른 검토는 온도 균열 지수에 의해 평가된다. 다음의 물음에 답하시오.

(1) 온도 균열 지수의 정밀식을 쓰시오.
(2) 온도 균열 지수 범위에 따른 균열정도
   ① 균열 발생을 방지하여야 할 경우:
   ② 균열 발생을 제한할 경우:
   ③ 유해한 균열 발생을 제한할 경우:

풀이

(1) 온도 균열 지수 $I_{cr}(t) = \dfrac{f_{sp}(t)}{f_t(t)}$

여기서 $f_t(t)$: 재령 t일에서의 수화열에 의하여 생긴 부재 내부의 온도응력 최댓값 (MPa)

$f_{sp}(t)$: 재령 t일에서의 콘크리트 인장강도로서, 재령 및 양생온도를 고려하여 구함(MPa).

(2) ① 1.5 이상   ② 1.2~1.5   ③ 0.7~1.2

07 다음은 굵은 골재의 밀도 및 흡수율 시험을 실시한 성과 결과이다. 아래 물음에 답하시오.

공기 중 절대건조 상태의 시료 질량(A)	3,940g
표면건조 포화 상태의 시료 질량(B)	4,000g
물속에서의 시료 질량(C)	2,491g
15℃에서의 물의 밀도	0.9991g/cm³

(1) 표면건조 포화 상태의 밀도:
(2) 절대건조 상태의 밀도:
(3) 겉보기 밀도:

풀이

(1) 표면건조 포화 상태의 밀도 $= \dfrac{B}{B-C} \times \rho_w = \dfrac{4,000}{4,000-2491} \times 0.9991 = 2.65\,\text{g/cm}^3$

(2) 절대건조 상태의 밀도 $= \dfrac{A}{B-C} \times \rho_w = \dfrac{3,940}{4,000-2491} \times 0.9991 = 2.61\,\text{g/cm}^3$

(3) 겉보기 밀도 $= \dfrac{A}{A-C} \times \rho_w = \dfrac{3,940}{3,940-2,491} \times 0.9991 = 2.72\,\text{g/cm}^3$

08 콘크리트 압축강도 측정치를 보고 다음 물음에 답하시오.

▼ 콘크리트 압축강도 측정치(MPa)

23.5	33	35	28	26	27	32	28.5
29	26.5	23	33	29	26.5	35	39

(1) 시험은 16회 실시하였다. 표준편차를 구하시오.

(2) 호칭강도가 45MPa일 때 배합강도를 구하시오. 단, 표준편차의 보정계수는 시험횟수 15회 때 1.16, 20회 때 1.08, 25회 때 1.03, 30회 이상일 때 1.0이다.

풀이

(1) • 콘크리트 압축강도 측정치 합계 $\sum x = 474$ MPa

• 콘크리트 압축강도 평균값 $\bar{x} = \dfrac{474}{16} = 29.63$ MPa

• 편차 제곱 합
$$\begin{aligned}S =\ & (23.5-29.63)^2 + (33-29.63)^2 + (35-29.63)^2 + (28-29.63)^2 \\ & + (26-29.63)^2 + (27-29.63)^2 + (32-29.63)^2 + (28.5-29.63)^2 \\ & + (29-29.63)^2 + (26.5-29.63)^2 + (23-29.63)^2 + (33-29.63)^2 \\ & + (29-29.63)^2 + (26.5-29.63)^2 + (35-29.63)^2 + (39-29.63)^2 \\ =\ & 299.74\text{MPa}\end{aligned}$$

• 표준편차 $\sqrt{\dfrac{S}{n-1}} = \sqrt{\dfrac{299.74}{16-1}} = 4.47$ MPa

• 직선 보간한 표준편차 $4.47 \times 1.144 = 5.11$ MPa

(2) • $f_{cr} = f_{cn} + 1.34s = 45 + 1.34 \times 5.11 = 51.85$ MPa

• $f_{cr} = 0.9 f_{cn} + 2.33s = 0.9 \times 45 + 2.33 \times 5.11 = 52.41$ MPa

∴ 두 식 중 큰 값 52.41MPa

09 다음 직사각형 단면 보의 균열 모멘트 및 철근의 기본정착길이를 구하시오.

(1) $b = 250\text{mm}$, $h = 450\text{mm}$, $d = 400\text{mm}$ 직사각형 단면 보에 철근량 $A_s = 2{,}570\text{mm}^2$인 보의 균열 모멘트를 구하시오.(단, 보통 콘크리트를 사용하며 $f_{ck} = 24\text{MPa}$, $f_y = 400\text{MPa}$)

(2) 콘크리트 설계기준 압축강도 $f_{ck} = 21\text{MPa}$, $f_y = 350\text{MPa}$로 만들어지는 보 부재에서 인장철근 D19(공칭지름 19.1mm)의 기본 정착길이를 구하시오.(단, $f_{sp} = 2.0\text{MPa}$이며 경량콘크리트를 사용한다.)

풀이

(1) • $f_r = 0.63\lambda\sqrt{f_{ck}} = 0.63 \times 1.0 \times \sqrt{24} = 3.086\text{MPa}$

• $M_{cr} = \dfrac{f_r}{y_t}I_g = \dfrac{3.086}{\frac{450}{2}} \times \dfrac{250 \times 450^3}{12} = 26{,}038{,}125\text{N}\cdot\text{mm} = 26.0\text{kN}\cdot\text{m}$

(2) • $\lambda = \dfrac{f_{sp}}{0.56\sqrt{f_{ck}}} = \dfrac{2.0}{0.56\sqrt{21}} = 0.78$

• $l_{db} = \dfrac{0.6\,d_b\,f_y}{\lambda\sqrt{f_{ck}}} = \dfrac{0.6 \times 19.1 \times 350}{0.78 \times \sqrt{21}} = 1{,}122.14\text{mm}$

콘크리트 기사 작업형 — 2021년 4월 25일 시행

잔골재 밀도, 콘크리트 배합설계(제한시간 1시간 30분, 배점 15점)

콘크리트 슬럼프, 공기량 시험(제한시간 1시간 30분, 배점 15점)

슈미트 해머 시험(제한시간 1시간, 배점 10점)

콘크리트 기사 필답형 — 2021년 10월 16일 시행

01 휨 모멘트와 축력을 받는 철근 콘크리트 부재에 강도설계법을 적용하기 위한 기본 가정을 아래 표의 예시와 같이 3가지만 쓰시오.(콘크리트 구조설계 규정된 사항에 대하여 쓰시오.)

[예시] 콘크리트 인장강도는 철근 콘크리트 부재 단면의 축강도와 휨강도에서 무시할 수 있다.

풀이

(1) 철근과 콘크리트의 변형률은 중립축으로부터의 거리에 비례한다.
(2) 콘크리트 압축 연단의 극한 변형률은 콘크리트의 설계기준압축강도가 40 MPa 이하인 경우에는 0.0033으로 가정한다.
(3) 철근의 응력이 설계기준항복강도 f_y 이하일 때 철근의 응력은 그 변형률에 E_s를 곱한 값으로 한다.
(4) 콘크리트 압축응력의 분포와 콘크리트 변형률 사이의 관계는 어떤 형상으로도 가정할 수 있다.

02 폭(b) 300mm, 유효깊이(d) 450mm, 높이(h) 500mm, f_{ck} =30MPa, f_y =400MPa 인 단철근 직사각형 보의 균열 모멘트를 구하시오.(단, 보통 중량 콘크리트를 사용한다.)

풀이

- $f_r = 0.63 \lambda \sqrt{f_{ck}} = 0.63 \times 1.0 \times \sqrt{30} = 3.45 \text{MPa}$
- $I_g = \dfrac{bh^3}{12} = \dfrac{300 \times 500^3}{12} = 3{,}125{,}000{,}000 \text{mm}^4$
- $y_t = \dfrac{h}{2} = \dfrac{500}{2} = 250 \text{mm}$

∴ 균열 모멘트 $M_{cr} = \dfrac{f_r}{y_t} I_g$

$= \dfrac{3.45}{250} \times 3{,}125{,}000{,}000 = 43{,}125{,}000 \text{N·mm} = 42.13 \text{kN·m}$

03 콘크리트 시방배합 설계에서 단위 골재의 절대용적이 $0.65m^3$이고, 잔골재율이 42.5%, 굵은 골재 표건 밀도가 $2.65g/cm^3$인 경우 단위 굵은 골재량을 구하시오.

풀이

단위 굵은 골재량 = 골재의 절대용적 × $(1 - S/a)$ × 굵은 골재 밀도 × 1,000
= $0.65 \times (1 - 0.425) \times 2.65 \times 1,000 = 990.44 kg/m^3$

04 경화한 콘크리트 속에 함유된 염화물 함유량을 측정하기 위한 방법을 4가지만 쓰시오.

풀이

(1) 전위차 적정법 (2) 질산은 적정법 (3) 이온 전극법 (4) 흡광 광도법

05 콘크리트 알칼리 골재 반응에 대한 물음에 답하시오.

(1) 알칼리 골재 반응의 종류를 3가지만 쓰시오.
(2) 알칼리 골재 반응의 방지 대책을 2가지만 쓰시오.(단, 재료의 기준에 대해)

풀이

(1) ① 알칼리-실리카 반응
 ② 알칼리-탄산염 반응
 ③ 알칼리-실리게이트 반응
(2) ① 저알칼리 시멘트를 사용한다.
 ② 반응성 골재의 사용을 억제한다.
 ③ 배합 시 단위 시멘트량을 적게 한다.
 ④ 포졸란, 고로 슬래그, 플라이 애시 등의 혼화재료를 사용한다.

06 품질관리의 기본 4단계인 PDCA를 쓰시오.

풀이

(1) 계획(Plan) (2) 실시(Do) (3) 검토(Check) (4) 조치(Action)

07 콘크리트 슬럼프 시험에 대한 다음 물음에 답하시오.
  (1) 슬럼프 콘 밑면의 안지름은?
  (2) 슬럼프 콘 윗면의 안지름은?
  (3) 슬럼프 콘의 총 높이는?
  (4) 슬럼프 콘에 시료를 몇 층으로 넣는가?
  (5) 슬럼프 콘에 시료를 넣고 각 층의 다짐횟수는?

> **풀이**
> (1) 200mm (2) 100mm (3) 300mm
> (4) 3층   (5) 25회

08 굳지 않은 콘크리트의 염화물 함유량에 대한 다음 물음에 답하시오.
  (1) 원칙적으로 염소 이온량은?
  (2) 구입자의 승인을 얻은 경우 염소 이온량은?
  (3) 회수수의 염소 이온량은?

> **풀이**
> (1) 0.3kg/m^3 이하
> (2) 0.6kg/m^3 이하
> (3) $250 \text{mg}/l$ 이하

09 골재의 습윤 상태의 시료 질량이 790g, 절대건조 상태 시료 질량이 720g, 흡수율이 2.5%일 때 표면수율을 구하시오.

> **풀이**
> • 흡수율 $2.5 = \dfrac{\text{표면건조 포화 상태 시료 질량} - 720}{720} \times 100$
>   ∴ 표면건조 포화 상태 시료 질량 $= 738\text{g}$
> • 표면수율 $= \dfrac{790 - 738}{738} \times 100 = 7.0\%$

10 보통 포틀랜드 시멘트의 원료 중 다음 제시된 성분의 함유량이 많은 순서대로 쓰시오.

> SiO_2, Al_2O_3, CaO, Fe_2O_3

> **[풀이]**
> CaO, SiO_2, Al_2O_3, Fe_2O_3

11 구조계산에서 정해진 설계기준 압축강도(f_{ck})가 40MPa이고, 내구성 설계를 반영한 내구성 기준 압축강도(f_{cd})가 35MPa이다. 배합강도(f_{cr})를 구하시오.(단, 30회 시험실적에 의한 압축강도 표준편차는 3.0MPa이다.)

> **[풀이]**
> - 표준기준강도(f_{cq}) : 40MPa(구조계산에서 정해진 설계기준 압축강도(f_{ck})와 내구성 설계를 반영한 내구성 기준 압축강도(f_{cd}) 중 큰 값이므로)
> - 배합강도($f_{cq} > 35$MPa이므로)
> $f_{cr} = f_{cq} + 1.34\,s = 40 + 1.34 \times (3.0 \times 1.0) = 44.02$MPa
> $f_{cr} = 0.9 f_{cq} + 2.33\,s = 0.9 \times 40 + 2.33 \times (3.0 \times 1.0) = 42.99$MPa
> ∴ 두 식 중 큰 값 44.02MPa

12 압축철근 단면적 1,600mm², 폭(b) 200mm, 유효깊이(d) 400mm인 복철근 직사각형 단면 보에서 탄성(즉시) 처짐이 6mm일 때, 5년 이상의 기간이 경과한 후에 예상되는 탄성처짐을 포함한 총 처짐량을 구하시오.

> **[풀이]**
> - 압축철근비 $\rho' = \dfrac{A_s'}{b\,d} = \dfrac{1,600}{200 \times 400} = 0.02$
> - 5년 이상의 시간경과 계수 $\xi = 2.0$
> - 장기처짐 계수 $\lambda = \dfrac{\xi}{1 + 50\rho'} = \dfrac{2.0}{1 + 50 \times 0.02} = 1.0$
> - 장기처짐 = 탄성(즉시)처짐 × 장기처짐 계수(λ) = 6 × 1.0 = 6.0mm
>   ∴ 총처짐량 = 탄성처짐 + 장기처짐 = 6 + 6 = 12mm

콘크리트 기사 작업형 | 2021년 10월 16일 시행

잔골재 밀도, 콘크리트 배합설계(제한시간 1시간 30분, 배점 15점)

콘크리트 슬럼프, 공기량 시험(제한시간 1시간 30분, 배점 15점)

슈미트 해머 시험(제한시간 1시간, 배점 10점)

콘크리트 기사 필답형 — 2022년 5월 7일 시행

01 섬유보강 콘크리트에 사용되는 섬유종류 4가지를 쓰시오.

풀이

(1) 강 섬유 (2) 유리 섬유 (3) 탄소 섬유
(4) 알라미드 섬유 (5) 비닐론 섬유 (6) 폴리프로필렌 섬유

02 그림과 같은 단면에서 설계 휨강도 ϕM_n를 구하시오.(단, $A_s = 1{,}560\text{mm}^2$, $f_{ck} = 21\text{MPa}$, $f_y = 400\text{MPa}$)

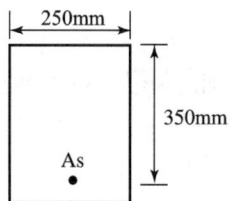

풀이

$$a = \frac{A_s f_y}{\eta(0.85 f_{ck})b} = \frac{1{,}560 \times 400}{1.0 \times (0.85 \times 21) \times 250} = 139.83\text{mm}$$

여기서, $f_{ck} < 40\text{MPa}$이므로 $\beta_1 = 0.8$, $\eta = 1.0$

$$c = \frac{a}{\beta_1} = \frac{139.83}{0.8} = 174.78\text{mm}$$

$$\varepsilon_t = \frac{0.0033(d-c)}{c} = \frac{0.0033(350 - 174.78)}{174.78} = 0.003 < 0.005$$

$$\phi = 0.65 + (\varepsilon_t - 0.002)\frac{200}{3} = 0.65 + (0.003 - 0.002)\frac{200}{3} = 0.717$$

$$\therefore \phi M_n = \phi A_s f_y \left(d - \frac{a}{2}\right) = 0.717 \times 1{,}560 \times 400 \left(350 - \frac{139.83}{2}\right)$$
$$= 125{,}312{,}269\text{N}\cdot\text{mm} = 125.31\text{kN}\cdot\text{m}$$

03 경화된 콘크리트 면에 장비를 이용하여 타격에너지를 가하여 콘크리트 면의 반발경도를 측정하고 반발경도와 콘크리트 압축강도와의 관계를 이용 압축강도를 추정하는 비파괴 시험 반발경도법 4가지를 쓰시오.

> **풀이**
> (1) 슈미트 해머법
> (2) 낙하식 해머법
> (3) 스프링식 해머법
> (4) 회전식 해머법

04 휨 및 축력에 대해 강도설계법을 적용하여 철근 콘크리트를 설계할 때 기본 가정 3가지를 쓰시오.

[예시] 철근 및 콘크리트의 변형률은 중립축으로부터의 거리에 비례한다.

> **풀이**
> (1) 압축 측 연단에서의 콘크리트의 최대 변형률은 0.0033으로 가정한다.
>   ($f_{ck} \leq 40\text{MPa}$)
> (2) 콘크리트의 인장강도는 무시한다.
> (3) 항복강도 f_y 이하에서의 철근응력은 그 변형률의 E_s 배로 취한다.

05 콘크리트의 압축강도에 의한 품질검사를 하는 경우 판단기준을 쓰시오.
(1) $f_{cn} \leq 35\text{MPa}$ 인 경우
(2) $f_{cn} > 35\text{MPa}$ 인 경우

> **풀이**
> (1) ① 연속 3회 시험값의 평균이 호칭강도 이상
>   ② 1회 시험값이 ($f_{cn} - 3.5\text{MPa}$) 이상
> (2) ① 연속 3회 시험값의 평균이 호칭강도 이상
>   ② 1회 시험값이 호칭강도 90% 이상

06 지름이 150mm, 길이가 300mm인 공시체를 사용하여 콘크리트 인장강도 시험을 한 결과 최대 파괴하중이 250kN이었다. 인장강도를 구하시오.(소수 셋째 자리에서 반올림)

인장강도 $= \dfrac{2 \cdot P}{\pi \cdot d \cdot l} = \dfrac{2 \times 250{,}000}{3.14 \times 150 \times 300} = 3.536\,\text{N/mm}^2 = 3.54\,\text{MPa}$

07 한국산업규격(KS)에 규정된 시멘트의 종류에 대한 물음에 답하시오.
(1) 포틀랜드 시멘트의 종류 3가지 쓰시오.
(2) 혼합시멘트의 종류 2가지를 쓰시오.

(1) ① 보통 포틀랜드 시멘트
　　② 중용열 포틀랜드 시멘트
　　③ 조강 포틀랜드 시멘트
　　④ 저열 포틀랜드 시멘트
　　⑤ 내황산염 포틀랜드 시멘트
(2) ① 플라이 애시 시멘트
　　② 고로 슬래그 시멘트
　　③ 실리카 시멘트
　　④ 포틀랜드 포졸란 시멘트

08 압력법에 의한 굳지 않은 콘크리트의 공기량 시험(KS F 2421)에 대한 물음에 답하시오.
(1) 압력법에 의한 공기량 시험 방법을 간단히 쓰시오.
(2) 공기량 측정한 결과 겉보기 공기량이 5.2%이고 골재의 수정 계숫값이 0.8일 경우 콘크리트의 공기량을 구하시오.

(1) 워싱턴형 공기량 측정기를 사용하는데 보일의 법칙에 의해 압력을 콘크리트에 주입시켜 압력의 저하에 의해 공기량을 측정한다.
(2) $A = A_1 - G = 5.2 - 0.8 = 4.4\%$

09 시멘트 밀도가 3.15g/cm³, 굵은 골재의 밀도가 2.65g/cm³, 잔골재의 밀도가 2.60g/cm³인 재료로 물-시멘트비 50%, 단위 수량 163kg, 단위 잔골재량 800kg인 배합을 하였다. 이 콘크리트 1m³의 질량을 측정한 결과 2,250kg일 경우 잔골재율을 구하시오.

풀이

- $\dfrac{W}{C} = 0.5$ ∴ $C = \dfrac{163}{0.5} = 326\,\text{kg/m}^3$
- 단위 굵은 골재량: 콘크리트 단위 중량-단위 수량-단위 시멘트량-단위 잔골재량
  $$2,250 - 163 - 326 - 800 = 961\,\text{kg/m}^3$$
- 단위 굵은 골재량의 절대부피(V_G)
  $$\dfrac{\text{단위 굵은 골재량}}{\text{굵은 골재 밀도} \times 1,000} = \dfrac{961}{2.65 \times 1,000} = 0.363\,\text{m}^3$$
- 단위 잔골재량의 절대부피(V_S)
  $$\dfrac{\text{단위 잔골재량}}{\text{잔골재 밀도} \times 1,000} = \dfrac{800}{2.60 \times 1,000} = 0.307\,\text{m}^3$$
  ∴ 잔골재율 $S/a = \dfrac{V_S}{V_S + V_G} \times 100 = \dfrac{0.307}{0.307 + 0.363} \times 100 = 45.82\%$

10 양단이 고정된 철근 콘크리트 단주에 온도가 10℃에서 30℃로 상승했을 때 철근 및 콘크리트 축방향에 생기는 온도 응력을 구하시오. (단, 콘크리트와 철근의 열팽창 계수는 1.2×10^{-5}/℃로 같으며 콘크리트의 탄성계수 $E_c = 2.5 \times 10^4$MPa, 철근의 탄성계수 $E_s = 2.0 \times 10^5$MPa이다.)

(1) 철근에 발생하는 온도 응력을 구하시오.
(2) 콘크리트에 발생하는 온도 응력을 구하시오.

풀이

(1) $f_s = E_s\,\alpha_s\,\Delta t = 2.0 \times 10^5 \times 1.2 \times 10^{-5}(30 - 10) = 48\,\text{MPa}$
(2) $f_c = E_c\,\alpha_c\,\Delta t = 2.5 \times 10^4 \times 1.2 \times 10^{-5}(30 - 10) = 6\,\text{MPa}$

11 콘크리트 호칭강도가 30MPa이며 23회의 콘크리트 압축강도 시험한 결과 표준편차가 2.3MPa이다. 이 콘크리트의 배합강도를 구하시오.

풀이

- 표준편차 직선보간
  시험횟수가 20회일 때 보정계수가 1.08
  시험횟수가 25회일 때 보정계수가 1.03이므로 그 사이 23회에 값을 비례하여 구하면
  25회 1.03, 24회 1.04, 23회 1.05, 22회 1.06, 21회 1.07, 20회 1.08이다.
- $f_{cn} \leq 35\,\mathrm{MPa}$이므로
  $f_{cr} = f_{cn} + 1.34\,s = 30 + 1.34 \times (2.3 \times 1.05) = 33.24\,\mathrm{MPa}$
  $f_{cr} = (f_{cn} - 3.5) + 2.33\,s = (30 - 3.5) + 2.33 \times (2.3 \times 1.05) = 32.13\,\mathrm{MPa}$
  ∴ 배합강도는 두 값 중에 큰 값인 33.24MPa이다.

12 콘크리트 압축강도(f_{ck})가 다음과 같을 때 콘크리트의 탄성계수를 구하시오. (단, 보통 중량골재를 사용한 콘크리트의 단위 중량(m_c)이 2,300kg/m³이다.)

(1) 콘크리트의 압축강도가 30MPa일 경우 콘크리트 탄성계수를 구하시오.
(2) 콘크리트의 압축강도가 50MPa일 경우 콘크리트 탄성계수를 구하시오.

풀이

(1) $8{,}500 \sqrt[3]{f_{cm}} = 8{,}500 \sqrt[3]{30+4} = 27{,}536.7\,\mathrm{MPa}$
(2) $8{,}500 \sqrt[3]{f_{cm}} = 8{,}500 \sqrt[3]{50+5} = 32{,}325.1\,\mathrm{MPa}$

여기서, $f_{cm} = f_{ck} + \Delta f$

Δf는 f_{ck}가 40MPa 이하이면 4MPa, 60MPa 이상이면 6MPa이며 그 사이는 직선 보간으로 구하여 50MPa인 경우는 5MPa가 된다.

콘크리트 기사 작업형 — 2022년 5월 7일 시행

잔골재 밀도, 콘크리트 배합설계(제한시간 1시간 30분, 배점 15점)

콘크리트 슬럼프, 공기량 시험(제한시간 1시간 30분, 배점 15점)

슈미트 해머 시험(제한시간 1시간, 배점 10점)

콘크리트 기사 필답형 — 2022년 7월 24일 시행

01 콘크리트 압축강도 시험을 실시한 결과 다음 5개의 강도 데이터를 얻었다. 변동계수를 구하시오.(불편분산의 경우이며, 소수 둘째 자리에서 반올림하시오.)

횟수	1회	2회	3회	4회	5회
압축강도(MPa)	33	32	33	29	28

풀이

(1) • 평균값 $\bar{x} = \dfrac{33+32+33+29+28}{5} = 31\,\text{MPa}$

• 편차 제곱합 $S = (33-31)^2 + (32-31)^2 + (33-31)^2 + (29-31)^2 + (28-31)^2$
$= 22\,\text{MPa}$

• 표준편차 $\sigma = \sqrt{\dfrac{S}{n-1}} = \sqrt{\dfrac{22}{5-1}} = 2.3\,\text{MPa}$

(2) 변동계수 $\dfrac{\text{표준편차}}{\text{평균값}} \times 100 = \dfrac{2.3}{31} \times 100 = 7.4\%$

---

02 굵은 골재의 밀도 및 흡수율시험에 대한 결과가 다음과 같을 때 물음에 답하시오.

표면건조 포화 상태의 시료 질량	1,000g
물속에서의 시료 질량	651.4g
절대건조 상태의 시료 질량	989.5g
물의 밀도	0.9970g/cm³

(1) 겉보기 밀도를 구하시오.
(2) 표면건조 포화 밀도를 구하시오.
(3) 절대건조 밀도를 구하시오.

풀이

(1) 겉보기 밀도 $= \dfrac{A}{A-C} \times \rho_w = \dfrac{989.5}{989.5 - 651.4} \times 0.9970 = 2.92\,\text{g/cm}^3$

(2) 표면건조 포화 밀도 $= \dfrac{B}{B-C} \times \rho_w = \dfrac{1{,}000}{1{,}000 - 651.4} \times 0.9970 = 2.85\,\text{g/cm}^3$

(3) 절대건조 밀도 $= \dfrac{A}{B-C} \times \rho_w = \dfrac{989.5}{1{,}000 - 651.4} \times 0.9970 = 2.83\,\text{g/cm}^3$

03 동결 융해에 대한 콘크리트의 상대 동탄성계수를 구하시오.

- 1차 변형 공명진동수: 2,400Hz
- 동결 융해 300사이클 1차 변형 공명진동수: 2,000Hz

$$\text{상대 동탄성계수} = \left(\frac{f_N}{f_0}\right)^2 \times 100 = \left(\frac{2,000}{2,400}\right)^2 \times 100 = 69.44\%$$

04 다음은 철근 콘크리트 구조물의 설계에 관련된 사항이다. 물음에 답하시오.
(1) 구조물 설계 시 하중계수, 하중조합을 고려하여 설계하는 이유 3가지를 쓰시오.
(2) 강도 감소계수(ϕ)를 사용하는 이유 3가지를 쓰시오.

(1) ① 극한상태에 대한 극한외력으로서 구조물이나 구조부재에 적용할 수 있는 가장 불리한 조건을 고려하기 위함이다.
② 해당 구조물에 작용하는 최대 소요강도에 대하여 만족하도록 설계하기 위함이다.
③ 구조부재는 사용하중에 대하여 충분히 기능을 확보할 수 있게 하기 위함이다.
(2) ① 재료의 공칭강도와 실제 강도와의 차이 때문
② 부재를 제작 또는 시공할 때 설계도와의 차이 때문
③ 부재강도의 추정과 해석에 관련된 불확실성 때문
④ 구조물에서 차지하는 부재의 중요도 등을 반영하기 위해서

05 초음파 전달 비파괴 검사법 중 콘크리트 균열깊이 측정에 이용되는 4가지 방법을 쓰시오.

(1) T법 (2) Tc-To법
(3) BS법 (4) 레슬리법(Leslie법)
(5) 위상변화를 이용하는 방법 (6) SH파를 이용하는 방법

06 굳은 콘크리트에 대한 염화물 함유량 측정 방법 3가지를 쓰시오.

풀이
(1) 질산은 적정법
(2) 전위차 적정법
(3) 흡광 광도법
(4) 이온 전극법(이온 크로마토그래피법)

07 콘크리트 컨시스턴시를 구하는 시험 방법 4가지를 쓰시오.

풀이
(1) Slump Test – 슬럼프 시험
(2) VB Test – 비비 시험
(3) Kellyball Test – 구관입 시험
(4) Flow Test – 흐름시험
(5) Remolding Test
(6) 다짐계수

08 호칭강도를 30MPa로 배합한 콘크리트 공시체 23개에 대한 압축강도 시험 결과 압축강도의 표준편차가 2MPa이었다. 이 콘크리트의 배합강도는?

풀이
- $f_{cn} \leq 35\text{MPa}$에 해당하므로
$f_{cr} = f_{cn} + 1.34s = 30 + 1.34 \times 2.1 = 32.81\text{MPa}$
$f_{cr} = (f_{cn} - 3.5) + 2.33s = (30 - 3.5) + 2.33 \times 2.1 = 31.39\text{MPa}$
∴ 두 값 중 큰 값인 32.81MPa이다.
- 보정계수를 고려한 표준편차
$s = 2 \times 1.05 = 2.1\text{MPa}$

09 벽체를 설계할 때 철근 배치 및 벽체의 최소 두께에 대한 내용이다. ( ) 안에 알맞은 내용을 쓰시오.

(1) 수직 및 수평철근의 간격은 벽 두께의 ( )배 이하, 또한 ( )mm 이하로 하여야 한다.
(2) 벽체의 두께는 수직 또는 수평 받침점 간 거리 중에서 작은 값의 ( ) 이상이어야 하고, 또한 ( )mm 이상이어야 한다.
(3) 지하실 외벽 및 기초 벽체의 두께는 ( )mm 이상으로 하여야 한다.

풀이
(1) 3, 450
(2) 1/25, 100
(3) 200

10 시방 배합 결과 물 150kg/m³, 시멘트 300kg/m³, 잔골재 700kg/m³, 굵은 골재 1,200kg/m³을 얻었다. 현장에서의 골재의 입도는 5mm 체에 남는 잔골재량이 3.5%, 5mm 체를 통과하는 굵은 골재량이 6.5%였다. 현장 배합상의 단위 잔골재량을 구하시오.(단, 표면수는 보정을 생략한다.)

풀이

- 단위 잔골재량

$$= \frac{100S - b(S+G)}{100-(a+b)} = \frac{100 \times 700 - 6.5(700+1,200)}{100-(3.5+6.5)} = 640.56 \text{kg/m}^3$$

11 단면이 600mm×600mm이고, 철근량이 4,500mm²인 띠철근 단주의 설계축하중(ϕP_n)는 얼마인가? (단, f_{ck}=24MPa, f_y=400MPa, 압축지배 단면이다.)

풀이

$\phi P_n = \alpha \phi [0.85 f_{ck}(A_g - A_{st}) + f_y A_{st}]$
$= 0.8 \times 0.65 [0.85 \times 24(600 \times 600 - 4,500) + 400 \times 4,500]$
$= 4,707,144 \text{N} = 4707.14 \text{kN}$

여기서, 띠철근의 보정계수 $\alpha = 0.8$, 강도감소계수 $\phi = 0.65$
나선철근의 보정계수 $\alpha = 0.85$, 강도감소계수 $\phi = 0.7$

12 시멘트의 저장 방법을 3가지만 쓰시오.

(1) 방습적인 구조로 된 사일로 또는 창고에 품종별로 구분하여 저장한다.
(2) 지면으로부터 30cm 이상 높은 마루에 저장한다.
(3) 시멘트의 쌓아 올리는 포대 수는 13포 이하, 저장기간이 길어질 경우 7포대 이상 쌓지 않는다.
(4) 시멘트는 입하 순서대로 사용한다.

콘크리트 기사 작업형 | 2022년 7월 24일 시행

잔골재 밀도, 콘크리트 배합설계(제한시간 1시간 30분, 배점 15점)

콘크리트 슬럼프, 공기량 시험(제한시간 1시간 30분, 배점 15점)

슈미트 해머 시험(제한시간 1시간, 배점 10점)

콘크리트 기사 필답형 | 2022년 11월 19일 시행

01 알칼리 실리카 반응으로 콘크리트에 발생하는 현상 3가지를 쓰시오.

풀이
(1) 이상팽창을 일으킨다.
(2) 표면에 불규칙한 거북이등 모양의 균열이 생긴다.
(3) 골재입자의 둘레에 검은색의 반응환이 생긴다.

02 다음의 재료를 사용하여 콘크리트 $1m^3$ 배합에 필요한 사용 수량, 잔골재량, 굵은 골재량을 구하시오.(단, 소수 넷째 자리에서 반올림하여 계산하시오.)

- 잔골재율: 40%
- 시멘트 밀도: $3.15g/cm^3$
- 잔골재 밀도: $2.59g/cm^3$
- 공기량: 4%
- 단위 시멘트량: $350kg/m^3$
- 물 – 결합재비: 50%
- 굵은 골재 밀도: $2.62g/cm^3$

(1) 사용 수량:
(2) 잔골재량:
(3) 굵은 골재량:

풀이
(1) $\dfrac{W}{C} = 50\%$ ∴ $W = 350 \times 0.5 = 175 kg/m^3$

(2) • 단위 골재량의 절대 체적 $V = 1 - \left(\dfrac{350}{3.15 \times 1,000} + \dfrac{175}{1 \times 1,000} + \dfrac{4}{100}\right) = 0.674 m^3$

• 단위 잔골재량 $S = 0.674 \times 0.4 \times 2.59 \times 1,000 = 698.264 kg/m^3$

(3) 단위 굵은 골재량 $G = 0.674 \times (1 - 0.4) \times 2.62 \times 1,000 = 1,059.528 kg/m^3$

03 고정하중(자중 포함) 15.7kN/m, 활하중 47.6kN/m를 지지하는 그림과 같은 단순보가 있다.(단, 인장 철근량 $A_s = 6{,}360mm^2$, $f_{ck} = 21MPa$, $\lambda = 1.0$)

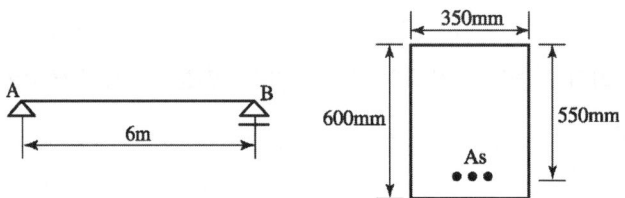

(1) 위험 단면에서의 계수 전단력(V_u)을 구하시오.(단, 작용하는 하중은 하중계수 및 하중조합을 사용하여 계수하중을 적용한다.)
(2) 전단 철근을 필요로 하는 구간의 길이를 구하시오.(단, 지점 A에서부터 거리로 나타내시오.)

풀이

(1) • $\omega = 1.2\omega_D + 1.6\omega_L = 1.2 \times 15.7 + 1.6 \times 47.6 = 95kN/m$

  • $V_u = \dfrac{\omega l}{2} - \omega d = \dfrac{95 \times 6}{2} - 95 \times 0.55 = 232.75kN$

(2) • 콘크리트가 부담할 수 있는 전단강도

$$\phi V_c = \phi \frac{1}{6} \lambda \sqrt{f_{ck}} \, b_w d = 0.75 \times \frac{1}{6} \times 1.0 \times \sqrt{21} \times 350 \times 550$$
$$= 110{,}268N = 110.2kN$$

  • 전단력도(SFD)

  $(285 - 110.2) : x = 285 : 3$

  $\therefore x = \dfrac{174.8 \times 3}{285} = 1.84m$

  여기서, $S_A = R_A = \dfrac{\omega l}{2} = \dfrac{95 \times 6}{2} = 285kN$

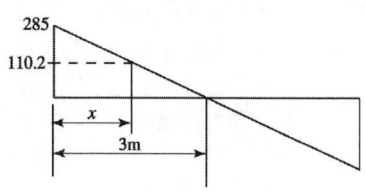

04 $b = 250mm$, $h = 450mm$, $d = 400mm$ 직사각형 단면 보에 철근량 $A_s = 2{,}570mm^2$인 보의 균열 모멘트를 구하시오.(단, $f_{ck} = 24MPa$, $f_y = 400MPa$, $\lambda = 1.0$)

풀이

• $f_r = 0.63 \lambda \sqrt{f_{ck}} = 0.63 \times 1.0 \times \sqrt{24} = 3.086MPa$

• $M_{cr} = \dfrac{f_r}{y_t} I_g = \dfrac{3.086}{\dfrac{450}{2}} \times \dfrac{250 \times 450^3}{12} = 26{,}038{,}125N \cdot mm = 26.0kN \cdot m$

05 V_u =60kN일 때 전단철근의 보강 없이 콘크리트만으로 지지하고자 할 때 최소 유효깊이는 얼마인가?(단, b = 400mm, f_{ck} = 21MPa, f_y = 400MPa, λ = 1.0)

$$V_u \leq \frac{1}{2}\phi V_c$$

$$V_u \leq \frac{1}{2}\phi \frac{1}{6}\lambda \sqrt{f_{ck}}\, b\, d$$

$$60{,}000 = \frac{1}{2} \times 0.75 \times \frac{1}{6} \times 1.0 \times \sqrt{21} \times 400 \times d$$

$$\therefore d = 523.72\text{mm}$$

06 콘크리트 염해의 방지대책을 4가지만 쓰시오.

(1) 콘크리트 재료 및 배합시 염화물 이온량을 적게 한다.
(2) 물-결합재비를 작게 하여 수밀한 콘크리트로 시공한다.
(3) 해사를 충분히 세척하여 염분을 제거하고 사용한다.
(4) 수지도장 철근을 사용한다.
(5) 피복 두께를 크게 하여 균열 폭을 작게 한다.
(6) 콘크리트 표면을 합성수지 등의 재료로 피복한다.

07 콘크리트의 블리딩 시험에 대한 물음에 답하시오.

(1) 블리딩 시험의 목적 2가지를 쓰시오.
(2) 안지름이 25cm, 안 높이가 28cm인 용기를 이용하여 블리딩 시험을 한 결과 피펫으로 빨아낸 물의 양이 5,350m³였다. 블리딩량(cm³/cm²)을 계산하시오.

(1) ① 콘크리트의 재료 분리의 경향을 알기 위해서 한다.
② 사용하는 혼화재료의 품질을 알기 위해서 한다.
(2) 블리딩량 = $\dfrac{V}{A} = \dfrac{5{,}350}{\dfrac{3.14 \times 25^2}{4}} = 10.9\text{cm}^3/\text{cm}^2$

08 골재의 체가름 시험에 대한 다음의 물음에 답하시오.

(1) 조립률을 구하기 위해 사용하는 체를 모두 쓰시오.
(2) 잔골재의 체가름 시험에 대한 아래의 성과표를 완성하고, 조립률을 구하시오.

체의 호칭	각 체에 남은 양		각 체에 남은 양의 누계
	g	%	%
5mm	20		
2.5mm	55		
1.2mm	135		
0.6	150		
0.3	95		
0.15	30		
접시	15		
계	500		

풀이

(1) 75mm, 40mm, 20mm, 10mm, 5mm, 2.5mm, 1.2mm, 0.6mm, 0.3mm, 0.15mm

(2)

체의 호칭	각 체에 남은 양		각 체에 남은 양의 누계
	g	%	%
5mm	20	4	4
2.5mm	55	11	15
1.2mm	135	27	42
0.6	150	30	72
0.3	95	19	91
0.15	30	6	97
접시	15	3	100
계	500		

- 남은율 $= \dfrac{\text{해당 체에 남은 양}}{\text{전체 질량}} \times 100$

  $\left(\text{예 : 0.6mm 체의 경우 } \dfrac{150}{500} \times 100 = 30\% \right)$

- 각 체에 남은 양의 누계
  각 체에 남은율의 누계(예: 1.2mm 체의 경우 4+11+27=42%)

- 조립률 $FM = \dfrac{4+15+42+72+91+97}{100} = 3.21$

09 시멘트 밀도 시험에 대한 물음에 답하시오.

(1) 사용하는 광유의 품질기준을 쓰시오.
(2) 르샤틀리에 병에 광유를 넣었을 때 눈금이 0.2ml, 시멘트 64g을 넣은 후 광유의 눈금이 20.8ml이였다. 이 시멘트의 밀도를 구하시오.

> 풀이

(1) 온도(20±1)℃에서 밀도 $0.73g/cm^3$인 완전 탈수된 등유나 나프타
(2) 밀도 $= \dfrac{\text{시멘트 질량}}{\text{눈금의 차}} = \dfrac{64}{20.8-0.2} = 3.11$

10 품질관리 중 계수값의 관리도에 대한 물음에 답하시오.

(1) 계수값의 관리도의 종류 3가지를 쓰시오.
(2) 관리도에 이상이 있는 경우를 1가지만 쓰시오.

> 풀이

(1) ① P 관리도   ② P_n 관리도   ③ C 관리도   ④ U 관리도
(2) 점이 관리한계선을 벗어난 경우

11 콘크리트의 운반에 대한 물음에 답하시오.

(1) 현장 내에 콘크리트 운반 장비를 3가지만 쓰시오.
(2) 콘크리트 운반 시 주의사항을 1가지만 쓰시오.

> 풀이

(1) ① 버킷(호퍼)
   ② 콘크리트 펌프
   ③ 콘크리트 타워
   ④ 벨트 컨베이어
   ⑤ 슈트
(2) ① 재료 분리가 일어나지 않도록 한다.
   ② 슬럼프 값이 저하되지 않도록 한다.

12 콘크리트의 쪼갬 인장강도시험에 대한 물음에 답하시오.

(1) 쪼갬 인장강도시험을 위한 공시체의 허용차를 쓰시오.
  ① 공시체 치수는 지름의 몇 % 이내로 한다.
  ② 모선 직선도는 지름의 몇 % 이내로 한다.

(2) 지름이 150mm, 높이가 300mm인 원주형 공시체를 사용하여 쪼갬 인장강도시험을 한 결과 파괴 시 최대하중이 115.5kN이었다. 이 콘크리트의 쪼갬 인장강도를 구하시오.

풀이

(1) ① 0.5%
    ② 0.1%

(2) $f_{sp} = \dfrac{2P}{\pi\,dl} = \dfrac{2 \times 115{,}500}{3.14 \times 150 \times 300} = 1.63\,\text{N/mm}^2 = 1.63\,\text{MPa}$

콘크리트 기사 작업형 | 2022년 11월 19일 시행

잔골재 밀도, 콘크리트 배합설계(제한시간 1시간 30분, 배점 15점)

콘크리트 슬럼프, 공기량 시험(제한시간 1시간 30분, 배점 15점)

슈미트 해머 시험(제한시간 1시간, 배점 10점)

콘크리트 기사 필답형 | 2023년 4월 23일 시행

01 굵은 골재의 밀도 및 흡수율시험에 대한 결과가 다음과 같을 때 물음에 답하시오.

표면건조 포화 상태의 시료 질량	1,000g
물속에서의 시료 질량	651.4g
절대건조 상태의 시료 질량	989.5g
물의 밀도	0.9970g/cm³

(1) 겉보기 밀도를 구하시오.
(2) 표면건조 포화 밀도를 구하시오.
(3) 절대건조 밀도를 구하시오.

풀이

(1) 겉보기 밀도 $= \dfrac{A}{A-C} \times \rho_\omega = \dfrac{989.5}{989.5-651.4} \times 0.9970 = 2.92\text{g/cm}^3$

(2) 표면건조 포화 밀도 $= \dfrac{B}{B-C} \times \rho_\omega = \dfrac{1,000}{1,000-651.4} \times 0.9970 = 2.85\text{g/cm}^3$

(3) 절대건조 밀도 $= \dfrac{A}{B-C} \times \rho_\omega = \dfrac{989.5}{1,000-651.4} \times 0.9970 = 2.83\text{g/cm}^3$

02 콘크리트의 탄산화에 대한 물음에 답하시오.

(1) 탄산화의 판정에 사용되는 1% 페놀프탈레인 시약을 만드는 방법을 쓰시오.
(2) 탄산화 깊이 측정 방법 2가지를 쓰시오.

[예] 쪼아내기에 의한 방법

풀이

(1) 95% 에탄올 90ml에 페놀프탈레인 분말 1g을 녹여 물을 첨가하여 100ml로 한 것이다.
(2) ① $\sqrt{t}$ 법칙
  ② 촉진시험
  ③ 물리 화학적 모델에 의한 계산

03 아래 그림과 같은 T형 보에서 이 단면의 공칭 휨 모멘트(M_n)를 구하시오.(단, $A_S =$ 8-D35=7,653mm², f_{ck} =21MPa, f_y =400MPa)

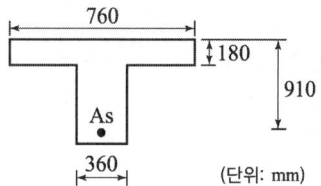

> **풀이**
>
> - T형 보 판별
>
> $$a = \frac{A_s \cdot f_y}{\eta(0.85 f_{ck}) \cdot b} = \frac{7,653 \times 400}{1.0 \times (0.85 \times 21) \times 760} = 225.6 \text{mm}$$
>
> $a > t(225.6\text{mm} > 180\text{mm})$이므로 T형 보로 해석한다.
>
> - $C_f = T_f$에서 A_{sf}을 구하면
>
> $\eta(0.85 f_{ck})(b - b_w) \cdot t_f = A_{sf} \cdot f_y$
>
> $\therefore A_{sf} = \frac{\eta(0.85 f_{ck})(b - b_w) \cdot t_f}{f_y}$
>
> $= \frac{1.0 \times (0.85 \times 21)(760 - 360) \times 180}{400} = 3,213 \text{mm}^2$
>
> - $C_w = T_w$에서 a를 구하면
>
> $\eta(0.85 f_{ck}) \cdot a \cdot b_w = (A_s - A_{sf}) \cdot f_y$
>
> $\therefore a = \frac{(A_s - A_{sf}) \cdot f_y}{\eta(0.85 f_{ck}) \cdot b_w} = \frac{(7,653 - 3,213) \times 400}{1.0 \times (0.85 \times 21) \times 360} = 276.4 \text{mm}$
>
> - 공칭 휨 모멘트
>
> $M_n = A_{sf} \cdot f_y \left(d - \frac{t}{2}\right) + (A_s - A_{sf}) \cdot f_y \left(d - \frac{a}{2}\right)$
>
> $= 3,213 \times 400 \left(910 - \frac{180}{2}\right) + (7,653 - 3,213) \times 400 \left(910 - \frac{276.4}{2}\right)$
>
> $= 2,424,580,800 \text{N} \cdot \text{mm}$
>
> $= 2,424.58 \text{kN} \cdot \text{m}$

04 다음의 재료를 사용하여 콘크리트 배합에 필요한 각 재료의 양을 구하시오.(단, 소수 넷째 자리에서 반올림하여 계산하시오.)

- 잔골재율: 41%
- 시멘트 밀도: 3.15g/cm³
- 잔골재 밀도: 2.59g/cm³
- 공기량: 4.5%
- 단위 시멘트량: 500kg/m³
- 물-결합재비: 50%
- 굵은 골재 밀도: 2.63g/cm³

(1) 단위 수량:
(2) 단위 잔골재량:
(3) 단위 굵은 골재량:

풀이

(1) $\dfrac{W}{C} = 50\%$ ∴ $W = 500 \times 0.5 = 250\text{kg/m}^3$

(2) • 단위 골재량의 절대 체적

$$V = 1 - \left(\dfrac{500}{3.15 \times 1,000} + \dfrac{250}{1 \times 1,000} + \dfrac{4.5}{100}\right) = 0.546\text{m}^3$$

• 단위 잔골재량 $S = 0.546 \times 0.41 \times 2.59 \times 1,000 = 579.797\text{kg/m}^3$

(3) 단위 굵은 골재량 $G = 0.546 \times (1 - 0.41) \times 2.63 \times 1,000 = 847.228\text{kg/m}^3$

05 현장에서 콘크리트 압축강도를 22회 측정한 결과 표준편차는 5MPa이었다. 호칭강도(f_{cn})가 35MPa일 때 다음 물음에 답하시오.

(1) 표준편차의 보정계수를 구하시오.(단, 시험 횟수는 직선 보간한다.)
(2) 배합강도를 구하시오.

풀이

(1) 표준편차의 보정계수

시험횟수가 20회 경우 1.08, 25회 경우 1.03이므로 22회 1.06이다.

$\dfrac{1.08 - 1.03}{5} = 0.01$씩 직선 보간한다.

즉, 20회 1.08, 21회 1.07, 22회 1.06, 23회 1.05 24회 1.04, 25회 1.03이 된다.

(2) 배합강도

$f_{cn} \leq 35\text{MPa}$이므로

① $f_{cr} = f_{cn} + 1.34S = 35 + 1.34 \times (5 \times 1.06) = 42.1\text{MPa}$

② $f_{cr} = (f_{cn} - 3.5) + 2.33S = (35 - 3.5) + 2.33 \times (5 \times 1.06) = 43.9\text{MPa}$

∴ 두 식에서 큰 값인 43.9MPa이다.

06 콘크리트 염해의 방지대책을 4가지만 쓰시오.

(1) 콘크리트 재료 및 배합시 염화물 이온량을 적게 한다.
(2) 물-결합재비를 작게 하여 수밀한 콘크리트로 시공한다.
(3) 해사를 충분히 세척하여 염분을 제거하고 사용한다.
(4) 수지도장 철근을 사용한다.
(5) 피복 두께를 크게 하여 균열 폭을 작게 한다.
(6) 콘크리트 표면을 합성수지 등의 재료로 피복한다.

07 매스 콘크리트 타설 시 온도 균열 방지 및 제어 방법을 3가지만 쓰시오.

(1) 프리 쿨링
(2) 파이프 쿨링
(3) 팽창 콘크리트 사용
(4) 중용열 포틀랜드 시멘트 사용

08 콘크리트의 품질검사에 대한 물음에 답하시오.
(1) 압축강도 시험의 품질검사에 대한 시기 및 횟수를 쓰시오.
   ① 압축강도 시험의 시기:
   ② 압축강도 시험의 횟수:
(2) 설계기준 압축강도에 의해 콘크리트 배합을 결정한 경우 호칭강도(f_{cn})가 35MPa 이하인 경우일 때 합격 판정기준을 2가지 쓰시오.

(1) ① 1일 1회 ② 120m³마다, 배합이 변경될 때마다
(2) ① 연속 3회 시험값의 평균이 호칭강도 이상
   ② 1회 시험값이 (f_{cn} - 3.5) 이상

09 1방향 슬래브에 대한 규정이다. 다음 (　) 안을 채우시오.

(1) 1방향 슬래브의 두께는 (　)mm 이상이어야 한다.
(2) 슬래브 정부철근의 중심간격은 슬래브 두께의 2배 이하이어야 하며 또한 (　)mm 이하로 한다.
(3) 기타 단면에서는 슬래브 두께의 3배 이하 또는 (　)mm 이하이어야 한다.

> 풀이
> (1) 100　　　(2) 300　　　(3) 450

10 구조물 각 부재의 단면 휨 모멘트, 축력, 전단력, 비틀림 모멘트에 대한 설계강도는 공칭강도에 강도감소계수를 곱한 값으로 하는데 다음 부재의 강도감소계수를 쓰시오.

(1) 인장지배 단면:
(2) 전단력과 비틀림 모멘트:
(3) 콘크리트의 지압력:
(4) 포스트텐션 정착구역:

> 풀이
> (1) 0.85　　(2) 0.75　　(3) 0.65　　(4) 0.65

11 콘크리트의 쪼갬 인장강도시험에 대한 물음에 답하시오.

(1) 공시체 제작을 할 때 나무망치로 몰드의 측면을 다지는 이유를 쓰시오.
(2) 지름이 150mm, 높이가 300mm인 원주형 공시체를 사용하여 쪼갬 인장강도시험을 한 결과 파괴 시 최대하중이 300kN이었다. 이 콘크리트의 쪼갬 인장강도를 구하시오.

> 풀이
> (1) 다짐봉으로 다짐한 후 생긴 공극을 없애기 위해서
> (2) $f_{sp} = \dfrac{2P}{\pi dl} = \dfrac{2 \times 300{,}000}{3.14 \times 150 \times 300} = 4.24\text{N/mm}^2 = 4.24\text{MPa}$

12 콘크리트 응결시간 측정 방법으로 관입저항침에 의한 시험을 한다. 다음 물음에 답하시오.

(1) 관입저항이 얼마 될 때의 시간을 각각 초결시간과 종결시간으로 결정하는가?
  ① 초결시간:
  ② 종결시간:

(2) 시험결과를 도시하는 방법으로 2가지를 쓰시오.(단, 예시는 제외한다.)

[예시] 컴퓨터를 이용하는 방법

풀이

(1) ① 3.5MPa
  ② 28MPa
(2) ① 핸드 피팅 방법
  ② 선형 회귀분석 방법

콘크리트 기사 작업형 | 2023년 4월 23일 시행

제1과제
잔골재 밀도, 콘크리트 배합설계(제한시간 1시간 30분, 배점 15점)

제2과제
콘크리트 슬럼프, 공기량 시험(제한시간 1시간 30분, 배점 15점)

제3과제
슈미트 해머 시험(제한시간 1시간, 배점 10점)

콘크리트 기사 필답형 2023년 7월 22일 시행

01 다음 그림과 같은 T형 보에서 이 단면의 공칭 휨 모멘트(M_n)를 구하시오. (단, A_S = 8-D35 = 7,653 mm², f_{ck} = 21MPa, f_y = 400MPa)

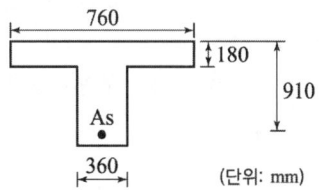

풀이

- T형 보 판별

$$a = \frac{A_s \cdot f_y}{\eta(0.85 f_{ck}) \cdot b} = \frac{7,653 \times 400}{1.0 \times (0.85 \times 21) \times 760} = 225.6 \text{mm}$$

$a > t(225.6\text{mm} > 180\text{mm})$이므로 T형 보로 해석한다.

- $C_f = T_f$에서 A_{sf}을 구하면

$$\eta(0.85 f_{ck})(b - b_w) \cdot t_f = A_{sf} \cdot f_y$$

$$\therefore A_{sf} = \frac{\eta(0.85 f_{ck})(b - b_w) \cdot t_f}{f_y}$$

$$= \frac{1.0 \times (0.85 \times 21)(760 - 360) \times 180}{400} = 3,213 \text{mm}^2$$

- $C_w = T_w$에서 a를 구하면

$$\eta(0.85 f_{ck}) \cdot a \cdot b_w = (A_s - A_{sf}) \cdot f_y$$

$$\therefore a = \frac{(A_s - A_{sf}) \cdot f_y}{\eta(0.85 f_{ck}) \cdot b_w} = \frac{(7,653 - 3,213) \times 400}{1.0 \times (0.85 \times 21) \times 360} = 276.4 \text{mm}$$

- 공칭 휨 모멘트

$$M_n = A_{sf} \cdot f_y \left(d - \frac{t}{2}\right) + (A_s - A_{sf}) \cdot f_y \left(d - \frac{a}{2}\right)$$

$$= 3,213 \times 400 \left(910 - \frac{180}{2}\right) + (7,653 - 3,213) \times 400 \left(910 - \frac{276.4}{2}\right)$$

$$= 2,424,580,800 \text{N} \cdot \text{mm}$$

$$= 2,424.58 \text{kN} \cdot \text{m}$$

02 일반 수중 콘크리트 타설 시 유의 할 사항을 3가지만 쓰시오

> **풀이**
> (1) 정수 중에 타설한다.
> (2) 수중에 낙하시켜서는 안 된다.
> (3) 경화될 때까지 물의 유동을 방지한다.
> (4) 연속하여 타설한다.
> (5) 레이탄스를 제거한 후 다음 구획의 콘크리트를 타설한다.

03 다음은 철근 콘크리트 구조물의 설계에 관련된 사항이다. 물음에 답하시오.
(1) 구조물 설계 시 하중계수, 하중조합을 고려하여 설계하는 이유 3가지를 쓰시오.
(2) 강도 감소계수(ϕ)를 사용하는 이유 3가지를 쓰시오.

> **풀이**
> (1) ① 극한상태에 대한 극한외력으로서 구조물이나 구조부재에 적용할 수 있는 가장 불리한 조건을 고려하기 위함이다.
>   ② 해당 구조물에 작용하는 최대 소요강도에 대하여 만족하도록 설계하기 위함이다.
>   ③ 구조부재는 사용하중에 대하여 충분히 기능을 확보할 수 있게 하기 위함이다.
> (2) ① 재료의 공칭강도와 실제 강도와의 차이 때문
>   ② 부재를 제작 또는 시공할 때 설계도와의 차이 때문
>   ③ 부재강도의 추정과 해석에 관련된 불확실성 때문
>   ④ 구조물에서 차지하는 부재의 중요도 등을 반영하기 위해서

04 경화된 콘크리트 면에 장비를 이용하여 타격에너지를 가하여 콘크리트 면의 반발경도를 측정하고 반발경도와 콘크리트 압축강도와의 관계를 이용 압축강도를 추정하는 비파괴시험 반발경도법 4가지를 쓰시오.

> **풀이**
> (1) 슈미트 해머법
> (2) 낙하식 해머법
> (3) 스프링식 해머법
> (4) 회전식 해머법

05 굳은 콘크리트 시험에 대한 아래 물음에 답하시오.

(1) 콘크리트 압축강도 시험(KSF 2405)에서 공시체에 하중을 가하는 속도에 대해 설명하시오.
(2) 콘크리트 휨강도 시험(KSF 2408)에서 공시체에 하중을 가하는 속도에 대해 설명하시오.
(3) 급속 동결 융해에 대한 콘크리트의 저항시험(KSF 2456)에서 동결 융해 1사이클의 기준에 대해 설명하시오.

풀이

(1) 0.6 ± 0.2MPa/sec
(2) 0.06 ± 0.04MPa/sec
(3) ① 동결 융해 1사이클은 공시체 중심부의 온도를 원칙으로 하며 원칙적으로 4℃에서 −18℃로 떨어지고, 다음에 −18℃에서 4℃로 상승되는 것으로 한다.
② 각 사이클에서 공시체 중심부의 최고 및 최저 온도는 각각 4 ± 2℃ 및 -18 ± 2℃의 범위 내에 있어야 하고 언제라도 공시체의 온도가 −20℃ 이하 또는 6℃ 이상이 되어서는 안 된다.
③ 동결 융해 1사이클의 소요시간은 2시간 이상 4시간 이하로 한다.

06 다음의 콘크리트 압축강도(MPa) 측정치를 얻었다. 물음에 답하시오.

> 24.5MPa, 26MPa, 24MPa, 25.5MPa

(1) 표준편차를 구하시오.(단, 불편분산의 경우이다.)
(2) 변동계수를 구하시오.

풀이

(1) • 평균값
$$\bar{x} = \frac{24.5 + 26 + 24 + 25.5}{4} = 25\text{MPa}$$

• 편차 제곱 합
$$S = (24.5-25)^2 + (26-25)^2 + (24-25)^2 + (25.5-25)^2$$
$$= 2.5\text{MPa}$$

• 표준편차
$$\sqrt{\frac{S}{n-1}} = \sqrt{\frac{2.5}{4-1}} = 0.91\text{MPa}$$

(2) 변동계수 $= \dfrac{\text{표준 편차}}{\text{평균 값}} \times 100 = \dfrac{0.91}{25} \times 100 = 3.65\%$

07 강도 설계법에 의한 계수 전단력 $V_u = 70$kN, $f_{ck} = 24$MPa, $\lambda = 1.0$일 때 직사각형 단면을 설계하려고 한다. 최소 전단철근 없이 견딜 수 있는 최소 단면적($b_w d$)는 얼마인가?

풀이

$$V_u \leq \frac{1}{2}\phi V_c = \frac{1}{2}\phi\left(\frac{1}{6}\lambda\sqrt{f_{ck}}\,b_w d\right)$$

$$\therefore b_w d \geq \frac{2V_u}{\phi\frac{1}{6}\lambda\sqrt{f_{ck}}} = \frac{2 \times 70{,}000}{0.75 \times \frac{1}{6} \times 1.0 \times \sqrt{24}} = 228{,}619 \text{mm}^2$$

08 굵은 골재 최대치수 40mm, 단위 수량 175kg, 물-결합재비 50%, 슬럼프 값 100mm, 잔골재율 40%, 잔골재 밀도 2.59 g/cm³, 굵은 골재 밀도 2.62 g/cm³, 시멘트 밀도 3.15 g/cm³, 갇힌 공기량은 1%이며 골재는 표면건조 포화 상태일 때 콘크리트 1m³에 필요한 각각의 재료량을 물음에 답하시오.

(1) 단위 시멘트량을 구하시오.(단, 소수 첫째 자리에서 반올림하시오.)
(2) 단위 골재량의 절대부피를 구하시오.(단, 소수 넷째 자리에서 반올림하시오.)
(3) 단위 잔골재량의 절대부피를 구하시오.(단, 소수 넷째 자리에서 반올림하시오.)
(4) 단위 굵은 골재량의 절대부피를 구하시오.(단, 소수 넷째 자리에서 반올림하시오.)
(5) 단위 잔골재량을 구하시오.(단, 소수 첫째 자리에서 반올림하시오.)
(6) 단위 굵은 골재량을 구하시오.(단, 소수 첫째 자리에서 반올림하시오.)

풀이

(1) 물-결합재비 $= \dfrac{W}{C} = 0.5$

$\therefore C = \dfrac{175}{0.5} = 350$kg

(2) $V = 1 - \left(\dfrac{175}{1 \times 1{,}000} + \dfrac{350}{3.15 \times 1{,}000} + \dfrac{1}{100}\right) = 0.704\text{m}^3$

(3) $V_S = 0.704 \times 0.4 = 0.282\text{m}^3$

(4) $V_G = 0.704 - 0.282 = 0.422\text{m}^3$ (또는 $0.704 \times 0.6 = 0.422\text{m}^3$)

(5) $S = 2.59 \times 0.282 \times 1{,}000 = 730$kg

(6) $G = 2.62 \times 0.422 \times 1{,}000 = 1{,}106$kg

09 다음 콘크리트의 공기량 및 허용오차를 쓰시오.

(1) 보통 콘크리트:
(2) 경량골재 콘크리트:
(3) 고강도 콘크리트:
(4) 허용오차:

> **풀이**
> (1) 4.5%   (2) 5.5%   (3) 3.5%   (4) ±1.5%

10 콘크리트의 슬럼프 시험 방법(KS F 2402)에 대한 내용이다. 다음 물음에 답하시오.

(1) 슬럼프 콘의 규격을 쓰시오.(윗면 안지름 × 밑면 안지름 × 높이)
(2) 슬럼프 콘에 시료를 채우고 벗길 때까지의 전 작업시간은?
(3) 슬럼프 콘의 시료를 거의 같은 양의 몇 층으로 나눠서 채우고 각 층은 다짐봉으로 몇 회씩 다지는가?
(4) 슬럼프는 몇 mm 단위로 표시하는가?
(5) 슬럼프 콘을 벗기는 시간은?

> **풀이**
> (1) 100mm×200mm×300mm
> (2) 3분 이내
> (3) 3층, 25회
> (4) 5mm
> (5) 2~5초

11 다음 포틀랜드 시멘트의 주성분 중 많은 순서대로 쓰시오.

주성분: CaO, Fe_2O_3, SiO_2, Al_2O_3

> **풀이**
> CaO, SiO_2, Al_2O_3, Fe_2O_3

12 콘크리트 동결 융해에 대한 내용이다. 다음 물음에 답하시오.

(1) 동결 융해의 정의를 쓰시오.

(2) 상대 동탄성계수를 구하시오.

풀이

(1) 콘크리트가 저온과 고온의 환경에 반복적으로 노출되어 콘크리트 안의 수분이 얼었다 녹았다하는 과정을 반복하여 서서히 열화되는 현상

(2) 상대 동탄성계수 $= \left(\dfrac{f_N}{f_0}\right)^2 \times 100 = \left(\dfrac{2{,}000}{2{,}400}\right)^2 \times 100 = 69.44\%$

콘크리트 기사 작업형 | 2023년 7월 22일 시행

잔골재 밀도, 콘크리트 배합설계(제한시간 1시간 30분, 배점 15점)

콘크리트 슬럼프, 공기량 시험(제한시간 1시간 30분, 배점 15점)

슈미트 해머 시험(제한시간 1시간, 배점 10점)

콘크리트 기사 필답형 — 2023년 11월 5일 시행

01 종합적 품질관리(TQC)의 7도구를 쓰시오.

> **풀이**
> (1) 히스토그램 (2) 파레토도 (3) 특성요인도
> (4) 체크 시트 (5) 각종 그래프 (6) 산점도
> (7) 층별

02 콘크리트의 동결 열화 보수 방법 2가지를 쓰시오.

> **풀이**
> (1) 주입·충전공법 (2) 표면처리공법 (3) 표면피복공법
> (또는 (1) 단면복구공법 (2) 균열주입공법 (3) 표면보호공법)

03 지름이 100mm, 길이가 50mm인 공시체를 사용하여 콘크리트 압축강도시험을 한 결과 최대 파괴하중이 157kN이었다. h/d의 비에 의한 표준 공시체의 계숫값이 아래 표와 같을 때 환산 계숫값을 적용한 표준 공시체의 압축강도는 얼마인가?

▼ 표준 공시체의 환산 계수표

공시체의 h/d비	2.0	1.75	1.50	1.40	1.25	1.0	0.75	0.5
환산계수	1.0	0.98	0.96	0.94	0.90	0.85	0.70	0.5

> **풀이**
> $$f = \frac{P}{A} = \frac{157{,}000}{\frac{\pi \times 100^2}{4}} = 19.99 \text{N/mm}^2 = 19.99 \text{MPa}$$
>
> • h/d의 비 $\frac{50}{100} = 0.5$ 이므로, 환산계수 0.5를 적용하면
>
> ∴ $19.99 \times 0.5 = 9.995 ≒ 10\text{MPa}$

04 아래 그림과 같은 T형 보에서 이 단면의 설계 휨강도를 구하시오.(단, 인장지배 단면으로 $A_s = 8\text{-D35} = 7,653\text{mm}^2$, $f_{ck} = 21\text{MPa}$, $f_y = 400\text{MPa}$)

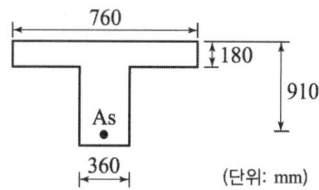

> **풀이**
>
> - T형 보 판별
>
> $$a = \frac{A_s \cdot f_y}{\eta(0.85f_{ck}) \cdot b} = \frac{7,653 \times 400}{1.0 \times (0.85 \times 21) \times 760} = 225.6\text{mm}$$
>
> $a > t$ (225.6mm > 180mm)이므로 T형 보로 해석한다.
>
> - $C_f = T_f$에서 A_{sf}을 구하면
>
> $\eta(0.85f_{ck})(b - b_w) \times t_f = A_{sf} \cdot f_y$
>
> $\therefore A_{sf} = \frac{\eta(0.85f_{ck})(b - b_w) \cdot t_f}{f_y}$
>
> $= \frac{1.0 \times (0.85 \times 21)(760 - 360) \times 180}{400} = 3,213\text{mm}^2$
>
> - $C_w = T_w$에서 a를 구하면
>
> $\eta(0.85f_{ck}) \cdot a \cdot b_w = (A_s - A_{sf}) \cdot f_y$
>
> $\therefore a = \frac{(A_s - A_{sf}) \cdot f_y}{\eta(0.85f_{ck}) \cdot b_w} = \frac{(7,653 - 3,213) \times 400}{1.0 \times (0.85 \times 21) \times 360} = 276.4\text{mm}$
>
> - 설계 휨강도
>
> $\phi M_u = \phi \left\{ A_{sf} \cdot f_y \left(d - \frac{t}{2}\right) + (A_s - A_{sf}) \cdot f_y \left(d - \frac{a}{2}\right) \right\}$
>
> $= 0.85 \times \left\{ 3,213 \times 400 \left(910 - \frac{180}{2}\right) + (7,653 - 3,213) \times 400 \left(910 - \frac{276.4}{2}\right) \right\}$
>
> $= 2,060,893,680\text{N} \cdot \text{mm}$
>
> $= 2,060.89\text{kN} \cdot \text{m}$

05 콘크리트 타설 시 허용 이어치기 시간 규정에 대한 물음에 답하시오.

(1) 외 기온이 25℃ 초과하는 경우 허용시간은?
(2) 외 기온이 25℃ 이하의 경우 허용시간은?
(3) 이어치기 허용시간 간격을 정한 이유를 쓰시오.

> **풀이**
> (1) 2시간
> (2) 2.5시간
> (3) 콜드 조인트의 발생을 방지하기 위해서

06 그림과 같은 단면에서 설계 휨강도 ϕM_n를 구하시오.(단, 인장지배 단면으로 $A_s = 1,560mm^2$, $f_{ck} = 21MPa$, $f_y = 400MPa$)

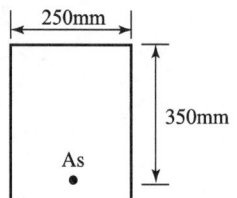

> **풀이**
> - $a = \dfrac{A_s f_y}{\eta(0.85 f_{ck})b} = \dfrac{1,560 \times 400}{1.0 \times (0.85 \times 21) \times 150} = 233.05mm$
> - $\phi M_n = \phi A_s f_y \left(d - \dfrac{a}{2}\right) = 0.85 \times 1,560 \times 400 \left(350 - \dfrac{233.05}{2}\right)$
> $= 123,835,140 N \cdot mm = 123.84 kN \cdot m$

07 다음의 특수 콘크리트 온도제어 양생 방법을 1가지씩 쓰시오.

(1) 매스 콘크리트:
(2) 한중 콘크리트:
(3) 서중 콘크리트:

> **풀이**
> (1) 파이프 쿨링, 연속 살수
> (2) 단열, 급열, 증기, 전열 등
> (3) 살수, 햇볕 덮개 등

08 골재의 체가름 시험에 대한 다음의 물음에 답하시오.

(1) 조립률을 구하기 위해 사용하는 체를 모두 쓰시오.
(2) 잔골재의 체가름 시험에 대한 아래의 성과표를 완성하고, 조립률을 구하시오.

체의 호칭	각 체에 남은 양		각 체에 남은 양의 누계
	g	%	%
5mm	20		
2.5mm	55		
1.2mm	135		
0.6	150		
0.3	95		
0.15	30		
접시	15		
계	500		

풀이

(1) 75mm, 40mm, 20mm, 10mm, 5mm, 2.5mm, 1.2mm, 0.6mm, 0.3mm, 0.15mm

(2)

체의 호칭	각 체에 남은 양		각 체에 남은 양의 누계
	g	%	%
5mm	20	4	4
2.5mm	55	11	15
1.2mm	135	27	42
0.6	150	30	72
0.3	95	19	91
0.15	30	6	97
접시	15	3	100
계	500		

- 남은율 = $\dfrac{\text{해당 체에 남은 양}}{\text{전체 질량}} \times 100$

  (예: 0.6mm 체의 경우 $\dfrac{150}{500} \times 100 = 30\%$)

- 각 체에 남은 양의 누계
  각 체에 남은율의 누계(예: 1.2mm 체의 경우 4+11+27=42%)

- 조립률 $FM = \dfrac{4+15+42+72+91+97}{100} = 3.21$

09 다음 콘크리트의 공기량 및 허용오차를 쓰시오.

(1) 보통 콘크리트:

(2) 경량골재 콘크리트:

(3) 고강도 콘크리트:

(4) 포장 콘크리트:

(5) 허용오차:

(1) 4.5% (2) 5.5% (3) 3.5%
(4) 4.5% (5) ±1.5%

10 다음의 재료를 사용하여 콘크리트 $1m^3$ 배합에 필요한 단위 잔골재량과 단위 굵은 골재량을 구하시오.

- 시멘트: 220kg
- 잔골재율: 34%
- 잔골재 표건 밀도: $2.65g/cm^3$
- 공기량: 2%
- W/C: 55%
- 시멘트 밀도: $3.17g/cm^3$
- 굵은 골재 표건 밀도: $2.7g/cm^3$

(1) 단위 잔골재량:

(2) 단위 굵은 골재량:

(1) • 단위 수량

$$\frac{W}{C} = 0.55, \quad \therefore W = 220 \times 0.55 = 121 \text{kg}$$

• 골재의 절대 체적

$$V = 1 - \left(\frac{121}{1 \times 1,000} + \frac{220}{3.17 \times 1,000} + \frac{2}{100}\right) = 0.79 \text{m}^3$$

$\therefore S = 2.65 \times (0.79 \times 0.34) \times 1,000 = 711.79 \text{kg/m}^3$

(2) $G = 2.7 \times (0.79 \times 0.66) \times 1,000 = 1,407.78 \text{kg/m}^3$

11 철근 콘크리트가 하나의 구조체로서 성립하는 이유를 2가지만 쓰시오.

(1) 철근과 콘크리트의 부착력이 크다.
(2) 콘크리트 속의 철근은 부식되지 않는다.
(3) 철근과 콘크리트의 열팽창 계수가 거의 같다.

12 시방배합과 현장배합에 대한 내용이다. 다음 물음에 답하시오.
(1) 시방배합과 현장배합의 차이점을 쓰시오.
  ① 시방배합:
  ② 현장배합:
(2) 시방배합을 현장배합으로 수정할 경우 고려할 사항을 3가지만 쓰시오.

(1) ① 시방서 또는 책임기술자에 의해서 지시된 배합
 ② 시방배합의 콘크리트가 얻어지도록 현장에서 재료의 상태 및 계량 방법에 따라 정한 배합
(2) ① 골재의 표면수
 ② 잔골재 중의 5mm 체에 남는 양
 ③ 굵은 골재 중의 5mm 체를 통과하는 양
 ④ 회수수 고형분율

콘크리트 기사 작업형 | 2023년 11월 5일 시행

잔골재 밀도, 콘크리트 배합설계(제한시간 1시간 30분, 배점 15점)

콘크리트 슬럼프, 공기량 시험(제한시간 1시간 30분, 배점 15점)

슈미트 해머 시험(제한시간 1시간, 배점 10점)

콘크리트 산업기사 필답형 — 2013년 4월 21일 시행

01 콘크리트의 블리딩 시험 방법(KS F 2414)에 관한 사항 중 일부이다. ( ) 안에 들어갈 알맞은 내용은?

(1) 시험하는 동안 실온을 (   ) ±3℃를 유지해야 한다.
(2) 콘크리트를 용기에 (   )층으로 나누어 넣고 각 층의 윗면을 고른 후 (   )회씩 다지고 다진 구멍이 없어지고 콘크리트 표면에 큰 기포가 보이지 않을 때까지 용기 바깥을 10~15회 나무 망치로 두들긴다.
(3) 시료의 표면이 용기의 가장자리에서 (30 ± 3)mm 낮아지도록 흙손으로 고른다.
(4) 시료가 담긴 용기를 진동이 없는 수평한 바닥 위에 놓고 뚜껑을 덮는다.
(5) 처음 60분 동안은 (   )분 간격으로, 그 후는 블리딩이 정지될 때까지 30분 간격으로 표면에 생긴 물을 빨아낸다.

(1) 20
(2) 3, 25
(5) 10

02 콘크리트 시험 공시체에 관해 다음 물음에 답하시오.

(1) 압축강도 시험 공시체는 지름의 2배 높이를 가진 원기둥형으로 지름은 굵은 골재 최대치수의 (   )배 이상이며, (   )mm 이상이어야 한다.
(2) 150mm×150mm×530mm 휨강도 공시체 몰드를 제작할 경우 각층 몇 회를 다져야 하는가?
(3) 공시체 제작시 콘크리트 친 후 (   )시간 이상, (   )일 이내에 몰드에서 떼어낸다. 그 기간 중 진동, 충격이 있어선 안 된다.

(1) 3, 100
(2) (150×530)÷1,000≒80회
(3) 16, 3

03 포틀랜드 시멘트의 전 알칼리량을 구하시오.

$$Na_2O: 0.45\%, K_2O: 0.4\%$$

풀이
전알칼리량 $= Na_2O + 0.658 K_2O = 0.45 + 0.658 \times 0.4 = 0.71\%$

04 시방배합의 결과 단위 시멘트 320kg, 단위 수량 180kg, 단위 잔골재 800kg, 단위 굵은 골재 1,000kg, 현장에서의 골재입도는 5mm 체에 남는 잔골재량이 4%, 5mm 체를 통과하는 굵은 골재량이 5%였다. 잔골재 및 굵은 골재의 표면수가 4%, 0.8%일 경우 다음 물음에 답하시오.

(1) 단위 잔골재량을 구하시오.
(2) 단위 굵은 골재량을 구하시오.
(3) 단위 수량을 구하시오.

풀이
(1) • 입도 보정
$$\frac{100S - b(S+G)}{100 - (a+b)} = \frac{100 \times 800 - 5(800 + 1,000)}{100 - (4+5)} = 780.23 \text{kg}$$
• 표면수 보정
$780.23 \times 0.04 = 31.21 \text{kg}$
∴ $S = 780.23 + 31.21 = 811.44 \text{kg}$

(2) • 입도 보정
$$\frac{100G - a(S+G)}{100 - (a+b)} = \frac{100 \times 1,000 - 4(800 + 1,000)}{100 - (4+5)} = 1,019.78 \text{kg}$$
• 표면수 보정
$1,019.78 \times 0.008 = 8.16 \text{kg}$
∴ $G = 1,019.78 + 8.16 = 1,027.94 \text{kg}$

(3) $180 - 31.21 - 8.16 = 140.63 \text{kg}$

05 콘크리트 압축강도 측정치가 각각 22MPa, 23MPa, 24MPa, 27MPa, 29MPa이다. 변동계수를 구하시오.(단, 불편분산의 경우이다.)

- 평균값
$$\frac{22+23+24+27+29}{5} = 25\text{MPa}$$
- 편차제곱합(S)
$$(22-25)^2 + (23-25)^2 + (24-25)^2 + (27-25)^2 + (29-25)^2 = 34\text{MPa}$$
- 표준편차
$$\sqrt{\frac{S}{n-1}} = \sqrt{\frac{34}{5-1}} = 2.92\text{MPa}$$
$$\therefore \text{변동계수} = \frac{\text{표준편차}}{\text{평균값}} \times 100 = \frac{2.92}{25} \times 100 = 11.68\%$$

06 포장용 콘크리트의 배합기준에 대한 다음 물음에 답하시오.
(1) 휨강도:
(2) 단위 수량:
(3) 공기연행제량:

(1) 4.5MPa 이상
(2) 150kg/m³
(3) 4~6%

07 콘크리트 공장 제품의 양생온도 관리 시 주요 관리 사항을 4가지 쓰시오.

(1) 온도 상승률
(2) 온도 강하율
(3) 최고 온도
(4) 지속시간

08 알칼리-실리카 반응에 대한 열화 상태 3가지를 쓰시오.

> **풀이**
> (1) 콘크리트 내부의 골재 주변이 까맣게 테두리가 쳐지며 표면에 얼룩이 생긴다.
> (2) 겔이 형성되어 콘크리트 위로 올라 탄산화 반응에 의해 백색 물질로 변하는 경우가 많다.
> (3) 콘크리트 구조물 표면에 나타난 균열은 불규칙적인 그물 모양이 생긴다.

09 폭 $b_w = 300\text{mm}$, 유효깊이 $d = 500\text{mm}$, 인장철근량 $A_s = 1{,}908\text{mm}^2$를 갖는 단철근 직사각형 보를 강도 설계법으로 설계할 경우 다음 물음에 답하시오.(단, $f_{ck} = 28\text{MPa}$, $f_y = 400\text{MPa}$이다.)

(1) 설계 휨강도(ϕM_n)는?
(2) 계수 전단력 $V_u = 45\text{kN}$일 때 전단철근의 보강 여부를 판정하시오.

> **풀이**
> (1) $a = \dfrac{A_s f_y}{\eta(0.85 f_{ck})b} = \dfrac{1{,}908 \times 400}{1.0 \times (0.85 \times 28) \times 300} = 106.88\text{mm}$
>
> $\therefore \phi M_n = \phi A_s f_y \left(d - \dfrac{a}{2}\right) = 0.85 \times 1{,}908 \times 400 \times \left(500 - \dfrac{106.88}{2}\right)$
> $\qquad\qquad = 289{,}692{,}403\text{N}\cdot\text{mm} = 289.69\text{kN}\cdot\text{m}$
>
> 여기서, $a = \beta_1 \cdot c \quad \therefore c = \dfrac{a}{\beta_1} = \dfrac{106.88}{0.8} = 133.6\text{mm}$
>
> $f_{ck} \leq 40\text{MPa}$인 경우 $\beta_1 = 0.8$
>
> $\varepsilon_t = 0.0033 \dfrac{d-c}{c} = 0.0033 \dfrac{500 - 133.6}{133.6} = 0.009$
>
> $\varepsilon_t > 0.005$이므로 인장지배 단면으로 $\phi = 0.85$이다.
>
> (2) $\dfrac{1}{2}\phi V_c = \dfrac{1}{2}\phi \dfrac{1}{6}\lambda \sqrt{f_{ck}} b_w d$
> $\qquad = \dfrac{1}{2} \times 0.75 \times \dfrac{1}{6} \times 1.0 \times \sqrt{28} \times 300 \times 500$
> $\qquad = 49{,}607\text{N} = 49.6\text{kN}$
>
> $\therefore V_u \leq \dfrac{1}{2}\phi V_c$이므로 전단철근의 보강이 필요 없다.

10 다음은 철근 콘크리트 구조물의 설계에 관련된 사항이다. 물음에 답하시오.

(1) 구조물 설계 시 하중계수, 하중조합을 고려하여 설계하는 이유 3가지를 쓰시오.
(2) 강도감소계수(ϕ)를 사용하는 이유 3가지를 쓰시오.
(3) 다음의 부재별 강도감소계수(ϕ)를 쓰시오.
　① 인장지배 단면:
　② 나선철근으로 보강된 압축지배 단면:
　③ 전단력과 비틀림 모멘트:
　④ 무근 콘크리트의 휨 모멘트, 압축력, 전단력, 지압력:

풀이

(1) ① 극한 상태에 대한 극한 외력으로서 구조물이나 구조부재에 작용할 수 있는 가장 불리한 조건을 고려하기 위함이다.
　② 해당 구조물에 작용하는 최대 소요강도에 대하여 만족하도록 설계하기 위함이다.
　③ 구조부재는 사용하중에 대하여 충분히 기능을 확보할 수 있게 하기 위함이다.
(2) ① 재료의 공칭강도와 실제 강도와의 차이 때문
　② 부재를 제작 또는 시공할 때 설계도와의 차이 때문
　③ 부재강도의 추정과 해석에 관련된 불확실성 때문
　④ 구조물에서 차지하는 부재의 중요도 등을 반영하기 위해서
(3) ① 0.85
　② 0.70
　③ 0.75
　④ 0.55

콘크리트 산업기사 작업형 | 2013년 4월 21일 시행

제1과제

콘크리트 슬럼프, 공기량 시험(제한시간 1시간 30분, 배점 15점)

제2과제

잔골재 밀도, 잔골재 표면수(질량법) 시험(제한시간 1시간 30분, 배점 15점)

제3과제

슈미트 해머 시험(제한시간 1시간, 배점 10점)

콘크리트 산업기사 필답형 | 2013년 10월 6일 시행

01 다음 용어에 대한 정의를 간단히 쓰시오.

(1) 유동화제:
(2) 고성능 AE(공기연행) 감수제:

> **풀이**
> (1) 배합이나 경화된 콘크리트의 품질을 변경시키는 일 없이 유동성을 대폭적으로 개선시키는 혼화제
> (2) 공기연행(AE) 성능을 가지며 공기연행(AE) 감수제보다도 높은 감수 성능 및 양호한 슬럼프 유지 성능을 가지는 혼화제

02 압축철근 단면적 1,600mm², 폭(b) 200mm, 유효깊이(d) 400mm인 복철근 직사각형 단면 보에서 탄성(즉시) 처짐이 8mm 발생했을 때 5년 이상이 경과한 후에 예상되는 탄성처짐을 포함한 총처짐량을 구하시오.

> **풀이**
> - 압축 철근비 $\rho' = \dfrac{A_s'}{bd} = \dfrac{1,600}{200 \times 400} = 0.02$
> - 장기처짐   탄성처짐 $\times \dfrac{\xi}{1+50\rho'} = 8 \times \dfrac{2}{1+50 \times 0.02} = 8\text{mm}$
> - 총 처짐   탄성처짐 + 장기처짐 $= 8 + 8 = 16\text{mm}$

03 공시체 지름이 100mm, 길이가 200mm일 때 최대 압축 하중이 353.25kN, 최대 쪼갬 인장 하중이 50.24kN일 때 다음 물음에 답하시오.

(1) 압축강도를 구하시오.
(2) 쪼갬 인장강도를 구하시오.

> **풀이**
> (1) $\dfrac{P}{A} = \dfrac{353,250}{\dfrac{\pi \times 100^2}{4}} = 44.98\text{MPa}$
> (2) $\dfrac{2P}{\pi D l} = \dfrac{2 \times 50,240}{\pi \times 100 \times 200} = 1.6\text{MPa}$

04 전단과 휨만을 받는 단철근 직사각형 부재에서 콘크리트가 부담하는 공칭 전단강도를 구하시오.(단, $f_{ck}=$ 27MPa, 부재의 폭 400mm, 유효깊이 600mm)

풀이

$$V_c = \frac{1}{6}\lambda\sqrt{f_{ck}}\,b_w\,d = \frac{1}{6}\times 1.0 \times \sqrt{27} \times 400 \times 600 = 207{,}846\text{N} = 207.85\text{kN}$$

05 호칭강도가 30MPa이고 표준편차가 3MPa일 때 배합강도를 구하시오.

풀이

(1) $f_{cr} = f_{cn} + 1.34S = 30 + 1.34 \times 3 = 34.02\text{MPa}$
(2) $f_{ck} = (f_{cn} - 3.5) + 2.33S = (30 - 3.5) + 2.33 \times 3 = 33.49\text{MPa}$
두 식 중 큰 값을 적용하므로 $f_{cr} = 34.02\text{MPa}$

06 다음의 재료를 사용하여 콘크리트 1m³ 배합에 필요한 단위 수량, 단위 잔골재량, 단위 굵은 골재량을 구하시오.(단, 소수 넷째 자리에서 반올림하여 계산하시오.)

- 잔골재율: 40%
- 시멘트 밀도: 3.15g/cm³
- 잔골재 밀도: 2.59g/cm³
- 공기량: 4%
- 단위 시멘트량: 350kg/m³
- 물-결합재비: 50%
- 굵은 골재 밀도: 2.62g/cm³

(1) 단위 수량:
(2) 단위 잔골재량:
(3) 단위 굵은 골재량:

풀이

1) $\dfrac{W}{C} = 50\%$ ∴ $W = 350 \times 0.5 = 175\text{kg/m}^3$

2) • 단위 골재량의 절대 체적
$$V = 1 - \left(\frac{350}{3.15 \times 1{,}000} + \frac{175}{1 \times 1{,}000} + \frac{4}{100}\right) = 0.674\text{m}^3$$
• 단위 잔골재량 $S = 0.674 \times 0.4 \times 2.59 \times 1{,}000 = 698.264\text{kg/m}^3$

3) 단위 굵은 골재량 $G = 0.674 \times (1 - 0.4) \times 2.62 \times 1{,}000 = 1{,}059.528\text{kg/m}^3$

07 구조물의 종류별 굵은 골재의 최대치수를 쓰시오.

(1) 무근 콘크리트의 경우
(2) 철근 콘크리트의 경우
   ① 일반적인 경우:
   ② 단면이 큰 경우:

> **풀이**
> (1) 40mm 이하, 부재 최소치수의 $\frac{1}{4}$ 이하
> (2) ① 20mm 또는 25mm 이하
>   ② 40mm 이하

08 특수 콘크리트에 대한 설명이다. 물음에 답하시오.

(1) 하루 평균기온이 얼마일 때 콘크리트가 동결할 염려가 있으므로 한중 콘크리트로 시공하는가?
(2) 한중 콘크리트의 물-결합재비는 원칙적으로 얼마인가?
(3) 하루 평균기온이 얼마를 초과할 경우에 서중 콘크리트로 시공하는가?

> **풀이**
> (1) 한중 콘크리트는 하루 평균 4℃ 이하일 경우 시공한다.
> (2) 한중 콘크리트는 일반적인 물-결합재비는 60% 이하이다.
> (3) 서중 콘크리트는 하루 평균기온이 25℃ 초과 시 시공한다.

09 콘크리트 품질관리 중 계수치 관리도의 종류 3가지를 쓰시오.

> **풀이**
> (1) P 관리도
> (2) C 관리도
> (3) U 관리도
> (4) P_n 관리도

10 일반 콘크리트의 배합에서 굵은 골재 최대치수에 대한 물음에 답하시오.

(1) 굵은 골재의 최대치수에 대한 정의를 간단히 쓰시오.
(2) 굵은 골재의 공칭 최대치수에 대한 기준을 [예시]와 같이 2가지만 쓰시오.

> [예시] 개별 철근, 다발 철근, 긴장재 또는 덕트 사이 최소 순간격의 3/4을 초과하지 않아야 한다.

풀이
(1) 질량비로 90% 이상을 통과시키는 체 중에서 최소치수의 호칭치수
(2) ① 거푸집 양 측면 사이의 최소 거리의 1/5을 초과하지 않아야 한다.
  ② 슬래브 두께의 1/3을 초과하지 않아야 한다.

11 콘크리트 강도시험에 대한 다음 물음에 답하시오.

(1) 압축강도 시험 공시체는 지름의 (①)배 높이를 가진 원기둥형으로 지름은 굵은 골재 최대치수의 (②)배 이상이며, (③)cm 이상이어야 한다.
(2) 휨강도 시험은 매초 (   )MPa 속도로 하중을 증가시킨다.

풀이
(1) ① 2 ② 3 ③ 10
(2) 0.06 ± 0.04

12 잔골재 체가름 시험결과 다음과 같다. 조립률을 구하시오.

체 크기(mm)	5	2.5	1.2	0.6	0.3	0.15	PAN
누가 잔류량(%)	5	21	33	52	89	100	0

풀이
$$FM = \frac{5+21+33+52+89+100}{100} = 3.0$$

콘크리트 산업기사 작업형 | 2013년 10월 6일 시행

콘크리트 슬럼프, 공기량 시험(제한시간 1시간 30분, 배점 15점)

잔골재 밀도, 잔골재 표면수(질량법) 시험(제한시간 1시간 30분, 배점 15점)

슈미트 해머 시험(제한시간 1시간, 배점 10점)

콘크리트 산업기사 필답형 | 2014년 4월 20일 시행

01 KCS 14 20 10에 따른 콘크리트 제조 시 다음 재료의 종류별 측정 단위와 1회분 계량의 한계오차를 쓰시오.

재료의 종류	측정 단위	1회 계량오차
시멘트		
물		
골재		
혼화재		
혼화제		

풀이

재료의 종류	측정 단위	1회 계량오차
시멘트	질량	−1%, +2%
물	질량 또는 부피	−2%, +1%
골재	질량	±3% 이내
혼화재	질량	±2% 이내
혼화제	질량 또는 부피	±3% 이내

02 철근 탐사기를 이용하여 알 수 있는 것을 두 가지만 쓰시오.

풀이
(1) 철근의 배근 상태(철근의 위치, 방향, 피복 두께 등)
(2) 철근의 간격 및 직경

03 굳지 않은 콘크리트의 반죽질기를 구하는 시험법을 4가지를 쓰시오.

풀이
(1) 슬럼프시험　　(2) 비비시험　　(3) 구관입시험(케리볼)
(4) 흐름시험　　(5) 리몰딩시험　　(6) 다짐계수

04 지름이 150mm, 길이가 300mm인 공시체를 사용하여 콘크리트 인장강도 시험을 한 결과 최대 파괴하중이 250kN이었다. 인장강도를 구하시오. (소수 셋째 자리에서 반올림)

> **풀이**
>
> 인장강도 = $\dfrac{2 \cdot P}{\pi \cdot d \cdot l} = \dfrac{2 \times 250{,}000}{3.14 \times 150 \times 300} = 3.536 \text{N/mm}^2 = 3.54 \text{MPa}$

05 아래와 같은 배합설계에 의해 콘크리트 1m³를 배합하는 데 필요한 단위 수량, 단위 잔골재량, 단위 굵은 골재량을 구하시오.(단, 소수 넷째 자리에서 반올림하시오.)

- 물-결합재비: 50%
- 단위 시멘트량: 350kg/m³
- 잔골재 표건 밀도: 2.59g/cm³
- 공기량: 4%
- 잔골재율: 40%
- 굵은 골재 표건 밀도: 2.62g/cm³
- 시멘트 밀도: 3.15g/cm³

(1) 단위 수량:
(2) 단위 잔골재량:
(3) 단위 굵은 골재량:

> **풀이**
>
> (1) 단위 수량
>
> $\dfrac{W}{C} = 0.5$ ∴ $W = 0.5 \times 350 = 175 \text{kg/m}^3$
>
> (2) 단위 잔골재량
>
> - 골재의 체적: $V = 1 - \left(\dfrac{175}{1 \times 1{,}000} + \dfrac{350}{3.15 \times 1{,}000} + \dfrac{4}{100} \right) = 0.674 \text{m}^3$
> - 단위 잔골재량: $0.674 \times 0.4 \times 2.59 \times 1{,}000 = 698.264 \text{kg/m}^3$
>
> (3) 단위 굵은 골재량
>
> $0.674 \times 0.6 \times 2.62 \times 1{,}000 = 1{,}059.528 \text{kg/m}^3$

06 고강도 콘크리트용으로 주로 사용되는 실리카 흄의 효과 2가지를 쓰시오.

> **풀이**
>
> (1) 재료분리 저항성, 수밀성, 내화학 약품성이 향상
> (2) 알칼리 골재 반응의 억제효과 및 강도 증진

07 콘크리트 호칭강도가 30MPa이고 시험횟수가 30회 이상 시험한 콘크리트의 표준편차가 3.5MPa이다. 다음 물음에 답하시오.

(1) 배합강도를 구하시오.
(2) 시험횟수가 14회 미만으로 호칭강도가 24MPa인 경우 배합강도를 구하시오.
(3) 시험횟수가 17회일 때 표준편차가 3.0MPa의 경우 표준편차를 보정하시오.(소수 셋째 자리에서 반올림하시오.)

(1) $f_{cn} \leq 35\text{MPa}$이므로
  $f_{cr} = f_{cn} + 1.34S = 30 + 1.34 \times 3.5 = 34.69\text{MPa}$
  $f_{cr} = (f_{cn} - 3.5) + 2.33S = (30 - 3.5) + 2.33 \times 3.5 = 34.66\text{MPa}$
  ∴ 두 값 중 큰 값인 34.69MPa이다.
(2) 호칭강도가 21~35MPa의 경우이므로
  $f_{cr} = f_{cn} + 8.5 = 24 + 8.5 = 32.5\text{MPa}$
(3) 시험횟수가 15~20회 사이의 직선보간한 보정 계숫값은 16회 때 1.144, 17회 때 1.128, 18회 때 1.112, 19회 때 1.096이 된다.
  ∴ 표준편차 보정 $= 3.0 \times 1.128 = 3.38\text{MPa}$

08 전단과 휨만을 받는 단철근 직사각형 부재에서 콘크리트가 부담하는 공칭 전단강도를 구하시오.(단, $f_{ck} = 24\text{MPa}$, 부재의 폭 300mm, 유효깊이 500mm, $\lambda = 1.0$)

$V_c = \dfrac{1}{6} \lambda \sqrt{f_{ck}} \, b_w d = \dfrac{1}{6} \times 1.0 \times \sqrt{24} \times 300 \times 500 = 122,474\text{N} = 122.5\text{kN}$

09 띠철근 수직 간격의 설치조건을 쓰시오.

축방향 철근 지름의 16배 이하, 띠철근 지름의 48배 이하, 기둥 단면의 최소 치수 이하이다.

10 다음 그림과 같은 보의 경간이 5,000mm인 대칭 T형 보에 대한 물음에 답하시오.(단, $f_{ck} = 21\text{MPa}$, $f_y = 300\text{MPa}$, $A_s = 4,000\text{mm}^2$)

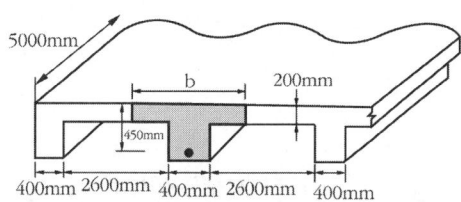

(1) 유효 폭(b)을 구하시오.
(2) 중립축 위치(c)를 구하시오.
(3) 설계 휨강도를 구하시오.

풀이

(1) ① $16t + b_w = 16 \times 200 + 400 = 3,600\text{mm}$

② 양쪽 슬래브의 중심간 거리 $= \dfrac{2,600}{2} + 400 + \dfrac{2,600}{2} = 3,000\text{mm}$

③ 보 경간의 $\dfrac{1}{4} = 5,000 \times \dfrac{1}{4} = 1,250\text{mm}$

∴ 가장 작은 값인 1,250mm가 유효 폭이다.

(2) • $a = \dfrac{A_s f_y}{\eta(0.85 f_{ck}) b} = \dfrac{4,000 \times 300}{1.0 \times (0.85 \times 21) \times 1,250} = 53.78\text{mm}$

• $c = \dfrac{a}{\beta_1} = \dfrac{53.78}{0.8} = 67.23\text{mm}$

여기서, $f_{ck} \leq 40\text{MPa}$이므로 $\beta_1 = 0.8$이다.

(3) $a < t$이므로 직사각형 보로 해석한다.

$$\phi M_n = \phi A_s f_y \left(d - \dfrac{a}{2} \right)$$
$$= 0.85 \times 4,000 \times 300 \left(450 - \dfrac{53.78}{2} \right)$$
$$= 431,572,200\text{N} \cdot \text{mm} = 431.57\text{kN} \cdot \text{m}$$

여기서, $\varepsilon_t = 0.0033 \dfrac{d-c}{c} = 0.0033 \dfrac{450 - 67.23}{67.23} = 0.018$

$\varepsilon_t > 0.005$이므로 인장지배 단면으로 $\phi = 0.85$이다.

콘크리트 산업기사 작업형 — 2014년 4월 20일 시행

콘크리트 슬럼프, 공기량 시험(제한시간 1시간 30분, 배점 15점)

잔골재 밀도, 시멘트 밀도 시험(제한시간 1시간 30분, 배점 15점)

슈미트 해머 시험(제한시간 1시간, 배점 10점)

콘크리트 산업기사 필답형 — 2014년 10월 5일 시행

01 전단과 휨만을 받는 단철근 직사각형 부재에서 콘크리트가 부담하는 공칭 전단강도를 구하시오.(단, $f_{ck}=24\text{MPa}$, 부재의 폭 300mm, 유효깊이 500mm, $\lambda=1.0$)

[풀이]

$$V_c = \frac{1}{6}\lambda\sqrt{f_{ck}}\,b_w\,d = \frac{1}{6}\times 1.0 \times \sqrt{24} \times 300 \times 500 = 122{,}474\text{N} = 122.5\text{kN}$$

02 폭(b) 280mm, 유효깊이(d) 500mm, $f_{ck}=30\text{MPa}$, $f_y=400\text{MPa}$인 단철근 직사각형 보에 대한 다음 물음에 답하시오.(단, 철근량 $A_s=2{,}870\text{mm}^2$이고, 일단으로 배치되어 있다.)

(1) 압축연단에서 중립축까지의 거리 c를 구하시오.
(2) 최외단 인장철근의 순인장 변형률(ε_t)을 구하시오.(단, 소수점 이하 여섯째 자리에서 반올림하시오.)

[풀이]

(1) • $\beta_1 = 0.8$
 • $\eta(0.85 f_{ck})\,a\,b = A_s f_y$

$$\therefore a = \frac{A_s f_y}{\eta(0.85 f_{ck})b} = \frac{2{,}870 \times 400}{1.0 \times (0.85 \times 30) \times 280} = 160.8\text{mm}$$

 • $a = \beta_1 c$

$$\therefore c = \frac{a}{\beta_1} = \frac{160.8}{0.8} = 201\text{mm}$$

(2) $\varepsilon_t = \dfrac{0.0033(d-c)}{c} = \dfrac{0.0033(500-201)}{201} = 0.00491$

03 급속 동결 융해에 대한 콘크리트의 저항 시험 방법(KS F 2456)에 대해 다음 물음에 답하시오.

(1) 동결 융해 1사이클의 온도 범위는?
(2) 동결 융해 1사이클의 소요시간 범위는?
(3) 동결 융해 시험의 종료 기준을 쓰시오
(4) 콘크리트의 동결 융해 300사이클에서 상대 동탄성계수가 90%라면 시험용 공시체의 내구성 지수는 얼마인지 계산하시오.

(1) 4℃~-18℃, -18℃~4℃
(2) 2~4시간
(3) 각 공시체는 특별한 제한이 없는 한 300사이클이 될 때까지 또는 초기의 최초 시험 시에 탄성계수의 60%가 될 때까지 시험을 계속한다.
(4) $DF = \dfrac{PN}{M} = \dfrac{90 \times 300}{300} = 90\%$

04 굵은 골재의 밀도 및 흡수율 시험에 대한 결과가 다음과 같을 때 물음에 답하시오.

절대건조 상태의 시료 질량	3,940g
표면건조 포화 상태의 시료 질량	4,000g
물 속에서의 시료 질량	2,491g
물의 밀도	0.9991g/cm³

(1) 표면건조 포화 상태 밀도
(2) 절대건조 밀도
(3) 겉보기 밀도

(1) 표면건조 포화 상태 밀도
$\dfrac{B}{B-C} \times \rho_w = \dfrac{4,000}{4,000-2,491} \times 0.9991 = 2.65 \text{g/cm}^3$

(2) 절대건조 밀도
$\dfrac{A}{B-C} \times \rho_w = \dfrac{3,940}{4,000-2,491} \times 0.9991 = 2.61 \text{g/cm}^3$

(3) 겉보기 밀도
$\dfrac{A}{A-C} \times \rho_w = \dfrac{3,940}{3,940-2,491} \times 0.9991 = 2.72 \text{g/cm}^3$

05 철근 콘크리트 부재 설계에서 강도 감소계수를 사용하는 이유에 대해 3가지를 쓰시오.

(1) 구조물에서 차지하는 부재의 중요도 등을 반영하기 위해
(2) 재료의 공칭강도와 실제 공칭강도의 차이 때문
(3) 부재의 제작, 시공할 때 설계도와의 차이 때문
(4) 부재 강도의 추정과 해석에 관련된 불확실성 때문

06 콘크리트 호칭강도가 30MPa, 압축강도 시험횟수가 23회 시험실적이 있는 상태에서 표준편차가 2.4MPa일 때 이 콘크리트의 배합강도를 구하시오.

- 표준편차 보정
  $S = 2.4 \times 1.05 = 2.52 \text{MPa}$
  직선보간하면 20회(1.08), 21회(1.07), 22회(1.06), 23회(1.05), 24회(1.04), 25회(1.03)
- 콘크리트 배합강도
  $f_{cn} \leq 35\text{MPa}$에 해당하므로
  $f_{cr} = f_{cn} + 1.34S = 30 + 1.34 \times 2.52 = 33.38 \text{MPa}$
  $f_{cr} = (f_{cn} - 3.5) + 2.33S = (30 - 3.5) + 2.33 \times 2.52 = 32.37 \text{MPa}$
  ∴ 두 값 중 큰 값인 33.38MPa이다.

07 콘크리트 습윤 양생기간의 표준에 대한 ( ) 안에 물음에 답하시오.

일평균 기온	보통 포틀랜드 시멘트	조강 포틀랜드 시멘트
15℃ 이상	((1))	((3))
10℃ 이상	((2))	((4))

(1) 5일　　(2) 7일
(3) 3일　　(4) 4일

08 콘크리트의 운반 및 타설에 대한 물음에 답하시오.

(1) 비비기로부터 타설이 끝날 때까지의 시간
  ① 외기온도가 25℃ 이상일 때:
  ② 외기온도가 25℃ 미만일 때:
(2) 허용 이어치기 시간 간격의 표준
  ① 외기온도가 25℃ 초과일 때:
  ② 외기온도가 25℃ 이하일 때:

풀이

(1) ① 1.5시간 이내
  ② 2시간 이내
(2) ① 2시간
  ② 2.5시간

09 시방 배합 결과 물 150kg/m³, 시멘트 300kg/m³, 잔골재 700kg/m³, 굵은 골재 1,200kg/m³을 얻었다. 현장에서의 골재의 입도는 5mm 체에 남는 잔골재량이 3.5%, 5mm 체를 통과하는 굵은 골재량이 6.5%였다. 잔골재 및 굵은 골재의 표면수가 각각 2%와 1%일 경우 현장 배합상의 단위 잔골재량, 단위 굵은 골재량, 단위 수량을 구하시오.

풀이

(1) 입도 보정
  • 단위 잔골재량
  $$= \frac{100S - b(S+G)}{100 - (a+b)} = \frac{100 \times 700 - 6.5(700 + 1,200)}{100 - (3.5 + 6.5)} = 640.56 \text{kg/m}^3$$
  • 단위 굵은 골재량
  $$= \frac{100G - a(S+G)}{100 - (a+b)} = \frac{100 \times 1,200 - 3.5(700 + 1,200)}{100 - (3.5 + 6.5)} = 1,259.44 \text{kg/m}^3$$
(2) 표면수 보정
  • 단위 잔골재량 $= 640.56 + (640.56 \times 0.02) = 653.37 \text{kg/m}^3$
  • 단위 굵은 골재량 $= 1,259.44 + (1,259.44 \times 0.01) = 1,272.03 \text{kg/m}^3$
  • 단위 수량 $= 150 - (640.56 \times 0.02 + 1,259.44 \times 0.01) = 124.59 \text{kg/m}^3$

10 콘크리트의 인장강도와 수화열에 의하여 부재 내부의 온도응력 최댓값이 필요한 인자는?

온도 균열 지수

11 잔골재의 표면수 측정(질량법)시험을 한 결과 다음과 같을 때 표면수율을 구하시오.

- 시료의 질량: 500g
- (용기+표시선까지의 물)의 질량: 690g
- (용기+표시선까지의 물+시료)의 질량: 998g
- 시료의 표건 밀도: 2.62g/cm³

- 배제된 물의 질량
  $m = m_1 + m_2 - m_3 = 500 + 690 - 998 = 192g$
- $m_s = \dfrac{m_1}{밀도} = \dfrac{500}{2.62} = 190.84g$
- 표면수율 $H = \dfrac{m - m_s}{m_1 - m} \times 100 = \dfrac{192 - 190.84}{500 - 192} \times 100 = 0.38\%$

12 알칼리 골재 반응의 종류를 2가지만 쓰시오.

(1) 알칼리-실리카 반응
(2) 알칼리-탄산염 반응
(3) 알칼리-실리케이트 반응

콘크리트 산업기사 작업형 | 2014년 10월 5일 시행

제1과제
콘크리트 슬럼프, 공기량 시험(제한시간 1시간 30분, 배점 15점)

제2과제
잔골재 밀도, 시멘트 밀도 시험(제한시간 1시간 30분, 배점 15점)

제3과제
슈미트 해머 시험(제한시간 1시간, 배점 10점)

콘크리트 산업기사 필답형 — 2015년 4월 19일 시행

01 부순 굵은 골재의 기준에 대하여 서술하시오.

시험 항목	품질기준
절대건조 밀도(g/cm³)	
흡수율(%)	
안정성(%)	
0.08mm 체 통과량(%)	

풀이

시험 항목	품질기준
절대건조 밀도(g/cm³)	2.5 이상
흡수율(%)	3.0 이하
안정성(%)	12 이하
0.08mm 체 통과량(%)	1.0 이하

02 매스 콘크리트의 온도 균열 발생 여부에 따른 검토는 온도 균열 지수에 의해 평가된다. 다음의 물음에 답하시오.

(1) 온도 균열 지수의 정밀식을 쓰시오.
(2) 온도 균열 지수 범위에 따른 균열정도
  ① 균열 발생을 방지하여야 할 경우:
  ② 균열 발생을 제한할 경우:
  ③ 유해한 균열 발생을 제한할 경우:

풀이

(1) 온도 균열 지수 $I_{cr}(t) = \dfrac{f_{sp}(t)}{f_t(t)}$

여기서, $f_t(t)$: 재령 t일에서의 수화열에 의하여 생긴 부재 내부의 온도응력 최댓값 (MPa)

$f_{sp}(t)$: 재령 t일에서의 콘크리트 인장강도로서, 재령 및 양생온도를 고려하여 구함(MPa)

(2) ① 1.5 이상　　② 1.2~1.5　　③ 0.7~1.2

03 염화물 함유량 측정 방법 3가지를 쓰시오.

> **풀이**
> (1) 질산은 적정법 (2) 전위차 적정법
> (3) 흡광 광도법 (4) 이온 전극법(이온 크로마토그래피법)

04 콘크리트 압축강도 시험을 실시한 결과 다음 5개의 강도 데이터를 얻었다. 변동계수를 구하시오.(불편분산의 경우이며, 소수 둘째 자리에서 반올림하시오.)

횟수	1회	2회	3회	4회	5회
압축강도(MPa)	33	32	33	29	28

> **풀이**
> (1) • 평균값 $\bar{x} = \dfrac{33+32+33+29+28}{5} = 31\text{MPa}$
>
> • 편차 제곱합 $S = (33-31)^2 + (32-31)^2 + (33-31)^2 + (29-31)^2 + (28-31)^2 = 22\text{MPa}$
>
> • 표준편차 $\sigma = \sqrt{\dfrac{S}{n-1}} = \sqrt{\dfrac{22}{5-1}} = 2.3\text{MPa}$
>
> (2) 변동계수 $= \dfrac{\text{표준편차}}{\text{평균값}} \times 100 = \dfrac{2.3}{31} \times 100 = 7.4\%$

05 그림과 같은 단면에서 설계 휨강도 ϕM_n를 구하시오.(단, $A_s = 1560\text{mm}^2$, $f_{ck} = 21\text{MPa}$, $f_y = 400\text{MPa}$, 인장지배 단면이다.)

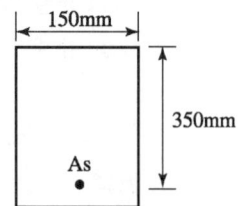

> **풀이**
> • $a = \dfrac{A_s f_y}{\eta(0.85 f_{ck})b} = \dfrac{1{,}560 \times 400}{1.0 \times (0.85 \times 21) \times 150} = 233.05\text{mm}$
>
> • $\phi M_n = \phi A_s f_y \left(d - \dfrac{a}{2}\right) = 0.85 \times 1{,}560 \times 400 \left(350 - \dfrac{233.05}{2}\right)$
> $= 123{,}835{,}140\text{N}\cdot\text{mm} = 123.84\text{kN}\cdot\text{m}$

06 잔골재의 표면수 측정 시험을 한 결과 다음과 같을 때 표면수율을 구하시오.

- 시료의 질량: 500g
- (용기+표시선까지의 물)의 질량: 692g
- (용기+표시선까지의 물+시료)의 질량: 1,000g
- 잔골재의 표건 밀도: 2.62g/cm³

풀이

- 배제된 물의 질량
  $m = m_1 + m_2 - m_3 = 500 + 692 - 1,000 = 192\text{g}$
- $m_s = \dfrac{m_1}{\text{밀도}} = \dfrac{500}{2.62} = 190.84\text{g}$
- 표면수율 $H = \dfrac{m - m_s}{m_1 - m} \times 100 = \dfrac{192 - 190.84}{500 - 192} \times 100 = 0.38\%$

07 아래와 같은 배합설계에 의해 콘크리트 1m³를 배합하는 데 필요한 단위 수량, 단위 잔골재량, 단위 굵은 골재량을 구하시오.(단, 소수 넷째 자리에서 반올림하시오.)

- 물-결합재비: 50%
- 단위 시멘트량: 350kg/m³
- 잔골재 표건 밀도: 2.59g/cm³
- 공기량: 4%
- 잔골재율: 40%
- 굵은 골재 표건 밀도: 2.62g/cm³
- 시멘트 밀도: 3.15g/cm³

(1) 단위 수량:
(2) 단위 잔골재량:
(3) 단위 굵은 골재량:

풀이

(1) 단위 수량 $\dfrac{W}{C} = 0.5 \qquad \therefore W = 0.5 \times 350 = 175\text{kg/m}^3$

(2) 단위 잔골재량
- 골재의 체적: $V = 1 - \left(\dfrac{175}{1 \times 1,000} + \dfrac{350}{3.15 \times 1,000} + \dfrac{4}{100} \right) = 0.674\text{m}^3$
- 단위 잔골재량: $0.674 \times 0.4 \times 2.59 \times 1,000 = 698.264\text{kg/m}^3$

(3) 단위 굵은 골재량 $0.674 \times 0.6 \times 2.62 \times 1,000 = 1,059.528\text{kg/m}^3$

08 시방배합을 현장배합으로 변경할 경우 고려할 조건 3가지를 쓰시오.

> **풀이**
> (1) 현장에서 사용하는 골재의 함수상태
> (2) 잔골재 중에서 5mm 체에 남는 양
> (3) 굵은 골재 중에서 5mm 체에 통과하는 양

09 거푸집 및 동바리의 해체에 대한 사항 중 표 빈칸에 들어갈 알맞은 내용은?

(1) 다음 부재의 거푸집 및 동바리를 떼어내어도 좋은 콘크리트의 압축강도는 얼마인가?

부재	콘크리트 압축강도
확대기초, 보 옆, 기둥, 벽 등의 측면	
슬래브 및 보의 밑면, 아치내면	

(2) 기초, 보 옆, 기둥 및 벽의 측벽의 경우 압축강도시험을 하지 않고 거푸집널을 해체 가능한 재령이 며칠 이상을 경과되어야 하는가?

시멘트의 종류 평균기온	조강 포틀랜드 시멘트	보통 포틀랜드 시멘트 고로 슬래그 시멘트 1종 포틀랜드 포졸란 시멘트 1종 플라이 애시 시멘트 1종	고로 슬래그 시멘트 2종 포틀랜드 포졸란 시멘트 2종 플라이 애시 시멘트 2종
20℃ 이상			

> **풀이**
> (1)
>
> | 부재 | 콘크리트 압축강도 |
> |---|---|
> | 확대기초, 보 옆, 기둥, 벽 등의 측면 | 5MPa 이상 |
> | 슬래브 및 보의 밑면, 아치내면 | 설계기준 압축강도 × $\frac{2}{3}$, 단 14MPa 이상 |
>
> (2)
>
> | 시멘트의 종류
평균기온 | 조강 포틀랜드 시멘트 | 보통 포틀랜드 시멘트
고로 슬래그 시멘트 1종
포틀랜드 포졸란 시멘트 1종
플라이 애시 시멘트 1종 | 고로 슬래그 시멘트 2종
포틀랜드 포졸란 시멘트 2종
플라이 애시 시멘트 2종 |
> |---|---|---|---|
> | 20℃ 이상 | 2일 | 4일 | 5일 |

10 급속 동결 융해 저항성 측정 시 다음 물음에 답하시오.

(1) 동결 융해 1사이클의 원칙적인 온도 범위
(2) 동결 융해 1사이클의 소요시간 범위
(3) 시험이 종료되는 기준에 대해 서술하시오.

(1) 4℃에서 −18℃로 떨어지고 다음에 −18℃에서 4℃로 상승하는 것
(2) 2~4시간
(3) 각 공시체는 특별한 제한이 없는 한 300사이클이 될 때까지 또는 초기의 최초 시험 시에 탄성계수의 60%가 될 때까지 시험을 계속한다.

콘크리트 산업기사 작업형 | 2015년 4월 19일 시행

콘크리트 슬럼프, 공기량 시험(제한시간 1시간 30분, 배점 15점)

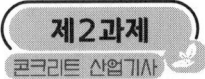

잔골재 밀도, 잔골재 표면수(질량법) 시험(제한시간 1시간 30분, 배점 15점)

슈미트 해머 시험(제한시간 1시간, 배점 10점)

콘크리트 산업기사 필답형 — 2015년 7월 12일 시행

01 블리딩 시험시의 온도는 ((1))±3℃이고, 콘크리트를 용기에 ((2))±0.3cm 높이까지 채운 후 윗면을 고른 후, 처음 60분 ((3))분 간격으로, 그 후엔 ((4))분 간격으로 블리딩이 멈출 때까지 물을 피펫으로 빨아낸다.

> **풀이**
>
> (1) 20 (2) 25 (3) 10 (4) 30

02 다음의 재료를 사용하여 콘크리트 $1m^3$ 배합에 필요한 단위 잔골재량과 단위 굵은 골재량을 구하시오.

- 시멘트: 220kg
- 잔골재율: 34%
- 잔골재 표건 밀도: $2.65g/cm^3$
- 공기량: 2%
- W/C: 55%
- 시멘트 밀도: $3.17g/cm^3$
- 굵은 골재 표건 밀도: $2.7g/cm^3$

(1) 단위 수량:
(2) 단위 잔골량:
(3) 단위 굵은 골재량:

> **풀이**
>
> (1) 단위 수량
>
> $\dfrac{W}{C} = 0.55$ ∴ $W = 220 \times 0.55 = 121 \text{kg}$
>
> (2) 단위 잔골재량
>
> $S = 2.65 \times (0.79 \times 0.34) \times 1{,}000 = 711.79 \text{kg/m}^3$
>
> - 골재의 절대 체적
>
> $V = 1 - \left(\dfrac{121}{1 \times 1{,}000} + \dfrac{220}{3.17 \times 1{,}000} + \dfrac{2}{100}\right) = 0.79 \text{m}^3$
>
> (3) 단위 굵은 골재량
>
> $G = 2.7 \times (0.79 \times 0.66) \times 1{,}000 = 1{,}407.78 \text{kg/m}^3$

03 다음 물음에 답하시오.

(1) 중성화에 대해 정의하시오.
(2) 중성화를 촉진시키는 외부조건 2가지를 쓰시오.
(3) 중성화를 확인할 때 쓰이는 대표적인 시약은?

(1) 콘크리트 중의 수산화칼슘이 공기 중의 탄산가스와 접촉하여 서서히 탄산칼슘으로 변화하여 콘크리트가 알칼리성을 상실하는 것
(2) ① 공기 중 탄산가스의 농도가 높을수록 중성화 속도가 빠르다.
② 온도가 높을수록 중성화 속도가 빠르다.
(3) 1% 페놀프탈레인 용액

04 다음과 같은 조건에서 타설이 끝났을 때 한중 콘크리트의 온도를 구하시오.

- 비볐을 때의 콘크리트 온도: 23℃
- 주위의 기온: 4℃
- 비빈 후부터 타설이 끝났을 때까지의 시간: 1시간 30분

$$T_2 = T_1 - 0.15(T_1 - T_0)t$$
$$= 23 - 0.15(23 - 4) \times 1.5 = 18.73℃$$

05 일반 콘크리트의 배합에서 굵은 골재 최대치수에 대한 물음에 답하시오.

(1) 굵은 골재의 최대치수에 대한 정의를 간단히 쓰시오.
(2) 굵은 골재의 공칭 최대치수에 대한 기준을 [예시]와 같이 2가지만 쓰시오.

[예시] 개별 철근, 다발 철근, 긴장재 또는 덕트 사이 최소 순간격의 3/4을 초과하지 않아야 한다.

(1) 질량비로 90% 이상을 통과시키는 체 중에서 최소치수의 호칭치수
(2) ① 거푸집 양 측면 사이의 최소 거리의 1/5을 초과하지 않아야 한다.
② 슬래브 두께의 1/3을 초과하지 않아야 한다.

06 잔골재 체가름 시험결과 잔류율이 다음과 같을 때 조립률을 구하고 입도를 판정하시오.

체크기(mm)	5	2.5	1.2	0.6	0.3	0.15	pan
잔류율(%)	0	10.46	26.63	29.36	17.17	12.88	3.5

풀이

체크기(mm)	5	2.5	1.2	0.6	0.3	0.15	pan
가적 잔류율(%)	0	10.46	37.09	66.45	83.62	96.5	100

- 조립률(FM) = $\dfrac{10.46+37.09+66.45+83.62+96.5}{100} = 2.94$
- 입도판정: 양호(조립률이 2.0~3.3 범위에 있어 양호하다.)

07 철근 콘크리트 부재 설계에서 강도 감소계수를 사용하는 이유에 대해 3가지를 쓰시오.

풀이

(1) 구조물에서 차지하는 부재의 중요도 등을 반영하기 위해
(2) 재료의 공칭강도와 실제 공칭강도의 차이 때문
(3) 부재의 제작, 시공할 때 설계도와의 차이 때문
(4) 부재 강도의 추정과 해석에 관련된 불확실성 때문

08 콘크리트 구조물의 철근 부식 상황을 파악하는 데 적절한 방법 3가지를 쓰시오.

풀이

(1) 자연전위법   (2) 분극저항법   (3) 전기저항법

09 알칼리 골재 반응의 억제 대책 3가지를 쓰시오.

풀이

(1) 반응성이 없는 골재를 사용한다.
(2) 저알칼리형 시멘트를 사용한다.
(3) 콘크리트 조직을 치밀하게 시공하며 에폭시수지계 라이닝(코팅, 도장) 마감으로 외부로부터 물의 침투를 차단한다.

10 일반 수중 콘크리트의 타설 원칙을 3가지만 쓰시오.

풀이
(1) 시멘트의 유실, 레이턴스의 발생을 방지하기 위해 물막이를 설치하여 물을 정지시킨 정수 중에서 타설한다. 완전히 물막이를 할 수 없을 경우에도 유속은 50mm/s 이하로 한다.
(2) 콘크리트는 수중에 낙하시키지 않는다.
(3) 콘크리트 면을 가능한 한 수평하게 유지하면서 소정의 높이 또는 수면상에 이를 때까지 연속해서 타설한다.
(4) 한 구획의 콘크리트 타설을 완료한 후 레이턴스를 모두 제거하고 다시 타설한다.
(5) 트레미나 콘크리트 펌프를 사용해서 타설한다. 단, 부득이한 경우 및 소규모 공사의 경우에는 밑열림 상자나 밑열림 포대를 사용할 수 있다.
(6) 타설 도중에 가능한 콘크리트가 흐트러지지 않도록 물을 휘젓거나 펌프의 선단 부분을 이동시키지 않아야 하며 콘크리트가 경화될 때까지 물의 유동을 방지한다.

11 폭 $b_w = 300\text{mm}$, 유효깊이 $d = 500\text{mm}$, $A_s = 1,962\text{mm}^2$인 철근 콘크리트 단철근 직사각형 보에서 $f_{ck} = 30\text{MPa}$, $f_y = 400\text{MPa}$일 때 다음 물음에 답하시오.
(1) 콘크리트가 부담할 수 있는 전단강도(V_c)는?
(2) 강도설계법에 의한 보의 설계 휨강도(ϕM_n)는?

풀이
(1) $V_c = \dfrac{1}{6} \lambda \sqrt{f_{ck}} \, b_w d$

$= \dfrac{1}{6} \times 1.0 \times \sqrt{30} \times 300 \times 500 = 136,930\text{N} = 136.92\text{kN}$

(2) • $a = \dfrac{A_s f_y}{\eta(0.85 f_{ck}) b} = \dfrac{1,962 \times 400}{1.0 \times (0.85 \times 30) \times 300} = 102.59\text{mm}$

• $\phi M_n = \phi A_s f_y \left(d - \dfrac{a}{2}\right)$

$= 0.85 \times 1,962 \times 400 \left(500 - \dfrac{102.59}{2}\right) = 299,322,131\text{N} \cdot \text{mm} = 299.32\text{kN} \cdot \text{m}$

여기서, $a = \beta_1 \cdot c$ ∴ $c = \dfrac{a}{\beta_1} = \dfrac{102.59}{0.8} = 128.24\text{mm}$

$\beta_1 = 0.8 \, (f_{ck} \leq 40\text{MPa})$

$\varepsilon_t = 0.0033 \dfrac{d-c}{c} = 0.0033 \dfrac{500 - 128.24}{128.24} = 0.01$

$\varepsilon_t > 0.005$이므로 인장지배 단면으로 $\phi = 0.85$이다.

콘크리트 산업기사 작업형 | 2015년 7월 12일 시행

시멘트 밀도 시험, 배합설계(제한시간 1시간 30분, 배점 15점)

콘크리트 슬럼프, 공기량 시험(제한시간 1시간 30분, 배점 15점)

슈미트 해머 시험(제한시간 1시간, 배점 10점)

콘크리트 산업기사 필답형 — 2015년 10월 4일 시행

01 포장 콘크리트의 배합기준 항목에 대하여 기준을 쓰시오.
(1) 설계기준 휨강도:
(2) 단위 수량:
(3) 굵은 골재 최대치수:
(4) 슬럼프:
(5) 공기량:

(1) 4.5MPa 이상
(2) 150kg/m³ 이하
(3) 40mm 이하
(4) 40mm 이하
(5) 4~6%

02 다음 수중 콘크리트의 물음에 답하시오.
(1) 수중 콘크리트의 배합강도의 기준
(2) 수중 콘크리트의 단위 시멘트량
(3) 수중 콘크리트의 물-결합재비
(4) 수중 불분리성 콘크리트의 타설시 유속
(5) 수중 불분리성 콘크리트의 타설시 수중 낙하 높이
(6) 수중 불분리성 콘크리트의 타설시 수중 유동거리

(1) 소정의 강도, 수중 분리 저항성, 유동성 및 내구성을 시험에 의해 정한다.
(2) 370kg/m³ 이상
(3) 50% 이하
(4) 50mm/sec 정도 이하
(5) 0.5m 이하
(6) 5m 이하

03 급속 동결 융해 저항성 측정 시 다음 물음에 답하시오.

(1) 동결 융해 1사이클의 원칙적인 온도 범위:
(2) 동결 융해 1사이클의 소요시간 범위:

(1) 4℃에서 −18℃로 떨어지고 다음에 −18℃에서 4℃로 상승하는 것
(2) 2~4시간

04 포틀랜드 시멘트에 Na₂O가 0.35%, K₂O가 0.82%일 때 전 알칼리량을 구하시오.

전 알칼리량 = $Na_2O + 0.658K_2O = 0.35 + 0.658 \times 0.82 = 0.89\%$

05 강도 설계법에 의한 계수 전단력 $V_u = 70\text{kN}$, $f_{ck} = 24\text{MPa}$, $\lambda = 1.0$일 때 직사각형 단면을 설계하려고 한다. 다음 물음에 답하시오.

(1) 최소 전단철근 없이 견딜 수 있는 최소 단면적($b_w d$)는 얼마인가?
(2) 전단철근의 최소량을 사용할 경우 필요한 콘크리트의 최소 단면적($b_w d$)은 얼마인가?

(1) $V_u \leq \dfrac{1}{2}\phi V_c = \dfrac{1}{2}\phi\left(\dfrac{1}{6}\lambda\sqrt{f_{ck}}\,b_w d\right)$

$\therefore b_w d \geq \dfrac{2V_u}{\phi\dfrac{1}{6}\lambda\sqrt{f_{ck}}} = \dfrac{2 \times 70{,}000}{0.75 \times \dfrac{1}{6} \times 1.0 \times \sqrt{24}} = 228{,}619\text{mm}^2$

(2) • $\dfrac{1}{2}\phi V_c < V_u \leq \phi V_c$인 경우 최소 전단철근을 배근한다.

• $V_u = \phi V_c = \phi\dfrac{1}{6}\lambda\sqrt{f_{ck}}\,b_w d$

$\therefore b_w d = \dfrac{V_u}{\phi\dfrac{1}{6}\lambda\sqrt{f_{ck}}} = \dfrac{70{,}000}{0.75 \times \dfrac{1}{6} \times 1.0 \times \sqrt{24}} = 114{,}310\text{mm}^2$

06 폭(b) 280mm, 유효깊이(d) 500mm, $f_{ck}=$30MPa, $f_y=$400MPa인 단철근 직사각형 보에 대한 다음 물음에 답하시오.(단, 철근량 $A_s=$2,870mm²이고, 일단으로 배치되어 있다.)

(1) 압축연단에서 중립축까지의 거리 c를 구하시오.

(2) 최외단 인장철근의 순인장 변형률(ε_t)을 구하시오.(단, 소수점 이하 여섯째 자리에서 반올림하시오.)

풀이

(1) • $\beta_1 = 0.8$

• $\eta(0.85\,f_{ck})\,a\,b = A_s\,f_y$

$$\therefore a = \frac{A_s\,f_y}{\eta(0.85\,f_{ck})\,b} = \frac{2{,}870 \times 400}{1.0 \times (0.85 \times 30) \times 280} = 160.8\,\text{mm}$$

• $a = \beta_1\,c$

$$\therefore c = \frac{a}{\beta_1} = \frac{160.8}{0.8} = 201\,\text{mm}$$

(2) $\varepsilon_t = \dfrac{0.0033(d-c)}{c} = \dfrac{0.0033(500-201)}{201} = 0.00491$

07 슬래브와 보를 일체로 친 T형 보의 유효 폭을 결정하는 규정에 (예시)와 같이 답하시오. (단, t_f: 플랜지의 두께, b_w: 복부의 폭)

(1) T형 보   (예시) $16\,t_f + b_w$

①

②

(2) 반 T형 보   (예시) $6\,t_f + b_w$

①

②

풀이

(1) ① 양쪽의 슬래브의 중심간 거리

② 보의 경간의 1/4

(2) ① (보의 경간의 1/12)+b_w

② (인접보와의 내측거리의 1/2)+b_w

08 철근 탐사기를 이용하여 측정할 수 있는 항목 3가지를 서술하시오.

> **풀이**
> (1) 철근의 직경, 길이, 깊이 등의 배근상태
> (2) 구조물 부재의 피복두께
> (3) 실제 배근상태와 설계도면의 일치 여부
> (4) 공동 유무

09 콘크리트를 다지기 할 때 내부 진동기의 사용 방법을 3가지만 서술하시오.(단, 콘크리트 표준시방서를 기준한다.)

> **풀이**
> (1) 진동 다짐을 할 때에는 내부 진동기를 하층 콘크리트 속으로 0.1m 정도 찔러 넣는다.
> (2) 내부 진동기는 연직으로 찔러 넣으며 그 간격은 진동이 유효하다고 인정되는 범위의 지름 이하로서 일정한 간격으로 한다. 삽입 간격은 일반적으로 0.5m 이하로 하는 것이 좋다.
> (3) 1개소 당 진동시간은 다짐할 때 시멘트 페이스트가 표면 상부로 약간 부상하기 까지 한다.
> (4) 내부 진동기는 콘크리트로부터 천천히 빼내어 구멍이 남지 않도록 한다.
> (5) 내부 진동기는 콘크리트를 횡방향으로 이동시킬 목적으로 사용하지 않도록 한다.
> (6) 진동기의 형식, 크기 및 대수는 1회에 다짐하는 콘크리트의 전 용적을 충분히 다지는 데 적합하도록 부재 단면의 두께 및 면적, 1시간당 최대 타설량, 굵은 골재 최대치수, 배합, 특히 잔골재율, 콘크리트의 슬럼프 등을 고려하여 선정한다.

10 양질의 콘크리트를 갖추기 위한 조건을 3가지만 서술하시오.

[예시] 작업에 적합한 소요의 워커빌리티를 가져야 한다.

> **풀이**
> (1) 재료분리 현상이 없어야 한다.
> (2) 작업이 가능한 범위 내에서 물-결합재비를 작게 한다.
> (3) 입도나 입형이 양호한 골재를 사용한다.
> (4) 운반, 타설, 다지기 등의 작업에 알맞은 범위 내에서 가능한 슬럼프는 작게 한다.

콘크리트 산업기사 작업형 | 2015년 10월 4일 시행

제1과제

시멘트 밀도 시험, 배합설계(제한시간 1시간 30분, 배점 15점)

제2과제

콘크리트 슬럼프, 공기량 시험(제한시간 1시간 30분, 배점 15점

제3과제

슈미트 해머 시험(제한시간 1시간, 배점 10점)

콘크리트 산업기사 필답형 — 2016년 4월 17일 시행

01 폭(b) 280mm, 유효깊이(d) 500mm, f_{ck} =30MPa, f_y =400MPa인 단철근 직사각형 보에 대한 다음 물음에 답하시오.(단, 철근량 A_s =2,870mm² 이고, 일단으로 배치되어 있다.)

(1) 압축연단에서 중립축까지의 거리 c를 구하시오.
(2) 최외단 인장철근의 순인장 변형률(ε_t)을 구하시오.(단, 소수점 이하 여섯째 자리에서 반올림하시오.)

풀이

(1) • $\beta_1 = 0.8 \, (f_{ck} \leq 40\text{Mpa})$
  • $\eta(0.85 f_{ck})\, a\, b = A_s f_y$

  $\therefore a = \dfrac{A_s f_y}{\eta(0.85 f_{ck})b} = \dfrac{2{,}870 \times 400}{1.0 \times (0.85 \times 30) \times 280} = 160.8\text{mm}$

  • $a = \beta_1 c$

  $\therefore c = \dfrac{a}{\beta_1} = \dfrac{160.8}{0.8} = 201\text{mm}$

(2) $\varepsilon_t = \dfrac{0.0033(d-c)}{c} = \dfrac{0.0033(500-201)}{201} = 0.00491$

02 굳지 않은 콘크리트의 공기 함유량 시험결과를 보고, 수정계수 결정을 위한 잔골재질량과 굵은 골재량을 구하시오.(단, 골재량은 1m³당 소요량이며, 시험기는 10l 용량을 사용한다.)

잔골재량	굵은 골재량
900kg	1,100kg

• 잔골재량 $F_s = \dfrac{S}{B} \times F_b = \dfrac{10}{1{,}000} \times 900 = 9\text{kg}$

• 굵은 골재량 $C_s = \dfrac{S}{B} \times C_b = \dfrac{10}{1{,}000} \times 1{,}100 = 11\text{kg}$

03 시방배합의 결과 단위 시멘트 320kg, 단위 수량 180kg, 단위 잔골재 800kg, 단위 굵은 골재 1,000kg, 현장에서의 골재입도는 5mm 체에 남는 잔골재량이 4%, 5mm 체를 통과하는 굵은 골재량이 5%였다. 잔골재 및 굵은 골재의 표면수가 4%, 0.8%일 경우 다음 물음에 답하시오.

(1) 단위 잔골재량을 구하시오.
(2) 단위 굵은 골재량을 구하시오.
(3) 단위 수량을 구하시오.

> **풀이**
> (1) • 입도 보정
> $$\frac{100S - b(S+G)}{100 - (a+b)} = \frac{100 \times 800 - 5(800 + 1,000)}{100 - (4+5)} = 780.23 \text{kg}$$
> • 표면수 보정
> $780.23 \times 0.04 = 31.21 \text{kg}$
> ∴ $S = 780.23 + 31.21 = 811.44 \text{kg}$
>
> (2) • 입도 보정
> $$\frac{100G - a(S+G)}{100 - (a+b)} = \frac{100 \times 1,000 - 4(800 + 1,000)}{100 - (4+5)} = 1,019.78 \text{kg}$$
> • 표면수 보정
> $1,019.78 \times 0.008 = 8.16 \text{kg}$
> ∴ $G = 1,019.78 + 8.16 = 1,027.94 \text{kg}$
>
> (3) $180 - 31.21 - 8.16 = 140.63 \text{kg}$

04 철근의 부식 정도를 측정하는 방법 3가지를 쓰시오.

> **풀이**
> (1) 자연 전위법
> (2) 표면 전위차법
> (3) 분극 저항법
> (4) 전기 저항법

05 일반 콘크리트의 배합에서 굵은 골재 최대치수에 대한 물음에 답하시오.

(1) 굵은 골재의 최대치수에 대한 정의를 간단히 쓰시오.

(2) 굵은 골재의 공칭 최대치수에 대한 기준을 [예시]와 같이 2가지만 쓰시오.

> **[예시]** 개별 철근, 다발 철근, 긴장재 또는 덕트 사이 최소 순간격의 3/4을 초과하지 않아야 한다.

(3) 구조물의 종류별 굵은 골재의 최대치수를 쓰시오.

> **[예시]** 무근 콘크리트의 경우
>   40mm 이하, 부재 최소치수의 1/4 이하

- 철근 콘크리트의 경우
  ① 일반적인 경우:
  ② 단면의 큰 경우:

풀이

(1) 질량비로 90% 이상을 통과시키는 체 중에서 최소치수의 호칭치수

(2) ① 거푸집 양 측면 사이의 최소 거리의 1/5을 초과하지 않아야 한다.
    ② 슬래브 두께의 1/3을 초과하지 않아야 한다.

(3) ① 20mm 또는 25mm 이하.
    ② 40mm 이하

06 골재의 체가름 시험 방법에 관한 다음 물음에 답하시오.

(1) 굵은 골재의 체가름 시 최소건조질량 기준을 쓰시오.

(2) 잔골재의 체가름 시 최소건조질량 기준을 쓰시오.

(3) 구조용 경량골재의 체가름 시 최소건조질량 기준을 쓰시오.

풀이

(1) 골재 최대치수(mm)의 0.2배를 kg으로 표시한 양으로 한다.

(2) ① 1.2mm 체를 95%(질량비) 이상 통과하는 것에 대한 최소건조질량은 100g이다.
    ② 1.2mm 체에 5%(질량비) 이상 남는 것에 대한 최소건조질량은 500g이다.

(3) 위 굵은 골재 및 잔골재의 최소건조질량의 1/2이다.

07 체가름 시험을 한 결과가 다음 표와 같을 때 조립률을 구하시오.

체(mm)	남은 양(g)	잔유율(%)	가적 잔유율(%)
2.5	67.9		
1.2	99.2		
0.6	148.8		
0.3	242.8		
0.15	94.1		
합계	652.8		

체(mm)	남은 양(g)	잔유율(%)	가적 잔유율(%)
2.5	67.9	67.9/652.8×100 = 10.4	10.4
1.2	99.2	99.2/652.8×100 = 15.2	10.4 + 15.2 = 25.6
0.6	148.8	148.8/652.8×100 = 22.8	25.6 + 22.8 = 48.4
0.3	242.8	242.8/652.8×100 = 37.2	48.4 + 37.2 = 85.6
0.15	94.1	94.1/652.8×100 = 14.4	85.6 + 14.4 = 100
합계	652.8		

$$\therefore FM = \frac{10.4 + 25.6 + 48.4 + 85.6 + 100}{100} = 2.70$$

08 콘크리트 구조물의 보강공법 종류 4가지를 쓰시오.

(1) 단면증설보강공법　　(2) 강판접착보강공법　　(3) 섬유보강공법
(4) 프리스트레스공법　　(5) 강판라이닝공법　　(6) 강재 Anchor공법

09 콘크리트의 염해 영향 2가지를 쓰시오.

(1) 균열, 박리, 박락　　　　　　(2) 녹물, 변색
(3) 처짐, 변위로 내하력의 저하(구조물의 성능 저하)

10 다음 그림과 같은 슬래브의 유효 폭을 구하시오.

(1) 경간이 9m인 반 T형 단면의 경우

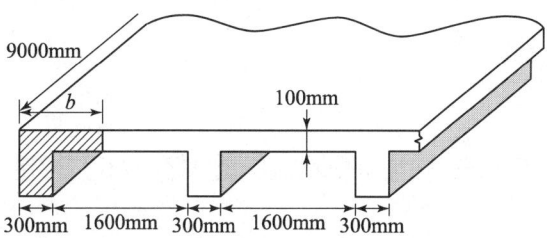

(2) 지간이 6,700mm인 T형 단면의 경우

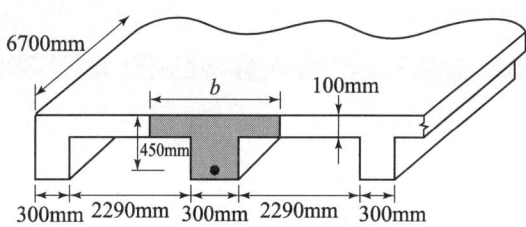

풀이

(1) • $6t + b_w = 6 \times 100 + 300 = 900$mm

• $\left(\text{보 경간의 } \dfrac{1}{12}\right) + b_w = \left(\dfrac{9,000}{12}\right) + 300 = 1,050$mm

• 인접보와의 내측 거리의 $\dfrac{1}{2} + b_w = \dfrac{1,600}{2} + 300 = 1,100$mm

∴ 유효 폭은 위의 세 가지 값 중 가장 작은 값인 900mm이다.

(2) • $16t + b_w = 16 \times 100 + 300 = 1,900$mm

• 양쪽 슬래브 중심간 거리 $= \dfrac{2,290}{2} + 300 + \dfrac{2,290}{2} = 2,590$mm

• 보 경간의 $\dfrac{1}{4} = 6,700 \times \dfrac{1}{4} = 1,675$mm

∴ 가장 작은 값인 1,675mm를 유효 폭으로 한다.

콘크리트 산업기사 작업형 | 2016년 4월 17일 시행

시멘트 밀도 시험, 배합설계(제한시간 1시간 30분, 배점 15점)

콘크리트 슬럼프, 공기량 시험(제한시간 1시간 30분, 배점 15점)

슈미트 해머 시험(제한시간 1시간, 배점 10점)

콘크리트 산업기사 필답형 2016년 6월 26일 시행

01 콘크리트의 중성화를 촉진하는 외부 환경조건을 2가지만 쓰시오.

(1) 공기 중의 탄산가스의 농도가 높을수록 중성화 속도가 빨라진다.
(2) 콘크리트 주변(외기) 온도가 높을수록 중성화 속도는 빨라진다.

02 공장제품의 콘크리트 경화나 강도 발현을 촉진시키기 위한 양생 방법 4가지를 쓰시오.

(1) 증기 양생 (2) 오토클레이브 양생 (3) 온수 양생
(4) 전기 양생 (5) 적외선 양생 (6) 고주파 양생

03 폭(b) 280mm, 유효깊이(d) 500mm, f_{ck} =30MPa, f_y =400MPa인 단철근 직사각형 보에 대한 다음 물음에 답하시오.(단, 철근량 A_s =2,870mm²이고, 일단으로 배치되어 있다.)

(1) 압축연단에서 중립축까지의 거리 c를 구하시오.
(2) 최외단 인장철근의 순인장 변형률(ε_t)을 구하시오.(단, 소수점 이하 여섯째 자리에서 반올림하시오.)

(1) • $\beta_1 = 0.8$
   • $\eta(0.85 f_{ck})\, a\, b = A_s\, f_y$

   $$\therefore a = \frac{A_s f_y}{\eta(0.85 f_{ck})\, b} = \frac{2{,}870 \times 400}{1.0 \times (0.85 \times 30) \times 280} = 160.8\text{mm}$$

   • $a = \beta_1 c$

   $$\therefore c = \frac{a}{\beta_1} = \frac{160.8}{0.8} = 201\text{mm}$$

(2) $\varepsilon_t = \dfrac{0.0033(d-c)}{c} = \dfrac{0.0033(500-201)}{201} = 0.00491$

04 굳지 않은 콘크리트의 공기 함유량 시험결과를 보고, 수정계수 결정을 위한 잔골재 질량을 구하시오.(단, 골재량은 1m³당 소요량이며, 시험기는 6ℓ 용량을 사용한다.)

잔골재량	굵은 골재량
912kg	1,120kg

풀이

잔골재량 $F_s = \dfrac{S}{B} \times F_b = \dfrac{6}{1,000} \times 912 = 5.47\text{kg}$

05 다음은 철근 콘크리트 구조물의 설계에 관련된 사항이다. 물음에 답하시오.
(1) 구조물 설계 시 하중계수, 하중조합을 고려하여 설계하는 이유 3가지를 쓰시오.
(2) 강도감소계수(ϕ)를 사용하는 이유 3가지를 쓰시오.
(3) 다음의 부재별 강도감소계수(ϕ)를 쓰시오.
  ① 인장지배 단면:
  ② 나선철근으로 보강된 압축지배 단면:
  ③ 전단력과 비틀림 모멘트:
  ④ 무근 콘크리트의 휨 모멘트, 압축력, 전단력, 지압력:

풀이

(1) ① 극한 상태에 대한 극한 외력으로서 구조물이나 구조부재에 작용할 수 있는 가장 불리한 조건을 고려하기 위함이다.
  ② 해당 구조물에 작용하는 최대 소요강도에 대하여 만족하도록 설계하기 위함이다.
  ③ 구조부재는 사용하중에 대하여 충분히 기능을 확보할 수 있게 하기 위함이다.
(2) ① 재료의 공칭강도와 실제 강도와의 차이 때문
  ② 부재를 제작 또는 시공할 때 설계도와의 차이 때문
  ③ 부재강도의 추정과 해석에 관련된 불확실성 때문
  ④ 구조물에서 차지하는 부재의 중요도 등을 반영하기 위해서
(3) ① 0.85
  ② 0.70
  ③ 0.75
  ④ 0.55

06 시방 배합 결과 물 150kg/m³, 시멘트 300kg/m³, 잔골재 700kg/m³, 굵은 골재 1,200kg/m³을 얻었다. 현장에서의 골재의 입도는 5mm 체에 남는 잔골재량이 3.5%, 5mm 체를 통과하는 굵은 골재량이 6.5%였다. 잔골재 및 굵은 골재의 표면수가 각각 2%와 1%일 경우 현장 배합상의 단위 잔골재량, 단위 굵은 골재량, 단위 수량을 구하시오.

(1) 입도 보정
- 단위 잔골재량

$$= \frac{100S - b(S+G)}{100 - (a+b)} = \frac{100 \times 700 - 6.5(700 + 1,200)}{100 - (3.5 + 6.5)} = 640.56 \text{kg/m}^3$$

- 단위 굵은 골재량

$$= \frac{100G - a(S+G)}{100 - (a+b)} = \frac{100 \times 1,200 - 3.5(700 + 1,200)}{100 - (3.5 + 6.5)} = 1,259.44 \text{kg/m}^3$$

(2) 표면수 보정
- 단위 잔골재량 $= 640.56 + (640.56 \times 0.02) = 653.37 \text{kg/m}^3$
- 단위 굵은 골재량 $= 1,259.44 + (1,259.44 \times 0.01) = 1,272.03 \text{kg/m}^3$
- 단위 수량 $= 150 - (640.56 \times 0.02 + 1,259.44 \times 0.01) = 124.59 \text{kg/m}^3$

07 알칼리 골재 반응의 종류를 2가지만 쓰시오.

(1) 알칼리-실리카 반응   (2) 알칼리-탄산염 반응   (3) 알칼리-실리케이트 반응

08 다음은 매스 콘크리트에 대한 내용이다. 물음에 답하시오.

(1) 매스 콘크리트의 정의를 쓰시오.
(2) 매스 콘크리트로 다루어야 하는 구조물의 부재치수를 쓰시오.
  ① 넓이가 넓은 평판구조의 경우:
  ② 하단이 구속된 벽조의 경우:

(1) 부재 혹은 구조물의 치수가 커서 시멘트의 수화열에 의한 온도 상승 및 강하를 고려하여 설계, 시공해야 하는 콘크리트
(2) ① 0.8m 이상   ② 0.5m 이상

09 포틀랜드 시멘트의 종류 5가지를 쓰시오.

> 풀이
> (1) 보통 포틀랜드 시멘트
> (2) 중용열 포틀랜드 시멘트
> (3) 조강 포틀랜드 시멘트
> (4) 저열 포틀랜드 시멘트
> (5) 내황산염 포틀랜드 시멘트

10 다음은 비파괴 시험에 대한 내용이다. 물음에 답하시오.
(1) 철근 위치와 피복 두께 측정을 위한 철근 탐지기의 사용 측정원리 2가지를 쓰시오.
(2) 콘크리트 반발경도법에 사용되는 종류 3가지를 쓰시오.
(3) 초음파 전달 비파괴검사법 중 콘크리트 균열 깊이 측정에 이용되는 방법 2가지를 쓰시오.

> 풀이
> (1) ① 전자파 레이더법
>   ② 전자기장 유도법
> (2) ① 슈미트 해머법
>   ② 낙하식 해머법
>   ③ 스프링식 해머법
>   ④ 회전식 해머법
> (3) ① T형
>   ② $T_c - T_o$
>   ③ BS법
>   ④ 레슬리법
>   ⑤ 위상변화를 이용하는 방법
>   ⑥ SH파를 이용하는 방법

콘크리트 산업기사 작업형 | 2016년 6월 26일 시행

시멘트 밀도 시험, 배합설계(제한시간 1시간 30분, 배점 15점)

콘크리트 슬럼프, 공기량 시험(제한시간 1시간 30분, 배점 15점)

슈미트 해머 시험(제한시간 1시간, 배점 10점)

콘크리트 산업기사 필답형 | 2016년 10월 9일 시행

01 단철근 직사각형 보의 $f_{ck}=35\text{MPa}$, $f_y=300\text{MPa}$일 때 강도설계법에 의한 균형 철근비를 구하시오.(단, 소수 넷째 자리에서 반올림하시오.)

풀이

$$\rho_b = \eta(0.85 f_{ck})\frac{\beta_1}{f_y} \cdot \frac{660}{600+f_y}$$
$$= 1.0(0.85 \times 35)\frac{0.8}{300} \times \frac{660}{660+f_y} = 0.054\text{mm}$$

여기서, $f_{ck} \leq 40\text{MPa}$이므로 $\eta = 1.0$, $\beta_1 = 0.8$이다.

02 물의 온도가 20°C일 때 굵은 골재의 밀도 및 흡수율 시험 결과 다음과 같다. 각각의 밀도를 구하시오.(단, 소수 셋째 자리에서 반올림하시오.)

- 절대건조 상태 질량: 989.5g
- 골재의 수중 질량: 615.4g
- 표면건조 포화 상태 질량: 1,000g
- 물의 밀도(ρ_w): 0.9970g/cm³

(1) 표면건조 포화 상태 밀도:
(2) 절대건조 밀도:
(3) 겉보기 밀도:
(4) 흡수율:

풀이

(1) $\dfrac{B}{B-C} \times \rho_w = \dfrac{1,000}{1,000-615.4} \times 0.9970 = 2.59\text{g/cm}^3$

(2) $\dfrac{A}{B-C} \times \rho_w = \dfrac{989.5}{1,000-615.4} \times 0.9970 = 2.57\text{g/cm}^3$

(3) $\dfrac{A}{A-C} \times \rho_w = \dfrac{989.5}{989.5-615.4} \times 0.9970 = 2.64\text{g/cm}^3$

(4) $\dfrac{B-A}{A} \times 100 = \dfrac{1,000-989.5}{989.5} \times 100 = 1.06\%$

03 골재의 조립률 계산에 사용되는 표준체 10개를 큰 순서대로 나열하시오.

> **풀이**
> 75mm, 40mm, 20mm, 10mm, 5mm, 2.5mm, 1.2mm, 0.6mm, 0.3mm, 0.15mm

04 굳지 않은 콘크리트의 침하수축균열의 정의 및 방지대책을 쓰시오.

> **풀이**
> (1) 침하수축균열의 정의
>   콘크리트 타설 후 콘크리트의 표면 가까이에 있는 철근, 매설물 또는 입자가 큰 골재 등이 콘크리트의 침하를 국부적으로 방해하기 때문에 일어난다.
> (2) 방지대책
>   ① 블리딩을 작게 한다.
>   ② 침하의 종료 단계에서 다시 표면의 마무리를 하여 메꿔 준다.
>   ③ 충분한 다짐
>   ④ 슬럼프의 최소화(또는 단위 수량을 가능한 적게 한다.)
>   ⑤ 거푸집의 정확한 설계
>   ⑥ 콘크리트의 피복 두께 증가
>   ⑦ 기둥과 슬래브 및 보의 콘크리트 치기 시 충분한 시간 간격 유지
>   ⑧ 타설 속도를 늦게 하고 1회 타설 높이를 낮게 한다.

05 철근 탐사기를 이용하여 알 수 있는 것을 두 가지만 쓰시오.

> **풀이**
> (1) 철근의 배근 상태(철근의 위치, 방향, 피복 두께 등)
> (2) 철근의 간격 및 직경
> (3) 구조물 부재의 피복 두께
> (4) 실제 배근상태와 설계 도면의 일치 여부
> (5) 공동 여부

06 다음 그림과 같은 보의 경간이 5,000mm인 대칭 T형 보에 대한 물음에 답하시오.(단, $f_{ck} = 21\text{MPa}$, $f_y = 300\text{MPa}$, $A_s = 4,000\text{mm}^2$)

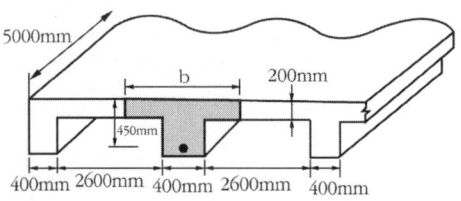

(1) 유효 폭(b)을 구하시오.
(2) 중립축 위치(c)를 구하시오.
(3) 설계 휨강도를 구하시오.

풀이

(1) ① $16t + b_w = 16 \times 200 + 400 = 3,600\text{mm}$

　　② 양쪽 슬래브의 중심간 거리 $= \dfrac{2,600}{2} + 400 + \dfrac{2,600}{2} = 3,000\text{mm}$

　　③ 보 경간의 $\dfrac{1}{4} = 5,000 \times \dfrac{1}{4} = 1,250\text{mm}$

　　∴ 가장 작은 값인 1,250mm가 유효 폭이다.

(2) • $a = \dfrac{A_s f_y}{\eta(0.85 f_{ck})b} = \dfrac{4,000 \times 300}{1.0 \times (0.85 \times 21) \times 1,250} = 53.78\text{mm}$

　　• $c = \dfrac{a}{\beta_1} = \dfrac{53.78}{0.8} = 67.23\text{mm}$

　　여기서, $f_{ck} \leq 40\text{MPa}$이므로 $\beta_1 = 0.8$이다.

(3) $a < t$이므로 직사각형 보로 해석한다.

$$\phi M_n = \phi A_s f_y \left(d - \dfrac{a}{2}\right)$$

$$= 0.85 \times 4,000 \times 300 \left(450 - \dfrac{53.78}{2}\right)$$

$$= 431,572,200\text{N} \cdot \text{mm} = 431.57\text{kN} \cdot \text{m}$$

여기서, $\varepsilon_t = 0.0033 \dfrac{d-c}{c} = 0.0033 \dfrac{450 - 67.23}{67.23} = 0.018$

$\varepsilon_t > 0.005$이므로 인장지배 단면으로 $\phi = 0.85$이다.

07 다음의 조건일 때 콘크리트의 배합강도를 구하시오.

(1) 콘크리트 호칭강도가 40MPa, 16회의 콘크리트 압축강도 시험으로 구한 표준편차 4.5MPa일 때
(2) 콘크리트 호칭강도가 24MPa, 압축강도 시험횟수가 15회, 표준편차가 2.4MPa일 때
(3) 콘크리트 압축강도의 표준편차를 알지 못했을 때 콘크리트의 배합강도를 구하시오.
　① 호칭강도 50MPa인 경우
　② 호칭강도 18MPa인 경우
　③ 호칭강도 30MPa인 경우

풀이

(1) • 표준편차 보정계수 적용(직선보간한 표준편차)
　　　$4.5 \times 1.144 = 5.148$MPa
　　　여기서, 시험횟수 15~20회 사이의 직선보간한 보정 계숫값은 16회 때 1.144, 17회 때 1.128, 18회 때 1.112, 19회 때 1.096이 된다.
　• 콘크리트 배합강도
　　$f_{cn} > 35$MPa에 해당하므로
　　$f_{cr} = f_{cn} + 1.34S = 40 + 1.34 \times 5.148 = 46.9$MPa
　　$f_{cr} = 0.9f_{cn} + 2.33S = 0.9 \times 40 + 2.33 \times 5.148 = 48.0$MPa
　　∴ 큰 값인 48.0MPa

(2) • 표준편차 보정
　　$S = 2.4 \times 1.16 = 2.784$MPa
　• 콘크리트 배합강도
　　$f_{cn} \leq 35$MPa에 해당하므로
　　$f_{cr} = f_{cn} + 1.34s = 24 + 1.34 \times 2.784 = 27.73$MPa
　　$f_{cr} = (f_{cn} - 3.5) + 2.33s = (24 - 3.5) + 2.33 \times 2.784 = 26.99$MPa
　　∴ 두 값 중 큰 값인 27.73MPa이다.

(3) ① $f_{cr} = 1.1f_{cn} + 5.0 = 1.1 \times 50 + 5.0 = 60$MPa
　② $f_{cr} = f_{cn} + 7 = 18 + 7 = 25$MPa
　③ $f_{cr} = f_{cn} + 8.5 = 30 + 8.5 = 38.5$MPa

08 지름이 150mm, 길이가 300mm인 공시체를 사용하여 콘크리트 인장강도 시험을 한 결과 최대 파괴하중이 250kN이었다. 인장강도를 구하시오.(소수 셋째 자리에서 반올림)

풀이

$$인장강도 = \frac{2 \cdot P}{\pi \cdot d \cdot l} = \frac{2 \times 250,000}{3.14 \times 150 \times 300} = 3.536 \text{N/mm}^2 = 3.54 \text{MPa}$$

09 매스 콘크리트의 온도 균열 발생 여부에 따른 검토는 온도 균열 지수에 의해 평가된다. 다음의 물음에 답하시오.

(1) 온도 균열 지수의 정밀식을 쓰시오.
(2) 온도 균열 지수 범위에 따른 균열정도
　① 균열 발생을 방지하여야 할 경우:
　② 균열 발생을 제한할 경우:
　③ 유해한 균열 발생을 제한할 경우:

풀이

(1) 온도 균열 지수 $I_{cr}(t) = \dfrac{f_{sp}(t)}{f_t(t)}$

여기서 $f_t(t)$: 재령 t일에서의 수화열에 의하여 생긴 부재 내부의 온도응력 최댓값 (MPa)

$f_{sp}(t)$: 재령 t일에서의 콘크리트 인장강도로서, 재령 및 양생온도를 고려하여 구함(MPa)

(2) ① 1.5 이상
　② 1.2~1.5
　③ 0.7~1.2

콘크리트 산업기사 작업형 | 2016년 10월 9일 시행

시멘트 밀도 시험, 배합설계(제한시간 1시간 30분, 배점 15점)

콘크리트 슬럼프, 공기량 시험(제한시간 1시간 30분, 배점 15점)

슈미트 해머 시험(제한시간 1시간, 배점 10점)

콘크리트 산업기사 필답형 | 2017년 4월 16일 시행

01 시방배합의 결과 단위 시멘트 320kg, 단위 수량 181kg, 단위 잔골재 705kg, 단위 굵은 골재 1,107kg을 얻었다. 현장에서 잔골재 속의 5mm 체에 남는 양이 2%, 굵은 골재 속의 5mm 체를 통과하는 양이 4%였다. 잔골재 및 굵은 골재의 표면수가 2.5%와 1%일 경우 다음 물음에 답하시오.

(1) 단위 잔골재량을 구하시오.
(2) 단위 굵은 골재량을 구하시오.
(3) 단위 수량을 구하시오.

풀이

(1) • 입도 보정

$$\frac{100S - b(S+G)}{100 - (a+b)} = \frac{100 \times 705 - 4(705 + 1,107)}{100 - (2+4)} = 673\text{kg}$$

• 표면수 보정

$673 \times 0.025 = 16.8\text{kg}$

∴ $S = 673 + 16.8 = 689.8\text{kg}$

(2) • 입도 보정

$$\frac{100G - a(S+G)}{100 - (a+b)} = \frac{100 \times 1,107 - 2(705 + 1,107)}{100 - (2+4)} = 1,139.1\text{kg}$$

• 표면수 보정

$1,139.1 \times 0.01 = 11.4\text{kg}$

∴ $G = 1,139.1 + 11.4 = 1,150.5\text{kg}$

(3) $181 - 16.8 - 11.4 = 152.8\text{kg}$

02 시멘트 성분 중 클링커 조성광물 4가지를 쓰시오.

풀이

(1) 규산 3석회(C_3S)
(2) 규산 2석회(C_2S)
(3) 알루민산 3석회(C_3A)
(4) 알루민산철 4석회(C_4AF)

03 $V_u = 60kN$일 때 전단철근의 보강 없이 콘크리트만으로 지지하고자 할 때 최소 유효깊이는 얼마인가? (단, $b = 400mm$, $f_{ck} = 21MPa$, $f_y = 400MPa$, $\lambda = 1.0$)

 풀이

$$V_u \leq \frac{1}{2}\phi V_c$$

$$V_u \leq \frac{1}{2}\phi \frac{1}{6}\lambda \sqrt{f_{ck}}\, b\, d$$

$$60,000 = \frac{1}{2} \times 0.75 \times \frac{1}{6} \times 1.0 \times \sqrt{21} \times 400 \times d$$

$$\therefore d = 523.72\text{mm}$$

04 고유동 콘크리트에 대한 내용이다. 물음에 답하시오.

(1) 정의를 간단히 쓰시오.

(2) 재료 분리 저항성 2가지를 쓰시오.

풀이

(1) 굳지 않은 상태에서 재료 분리 없이 높은 유동성을 가지면서 다짐 작업 없이 자기 충전성이 가능한 콘크리트

(2) ① 슬럼프 플로시험 후 콘크리트 중앙부에는 굵은 골재가 모여 있지 않고 주변부에는 페이스트가 분리되지 않아야 한다.
　　② 슬럼프 플로 500mm 도달시간 3~20초 범위를 만족하여야 한다.

05 콘크리트의 알칼리 골재 반응을 검사하였다. 물음에 답하시오.

(1) Na_2O는 0.43%, K_2O는 0.4%일 때 전 알칼리량을 구하시오.

(2) 알칼리 골재 반응의 종류 2가지를 쓰시오.

 풀이

(1) 전알칼리량 $= Na_2O + 0.658 \times K_2O = 0.43 + 0.658 \times 0.4 = 0.69\%$

(2) • 알칼리-실리카반응
　　• 알칼리-실리케이트반응
　　• 알칼리-탄산염반응

06 $b=300$mm, $d=550$mm, $d'=50$mm, $A_s=4,950$mm², $A_s'=1,764$mm² 인 복철근 직사각형 보에 대한 다음 물음에 답하시오.(단, 압축철근이 항복하는 경우로 $f_{ck}=21$MPa, $f_y=400$MPa임)

(1) 복철근보를 설계할 경우 효과 2가지를 쓰시오.
(2) 중립축까지 거리 c값은?
(3) 설계 휨강도(ϕM_n)는?

풀이

(1) ① 단면의 크기가 제한을 받아 단철근보로서는 휨 모멘트를 견딜 수 없는 경우
   ② 정(+), 부(−)의 모멘트를 교대로 받는 부재
   ③ 부재의 처짐을 극소화시켜야 할 경우
   ④ 연성을 극대화시키기 위한 경우

(2) • $a = \dfrac{(A_s - A_s')f_y}{\eta(0.85 f_{ck})b} = \dfrac{(4,950 - 1,764) \times 400}{1.0(0.85 \times 21) \times 300} = 238$mm

   • $a = \beta_1 \cdot c$

   $\therefore c = \dfrac{a}{\beta_1} = \dfrac{238}{0.8} = 297.5$mm

(3) • $\varepsilon_t = 0.0033 \times \dfrac{d-c}{c} = 0.0033 \times \dfrac{550 - 297.5}{297.5} = 0.0028$

   $0.002 < \varepsilon_t < 0.005$이므로

   $\phi = 0.65 + (\varepsilon_t - 0.002)\dfrac{200}{3} = 0.65 + (0.0028 - 0.002) \times \dfrac{200}{3} = 0.703$

   • $\phi M_n = \phi\left\{(A_s - A_s')f_y\left(d - \dfrac{a}{2}\right) + A_s'f_y(d - d')\right\}$

   $= 0.703\left\{(4,950 - 1,764) \times 400 \times \left(550 - \dfrac{238}{2}\right) + 1,764 \times 400 \times (550 - 50)\right\}$

   $= 633,704,728$N·mm $= 633.7$kN·m

07 콘크리트용 모래에 포함되어 있는 유기불순물 시험과 관련된 다음 물음을 답하시오.
(1) 식별용 표준색 용액 제조 방법을 설명하시오.
(2) 유기물이 함유된 모래를 사용하면 콘크리트에 어떤 영향을 미치는가?
(3) 적정성 여부 판별법을 설명하시오.

(1) 10%의 알코올 용액으로 2% 탄닌산 용액을 만들고 그 2.5ml를 3%의 수산화나트륨 용액 97.5ml에 가하여 유리병에 넣어 마개를 닫고 잘 흔든다.
(2) 콘크리트의 경화에 영향을 끼치며 콘크리트의 강도, 내구성 및 안정을 해친다.
(3) 시료를 시험용 무색 투명 유리병에 130ml까지 채우고 여기에 3% 수산화나트륨 용액을 가하여 시료와 용액의 전량이 200ml가 되게 하여 마개를 닫고 잘 흔든 후 24시간 동안 정치한 다음 24시간 동안 정치해 둔 표준색 용액보다 잔골재 상부의 용액 색이 연하면 사용 가능하다.

08 콘크리트 타설 시 허용 이어치기 시간 규정에 대한 물음에 답하시오.
(1) 외 기온이 25℃ 초과하는 경우 허용시간은?
(2) 외 기온이 25℃ 이하의 경우 허용시간은?
(3) 허용 이어치기 시간 간격의 정의를 쓰시오.

(1) 2시간
(2) 2.5시간
(3) 콘크리트 비비기 시작에서부터 하층 콘크리트 타설 완료한 후 정치시간을 포함하여 상층 콘크리트가 타설되기까지의 시간이다.

09 동해를 받은 콘크리트 구조물의 손상 4가지를 쓰시오.

(1) 미세균열   (2) 표면 박리
(3) 팝아웃   (4) 부재의 처짐 및 변형

10 레디믹스트 콘크리트(KS F 4009) 제조 시 다음 재료의 종류별 측정 단위와 1회분 계량의 한계오차를 쓰시오.

재료의 종류	측정 단위	1회 계량오차
시멘트		
물		
골재		
혼화재		
혼화제		

풀이

재료의 종류	측정 단위	1회 계량오차
시멘트	질량	-1%, +2%
물	질량 또는 부피	-2%, +1%
골재	질량	±3% 이내
혼화재	질량	±2% 이내
혼화제	질량 또는 부피	±3% 이내

11 체가름 시험을 한 결과가 다음 표와 같을 때 조립률을 구하시오.

체(mm)	남은 양(g)	잔유율(%)	가적 잔유율(%)
2.5	67.9		
1.2	99.2		
0.6	148.8		
0.3	242.8		
0.15	94.1		
합계	652.8		

풀이

체(mm)	남은 양(g)	잔유율(%)	가적 잔유율(%)
2.5	67.9	67.9/652.8×100 = 10.4	10.4
1.2	99.2	99.2/652.8×100 = 15.2	10.4 + 15.2 = 25.6
0.6	148.8	148.8/652.8×100 = 22.8	25.6 + 22.8 = 48.4
0.3	242.8	242.8/652.8×100 = 37.2	48.4 + 37.2 = 85.6
0.15	94.1	94.1/652.8×100 = 14.4	85.6 + 14.4 = 100
합계	652.8		

$$\therefore \text{FM} = \frac{10.4 + 25.6 + 48.4 + 85.6 + 100}{100} = 2.70$$

콘크리트 산업기사 작업형 | 2017년 4월 16일 시행

시멘트 밀도 시험, 배합설계(제한시간 1시간 30분, 배점 15점)

콘크리트 슬럼프, 공기량 시험(제한시간 1시간 30분, 배점 15점)

슈미트 해머 시험(제한시간 1시간, 배점 10점)

콘크리트 산업기사 필답형 | 2017년 6월 25일 시행

01 다음 그림을 보고 ( ) 안의 적당한 용어를 쓰시오.

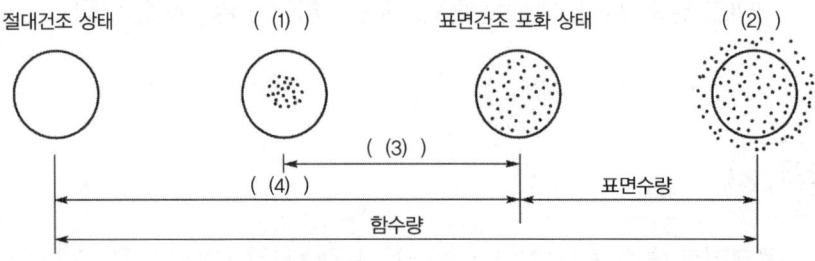

풀이
(1) 공기 중 건조 상태 (2) 습윤 상태
(3) 유효흡수량 (4) 흡수량

02 물의 온도가 20℃일 때 굵은 골재의 밀도 및 흡수율 시험 결과 다음과 같다. 각각의 밀도를 구하시오.(단, 소수 셋째 자리에서 반올림하시오.)

- 절대건조 상태 질량: 989.5g
- 골재의 수중 질량: 615.4g
- 표면건조 포화 상태 질량: 1,000g
- 물의 밀도(ρ_w): 0.9970g/cm³

(1) 표면건조 포화 상태 밀도:
(2) 절대건조 밀도:
(3) 겉보기 밀도:
(4) 흡수율:

풀이

(1) $\dfrac{B}{B-C} \times \rho_w = \dfrac{1,000}{1,000-615.4} \times 0.9970 = 2.59 \text{g/cm}^3$

(2) $\dfrac{A}{B-C} \times \rho_w = \dfrac{989.5}{1,000-615.4} \times 0.9970 = 2.57 \text{g/cm}^3$

(3) $\dfrac{A}{A-C} \times \rho_w = \dfrac{989.5}{989.5-615.4} \times 0.9970 = 2.64 \text{g/cm}^3$

(4) $\dfrac{B-A}{A} \times 100 = \dfrac{1,000-989.5}{989.5} \times 100 = 1.06\%$

03 굳지 않은 콘크리트의 염화물 함유량 측정 방법을 2가지만 쓰시오.

> **풀이**
> (1) 질산은 적정법
> (2) 전위차 적정법
> (3) 이온 전극법(이온 크로마토그래피법)
> (4) 흡광 광도법

04 콘크리트 압축강도 측정치를 보고 다음 물음에 답하시오.

▼ 콘크리트 압축강도 측정치(MPa)

23.5	33	35	28	26	27	32	28.5
29	26.5	23	33	29	26.5	35	39

(1) 시험은 16회 실시하였다. 표준편차를 구하시오.
(2) 호칭강도가 45MPa일 때 배합강도를 구하시오.(단, 표준편차의 보정계수는 시험횟수 15회 때 1.16, 20회 때 1.08, 25회 때 1.03, 30회 이상일 때 1.0이다.)

> **풀이**
> (1) • 콘크리트 압축강도 측정치 합계 $\sum x = 474$MPa
> • 콘크리트 압축강도 평균값 $\bar{x} = \dfrac{474}{16} = 29.63$MPa
> • 편차 제곱 합
> $S = (23.5 - 29.63)^2 + (33 - 29.63)^2 + (35 - 29.63)^2 + (28 - 29.63)^2$
> $\quad + (26 - 29.63)^2 + (27 - 29.63)^2 + (32 - 29.63)^2 + (28.5 - 29.63)^2$
> $\quad + (29 - 29.63)^2 + (26.5 - 29.63)^2 + (23 - 29.63)^2 + (33 - 29.63)^2$
> $\quad + (29 - 29.63)^2 + (26.5 - 29.63)^2 + (35 - 29.63)^2 + (39 - 29.63)^2$
> $\quad = 299.74$MPa
> • 표준편차 $\sqrt{\dfrac{S}{n-1}} = \sqrt{\dfrac{299.74}{16-1}} = 4.47$MPa
> • 직선 보간한 표준편차 $4.47 \times 1.144 = 5.11$MPa
> (2) • $f_{cr} = f_{cn} + 1.34s = 45 + 1.34 \times 5.11 = 51.85$MPa
> • $f_{cr} = 0.9 f_{cn} + 2.33s = 0.9 \times 45 + 2.33 \times 5.11 = 52.41$MPa
> ∴ 두 식 중 큰 값 52.41MPa

05 시방 배합 결과 물 150kg/m³, 시멘트 300kg/m³, 잔골재 700kg/m³, 굵은 골재 1,200kg/m³을 얻었다. 현장에서의 골재의 입도는 5mm 체에 남는 잔골재량이 3.5%, 5mm 체를 통과하는 굵은 골재량이 6.5%였다. 잔골재 및 굵은 골재의 표면수가 각각 2%와 1%일 경우 현장 배합상의 단위 잔골재량, 단위 굵은 골재량, 단위 수량을 구하시오.

풀이

(1) 입도 보정
- 단위 잔골재량
$$= \frac{100S - b(S+G)}{100 - (a+b)} = \frac{100 \times 700 - 6.5(700+1,200)}{100 - (3.5+6.5)} = 640.56 \text{kg/m}^3$$
- 단위 굵은 골재량
$$= \frac{100G - a(S+G)}{100 - (a+b)} = \frac{100 \times 1,200 - 3.5(700+1,200)}{100 - (3.5+6.5)} = 1,259.44 \text{kg/m}^3$$

(2) 표면수 보정
- 단위 잔골재량 = 640.56 + (640.56 × 0.02) = 653.37 kg/m³
- 단위 굵은 골재량 = 1259.44 + (1259.44 × 0.01) = 1272.03 kg/m³
- 단위 수량 = 150 − (640.56 × 0.02 + 1259.44 × 0.01) = 124.59 kg/m³

06 포장 콘크리트의 배합기준 항목에 대하여 기준을 쓰시오.

(1) 설계기준 휨강도:
(2) 단위 수량:
(3) 굵은 골재 최대치수:
(4) 슬럼프:
(5) 공기량:

풀이

(1) 4.5MPa 이상
(2) 150kg/m³ 이하
(3) 40mm 이하
(4) 40mm 이하
(5) 4~6%

07 모르타르 및 콘크리트의 길이변화 시험 방법(KSF 2424)에 있는 길이변화 측정 방법 3가지를 쓰시오.

> **풀이**
> (1) 콤퍼레이터 방법
> (2) 콘택트 게이지 방법
> (3) 다이얼 게이지 방법

08 $b=300$mm, $d=400$mm, $A_s=2,460$mm²인 직사각형 단철근 보의 중립축 위치와 설계 휨강도를 구하시오.(단, $f_y=400$MPa, $f_{ck}=30$MPa이다.)
(1) 중립축 위치(c)
(2) 설계 휨강도(ϕM_n)

> **풀이**
> (1) $\beta_1 = 0.8$
>
> $$a = \frac{A_s \cdot f_y}{\eta(0.85f_{ck})b} = \frac{2,460 \times 400}{1.0 \times (0.85 \times 30) \times 300} = 128.62\text{mm}$$
>
> $$c = \frac{a}{\beta_1} = \frac{128.62}{0.8} = 160.77\text{mm}$$
>
> (2) $\dfrac{c}{d} = \dfrac{160.77}{400} = 0.402$
>
> $$\phi = 0.65 + 0.2\left(\frac{1}{c/d} - \frac{5}{3}\right) = 0.65 + 0.2\left(\frac{1}{0.402} - \frac{5}{3}\right) = 0.814$$
>
> $$\phi M_n = \phi TZ = \phi A_s f_y\left(d - \frac{a}{2}\right) = 0.814 \times 2,460 \times 400\left(400 - \frac{128.62}{2}\right)$$
>
> $$= 268,879,633\text{N}\cdot\text{mm} = 268.88\text{kN}\cdot\text{m}$$
>
> 여기서, $\varepsilon_t = 0.0033\left(\dfrac{d-c}{c}\right) = 0.0033\left(\dfrac{400-160.77}{160.77}\right) = 0.00491$
>
> ε_t의 범위가 $\varepsilon_y = 0.002 < \varepsilon_t = 0.00491 < 0.005$이므로 변화구간이다. 따라서 강도 감소 계수는 직선보간 식으로 구한 값 $\phi = 0.814$을 적용한다.

09 고강도 콘크리트의 기준이 되는 조건 2가지를 쓰시오.

> 풀이 (1) 설계기준 압축강도가 보통 콘크리트에서 40MPa 이상
> (2) 경량골재 콘크리트에서 27MPa 이상

10 다음은 콘크리트 비파괴 시험에 대한 아래 물음에 답하시오.
(1) 철근 탐지기의 사용 측정원리를 쓰시오.
(2) 콘크리트 반발경도법에 사용되는 종류 3가지를 쓰시오.
(3) 기존 콘크리트 내의 철근 부식 유무를 측정하는 비파괴 검사 방법 3가지를 쓰시오.

> 풀이 (1) 철근 콘크리트 구조체 내부로 송신된 전자파에 의하여 전기적 특성이 다른 물질인 철근의 경계에서 반사파를 일으키는 성질을 이용한 측정 기구로 철근의 위치, 방향, 피복두께 등을 추정한다.
> (2) ① 슈미트 해머법
>   ② 낙하식 해머법
>   ③ 스프링식 해머법
>   ④ 회전식 해머법
> (3) ① 자연 전위법
>   ② 표면 전위차법
>   ③ 분극 저항법
>   ④ 전기 저항법

콘크리트 산업기사 작업형 | 2017년 6월 25일 시행

시멘트 밀도 시험, 배합설계(제한시간 1시간 30분, 배점 15점)

콘크리트 슬럼프, 공기량 시험(제한시간 1시간 30분, 배점 15점)

제3과제
콘크리트 산업기사

슈미트 해머 시험(제한시간 1시간, 배점 10점)

콘크리트 산업기사 필답형 | 2017년 10월 14일 시행

01 물의 온도가 20℃일 때 굵은 골재의 밀도 및 흡수율 시험 결과 다음과 같다. 각각의 밀도를 구하시오.(단, 소수 셋째 자리에서 반올림하시오.)

- 절대건조 상태 질량: 989.5g
- 골재의 수중 질량: 615.4g
- 표면건조 포화 상태 질량: 1,000g
- 물의 밀도(ρ_w): 0.9970g/cm³

(1) 표면건조 포화 상태 밀도:
(2) 절대건조 밀도:
(3) 겉보기 밀도:
(4) 흡수율:

풀이

(1) $\dfrac{B}{B-C} \times \rho_w = \dfrac{1,000}{1,000-615.4} \times 0.9970 = 2.59\text{g/cm}^3$

(2) $\dfrac{A}{B-C} \times \rho_w = \dfrac{989.5}{1,000-615.4} \times 0.9970 = 2.57\text{g/cm}^3$

(3) $\dfrac{A}{A-C} \times \rho_w = \dfrac{989.5}{989.5-615.4} \times 0.9970 = 2.64\text{g/cm}^3$

(4) $\dfrac{B-A}{A} \times 100 = \dfrac{1,000-989.5}{989.5} \times 100 = 1.06\%$

02 콘크리트 압축강도 추정을 위한 비파괴 시험 방법 4가지를 쓰시오.

풀이

(1) 코어 채취법
(2) 반발경도법(슈미트 해머법)
(3) 초음파법
(4) 인발법

03 중성화에 대한 내용이다. 다음 물음에 답하시오.

(1) 중성화에 대해 정의하시오.
(2) 중성화를 촉진시키는 외부조건 2가지를 쓰시오.
(3) 중성화를 확인할 때 쓰이는 대표적인 시약은?

(1) 콘크리트 중의 수산화칼슘이 공기 중의 탄산가스와 접촉하여 서서히 탄산칼슘으로 변화하여 콘크리트가 알칼리성을 상실하는 것
(2) ① 공기 중 탄산가스의 농도가 높을수록 중성화 속도가 빠르다.
② 온도가 높을수록 중성화 속도가 빠르다.
(3) 1% 페놀프탈레인 용액

04 특수 콘크리트에 대한 설명이다. 물음에 답하시오.

(1) 하루 평균기온이 얼마일 때 한중 콘크리트로 시공하는가?
(2) 한중 콘크리트의 물-결합재비는 얼마 이하로 해야 하는가?
(3) 하루 평균기온이 몇 도 초과 시 서중 콘크리트로 시공하는가?

(1) 4℃
(2) 60%
(3) 25℃

05 인장강도 할렬시험에 사용되는 일반적인 원주형 공시체의 지름 100mm, 높이 200mm, $P=3,140N$일 때 인장강도를 구하시오.($\pi=3.14$) (소수, 넷째 자리에서 반올림하시오.)

인장강도 = $\dfrac{2P}{\pi dl} = \dfrac{2 \times 3,140}{3.14 \times 100 \times 200} = 0.1\text{MPa}$

06
콘크리트용 모래에 포함되어 있는 유기 불순물 시험에서 식별용 표준색 용액을 만드는 데 사용되는 약품의 제조 방법을 쓰시오.

풀이

(1) 10%의 알코올 용액을 만든다.(알코올 10g에 물 90g을 넣는다.)
(2) 2%의 타닌산 용액을 만든다.(10%의 알코올 용액 9.8g에 타닌산 가루 0.2g을 넣는다.)
(3) 3%의 수산화나트륨 용액을 만든다.(물 291g에 수산화나트륨 9g을 넣는다.)
(4) 2%의 타닌산 용액 2.5ml에 3%의 수산화나트륨 용액 97.5ml를 넣는다.

07
폭 $b = 300\text{mm}$, 유효깊이 $d = 450\text{mm}$, $A_s = 2{,}460\text{mm}^2$를 갖는 단철근 직사각형 보가 있다.(단, $f_{ck} = 30\text{MPa}$, $f_y = 400\text{MPa}$, $\lambda = 1.0$)

(1) 콘크리트가 부담할 수 있는 공칭 전단강도(V_c)를 구하시오.
(2) 강도 설계법으로 설계 휨강도(ϕM_n)를 구하시오.

풀이

(1) $V_c = \dfrac{1}{6} \lambda \sqrt{f_{ck}}\, b_w\, d = \dfrac{1}{6} \times 1.0 \times \sqrt{30} \times 300 \times 450 = 123{,}238\text{N}$

(2) • $a = \dfrac{A_s f_y}{\eta(0.85 f_{ck})b} = \dfrac{2{,}460 \times 400}{1.0 \times (0.85 \times 30) \times 300} = 128.6\text{mm}$

• $\phi M_n = \phi A_s f_y \left(d - \dfrac{a}{2}\right)$

$= 0.85 \times 2{,}460 \times 400 \left(450 - \dfrac{128.6}{2}\right)$

$= 322{,}599{,}480\text{N} \cdot \text{mm} = 322.60\text{kN} \cdot \text{m}$

여기서, $a = \beta_1 \cdot c$ ∴ $c = \dfrac{a}{\beta_1} = \dfrac{128.6}{0.8} = 160.76\text{mm}$

$\beta_1 = 0.8\,(f_{ck} \leq 40\text{MPa})$

$\varepsilon_t = 0.0033 \dfrac{d-c}{c} = 0.0033 \dfrac{450 - 160.76}{160.76} = 0.0059$

$\varepsilon_t > 0.005$이므로 인장지배 단면으로 $\phi = 0.85$이다.

08 철근 콘크리트 부재 설계에서 강도 감소계수를 사용하는 이유에 대해 3가지를 쓰시오.

(1) 구조물에서 차지하는 부재의 중요도 등을 반영하기 위해
(2) 재료의 공칭강도와 실제 공칭강도의 차이 때문
(3) 부재의 제작, 시공할 때 설계도와의 차이 때문
(4) 부재 강도의 추정과 해석에 관련된 불확실성 때문

09 콘크리트의 고압고온 양생 2가지를 쓰시오.

(1) 증기 양생
(2) 오토클레이브 양생

10 강판접착공법은 철근 콘크리트 부재의 인장 측 균열외면에 강판을 접착하여 기존의 철근 콘크리트 부재와 강판을 일체화시켜 내력향상을 도모하는 방법이다. 이러한 강판접착 공법의 장점 3가지를 쓰시오.

(1) 강판의 분포, 배치를 똑같이 할 수 있으므로 균열 특성이 좋다.
(2) 강판을 사용하므로 모든 방향의 인장력에 대응할 수 있다.
(3) 현장 타설 콘크리트, 프리캐스트 부재 모두에 적용 할 수 있으므로 응용범위가 넓다.
(4) 부재의 거동 예측이 쉽고 부재의 강성 보강 효과가 크다.
(5) 공정이 비교적 단순하고 강판의 제작, 조립이 쉬워 현장 작업이 용이하다.

콘크리트 산업기사 작업형 — 2017년 10월 14일 시행

제1과제
시멘트 밀도 시험, 배합설계(제한시간 1시간 30분, 배점 15점)

제2과제
콘크리트 슬럼프, 공기량 시험(제한시간 1시간 30분, 배점 15점)

제3과제
슈미트 해머 시험(제한시간 1시간, 배점 10점)

콘크리트 산업기사 필답형 — 2018년 6월 30일 시행

01 계수 전단력 $V_u = 36\text{kN}$을 받을 수 있는 직사각형 단면이 최소 전단철근 없이 견딜 수 있는 콘크리트의 최소 단면적 $b_w d$는 얼마인가?(단, $f_{ck} = 24\text{MPa}$, $\lambda = 1.0$)

풀이

$$V_u \leq \frac{1}{2}\phi V_c = \frac{1}{2}\phi\left(\frac{1}{6}\lambda\sqrt{f_{ck}}\,b_w d\right)$$

$$\therefore\ b_w d \geq \frac{2V_u}{\phi\frac{1}{6}\lambda\sqrt{f_{ck}}} = \frac{2 \times 36,000}{0.75 \times \frac{1}{6} \times 1.0 \times \sqrt{24}} = 117,575\text{mm}^2$$

02 폭 $b_w = 300\text{mm}$, 유효깊이 $d = 500\text{mm}$, $A_s = 2,050\text{mm}^2$인 철근 콘크리트 단철근 직사각형 보에서 $f_{ck} = 30\text{MPa}$, $f_y = 400\text{MPa}$일 때 강도설계법에 의한 보의 설계 휨강도 (ϕM_n)를 구하시오.

풀이

- $a = \dfrac{A_s f_y}{\eta(0.85 f_{ck})b} = \dfrac{1,962 \times 400}{1.0 \times (0.85 \times 30) \times 300} = 102.59\text{mm}$

- $\phi M_n = \phi A_s f_y \left(d - \dfrac{a}{2}\right)$

  $= 0.85 \times 1,962 \times 400 \left(500 - \dfrac{102.59}{2}\right) = 299,322,131\text{N}\cdot\text{mm} = 299.32\text{kN}\cdot\text{m}$

  여기서, $a = \beta_1 \cdot c$ $\quad \therefore\ c = \dfrac{a}{\beta_1} = \dfrac{102.59}{0.8} = 128.24\text{mm}$

  $\beta_1 = 0.8\,(f_{ck} \leq 40\text{MPa})$

  $\varepsilon_t = 0.0033\,\dfrac{d-c}{c} = 0.0033\,\dfrac{500 - 128.24}{128.24} = 0.01$

  $\varepsilon_t > 0.005$이므로 인장지배 단면으로 $\phi = 0.85$이다.

03 전단과 휨만을 받는 단철근 직사각형 부재에서 콘크리트가 부담하는 공칭 전단강도를 구하시오.(단, $f_{ck}=27\text{MPa}$, 부재의 폭 400mm, 유효깊이 600mm)

풀이

$$V_c = \frac{1}{6}\lambda\sqrt{f_{ck}}\,b_w\,d = \frac{1}{6}\times 1.0 \times \sqrt{27} \times 400 \times 600 = 207,846\text{N} = 207.85\text{kN}$$

04 지름이 150mm, 길이가 300mm인 공시체를 사용하여 콘크리트 인장강도 시험을 한 결과 최대 파괴하중이 250kN이었다. 인장강도를 구하시오.(소수 셋째 자리에서 반올림)

풀이

$$\text{인장강도} = \frac{2\cdot P}{\pi\cdot d\cdot l} = \frac{2\times 250,000}{3.14\times 150\times 300} = 3.536\text{N/mm}^2 = 3.54\text{MPa}$$

05 물의 온도가 20℃일 때 굵은 골재의 밀도 및 흡수율 시험 결과 다음과 같다. 각각의 밀도를 구하시오.(단, 소수 셋째 자리에서 반올림하시오.)

- 절대건조 상태 질량: 989.5g
- 골재의 수중 질량: 615.4g
- 표면건조 포화 상태 질량: 1,000g
- 물의 밀도(ρ_w): 0.9970g/cm³

(1) 표면건조 포화 상태 밀도:
(2) 절대건조 밀도:
(3) 겉보기 밀도:
(4) 흡수율:

풀이

(1) $\dfrac{B}{B-C}\times\rho_w = \dfrac{1,000}{1,000-615.4}\times 0.9970 = 2.59\text{g/cm}^3$

(2) $\dfrac{A}{B-C}\times\rho_w = \dfrac{989.5}{1,000-615.4}\times 0.9970 = 2.57\text{g/cm}^3$

(3) $\dfrac{A}{A-C}\times\rho_w = \dfrac{989.5}{989.5-615.4}\times 0.9970 = 2.64\text{g/cm}^3$

(4) $\dfrac{B-A}{A}\times 100 = \dfrac{1,000-989.5}{989.5}\times 100 = 1.06\%$

06 시방 배합 결과 물 150kg/m³, 시멘트 300kg/m³, 잔골재 700kg/m³, 굵은 골재 1,200kg/m³을 얻었다. 현장에서의 골재의 입도는 5mm 체에 남는 잔골재량이 3.5%, 5mm 체를 통과하는 굵은 골재량이 6.5%였다. 잔골재 및 굵은 골재의 표면수가 각각 2%와 1%일 경우 현장 배합상의 단위 잔골재량, 단위 굵은 골재량, 단위 수량을 구하시오.

풀이

(1) 입도 보정
- 단위 잔골재량
$$= \frac{100S - b(S+G)}{100 - (a+b)} = \frac{100 \times 700 - 6.5(700 + 1,200)}{100 - (3.5 + 6.5)} = 640.56 \text{kg/m}^3$$
- 단위 굵은 골재량
$$= \frac{100G - a(S+G)}{100 - (a+b)} = \frac{100 \times 1,200 - 3.5(700 + 1,200)}{100 - (3.5 + 6.5)} = 1,259.44 \text{kg/m}^3$$

(2) 표면수 보정
- 단위 잔골재량 = 640.56 + (640.56 × 0.02) = 653.37kg/m3
- 단위 굵은 골재량 = 1,259.44 + (1,259.44 × 0.01) = 1,272.03kg/m3
- 단위 수량 = 150 − (640.56 × 0.02 + 1,259.44 × 0.01) = 124.59kg/m3

07 중성화에 대한 내용이다. 다음 물음에 답하시오.

(1) 중성화에 대해 정의하시오.
(2) 중성화를 촉진시키는 외부조건 2가지를 쓰시오.
(3) 중성화를 확인할 때 쓰이는 대표적인 시약은?

풀이

(1) 콘크리트 중의 수산화칼슘이 공기 중의 탄산가스와 접촉하여 서서히 탄산칼슘으로 변화하여 콘크리트가 알칼리성을 상실하는 것
(2) ① 공기 중 탄산가스의 농도가 높을수록 중성화 속도가 빠르다.
    ② 온도가 높을수록 중성화 속도가 빠르다.
(3) 1% 페놀프탈레인 용액

08 철근 콘크리트의 성립 이유를 3가지만 쓰시오.

(1) 콘크리트는 압축력에 강하고 철근은 인장력에 강하다.
(2) 철근과 콘크리트 사이의 부착강도가 크다.
(3) 콘크리트 속의 철근은 부식하지 않는다.
(4) 철근과 콘크리트의 열팽창계수는 거의 같다.

09 다음의 콘크리트 관련 용어에 대하여 정의를 간단히 쓰시오.
(1) 탄산화반응:
(2) 잔골재율:
(3) 수화열:
(4) 다짐계수:

(1) 콘크리트가 대기 중 탄산가스와 콘크리트 중 알칼리가 반응하여 탄산화되어 철근이 부식하게 되며 균열이 발생한다.
(2) 골재 중 5mm 체를 통과한 부분을 잔골재로 보고, 5mm 체에 남는 부분을 굵은 골재로 보아 산출한 잔골재량을 전체 골재량에 대한 절대용적 백분율로 나타낸 것(기호: S/a)
(3) 시멘트를 물로 비비면 수화반응을 일으켜 발생하는 열
(4) 규정된 방법에 의해 용기에 채워진 콘크리트 중량을 동일한 용기에 콘크리트를 충분히 채워 다진 후 중량으로 나눈 비

콘크리트 산업기사 작업형 | 2018년 6월 30일 시행

시멘트 밀도 시험, 배합설계(제한시간 1시간 30분, 배점 15점)

콘크리트 슬럼프, 공기량 시험(제한시간 1시간 30분, 배점 15점)

슈미트 해머 시험(제한시간 1시간, 배점 10점)

콘크리트 산업기사 필답형 | 2018년 10월 7일 시행

01 급속 동결 융해에 대한 콘크리트의 저항 시험 방법(KS F 2456)에 대해 다음 물음에 답하시오.

(1) 동결 융해 1사이클의 온도 범위는?
(2) 동결 융해 1사이클의 소요시간 범위는?
(3) 동결 융해 시험의 종료 기준을 쓰시오
(4) 콘크리트의 동결 융해 300사이클에서 상대 동탄성계수가 90%라면 시험용 공시체의 내구성 지수는 얼마인지 계산하시오.

(1) 4℃~-18℃, -18℃~4℃
(2) 2~4시간
(3) 각 공시체는 특별한 제한이 없는 한 300사이클이 될 때까지 또는 초기의 최초 시험 시에 탄성계수의 60%가 될 때까지 시험을 계속한다.
(4) $DF = \dfrac{PN}{M} = \dfrac{90 \times 300}{300} = 90\%$

02 굵은 골재의 최대치수에 따른 콘크리트 펌프 압송관의 최소 호칭치수를 쓰시오.
(1) 굵은 골재 최대치수가 20mm일 때:
(2) 굵은 골재 최대치수가 25mm일 때:
(3) 굵은 골재 최대치수가 40mm일 때:

(1) 100mm　　(2) 100mm　　(3) 125mm

03 숏크리트에서 건식 방법으로 노즐에서 가해지는 수량 및 표면수를 고려하여 산출되는 배합은?

풀이

토출배합

04 철근 이음의 종류 3가지를 쓰시오.

(1) 겹침이음　　　(2) 용접이음　　　(3) 기계적이음

05 시멘트의 보관 방법을 3가지만 쓰시오.

(1) 방습적인 구조로 된 사일로 또는 창고에 품종별로 구분하여 저장한다.
(2) 포대 시멘트의 경우 쌓아올리는 높이는 13포대 이하로 하고 장기간 저장 시 7포대 이상 쌓지 않는다.
(3) 포대 시멘트는 지면으로부터 습기를 받지 않게 창고 마룻바닥과 0.3m 거리를 둔다.

06 그림과 같은 경간 8m인 단순보에 등분포 하중(자중 포함) $w=30\text{kN/m}$가 작용하며 PS 강재는 단면 도심에 배치되어 있다. 완전 프리스트레싱이 되기 위해서 필요한 최소한의 인장력 P를 구하시오.

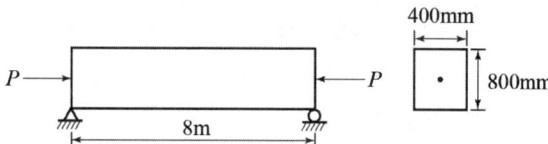

- $M = \dfrac{wl^2}{8} = \dfrac{30 \times 8^2}{8} = 240\text{kN}\cdot\text{mm} = 240,000\text{N}\cdot\text{mm}$
- $I = \dfrac{bh^3}{12} = \dfrac{400 \times 800^3}{12} = 17,066,666,667\,\text{mm}^4$
- $A = b \times h = 400 \times 800 = 320,000\,\text{mm}^2$
- $y = \dfrac{h}{2} = \dfrac{800}{2} = 400\text{mm}$

여기서, 완전 프리스트레싱이란 인장연단(하연)의 콘크리트 응력(f_c)이 0이므로

$$f_c = \dfrac{P}{A} - \dfrac{M}{I}y = 0$$

$$\dfrac{P}{320,000} - \dfrac{240,000,000}{17,066,666,667} \times 400 = 0$$

$\therefore\ P = 1,800,000\text{N} = 1,800\text{kN}$

07 콘크리트 호칭강도가 24MPa을 갖는 구조물을 만들려고 할 때 시험결과를 보고 단위 시멘트량, 단위 잔골재량, 단위 굵은 골재량을 구하시오.(단, 표준편차는 3.6MPa이며 시험 결과 결합재-물비(B/W)와 f_{28}관계에서 얻은 값은 $f_{28} = -14.5 + 21.6\dfrac{B}{W}(\mathrm{MPa})$이다.)

[시험결과]
- 단위 수량: 170kg/m³
- 잔골재율: 40%
- 시멘트 밀도: 3.15g/cm³
- 굵은 골재 표건 밀도: 2.62g/cm³
- 잔골재 표건 밀도: 2.59g/cm³
- 공기량: 4%

(1) 단위 시멘트량:
(2) 단위 잔골재량:
(3) 단위 굵은 골재량:

풀이

(1) 단위 시멘트량
  ① 배합강도($f_{cr} = f_{28}$)
  $f_{cr} = f_{cn} + 1.34s = 24 + 1.34 \times 3.6 = 28.8\mathrm{MPa}$
  $f_{cr} = (f_{cn} - 3.5) + 2.33s = (24 - 3.5) + 2.33 \times 3.6 = 28.9\mathrm{MPa}$
  $\therefore f_{cr} = 28.9\mathrm{MPa}$

  ② 물-결합재비
  $f_{28} = -14.5 + 21.6\dfrac{B}{W}$
  $28.9 = -14.5 + 21.6\dfrac{B}{W}$
  $\therefore \dfrac{W}{B} = \dfrac{21.6}{28.9 + 14.5} = 0.5 = 50\%$

  ③ 단위 시멘트량
  $\dfrac{W}{C} = 0.5 \quad \therefore C = \dfrac{170}{0.5} = 340\ \mathrm{kg/m^3}$

(2) 단위 잔골재량
  ① 골재의 체적
  $V = 1 - \left(\dfrac{170}{1 \times 1,000} + \dfrac{340}{3.15 \times 1,000} + \dfrac{4}{100}\right) = 0.682\mathrm{m^3}$

  ② 단위 잔골재량
  $0.682 \times 0.4 \times 2.59 \times 1,000 = 706.552\ \mathrm{kg/m^3}$

(3) 단위 굵은 골재량
  $0.682 \times 0.6 \times 2.62 \times 1,000 = 1,072.104\mathrm{kg/m^3}$

08 프리스트레스 하지 않는 부재의 현장치기 콘크리트의 최소 피복 두께에 대한 사항이다. 다음 내용에 알맞은 수치를 (   ) 안에 쓰시오.

> 콘크리트 슬래브의 최소 피복 두께는 D35 초과하는 철근을 사용하는 경우 ((1))mm, D35 이하인 철근을 사용하는 경우 ((2))mm로 규정하고 있다.

 (1) 40   (2) 20

09 콘크리트용 골재(KS F 2527)에 대한 다음 물음에 답하시오.

(1) 골재 종류별 흡수율을 쓰시오.

골재 종류	흡수율(%)
잔골재	
부순 굵은 골재	
굵은 골재	
고로 슬래그 굵은 골재 N형	
고로 슬래그 굵은 골재 H형	

여기서, N: 보통, H: 고품질

(2) 공사 현장에서 골재에 15~30분 간 흡수시킨 흡수율을 (   )이라 하며, 혼화제를 녹이는데 사용하는 물이나 혼화제를 묽게 하는데 사용하는 물은 단위 수량의 일부로 본다.

(1)

골재 종류	흡수율(%)
잔골재	3.0% 이하
부순 굵은 골재	3.0% 이하
굵은 골재	3.0% 이하
고로 슬래그 굵은 골재 N형	6.0% 이하
고로 슬래그 굵은 골재 H형	4.0% 이하

(2) 유효 흡수량

콘크리트 산업기사 작업형 | 2018년 10월 7일 시행

시멘트 밀도 시험, 배합설계(제한시간 1시간 30분, 배점 15점)

콘크리트 슬럼프, 공기량 시험(제한시간 1시간 30분, 배점 15점)

슈미트 해머 시험(제한시간 1시간, 배점 10점)

콘크리트 산업기사 필답형 | 2019년 6월 29일 시행

01 다음 물음에 답하시오.

(1) 중성화에 대해 정의하시오.
(2) 중성화를 촉진시키는 외부조건 2가지를 쓰시오.
(3) 중성화를 확인할 때 쓰이는 대표적인 시약은?

(1) 콘크리트 중의 수산화칼슘이 공기 중의 탄산가스와 접촉하여 서서히 탄산칼슘으로 변화하여 콘크리트가 알칼리성을 상실하는 것
(2) ① 공기 중 탄산가스의 농도가 높을수록 중성화 속도가 빠르다.
② 온도가 높을수록 중성화 속도가 빠르다.
(3) 1% 페놀프탈레인 용액

02 콘크리트 압축강도 추정을 위한 비파괴 시험 방법 4가지를 쓰시오.

(1) 코어 채취법
(2) 반발경도법(슈미트 해머법)
(3) 초음파법
(4) 인발법

03 콘크리트 품질관리 중 계수치 관리도의 종류 3가지를 쓰시오.

(1) P 관리도
(2) C 관리도
(3) U 관리도
(4) P_n 관리도

04 특수 콘크리트에 대한 설명이다. 물음에 답하시오.

(1) 하루 평균기온이 얼마일 때 콘크리트가 동결할 염려가 있으므로 한중 콘크리트로 시공하는가?
(2) 한중 콘크리트의 물-결합재비는 원칙적으로 얼마인가?
(3) 하루 평균기온이 얼마를 초과할 경우에 서중 콘크리트로 시공하는가?

풀이

(1) 한중 콘크리트는 하루 평균 4℃ 이하일 경우 시공한다.
(2) 한중 콘크리트는 일반적인 물-결합재비는 60% 이하이다.
(3) 서중 콘크리트는 하루 평균기온이 25℃ 초과 시 시공한다.

05 폭 $b=300\text{mm}$, 유효깊이 $d=450\text{mm}$, $A_s=2{,}460\text{mm}^2$를 갖는 단철근 직사각형 보가 있다.(단, $f_{ck}=30\text{MPa}$, $f_y=400\text{MPa}$, $\lambda=1.0$)

(1) 콘크리트가 부담할 수 있는 공칭 전단강도(V_c)를 구하시오.
(2) 강도 설계법으로 설계 휨강도(ϕM_n)를 구하시오.

풀이

(1) $V_c = \dfrac{1}{6}\lambda\sqrt{f_{ck}}\,b_w\,d = \dfrac{1}{6}\times 1.0 \times \sqrt{30} \times 300 \times 450 = 123{,}238\text{N}$

(2) • $a = \dfrac{A_s f_y}{\eta(0.85 f_{ck})b} = \dfrac{2{,}460\times 400}{1.0\times(0.85\times 30)\times 300} = 128.6\text{mm}$

• $\phi M_n = \phi A_s f_y\left(d - \dfrac{a}{2}\right)$

$= 0.85\times 2{,}460 \times 400\left(450 - \dfrac{128.6}{2}\right)$

$= 322{,}599{,}480\text{N}\cdot\text{mm} = 322.60\text{kN}\cdot\text{m}$

여기서, $a = \beta_1 \cdot c$ ∴ $c = \dfrac{a}{\beta_1} = \dfrac{128.6}{0.8} = 160.76\text{mm}$

$\beta_1 = 0.8\,(f_{ck} \leq 40\text{MPa})$

$\varepsilon_t = 0.0033\,\dfrac{d-c}{c} = 0.0033\,\dfrac{450-160.76}{160.76} = 0.0059$

$\varepsilon_t > 0.005$이므로 인장지배 단면으로 $\phi = 0.85$이다.

06 폭(b) 280mm, 유효깊이(d) 500mm, f_{ck} = 30MPa, f_y = 400MPa인 단철근 직사각형 보에 대한 다음 물음에 답하시오.(단, 철근량 A_s = 3,000mm²이고, 일단으로 배치되어 있다.)

(1) 압축연단에서 중립축까지의 거리 c를 구하시오.
(2) 최외단 인장철근의 순인장 변형률(ε_t)을 구하시오.(단, 소수점 이하 여섯째 자리에서 반올림하시오.)

(1) • $\beta_1 = 0.8$
   • $\eta(0.85 f_{ck}) a b = A_s f_y$
   $$\therefore a = \frac{A_s f_y}{\eta(0.85 f_{ck}) b} = \frac{3,000 \times 400}{1.0 \times (0.85 \times 30) \times 280} = 168\text{mm}$$
   • $a = \beta_1 c$
   $$\therefore c = \frac{a}{\beta_1} = \frac{168}{0.8} = 210\text{mm}$$

(2) $\varepsilon_t = \dfrac{0.0033(d-c)}{c} = \dfrac{0.0033(500-210)}{210} = 0.00456$

07 콘크리트 슬럼프 시험에 사용되는 슬럼프 콘의 규격을 쓰시오.

(1) 상부 지름:
(2) 하부 지름:
(3) 콘의 높이:

(1) 100mm   (2) 200mm   (3) 300mm

08 기둥의 주철근을 띠철근으로 둘러감을 경우 띠철근의 수직간격에 대한 규정 3가지를 쓰시오.

(1) 축방향 철근 지름의 16배 이하   (2) 띠철근 지름의 48배 이하
(3) 기둥 단면의 최소치수 이하

09 콘크리트 호칭강도가 24MPa을 갖는 구조물을 만들려고 할 때 30회 시험 결과 표준편차는 3.5MPa이며 시험 결과 시멘트-물비(C/W)와 f_{28} 관계에서 얻은 값은 $f_{28} = -13.8 + 21.6 C/W$이다. 이때 물-시멘트비($W/C$)를 구하시오.

풀이

- 배합강도($f_{cr} = f_{28}$)

    $f_{cn} \leq 35\text{MPa}$이므로

    $f_{cr} = f_{cn} + 1.34s = 24 + 1.34 \times 3.5 = 28.69\text{MPa}$

    $f_{cr} = (f_{cn} - 3.5) + 2.33s = (24 - 3.5) + 2.33 \times 3.5 = 28.66\text{MPa}$

    $\therefore f_{cr} = 28.69\text{MPa}$

- 물-시멘트비(W/C)

    $f_{28} = -13.8 + 21.6 C/W$

    $28.69 = -13.8 + 21.6 C/W$

    $\therefore W/C = \dfrac{21.6}{28.69 + 13.8} = 0.5084 = 50.84\%$

10 다음 조건에 대한 물음에 답하시오.

(1) 콘크리트 호칭강도가 28MPa, 시험횟수 30회 이상 시험한 콘크리트의 표준편차 $s = 3.0\text{MPa}$일 때 배합강도를 구하시오.

(2) 압축강도 기록이 없는 경우 콘크리트 호칭강도가 28MPa일 때 배합강도를 구하시오.

(3) 콘크리트 호칭강도가 38MPa, 시험횟수 30회 이상 시험한 콘크리트의 표준편차 $s = 4.5\text{MPa}$일 때 배합강도를 구하시오.

풀이

(1) $f_{cn} \leq 35\text{MPa}$이므로

    $f_{cr} = f_{cn} + 1.34s = 28 + 1.34 \times 3.0 = 32.02\text{MPa}$

    $f_{cr} = (f_{cn} - 3.5) + 2.33s = (28 - 3.5) + 2.33 \times 3.0 = 31.49\text{MPa}$

    $\therefore f_{cr} = 32.02\text{MPa}$

(2) 호칭강도가 21~35MPa의 경우이므로

    $f_{cr} = f_{cn} + 8.5 = 28 + 8.5 = 36.5\text{MPa}$

(3) $f_{cn} > 35\text{MPa}$이므로

    $f_{cr} = f_{cn} + 1.34s = 38 + 1.34 \times 4.5 = 44.03\text{MPa}$

    $f_{cr} = 0.9f_{cn} + 2.33s = 0.9 \times 38 + 2.33 \times 4.5 = 44.69\text{MPa}$

    $\therefore f_{cr} = 44.69\text{MPa}$

콘크리트 산업기사 작업형 | 2019년 6월 29일 시행

시멘트 밀도 시험, 배합설계(제한시간 1시간 30분, 배점 15점)

콘크리트 슬럼프, 공기량 시험(제한시간 1시간 30분, 배점 15점)

슈미트 해머 시험(제한시간 1시간, 배점 10점)

콘크리트 산업기사 필답형 | 2019년 10월 13일 시행

01 다음 부재의 거푸집 및 동바리를 떼어내어도 좋은 콘크리트의 압축강도는 얼마인가?
  (1) 확대기초, 보 옆, 기둥, 벽 등의 측면
  (2) 슬래브 및 보의 밑면, 아치내면

  (1) 5MPa 이상
  (2) 설계기준압축강도 $\times \dfrac{2}{3}$ (단, 14MPa 이상)

02 아래와 같은 배합설계에 의해 콘크리트 1m^3를 배합하는 데 필요한 단위 수량, 단위 잔골재량, 단위 굵은 골재량을 구하시오.(단, 소수 넷째 자리에서 반올림하시오.)

- 물-결합재비: 50%
- 단위 시멘트량: 350kg/m³
- 잔골재 표건 밀도: 2.59g/cm³
- 공기량: 4%
- 잔골재율: 40%
- 굵은 골재 표건 밀도: 2.62g/cm³
- 시멘트 밀도: 3.15g/cm³

(1) 단위 수량:
(2) 단위 잔골재량:
(3) 단위 굵은 골재량:

(1) 단위 수량
  $\dfrac{W}{C} = 0.5$ ∴ $W = 0.5 \times 350 = 175\text{kg/m}^3$

(2) 단위 잔골재량
  • 골재의 체적: $V = 1 - \left(\dfrac{175}{1 \times 1{,}000} + \dfrac{350}{3.15 \times 1{,}000} + \dfrac{4}{100}\right) = 0.674\text{m}^3$
  • 단위 잔골재량: $0.674 \times 0.4 \times 2.59 \times 1{,}000 = 698.264\text{kg/m}^3$

(3) 단위 굵은 골재량
  $0.674 \times 0.6 \times 2.62 \times 1{,}000 = 1{,}059.528\text{kg/m}^3$

03 콘크리트 타설시 내부진동기 사용에 있어 유의사항을 삽입간격과 한 개소 당 진동시간을 기준으로 3가지 쓰시오.

> **풀이**
> (1) 내부 진동기를 하층 콘크리트 속으로 0.1m 정도 찔러 다진다.
> (2) 연직으로 찔러 다지며 삽입 간격은 0.5m 이하로 한다.
> (3) 한 개소 당 진동시간은 5~15초로 한다.

04 콘크리트 경화나 강도 발현을 촉진시키기 위하여 실시하는 촉진 양생 방법 4가지를 쓰시오.

> **풀이**
> (1) 증기 양생
> (2) 전기 양생
> (3) 오토클래이브 양생(고온 고압 양생)
> (4) 온수 양생
> (5) 적외선 양생
> (6) 고주파 양생

05 콘크리트 호칭강도가 24MPa, 압축강도 시험횟수가 15회, 표준편차가 2.4MPa일 때 이 콘크리트의 배합강도를 구하시오.

> **풀이**
> • 표준편차 보정
> $S = 2.4 \times 1.16 = 2.784 \text{MPa}$
> • 콘크리트 배합강도
> $f_{cn} \leq 35\text{MPa}$에 해당하므로
> $f_{cr} = f_{cn} + 1.34 s = 24 + 1.34 \times 2.784 = 27.73 \text{MPa}$
> $f_{cr} = (f_{cn} - 3.5) + 2.33 s = (24 - 3.5) + 2.33 \times 2.784 = 26.99 \text{MPa}$
>   ∴ 두 값 중 큰 값인 27.73MPa이다.

06 플라이 애시를 사용한 콘크리트의 특징 3가지를 쓰시오.

> 풀이
> (1) 콘크리트의 워커빌리티가 양호해지며 단위 수량이 감소된다.
> (2) 산 및 염에 대한 화학 저항성이 우수하다.
> (3) 초기강도는 작으나 장기강도 발현이 좋다.
> (4) 수밀성이 향상된다.
> (5) 동결 융해에 대한 저항성이 향상된다.
> (6) 알칼리 실리카 반응의 억제 효과가 있다.

07 습윤 상태에 있는 굵은 골재 6,530g를 채취하여 표면건조 포화 상태가 되었을 때 질량이 6,480g 공기 중 건조 상태의 질량이 6,400g 절대건조(노건조) 상태의 질량이 6,387g 이었다. 다음 물음에 답하시오.(단, 소수 셋째 자리에서 반올림하시오.)

(1) 표면수율을 구하시오.
(2) 유효 흡수율을 구하시오.
(3) 흡수율을 구하시오.
(4) 전 함수율을 구하시오.

> 풀이
> (1) 표면수율 = $\dfrac{\text{습윤 상태 질량} - \text{표면건조 포화 상태 질량}}{\text{표면건조 포화 상태 질량}} \times 100$
>
> $= \dfrac{6{,}530 - 6{,}480}{6{,}480} \times 100 = 0.77\%$
>
> (2) 유효 흡수율 = $\dfrac{\text{표면건조 포화 상태 질량} - \text{공기 중 건조 상태 질량}}{\text{공기 중 건조 상태 질량}} \times 100$
>
> $= \dfrac{6{,}480 - 6{,}400}{6{,}400} \times 100 = 1.25\%$
>
> (3) 흡수율 = $\dfrac{\text{표면건조 포화 상태 질량} - \text{절대건조 상태 질량}}{\text{절대건조 상태 질량}} \times 100$
>
> $= \dfrac{6{,}480 - 6{,}387}{6{,}387} \times 100 = 1.46\%$
>
> (4) 전 함수율 = $\dfrac{\text{습윤 상태 질량} - \text{절대건조 상태 질량}}{\text{절대건조 상태 질량}} \times 100$
>
> $= \dfrac{6{,}530 - 6{,}387}{6{,}387} \times 100 = 2.24\%$

08 다음 그림과 같은 보의 경간이 5,000mm인 대칭 T형 보에 대한 물음에 답하시오.(단, $f_{ck} = 21\text{MPa}$, $f_y = 300\text{MPa}$, $A_s = 4,000\text{mm}^2$)

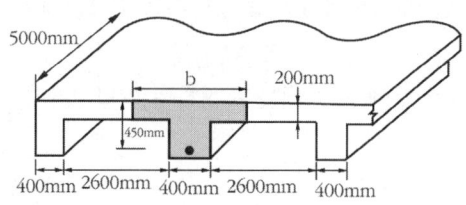

(1) 유효 폭(b)을 구하시오.
(2) 공칭전단강도(V_c)를 구하시오.
(3) 중립축 위치(c)를 구하시오.
(4) 설계 휨강도를 구하시오.

풀이

(1) ① $16t + b_w = 16 \times 200 + 400 = 3,600\text{mm}$

② 양쪽 슬래브의 중심간 거리 $= \dfrac{2,600}{2} + 400 + \dfrac{2,600}{2} = 3,000\text{mm}$

③ 보 경간의 $\dfrac{1}{4} = 5,000 \times \dfrac{1}{4} = 1,250\text{mm}$

∴ 가장 작은 값인 1,250mm가 유효 폭이다.

(2) $V_c = \dfrac{1}{6} \lambda \sqrt{f_{ck}} \, b_w d = \dfrac{1}{6} \times 1.0 \times \sqrt{21} \times 400 \times 450 = 137,477\text{N} = 137.48\text{kN}$

(3) • $a = \dfrac{A_s f_y}{\eta(0.85 f_{ck})b} = \dfrac{4,000 \times 300}{1.0 \times (0.85 \times 21) \times 1,250} = 53.78\text{mm}$

• $c = \dfrac{a}{\beta_1} = \dfrac{53.78}{0.8} = 67.23\text{mm}$

여기서, $f_{ck} \leq 40\text{MPa}$이므로 $\beta_1 = 0.8$이다.

(4) $a < t$이므로 직사각형 보로 해석한다.

$\phi M_n = \phi A_s f_y \left(d - \dfrac{a}{2}\right)$

$= 0.85 \times 4,000 \times 300 \left(450 - \dfrac{53.78}{2}\right)$

$= 431,572,200\text{N} \cdot \text{mm} = 431.57\text{kN} \cdot \text{m}$

여기서, $\varepsilon_t = 0.0033 \dfrac{d-c}{c} = 0.0033 \dfrac{450 - 67.23}{67.23} = 0.018$

$\varepsilon_t > 0.005$이므로 인장지배 단면으로 $\phi = 0.85$이다.

09 다음은 철근 콘크리트 구조물에 대한 비파괴 시험에 대한 내용이다. 물음에 답하시오.

(1) 콘크리트 강도를 추정하는 반발경도 시험 방법의 종류 3가지를 쓰시오.
(2) 초음파 전달 비파괴 검사법 중 콘크리트 균열깊이 측정에 이용되는 2가지 방법을 쓰시오.
(3) 철근의 위치 및 배근 상태를 측정하는 방법 2가지를 쓰시오.

풀이

(1) ① 슈미트 해머법
② 낙하식 해머법
③ 스프링식 해머법
④ 회전식 해머법
(2) ① T법
② $T_c - T_o$법
③ 레슬리법
(3) ① 전자파 레이더법
② 전자기장 유도법

10 RC 구조물의 내구성이 저하되면 철근이 부식되는 등 철근의 단면적이 감소하여 구조적인 문제가 발생할 수 있다. 따라서 구조물 안전 조사 시 철근 부식 여부를 조사하는 것이 중요하다. 기존 콘크리트 내의 철근 부식의 유무를 평가하기 위해 실시하는 비파괴 검사 방법을 3가지만 쓰시오.

풀이

(1) 자연 전위법
(2) 분극 저항법
(3) 전기 저항법

콘크리트 산업기사 작업형 | 2019년 10월 13일 시행

시멘트 밀도 시험, 배합설계(제한시간 1시간 30분, 배점 15점)

콘크리트 슬럼프, 공기량 시험(제한시간 1시간 30분, 배점 15점)

슈미트 해머 시험(제한시간 1시간, 배점 10점)

콘크리트 산업기사 필답형 | 2020년 7월 25일 시행

01 다음은 철근 콘크리트 구조물의 설계에 관련된 사항이다. 물음에 답하시오.
(1) 구조물 설계 시 하중계수, 하중조합을 고려하여 설계하는 이유 3가지를 쓰시오.
(2) 강도감소계수(ϕ)를 사용하는 이유 3가지를 쓰시오.
(3) 다음의 부재별 강도감소계수(ϕ)를 쓰시오.
　① 인장지배 단면:
　② 나선철근으로 보강된 압축지배 단면:
　③ 전단력과 비틀림 모멘트:
　④ 무근 콘크리트의 휨 모멘트, 압축력, 전단력, 지압력:

(1) ① 극한 상태에 대한 극한 외력으로서 구조물이나 구조부재에 작용할 수 있는 가장 불리한 조건을 고려하기 위함이다.
　② 해당 구조물에 작용하는 최대 소요강도에 대하여 만족하도록 설계하기 위함이다.
　③ 구조부재는 사용하중에 대하여 충분히 기능을 확보할 수 있게 하기 위함이다.
(2) ① 재료의 공칭강도와 실제 강도와의 차이 때문
　② 부재를 제작 또는 시공할 때 설계도와의 차이 때문
　③ 부재강도의 추정과 해석에 관련된 불확실성 때문
　④ 구조물에서 차지하는 부재의 중요도 등을 반영하기 위해서
(3) ① 0.85　② 0.70　③ 0.75　④ 0.55

02 공시체 지름이 100mm, 길이가 200mm일 때 최대 압축 하중이 353.25kN, 최대 쪼갬 인장 하중이 50.24kN일 때 다음 물음에 답하시오.
(1) 압축강도를 구하시오.
(2) 쪼갬 인장강도를 구하시오.

(1) $\dfrac{P}{A} = \dfrac{353{,}250}{\dfrac{\pi \times 100^2}{4}} = 44.98\text{MPa}$

(2) $\dfrac{2P}{\pi D l} = \dfrac{2 \times 50{,}240}{\pi \times 100 \times 200} = 1.6\text{MPa}$

03 구조물의 종류별 굵은 골재의 최대치수를 쓰시오.

(1) 무근 콘크리트의 경우
(2) 철근 콘크리트의 경우
   ① 일반적인 경우:
   ② 단면이 큰 경우:

> **풀이**
>
> (1) 40mm 이하, 부재 최소치수의 $\frac{1}{4}$ 이하
>
> (2) ① 20mm 또는 25mm 이하
>   ② 40mm 이하

04 콘크리트 품질관리 중 계수치 관리도의 종류 3가지를 쓰시오.

> **풀이**
>
> (1) P 관리도
> (2) C 관리도
> (3) U 관리도
> (4) P_n 관리도

05 콘크리트 강도시험에 대한 다음 물음에 답하시오.

(1) 압축강도 시험 공시체는 지름의 (①)배 높이를 가진 원기둥형으로 지름은 굵은 골재 최대치수의 (②)배 이상이며, (③)cm 이상이어야 한다.
(2) 휨강도 시험은 매초 (   )MPa 속도로 하중을 증가시킨다.

> **풀이**
>
> (1) ① 2 ② 3 ③ 10
> (2) 0.06 ± 0.04

06 콘크리트를 다지기 할 때 내부 진동기의 사용 방법을 3가지만 서술하시오.(단, 콘크리트 표준시방서를 기준한다.)

풀이
(1) 진동 다짐을 할 때에는 내부 진동기를 하층 콘크리트 속으로 0.1m 정도 찔러 넣는다.
(2) 내부 진동기는 연직으로 찔러 넣으며 그 간격은 진동이 유효하다고 인정되는 범위의 지름 이하로서 일정한 간격으로 한다. 삽입 간격은 일반적으로 0.5m 이하로 하는 것이 좋다.
(3) 1개소 당 진동시간은 다짐할 때 시멘트 페이스트가 표면 상부로 약간 부상하기 까지 한다.
(4) 내부 진동기는 콘크리트로부터 천천히 빼내어 구멍이 남지 않도록 한다.
(5) 내부 진동기는 콘크리트를 횡방향으로 이동시킬 목적으로 사용하지 않도록 한다.
(6) 진동기의 형식, 크기 및 대수는 1회에 다짐하는 콘크리트의 전 용적을 충분히 다지는 데 적합하도록 부재 단면의 두께 및 면적, 1시간당 최대 타설량, 굵은 골재 최대치수, 배합, 특히 잔골재율, 콘크리트의 슬럼프 등을 고려하여 선정한다.

07 콘크리트 구조물의 보수공법의 종류 3가지를 쓰시오.

풀이
(1) 표면처리법
(2) 충전공법
(3) 주입공법

08 매스 콘크리트의 온도 균열 발생 여부에 따른 검토는 온도 균열 지수에 의해 평가된다. 온도 균열 지수를 구하려 할 때 필요한 인자 2가지를 쓰시오.

풀이
(1) $f_t(t)$: 재령 t일에서의 수화열에 의하여 생긴 부재 내부의 온도응력 최댓값(MPa)
(2) $f_{sp}(t)$: 재령 t일에서의 콘크리트 인장강도로서, 재령 및 양생온도를 고려하여 구한 값(MPa)

09 폭 $b_w = 300$mm, 유효깊이 $d = 450$mm, 인장철근량 $A_s = 1{,}908$mm²를 갖는 단철근 직사각형 보를 강도 설계법으로 설계할 경우 다음 물음에 답하시오.(단, $f_{ck} = 28$ MPa, $f_y = 400$MPa이다.)

(1) 설계 휨강도(ϕM_n)는?

(2) 계수 전단력 $V_u = 45$kN일 때 전단철근의 보강 여부를 판정하시오.

풀이

(1) $a = \dfrac{A_s f_y}{\eta(0.85 f_{ck})b} = \dfrac{1{,}908 \times 400}{1.0 \times (0.85 \times 28) \times 300} = 106.88$mm

$\therefore \phi M_n = \phi A_s f_y \left(d - \dfrac{a}{2}\right) = 0.85 \times 1{,}908 \times 400 \times \left(450 - \dfrac{106.88}{2}\right)$

$= 257{,}256{,}403$N·mm $= 257.3$kN·m

여기서, $a = \beta_1 \cdot c$ $\therefore c = \dfrac{a}{\beta_1} = \dfrac{106.88}{0.8} = 133.6$mm

$f_{ck} \leq 40$MPa인 경우 $\beta_1 = 0.8$

$\varepsilon_t = 0.0033 \dfrac{d-c}{c} = 0.0033 \dfrac{500 - 133.6}{133.6} = 0.009$

$\varepsilon_t > 0.005$이므로 인장지배 단면으로 $\phi = 0.85$이다.

(2) • $\dfrac{1}{2}\phi V_c = \dfrac{1}{2}\phi \dfrac{1}{6}\lambda\sqrt{f_{ck}}\,b_w d = \dfrac{1}{2} \times 0.75 \times \dfrac{1}{6} \times 1.0 \times \sqrt{28} \times 300 \times 450$

$= 44{,}647$N $= 44.65$kN

• $\phi V_c = \phi \dfrac{1}{6}\lambda\sqrt{f_{ck}}\,b_w d$

$= 0.75 \times \dfrac{1}{6} \times 1.0 \times \sqrt{28} \times 300 \times 450 = 89{,}294$N $= 89.3$kN

$\therefore$ 전단철근의 최소량 사용 범위

$\dfrac{1}{2}\phi V_c < V_u \leq \phi V_c = \phi \dfrac{1}{6}\lambda\sqrt{f_{ck}}\,b_w d$

44.65kN < 45kN < 89.3kN이므로 전단철근의 최소량을 배치한다.

10 기존 철근 콘크리트 구조물의 내력을 파악하기 위해 철근 탐사기를 이용하여 측정 가능한 항목을 2가지만 쓰시오.

(1) 철근의 배근 상태(철근의 위치, 방향, 피복 두께 등)
(2) 철근의 간격, 직경
(3) 공동 상태

콘크리트 산업기사 작업형 | 2020년 7월 25일 시행

제1과제
시멘트 밀도 시험, 배합설계(제한시간 1시간 30분, 배점 15점)

제2과제
콘크리트 슬럼프, 공기량 시험(제한시간 1시간 30분, 배점 15점)

제3과제
슈미트 해머 시험(제한시간 1시간, 배점 10점)

콘크리트 산업기사 필답형 — 2020년 10월 17일 시행

01 특수 콘크리트에 대한 설명이다. 물음에 답하시오.
(1) 하루 평균기온이 얼마일 때 콘크리트가 동결할 염려가 있으므로 한중 콘크리트로 시공하는가?
(2) 한중 콘크리트의 물-결합재비는 원칙적으로 얼마인가?
(3) 하루 평균기온이 얼마를 초과할 경우에 서중 콘크리트로 시공하는가?

풀이
(1) 한중 콘크리트는 하루 평균 4℃ 이하일 경우 시공한다.
(2) 한중 콘크리트는 일반적인 물-결합재비는 60% 이하이다.
(3) 서중 콘크리트는 하루 평균기온이 25℃ 초과 시 시공한다.

02 폭(b) 280mm, 유효깊이(d) 500mm, f_{ck} =30MPa, f_y =400MPa인 단철근 직사각형 보에 대한 다음 물음에 답하시오.(단, 철근량 A_s =2,870mm² 이고, 일단으로 배치되어 있다.)
(1) 압축연단에서 중립축까지의 거리 c를 구하시오.
(2) 최외단 인장철근의 순인장 변형률(ε_t)을 구하시오.(단, 소수점 이하 여섯째 자리에서 반올림하시오.)

풀이
(1) • $\beta_1 = 0.8$
 • $\eta(0.85 f_{ck})\,a\,b = A_s f_y$
 $\therefore a = \dfrac{A_s f_y}{\eta(0.85 f_{ck})b} = \dfrac{2{,}870 \times 400}{1.0 \times (0.85 \times 30) \times 280} = 160.8\text{mm}$
 • $a = \beta_1 c$
 $\therefore c = \dfrac{a}{\beta_1} = \dfrac{160.8}{0.8} = 201\text{mm}$
(2) $\varepsilon_t = \dfrac{0.0033(d-c)}{c} = \dfrac{0.0033(500-201)}{201} = 0.00491$

03 급속 동결 융해 저항성 측정 시 다음 물음에 답하시오.

(1) 동결 융해 1사이클의 원칙적인 온도 범위
(2) 동결 융해 1사이클의 소요시간 범위
(3) 시험이 종료되는 기준에 대해 서술하시오.

풀이

(1) 4℃에서 -18℃로 떨어지고 다음에 -18℃에서 4℃로 상승하는 것
(2) 2~4시간
(3) 각 공시체는 특별한 제한이 없는 한 300사이클이 될 때까지 또는 초기의 최초 시험 시에 탄성계수의 60%가 될 때까지 시험을 계속한다.

04 시방배합의 결과 단위 시멘트 320kg, 단위 수량 180kg, 단위 잔골재 800kg, 단위 굵은 골재 1,000kg, 현장에서의 골재입도는 5mm 체에 남는 잔골재량이 4%, 5mm 체를 통과하는 굵은 골재량이 5%였다. 잔골재 및 굵은 골재의 표면수가 4%, 0.8%일 경우 다음 물음에 답하시오.

(1) 단위 잔골재량을 구하시오.
(2) 단위 굵은 골재량을 구하시오.
(3) 단위 수량을 구하시오.

풀이

(1) • 입도 보정

$$\frac{100S-b(S+G)}{100-(a+b)} = \frac{100\times 800 - 5(800+1,000)}{100-(4+5)} = 780.23\text{kg}$$

• 표면수 보정

$780.23 \times 0.04 = 31.21\text{kg}$

∴ $S = 780.23 + 31.21 = 811.44\text{kg}$

(2) • 입도 보정

$$\frac{100G-a(S+G)}{100-(a+b)} = \frac{100\times 1,000 - 4(800+1,000)}{100-(4+5)} = 1,019.78\text{kg}$$

• 표면수 보정

$1,019.78 \times 0.008 = 8.16\text{kg}$

∴ $G = 1,019.78 + 8.16 = 1,027.94\text{kg}$

(3) $180 - 31.21 - 8.16 = 140.63\text{kg}$

05 거푸집 및 동바리의 해체에 대한 사항 중 표 빈칸에 들어갈 알맞은 내용은?

(1) 다음 부재의 거푸집 및 동바리를 떼어내어도 좋은 콘크리트의 압축강도는 얼마인가?

부재	콘크리트 압축강도
확대기초, 보 옆, 기둥, 벽 등의 측면	
슬래브 및 보의 밑면, 아치내면	

(2) 기초, 보 옆, 기둥 및 벽의 측벽의 경우 압축강도시험을 하지 않고 거푸집널을 해체 가능한 재령이 며칠 이상을 경과되어야 하는가?

시멘트의 종류 평균기온	조강 포틀랜드 시멘트	보통 포틀랜드 시멘트 고로 슬래그 시멘트 1종 포틀랜드 포졸란 시멘트 1종 플라이 애시 시멘트 1종	고로 슬래그 시멘트 2종 포틀랜드 포졸란 시멘트 2종 플라이 애시 시멘트 2종
20℃ 이상			

> **풀이**
>
> (1)
>
> | 부재 | 콘크리트 압축강도 |
> |---|---|
> | 확대기초, 보 옆, 기둥, 벽 등의 측면 | 5MPa 이상 |
> | 슬래브 및 보의 밑면, 아치내면 | 설계기준 압축강도 $\times \dfrac{2}{3}$, 단 14MPa 이상 |
>
> (2)
>
> | 시멘트의 종류
평균기온 | 조강 포틀랜드 시멘트 | 보통 포틀랜드 시멘트
고로 슬래그 시멘트 1종
포틀랜드 포졸란 시멘트 1종
플라이 애시 시멘트 1종 | 고로 슬래그 시멘트 2종
포틀랜드 포졸란 시멘트 2종
플라이 애시 시멘트 2종 |
> |---|---|---|---|
> | 20℃ 이상 | 2일 | 4일 | 5일 |

06 다음의 조건일 때 콘크리트의 배합강도를 구하시오.

(1) 콘크리트 호칭강도가 40MPa, 16회의 콘크리트 압축강도 시험으로 구한 표준편차 4.5MPa일 때

(2) 콘크리트 호칭강도가 24MPa, 압축강도 시험횟수가 15회, 표준편차가 2.4MPa 일 때

(3) 콘크리트 압축강도의 표준편차를 알지 못했을 때 콘크리트의 배합강도를 구하시오.
① 호칭강도 50MPa인 경우
② 호칭강도 18MPa인 경우
③ 호칭강도 30MPa인 경우

풀이

(1) • 표준편차 보정계수 적용(직선보간한 표준편차)
$4.5 \times 1.144 = 5.148$ MPa
여기서, 시험횟수 15~20회 사이의 직선보간한 보정 계숫값은 16회 때 1.144, 17회 때 1.128, 18회 때 1.112, 19회 때 1.096이 된다.

• 콘크리트 배합강도
$f_{cn} > 35$MPa에 해당하므로
$f_{cr} = f_{cn} + 1.34S = 40 + 1.34 \times 5.148 = 46.9$MPa
$f_{cr} = 0.9f_{cn} + 2.33S = 0.9 \times 40 + 2.33 \times 5.148 = 48.0$MPa
∴ 큰 값인 48.0MPa

(2) • 표준편차 보정
$S = 2.4 \times 1.16 = 2.784$MPa

• 콘크리트 배합강도
$f_{cn} \leq 35$MPa에 해당하므로
$f_{cr} = f_{cn} + 1.34s = 24 + 1.34 \times 2.784 = 27.73$MPa
$f_{cr} = (f_{cn} - 3.5) + 2.33s = (24 - 3.5) + 2.33 \times 2.784 = 26.99$MPa
∴ 두 값 중 큰 값인 27.73MPa이다.

(3) ① $f_{cr} = 1.1f_{cn} + 5.0 = 1.1 \times 50 + 5.0 = 60$MPa
② $f_{cr} = f_{cn} + 7 = 18 + 7 = 25$MPa
③ $f_{cr} = f_{cn} + 8.5 = 30 + 8.5 = 38.5$MPa

07 계수 전단력 $V_u = 36\text{kN}$을 받을 수 있는 직사각형 단면이 최소 전단철근 없이 견딜 수 있는 콘크리트의 최소 단면적 $b_w d$는 얼마인가?(단, $f_{ck} = 24\text{MPa}$, $\lambda = 1.0$)

> **풀이**
>
> $$V_u \leq \frac{1}{2}\phi V_c = \frac{1}{2}\phi\left(\frac{1}{6}\lambda\sqrt{f_{ck}}b_w d\right)$$
> $$\therefore b_w d \geq \frac{2V_u}{\phi\frac{1}{6}\lambda\sqrt{f_{ck}}} = \frac{2 \times 36{,}000}{0.75 \times \frac{1}{6} \times 1.0 \times \sqrt{24}} = 117{,}575\text{mm}^2$$

08 고강도 콘크리트용으로 주로 사용되는 실리카 흄의 효과 2가지를 쓰시오.

> **풀이**
>
> (1) 재료분리 저항성, 수밀성, 내화학 약품성이 향상
> (2) 알칼리 골재 반응의 억제효과 및 강도 증진

09 구조물의 안전 조사 시 철근의 부식 정도를 측정하는 방법 3가지를 쓰시오.

> **풀이**
>
> (1) 자연 전위법   (2) 분극 저항법   (3) 전기 저항법

10 매스 콘크리트의 온도 균열 발생 여부에 따른 검토는 온도 균열 지수에 의해 평가된다. 다음의 결과를 보고 온도 균열 지수를 구하시오.

- 재령 28일에서의 콘크리트의 인장강도 $f_{sp} = 2.4\text{MPa}$
- 재령 28일에서의 수화열에 의하여 생긴 부재 내부의 온도응력 최댓값 $f_t = 2\text{MPa}$

> **풀이**
>
> 온도 균열 지수 $I_{cr} = \dfrac{f_{sp}}{f_t} = \dfrac{2.4}{2} = 1.2$

콘크리트 산업기사 작업형 | 2020년 10월 17일 시행

제1과제
시멘트 밀도 시험, 배합설계(제한시간 1시간 30분, 배점 15점)

제2과제
콘크리트 슬럼프, 공기량 시험(제한시간 1시간 30분, 배점 15점)

제3과제
슈미트 해머 시험(제한시간 1시간, 배점 10점)

콘크리트 산업기사 필답형 | 2021년 7월 10일 시행

01 포틀랜드 시멘트의 전 알칼리량을 구하시오.

> Na_2O: 0.45%, K_2O: 0.4%

풀이 전알칼리량 = $Na_2O + 0.658K_2O = 0.45 + 0.658 \times 0.4 = 0.71\%$

02 시방배합의 결과 단위 시멘트 320kg, 단위 수량 180kg, 단위 잔골재 800kg, 단위 굵은 골재 1,000kg, 현장에서의 골재입도는 5mm 체에 남는 잔골재량이 4%, 5mm 체를 통과하는 굵은 골재량이 5%였다. 잔골재 및 굵은 골재의 표면수가 4%, 0.8%일 경우 다음 물음에 답하시오.

(1) 단위 잔골재량을 구하시오.
(2) 단위 굵은 골재량을 구하시오.
(3) 단위 수량을 구하시오.

풀이
(1) • 입도 보정
$$\frac{100S - b(S+G)}{100 - (a+b)} = \frac{100 \times 800 - 5(800 + 1,000)}{100 - (4+5)} = 780.23\text{kg}$$
• 표면수 보정
$780.23 \times 0.04 = 31.21\text{kg}$
∴ $S = 780.23 + 31.21 = 811.44\text{kg}$

(2) • 입도 보정
$$\frac{100G - a(S+G)}{100 - (a+b)} = \frac{100 \times 1,000 - 4(800 + 1,000)}{100 - (4+5)} = 1,019.78\text{kg}$$
• 표면수 보정
$1,019.78 \times 0.008 = 8.16\text{kg}$
∴ $G = 1,019.78 + 8.16 = 1,027.94\text{kg}$

(3) $180 - 31.21 - 8.16 = 140.63\text{kg}$

03 다음은 철근 콘크리트 구조물의 설계에 관련된 사항이다. 물음에 답하시오.

(1) 구조물 설계 시 하중계수, 하중조합을 고려하여 설계하는 이유 3가지를 쓰시오.
(2) 강도감소계수(ϕ)를 사용하는 이유 3가지를 쓰시오.

 풀이

(1) ① 극한 상태에 대한 극한 외력으로서 구조물이나 구조부재에 작용할 수 있는 가장 불리한 조건을 고려하기 위함이다.
② 해당 구조물에 작용하는 최대 소요강도에 대하여 만족하도록 설계하기 위함이다.
③ 구조부재는 사용하중에 대하여 충분히 기능을 확보할 수 있게 하기 위함이다.
(2) ① 재료의 공칭강도와 실제 강도와의 차이 때문
② 부재를 제작 또는 시공할 때 설계도와의 차이 때문
③ 부재강도의 추정과 해석에 관련된 불확실성 때문
④ 구조물에서 차지하는 부재의 중요도 등을 반영하기 위해서

04 KCS 14 20 10에 따른 콘크리트 제조 시 다음 재료의 종류별 측정단위와 1회분 계량의 한계오차를 쓰시오.

재료의 종류	측정 단위	1회 계량오차
시멘트		
물		
골재		
혼화재		
혼화제		

 풀이

재료의 종류	측정 단위	1회 계량오차
시멘트	질량	-1%, +2%
물	질량 또는 부피	-2%, +1%
골재	질량	±3% 이내
혼화재	질량	±2% 이내
혼화제	질량 또는 부피	±3% 이내

05 지름이 150mm, 길이가 300mm인 공시체를 사용하여 콘크리트 인장강도 시험을 한 결과 최대 파괴하중이 250kN이었다. 인장강도를 구하시오.(소수 셋째 자리에서 반올림)

> **풀이**
>
> $$\text{인장강도} = \frac{2 \cdot P}{\pi \cdot d \cdot l} = \frac{2 \times 250,000}{3.14 \times 150 \times 300} = 3.536 \text{N/mm}^2 = 3.54 \text{MPa}$$

06 포틀랜드 시멘트의 종류 5가지를 쓰시오.

> **풀이**
>
> (1) 보통 포틀랜드 시멘트
> (2) 중용열 포틀랜드 시멘트
> (3) 조강 포틀랜드 시멘트
> (4) 저열 포틀랜드 시멘트
> (5) 내황산염 포틀랜드 시멘트

07 굳지 않은 콘크리트의 침하수축균열의 정의 및 방지대책을 쓰시오.

> **풀이**
>
> (1) 침하수축균열의 정의
>   콘크리트 타설 후 콘크리트의 표면 가까이에 있는 철근, 매설물 또는 입자가 큰 골재 등이 콘크리트의 침하를 국부적으로 방해하기 때문에 일어난다.
> (2) 방지대책
>   ① 블리딩을 작게 한다.
>   ② 침하의 종료 단계에서 다시 표면의 마무리를 하여 메꿔 준다.
>   ③ 충분한 다짐
>   ④ 슬럼프의 최소화(또는 단위 수량을 가능한 적게 한다.)
>   ⑤ 거푸집의 정확한 설계
>   ⑥ 콘크리트의 피복 두께 증가
>   ⑦ 기둥과 슬래브 및 보의 콘크리트 치기 시 충분한 시간 간격 유지
>   ⑧ 타설 속도를 늦게 하고 1회 타설 높이를 낮게 한다.

08 V_u = 60kN일 때 전단철근의 보강 없이 콘크리트만으로 지지하고자 할 때 최소 유효깊이는 얼마인가?(단, b = 400mm, f_{ck} = 21MPa, f_y = 400MPa, λ = 1.0)

풀이

$$V_u \leq \frac{1}{2}\phi V_c$$

$$V_u \leq \frac{1}{2}\phi \frac{1}{6}\lambda \sqrt{f_{ck}}\, b\, d$$

$$60{,}000 = \frac{1}{2} \times 0.75 \times \frac{1}{6} \times 1.0 \times \sqrt{21} \times 400 \times d$$

∴ d = 523.72mm

09 콘크리트의 고압고온 양생 2가지를 쓰시오.

풀이

(1) 증기 양생
(2) 오토클레이브 양생

10 철근 콘크리트 부재의 설계강도를 구할 경우 공칭강도에 1.0보다 작은 강도감소계수(ϕ)를 곱한다. 이때 다음의 부재 또는 하중의 강도감소계수를 쓰시오.

(1) 띠철근:
(2) 나선철근:
(3) 인장지배 단면:
(4) 전단력과 비틀림 모멘트:
(5) 무근 콘크리트 휨 모멘트:

풀이

(1) 0.65 (2) 0.7 (3) 0.85
(4) 0.75 (5) 0.55

11 매스 콘크리트의 온도 균열 발생 여부에 따른 검토는 온도 균열 지수에 의해 평가된다. 온도 균열 지수를 구하려 할 때 필요한 인자 2가지를 쓰시오.

> **풀이**
> (1) $f_t(t)$: 재령 t일에서의 수화열에 의하여 생긴 부재 내부의 온도응력 최댓값(MPa)
> (2) $f_{sp}(t)$: 재령 t일에서의 콘크리트 인장강도로서, 재령 및 양생온도를 고려하여 구한 값(MPa)

12 콘크리트 배합에서 다음의 굵은 골재 최대치수에 대한 물음에 답하시오.
(1) 일반 철근 콘크리트의 경우
　① 일반적인 경우:
　② 단면이 큰 경우:
(2) 고유동 콘크리트의 경우(경량골재를 사용하는 경우)

> **풀이**
> (1) ① 20mm 또는 25mm 이하
> 　② 40mm 이하
> (2) 20mm 또는 13mm 이하

콘크리트 산업기사 작업형 | 2021년 7월 10일 시행

제1과제
시멘트 밀도 시험, 배합설계(제한시간 1시간 30분, 배점 15점)

제2과제
콘크리트 슬럼프, 공기량 시험(제한시간 1시간 30분, 배점 15점)

제3과제
슈미트 해머 시험(제한시간 1시간, 배점 10점)

콘크리트 산업기사 필답형 — 2021년 10월 16일 시행

01 콘크리트 슬럼프 시험에 대한 다음 물음에 답하시오.
(1) 슬럼프 콘의 규격은?(윗지름×아래지름×높이 mm)
(2) 슬럼프 시험에서 다짐층수와 각 층에 대한 다짐횟수는?

풀이
(1) 100×200×300mm (2) 3층, 25회

02 경화한 콘크리트 속에 함유된 염화물 함유량을 측정하기 위한 방법을 3가지만 쓰시오.

풀이
(1) 전위차 적정법 (2) 질산은 적정법
(3) 이온 전극법   (4) 흡광 광도법

03 콘크리트 타설 후 습윤 상태로 보호하여야 한다. 다음 표의 습윤 상태로 보호하는 기간의 표준을 쓰시오.

시멘트의 종류	일평균 기온		
	15℃ 이상	10℃ 이상	5℃ 이상
보통 포틀랜드 시멘트			
조강 포틀랜드 시멘트			

풀이

시멘트의 종류	일평균 기온		
	15℃ 이상	10℃ 이상	5℃ 이상
보통 포틀랜드 시멘트	5일	7일	9일
조강 포틀랜드 시멘트	3일	4일	5일

04 크리트의 품질관리에서 계수치 관리도의 종류를 3가지만 쓰시오.

> **풀이**
> (1) P 관리도　　(2) P_n 관리도　　(3) C 관리도　　(4) U 관리도

05 부재 또는 하중의 강도감소계수를 쓰시오.
(1) 띠철근:
(2) 전단철근:
(3) 인장지배 단면:
(4) 무근 콘크리트의 휨 모멘트:

> **풀이**
> (1) 0.65　　(2) 0.75　　(3) 0.85　　(4) 0.55

06 잔골재의 표면수 측정 시험을 실시한 결과 다음과 같다. 이 시료의 표면수율을 구하시오.

- 시료의 질량: 500g
- (용기+표시선까지의 물)의 질량: 692g
- (용기+표시선까지의 물+시료)의 질량: 1,000g
- 잔골재의 표건 밀도: 2.62g/cm²

> **풀이**
> - 표면수율 = $\dfrac{m - m_s}{m_1 - m} \times 100$
>
>   여기서, m: 시료에서 치환된 물의 질량(g)
>   　　　　m_1: 시료의 질량(g)
>   　　　　m_2: (용기+표시선까지의 물)의 질량(g)
>   　　　　m_3: (용기+표시선까지의 물+시료)의 질량(g)
>   　　　　d_s: 잔골재의 표건 밀도(g/cm³)
> - $m = m_1 + m_2 - m_3 = 500 + 692 - 1{,}000 = 192\text{g}$
> - $m_s = \dfrac{m_1}{d_s} = \dfrac{500}{2.62} = 190.84\text{g}$
> - ∴ 표면수율 = $\dfrac{m - m_s}{m_1 - m} \times 100 = \dfrac{192 - 190.84}{500 - 192} \times 100 = 0.38\%$

07 콘크리트의 동결 융해 저항성 측정 시 사용되는 1사이클의 온도 범위와 시간을 쓰시오.

(1) 동결 융해 1사이클의 원칙적인 온도 범위를 쓰시오.
(2) 동결 융해 1사이클의 소요시간 범위를 쓰시오.

> **풀이**
> (1) $-18\degree C \sim 4\degree C$ (2) $2 \sim 4$시간

08 매스 콘크리트의 온도 균열 발생 여부에 대한 검토는 온도 균열 지수에 의해 판정하는 것을 원칙으로 한다. 이때 정밀한 해석 방법에 의한 온도 균열 지수를 구하시오.

- 재령 28일에서의 콘크리트 쪼갬 인장강도 $f_{sp} = 24$MPa
- 재령 28일에서의 수화열에 의하여 생긴 부재 내부의 온도응력 최댓값 $f_t = 2$MPa

> **풀이**
> 온도 균열 지수 $I_{cr} = \dfrac{f_{sp}}{f_t} = \dfrac{2.4}{2} = 1.2$

09 계수 전단력 $V_u = 65$kN을 받고 있는 보에서 전단철근의 보강 없이 지지하고자 할 경우 필요한 최소 유효깊이를 구하시오.(단, 보의 폭은 400mm이고 $f_{ck} = 21$MPa, $f_y = 350$MPa이다.)

> **풀이**
> 콘크리트가 부담하는 전단강도
> $$V_u \leq \frac{1}{2}\phi V_c$$
> $$V_u \leq \frac{1}{2}\phi \frac{1}{6}\lambda \sqrt{f_{ck}}\, b_w\, d$$
> $$65,000 \leq \frac{1}{2} \times 0.75 \times \frac{1}{6} \times 1.0 \times \sqrt{21} \times 400 \times d$$
> $\therefore\ d = 567.37$mm

10 물의 온도가 15℃에서 실시한 굵은 골재의 밀도 및 흡수율 시험 결과 다음과 같은 측정결과를 얻었다. 이 결과를 보고 아래 물음에 답하시오.

- 공기 중 절대건조 상태 질량(A): 3,940g
- 표면건조 포화 상태 질량(B): 4,000g
- 물속에서의 시료 질량(C): 2,491g
- 15℃에서의 물의 밀도: 0.9991g/cm³

(1) 표면건조 포화 상태의 밀도를 구하시오.
(2) 절대건조 상태의 밀도를 구하시오.
(3) 겉보기 밀도를 구하시오.

풀이

(1) 표면건조 포화 상태의 밀도

$$\frac{B}{B-C} \times \rho_w = \frac{4,000}{4,000-2,491} \times 0.9991 = 2.65 \text{g/cm}^3$$

(2) 절대건조 상태의 밀도

$$\frac{A}{B-C} \times \rho_w = \frac{3,940}{4,000-2,491} \times 0.9991 = 2.61 \text{g/cm}^3$$

(3) 겉보기 밀도

$$\frac{A}{A-C} \times \rho_w = \frac{3,940}{3,940-2,491} \times 0.9991 = 2.72 \text{g/cm}^3$$

11 다음과 같은 배합 설계표에 의해 콘크리트를 배합하는데 필요한 단위 잔골재량, 단위 굵은 골재량을 구하시오.

- 잔골재율(S/a): 42%
- 시멘트 밀도: 3.15g/cm³
- 잔골재의 표건 밀도: 2.60g/cm³
- 공기량: 4.5%
- 단위 수량: 175kg/m³
- 물-시멘트비(W/C): 50%
- 굵은 골재의 표건 밀도: 2.65g/cm³

(1) 단위 잔골재량:
(2) 단위 굵은 골재량:

풀이

(1) • 물-시멘트비(W/C)가 50%이므로

단위 시멘트량 = $\frac{175}{0.5}$ = 350kg/m³

- 단위 골재의 절대 체적

$$= 1 - \left(\frac{\text{단위 수량}}{\text{물의 밀도} \times 1,000} + \frac{\text{단위 시멘트량}}{\text{시멘트 밀도} \times 1,000} + \frac{\text{공기량}}{100}\right)$$

$$= 1 - \left(\frac{175}{1 \times 1,000} + \frac{350}{3.15 \times 1,000} + \frac{4.5}{100}\right) = 0.669 \text{m}^3$$

∴ 단위 잔골재량 = 단위 잔골재의 절대 체적 × 잔골재 밀도 × 1,000
$$= (0.669 \times 0.42) \times 2.60 \times 1,000 = 730.55 \text{kg/m}^3$$

(2) 단위 굵은 골재량 = 단위 굵은 골재의 절대 체적 × 굵은 골재 밀도 × 1,000
$$= 0.669(1 - 0.42) \times 2.65 \times 1,000 = 1,028.25 \text{kg/m}^3$$

12 경간 10m의 대칭 T형 보를 설계하려고 한다. 아래 조건을 보고 플랜지의 유효 폭을 구하시오.

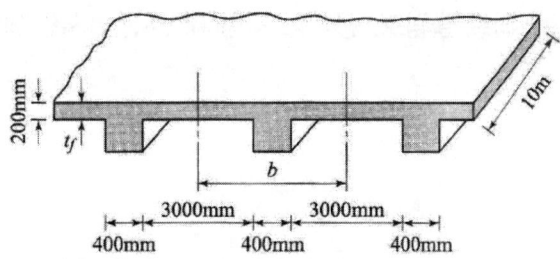

풀이

- 양쪽으로 각각 내민 플랜지 두께의 8배씩($16 t_f$) + b_w

  $16\, t_f + b_w = 16 \times 200 + 400 = 3,600 \text{mm}$

- 양쪽의 슬래브의 중심간 거리

  $1,500 + 400 + 1,500 = 3,400 \text{mm}$

- 보의 경간의 1/4

  $10,000 \times \dfrac{1}{4} = 2,500 \text{mm}$

∴ T형 보 유효 폭(b)은 위의 값 중 가장 작은 값인 2,500mm이다.

콘크리트 산업기사 작업형 | 2021년 10월 16일 시행

제1과제
시멘트 밀도 시험, 배합설계(제한시간 1시간 30분, 배점 15점)

제2과제
콘크리트 슬럼프, 공기량 시험(제한시간 1시간 30분, 배점 15점)

제3과제
슈미트 해머 시험(제한시간 1시간, 배점 10점)

콘크리트 산업기사 필답형 — 2022년 7월 24일 시행

01 콘크리트의 블리딩 시험 방법(KS F 2414)에 관한 사항 중 일부이다. ( ) 안에 들어갈 알맞은 내용은?

(1) 시험하는 동안 실온을 ( ) ± 3℃를 유지해야 한다.
(2) 콘크리트를 용기에 ( )층으로 나누어 넣고 각 층의 윗면을 고른 후 ( )회씩 다지고 다진 구멍이 없어지고 콘크리트 표면에 큰 기포가 보이지 않을 때까지 용기 바깥을 10~15회 나무 망치로 두들긴다.
(3) 시료의 표면이 용기의 가장자리에서 (30 ± 3)mm 낮아지도록 흙손으로 고른다.
(4) 시료가 담긴 용기를 진동이 없는 수평한 바닥 위에 놓고 뚜껑을 덮는다.
(5) 처음 60분 동안은 ( )분 간격으로, 그 후는 블리딩이 정지될 때까지 30분 간격으로 표면에 생긴 물을 빨아낸다.

풀이

(1) 20   (2) 3, 25   (5) 10

02 지름이 150mm, 길이가 300mm인 공시체를 사용하여 콘크리트 인장강도 시험을 한 결과 최대 파괴하중이 250kN이었다. 인장강도를 구하시오.(단, 소수 셋째 자리에서 반올림)

풀이

$$\text{인장강도} = \frac{2 \cdot P}{\pi \cdot d \cdot l} = \frac{2 \times 250{,}000}{3.14 \times 150 \times 300} = 3.536 \text{N/mm}^2 = 3.54 \text{MPa}$$

03 알칼리 골재 반응의 억제 대책 3가지를 쓰시오.

풀이

(1) 반응성이 없는 골재를 사용한다.
(2) 저알칼리형 시멘트를 사용한다.
(3) 콘크리트 조직을 치밀하게 시공하며 에폭시 수지계 라이닝(코팅, 도장) 마감으로 외부로부터 물의 침투를 차단한다.

04 급속 동결 융해 저항성 측정 시 다음 물음에 답하시오.

(1) 동결 융해 1사이클의 원칙적인 온도 범위:
(2) 동결 융해 1사이클의 소요시간 범위:
(3) 시험이 종료되는 기준에 대해 서술하시오.

풀이

(1) 4℃에서 -18℃로 떨어지고 다음에 -18℃에서 4℃로 상승하는 것
(2) 2~4시간
(3) 각 공시체는 특별한 제한이 없는 한 300사이클이 될 때까지 또는 초기의 최초 시험 시에 탄성계수의 60%가 될 때까지 시험을 계속한다.

05 강도 설계법에 의한 계수 전단력 $V_u = 70\text{kN}$, $f_{ck} = 24\text{MPa}$, $\lambda = 1.0$일 때 직사각형 단면을 설계하려고 한다. 다음 물음에 답하시오.

(1) 최소 전단철근 없이 견딜 수 있는 최소 단면적($b_w d$)는 얼마인가?
(2) 전단철근의 최소량을 사용할 경우 필요한 콘크리트의 최소 단면적($b_w d$)은 얼마인가?

풀이

(1) $V_u \leq \dfrac{1}{2}\phi V_c = \dfrac{1}{2}\phi\left(\dfrac{1}{6}\lambda\sqrt{f_{ck}}\, b_w d\right)$

$\therefore b_w d \geq \dfrac{2V_u}{\phi\dfrac{1}{6}\lambda\sqrt{f_{ck}}} = \dfrac{2\times 70{,}000}{0.75\times\dfrac{1}{6}\times 1.0\times\sqrt{24}} = 228{,}619\,\text{mm}^2$

(2) • $\dfrac{1}{2}\phi V_c < V_u \leq \phi V_c$인 경우 최소 전단철근을 배근한다.

• $V_u = \phi V_c = \phi\dfrac{1}{6}\lambda\sqrt{f_{ck}}\, b_w d$

$\therefore b_w d = \dfrac{V_u}{\phi\dfrac{1}{6}\lambda\sqrt{f_{ck}}} = \dfrac{70{,}000}{0.75\times\dfrac{1}{6}\times 1.0\times\sqrt{24}} = 114{,}310\,\text{mm}^2$

06 레디믹스트 콘크리트의 제조 시 재료의 1회 계량 오차를 쓰시오.

    (1) 시멘트:

    (2) 혼합수:

    (3) 혼화재:

    (4) 혼화제:

    (5) 골재:

> 풀이
> (1) −1%, +2%
> (2) −2%, +1%
> (3) ±2% 이내
> (4) ±3% 이내
> (5) ±3% 이내

07 철근의 이음 방법을 3가지 쓰시오.

> 풀이
> (1) 용접이음
> (2) 겹침이음
> (3) 기계적 이음

08 레디믹스트 콘크리트 공급 방식 3가지를 쓰고 간단히 설명하시오.

> 풀이
> (1) 센트럴 믹스트 콘크리트: 고정믹서 플랜트에서 혼합 완료 후 운반하면서 교반하여 현장까지 공급
> (2) 쉬링크 믹스트 콘크리트: 고정믹서 플랜트에서 1차 혼합 후 운반 중 트럭믹서에서 2차 혼합하면서 현장까지 공급
> (3) 트랜싯 믹스트 콘크리트: 플랜트에서 재료 계량 완료 후 운반 중 트럭믹서에서 혼합수를 넣어 혼합하면서 현장까지 공급

09 프리스트레스 하지 않는 부재의 현장치기 콘크리트의 최소피복두께 규정을 쓰시오.(단, 옥외의 공기나 흙에 직접 접하지 않는 콘크리트)

(1) 슬래브에 D35 초과하는 철근:
(2) 슬래브에 D35 이하인 철근:
(3) 보, 기둥에 사용하는 철근:
(4) 쉘, 절판부재에 사용하는 경우:

> 풀이
> (1) 40mm   (2) 20mm
> (3) 40mm   (4) 20mm

10 공장제품의 증기 양생 방법에 대한 규정이다. (   ) 안을 채우시오.

(1) 비빈 후 (~   )시간 이상 경과된 후에 증기 양생을 실시한다.
(2) 온도 상승속도는 1시간당 (   )℃ 이하로 한다.
(3) 온도 상승속도의 최고온도는 (   )℃로 한다.

> 풀이
> (1) 2~3시간
> (2) 20℃
> (3) 60℃

11 휨 모멘트와 축력을 받는 철근 콘크리트 부재에 강도설계법을 적용하기 위한 설계 기본 가정을 예시와 같이 3가지만 쓰시오.

[예시] 철근 콘크리트 부재 단면의 축강도와 인장(휨)강도는 계산에서 무시할 수 있다.

> 풀이
> (1) 철근 및 콘크리트의 변형률은 중립축으로부터의 거리에 비례한다.
> (2) 압축 측 연단의 최대 변형률은 0.0033으로 가정한다.($f_{ck} \leq 40\text{MPa}$)
> (3) 철근의 항복 변형률은 f_y/E_s로 본다.

12 다음은 매스 콘크리트에 대한 내용이다. 물음에 답하시오.

(1) 매스 콘크리트의 정의를 쓰시오.

(2) 매스 콘크리트로 다루어야 하는 구조물의 부재치수를 쓰시오.

　　① 넓이가 넓은 평판구조의 경우:

　　② 하단이 구속된 벽조의 경우:

(3) 매스 콘크리트의 온도 균열을 방지하거나 제어하는 방법을 2가지 쓰시오.

> **풀이**
> (1) 부재 혹은 구조물의 치수가 커서 시멘트의 수화열에 의한 온도 상승 및 강하를 고려하여 설계, 시공해야 하는 콘크리트
> (2) ① 0.8m 이상　　② 0.5m 이상
> (3) ① 프리 쿨링　　② 파이프 쿨링　　③ 팽창 콘크리트 사용

콘크리트 산업기사 작업형 | 2022년 7월 24일 시행

제1과제
시멘트 밀도 시험, 배합설계(제한시간 1시간 30분, 배점 15점)

제2과제
콘크리트 슬럼프, 공기량 시험(제한시간 1시간 30분, 배점 15점)

제3과제
슈미트 해머 시험(제한시간 1시간, 배점 10점)

콘크리트 산업기사 필답형 | 2022년 11월 19일 시행

01 모르타르 및 콘크리트의 길이 변화 시험 방법(KSF 2424)에 있는 길이 변화 측정 방법 두 가지를 쓰시오.

> **풀이**
> (1) 콤퍼레이터 방법
> (2) 콘택트 게이지 방법
> (3) 다이얼 게이지 방법

02 굳지 않은 콘크리트 염화물 함유량 측정방법 4가지를 쓰시오.

> **풀이**
> (1) 질산은 적정법
> (2) 전위차 적정법
> (3) 흡광 광도법
> (4) 이온 전극법(이온 크로마토그래피법)

03 보나 기둥에서 주철근을 둘러 감는 띠철근으로 둘러감을 경우 띠철근의 수직간격에 대한 규정 3가지를 쓰시오.

> **풀이**
> (1) 축방향 철근 지름의 16배 이하
> (2) 띠철근 지름의 48배 이하
> (3) 기둥 단면의 최소치수 이하

04 폭(b) 280mm, 유효깊이(d) 500mm, f_{ck}=30MPa, f_y=400MPa인 단철근 직사각형 보에 대한 다음 물음에 답하시오.(단, 철근량 A_s=2,870mm²이고, 일단으로 배치되어 있다.)

(1) 압축연단에서 중립축까지의 거리 c를 구하시오.
(2) 최외단 인장철근의 순인장 변형률(ε_t)을 구하시오.(단, 소수점 이하 여섯째 자리에서 반올림하시오.)

풀이

(1) • $\beta_1 = 0.8$
  • $\eta(0.85 f_{ck})\, a\, b = A_s f_y$

$$\therefore a = \frac{A_s f_y}{\eta(0.85 f_{ck})b} = \frac{2{,}870 \times 400}{1.0 \times (0.85 \times 30) \times 280} = 160.8\text{mm}$$

  • $a = \beta_1 c$

$$\therefore c = \frac{a}{\beta_1} = \frac{160.8}{0.8} = 201\text{mm}$$

(2) $\varepsilon_t = \dfrac{0.0033(d-c)}{c} = \dfrac{0.0033(500-201)}{201} = 0.00491$

05 강도 설계법에 의한 계수 전단력 $V_u = 70\text{kN}$, $f_{ck} = 24\text{MPa}$, $\lambda = 1.0$일 때 직사각형 단면을 설계하려고 한다. 다음 물음에 답하시오.

(1) 최소 전단철근 없이 견딜 수 있는 최소 단면적($b_w d$)는 얼마인가?
(2) 전단철근의 최소량을 사용할 경우 필요한 콘크리트의 최소 단면적($b_w d$)은 얼마인가?

풀이

(1) $V_u \leq \dfrac{1}{2}\phi V_c = \dfrac{1}{2}\phi\left(\dfrac{1}{6}\lambda\sqrt{f_{ck}}\,b_w d\right)$

$$\therefore b_w d \geq \frac{2V_u}{\phi \dfrac{1}{6}\lambda\sqrt{f_{ck}}} = \frac{2 \times 70{,}000}{0.75 \times \dfrac{1}{6} \times 1.0 \times \sqrt{24}} = 228{,}619\text{mm}^2$$

(2) • $\dfrac{1}{2}\phi V_c < V_u \leq \phi V_c$인 경우 최소 전단철근을 배근한다.
  • $V_u = \phi V_c = \phi\dfrac{1}{6}\lambda\sqrt{f_{ck}}\,b_w d$

$$\therefore b_w d = \frac{V_u}{\phi\dfrac{1}{6}\lambda\sqrt{f_{ck}}} = \frac{70{,}000}{0.75 \times \dfrac{1}{6} \times 1.0 \times \sqrt{24}} = 114{,}310\text{mm}^2$$

06 다음 그림과 같은 슬래브의 유효 폭을 구하시오.

(1) 경간이 9m인 반 T형 단면의 경우

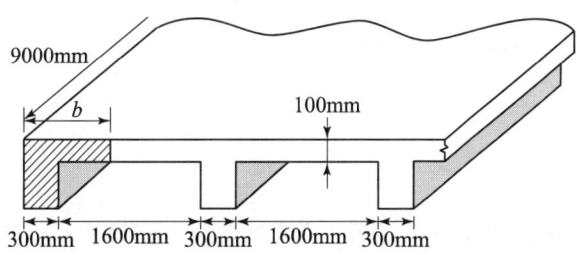

(2) 지간이 6,700mm인 T형 단면의 경우

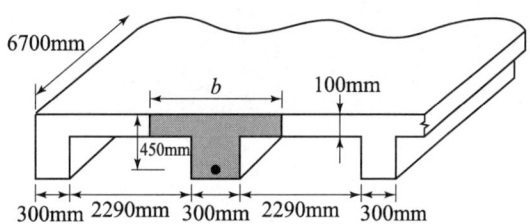

풀이

(1) • $6t + b_w = 6 \times 100 + 300 = 900 \text{mm}$

• $\left(\text{보 경간의 } \dfrac{1}{12}\right) + b_w = \left(\dfrac{9,000}{12}\right) + 300 = 1,050 \text{mm}$

• 인접보와의 내측 거리의 $\dfrac{1}{2} + b_w = \dfrac{1,600}{2} + 300 = 1,100 \text{mm}$

∴ 유효 폭은 위의 세 가지 값 중 가장 작은 값인 900mm이다.

(2) • $16t + b_w = 16 \times 100 + 300 = 1,900 \text{mm}$

• 양쪽 슬래브 중심간 거리 $= \dfrac{2,290}{2} + 300 + \dfrac{2,290}{2} = 2,590 \text{mm}$

• 보 경간의 $\dfrac{1}{4} = 6,700 \times \dfrac{1}{4} = 1,675 \text{mm}$

∴ 가장 작은 값인 1,675mm를 유효 폭으로 한다.

07 급속 동결 융해 저항성 측정 시 다음 물음에 답하시오.

(1) 동결 융해 1사이클의 원칙적인 온도 범위
(2) 동결 융해 1사이클의 소요시간 범위
(3) 시험이 종료되는 기준에 대해 서술하시오.

(1) 4℃에서 −18℃로 떨어지고 다음에 −18℃에서 4℃로 상승하는 것
(2) 2~4시간
(3) 각 공시체는 특별한 제한이 없는 한 300사이클이 될 때까지 또는 초기의 최초 시험 시에 탄성계수의 60%가 될 때까지 시험을 계속한다.

08 매스 콘크리트의 온도 균열 발생 여부에 따른 검토는 온도 균열 지수에 의해 평가된다. 다음의 물음에 답하시오.

(1) 온도 균열 지수의 정밀식을 쓰시오.
(2) 온도 균열 지수 범위에 따른 균열정도
  ① 균열 발생을 방지하여야 할 경우:
  ② 균열 발생을 제한할 경우:
  ③ 유해한 균열 발생을 제한할 경우:

(1) 온도 균열 지수 $I_{cr}(t) = \dfrac{f_{sp}(t)}{f_t(t)}$

여기서 $f_t(t)$: 재령 t일에서의 수화열에 의하여 생긴 부재 내부의 온도응력 최댓값 (MPa)

$f_{sp}(t)$: 재령 t일에서의 콘크리트 인장강도로서, 재령 및 양생온도를 고려하여 구함(MPa)

(2) ① 1.5 이상
  ② 1.2~1.5
  ③ 0.7~1.2

09 콘크리트용 모래에 포함되어 있는 유기불순물 시험과 관련된 다음 물음을 답하시오.
  (1) 식별용 표준색 용액 제조 방법을 설명하시오.
  (2) 유기물이 함유된 모래를 사용하면 콘크리트에 어떤 영향을 미치는가?
  (3) 적정성 여부 판별법을 설명하시오.

> **풀이**
> (1) 10%의 알코올 용액으로 2% 탄닌산 용액을 만들고 그 2.5ml를 3%의 수산화나트륨 용액 97.5ml에 가하여 유리병에 넣어 마개를 닫고 잘 흔든다.
> (2) 콘크리트의 경화에 영향을 끼치며 콘크리트의 강도, 내구성 및 안정을 해친다.
> (3) 시료를 시험용 무색 투명 유리병에 130ml까지 채우고 여기에 3% 수산화나트륨 용액을 가하여 시료와 용액의 전량이 200ml가 되게 하여 마개를 닫고 잘 흔든 후 24시간 동안 정치한 다음 24시간 동안 정치해 둔 표준색 용액보다 잔골재 상부의 용액 색이 연하면 사용 가능하다.

10 콘크리트 압축강도 추정을 위한 비파괴시험방법 4가지를 쓰시오.

> **풀이**
> (1) 코어 채취법   (2) 반발경도법(슈미트 해머법)
> (3) 초음파법   (4) 인발법

11 다음은 철근 콘크리트 구조물에 대한 비파괴 시험에 대한 내용이다. 물음에 답하시오.
  (1) 콘크리트 강도를 추정하는 반발경도 시험방법의 종류 3가지를 쓰시오.
  (2) 초음파 전달 비파괴 검사법 중 콘크리트 균열깊이 측정에 이용되는 2가지 방법을 쓰시오.
  (3) 철근의 위치 및 배근 상태를 측정하는 방법 2가지를 쓰시오.

> **풀이**
> (1) ① 슈미트 해머법   ② 낙하식 해머법   ③ 스프링식 해머법
>   ④ 회전식 해머법
> (2) ① T법   ② $T_c - T_o$법   ③ 레슬리법
> (3) ① 전자파 레이더법 ② 전자기장 유도법

12 철근 콘크리트 구조물이 화학적 작용에 의한 콘크리트 침식과 철근이 부식되는 염해 열화 과정 4단계의 정의에 대해 ( ) 안을 채우시오.

(1) (   )는(은) 강재의 피복 위치에 있어서 염소이온농도가 임계염분량에 달할 때까지의 기간
(2) (   )는(은) 강재의 부식개시로부터 부식 균열 발생까지의 기간
(3) (   )는(은) 부식 균열 발생으로부터 부식 속도가 증가하는 기간
(4) (   )는(은) 부식량의 증가에 따른 내하력의 저하가 현저한 기간

> **풀이**
> (1) 잠재기(잠복기)
> (2) 진전기
> (3) 촉진기(가속 열화기)
> (4) 한계기(종료기)

콘크리트 산업기사 작업형 | 2022년 11월 19일 시행

시멘트 밀도 시험, 배합설계(제한시간 1시간 30분, 배점 15점)

콘크리트 슬럼프, 공기량 시험(제한시간 1시간 30분, 배점 15점)

슈미트 해머 시험(제한시간 1시간, 배점 10점)

콘크리트 산업기사 필답형 | 2023년 7월 22일 시행

01 잔골재의 밀도 및 흡수율 시험을 한 결과 다음과 같다. 물음에 답하시오.(단, $\rho_w = 0.997\,\text{g/cm}^3$이며 소수 셋째 자리에서 반올림한다.)

〈시험 결과〉
- 표면건조 포화 상태의 공기 중 질량: 500g
- 노건조 시료의 공기 중 질량: 494.5g
- 물을 검정선까지 채운 플라스크 질량: 689.6g
- 시료와 물을 검정선까지 채운 플라스크 질량: 998g

(1) 상대 겉보기 밀도를 구하시오.
(2) 표면건조 포화 상태의 밀도를 구하시오.
(3) 절대건조 밀도를 구하시오.
(4) 흡수율을 구하시오.

풀이

(1) 상대 겉보기 밀도 = $\dfrac{494.5}{689.6 + 494.5 - 998} \times 0.997 = 2.65\,\text{g/cm}^3$

(2) 표건 밀도 = $\dfrac{500}{689.6 + 500 - 998} \times 0.997 = 2.60\,\text{g/cm}^3$

(3) 절건 밀도 = $\dfrac{494.5}{689.6 + 500 - 998} \times 0.997 = 2.58\,\text{g/cm}^3$

(4) 흡수율 = $\dfrac{500 - 494.5}{494.5} \times 100 = 1.11\%$

02 굳지 않은 콘크리트의 반죽질기를 구하는 시험법을 4가지를 쓰시오.

풀이

(1) 슬럼프시험 (2) 비비시험
(3) 구관입시험(케리볼) (4) 흐름시험
(5) 리몰딩시험 (6) 다짐계수

03 시방배합의 결과 단위 시멘트 320kg, 단위 수량 181kg, 단위 잔골재 705kg, 단위 굵은 골재 1,107kg을 얻었다. 현장에서의 골재 입도는 5mm 체에 남는 잔골재량이 2%, 5mm 체를 통과하는 굵은 골재량이 4%였다. 잔골재 및 굵은 골재의 표면수가 2.5%와 1%일 경우 다음 물음에 답하시오.

(1) 단위 잔골재량을 구하시오.
(2) 단위 굵은 골재량을 구하시오.
(3) 단위 수량을 구하시오.

풀이

(1) • 입도 보정

$$\frac{100S-b(S+G)}{100-(a+b)}=\frac{100\times 705-4(705+1,107)}{100-(2+4)}=673\text{kg}$$

• 표면수 보정

$673\times 0.025=16.8\text{kg}$

∴ $S=673+16.8=689.8\text{kg}$

(2) • 입도 보정

$$\frac{100G-a(S+G)}{100-(a+b)}=\frac{100\times 1,107-2(705+1,107)}{100-(2+4)}=1,139.1\text{kg}$$

• 표면수 보정

$1139.1\times 0.01=11.4\text{kg}$

∴ $G=1,139.1+11.4=1,150.5\text{kg}$

(3) $181-16.8-11.4=152.8\text{kg}$

04 잔골재의 표면수 측정 시험을 한 결과 다음과 같을 때 표면수율을 구하시오.

- 시료의 질량: 500g
- (용기+표시선까지의 물)의 질량: 692g
- (용기+표시선까지의 물+시료)의 질량: 1,000g
- 잔골재의 표건 밀도: 2.62g/cm³

풀이

• 배제된 물의 질량

$m=m_1+m_2-m_3=500+692-1,000=192\text{g}$

• $m_s=\dfrac{m_1}{\text{밀도}}=\dfrac{500}{2.62}=190.84\text{g}$

• 표면수율 $H=\dfrac{m-m_s}{m_1-m}\times 100=\dfrac{192-190.84}{500-192}\times 100=0.38\%$

05 전단과 휨만을 받는 단철근 직사각형 부재에서 콘크리트가 부담하는 공칭 전단강도를 구하시오.(단, $f_{ck}=24$MPa, 부재의 폭 300mm, 유효깊이 500mm, $\lambda=1.0$)

풀이

$$V_c = \frac{1}{6}\lambda\sqrt{f_{ck}}\,b_\omega d = \frac{1}{6}\times 1.0 \times \sqrt{24}\times 300 \times 500 = 122,474\text{N} = 122.5\text{kN}$$

06 일반 콘크리트의 배합에서 굵은 골재 최대치수에 대한 물음에 답하시오.
(1) 굵은 골재의 최대치수에 대한 정의를 간단히 쓰시오.
(2) 굵은 골재의 공칭 최대치수에 대한 기준을 [예시]와 같이 2가지만 쓰시오.

[예시] 개별 철근, 다발 철근, 긴장재 또는 덕트 사이 최소 순간격의 3/4을 초과하지 않아야 한다.

풀이

(1) 질량비로 90% 이상을 통과시키는 체 중에서 최소치수의 호칭치수
(2) ① 거푸집 양 측면 사이의 최소 거리의 1/5을 초과하지 않아야 한다.
② 슬래브 두께의 1/3을 초과하지 않아야 한다.

07 단철근 직사각형 보의 $f_{ck}=35$MPa, $f_y=300$MPa일 때 강도설계법에 의한 균형 철근비를 구하시오.(단, 소수 넷째 자리에서 반올림하시오.)

풀이

$$\rho_b = \eta(0.85\,f_{ck})\frac{\beta_1}{f_y}\cdot\frac{660}{600+f_y}$$
$$= 1.0(0.85\times 35)\frac{0.8}{300}\times\frac{660}{660+f_y} = 0.054\text{mm}$$

여기서, $f_{ck}\leq 40$MPa이므로 $\eta=1.0$, $\beta_1=0.8$이다.

08 콘크리트 품질관리 중 계수치 관리도의 종류 3가지를 쓰시오.

(1) P 관리도　　(2) C 관리도　　(3) U 관리도　　(4) P_n 관리도

09 콘크리트 타설시 내부진동기 사용에 있어 유의사항을 삽입간격과 한 개소 당 진동시간을 기준으로 3가지 쓰시오.

(1) 내부 진동기를 하층 콘크리트 속으로 0.1m 정도 찔러 다진다.
(2) 연직으로 찔러 다지며 삽입 간격은 0.5m 이하로 한다.
(3) 한 개소 당 진동시간은 5~15초로 한다.

10 콘크리트 시험에 대한 내용이다. 다음 물음에 답하시오.
(1) 지름이 150mm, 길이가 300mm인 공시체의 파괴하중이 178kN일 때 인장강도를 구하시오. (소수 둘째 자리에서 반올림하시오.)
(2) 아래 표의 조건일 때 콘크리트 휨강도 시험에 대한 다음 물음에 답하시오. (단, 공시체가 지간 방향 중심선의 4점 사이에서 파괴된다.)

- 공시체 크기: 150mm×150mm×530mm
- 지간의 길이: 450mm
- 파괴 최대하중: 32kN

① 휨강도를 구하시오.
② 공시체를 제작할 때 다짐봉을 사용하는 경우 각 층을 몇 회로 다져야 하는가?

(1) $f_{sp} = \dfrac{2P}{\pi d l} = \dfrac{2 \times 178{,}000}{3.14 \times 150 \times 300} = 2.5\text{MPa}$

(2) ① $f_b = \dfrac{Pl}{bd^2} = \dfrac{32{,}000 \times 450}{150 \times 150^2} = 4.3\text{MPa}$

② 다짐횟수 $= \dfrac{150\text{mm} \times 530\text{mm}}{1{,}000\text{mm}^2} ≒ 80$ 회

11 콘크리트의 슬럼프 시험방법(KS F 2402)에 대한 내용이다. 다음 물음에 답하시오.

(1) 슬럼프 콘의 규격을 쓰시오.(윗면 안지름 × 밑면 안지름 × 높이)
(2) 슬럼프 콘에 시료를 채우고 벗길 때까지의 전 작업시간은?
(3) 슬럼프 콘의 시료를 거의 같은 양의 몇 층으로 나눠서 채우고 각 층은 다짐봉으로 몇 회씩 다지는가?
(4) 슬럼프는 몇 mm 단위로 표시하는가?

풀이
(1) $100\text{mm} \times 200\text{mm} \times 300\text{mm}$ (2) 3분 이내
(3) 3층, 25회   (4) 5mm

12 그림과 같은 단면에서 설계 휨강도 ϕM_n를 구하시오.(단, $A_s = 1,560\text{mm}^2$, $f_{ck} = 21\text{MPa}$, $f_y = 400\text{MPa}$)

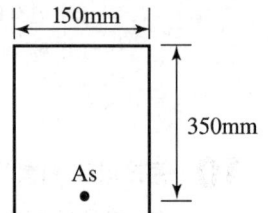

풀이

$$a = \frac{A_s f_y}{\eta(0.85 f_{ck})b} = \frac{1,560 \times 400}{1.0 \times (0.85 \times 21) \times 250} = 139.83\text{mm}$$

여기서, $f_{ck} < 40\text{MPa}$이므로 $\beta_1 = 0.8$, $\eta = 1.0$

$$c = \frac{a}{\beta_1} = \frac{139.83}{0.8} = 174.78\text{mm}$$

$$\varepsilon_t = \frac{0.0033(d-c)}{c} = \frac{0.0033(350 - 174.78)}{174.78} = 0.003 < 0.005$$

$$\phi = 0.65 + (\varepsilon_t - 0.002)\frac{200}{3} = 0.65 + (0.003 - 0.002)\frac{200}{3} = 0.717$$

$$\therefore \phi M_n = \phi A_s f_y \left(d - \frac{a}{2}\right) = 0.717 \times 1,560 \times 400 \left(350 - \frac{139.83}{2}\right)$$

$$= 125,312,269\text{N} \cdot \text{mm} = 125.31\text{kN} \cdot \text{m}$$

콘크리트 산업기사 작업형 | 2023년 7월 22일 시행

시멘트 밀도 시험, 배합설계(제한시간 1시간 30분, 배점 15점)

콘크리트 슬럼프, 공기량 시험(제한시간 1시간 30분, 배점 15점)

슈미트 해머 시험(제한시간 1시간, 배점 10점)

01 다음 그림과 같은 T형 보 단면에서 A_{sf}를 구하시오.(단, A_s =8–D35=7,653mm², f_{ck} =21MPa, f_y =400MPa)

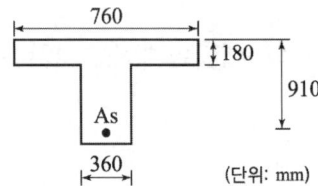

풀이

- T형 보 판별

$$a = \frac{A_s \cdot f_y}{\eta(0.85f_{ck}) \cdot b} = \frac{7,653 \times 400}{1.0 \times (0.85 \times 21) \times 760} = 225.6\text{mm}$$

(225.6mm > 180mm)이므로 T형 보로 해석한다.

- $C_f = T_f$에서 A_{sf}을 구하면 $\eta(0.85f_{ck})(b-b_w) \cdot t_f = A_{sf} \cdot f_y$

$$\therefore A_{sf} = \frac{\eta(0.85f_{ck})(b-b_w) \cdot t_f}{f_y}$$

$$= \frac{1.0 \times (0.85 \times 21)(760-360) \times 180}{400} = 3,213\text{mm}^2$$

02 굳지 않은 콘크리트 염화물 함유량 측정방법 4가지를 쓰시오.

풀이

(1) 질산은 적정법
(2) 전위차 적정법
(3) 흡광 광도법
(4) 이온 전극법(이온 크로마토그래피법)

03 주어진 굵은 골재의 체가름 시험 결과표를 보고 물음에 답하시오.

체 크기(mm)	잔류량(g)	잔류율(%)	가적 잔류율(%)	가적 통과율(%)
75	0	0	0	100
40	825			
25	5,615			
20	3,229			
10	3,960			
5	2,450			
2.5	545			
pan	0	–	–	–
합계	16,624	–	–	–

(1) 빈칸의 성과표를 완성하시오.(단, 소수 둘째 자리에서 반올림하시오.)
(2) 조립률을 구하시오.(단, 소수 둘째 자리에서 반올림하시오.)

풀이

(1)

체 크기(mm)	잔류량(g)	잔류율(%)	가적 잔류율(%)	가적 통과율(%)
75	0	0	0	100
40	825	5	5	95
25	5,615	33.8	38.8	61.2
20	3,229	19.4	58.2	41.8
10	3,960	23.8	82	18
5	2,450	14.7	96.7	3.3
2.5	545	3.3	100	0
pan	0	–	–	–
합계	16,624	–	–	–

- 잔류율 = $\dfrac{\text{해당 체의 잔류량}}{\text{전체 질량}} \times 100$
- 가적 잔류율 = 잔류율 누계
- 가적 통과율 = 100 − 가적 잔류율

(2) 조립률 = $\dfrac{5 + 58.2 + 82 + 96.7 + 100 + 100 + 100 + 100 + 100}{100} = 7.4$

04 다음은 철근 콘크리트 구조물의 설계에 관련된 사항이다. 물음에 답하시오.
(1) 구조물 설계 시 하중계수, 하중조합을 고려하여 설계하는 이유 3가지를 쓰시오.
(2) 강도감소계수(ϕ)를 사용하는 이유 3가지를 쓰시오.
(3) 다음의 부재별 강도감소계수(ϕ)를 쓰시오.
   ① 인장지배 단면:
   ② 나선철근으로 보강된 압축지배 단면:
   ③ 전단력과 비틀림 모멘트:
   ④ 무근 콘크리트의 휨 모멘트, 압축력, 전단력, 지압력:

풀이
(1) ① 극한 상태에 대한 극한 외력으로서 구조물이나 구조부재에 작용할 수 있는 가장 불리한 조건을 고려하기 위함이다.
    ② 해당 구조물에 작용하는 최대 소요강도에 대하여 만족하도록 설계하기 위함이다.
    ③ 구조부재는 사용하중에 대하여 충분히 기능을 확보할 수 있게 하기 위함이다.
(2) ① 재료의 공칭강도와 실제 강도와의 차이 때문
    ② 부재를 제작 또는 시공할 때 설계도와의 차이 때문
    ③ 부재강도의 추정과 해석에 관련된 불확실성 때문
    ④ 구조물에서 차지하는 부재의 중요도 등을 반영하기 위해서
(3) ① 0.85 ② 0.70 ③ 0.75 ④ 0.55

05 기존 콘크리트 내의 철근 부식 유무를 측정하는 비파괴 검사 방법 3가지를 쓰시오.

풀이
(1) 자연 전위법   (2) 표면 전위차법
(3) 분극 저항법   (4) 전기 저항법

06 콘크리트 구조물의 보강공법 종류 4가지를 쓰시오.

풀이
(1) 단면증설보강공법   (2) 강판접착보강공법   (3) 섬유보강공법
(4) 프리스트레스공법   (5) 강판라이닝공법   (6) 강재 Anchor공법

07 콘크리트 시방 배합으로 각 재료의 단위량과 현장 골재의 상태는 다음과 같다. 물음에 답하시오.

▼ 시방 배합표(kg/m³)

물(W)	시멘트(C)	잔골재(S)	굵은 골재(G)
180	370	710	1,190

▼ 현장 골재 상태

- 잔골재 속에 5mm 체에 남는 양 3%
- 굵은 골재 속에 5mm 체 통과량 2%
- 잔골재 표면수량 3%
- 굵은 골재 표면수량 1%

(1) 잔골재량을 구하시오.
(2) 굵은 골재량을 구하시오.
(3) 물의 양을 구하시오.

풀이

(1) ① 입도 조정
$$x = \frac{100S - b(S+G)}{100 - (a+b)} = \frac{100 \times 710 - 2(710 + 1,190)}{100 - (3+2)} = 707.4 \text{kg}$$
② 표면수 조정
707.4·0.03 = 21.22kg
∴ S = 707.4 + 21.22 = 728.6kg

(2) ① 입도 조정
$$y = \frac{100G - a(S+G)}{100 - (a+b)} = \frac{100 \times 1,190 - 3(710 + 1,190)}{100 - (3+2)} = 1,192.6 \text{kg}$$
② 표면수 조정
1,192.6 × 0.01 = 11.93kg
∴ G = = 1,192.6 + 11.93 = 1,204.5kg

(3) W = 180 − (21.22 + 11.93) = 146.9kg

08 특수 콘크리트에 대한 설명이다. 물음에 답하시오.

(1) 하루 평균기온이 얼마일 때 한중 콘크리트로 시공하는가?
(2) 한중 콘크리트의 물-결합재비는 얼마 이하로 해야 하는가?
(3) 하루 평균기온이 몇 도 초과 시 서중 콘크리트로 시공하는가?

풀이

(1) 4℃   (2) 60%   (3) 25℃

09 콘크리트 호칭강도가 24MPa, 압축강도 시험횟수가 15회, 표준편차가 2.4MPa일 때 이 콘크리트의 배합강도를 구하시오.

풀이
- 표준편차 보정
  $S = 2.4 \times 1.16 = 2.784 \text{MPa}$
- 콘크리트 배합강도
  $f_{cn} \leq 35\text{MPa}$에 해당하므로
  $f_{cr} = f_{cn} + 1.34\,s = 24 + 1.34 \times 2.784 = 27.73 \text{MPa}$
  $f_{cr} = (f_{cn} - 3.5) + 2.33\,s = (24 - 3.5) + 2.33 \times 2.784 = 26.99 \text{MPa}$
  ∴ 두 값 중 큰 값인 27.73MPa이다.

10 매스 콘크리트의 온도 균열 발생 여부에 따른 검토는 온도 균열 지수에 의해 평가된다. 다음의 온도 균열 지수를 구하시오.

- 재령 28일에서의 콘크리트 쪼갬 인장강도 $f_{sp} = 2.4\text{MPa}$
- 재령 28일에서의 수화열에 의하여 생긴 부재 내부의 온도응력 최댓값 $f_t = 2\text{MPa}$

풀이

온도 균열 지수 $I_{cr} = \dfrac{f_{sp}}{f_t} = \dfrac{2.4}{2} = 1.2$

11 레디믹스트 콘크리트의 제조 시 재료의 1회 계량 오차를 쓰시오.

(1) 시멘트:
(2) 물:
(3) 혼화재:
(4) 혼화제:
(5) 골재:

풀이
(1) −1%, +2%   (2) −2%, +1%   (3) ±2% 이내
(4) ±3% 이내   (5) ±3% 이내

12 폭 $b = 300$mm, 유효깊이 $d = 450$mm, $A_s = 2,027$mm²인 단철근 직사각형 보의 설계 휨강도(ϕM_n)를 구하시오.(단, $f_{ck} = 28$MPa, $f_y = 400$MPa이다.)

풀이

$$a = \frac{A_s f_y}{\eta(0.85 f_{ck})b} = \frac{2,027 \times 400}{1.0 \times (0.85 \times 28) \times 300} = 113.56 \text{mm}$$

여기서, $f_{ck} < 40$MPa이므로 $\beta_1 = 0.8$, $\eta = 1.0$

$$c = \frac{a}{\beta_1} = \frac{113.56}{0.8} = 141.95 \text{mm}$$

$$\varepsilon_t = \frac{0.0033(d-c)}{c} = \frac{0.0033(450-141.95)}{141.95}$$

$\quad = 0.0072 > 0.005$이므로 인장지배 단면이다.

$\therefore \phi = 0.85$

$$\therefore \phi M_n = \phi A_s f_y \left(d - \frac{a}{2}\right) = 0.85 \times 2027 \times 400 \left(450 - \frac{113.56}{2}\right)$$

$\quad\quad = 270,999,359.6 \text{N} \cdot \text{mm} = 271 \text{kN} \cdot \text{m}$

콘크리트 산업기사 작업형 | 2023년 11월 5일 시행

제1과제
시멘트 밀도 시험, 배합설계(제한시간 1시간 30분, 배점 15점)

제2과제
콘크리트 슬럼프, 공기량 시험(제한시간 1시간 30분, 배점 15점)

제3과제
슈미트 해머 시험(제한시간 1시간, 배점 10점)

콘크리트 기사·산업기사 실기 정가 30,000원

- 저 자 고 행 만
- 발 행 인 차 승 녀

- 2005년 1월 10일 제 1판 제1인쇄발행
- 2013년 2월   5일 제10판 제1인쇄발행
- 2014년 3월 10일 제11판 제1인쇄발행
- 2015년 1월 20일 제12판 제1인쇄발행
- 2016년 1월 15일 제13판 제1인쇄발행
- 2017년 2월 10일 제14판 제1인쇄발행
- 2018년 2월   5일 제15판 제1인쇄발행
- 2018년 7월 30일 제16판 제1인쇄발행
- 2018년 12월 20일 제16판 제2인쇄발행
- 2019년 9월 30일 제17판 제1인쇄발행
- 2021년 1월 15일 제18판 제1인쇄발행
- 2024년 8월 20일 제19판 제1인쇄발행

도서출판 건기원

(등록 : 제11-162호, 1998. 11. 24)

경기도 파주시 연다산길 244(연다산동 186-16)
TEL : (02)2662-1874~5   FAX : (02)2665-8281

★ 건기원은 여러분을 책의 주인공으로 만들어 드리며 출판 윤리 강령을 준수합니다.
★ 본 수험서를 복제·변형하여 판매·배포·전송하는 일체의 행위를 금하며, 이를 위반할 경우 저작권법 등에 따라 처벌받을 수 있습니다.

ISBN 979-11-5767-848-8   13530